Udo Gansloßer Yvonne Adler Gudrun Braun

HUNDE RASSEN

Zoologie, Zucht
und Verhalten
neu betrachtet

MIT KOSMOS MEHR ENTDECKEN
Unterschiede
in Erziehung und Training
SEIT 1822

KOSMOS

☞ *Inhalt*

ZU DIESEM BUCH

In Seminaren und Vortragsveranstaltungen, nicht nur bei Züchtervereinigungen, wird häufig der Wunsch nach einer biologisch orientierten Besprechung der Eigenschaften von Hunderassen und Gruppen geäußert. Die oftmals eher willkürliche, und in manchen Bereichen auch sehr oberflächliche Einordnung der Hunderassen nach Arbeitstypen bei FCI und ähnlichen Organisationen zeigt ja sehr häufig, dass diese Klassifikation für die Vorhersage von Verhaltenseigenschaften und anderen, für Training, Zucht, aber auch Haltung notwendigen Charakteristika nicht sonderlich hilfreich ist.
In den vergangenen Jahren wurde, durch die vollständige Entschlüsselung des Hundegenoms und die Verbesserung und auch Vereinfachung molekulargenetischer Methoden, eine neue, auf molekularbiologischer Verwandtschaftsforschung aufbauende Klassifikation von Hunderassen möglich. Die Arbeitsgruppe von Heidi Parker (siehe Gansloßer und Kitchenham 2019 für ausführlichere Besprechungen) hat hier Bahnbrechendes geleistet. Jedoch sind auch in anderen Regionen bereits für kleinere, zum Teil regional bedeutsame Rassen und Rassegruppen ähnliche Untersuchungen noch detaillierter vorgenommen worden. Ein Beispiel dafür sind die auf Seite 165 ff. besprochenen molekularen Verwandtschaftsverhältnisse der nordischen Hunde rund um den Finnenspitz.

GENE UND VERHALTEN

Auch die Untersuchung von molularbiologischen Zusammenhängen zwischen Verhaltenseigenschaften und Genom der Hunderassen ist in den vergangenen Jahren sehr gut fortgeschritten. Gerade die Gemeinschaftsarbeit der Arbeitsgruppe von Evan MacLean und James Serpell (MacLean et al., 2019) zeigt, wie eng die Persönlichkeitseigenschaften von Hunderassen durchaus mit bestimmten molekulargenetischen Veränderungen zusammenhängen können. Eine Besprechung von Hunderassen, die sich nicht an den Rassestandards oder gar an den Werbeschriften, Webseiten und Artikeln von Rassezüchtervereinigungen, sondern an den Erfahrungen aus Wissenschaft und Praxis orientiert, war daher überfällig.

Im vorliegenden Buch haben wir, und zwar aus der langjährigen Erfahrung der wissenschaftlichen Arbeit und der Theorie gestützten Praxis, versucht, einen etwas „unverstellteren Blick“ auf die genannten Probleme zu ermöglichen.

WISSENSCHAFT IST IMMER IN BEWEGUNG!

Selbstverständlich sind auch hier, wie immer im wissenschaftlichen Bereich, die getroffenen Aussagen Momentaufnahmen. Wissenschaft besteht darin, dass Hypothesen getestet, verworfen oder weiter entwickelt werden, und deshalb haben wir auch einen Infokasten „Was bedeutet Forschung?“ (siehe S. 19 f.) diesem Buch weitgehend vorangestellt. Wissenschaftliche Theorien beruhen auf der best möglichen Verknüpfung derzeit bekannter Informationen und Daten, und können sich dementsprechend auch schnell ändern. Trotzdem können sie derzeit helfen, Eigenschaften von Hunden, aber auch möglichst optimales Vorgehen bei Training, Zucht und Haltung, zu verstehen und zu verbessern.
In der ursprünglichen Arbeit der Gruppe von Parker et al. wurden ca. 160 Hunderassen behandelt. In unserem Buch haben wir versucht, noch einige Gruppen hinzuzufügen. Dies sind einerseits Rassen, die, wie eben im Bereich der nordischen Hunde, von anderen Arbeitsgruppen detaillierter genetisch untersucht wurden. Andererseits haben wir einige Experten befragt, die von nahe verwandten Rassen ohne genetische Zuordnung der Parker-Gruppe berichten. Und letztlich wurden zwei Länder mit ihren Rassehundebeständen erst in den letzten Jahren in das Interesse der westlichen Hundewelt gerückt, nämlich Indien und China. Über einige charakteristische Rassen und Schläge dieser beiden großen, neu der FCI beigetretenen Länder werden ebenfalls in Infoboxen ohne molekulare Zuordnung die Eigenschaften beschrieben.

MEDIZINISCHE BEFUNDE

Wir haben uns bemüht, auch medizinische Befunde in die Besprechung mit aufzunehmen. Dabei kommen wir manchmal in ein Dilemma: Nicht jede als Fallbericht schon mal beschriebene Krankheit muss typisch, also gehäuft für die jeweilige Rasse sein. Wir sehen es trotzdem als wichtig an, solche Veröffentlichungen zu erwähnen.

Wir danken den vielen Kolleginnen und Kollegen, die uns mit Erfahrungsberichten, hier vor allem mit den Infokästen unterstützt haben. Besonderer Dank gebührt Hana und Hannah: Hana Tebelmann hat in letzter Minute noch Nachtschichten für ergänzende Infoboxen eingelegt, und Hannah Egner war für einen Großteil der tiermedizinischen Infos zuständig. Ein weiterer Dank unserem Unterstützungsteam, ohne das die Arbeit an diesem Buch nicht möglich gewesen wäre. Das fleißige Rechercheteam, unter Leitung von Gianna Jann und Jenny „Gesine“ Silbermann, sowie unser Schreibteam und Franziska Ortmeier, die in gewohnter Weise die Fäden zusammenhält, sind hier zu nennen.

Wir wünschen, dass mit diesem Buch das Verständnis für die biologischen Eigenschaften von Hunderassen vertieft wird. Sollten sich im Laufe der Zeit daraus verbesserte Trainings- und Haltungsmethoden ergeben, dann hätten wir unser Ziel erreicht.

Herzlichst,

PD Dr. Udo Gansloßer
Yvonne Adler
Gudrun Braun

Bei der Ansprache im Text sind immer alle drei Geschlechter gemeint. Wir nutzen jedoch meist die männliche Form. Dadurch wird das Buch leichter lesbar. Dafür bitten wir um Verständnis.

DOMESTIKATION, GENE UND VERHALTEN

DOMESTIKATION

— *Anfänge der Rassenaufteilung*

ZOOLOGISCHE BEGRIFFE DER SELEKTION

Um die Vorgänge während der Haustierwerdung und der nachfolgenden Aufspaltung in hunderte unterschiedlicher Rassen zu verstehen, müssen zunächst einige Grundlagen der Zoologie und der Evolutionsbiologie kurz zusammengefasst werden. Wer sich genauer für die hier zitierten Daten und Befunde interessiert, dem seien Gansloßer und Kitchenham (2012, 2019), sowie das Buch von Irene Sommerfeld-Stur (2016) empfohlen. Auf diese Standardwerke beziehen sich, wenn nicht anders dargestellt, die folgenden Aussagen.
Einige Grundbegriffe der Zoologie werden wir immer wieder brauchen, wenn wir die Prozesse bei der Rassebildung und Haustierwerdung des Hundes verstehen wollen.

SELEKTIONSPROZESSE

KONVERGENZ UND ANALOGIE

Zunächst muss kurz auf die beiden ähnlichen, aber dennoch aus unterschiedlichen Wurzeln entstehenden Phänomene von Analogie und Konvergenz in der Evolutionsgeschichte hingewiesen werden.
Konvergenz beschreibt einen evolutionären Prozess, bei dem durch funktionelle Anforderungen zwei ursprünglich unähnlich aussehende Tierarten im Laufe der Zeit sich immer stärker annähern. Beste Beispiele dafür sind Delphin, Pinguin und Fischsaurier, die unter den hydrodynamischen Anforderungen eine sehr ähnliche Körpergestalt als Anpassung an schnelles, energiesparendes Schwimmen erreichten. Etwas anders, nämlich aus ohnehin schon ähnlichen Vorfahren entstehend, ist der Begriff der **Analogie** zu sehen. **Hier sind zwei, nicht näher miteinander verwandte Tierarten oder Tiergruppen in Gestalt, Körperbau oder auch Organfunktionen ähnlich, ohne dass sie vorher unähnlicher gewesen sein müssten.**
Die später immer wieder zitierte Arbeit von Parker et al. (2017) über die molekularbiologische Verwandtschaft der Hunderassen, gibt uns hier bereits einige Beispiele: Wenn z. B. der Zwergpinscher im Stammbaum der Hunderassen ganz woanders steht als der gestaltlich doch sehr ähnliche Dobermann, dann kann das eher auf Konvergenz zurückgeführt worden sein. Wenn dagegen der Deutsche und der Belgische Schäferhund, die beide eine an ihre frühere Tätigkeit als Hirtenhund angepasste spezialisierte Form des Wolfskörperbaus behalten haben, ähnlich aussehen, obwohl sie in der Verwandtschaft der Hunderassen an weit entfernten Stellen stehen, dann wäre vielleicht eher von Analogie zu sprechen.

RUN AWAY-SELEKTION

Ein ebenfalls aus der Evolutionsbiologie verständliches, und leider im Bereich der Rassehundezucht, speziell im „Schönheitsbereich" zu beobachtendes, Phänomen ist die sogenannte „Run away-Selektion". Das kann man wörtlich mit weggelaufener oder durchgeknallter Selektion übersetzen. In den zoologischen Lehrbüchern finden sich dafür die Beispiele des riesengroßen Geweihs der eiszeitlichen Riesenhirsche, oder der über einen Meter lange Schwanz des Argusfasans.

Tiergeografische Regeln: Körpergröße, Körpergestalt oder auch Färbung.

Das zugrunde liegende Phänomen lässt sich folgendermaßen erklären: Wenn ein bestimmtes Merkmal, das bereits ein Handicap für das Tier darstellt, von den weiblichen Tieren bevorzugt wird, haben diejenigen männlichen Tiere den größten Fortpflanzungserfolg, die in diesem Merkmal ihre Konkurrenten noch übertrumpfen können. Wer als Hirsch ein besonders großes und schweres Geweih produzieren kann, zeigt seine Überlebensstärke. Im Laufe der Zeit kehren sich diese Vorteile jedoch zum Nachteil um. Trotzdem ist der Hirsch immer noch gezwungen, ein möglichst großes Geweih herumzutragen, um der Damenwelt zu imponieren. Genau diese Prozesse finden derzeit auf der sogenannten Schönheits- und Rassestandardausstellung der Hundezucht statt. Man muss nur die Vorlieben der weiblichen Hirsche gegen die Vorlieben der Zuchtrichter*Innen austauschen, und schon hat man ein gutes Beispiel für eine biologisch unsinnige, aber eben wirkungsvolle Selektion.

TIERGEOGRAFISCHE REGELN

Häufig selektiert aber auch die Umwelt. Auch für Hunderassen gelten z. B. in vielen Bereichen die sogenannten tiergeografischen Regeln: Körpergröße, Körpergestalt oder auch Färbung sind nämlich oftmals unterschiedlich vorteilhaft in verschiedenen klimatischen Bedingungen. Größere Tiere haben eine günstigere Oberfläche-zu-Volumen-Relation und verlieren dadurch in den kälteren Regionen der Erde weniger Wärme. Deshalb, wie die **Bergmannsche Regel** besagt, leben in der Nähe des Äquators meist kleinere Tiere als in der Nähe der Pole. Die **Allensche Regel** formuliert Zusammenhänge zwischen der Größe von Körperanhängen (Ohren, Schwänze, Extremitäten) und den klimatischen Bedingungen. Die Tiere in der Kälte haben normalerweise kleinere Körperanhänge, die Tiere in der Nähe des Äquators bzw. in heißen Gegenden eher große. Die Tütenohren von Podenco oder Galgo gegenüber den gleichen, dicht behaarten Ohren eines Schlittenhundes wären hier gute Beispiele. Die **Glogersche Regel** beschreibt Zusammenhänge zwischen Verbreitungsgebiet und Körperfärbung. In der Nähe des Äquators, in heiß – feucht – tropischen Bedingungen, finden wir meist kräftiger gefärbte Tiere. Im folgenden Kapitel über die funktionsmorphologischen Zusammenhänge von körperlichen Eigenschaften, werden wir den Zusammenhang zwischen Stabilität des Immunsystems und dunkler Pigmentierung genauer verstehen (siehe S. 36). Dieser Zusammenhang erklärt dann auch die Phänomene, die als Glogersche Färbungsregel beschrieben werden.

DOMESTIKATIONSGESCHICHTE UND HAUSTIERWERDUNG

Der Prozess der Domestikation (Haustierwerdung), also der Schaffung von Haustieren aus wilden Stammarten, ist in sehr unterschiedlicher Form definiert worden. Eine gute zusammenfassende Definition findet sich z. B. in dem Standardwerk von Herre und Röhrs, siehe Kasten.

Ebenso haben Herre und Röhrs (1990) die Verhaltensänderungen im Domestikationsprozess zusammengefasst (Näheres siehe Gansloßer, in Lücker et al., 2005). Es wird zwar immer wieder betont, dass im Haustierstand keine echten Neuerwerbungen im Verhalten gegenüber den Wildarten auftreten, auch wenn erlernte Verhaltensweisen in beeindruckendem Maße durch Dressur erzeugt werden. Es gibt jedoch Befunde, die zu dieser Ansicht im Widerspruch stehen, etwa das Lachen bei Haushunden, das dem Wolf noch fehlt. Auffallend ist jedoch, dass bei Haustieren gegenüber wilden Stammformen die Gehirngröße stets reduziert ist, und zwar in viel stärkerem Umfang als bei in Gefangenschaft aufgezogenen Wildtieren. Bei Schweinen kann diese z. B. bis zu 34 % betragen, besonders die Strukturen des limbischen Systems (als emotionales Gehirn bezeichnet), des Kleinhirns (im Zusammenhang mit Bewegungskoordination), aber auch die Großhirnrinde.

DEFINITION: DOMESTIKATION

„Haustiere sind aus kleinen Individuengruppen von Wildarten hervorgegangene Bestände, die unter dem Einfluss des Menschen weitgehend in sexuelle Isolation von der Stammart gerieten, sich über Generationen den besonderen ökologischen Bedingungen eines Hausstandes anpassten und zu zahlenmäßig großen Beständen entwickelten. Die veränderte natürliche Auslese und weitergehende zielgerichtete Auslese durch Menschen, führte im Zusammenhang mit Umorganisationen und anderen Veränderungen in den Erbanlagen zu einer großen Manigfaltigkeit in Anatomie, Physiologie und Verhalten … dabei wurden Haustieren ihren wilden Stammarten immer unähnlicher." (Herre und Röhrs, 1990)

- Verhaltensänderungen in der Domestikation beziehen sich auf den Verlust vor allem solcher Verhaltenselemente, die mit komplexer Bewegungskoordination einhergehen. Kommunikationselemente werden undeutlicher, undifferenzierter, oft lebhafter, aber weniger geordnet. Es fehlen vor allem die leiseren Laute und die unauffälligeren optischen Signale (Mimikvergleich zwischen Wolf und Haushund).
- Andere Verhaltensbereiche werden übersteigert, treten häufiger oder intensiver oder unter Verlust jahresperiodischer Veränderungen auf.
- Verhaltensketten zerfallen, verschiedene Verhaltensbereich werden voneinander gelöst (Beutefangverhaltenskette bei verschiedenen Jagdhundrassen, S. 86 f.).
- Haustiere haben gegenüber ihren wilden Stammformen meist eine geringer ausgeprägte Tages- und Jahresaktivitätsperiodik, vor allem männliche Haustiere weisen geringere jahresperiodische Hormonschwankungen im Bereich des Testosterons auf.

Ein Verhaltensvergleich der physiologischen Werte von Wild- und Haustierformen, wie er z. B. von Künzel und Sachser (1997) an Wild- und Hausmeerschweinchen exemplarisch durchgeführt wurde, fand im aggressiven Bereich höhere Werte bei den Wild-, im soziopositiven höhere Werte bei den Hausmeerschweinchen. Das Cortisolsystem, das als passives Stresssystem bezeichnet wird, war bei Wildmeerschweinchen wesentlich empfindlicher, und im Bereich des Adrenalinsystems lag schon der Ruhewert der Hormonausschüttung bei den Wildformen höher. Adrenalin- und vor allem Noradrenalinausschüttung stiegen dann noch weiter signifikant stärker bei den Wildmeerschweinchen an, sobald eine geringfügige Belastung eintrat. Sollten diese Ergebnisse, wofür vieles spricht, auf andere Haustierformen übertragbar sein, so wäre dieses nicht nur ein Verständnis der besseren Anpassungsfähigkeit von Haustierformen an unterschiedliche Lebensformen. Es würde z. B. auch die hohe Erregbarkeit und vor allem auch die vergleichsweise hohe Stressanfälligkeit der rückgekreuzten Haushundrassen (Tschechischer Wolfshund, Saarlooswolfshund), oder gar der echten Wolfshybriden erklären.

Die rückgekreuzten Haushundrassen zeigen oftmals vergleichsweise eine hohe Erregbarkeit und hohe Stressanfälligkeit.

ZOOLOGISCHE NOMENKLATUR

In der zoologischen Nomenklatur erhalten Haustiere den Namen ihrer wilden Stammform plus einen Zusatz. Hat der Begründer des zoologischen Systems (Carl von Linné) das Tier schon mal getrennt benannt, wird sein Name angehängt. Linné nannte den Hund *Canis familiaris*, daher heißt er heute *Canis lupus forma (= f.) familiaris*. Kannte Linné die Haustierform noch nicht, oder wusste er um die Artgleichheit wie etwa bei Kaninchen, so heißt die Haustierform heute *forma domestica*, z. B. die Laborratte *Rattus norwegicus f. domestica*. Wegen der oben genannten Besonderheit des Domestikationsvorgangs sind z. B. Arbeitselefanten keine Haustiere, denn es gibt keine abgegrenzte Gründerpopulation oder Zuchtwahl durch den Menschen. Auch die Frage, ob der Australische Dingo als Haustierform, als Unterart des Wolfs, oder vielleicht als eigenständige Form eines ursprünglichen Haushundes zu betrachten ist, wird von Systematikern immer wieder kontrovers diskutiert.

DOMESTIKATION DES HUNDES

In der jüngsten Vergangenheit haben neue, vor allem auch durch verbesserte methodische Möglichkeiten, gestützte Befunde die Diskussion über die Abstammung des Haushundes erneut hochkochen lassen (siehe Gansloßer und Kitchenham, 2019). Zum Verständnis dieser Diskussionen muss nochmals auf eine zoologische Grundgegebenheit zurückgegriffen werden: Die neuere Literatur spricht sehr häufig davon, dass der „Wolf" eben nicht der Vorfahr des Haushundes, sondern nur dessen nächster Verwandter wäre. Zoologisch ist diese Aussage nicht weiter erstaunlich. **Eine heute lebende Art, Unterart oder andere zoologische (oder auch botanische) Gruppe, kann nicht gleichzeitig der Vorfahr einer anderen, heute ebenfalls noch lebenden Art oder Unterart sein.** Haushunde sind, wie wir noch genauer sehen werden, vor einer sehr langen Zeit von einer Population damals lebender Wölfe abgespalten. In den nachfolgenden Zehntausenden von Jahren haben selbstverständlich beide, die Vorfahren der Haushunde und die „zurückgebliebenen" Wölfe, weitere evolutive Anpassungen und Weiterentwicklungen erlebt. Dementsprechend sind die heute lebenden Wölfe vielleicht mehr oder weniger gute Modelle für diejenigen Wölfe, aus denen damals aus Abspaltung die Haushundpopulation hervorgegangen ist. Die Vorfahren aber können sie deshalb nicht mehr sein. Dies ist keine Besonderheit der Hund-Wolf-Entstehung, sondern ein allgemeingültiges Prinzip der Artbildung und Artenentwicklung der Biologie.

DREI STUFEN DER DOMESTIKATION

Die meisten Hypothesen zur Domestikation, die zunächst von einem Urhund ausgehen, beschreiben drei aufeinanderfolgende Stufen:

Stufe 1 wird als Selbstdomestikation bezeichnet und steht für die Trennung einer eher territorialen Lebensweise der Vorfahrenwölfe hin zu einer eher an Wanderungsbewegungen und Auflösung der Territorialität orientierten Nähe zu den menschlichen Jägern und Sammlern. Die früher häufig geäußerte Vermutung, dass ein Steinzeitmensch mit Helfersyndrom verwaiste Wolfswelpen aufgezogen und dadurch die Begründung für eine Haushundpopulation gelegt hätte, ist wohl kaum in dieser Form nachvollziehbar.
Viel wahrscheinlicher sind die Überlegungen, die z. B. von dem amerikanischen Hundeforscher Ray Coppinger (Coppinger und Coppinger, 2001) und seiner Arbeitsgruppe angestellt wurden. Danach hatte

sich eine Population von Kulturfolgerwölfen herausgebildet, die mehr und mehr in der Nähe menschlicher Lagerstätten und späterer menschlicher Siedlungen anzutreffen waren, und sich dort als Müllräumer betätigten. Molekulargenetische Untersuchungen zu Veränderungen im Verdauungstrakt (siehe S. 22) würden diese These unterstützen. Einige „Urwölfe" könnten also Gefallen daran gefunden haben, sich in der Nähe menschlicher Lagerstätten aufzuhalten und dort Abfall zu sammeln. Dadurch mussten sie das sesshafte Leben der Territorialität aufgeben und sich an der Seite der herumstreifenden menschlichen Jäger und Sammler fortbewegen. Somit war eine erste Trennung der Fortpflanzungsgemeinschaft von den anderen, territorial lebenden Wölfen vollzogen.

Stufe 2 war wohl die einer gezielten Selektion nach Zähmbarkeit und Friedfertigkeit. Bei der Betrachtung entwicklungsbiologischer Prozesse im Zusammenhang mit der Haustierwerdung, können wir im Folgenden genauer verstehen, welche genetischen und in Folge davon auch physiologischen Änderungen durch die Selektion auf Zähmbarkeit und größeres Vertrauen gegenüber dem Menschen ausgelöst worden sein könnten. Das immer wieder zitierte und trotzdem wichtige, sogenannte Farmfuchsexperiment der sowjetischen und später russischen Forscher rund um Dmitri Beljajev (siehe Gansloßer und Kitchenham, 2012, 2019; Miklósi, 2018) wäre hier ein gutes Modell. Silberfüchse, die auf bessere Zähmbarkeit durch den Menschen und geringere Ängstlichkeit selektiert wurden, zeigten eine ganze Reihe von körperbaulichen und auch Verhaltensveränderungen, die nicht direkt durch den menschlichen Selektionsprozess bevorzugt worden waren. Fellfärbungen, Knickohren und Ringelschwänze, aber auch eine verstärkte Vertrauensseligkeit, stärkere Sozialität gegenüber dem Menschen und sogar Veränderungen

Zu Beginn war wohl die gemeinsame Jagd...

im Kommunikationsverhalten (häufigeres Bellen, Spielaufforderung, Schwanzwedeln) waren hier die Folge. Ähnlich könnte es bei den Vorfahren der Haushunde in dieser zweiten Domestikationsstufe auch abgelaufen sein.

Stufe 3 war der Beginn der Mensch-Hund-Kooperation, wobei die Hunde langsam aber sicher auch Arbeitsaufträge übernahmen, sei es beim gemeinsamen Jagen oder anderen Aktivitäten. Die Untersuchungen von Coppinger und seiner Arbeitsgruppe lassen aber vermuten, dass die ersten Dienstleistungen bereits in der ersten Domestikationswelle stattgefunden haben könnten. Hunde bzw. deren Vorfahren, die in der Umgebung menschlicher Siedlungen und Lagerstätten herumstreiften, könnten bereits durch Warngebell vor dem Herannahen von zwei- und vierbeinigen Feinden, vor allem in der Nacht, gewarnt haben, eine erste wichtige Dienstleistung für unsere Vorfahren.

... die ersten gezielten Arbeitsaufträge für den Hund und Anfänge der Mensch-Hund-Kooperation.

FOSSILE FUNDE

Durch eine Kombination verschiedenster Forschungsmethoden war es möglich, bereits sehr viel ältere Fossilfunde als Hunde gegenüber den Wölfen einzustufen. Die wichtigsten Methoden dabei sind einerseits solche der klassischen Anatomie, nämlich Vermessen und Bewerten von Schädeln, Gebissreihen und auch Extremitätenknochen. Dazu kommen moderne Methoden der Zeitbestimmung, etwa die bekannte Radiocarbonmethode und neuerdings auch die Methode der als molekulare Uhr bezeichneten genetischen Untersuchungen. Wenn man davon ausgeht, dass das Erbgut eines Tieres sich in der Vergangenheit genauso schnell verändert hat, wie dies heute ebenfalls durch Mutationen noch beobachtbar ist, kann man durch den exakten Vergleich von Gensequenzen (siehe S. 110 f.) zwischen verschiedenen Rassen oder auch Arten und Unterarten feststellen, wann in etwa sie sich von einer gemeinsamen Stammart oder Stammform getrennt haben müssen. Mit modernsten Präparationsmethoden kann man Erbgut, also die bekannte DNS, aus fossilen Knochen herauslösen und hinterher in ihrer chemischen Sequenz bestimmen. Die Kombination all dieser Methoden ermöglichte es, z. B. Schädelfunde aus dem Altaigebirge (Kasachstan) auf eine Zeit von ca. 33 000 Jahren vor der heutigen zurückzudatieren. Genetische Untersuchungen zeigen, dass dieser als „Altaihund“ bezeichnete Schädel, auch genetisch viel näher mit unseren modernen Hunden und mit prähistorischen Hunden Amerikas verwandt ist, als mit den Wölfen der damaligen Zeit. Die verkürzte Schnauze dieses Schädels wiederum deutet an, dass er sich vielleicht schon mehr von menschlichen Nahrungsresten und Abfällen ernährt hat und nicht mehr so sehr als Großtierjäger unterwegs war. Auch aus Belgien wurden Funde bekannt, die über 31 000 Jahre vor der heutigen Zeit datiert wurden.

VOM WOLF ZUM PROTOHUND

Noch nicht endgültig geklärt ist die Frage, wo und wie oft der Übergang vom Wolf zum Protohund stattgefunden hat. Hier sind, nicht zuletzt durch die gerade besprochenen Befunde aus Kasachstan und Belgien, zwei Szenarien derzeit gleichermaßen wahrscheinlich:

1. Eine Überlegung geht davon aus, dass die Domestikation des Haushundes tatsächlich zweimal stattgefunden hat, nämlich einmal in Ostasien und zum anderen in Europa. Die östliche bzw. ost-zentralasiatische Hundepopulation hätte sich nach diesen Überlegungen dann im Gefolge des Menschen noch in Richtung Westeuropa ausgebreitet und die dort bereits ansässigen, altsteinzeitlichen europäischen Hundeformen ersetzt.

2. Eine entgegengesetzte Überlegung setzt die Wiege des Haushundes in Südostasien an. Von dort aus hätten sich die Hunde dann ausgebreitet und es wäre zu einer deutlichen Trennung der ostasiatischen und der eurasisch-europäischen Hunderassen gekommen.

Mit der Höhlenmalerei wurde die eindeutige Zusammenarbeit von Mensch und Hund in frühen Zeiten belegt.

Derzeit sind noch genetische und archäologische Befunde für beide Überlegungen nahezu gleich wahrscheinlich. Dies zeigt auch, wie im Infokasten (S. 19) noch verdeutlicht wird, wie wissenschaftliche Forschung abläuft. Forschungsergebnisse können immer nur als Momentaufnahmen betrachtet werden und durch neue Erkenntnisse verändert oder gar widerlegt werden. Dies ist keineswegs eine Schwäche, sondern eine Stärke eines modernen, wissenschaftlichen, auf Fakten basierten Denkens und Arbeitens. **In jedem Fall ist davon auszugehen, dass im Zeitraum von ca. 15 000 bis vielleicht 20 000 Jahren vor der heutigen Zeit spätestens die Zusammenarbeit zwischen den damals lebenden Protohunden und unseren Vorfahren intensiviert wurde.** Einige Überlegungen gehen sogar soweit, dass das Aussterben der eiszeitlichen Mammuts, also jener haarigen Riesenelefanten, mit der gemeinsamen Jagd von Hund und Mensch zusammenhängen könnte. Der plötzliche und ernorme Jagderfolg auf so große Säugetiere, könnte nur durch eine veränderte, neue Jagdstrategie unserer Vorfahren erklärt werden. Die gemeinsame Jagd von Protohund und Mensch war nach dieser Überlegung so erfolgreich, dass ein sich nur langsam vermehrender Großsäuger wie das Mammut hier nicht standhalten konnte. Deutlich wird dies zumindest allerspätestens für einen Zeitraum von ca. 9 000 bis 10 000 Jahren vor unserer Zeit, denn aus dieser Zeit sind Höhlenmalereien aus Nordafrika bekannt, die eindeutig die Zusammenarbeit von Menschen und Hunden bei der Jagd belegen.

WAS BEDEUTET FORSCHUNG?

Die Einstellung zu wissenschaftlichen Untersuchungen ist häufig von unklaren Vorstellungen, bisweilen auch Vorurteilen geprägt. Udo Gansloßer erklärt, was sich hinter den Labortüren der Universitäten tatsächlich abspielt.

Was ist Forschung?

Forschung ist der Prozess, durch den Wissenschaft entsteht! Gute Forschung verschafft uns ein bewährtes System von Kenntnissen, die auf international akzeptierten Prinzipien basieren und die wir auch mit unseren Kolleg*Innen und Partner*Innen teilen können. Letztlich können Forschungsergebnisse dabei helfen, im Zusammenhang mit dem Erkennen, Beschreiben und Lösen von Problemen, sowie bei der Bildung von Prioritäten und Entscheidungsfindungen in Naturschutz, Tierschutz und anderen Bereichen, einschließlich der Ausbildung und Weiterbildung bei der Öffentlichkeitsarbeit zu helfen.

Wozu braucht man Forschungsmethoden?

Forschungsmethoden zeichnen sich u. a. aus durch logisches und rationales Denken, Objektivität, die Etablierung und Erkennung allgemeiner Muster, den Test von Hypothesen (meist als informierte Schätzungen über Ursache und Wirkung bestimmter Zusammenhänge), die Notwendigkeit zur Beweisführung, enge und kritische Beobachtung, Quantifizierung, präzise Messungen, Tests und Kontrollvergleiche, vorsichtige Analysen, statistische Bewertung, Korrelationen, exakte Vorhersagen und Wiederholbarkeit der Ergebnisse. Diese „ernste" Herangehensweise an Hypothesen ist wichtig, denn gute Wissenschaft beruht nicht auf Folklore, Anekdoten, Intuitionen, persönlichem Glauben oder einzelnen und statistisch unbedeutenden Vorfällen. Stattdessen hängt sie von der Beschaffung und kritischen Bewertung der Belege für ihre Hypothesen ab und von der Fähigkeit, sinnvolle und tragfähige Verallgemeinerungen zu tätigen. Dies wird durch die Verwendung solider, schlüssiger und zuverlässiger Fakten durch wiederholte Beobachtung und dort wo notwendig, durch rigorose, systematische experimentelle Arbeit in wiederholten Versuchsansätzen geschaffen.

Diese Auszüge aus der Forschungsstrategie der Europäischen Zooassoziation erklären in kaum verbesserbarer Weise, was wissenschaftliche Arbeit mit Tieren bedeutet.

Sinn ist es also, verallgemeinerbare Erkenntnisse zu gewinnen, die von den getesteten Tieren auf gleichartige (seien es vergleichbare Rassen, vergleichbare Haltungssituationen, oder andere vergleichbare Lebensumstände) verallgemeinert werden können. Sowohl durch systematische, auf vorher gefassten Hypothesen und Annahmen beruhende Datensammlung, wie auch durch gezielte Beeinflussung von Umweltsituationen in Versuchs- und Testsituationen, können Daten gewonnen werden. Zur wissenschaftlichen Arbeit gehört also nicht notwendigerweise ein Versuch, solange auch auf andere Art die Randbedingungen konstant gehalten und nur eine, die zu untersuchende Bedingung verändert werden können.

Hunde sind uns Menschen sehr ähnlich und für die Wissenschaft deshalb von großer Bedeutung.

Was sagen die Ergebnisse aus?

Die Erklärung der gewonnenen Beobachtungen und Daten, in einer möglichst widerspruchsfreien und mit möglichst wenig nicht belegbaren Zusatzannahmen unterstützten, zusammenhängenden Weise, wird als Theorie bezeichnet. **Eine Theorie ist also in einer wissenschaftlichen Untersuchung das „höchste Gut", das man anstrebt.** Der negative und abfällige Ton, mit denen viele Theorien im allgemeinen Sprachgebrauch abgetan werden („nur eine Theorie"), bezieht sich nicht auf den wissenschaftstheoretischen Begriff der Theorie. Vielmehr bezieht sich diese Bezeichnung vielmehr auf das, was in wissenschaftlichen Untersuchungen als Hypothesen bezeichnet wird, nämlich eine noch nicht belegte und weitgehend unüberprüfte Grundannahme. Leider hat Goethe mit seiner abfälligen Bemerkung über die graue Theorie und den grünen Baum des Lebens nicht gerade dazu beigetragen, dies zurechtzurücken. Gute wissenschaftliche Forschung beruht also auf wiederholbarer, verallgemeinerbarer und mit nachvollziehbaren Methoden und in geplanter Art und Weise gesammelter Datenfülle. Zur Auswertung dieser Daten bedarf es der Statistik. Jedoch ist auch Statistik nur so gut wie die zugrunde liegenden Daten. Daher ist es bei einer wissenschaftlichen Untersuchung unumgänglich, die statistischen Auswertemethoden bereits vor dem Beginn der Datensammlung, unmittelbar im Anschluss an die Formulierung der zu testenden Hypothesen, auszuwerten. Wer Statistik benutzt wie ein Betrunkener den Laternenpfahl, nämlich zum Festhalten anstatt zur Erleuchtung, hat das Wesen der wissenschaftlichen Arbeit allgemein, und keineswegs nur das Wesen der Statistik, gründlich missverstanden.

Wer finanziert die Forschung?

Wie nicht anders zu erwarten, sind solche Vorgehensweisen zeitaufwändig und kosten auch sehr viel Mühe und oftmals Geld. Leider finden sich nur wenige Sponsoren, die allgemeingültige Untersuchungen, z. B. über das Verhalten des Haushundes als solchen, unterstützen würden. Daher sind viele der in den folgenden Kapiteln gemachten Untersuchungen in anderen Zusammenhängen begonnen worden, sei es der Hund als Modell für menschliche Verhaltens- oder auch medizinische Prozesse (z. B. in der Altersforschung), sei es im Zusammenhang mit allgemeinen Fragestellungen der Stressforschung oder im Zusammenhang mit naturschutzökologischen Untersuchungen über Gruppenstrukturen und Futterversorgung bei wild lebenden Raubtieren. Eine Zusammenschau der genannten Ergebnisse unter dem Aspekt – Was können wir dadurch für unseren Haushund lernen?, – ist trotzdem sehr aufschlussreich.

GENETIK UND ENTWICKLUNGSBIOLOGIE

Wie bereits angedeutet, haben vergleichbare Untersuchungen über die Domestikation des Silberfuchses in sowjetischen bzw. russischen Pelztierfarmen eine Reihe von Parallelen zur Veränderung des Grundbauplans zwischen Wolf und Hund verständlicher werden lassen (siehe S. 16). In dieser Untersuchung wurde zunächst mit dem Ziel eines besser handhabbaren Farmfuchses, eine sehr einfache Selektion vorgenommen: Nur diejenigen Füchse, die sich aus der Hand des Menschen füttern und am Kopf kraulen ließen, durften in die Zucht gehen. Nach 30 bis 50 Generationen dieser Zuchtselektion haben sich eine ganze Reihe verschiedenster Veränderungen ergeben. Scheinbar zunächst unzusammenhängende Merkmale wie Knickohren, Ringelschwänze, Fellscheckungen, veränderte Kopf- und Körperform gingen mit dieser Veränderung des Verhaltens einher.

NEURALLEISTEN-HYPOTHESE

Eine Erklärung könnte möglicherweise eine als Neuralleisten-Hypothese bezeichnete embryologische Überlegung liefern: **Danach stammen nämlich die Zellen aller Organe, die für die verschiedensten Domestikationsmerkmale verantwortlich sind, aus dem Neuralrohr.** Das Neuralrohr ist nicht nur die Grundlage des späteren Rückenmarks und Gehirns in der frühen embryonalen Entwicklung, die Neuralleiste im oberen Bereich dieses Neuralrohrs enthält auch Stammzellen, die sich im Laufe der weiteren Entwicklung in ganz anderen Teilen des Körpers spezialisieren. Pigmentzellen, Knorpel- und Knochenzellen, zahnbildende Zellen und Zellen der Nebenniere wären hier zu nennen. Gerade spezielle Knorpelzellen, wie etwa Ohrknorpel oder der Knorpel des Kehlkopfes, sind als ausgewanderte Neuralleistenzellen zu identifizieren. Geringfügige Veränderungen in der Wanderung dieser Zellen, von der Neuralleiste aus in die verschiedenen Zielorgane, könnten bereits zu einer deutlichen Veränderung führen. Zahmheit, Scheckungen, Kippohren und die über eine veränderte Nebennierentätigkeit erklärbare bessere Stressresistenz der domestizierten Formen, hätten also alle ihre gemeinsame Klärung gefunden. Als Grundlage für die Veränderung des Wanderungsverhaltens der Zellen der Neuralleiste wiederum, könnten Veränderungen in der Rhythmik der Schilddrüse angenommen werden. **Sommerfeld-Stur (2016) erklärt die Zusammenhänge noch deutlicher und lässt erkennen, dass die zentrale Rolle der Schilddrüsenhormone in der Steuerung verschiedenster neurochemischer Vorgänge auch auf die Individualentwicklung eines Lebewesens Auswirkungen hat.** Würde der Ausscheidungsrhythmus der Schilddrüsenhormone verändert werden, könnten die Neuralleistenzellen unterschiedliche Wanderungsgeschwindigkeiten und Wanderungseigenschaften annehmen, und dann wiederum die genannten domestikationsbedingten Veränderungen auslösen. Änderungen des Fortpflanzungszyklus (wonach Hündinnen der modernen Rassen meist zweimal im Jahr läufig werden), aber auch Farbänderungen wären ebenfalls eine mögliche Folge.

ERNÄHRUNG

Ungeachtet dieser, wohl sehr früh und möglicherweise punktuell aufgetretenen Mutationen in der embryonalen Steuerung, sind in den vergangenen Jahren durch exakte molekularbiologische Untersuchungen noch eine Reihe weiterer Veränderungen zwischen Wolf und Haushund erkennbar geworden.
Wiederum als Bestätigung für die Coppingersche Überlegung, dass die Vorfahren unserer Haushunde zunächst als Abfallsammler und Müllräumer in der Nähe menschlicher Lagerstätten aufgetreten wären, zeigen sich molekulargenetische Veränderungen in der Verteilung und Aktivität eines für die Spaltung von Stärke besonders wichtigen Gens. Eine wichtige Fähigkeit zur Verdauung von Kohlenhydraten, die bei Wölfen kaum, bei Haushunden jedoch regelmäßig möglich ist. Mit der Entwicklung und Entstehung von Ackerbau und der Zubereitung von Speisen (nach Angaben von Archäologen waren Getreide- und Körnerbreie mit die ersten zubereiteten Speisen, die unsere Vorfahren entwickelt haben), müssten auch Abfallräumerhunde besser in die Lage versetzt werden, mit dieser für Wölfe eigentlich unüblichen Nahrung zurechtzukommen. Genetische Untersuchungen von Hunden aus 14 verschiedenen Rassen und Wölfen zeigen, dass Hunde optimal an die Nutzung kohlenhydratreicher Nahrung angepasst sind. Sie haben mehr Kopien eines für die Amylase (Enzymbildung), also Stärke spaltende, notwendigen Gens als Wölfe. Dadurch kann Stärke in leicht verdauliche Zucker umgewandelt werden, und andere genetische Varianten ermöglichen auch noch die Herstellung von Enzymen, die die Zuckerform Maltose in leicht für die Zellen verwendbaren Traubenzucker (Glucose) umwandeln. Weitere genetische Veränderungen versetzen Hunde in die Lage, diese Glucose in die Zellen aufzunehmen. Damit wäre eine der beiden „Schlüsselqualifikationen" für den Haushund erfüllt.

Im Unterschied zum Wolf sind Hunde optimal an die Verwertung kohlenhydratreicher Nahrung angepasst.

VERTRAUENSSEELIGKEIT

Auch die zweite, die stärkere Vertrauensseeligkeit und das größere Entgegenkommen des Hundes zum Menschen, ist durch genetische Veränderungen wahrscheinlich erklärbar. Das für Hunde typische „überfreundliche" Verhalten ist nämlich durchaus auch in ähnlicher Form beim Menschen, dann allerdings als psychiatrische Besonderheit beschrieben: Als Williams-Beuren-Syndrom bezeichnet man in der Humanforschung Menschen, die besonders distanzlos, aufdringlich, aber auch besonders vertrauensselig anderen Artgenossen gegenüber auftreten. Man nennt das dann Hypersozialität. Diese pathologische Freundlichkeit ist durchaus nicht nur im Wesen, sondern auch in der Genetik bei Haushunden auf ähnliche Veränderungen zurückzuführen. Drei verschiedene Gene, die sogar auf verschiedenen Chromosomen sitzen, betreffen insbesondere den Stoffwechsel und die Wirksamkeit des als Bindungs- und Sozialhormons bezeichneten Oxytocins. Gerade die Bereitschaft von Haushunden, wesentlich häufiger und länger den Blickkontakt zum Menschen zu suchen, kann durch diese Oxytocinstoffwechselveränderungen wahrscheinlich mit erklärt werden.

Besonders bemerkenswert ist, dass sich die Blickkontaktfrequenz und die Blickkontaktdauer des Haushundes sogar zu unterschiedlichen Zeiten auf die Übergänge zwischen Wolf und Haushund datieren lassen. Eine Vergleichsstudie zwischen Haushunden, handaufgezogenen Wölfen und handaufgezogenen Dingos (den auf primitiver Stufe wiederum verwilderten australischen Urhunden) zeigt nämlich, dass die Dingos zwar den Kontakt zum Menschen genauso häufig suchen wie die Haushunde, ihn aber nicht so lange halten. Dingos sind also bezügliche der Blickkontaktsituation sozusagen auf halbem Weg zwischen Wolf und Haushund stehengeblieben (A. N. Johnston et al., 2017).

Hunde können Stärke in leicht verdaulichen Zucker umwandeln.

RASSEN UND RASSETYPEN

Zur Begriffbestimmung des Rassebegriffs sei nochmals auf das Standardwerk der Haustierkunde von Herre und Röhrs (1990) zurückgegriffen. Rassen werden dort beschrieben als „... Untergliederungen von Haustieren ... und streng auf Haustiere zu begrenzen. Rassen sind danach Untereinheiten der Haustiere einer Art, welche sich in mehreren erblichen Merkmalen voneinander unterscheiden. Sie werden nach subjektivem Ermessen abgegrenzt. Es sind Kollektiveinheiten, deren Besonderheiten oft durch statistische Methoden erfasst werden können. Ihre Heraushebung im zoologischen Nomenklatursystem ist nicht gerechtfertigt, eine Bezeichnung durch Vulgärnamen genügt. Sind die Eigenschaften einer Rasse im Wesentlichen als Folgen von Umwelteinflüssen zu deuten, ist von **Landrassen** zu sprechen, stellen sie hingegen weitgehend Ergebnisse menschlicher Auslese dar, ist die Bezeichnung **Kulturrassen** oder **Hochkulturrassen** angebracht. Doch auch innerhalb der Rassen gibt es Einheiten, deren Herausstellung berechtigt sein kann: Die Schläge, Untereinheiten von Rassen, welche sich nur in wenigen Merkmalen oder Genen voneinander unterscheiden".

Zu beachten ist, dass sehr lange Zeit in diesem Sinne keine klaren Rassestandards für die Beschreibung und Charakterisierung von Haushunden verwendet werden können. Die meisten, auch älteren Schläge von Hunden sind durchaus durch klimatische oder andere Umweltfaktoren zu erklären. Bestenfalls handelt es sich dabei um Landrassen. Jedoch sind sie meist nicht durch geschlossene Populationen, sondern durch Kreuzungen und Vermischung mit anderen, unter Umständen auch ganz anders aussehenden Hundetypen charakterisiert. Die ältesten Hundetypen konnten bereits durch Ausgrabungen von 9000 Jahre alten Skeletten beschrieben werden. Die Hunde, die auf sibirischen Inseln gefunden wurden, wiesen bereits deutliche Unterschiede im Körperbau auf und waren dabei perfekt für verschiedene Arbeitseinsätze gebaut. Schlittenhunde könnten sogar schon vor etwa 15 000 Jahren eingesetzt worden sein. Die später folgende funktionale Einteilung der Rassen nach verschiedenen Aufgaben, etwa Hüten, Bewegungssehen oder Apportieren, spiegelt sich durchaus auch in der genetischen Ausstattung wieder (siehe S. 47 ff.).

ENTSTEHUNG VON RASSEN

Insgesamt können auf der Basis der genannten Überlegungen fünf verschiedene Wege formuliert werden, auf denen Rassen entstehen können (Näheres siehe Sommerfeld-Stur, 2016).

Natürliche Rassen Sie könnten einfach auf der Basis natürlicher Selektion in Anpassung an das Ökosystem, indem die betreffenden Hunde gelebt haben, und die vorgegebene Verwendung entstanden sein. Die bereits geschilderten tiergeografischen Regeln und Abhängigkeiten von Temperatur, Luftfeuchtigkeit etc., aber auch Anpassungen, die funktionsmorphologische Spezialisierungen (siehe S. 41 ff.), sind hier zu nennen. In vielen Regionen der Erde finden sich auch heute noch solche, als natürliche Rassen zu betrachtende, mehr oder weniger wild lebende und menschenfern existierende Hunde.

Gebrauchsrassen Andere Rassen, die ganz ohne Rassestandards und gezielte menschliche Zuchtstrategien entstanden, konnten für verschiedene Formen der Jagd, das Hüten oder Treiben von Herden, sowie den Schutz von Herden und Höfen entstanden sein. Die äußeren Eigenschaften und auch das Verhalten dieser Hunde war eindeutig durch ihre Verwendung für menschliche Zwecke definiert. Vergleichsuntersuchungen der Geschlechts-Chromosomen von Rüden und Hündinnen zeigen, dass bei den heutigen Hunderassen im Bereich des männlichen Y-Chromosoms eine deutlich geringe genetische Varianz im Vergleich zu den Verhältnissen im weiblichen Erbgut vorliegt.

Mutationsrassen Sie sind zunächst als Zufallsprodukte zu sehen. Mutationen entstehen ständig, immer und überall. Auch in natürlichen, nicht von Kernkraftwerken oder Chemikalien beeinflussten Populationen geht man von einer Mutationsrate von ca. 1:10 000 aus, also pro Generation und 10 000 Genen eine Mutation. Da das Erbgut des Hundes ca. 19 000 bis 22 000 Gene umfassen dürfte, kann jede weitere Berechnung bereits aufzeigen, wie häufig Mutationen auftreten könnten. Sind bestimmte Mutationen für bestimmte Lebensbereich oder

Sogenannte Designerhunde: Aussiedoodle (Australian Shepherd x Pudel)

Zwecke besser geeignet, wurden sie gezielt herausselektiert und unterstützt, und schon war eine Rassebildung möglich.

Kreuzungsrassen Diese entstehen, indem man verschiedene solcher unterschiedlich angepasster Hunde miteinander kreuzt. Als jüngste Beispiele werden auch im Folgenden noch einige, als sogenannte Designerhunde heute auftretende, oder schon als fixierte Rassen (vgl. Eurasier, S. 169 ff.) bekannte Hunderassen zu nennen sein.

Gründerrassen (Founderrassen) Die letzte Möglichkeit, wie Rassen entstehen können, hängt mit einem sogenannten genetischen Flaschenhals zusammen. Hier können nur ganz wenige Hunde ihr Erbgut in die Folgepopulation einbringen (siehe S. 80 f., 109). Durch populationsgenetische Erscheinungen wie Gendrift und andere, weitgehend statistische Prozesse kann sich das Erbgut einer solchen kleinen Gemeinschaft sehr schnell verändern, und die hier auftretenden Veränderungen werden, wegen der nur wenigen Ausgangstiere, dann auch in die nächste Generation mit sehr hoher Wahrscheinlichkeit weitergegeben. Sommerfeld-Stur nennt als Beispiel für eine solche Gründerrasse den Kromfohrländer, der nur auf zwei Ausgangstiere zurückgeht. Auch in anderen Rassen haben z. B. die Kriege des 20. Jahrhunderts zu einem massiven Verlust an genetischer Vielfalt geführt. So wurden nach Sommerfeld-Stur z. B. die Mastiffs in England auf 14, die Manchester Terrier auf 11 Individuen reduziert. Eine nachfolgende, in Friedenszeiten durch die Zucht wieder stattgefundene zahlenmäßige Vergrößerung der Population, hat dann keinen Effekt mehr auf die geringe genetische Vielfalt. Eine solch enge genetische Ausstattung kann Probleme bereiten.

DESIGNERDOGS

Seit vor fast 40 Jahren der Australier Wally Conron das erste Mal eine gezielte Kreuzung zwischen einem Labrador Retriever und einem Pudel durchgeführt und die Mischung als Labradoodle bezeichnet hat, haben Doodles und andere beabsichtigte Rassemischungen einen weltweiten „Siegeszug" erlebt. Mehr als 700, der als Designerdogs bezeichneten Rassemischungen sind z. B. allein auf der Seite eines amerikanischen Hybridzuchtverbands zu finden.
Designerdogs werden von den meisten Vertretern der Rassehundezucht verteufelt und als gefährlicher Unsinn abgetan, und sogar ihr Erfinder hat sich vor Kurzem besorgt über den Hype, den er ausgelöst hat, geäußert. Sie haben aber nichtsdestoweniger ihre Anhänger und Welpen werden oft zu astronomischen Preisen verkauft.

Hybrid- bzw. terminale Kreuzung
Um das Thema realistisch einschätzen zu können, muss man sich ein wenig mit den Grundlagen beschäftigen.

Designerdogs sind das, was man in der Populationsgenetik als Hybrid- oder terminale Kreuzung bezeichnet. In der landwirtschaftlichen Nutztierzucht sind solche Hybridkreuzungen allgemein üblich – so gut wie jedes Stück Fleisch, das auf unseren Teller kommt, stammt von solchen Hybridkreuzungen. Das Prinzip einer Hybridkreuzung beruht auf der ersten Mendelschen Regel. Die besagt, dass bei der Paarung von zwei homozygoten, reinerbigen Elterntieren die Nachkommen untereinander gleich sind. Bei Hybridkreuzungen werden Elterntiere aus gut durchgezüchteten verschiedenen Rassen miteinander gepaart. Die Nachkommen werden nicht weiter zur Zucht genutzt. Daher auch die Bezeichnung „terminale Kreuzung". In der Nutztierzucht wird diese Form der Kreuzung auch als „Gebrauchskreuzung" bezeichnet. Die Kreuzungsprodukte werden „verbraucht" – in den meisten Fällen also gegessen. Aus dem Zuchtmodell der Hybridkreuzung ergeben sich zwei Effekte:

Puggle (Beagle x Mops)

Goldendoodle (Golden Retriever x Pudel)

- **Heterosiseffekt** Die Nachkommen einer solchen Kreuzung sind fitter als ihre reinrassigen Eltern. Sie sind vitaler und weniger anfällig gegen Erkrankungen.
- **Kombinationseffekt** Man kann Merkmale der beiden Ausgangsrassen in den Nachkommen kombinieren. Das funktioniert aber nur unter bestimmten Voraussetzungen. Dieser Kombinationseffekt war auch die ursprüngliche Idee von Wally Conron. Er züchtete primär Labrador Retriever für den Einsatz als Blindenhund. Einer seiner Kunden hatte eine Hundehaarallergie und so hatte Conron die Idee, die gute Eignung eines Labradors als Blindenhund mit dem nicht haarenden Fell des Pudels zu kombinieren. Ob dieser erste Labradoodle diese Anforderungen tatsächlich erfüllt hat, weiß ich nicht, aber vom Prinzip her war die Idee nicht schlecht.

Wenn die zahlreichen Nachahmer des Hybridkreuzungsprinzips nicht nur einer Modeströmung folgen würden, um ihre Welpen teuer verkaufen zu können, sondern Prinzip und Methodik einer Hybridkreuzung studieren und dann auch berücksichtigen würden, dann hätte das Designerdogmodell durchaus die Chance, eine auch sachlich gerechtfertigte Konkurrenz zur Rassehundezucht zu werden.

Geheimnis einer sinnvollen Hybridkreuzung

Der Heterosiseffekt Dieser Effekt ergibt sich daraus, dass bei der Kreuzung von zwei reingezüchteten Rassen die Nachkommen in einem größeren Anteil ihrer Genorte unterschiedliche Genvarianten tragen. Sie haben einen höheren Heterozygotieanteil, der im Wesentlichen für ihre bessere Fitness verantwortlich ist. Dieser Effekt ist nicht gezielt steuerbar und setzt u. a. voraus, dass die Eltern der beiden Ausgangsrassen nicht gleiche Defektgene tragen. Es ist daher von

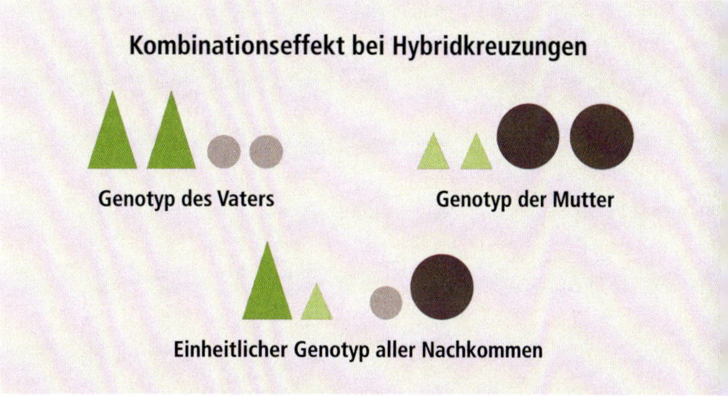

Die Paarung von Elterntieren, die in jeweils einem der zu kombinierenden Merkmale homozygot für das dominante Gen und in dem anderen Merkmal homozygot für das rezessive Gen sind, führt zu Nachkommen, die in beiden Genorten heterozygot sind und im Phänotyp eine Kombination der jeweils dominanten Merkmalsvarianten ihrer Eltern zeigen.

großer Bedeutung, dass bei beabsichtigten Hybridkreuzungen an die Elterntiere genau die gleichen Anforderungen in Bezug auf Gesundheitsparameter gestellt werden, wie im Rahmen der Reinzucht. Es sollten also bei beiden Elterntieren zumindest alle für die jeweilige Rasse verfügbaren Screeningtests durchgeführt werden. Zudem sollte vermieden werden, dass in den beiden Ausgangsrassen die gleichen genetisch bedingten Erkrankungen verbreitet sind. Sonst besteht, genau wie in der Reinzucht, die Gefahr, dass aus gesunden, aber genetisch belasteten Elterntieren kranke Nachkommen entstehen. Wenn molekulargenetische Tests für bestimmte Defektmutationen verfügbar sind, lässt sich damit, ebenso wie in der Reinzucht, das Auftreten bestimmter genetischer Defekte bei den Nachkommen verhindern.

Kombinationseffekt Um einen gewünschten Kombinationseffekt zu erzielen, muss man über die genetische Grundlage der zu kombinierenden Merkmale genau Bescheid wissen. Ein Kombinationseffekt ergibt sich dann, wenn die zu kombinierenden Merkmale in den Ausgangsrassen genetisch in jeweils homozygoter Form vorliegen und

die gewünschten Merkmalsvariationen dominant vererbt werden. So könnte man z. B. aus einer langhaarigen Rasse mit Hängeohren und einer kurzhaarigen Rasse mit Stehohren einen kurzhaarigen Hybriden mit Hängeohren erzeugen. Diese gezielte Kombination ist allerdings nur für Merkmale möglich, die einem einfachen bekannten Erbgang folgen. Bei genetisch komplexeren Merkmalen ist in den wenigsten Fällen der Genotyp bekannt, so dass man in den Ausgangsrassen nicht von einer homozygoten Fixierung der Merkmale ausgehen kann. Wenn also solche gezielten Kombinationen für einzelne Merkmale funktionieren, besteht ein Hund ja aus mehr als einigen wenigen Eigenschaften. Wenn man sich daher zu sehr auf die Kombination einzelner, genetisch einfacher Merkmale konzentriert, besteht die Gefahr, dass man ungünstige Kombinationseffekte für genetisch komplexere Eigenschaften riskiert. Das betrifft vor allem Merkmale des Körperbaus, die für die Bewegungsmechanik von Bedeutung sind, aber auch Merkmale des Verhaltens. So könnten sich bei ungünstigen Kombinationseffekten Körperbauvarianten ergeben, bei denen z. B. Stellung und Winkelung der Vorderextremität nicht mit der Hinterextremität zusammenpassen und sich damit unharmonische Bewegungsabläufe ergeben, die zu unphysiologischen Belastungen der Gelenke und damit zu frühzeitigem Verschleiß führen. Besonders problematische Kombinationen könnten sich auf der Ebene des Verhaltens ergeben, wenn nur z. B. eine rassetypisch niedrige Reizschwelle mit einem rassetypisch ausgeprägten Territorialverhalten kombiniert wird.
Man sollte daher schon sehr genau die genetischen Grundlagen des Kreuzungsmodells einerseits und die Eigenschaften der Ausgangsrassen kennen und deren funktionale Bedeutung auch richtig einschätzen können, wenn man sich an eine Hybridkreuzung heranwagt.

Vorteile einer guten Hybridkreuzung
Zweifellos könnte aber ein gutes Hybridkreuzungsprojekt eine ernsthafte Alternative zur Rassehundezucht sein. Die Vorteile liegen auf der Hand. Einerseits bietet der Designerdog im Vergleich zu einem normalen Mischling den Vorteil der besseren Vorhersagbarkeit der Eigenschaften, im Vergleich zum Rassehund ergibt sich der Vorteil der besseren Fitness.

Wie sieht es tatsächlich aus
Leider entspricht das, was in den meisten Fällen als Designerdog angeboten wird, in keinster Weise den genannten Anforderungen. Da werden willkürlich verschiedenste Rassen gemixt, sehr oft ist ein Pudel ein Elternteil. Die Wunschvorstellung von einem nicht haarenden Fell, das auch für Hundehaarallergiker geeignete Hunde erzeugt, lässt unzählige „Doodles" entstehen, die oft ein Fell haben, das weder pflegeleicht noch allergiegeeignet ist. Aber auch so gut wie jede andere mögliche Rassekombination findet sich. Sehr oft – und das unterstelle ich einmal – werden aber auch sogenannte „Hoppala-Würfe" im Nachhinein zum Designerdog hochstilisiert – kann man dann doch für die Welpen ein Vielfaches von dem verlangen, was jemand für einen einfachen Mischling zu zahlen bereit ist.
Und sehr oft wird dann auch mit den Hybriden in Unkenntnis der zweiten und dritten Mendelschen Regel einfach weitergezüchtet. Wer diese beiden Regeln kennt, weiß, dass es dann zu einer zufälligen Aufspaltung und Neukombination der großelterlichen Gene kommt – das Produkt sind dann ganz normale Mischlinge, die einander nicht gleichen und deren Merkmale in keinster Weise vorhersehbar sind. Designerdogs sind also vom Prinzip her durchaus eine gute Sache – es hapert aber in den meisten Fällen an der richtigen Umsetzung.

Autorin: Irene Sommerfeld-Stur, **S. 83**

SULIMOV-HUNDE ALS SPÜRNASEN

Als „Sulimov-Hunde" werden Kreuzungen aus Haushunden und Schakalen bezeichnet, für die Nenet-Rentierhunde (Nenet-Laikas) und zentralasiatische Schakale genutzt werden. Die Bezeichnung für diese Hunde geht auf den Namen ihres Ursprungszüchters, Klim Sulimov, zurück, der als Biologe und Züchter für den Aeroflot-Sicherheitsdienst arbeitet und als Forscher für das „D. S. Likhachev Russian Research Institute of Cultural and Natural Heritage" tätig ist (Zavyalova, 2015).Während des Zuchtprozesses wurden männliche Nenet-Laiki mit Schakalweibchen verpaart, um dann mit Nenet-Rentierhunden weiterzuzüchten. Die Zuchtauswahl dauerte insgesamt sieben Jahre, in denen sich Mischlinge, die lediglich zu ein Viertel Schakalanteil aufwiesen, als besonders geeignet für den Einsatz als Diensthunde erwiesen (Zavyalova, 2015). Sulimov-Hunde sind klein, wendig, trainierbar und besitzen einen ausgezeichneten Geruchssinn. Die Mischlinge wurden zunächst, seit ihrer Ursprungszüchtung im Jahr 1975, im Labor des EKC des Innenministeriums der UdSSR eingesetzt und orthologisch untersucht, bis sie seit 2002 offiziell als Spürhunde auf dem Flughafen Scheremetjewo als Sprengstoffsuchunde eingesetzt wurden (New Scientist, 2002; Zavyalova, 2015).

Vorteil dieser Hunde

Russische Wissenschaftler züchteten Kreuzungen aus domestizierten und wilden Caniden, weil sie der Ansicht waren, dass Wildcaniden höhere olfaktorische Leistungen erbringen können und besser ausgeprägte Sinne als Haushunde haben (Matychenko, 2008; Sulimov, 1995). Diese Hypothese basiert auf der Annahme, dass wild lebende Hundeartige auf ihren Geruchssinn zum Aufspüren von Nahrung und damit zum Überleben angewiesen sind und diesen deshalb besser nutzen können, da der Selektionsdruck sie naturgemäß zu guten Spürhunden macht (Sulimov, 1995).

Sulimov vertrat die Ansicht, dass Haushunde, im Gegensatz zu ihren wild lebenden Verwandten, einen geringer ausgeprägten Geruchssinn haben, dafür jedoch möglicherweise eine erhöhte Wahrnehmung für menschliche Gerüche besitzen, weil sie diesen evolutionsbedingt mehr Aufmerksamkeit schenken würden (Sulimov, 1995). Dadurch gelangte er zu dem Vorhaben, Schakale mit Nenet-Laikas, die als Rentierhütehunde und Jagdhunde eingesetzt werden, zu verpaaren, um so den idealen Spürhund zu kreieren.

Sulimov-Hunde weisen ein Viertel Schakalanteil auf.

Der Goldschakal wurde von Sulimov für Schakal-Hund-Kreuzungen eingesetzt.

Zuchtauswahl der Sulimov-Hunde

Sulimov ging bei seiner Zuchtauswahl von der Überzeugung aus, moderne Haushunderassen seien aufgrund ihrer eingeschränkten olfaktorischen Fähigkeiten ungeeignet. Deshalb wählte er laika-ähnliche Hunde, die aus einer Mischung aus Laikas und Deutschen Schäferhunden entstanden waren, um diese mit Schakalen zu kreuzen. Der Goldschakal wurde als besonders geeignet angesehen, da Schakale in der Wildnis bewusst nach übriggebliebenen Plazenten von Huftieren suchen, um sich von diesen zu ernähren, was als Indiz dafür gesehen wurde, dass Schakale in der Lage sind, aktiv zwischen männlichen und weiblichen Huftieren zu unterscheiden und lediglich die Spur der weiblichen auf Suche nach Nahrung zu verfolgen.Bei seinen eigenen Zuchtversuchen mit Schakal-Hund-Kreuzungen stellte Sulimov fest, dass die Tiere mit hohem Schakal-Anteil in der Lage waren, menschliche Geschlechter anhand ihrer Geruchsspuren zu unterscheiden (Jezierski et al., 2016). In der Praxis stellte sich heraus, dass Hunde mit einem Anteil von über 37,5% Schakal ungeeignet als Spürhunde waren, Mischlinge unter diesem Wert jedoch ideal geeignet für diese Aufgabe erschienen. Laut eigenen Aussagen verhielten sich die Sulimov-Hunde bei Sulimovs Untersuchungen ab einem theoretischen Schakal-Anteil von 6,25 % wie gewöhnliche Haushunde. Sulimov-Hunde, mit sehr hohem Schakal-Anteil, zeigten deutlich bessere olfaktorische Brillianz, waren jedoch derart menschenscheu, dass sie nicht eingesetzt werden konnten. Regelmäßige Verwendungen fanden insbesondere die Mischlinge mit einem theoretischen

Schakal-Anteil von 25 % (Jezierski et al., 2016). Sulimovs Untersuchungen zeigten, dass Schakal-Mischlinge mit diesem Anteil eine signifikant höhere Wahrscheinlichkeit hatten, für den Einsatz als Spürhunde, aufgrund ihrer Fähigkeiten und ihres Verhaltens, ausgewählt zu werden als reine domestizierte Haushunde (Sulimov, 1995). Allerdings gibt es wegen der Patentierung dieser Züchtung keine weiteren wissenschaftlichen Daten, die die Untersuchungen Sulimovs validieren können (Starovoitev, 2013).

Einsatz der Sulimov-Hunde

Die Sulimov-Hunde werden heutzutage für den Flughafensicherheitsdienst der Fluggesellschaft Aeroflot u. A. am Moskauer Flughafen Scheremetjewo als Spürhunde für Sprengstoffe, illegale Waren und andere gefährliche oder verbotene Güter eingesetzt. In den Zwingern von Aeroflot werden die Welpen ab drei Monaten für ihre spätere Arbeit ausgebildet, obwohl sie ab dem Alter von einem Monat zum Flughafen gebracht werden, um sie an ihren zukünftigen „Arbeitsplatz" zu gewöhnen (New Scientist, 2002). Die Sulimov-Hunde werden nicht an einen bestimmten Betreuer gewöhnt, sondern ab ihrer Geburt von jedem Tierpfleger der Aeroflot gepflegt und trainiert (Zavyalova, 2015).

Aufgrund der erfolgreichen und noch immer andauernden Verwendung, gab es in Russland weitere Versuche, Haushunde mit Wildcaniden zu verpaaren, um so bessere Diensthunde zu kreieren: Kasimov et al. (2005) verpaarten einen handaufgezogenen europäischen Grauwolf mit einem Schäferhund, um einen besseren Militärhund zu erschaffen. Laut den Tests, die seitens Kasimovs et al. (2005) mit Hunden dieser Verpaarungen durchgeführt wurden, konnten jene Narkotika binnen zwei statt wie Schäferhunde binnen sechs Minuten lokalisieren. Die russischen Militärwolfhunde, sogenannte „Volkosoby", werden derzeit als Patrouillenhunde an der chinesisch-russischen Grenze eingesetzt (Ivanov, 2007).

Hana Tebelmann forscht seit 2019 bis Ende 2022 zur innerartlichen Kooperationsbereitschaft verschiedener *Canidae*. Neben den Unterschieden zwischen wilden und domestizierten Hundeformen, die sie bereits zweimal hautnah bei der Welpenaufzucht von Wölfen wie auch Haushunden erleben durfte, liegt ihr Interessensfokus vor allem auf primitiven Haushunden. Hierzu ist sie im Rahmen der Primitive and Aboriginal Dog Society in Recherche und als Autorin tätig, um Aufschluss über das Verhalten ursprünglicher Hunde zu erhalten und zu vermitteln.

Sind Sulimov-Hunde wirklich bessere Spürhunde?

FORM UND FUNKTION
— *Unterschiede im Körperbau*

MIT HAUT UND HAAREN

Die vielfältigen, gestaltlichen und anderen körperbaulichen Unterschiede zwischen den Rassehundegruppen sind im Laufe der Domesitkationsgeschichte des Hundes (siehe S. 23 f.) sehr schnell und frühzeitig differenziert worden. Manche davon haben durchaus, zumindest zu Beginn, aufgrund der Arbeitshundetätigkeiten der verschiedenen Aufgabengebiete, eine biologische Bedeutung gehabt. Erst später konnte dann im Zuge eines nicht immer nachvollziehbaren Schönheitsempfindens des Menschen, eine nutzlose oder sogar körperlich oder physiologisch schädliche Weiterentwicklung stattfinden.
Bereits vor ca. 12 000 Jahren waren erste Unterschiede in der Fellfärbung von Haushundvorfahren aufgetreten. Paläogenetische, also an der Erbsubstanz von ausgegrabenen Knochenfunden vorgenommene, Untersuchungen zeigen, dass sowohl schwarze als auch helle bis weiße Varianten bereits vor ca. 10 000 Jahren bei den damals lebenden frühen Hunden vorkamen. Verantwortlich dafür sind zwei Genmutationen gewesen, die auch bei der Farbgestaltung heutiger Hunde noch eine Rolle spielen: Das MCR1-Gen und das CBD103-Gen, deren Funktion noch ausführlicher besprochen wird, siehe S. 34 ff. (Gansloßer und Kitchenham, 2019).

HAARSTRUKTUR

Das Zusammenspiel sehr vieler unterschiedlicher Gene ist im Bezug auf die Entscheidung über Fellfarbe und Fellstruktur bei Hunden ganz besonders deutlich. Die genetischen und biochemischen Hintergründe werden in Sommerfeld-Stur (2016) ausführlich erklärt. **Für die Struktur der Haare sind drei Gene verantwortlich, die in der molekulargenetischen Terminologie als FGF5, RSPO2 und KRT71 bezeichnet werden.**

— FGF5 hat die Aufgabe, das Wachstum der Haare zu kontrollieren. In seiner unveränderten, ursprünglichen Form ist dieses Gen dafür verantwortlich, dass das Haarwachstum im richtigen Moment stoppt. Dadurch wird der Hund kurzhaarig bleiben. Eine Genvariante, die die Funktion dieses Gens beeinträchtigt, ist dann die Langhaarvariante. Diese Variante ist rezessiv, dass bedeutet, dass nur ein Hund, der auf beiden Chromosomen die Langhaarvariante trägt, auch langhaarig ist.
— RSPO2 ist mitverantwortlich für das Wachstum des sogenannten Haarfollikels, also der Hauteinsenkung, in der die Haarwurzel sitzt. Kommt es hier zu einer veränderten Funktion, dann entstehen rauhaariges Fell, Bart und Augenbrauen. Diese veränderte Funktionsmutante ist dominant, es reicht also, wenn einer der beiden Elterntiere dieses Merkmal trägt. Übrigens, da in Bärten und ähnlichen Strukturen, vor allem im Gesicht, auch Tasthaare verborgen sind, ist deren Beschneiden, Trimmen etc. tierschutzwidrig und zumindest in Österreich auch durch ein einschlägiges Gutachten verboten (Winkelmayer und Binder, 2019).
— KRT71 wiederum ist für die Stabilität des Haares verantwortlich, wird es verändert, entsteht lockiges Haar.

NACKTHUNDE

Bei einer Reihe von Rassen, z. B. den mexikanischen und peruanischen, aber auch chinesischen Nackthunden, spielt noch ein weiteres Gen eine Rolle, das **FOXI3**. Dieses Gen ist aber nicht nur für den Haarverlust, sondern auch für eine ganze Reihe weiterer Veränderungen von Organen und Körperteilen, die ursprünglich aus dem äußeren Keimblatt embryonal hervorgehen (dem Ektoderm), verantwortlich. Deshalb sind auch die von Haarlosigkeit von FOXI3 betroffenen Hunde oftmals mit gestörter Zahnbildung etc. charakterisiert. Zu beachten ist, dass FOXI3 nicht für die Haarlosigkeit des amerikanischen Nacktterriers verantwortlich ist.

FELLFÄRBUNG

Durch komplizierte Zusammenwirkungen der haarbildenden Zellen, als Keratozyten bezeichnet, mit den pigmentbildenden Zellen, den Melanozyten, wird die Fellfärbung bewirkt. Hierfür sind mittlerweile mindestens 8 Gene identifiziert worden.
Das wichtigste Gen ist das **TYR**, das für die Pigmentsynthese zuständig ist. Ist dieses Gen defekt, dann entsteht der Albinismus. Das nächst wichtige Gen ist **MCR1**, dieses entscheidet, ob das schwarz bis dunkelbraun gefärbte Eumelanin oder das eher rötlich gelbliche Phaeomelanin gebildet wird. Ob das Eumelanin schwarz oder braun wird, entscheidet wieder ein anderes Gen, nämlich

---

FOXI3-GEN UND ZAHNBILDUNG

Nackthunde unterscheiden sich von anderen Hunden nicht nur durch das fehlende Fell, sondern auch hinsichtlich der Anzahl und Beschaffenheit ihrer Zähne. Wissenschaftler vom Max-Planck-Institut für evolutionäre Anthropologie in Leipzig und der Friedrich-Schiller-Universität Jena haben die Schädel und Zähne von haarlosen Rassehunden aus der Sammlung des Phyletischen Museums der Universität Jena untersucht und belegt, dass das Gen FOXI3 an der Entwicklung der Zähne beteiligt ist – nicht nur bei Nackthunden, sondern möglicherweise auch bei anderen Säugetieren, inklusive des Menschen. Ihre Ergebnisse stellen die Forscher in der aktuellen Ausgabe des Fachmagazins „Scientific Reports" vor. Nackthunde wie der Chinesische Schopfhund oder der Mexikanische Nackthund gehören zu den ältesten Hunderassen weltweit und sind bereits den großen Naturforschern Carl von Linné und Charles Darwin aufgefallen. Auslöser für das diesen Rassen fehlende Haarkleid ist eine Mutation des Forkhead-Box-I3-Gens (FOXI3), das zu einer Genfamilie für Transkriptionsfaktoren gehört und auch an der Entwicklung der Zähne beteiligt ist. Ein Team um Kornelius Kupczik vom Max-Planck-Institut für evolutionäre Anthropologie und Martin S. Fischer von der Friedrich-Schiller-Universität hat anhand einer historischen Schädelsammlung von nachweislich nackten und behaarten Hunden herausgefunden, dass bei den haarlosen Tieren nahezu alle Ersatzzähne (d. h. Schneide- und Eckzähne sowie vordere Backenzähne) fehlten, die Molaren (Zuwachszähne) aber vorhanden waren. Auffällig war auch, dass auf den Milchprämolaren und Molaren der Nackthunde bestimmte zungenseitige Zahnhöcker nicht ausgebildet waren. Die Forscher wiesen zudem an DNA-Proben dieser über 100 Jahre alten Hundeschädel aus der Sammlung des Phyletischen Museums in Jena nach, dass dieser morphologische Befund mit einer Mutation des FOXI3-Gens einhergeht.

Autor: PD Dr. Kornelius Kupczik

TYRP1. Mehrere rezessive, also verdeckt vererbte Varianten davon entscheiden, welcher Braunton gebildet wird. Aber ein Hund ist entweder immer schwarz oder braun.
Dann gibt es das sogenannte Agouti Protein, **ASIP** genannt. In seiner Wildtypvariante führt es zu geringelten Haaren, wie eben bei sehr vielen Wildformen von Säugetieren (man denke neben dem Wolf vor allem auch an die Wildkatze) vorliegt. Die Variante, die bei Haustieren sehr oft auftritt, führt zu einer gleichmäßigen Verteilung der Pigmentkörnchen über das gesamte Haar hinweg. Ein weiteres Allel, also eine Genvariante, ist jedoch auch für die „Black and Tan"-Färbung verantwortlich, wie z. B. bei Rottweilern oder Pinschern.

Bei weißem Fell fehlt dem Haar jegliche Pigmentierung. Die Nase des Hundes kann schwarz oder auch sehr hell sein.

STROMUNG

Das Beta-Defensin Gen **CBD103**, das eigentlich im Immunsystem seine Hauptaufgaben hat (siehe S. 36), sorgt ebenfalls für Farbvarianten, und zwar entweder für eine Stromung, ein rezessives Allel für die Rotfärbung, die dominante Variante ist für Schwarz verantwortlich. Dieses dominante Schwarzallel entstand bereits, wie eingangs erwähnt, vor ca. 10 000 Jahren.

SCHECKUNG

Das Scheckungsgen **MITF** sorgt dafür, dass die Melanozyten auch in die Hautareale und infolgedessen in die Haarwurzeln einwandern können. Veränderungen dieses MITF Gens führen nicht nur dazu, dass ein Tier gescheckt ist. Wenn die Einwanderung der Melanozyten in die Anlagen verschiedener Sinnesorgane, z. B. des Innenohres gestört ist, kann auch Taubheit oder ein anderer Funktionsverlust des betreffenden Sinnesorgans oder auch der Gehirnfunktion eintreten. Der Hintergrund dabei ist, dass die Melanozyten auch für die Entstehung von elektrischen Potenzialen an Sinnes- und Nervenzellen verantwortlich sind. Auch die Netzhaut kann von dieser Problematik betroffen sein, deshalb sind extrem stark weiß gefärbte, oder stark weiß grundierte gescheckte Hunde, speziell wenn die Weißfärbung große Teile des Kopf betrifft, oftmals blind oder taub. Aus diesem Grund wird auch dringend empfohlen, bei Hunden mit einem oder gar zwei weißen Ohren in jedem Fall sehr früh einen Hörtest durchführen zu lassen.

MERLE-FAKTOR

Das Merle-Gen **SILV** bewirkt eine Marmorierung der Färbung. Hunde, die dieses Gen in reinerbiger Form tragen, sind kaum pigmentiert. Mischerbige Hunde zeigen die typische Merlefärbung, also die unregelmäßige Aufhellung in den dunklen Fellbereichen. Problematisch daran ist, dass das Merle-Gen, vor allem im reinerbigen = homozygoten Typ, Hör- und Sehvermögen, aber auch Skelett, Herz und Fortpflanzungsorgane beeinträchtigen kann. Selbst bei mischerbigen Hunden des Merle-Gens können in verringerter Häufigkeit Schäden an Ohren oder Augen auftreten. **Die reinerbige Variante dagegen wird als Qualzucht betrachtet, so dass eine Verpaarung von**

Farbgene haben nicht nur einen Einfluss auf die Fellfarbe und Pigmentverteilung, sondern sind auch für andere Verhaltens- und gesundheitliche Veränderungen zuständig (Australian Shepherd, blue-merle).

Merle x Merle in vielen Fällen vom Zuchtverband bereits verboten, und glücklicherweise auch als Qualzucht von den einschlägigen Behörden verfolgt wird. Schwierig ist das Ganze deshalb, weil es auch sogenannte verdeckte Merlevarianten gibt, bei denen, insbesondere bei reinerbig MCR1 rezessiven Hunden, die Merleeigenschaft im Phänotyp nicht auftritt. Speziell bei Doggen gibt es eine Wechselwirkung zwischen dem Merle-Gen und dem dort speziell nachgewiesenen Harlekin-Gen. Auch das Harlekin-Gen ist in reinerbiger Form letal, reinerbige Harlekinformen sterben bereits im Mutterleib ab. Je nach Ausprägung der mischerbigen oder reinerbig rezessiven Harlekine und der mischerbigen oder reinerbigen Merle-Gene treten dann weiße, schwarze, gefleckte oder getigerte Doggen auf.

Das letzte, für die Fellfärbung verantwortliche Gen ist **MLPH**, das für die Farbverdünnung zuständig ist. Es wird auch als Dilute-Gen bezeichnet. Auch seine Wirkung kann medizinische Probleme verursachen, insbesondere eine Hautkrankheit, die entsprechend als Blauhundkrankheit (Blue Dog Disease) bezeichnet wird.

FELLFÄRBUNG UND IMMUNSYSTEM

Von besonderer Bedeutung ist, dass die meisten der genannten Farbgene nicht nur für die Entstehung der Fellfarben und Pigmentverteilungen, sondern auch für eine ganze Reihe von anderen, verhaltens- und gesundheitlichen Veränderungen zuständig sind. Das Beta Defensin Gen z. B., ist für eine veränderte Immunantwort verantwortlich (siehe Gansloßer und Kitchenham, 2012). Arbeiten von Sophie Candielle und Mitarbeitern im Jahre 2007 zeigen, dass die Wechselwirkungen zwischen den Eigenschaften des Immun- wie auch des Stresshormonhaushalts dazu führen, dass Hunde mit einem dunkel pigmentierten Haarkleid reaktionsfähiger im Immunsystem, also abwehrstärker, aber auch psychisch stabiler sind. Haupt- und Co-Autoren konnten schon im Jahr 2001 zeigen, dass beim Labrador Retriever in einer als aggressiv eingestuften Gruppe nachweislich mehr gelb gefärbte und weniger schokoladenbraune oder schwarze Typen vertreten waren als in der unauffälligen Kontrollgruppe. Bemerkenswert ist, dass die dunkle bis schwarze

Pigmentierung frei lebender amerikanischer Wölfe (auch sogenannte Timber Wölfe) durch späte Einkreuzung von Haushunden während der ersten Jahrhunderte der Besiedlung Nordeuropas durch die Europäer geschah. Dadurch wurde das MCR1 Gen bei diesen Wölfen in der Haushundvariante verbreitet, was möglicherweise auch mit der geringeren Scheu und dem Menschen gegenüber etwas selbstbewussteren Auftretens der Schwärzlinge oder der Timber Wölfe allgemein zu tun haben könnte. Im Umkehrschluss würde dies auch teilweise erklären, weshalb eurasische Wölfe generell scheuer und zurückhaltender sind als ihre nordamerikanischen Artgenossen.

Melanin bzw. die Melanozyten haben noch weitere Schutzfunktionen. Eine Wechselwirkung der Immunstabilität mit den dunklen Fellvarianten ist auch möglicherweise einer der Gründe, weshalb bei vielen Wildtieren (man denke hier an schwarze Jaguare oder schwarze Panther als Beispiel) in feucht tropischen Regenwaldgebieten häufiger dunkle bis schwarze Fellvarianten auftreten als im trockeneren Savannen- und Steppenbereich. In den tropischen Regenwäldern ist schlichtweg die Gefahr der Infektion mit Pilzen, Bakterien und Viren unter den feucht warmen Bedingungen größer als in den trockeneren Savannen, andererseits ist gerade in der trockeneren Savanne auch die gefleckte Fellvariante möglicherweise besser getarnt.

Der gesamte Genkomplex rund um das Melanokortinrezeptorgen (MCR) ist noch in weiterer Hinsicht für Verhaltens- und andere Eigenschaften zuständig. Neben dem für die Pigmentbildung zuständigen MCR1, gibt es nämlich noch insgesamt 4 weitere Melanokortinrezeptorgene, die mit der Stressreaktion, dem Fressverhalten, der sexuellen Aktivität und dem Aggressionsverhalten zu tun haben.

Bei Labradoren wurde auch bereits gezeigt, dass braune Varianten erregbarer sind als schwarze, schwarze jedoch mehr zu Aggressionsverhalten neigen, schwarze und gelbe sind häufiger geräuschempfindlich als braune. Gelbe Hunde zeigten mehr Trennungsangst als schwarze, braune waren schlechter trainierbar. Beim Cocker Spaniel wurde ebenfalls nachgewiesen, dass rote Farbvarianten häufiger erregbar sind und eine früher als Dominanzaggression bezeichnete, heute meist als Impuls- oder Affektkontrollaggression eingestufte Form unerwünschten Verhaltens zeigen, die gescheckten waren am seltensten aggressiv.

PLEIOTROPIE

In den allermeisten Fällen beruhen die Zusammenhänge zwischen Fellfarbe und Verhaltens- oder auch gesundheitlichen Eigenschaften auf einer Pleiotropie, dem Phänomen, dass ein Gen an verschiedenen Stellen des Körpers unterschiedliche Wirkungen entfalten kann. Ein gelber Hund ist also nicht deshalb krankheitsanfälliger, weil er gelb ist. Seine erhöhte Krankheitsanfälligkeit ist nur durch die gelbe Färbung nach außen hin sichtbar. Dieser Unterschied ist wichtig, insbesondere dann, wenn Verhaltenseigenschaften im Zusammenhang mit Erziehung, Training und anderen Verhaltensbeeinflussungen genannt werden. Farbveränderungen sind in den allermeisten Fällen Risikofaktoren, auf deren Ausbildung im aktuellen Fall des einzelnen Hundes jeweils durch Training, Erziehung und Verhaltensmanagement im Alltag Einfluss genommen werden kann. Nur in seltenen Fällen, etwa bei den genannten Fällen von Taubheit weißköpfiger Hunde, handelt es sich um schicksalhafte Erscheinungen, auf die Halter und Trainer keinen Einfluss haben.

REINE KOPFSACHE?

Die Veränderungen in der Gestalt, den relativen Größenverhältnissen und damit auch der Leistungsfähigkeit von Schädel, Gehirn, Kaumuskulatur und andere, am Vorderende des Tieres konzentrierte Organsysteme, haben so enge Wechselwirkungen, dass sie normalerweise nur gemeinsam betrachtet werden können. Bereits die Veränderungen im Schädelbau der Haushundrassen sind nicht nur für Laien offenkundig. Auch Fachleute haben sich in den vergangenen Jahren zunehmend mit diesem System komplexer Wechselwirkungen beschäftigt (siehe Gansloßer und Kitchenham, 2019). Auch im Schädelbau kommt es z. B. deutlich erkennbar zu Merkmalen einer lebenslangen Verjugendlichung. In jedem aufgenommenen Alter sind die Schädel von Junghunden mit denen jeweils jüngerer Wolfswelpen bzw. Jungwölfe vergleichbar. Auch bei Rassen, die im erwachsenen Zustand keine verjugendlichten Merkmale mehr aufweisen, ist die Entwicklungsverzögerung deutlich erkennbar. **Trotzdem ist für jede Hunderasse die Schädel- und Gehirnentwicklung ein Mosaik von verschiedenen Prozessen, manche Entwicklungsschritte werden verzögert, manche beschleunigt und manche treten sogar neu gegenüber dem Wolf auf.**

Das Stereoriechen der Hunde ist umso besser, je weiter die Nasenlöcher auseinander stehen.

Die Schnauzenlänge und Schnauzenform spielt eine weitere wichtige Rolle. Bei kurz- bis mittelschnauzigen Rassen wird nämlich das Gaumendach vorn nach oben, bei langschnäuzigen nach unten gedrückt und gekippt. Die Reihenfolge der Reifungsprozesse von Gebiss, Skelett und physiologischen Geschlechtsapparaten ist im Vergleich zwischen Wolf und Hund noch ähnlich. Innerhalb des Schädels dagegen sind die Unterschiede sehr groß. Ein lang-schmalschnauziger Hund kann den Kiefer zwar sehr schnell schließen, damit das flüchtende Beutetier zuverlässiger packen, er hat aber wegen des in Bezug auf den Bewegungsapparat genauer zu besprechenden Zusammenhangs zwischen Dreharm und Drehpunkt des Kiefergelenks weniger Kraft (siehe S. 41). Die optischen Verhältnisse im Schädel hängen ebenfalls mit der Schädelgestalt zusammen.

- Je weiter die Augen auseinanderstehen, desto besser ist ein räumliches Sehen möglich.
- Je weiter die Nasenlöcher auseinanderstehen, desto besser ist das, ebenfalls in mehreren Studien belegte Stereoriechen, also die unterschiedliche Benutzung linker und rechter Nasenlöcher, ermöglicht.

Die Brachycephalie (Kurz- oder Rundköpfigkeit) kann je nach Ausprägung zu verschiedenen gesundheitlichen Problemen führen.

FORMENSPEKTRUM SCHÄDEL

Das Formenspektrum der Hundeschädel ist auch bei verschiedenen Rassegruppen nochmals unterschiedlich. Die breiteste Varianz im Bereich der Schädelgestalt findet sich, nicht anders zu erwarten, bei den Gesellschafts- und Begleithunden, die ja letztlich auch „nur" da sind, und keine besondere Arbeit im körperlichen Sinne verrichten müssen. Auch im Bereich des Kiefergelenks gibt es bereits eine Formenvielfalt. Das Kiefergelenk eines Wolfs ist ein Scharniergelenk, das nahezu ausschließlich Auf- und Zubewegungen erlaubt. Bei Haushundrassen kann das Aussehen des Kiefergelenks bereits deutlich vom Wolf abweichen. Die Variation innerhalb der Hunderassen ist tatsächlich von der Gestalt des restlichen Schädels mit beeinflusst, aber auch Hunde mit sehr unterschiedlichem Kiefergelenk können sehr ähnliche Schädel aufweisen. Das bedeutet, dass das Kiefergelenk unabhängig vom Schädel an sich einen eigenen Entwicklungsweg gegangen sein muss. Ob dies nun die Folge von unnatürlichen Zahnstellungen bei manchen Rassen ist, oder, ähnlich wie Untersuchungen an der Kiefermuskulatur bereits vermuten lassen, schon einen gewissen Weg zurück vom reinen Fleisch- hin zum Allesfresser auch anatomisch widerspiegelt, muss durch weitere Untersuchungen geklärt werden. Auch in der Kaumuskulatur gibt es Unterschiede zwischen Rassen. **Rote Muskelfasern, die für eine besonders ausdauernde Muskelarbeit geeignet sind, finden sich mehr bei kurzschnauzigen Hunden wie Boxer, Bullmastiff oder Mops. Weiße Fasern, die auf kurze, aber wenig ausdauernde Muskelarbeit hindeuten, finden sich mehr bei langschnauzigen Rassen wie Schäferhund, Retriever oder Galgo.**

GEHIRNVOLUMINA

In enger Wechselwirkung mit der Schädelgestalt, finden wir auch Änderungen im Bereich des Gehirns. Insgesamt lässt sich feststellen, dass die Gehirnvolumina von Wolf zu Haushund sich verändert haben. Nicht nur die immer wieder feststellbare Verkleinerung des Hirnvolumens vom Wildtier zu seiner Haustierform ist auch bei Wölfen zu Haushunden erkennbar. Innerhalb des Gehirns haben sich die Volumenanteile ebenfalls verändert: Bei Wölfen finden wir ein wesentlich größeres limbisches System, was auch die höhere Erregbarkeit und insgesamt größere emotionale Ansprechbarkeit, aber auch größere Nervosität gegenüber den Haushundrassen erklärbar macht (Sommerfeld-Stur, 2016).
Die Einflüsse der Veränderungen im Bereich der Neuralleiste auf die Schädelgestalt, insbesondere in Wechselwirkung mit dem dabei ebenfalls beteiligten Serotoninsystem, wurden bereits im Kapitel über die Neuralleistenhypothese besprochen (siehe S. 21).

Bei kurzschnauzigen, breitschädligen Hunderassen ist im Bereich des Gehirns der Riechlappen nach unten abgeknickt und gebogen. Der breite Schädel ermöglicht nicht nur eine, durch veränderte Netzhautanatomie noch verstärkte Fähigkeit zum besseren räumlichen Sehen durch den größeren Augenabstand, auch die dazugehörigen verarbeitenden Zentren des Gehirns sind beim breitschädeligen Hund offenbar größer und könnten ebenso zu einer verbesserten Sehfähigkeit beitragen. Bemerkenswert ist in diesem Zusammenhang, dass nicht nur breitschnauzige Hunde besser auf menschliche Zeigegesten reagieren, sondern, wie etwa die Untersuchungen von William und Nicole Helton zeigen, generell größere Hunde auf Zeigegesten besser reagieren. Dies wird von William und Nicole Helton u. a. mit einem absolut größeren Augenabstand bei größeren Rassen, und damit einer verbesserten Fähigkeit zur räumlichen Zuordnung interpretiert. Möglicherweise sind also auch deshalb diese Hunde kommunikationsfähiger mit dem Menschen.

Bei den unterschiedlichen Hunderassen ist auch hinsichtlich der Größe eine große Varianz zu erkennen.

GRÖSSE UND GESTALT

William und Nicole Helton haben noch einen weiteren interessanten Zusammenhang aufgedeckt, der ebenfalls von funktionellen Grundlagen aus erklärbar wäre (siehe Gansloßer und Kitchenham, 2019). Sie verglichen die verschiedenen Größen und auch Rassen in ihrer Leistungsfähigkeit bei Agility-Turnieren, die mit eingeführten Fragebögen abgefragt wurde. Im Gegensatz zu dem, was viele Leute annehmen, ist die Trainierbarkeit ziemlich unabhängig vom Turniererfolg der Hunde. Der Prozentsatz der verschiedenen Rassen unter den Medaillengewinnern hing weitgehend vom Prozentsatz dieser teilnehmenden Hunde dieser Rasse und nicht von der höheren oder geringeren Trainierbarkeit verschiedener Rassen ab. Auch bei der Präzision, die die Hunde im Turnier zeigten, war der Persönlichkeitsfaktor „Trainierbarkeit" kein Einflussfaktor. Die Geschwindigkeit, mit der die Hunde über den Parcour flitzten, war aber sehr wohl auch eine Funktion ihrer Trainierbarkeit. Beim Trainingsaufwand wiederum zeigte sich kein Zusammenhang mit dem Persönlichkeitsfaktor „Trainierbarkeit", sehr wohl aber ein Unterschied in der Geschwindigkeit. Hunde, die im Agility als besonders gut geeignet eingeschätzt wurden, waren körperlich in einer recht homogenen, mittleren Größenkategorie. Dies wird von Heltons u.a. durch die Zusammenhänge zwischen Schrittlänge, Wendigkeit und Geschwindigkeit, aufgrund der mechanischen Gegebenheiten des Hundeskeletts erklärt. Das Hebelgesetz, das uns z. B. vorgibt, beim Schaukeln mit einem kleinen Kind auf der Wippe möglichst nah am Drehpunkt zu sitzen, während das Kind möglichst weit vom Drehpunkt entfernt sitzen sollte, ist hier auch für viele Gegebenheiten des Hundeskeletts ein wichtiger physikalischer Bestimmungsfaktor:

Kraft x Kraftarm = Last x Lastarm

Die geringere Kraft des kleinen, leichten Kindes kann in Verbindung mit dem langen Wipparm uns in die Höhe befördern, wenn wir selbst (kurzer Lastarm) möglichst nahe am Drehpunkt der Wippe sitzen. Letztlich ist gerade der Turniererfolg im Sport bei den von Heltons untersuchten Hunden von diesen physikalischen Gegebenheiten stark beeinflusst. Hunde einer mittelgroßen Rasse sind eben ein guter Kompromiss zwischen Schrittlänge und Geschwindigkeit (da wären die größeren Rassen besser) und Wendigkeit (was die kleineren wiederum besser können).

KNOCHENBAU

In der Bewegungsanalyse von Tieren, insbesondere größeren Wirbeltieren, gibt es zwei einander gegenüberstehende Funktionsprinzipien, die wir z. B. durch Pit Bull Terrier und Windhund, oder noch deutlicher durch Elefant und Reh verdeutlichen können. Die Beine des Pit Bulls oder auch des Elefanten sind kräftiger, und die unteren Bereiche der Extremitäten sind kürzer. Bei Reh oder Windhund dagegen sind die unteren Teile der Extremitäten länger und die Beine insgesamt schlanker. Die Schlankheit kommt hier nicht nur durch eine unterschiedliche Knochenrobustizität, sondern auch durch die Verlagerung der bedienenden Skelett- also Bein- und Armmuskulatur körpernaher Bereiche.

Dadurch kann der körperferne Teil des Beins durch Sehnen und andere, vergleichsweise leichte Strukturen gesteuert werden. Das Vor- und Zurückschlenkern der Beine während des Bewegungszyklus fällt damit leichter, und ist energiesparender. Je größer und schwerer das Tier, desto größer der Durchmesser des Knochens in der Mitte des Schafts. Und auch im Feinbau ergeben sich Unterschiede, die massiven, für die Kraftaufnahme und Abfederung notwendigen Schichten der Knochenrinde sind wesentlich massiver bei den schweren als bei den leichten Formen. Die Knochen der schweren Hunderassen, etwa Pit Bull und Verwandte, sind zwar robuster, aber gleichzeitig elastischer. Die Steifheit des Knochengewebes war bei Greyhounds wesentlich größer. Dadurch ist es den schweren, robusten Rassen gleichzeitig möglich, 2 bis 2,5 mal mehr Energie aufzufangen und zu absorbieren, bevor die Knochen brechen, als bei den Windhunden. Die Selektion auf hohe Geschwindigkeit ging hier offensichtlich mit steiferen und bruchgefährdeteren Knochen einher.

BEWEGUNGSMUSTER

Dem Gegenüber stehen interessante und bemerkenswerte Befunde zum genauen Ablauf des Bewegungsmusters von Hunden, wie sie in der Studie von Fischer und Lilje (2011) an über 30 Hunderassen im Röntgen-Zeitlupen-Videobild gezeigt werden konnten. Bemerkenswert ist hier, dass bei allen untersuchten Hunderassen die individuelle Varianz größer war als die rassetypischen Unterschiede. Während also, von der Seite betrachtet, die Bewegungsmuster relativ unabhängig von den betrachteten Rassen sind (die Unterschiede zwischen den untersuchten Chihuahuas und den Deutschen Doggen jeweils als Rassegruppe, waren deutlich geringer als die Varianz innerhalb der Rasse Chihuahua und der Rasse Deutsche Dogge), war durch eine nachfolgende dreidimensionale Betrachtung der Gelenkdynamik durchaus wieder ein rassetypischer Unterschied festzustellen. Hier wurden nur noch vier Rassen untersucht, wobei bei der Französischen Bulldogge eine enorme Abspreitzung der Hintergliedmaßen auftrat. Es kommt dabei zu einer erstmals beobachteten Längsachsendrehung des Oberschenkels, und es könnte durchaus sein, dass die unterschiedliche Anfälligkeit z. B. für Bänderrisse, speziell Kreuzbandrisse, bei verschiedenen Rassen mit auf solche Phänomene zurückgeführt werden kann. Näheres siehe Fischer und Lilje (2011), Koch und Fischer (2015).

KÖRPERGRÖSSE

EINFLUSS AUF DIE LEBENSERWARTUNG

Aber allein die Körpergröße macht durchaus einen Unterschied im Verhalten und in sonstigen Eigenschaften der Hunde. Gerade die unterschiedliche Wachstumsgeschwindigkeit, die beim Erreichen großer oder sehr

☞ HUNDEJAHRE VERGLICHEN MIT MENSCHENJAHREN (NACH PATRONECK, 1997)

HUNDEJAHRE	½	1	1½	2	3	4	5	6	7
HUNDERASSE BIS 15 KG	15	20	24	28	32	36	40	44	48
HUNDERASSE 15 BIS 45 KG*	10	18	21	27	33	39	45	51	57
HUNDERASSE ÜBER 45 KG	8	14	18	22	31	40	49	58	67

*Beispiel: Ein Hund mit einem Gewicht von 15–45 kg und einem Alter von 4 Jahren wäre in Menschenjahren 39 Jahre alt.

kleiner Körpergrößenkategorien auftritt, kann vielfältige Auswirkungen auf die Lebensgeschichte der jeweiligen Hunde haben. Die Tabelle zeigt, dass kleine Rassen in den ersten Monaten bis Jahren ihres Lebens sehr viel schneller reifen, was sich auch auf die unterschiedliche Beeinflussbarkeit durch Erziehungsprozesse und andere Verhaltensveränderungen auswirkt. Später, etwa ab dem Alter von 2,5 bis 3 Lebensjahren, wird dann die Alterungsgeschwindigkeit der großen Rassen sehr viel schneller beschleunigt, was zu einer früheren Sterblichkeit großer Hunde führt. Die frühere Sterblichkeit von Angehörigen der Riesenrassen, also über 60 kg, hängt also keineswegs nur, wie lange Zeit vermutet, mit den übermäßigen Belastungen des Herz- und Kreislaufsystems, oder des Bewegungsapparates zusammen, sobald das durchschnittliche Körpergewicht einer Rasse über dem der Stammart Wolf liegt. Es kommt vor allem zu einer beschleunigten Zellteilungsrate, die auch mit einer erhöhten Tumoranfälligkeit einhergeht.

WAGEMUT VON KLEINHUNDEN

Andererseits ist einer der wichtigsten Faktoren bei der Steuerung nicht nur der Körpergröße, sondern auch etlicher medizinischer und verhaltensbiologischer Phänomene, der Wachstumsfaktor IGF1. **Eine erhöhte Produktion von IGF1 führt zu einem verstärkten Wachstum, jedoch zu einer eher zurückhaltenden, bisweilen sogar vorsichtigen bis unsicheren Persönlichkeit. Kleine Hunde sind also allein aufgrund der geringeren Konzentration dieses Wachstumsfaktors bereits kühner und wagemutiger.** Zugleich sind sie aber anfälliger für einige medizinische Probleme, etwa Bauchspeichelentzündung oder die bekannte und gefürchtete Kniescheibenverschiebung (Patellaluxation).

Wenn die kleinen Hunde dann auch noch einen sehr stark babymorphen, also dem Kindchenschema übermäßig entsprechenden Kopf bzw. Schädelbau aufweisen, kommt es zu weiteren Problemen, nicht nur im Zusammenhang mit einer veränderten und verschobenen Kopfanatomie. Eine Untersuchung in der Gruppe von John Bradshaw (Goodwin et al., 1997) deutet an, dass auch die Verhaltensreifung dieser extrem mit dem Kindchenschema ausgestatteten Rassen sich verändert, was u.a. dazu führen könnte, dass das genetische Programm für die Ausbildung von Beschwichtigungsverhalten, Unterwerfungs- und Deeskalationsbestrebungen im Verhalten nicht aktiviert wird (siehe auch Ganslоßer und Kitchenham, 2019). Anekdotische Beschreibungen von Pensionsbetreibern, aber auch Haltern dieser Hunde, lassen vermuten, dass sie es jedoch von anderen, größeren, mit vollständigerem Verhaltensrepertoire ausgestatteten Hunden anderer Rassen lernen können. Weitergehende Untersuchungen müssen hier durchgeführt werden.

8	9	10	11	12	13	14	15	16	17	18	19	20
52	56	60	64	68	72	76	80	84	88	90	94	100
63	69	75	80	85	90	95	100					
76	85	94	100									

Alle Angaben in Jahren

Allgemein ist oftmals die Fähigkeit kleiner Hunde zur Selbstbeherrschung und Affekt- und Impulskontrolle geringer. Mit zielgerichtetem Training kann dies aber verbessert werden.

SELBSTBEHERRSCHUNG VON KLEINHUNDEN

Horschler et al. (2019) zeigen noch einen weiteren Zusammenhang: Eine kleinere Körpergröße bewirkt auch eine kleinere absolute Gehirngröße, und in diesem kleineren Gehirn haben offensichtlich die als Exekutivfunktionen bezeichneten, mit Selbstbeherrschung und Affektkontrolle betrauten Nervenleitungen aus der Großhirnrinde in das darunter liegenden limbische System weniger Platz. **Die Fähigkeit kleiner Hunde zur Selbstbeherrschung und Affekt- und Impulskontrolle ist daher allgemein aus neurobiologischen Gründen geringer.** Dies, im Zusammenhang mit ihrer schnelleren Verhaltensreifung und ihrer ohnehin persönlichkeitsbedingten größeren Kühnheit, macht es um so wichtiger, kleine Hunde konsequenter zu erziehen, als dies im allgemeinen heutzutage geschieht. Holly Stone et al. (2016) haben Ergebnisse des sehr fundierten schwedischen Hundeverhaltenstests SDMA mit verschiedenen Faktoren von Größe und Gestalt von über 67 000 Hunden aus 45 Rassen in Beziehung gesetzt. Der Vorteil dieses Tests (siehe Gansloßer und Kitchenham, 2012, 2019) ist die Durchführung durch sehr gut ausgebildete und weitergebildete Tester*Innen. Es ergaben sich erstaunliche Abhängigkeiten:

- Kleinere Hunde waren aggressiver in verschiedenen Testsituationen.
- Größere Hunde reagierten gefühlvoller (more affectionate) bei Begrüßung durch den Menschen und gegenüber dem Halter/der Halterin, sie waren verspielter und kooperativer mit Menschen.
- Schwerere Hunde waren der Hundeattrappe gegenüber neugieriger, ebenso gegenüber metallischen Geräuschen und Testhelfern.
- Leichtere Hunde waren vorsichtiger gegenüber der Hundeattrappe und hatten mehr Furcht beim Schusstest sowie bei metallischen Geräuschen.
- Schwere Hunde waren gegenüber Gespenstern aufmerksamer.

Unerwünschtes Verhalten in verschiedenen Bereichen nimmt mit abnehmender Größe und Körpermasse zu.

MIT ALLEN SINNEN

Auch die Funktion und die Struktur der Sinnesorgane verändert sich nicht nur auf dem Weg vom Wolf zum Hund, sondern auch innerhalb der Hunderassen. Bereits erwähnt wurde der unterschiedliche Bau der Netzhaut, der breitschnauzigen Hunden ein besseres räumliches, im Nahbereich insgesamt schärferes Sehen ermöglicht, langschmalschnauzigen dagegen ein besseres Bewegungssehen auch am Horizont. Ebenfalls bereits erwähnt wurde der unterschiedliche Nasenlochabstand, der zu einer verbesserten Fähigkeit zum räumlichen Schnüffeln von breitschnauzigen Hunden führt.
Aber auch in der Gestalt des Innenohres, das nicht nur zum Hören, sondern auch für den Gleichgewichtssinn und den Beschleunigungssinn wichtig ist, ergaben sich offensichtlich im Laufe der Domestikationsgeschichte große Unterschiede. Es gibt eine leichte Variabilität innerhalb der modernen Haushunderassen, diese weißt jedoch im Vergleich zum Wolf keine statistische Bedeutung auf. Der Winkel zwischen den Bogengängen, die für die Lagebestimmung im dreidimensionalen Raum wichtigen Teile des Innenohres, ist bei Wölfen deutlich größer als bei Haushunden, die Größenvariabilität des gesamten Innenohres dagegen bei den Wölfen deutlich geringer als bei den Haushunderassen. Die Form des Organs beim Australischen Dingo ist eher der des Haushundes und weniger der des Wolfes ähnlich. Es zeigt sich also auch hier wieder, dass bei sekundärer Verwilderung einer bereits domestiziert gewesenen Haustierform die Verhältnisse der ursprünglichen wilden Stammform nicht wieder hergestellt werden.

RIECHLEISTUNG

Bemerkenswerte, und völlig unerwartete Ergebnisse zeigen sich auch beim Vergleich der Riechleistung von Hunden ganz unterschiedlicher Schädelgestalt. Eine Studie von Nathaniel Hall und Co-Autoren (2015) vergleicht die Riechleistung von Möpsen, Deutschen Schäferhunden und Greyhounds. Die immer angenommene überragende Riechfähigkeit des Deutschen Schäferhundes wird nicht bestätigt. Die Geruchsdifferenzierung und auch die Fähigkeit, zunehmend verdünnte Gerüche zu erkennen, war bei den Möpsen deutlich höher als bei den Deutschen Schäferhunden.
Die Greyhounds dagegen schnitten am schlechtesten ab. **Gerade in diesem Zusammenhang sind wohl nicht die Länge der Schnauze, die Zahl und Konzentration der Duftrezeptoren auf den Riechmuscheln, sondern auch psychische Faktoren wie Ausdauer, Gewissenhaftigkeit oder die relative Bedeutung der verschiedenen neurobiologischen Anteile von größerer Wichtigkeit.**
Bereits diese kurze Zusammenfassung neuerer wissenschaftlicher Untersuchungen lässt erkennen, dass viele der als Rasseunterschiede angenommenen Verhaltens- aber auch anderer Leistungen nicht primär von der Rassezugehörigkeit, sondern von allgemein zoologisch-anatomischen Gegebenheiten beeinflusst sind. Die Aufdeckung wirklich rassetypischer Eigenschaften im Verhalten und in den Leistungsfähigkeiten unserer Haushunde ist daher ein zentrales Thema moderner Forschung geworden.

GENE, VERHALTEN UND ERBLICHKEIT

AUSWIRKUNGEN VON GENEN AUF DAS VERHALTEN

Die Suche nach genetischen Zusammenhängen mit Verhaltenseigenschaften eines Hundes oder anderen Tieres wird mittlerweile durch eine Reihe moderner, genetischer wie auch statistischer Forschungsmethoden erheblich erleichtert. Um einen möglichen Zusammenhang zwischen bestimmten Erbeigenschaften und dem Verhalten eines Hundes, einer Rasse oder einer anderen Testgruppe aufzudecken, gibt es heute im Wesentlichen zwei Möglichkeiten:

1. Die als **genomweite Assoziationsstudie (GWAS)** bezeichnete Methode durchsucht das gesamte, ca. 19 000 Gene umfassende Erbgut von Hunden, die die betreffende Eigenschaft zeigen, und einer Vergleichsgruppe (z. B. gleiche Rasse), die die genannte Eigenschaft nicht zeigen. Wenn sich dann im Erbgut zwischen diesen beiden Gruppen, der Testgruppe und der Vergleichsgruppe, an bestimmten Genen erkennbare Unterschiede zeigen, dann ist dies bereits ein deutlicher Hinweis auf einen möglichen genetischen Zusammenhang. Sind die betreffenden Gene auch noch dafür bekannt, dass sie z. B. im Hirnstoffwechsel, in der Funktion der Sinnesorgane oder anderen Eigenschaften genau solche Auswirkungen haben, wie das betreffende Verhalten benötigen würde, dann ist der Beleg noch stärker. Die im Folgenden noch ausführlicher zu besprechende neue Studie von Evan MacLean und Co-Autoren (2019) ist ein gutes Beispiel für diese Vorgehensweise (siehe S. 49 f.).
2. Etwas konzentrierter und damit mit etwas geringerem Aufwand ist die Suche nach sogenannten **Kandidatengenen**. Wenn man bereits eine Vermutung hat, z. B. welches Gen für die Bindungsstellen oder für die Produktion eines mit diesem Vorgang beauftragten Hormons, Botenstoffes o. ä. zuständig sein könnte, kann man gezielt nach verschiedenen Genvarianten dieses, mit Rezeptoren, Bindungsstellen oder anderen chemischen Faktoren verknüpften Gens suchen. Mit dieser Methode wurden z. B. Zusammenhänge zwischen der Anfälligkeit für ADHS-artige Störungen und einem Dopaminrezeptorgen gefunden (siehe Gansloßer und Kitchenham, 2019).

ERBLICHKEIT

Wie in den vergangenen Werken (Forschung trifft Hund und Hunde-Forschung aktuell) immer wieder betont, sind die Werte für Erblichkeiten innerhalb einer Rasse oder einer anderen Zuchtpopulation gerade im Verhaltensbereich sehr gering. **Wenn es sich um allgemeine Persönlichkeitsmerkmale handelt, etwa Nervosität, Temperament oder ähnliches, so liegen die Werte im Bereich zwischen 22 bis 30 %, bisweilen sogar 50 %. Geht es dagegen um Erblichkeiten von einzelnen Verhaltensmerkmalen, so liegen die Werte oftmals im einstelligen Prozent-Bereich.** Gerade die Übersichts- und Zusammenfassungsstudie von Lenka Hradecka und Co-Autoren

(2015) ist hier sehr ernüchternd. In dieser Studie wurden insgesamt 48 wissenschaftliche Veröffentlichungen über die Erblichkeit von Verhaltenseigenschaften bei Haushunden verarbeitet. Fünf funktionelle Kategorien, nämlich Umweltbezug, Hüteverhalten, Jagdverhalten, Spiel und psychische Grundeigenschaften wurden untersucht. Allgemein sind die Erblichkeiten dieser Verhaltenskategorien und Einzelmerkmale innerhalb von Rassen sehr gering. So lag z. B. beim Hovawart die Erblichkeit der genannten Eigenschaften zwischen 1 und 14 %, die Erblichkeit des Hüteverhaltens beim Border Collie zwischen 1 und 10 %. Die Erblichkeit des Erfolgs im Welpentest beim Labrador bei 9 bis 11 %, die Erblichkeit von Eigenschaften wie etwa Nervenstärke, Selbstvertrauen oder auch „Schärfe" beim Deutschen Schäferhund lagen bei 5 bis 20 %. Dies kann nun aus genetischer Sicht mehreres bedeuten:

1. Die Variabilität innerhalb der untersuchten Rasse oder sonstigen, zugrunde liegenden Population ist bereits sehr gering. Wenn eine solche geringe Variabilität überhaupt nur vorliegt, kann selbstverständlich auch die nach der Definition bestimmte Erblichkeit (siehe Kasten) nicht sehr groß sein.
2. Verhaltenseigenschaften, und viele andere wohl auch, werden nicht von einem einzigen Gen oder einer Gruppe eng gekoppelter Gene, sondern von sehr vielen Genen beeinflusst. Diese werden auch noch in mehr als zwei Varianten, also komplizierter als die uns allen aus der Schule bekannte Mendelgenetik, vererbt.
3. Die genannten Eigenschaften werden sehr stark durch Umwelt-, Aufzuchtbedingungen und andere Einflussfaktoren gesteuert, und das Erbgut gibt nur eine geringe Reaktionsnorm vor. Das ist die wohl am häufigsten zutreffende Erklärung.

DEFINITION: ERBLICHKEIT

Eine Reihe von Studien haben die von vielen Hundezuchtverbänden genutzten, leider etwas unterschiedlich benannten Verhaltenseigenschaften während der Zuchtzulassungsprüfungen genutzt, um im Vergleich zwischen den vorgestellten Hunden und ihren Elterntieren einen Faktor namens „Erblichkeit der genannten Verhaltensmerkmale" zu berechnen. Hierzu ist es wichtig zu verstehen, was ein(e) Züchtungsgenetiker*In unter Erblichkeit versteht.

Was sagt der Faktor Erblichkeit aus?
Der Faktor Erblichkeit gibt an, wie viel Prozent des Unterschiedes innerhalb der vorgestellten Tiere erklär- bzw. vorhersagbar ist, wenn man die Werte der Eltern und anderer Vorfahren im gleichen Test kennt. Wenn also z. B. zwischen dem kleinsten und dem größten vorgestellten Hund ein Unterschied in der Körpergröße von 10 cm gefunden wird, und man weiß, dass die Erblichkeit der Körpergröße 60 % beträgt, dann kann man auf 6 cm genau errechnen, wie groß die Nachkommen dieses Hundes werden, wenn man seine Werte und die seiner Elterntiere kennt. Das ist wichtig zu betonen, denn es geht beim Berechnen der Erblichkeit immer nur um die Variabilität innerhalb der verschiedenen vorgestellten Rassen, und nicht um die Einflüsse der Genetik auf das gezeigte Verhalten insgesamt. Daher kann Erblichkeit auch immer nur pro Rasse errechnet werden.

Eine entspannte und fürsorgliche Mutterhündin kann maßgeblich zur Stressresistenz der Welpen beitragen.

ERBLICHKEIT VON RASSEUNTERSCHIEDEN

Im Jahr 2019 kam eine aufsehenerregende Untersuchung, an der neben dem Erstautor Evan Mac Lean u.a. auch James Serpell beteiligt war, zu ganz anderen Ergebnissen. Diese Studie hat bewusst nicht die Variabilität und die Erblichkeit innerhalb von Rassen untersucht, sondern die Erblichkeit von Rasseunterschieden. Sobald man auf dieser Ebene analysiert, ergeben sich wesentlich höhere Erblichkeitswerte. Mehr als 14 000 Hunde aus über 100 Rassen, mit jeweils rassetypischen genetischen Daten, wurden statistisch untersucht, mehr als 100 000 Genorte quer über das gesamte Genom des Hundes waren die Bezugsgröße. Hier ergaben sich durchaus Erblichkeiten, die bisweilen bis zu 0,75 reichen konnten, die Mehrzahl der gefundenen Erblichkeitswerte lag zwischen 0,35 und 0,6. Insgesamt wurden 14 verschiedene Eigenschaften auf ihre Erblichkeit zwischen den untersuchten Rassen getestet:

1. Trainierbarkeit und Offenheit. Hier geht es um die Bereitschaft, dem Halter zu folgen, Objekte zu bringen, und Ablenkungen zu ignorieren.
2. Aggression gegen Fremde (nach Intensität)
3. Aggression gegen den Halter (nach Intensität)
4. Aggression gegen Hunde
5. Rivalitätsverhalten gegen Hunde
6. Furcht vor Hunden
7. Furcht vor fremden Menschen
8. Nicht soziale Furcht
9. Berührungsempfindlichkeit
10. Trennungsprobleme

11. Erregbarkeit
12. Bindung und aufmerksamkeitssuchendes Verhalten
13. Jagdverhalten (Häufigkeit und Schwere)
14. Energie (beinhaltet nicht nur die Allgemeinaktivität, sondern auch z. B. die Häufigkeit von Spielverhalten)

Die höchsten Werte erreichte hierbei die Offenheit und Trainierbarkeit mit 73 %, die Aggression gegen Fremde mit 68 %, Jagdbereitschaft mit 62 % und aufmerksamkeitssuchendes bzw. Bindungsverhalten mit 56 %. Offensichtlich waren diese Verhaltenskomplexe in der Domestikationsgeschichte der Hunde auch besonders wichtig.
Hier muss nochmals betont werden, dass es sich um einen Vergleich zwischen Rassen handelt. Wenn nun in Zuchtzulassungs-, Anlagen- oder anderen vergleichbaren Prüfungen eines Zuchtverbandes mit diesen Merkmalen gearbeitet würde, wäre die Arbeit von MacLean und seinem Team durchaus nicht richtig interpretiert. Dann müssten wir wieder auf die von Lenka Hradecka und ihren Co-Autoren gefundenen, wesentlich geringeren Erblichkeitswerte innerhalb der Rasse zurückgreifen.

KOMPLEXITÄT DER VERHALTENSBEEINFLUSSUNG

In einer weiteren, auf den Ergebnissen der genetischen Differenzierung aufbauenden statistischen Analyse, wurden eine Reihe von genetisch beeinflussten Eigenschaften aufgezeigt (siehe Abbildung), die in einer Netzwerkdarstellung die Komplexität der

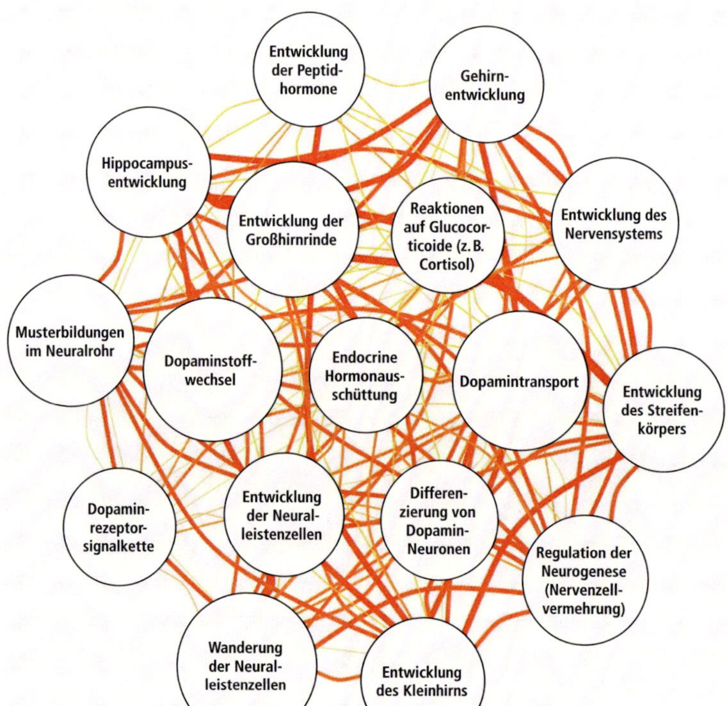

Netzwerkdarstellung zwischen neurobiologischen und entwicklungsbiologischen genetischen Einflüssen beim Entstehen der modernen Haushunde (aus MacLean et al., 2019).

Verhaltensbeeinflussung deutlich machen. Um nur ein Beispiel aus der Grafik herauszugreifen: Allein von der Veränderung in der Entwicklung des Kleinhirns *(Cerebellum)* gehen insgesamt 11 Verbindungen zu anderen Knotenpunkten des Netzwerks aus. Aus dem Dopamintransportsystem, also den für lustbetontes Verhalten, aber auch allgemeine Erregbarkeit zuständigen Botenstoffsystem, sind es über 20 Verbindungen. Bemerkenswert ist auch, dass die in dieser Studie gefundenen Unterschiede z. B. sehr eng vergleichbar sind mit Studien über genetische Unterschiede innerhalb von Probandengruppen des Menschen. Beispielsweise sind die Botenstoffsysteme, die beim Menschen mit der Herzfrequenz, dem Ruheverhalten und dem Schlafen verbunden sind, die gleichen, die bei Hunden mit dem Energieniveau, dem aufgedrehten und spielerischen Verhalten verknüpft sind. Auch Unterschiede in der Furcht bei Hunden sind mit Genen verknüpft, die auf Schreckreaktionen und Temperament beim Menschen Einfluss haben. Und auch die bereits angesprochenen, genetisch selektierten Unterschiede zwischen zahmen und weniger zahmen bzw. aggressionsbereiten Farmfüchsen lassen sich auf Genveränderungen zurückführen, die auch im Zusammenhang mit der Erblichkeit hundlichen Verhaltens in ähnlicher Richtung wieder auftauchen.

PERSÖNLICHKEITS-UNTERSCHIEDE

Im Zusammenhang mit Rasseunterschieden wurden auf anderen Methoden basierende, aufschlussreiche Untersuchungen veröffentlicht. Das Autorenteam um den schwedischen Forscher Kenth Svartberg hat bereits im Jahr 2006 eine Auswertung der Persönlichkeitsunterschiede im Bezug auf den schwedischen Verhaltenstest veröffentlicht. Weit über 13 000 schwedische Hunde aus 31 Rassen wurden in diesem Test untersucht, und man hat u.a. versucht herauszufinden, ob die ursprünglichen Aufgaben der Rassen und die daraus entstehenden Verhaltensweisen oder die in den letzten Jahrzehnten deutlich geänderten Nutzungsformen der Hunde in unserer Zivilisationsgesellschaft stärkere Auswirkungen auf das Verhalten haben. Eigenschaften wie etwa Verspieltheit, Neugier, Furchtlosigkeit oder Geselligkeit ergaben durchaus große Unterschiede zwischen den Rassen, diese waren jedoch kaum mit der früheren Nutzung oder der Herkunft der Rassen übereinstimmend. Stattdessen war die derzeitige Nutzung als Ausstellungs-, Zucht- oder Familienhund hauptsächlich als Einflussfaktor erkennbar. So zeigte sich etwa bezüglich Verspieltheit, Neugier oder Furchtlosigkeit, dass diese Eigenschaften mit Ausnahme des Faktors Aggressivität sich unter dem noch zu besprechenden Scheu-Wagemutig-Persönlichkeitstyp zusammenfassen ließen. Bedenklich war, dass die Präsentation auf Ausstellungen, also die Hauptverwendung eines Rassehundes der sogenannten Schönheits- oder Standardlinie, mit allen genannten Persönlichkeitseigenschaften bei beiden Geschlechtern negativ korreliert. Je mehr ein Hund auf Ausstellungen gezeigt wird, desto weniger gesellig, weniger verspielt, weniger neugierig und weniger furchtlos ist er. Waren die Hunde dagegen in verschiedenen Formen der Arbeitshundewettbewerbe eingesetzt, so korrelierte dies positiv mit Verspieltheit, aber auch Aggressivität bei den Rüden. Populärere Rassen waren insgesamt geselliger und verspielter, also wurde hier offenbar auf eine gewisse Umgänglichkeit selektiert. Dies ist nur einerseit bedenklich, da eine plötzliche Beliebtheitsänderung einer Rasse offenbar merkwürdige Veränderungen hervorrufen kann. Andererseits ist es einer Rasse zuträglich, irgendeinen Job zu haben.

ENTWICKLUNG VON HUNDEN

„Die typische Hundeentwicklung gibt es nicht!"

(Dorit Urd Feddersen-Petersen)

Die Kieler Tierärztin und Ethologin Dorit Urd Feddersen-Petersen untersuchte im Rahmen eines ethologischen Rassevergleichs die Verhaltensentwicklung verschiedender Hunderassen im Vergleich zum europäischen Wolf. In ihren Untersuchungen bezieht sie sich auf die Studien von Scott & Fuller, die, als Pioniere der Verhaltensgenetik in einem umfassenden Aufzuchtexperiment bereits in den 60er-Jahren Unterschiede in der Verhaltensentwicklung bei verschiedenen Hunderassen untersuchten, und mit ihren bis heute als Standardwerk geltenden „Bar Harbor Studien" nicht nur die Existenz bevorzugter Phasen des Lernens, die Bedeutung der Sozialisierungsphase und genetische Grundlagen rassetypischen Verhaltens belegen, sondern auch zur Etablierung der frühen Entwicklungsphasen führten. Die Entdeckung vielfältiger Besonderheiten bei verschiedenen Rassen jedoch, insbesondere in Bezug auf die Entwicklungsgeschwindigkeit, zeigte schnell, dass die Welpenentwicklung keinen starren, unverrückbaren Phasen folgt.
Heute betrachtet man die Verhaltensontogenese vielmehr als Reihe sensibler Phasen, welche die durch physiologische und morphologische Veränderungen markierten Entwicklungsphasen überspannen.
Im Folgenden soll die „klassische" Einteilung in Neugeborenen Phase, Übergangsphase und Sozialisierungsphase kurz erläutert werden und weiter als Hilfskonstruktion dienen, die rassegebundenen Variationen bei der Welpenentwicklung „sichtbar" zu machen.

Welpen öffnen zirka am Ende der zweiten Lebenswoche die Augen und beginnen zu hören (Pembroke Welsh Corgie-Welpen).

Die Entwicklungsphasen

Welpen werden quasi als „Nesthocker" geboren. Wie auch bei solchen Vogeljungen, zeichnet sich die sogenannte Neugeborenen (neonatale) Phase (bis zum Beginn des Augenöffnens, ca. Ende der 2. Lebenswoche) primär durch komfort- und stoffwechselassoziiertes Verhalten aus. Trotzdem wird der in älteren Arbeiten oft gebrauchte Begriff des sogenannten „vegetativen Stadiums" oder auch „Schlauchstadiums" dem sich entwickelnden Welpen nicht annähernd gerecht: Tatsächlich begegnet der noch taube und blinde Welpe bereits erkennbar äußeren Reizen, wenn auch in kleinem Rahmen oder, wie von Thomas Althaus (1982) beschrieben, im „funktionellen U" der umsorgenden Mutter.
Mit dem Heranreifen der Sinnesleitung und motorischen Fähigkeiten als Grundvoraussetzung für die Sozialentwicklung, schafft die transiente Phase (bis zum vollständigen Öffnen der Ohren, ca. Ende der 3. Lebenswoche) den Übergang in den nächsten Entwicklungsabschnitt: der Sozialisierungsphase (nach neueren Betrachtungen alle nachfolgenden Phasen bis zum Beginn der Pubertät zusammengenommen). Angetrieben von der allgemeinen Neugier, entwickelt sich mit der Fähigkeit zur Erkundung das Verhaltensrepertoire, insbesondere die sozialen Verhaltensweisen, explosionsartig. Zeitgleich wächst ab der 5. Lebenswoche mit der Entwicklung der Stresssysteme, die Scheu und Unsicherheit – das einsetzende Angstverhalten hemmt schließlich das Erkundungsverhalten und beendet die sensible Phase der Sozialisierung. Das Alter, in dem erste furchtvolle, vermeidende Antworten auf einen Angstauslöser (z. B. ein lautes Geräusch) gezeigt werden, unterscheidet sich signifikant hinsichtlich der Rassen: Verglichen mit Deutschen Schäferhunden und Yorkshire Terriern, tritt Angstverhalten am spätesten bei Cavalier King Charles Spaniel-Welpen auf (Morrow et al., 2015).

Entwicklung abhängig von der Rasse

Welpen lernen durch individuelle Erfahrungen, das resultiert in einer ausgeprägten individuellen Vielfalt, die aber hinter den Gemeinschaften mit der eigenen Rasse zurücksteht.

Rasseunterschiede in der Entwicklungsgeschwindigkeit – Die Entwicklungsgeschwindigkeit nimmt mit der Entwicklung der Sinnesleistung und der körperlichen Fähigkeiten Fahrt auf. Hier besetzen verschiedene Rassen bereits ungleiche „Startpositionen", was z. B. das Öffnen der Augen betrifft. Im Durchschnitt öffnen sich die Augen bei Wildcaniden und den meisten untersuchten Haushunderassen etwa zwischen dem 10. und 14. Lebenstag. Manche Rassen differieren hier jedoch stärker: Cocker Spaniel öffnen ihre Augen um den 14. Lebenstag, im selben Alter haben nur 11 % der Foxterrier die Augen geöffnet. Umgekehrt verhält es sich mit dem Öffnen der Gehörgänge: wenn Foxterrier bereits auf plötzlichen Lärm reagieren, tun dies nur 61 % der gleichaltrigen Cocker Spaniel.

Hunderassen haben sehr unterschiedliche Entwicklungsgeschwindigkeiten.

In der Sozialisierungsphase sollten die Welpen viele, für das weitere Leben, wichtige Umweltreize mit Maß kennenlernen.

Diese Unterschiede bedingen, dass die Neugeborenenphase beim Foxterrier nur ein paar Tage andauert, während sie beim Cocker Spaniel deutlich über eine Woche geht. Obwohl Foxterrier beim Öffnen der Augen spät „zünden", gehören sie gemeinsam mit Schlittenhunderassen und dem Border Collie zu den Hunderassen, die im Vergleich zum Wolf und anderen Wildcanidenarten relativ beschleunigte Entwicklungsschritte zeigen, nicht nur im motorischen Bereich, sondern auch in zahlreichen Bereichen des Sozialverhaltens. Insbesondere Labrador Retriever, Golden Retriever und Pudel zeigen dagegen relativ verzögerte Entwicklungsschritte im Vergleich zum, in den vergleichenden Studien von Feddersen-Petersen als „canide Meßlatte" angeführten (europäischen) Wolf.

Variationen im Verhaltensrepertoire – Neben diesen relativen Verzögerungen und Beschleunigungen im Entwicklungsverlauf, zeigen sich auch Variationen im Verhaltensrepertoire gegenüber dem Wolf, aber auch zwischen den verschiedenen Rassen: Allgemeingültig scheint, dass – gleichwohl manche Rassen den Wolf in der Entwicklungsgeschwindigkeit anscheinend überholen – Haushunderassen die Fülle an wölfischen Verhaltensvariationen nicht erreichen. Im Bereich der Bewegungskoordination z. B. erreichen die vergleichsweise „schnellen" Bull Terrier nur fast 50 % der wölfischen Vorlage, Zwergpudel brauchen länger und kommen am Ende trotzdem nur auf maximal 20%. Ähnlich verhält es sich im mimischen Bereich, wo beim Deutschen Schäferhund, der in seinem motorischen Entwicklungsprofil der Stammesart am ehesten gleicht, noch neue Verhaltenselemente auftreten, wenn Wolfswelpen alle mimischen Verhaltenselemente bereits vollständig entwickelt haben, und am Ende die komplexe optische Kommunikation der Wölfe dennoch nicht erreicht.

Die Pädomorphen – Bei pädomorphen Hunderassen, also solchen, die ein starkes „Kindchenschema" aufweisen, erwartet man intuitiv Unterschiede im Bereich der mimischen Kommunikation. Doch diese haben sich in Studien bislang so nicht bestätigen lassen. Sehr wohl konnte aber gezeigt werden, dass pädomorphe Rassen Verluste in ihrem Kommunikationsverhalten zeigen und zwar im Bereich agonistischen Verhaltens: Gemessen an den Ausgangssignalen, die sich beim Wolf finden, zeigen Mops & Co ein stark eingeschränktes Kommunikationsverhalten. So sind z. B. submissive Verhaltensweisen ganz verlorengegangen, wohingegen offensiv-aggressive, dominanz-fordernde Signale erhalten geblieben sind (Goodwin et al., 1997). Bei näherer Betrachtung fehlen die Verhaltens-

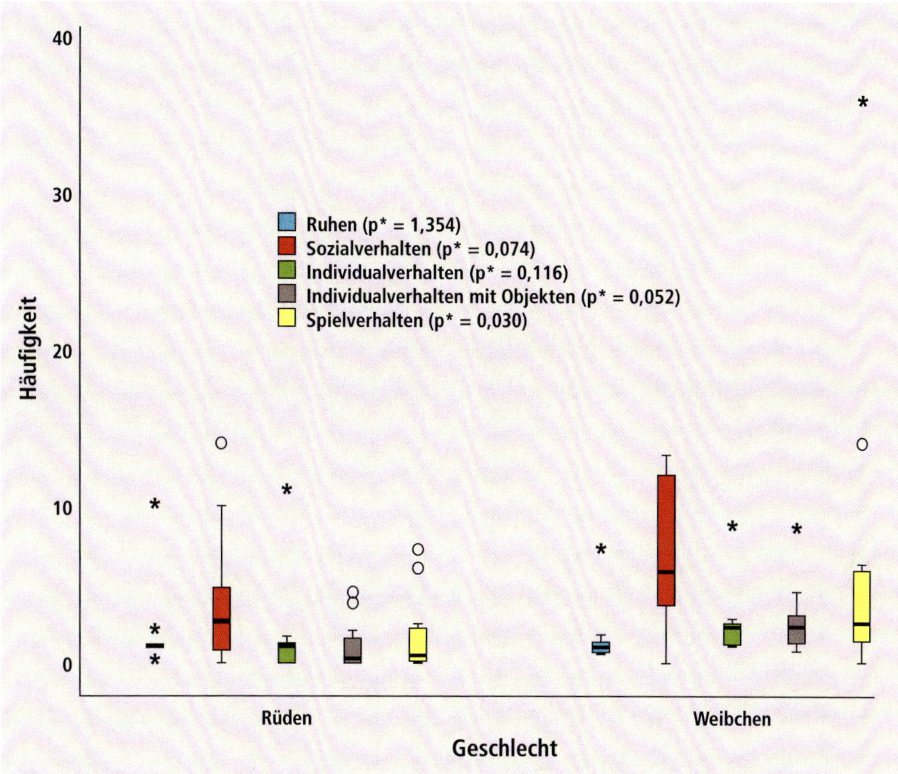

Die Abbildung zeigt das Geschlechterverhältnis beim Sozialverhalten zwischen Rüden und Hündinnen in der Häufigkeit (n = 694) des Auftretens eines Verhaltenselements (Wanot, 2019).

weisen, die entwicklungsbiologisch nach dem 40. Lebenstag erstmals auftreten, vermutlich weil zu dem Zeitpunkt bereits die (für Kleinhunderassen verantwortliche) „Wachstumsbremse" eingesetzt hat und die Entwicklung der sozialen Kommunikation „mit-stoppt". Dieses speziellere Beispiel verdeutlicht das komplexe Zusammenwirken zwischen der neurobiologischen Entwicklung und der Verhaltensentwicklung einerseits und die damit verknüpfte Phasenspezifität für die Entwicklung verschiedener Verhaltensweisen andererseits.

Phasenabhängigkeiten

Welpen sind keine unfertigen Erwachsenen, sie entwickeln sich biologisch sinnvoll Schritt für Schritt. Dabei richten „angeborene Lehrmeister", wie es Konrad Lorenz beschreibt, die Aufmerksamkeit der Welpen zu unterschiedlichen Phasen auf verschiedene Aspekte der Entwicklung. Bestimmte Lernvorgänge finden somit in festgelegten Phasen erleichtert statt, dann wird prägungsartig besonders einprägsam und nachhaltig gelernt. So ist z. B. festgelegt, dass sich Welpen in der Zeit von der 5. bis zur 12. Lebenswoche etwa besonders für ihre Artgenossen bzw. auftretenden Sozialpartner interessieren und folglich anhand ihrer Erfahrungen in dieser Zeit festlegen, was sie später als ihr soziales Umfeld verstehen.

Interessanterweise beginnen Wolfswelpen bereits mit zwei Wochen aktiv ihre Umgebung zu erkunden. Die Entwicklung der Sensorik läuft bei Wolfs- und Haushundewelpen vergleichbar ab: Wenn das Erkundungsverhalten bei Wolfswelpen einsetzt,

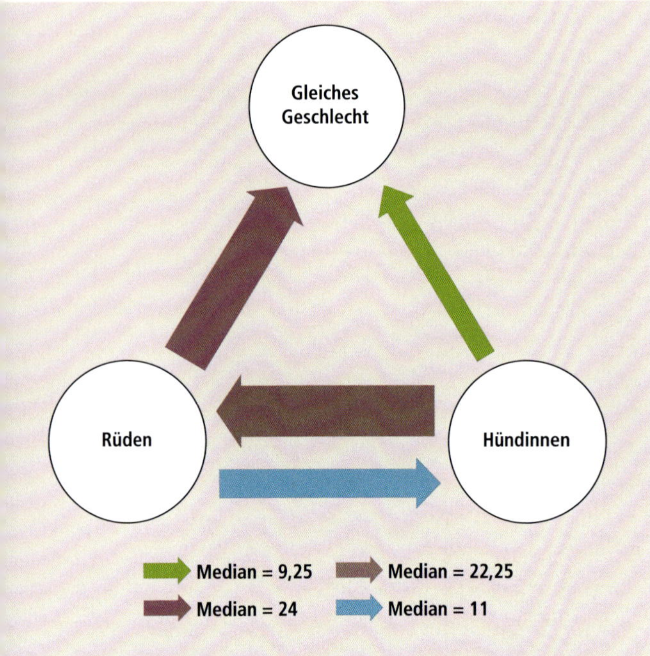

Soziogramm des gesamten Spielverhaltens von Hündinnen und Rüden (n = 245). Der Pfeildurchmesser spiegelt die Intensität der Interaktionen, 1 cm sind 10-mal gesendete soziale Verhaltensweisen (Wanot, 2019).

sind sie demnach taub und blind und machen ihre ersten Erfahrungen primär über ihren Geruchssinn. Die sensible Phase der Sozialisierungsphase erstreckt sich bei Wolfswelpen genau wie bei Hundewelpen etwa über 4 Wochen, aber eben um 2 Wochen versetzt. Durch die Ungleichheit ihrer sensorischen Fähigkeiten, machen Wolfs- und Hundewelpen unterschiedliche Erfahrungen, die richtungsgebend für die weitere Verhaltensentwicklung sind. So entwickelt sich möglicherweise beim Wolf die für ein Wildtier erforderliche sorgfältige Artgenossenprägung und das überlebenswichtige Misstrauen gegenüber Fremdem. Untersuchungen an verwilderten Haushunden in Italien und Indien bekräftigen diesen Erklärungsversuch. Wie sieht es bei unseren verschiedenen Haushunderassen aus? Das Spektrum an Größen, Formen und Eigenschaften wirft viele Fragen auf.

Ausblick

In einer Phase der Überempfindlichkeit kann nicht bewältigbarer Stress, wie etwa die Trennung von der Mutter und den Geschwistern, nach einer Reihe von Studien zu einem schwächeren Immunsystem und Verhaltensauffälligkeiten führen. Wissenschaftliche Erkenntnisse zu rassetypischen Verschiebungen und möglichen Phasenabhängigkeiten in der Welpenentwicklung sind ein wichtiger Beitrag zum Verständnis unserer Haushunderassen und Voraussetzung für eine verantwortungsvolle Hundezucht: So sollte sich das Zeitfenster zur Welpenabgabe nach den Entwicklungsprozessen richten. Hierbei ist noch einmal zu erwähnen, dass es keine allgemeingültigen Entwicklungsphasen gibt. **Kenntnisse über Rassenunterschiede, sowie das Erkennen und die Berücksichtigung individueller Unterschiede, ist entscheidend für die Findung des optimalen Zeitpunktes für die Welpenabgabe.**

Larissa von Scotti ist praktische Tierärztin. Durch ihren Beruf kam sie immer mehr zur Einsicht, dass Verhalten und Medizin in einem engen Zusammenhang stehen. Sie ist überzeugt, dass man nur mit Verständnis und Grundwissen über die Verhaltensmuster und Ausdrucksweisen der Tiere die Tiermedizin optimieren kann und sollte. Aus ihrer Sicht gehört es zu dem Berufsbild eines Tierarztes, die jeweiligen Tierhalter auch in Verhaltensfragen zu unterstützen. Obwohl noch nicht feststeht, wohin ihr Weg sie führt, ist sich Larissa von Scotti sicher, dass sie Medizin mit Verhaltenskunde kombinieren möchte. Bereits im Studium lernte sie die Vielfältigkeit ihres Berufstandes kennen und schnupperte interessiert auch in nicht-kurative Bereiche wie etwa der Verhaltensbiologie – begeistert verfolgt sie seitdem diesen Weg in Form einer Dissertation bei Herrn PD Dr. Gansloßer über die Verhaltensentwicklung bei Hunden.

KOMMUNIKATION MIT DEM MENSCHEN

Ebenfalls bereits 2011 untersuchten Chiara Passalacqua und ihre Co-Autoren von der Universität Mailand Hundwelpen im Alter von zwei Monaten, viereinhalb Monaten sowie Erwachsene aus drei verschiedenen Rassegruppen in einem Test zur Kommunikation mit dem Menschen. Drei Rassegruppen (die als Primitivhunde bezeichnete Gruppe, die u.a. Samojeden, Siberian Huskys und Akitas enthielt, die Gruppe der Jagd- und Hütehunde, sowie Molosser, die aus genetischen Gründen auch Deutsche Schäferhunde und Rottweiler beinhalteten) wurden verglichen: Der Test bestand darin, dass die Hunde zunächst eine Versuchsapparatur durch eigenes Zutun öffnen und die darin befindlichen Leckerbissen entnehmen konnten. Hatten sie diese Aufgabe mehrmals erfolgreich bewältigt, wurde gemeinerweise im nächsten Testlauf die Apparatur blockiert, sodass sie nicht mehr ohne Hilfe des Menschen weiterkamen. Dann wurde beobachtet, in welcher Art und Weise die Hunde mit dem dahinter stehenden Menschen Kontakt aufnahmen. In der ersten Phase, als die Hunde noch die Möglichkeit hatten, das Problem selbst zu lösen, gab es keine Unterschiede in den Erfolgsquoten der Rassegruppen. Nach der Konfrontation mit der unlösbaren Aufgabe aber, waren die Unterschiede sehr deutlich. Gerade die mit dem Menschen besonders kooperierenden Jagd- und Hütehunde wendeten sich sehr viel schneller Hilfe suchend an den Menschen als vor allem die Angehörigen der sogenannten Primitivhunde. Auch Márta Gácsi, aus der bereits wiederholt genannten Arbeitsgruppe von Ádam Miklósi in Budapest, hat mithilfe des bereits besprochenen Zeigetests Gruppen von Hunden verglichen, die in ihrer Rassegeschichte mehr unabhängig vom Menschen arbeiten mussten (z. B. Herdenschutzhunde, sogenannte Bauhunde oder auch Windhunde) mit einer Gruppe von Hunden, die in der Rassegeschichte mit dem Menschen kooperieren sollten (Apportierhunde, Treib- und Hütehunde) und eine Gruppe von Mischlingen. Die Hunde der zweit genannten Gruppe war wesentlich erfolgreicher beim Nutzen der menschlichen Zeigegesten als die Hunde der beiden anderen Gruppen.

Hütehunde, wie dieser Border Collie, sind auf die Zusammenarbeit mit dem Menschen gezüchtet.

EINFLUSS DER PERSÖNLICHKEIT VON MENSCH UND HUND

Der Hund ist wahrscheinlich einer der längsten Begleiter des Menschen! Daher ist es auch nicht verwunderlich, dass sich eine sehr starke Annäherung und eine echte Beziehung daraus entwickeln konnte. In der vergleichenden Literatur finden wir eine Vielzahl an Studien und Arbeiten, die auf eine echte Mensch-Hund-Beziehung hindeuten. Hier werden in der Physiologie die ähnlichen bzw. gleichen biochemischen Vorgänge beschrieben, die eine artübergreifende echte Beziehung ermöglichen. Zusätzlich untermauern weitere Arbeiten, dass Tiere eine positive Auswirkung auf uns Menschen haben. **Dadurch konnte aufgezeigt werden, dass Menschen mit ihren Hunden eine echte und auch langfristige Beziehung eingehen und Freude und Leid gemeinsam teilen können. In dieser Beziehung sind alle Voraussetzungen gegeben, damit sich eine klare Kommunikation entwickeln kann. Anspannungen, Stimmungen und Emotionen können von Mensch und Hund wahrgenommen werden und die Interaktion miteinander beeinflussen. Hunde sind zusätzlich in der Lage, speziesübergreifend uns Menschen zu imitieren.**

Menschliche Persönlichkeit

Die menschliche Persönlichkeit ist ein einzigartiges Konstrukt aus den psychischen Eigenschaften eines Individuums. Jeder Mensch hat verschiedenste Ausprägungen seiner Eigenschaften, die von Anbeginn in der Kindheit vermittelt und erworben werden. Die persönliche Entwicklung des Menschen ist variabel. So findet man in der Literatur viele Untersuchungen über die Variabilität der menschlichen Persönlichkeit. Ob der Mensch dies will oder nicht, ihm etwas Gutes oder Schlechtes widerfährt, er entwickelt sich daraus und findet Lösungsstrategien, um damit umzugehen. Hier spielt auch das Umfeld eine entscheidende Rolle. In der Persönlichkeitsentwicklung im Sinne von Wechselwirkung zwischen Person und Umwelt, spielen die äußeren Faktoren eine wichtige Rolle, zu diesen äußeren Faktoren zählt auch der Hund.

Auswirkungen auf den Hund

Die Persönlichkeitsentwicklung ist bei Hunden ähnlich. Sie entwickeln sich mit ihren Strategien weiter, ob für die Mensch-Hund-Beziehung nun in eine (subjektiv) positive oder negative Richtung. Immer mit dem Streben, den momentanen Zustand zu verbessern oder zumindest beizubehalten. Mittels Persönlichkeitstests von Mensch und Hund konnte getestet werden, was bisher nur vermutet wurde: Die Persönlichkeit des Menschen hat Auswirkungen auf den Hund. Der Hund wird bei manchen Menschen mit einem geringen Selbstwertgefühl z. B. als „sozialer Unterstützer" angeschafft und gehalten. Hunde passen sich dem Hundehalter in seinem Leben an, helfen als Co-Therapeuten bei tiergestützten Therapien und sind bereichernd für das menschliche Leben. So können sie z. B. den Blutdruck senken und bei der Heilung von schweren Erkrankungen helfen. Sie fühlen intuitiv mit und können in der Entwicklung der eigenen Persönlichkeit (das Selbstbewusstsein steigernd) von Vorteil sein. Bei Hundehaltern wurden sogar weniger Arztbesuche gezählt – Hunde halten

Die Persönlichkeit des Menschen hat im gemeinsamen Zusammenleben auch Auswirkungen auf den Hund.

gesund. Es liegt nahe, dass die eigene Grundeinstellung und die eigenen Persönlichkeitsmerkmale in einer echten Mensch-Hund-Beziehung Einfluss auf den Hund und sein Verhalten nehmen. Es wäre möglich, dass sich durch eine Persönlichkeitsentwicklung des Besitzers z. B. unerwünschte Verhaltensweisen des Hundes verbessern. Durch einige Studien konnte bereits gezeigt werden, dass es Sinn macht, im Falle einer echten Mensch-Hund-Beziehung, einen näheren Blick auf die Persönlichkeit von beiden Individuen zu werfen. Es scheint alles darauf hinzudeuten, dass die Persönlichkeit des Hundehalters sowohl die Beziehungsstruktur als auch das Verhalten innerhalb der Mensch-Hund-Beziehung stark beeinflusst (Kotrschal et al., 2009).

Entwicklung der Persönlichkeit

Laut der Persönlichkeitspsychologie umfasst der Begriff der Persönlichkeit die einzigartigen psychischen Eigenschaften eines Individuums. Es werden zahlreiche Persönlichkeitseigenschaften/ -charakteristika unterschieden. Die Persönlichkeitsmerkmale entstehen in der frühen Kindheit und Jugend und können sich auch im mittleren und höheren Lebensalter, d. h. über die ganze Lebensspanne, verändern. Sie sind also plastisch. Zu Veränderungen der Persönlichkeitsmerkmale können z. B. Traumata, Unfälle, starke Umstellungen wie eine Scheidung vom Ehepartner oder die Geburt eines Kindes führen. Die Erklärung eines menschlichen Verhaltens, vorwiegend auf dessen Persönlichkeitsfaktoren, kann aus Sicht der Sozialpsychologie sehr oberflächlich sein. Eine reine Betrachtung nach Persönlichkeitsfaktoren kann zu einer schwerwiegenden Unterschätzung der Rolle des zukünftigen sozialen Einflusses auf das menschliche Verhalten führen (Aroson et al., 2004). Hinzu kommt, dass der Persönlichkeitsbegriff populationsabhängig ist und bestimmte Bezugspopulationen für eine Definition notwendig sind. Zudem spielen auch kulturelle Einflüsse in der Persönlichkeit eines Menschen eine Rolle. Weiter wird beschrieben, dass jedenfalls im Erwachsenenalter der Einfluss von ganz individuellen Umwelterfahrungen auf die Persönlichkeit überwiegt. Hierzu zählen insbesondere irreguläre, emotional stark negativ oder stark positiv erlebte Ereignisse, die nicht Teil der überdauernden persönlichen Umwelt sind, aber auch oft Einfluss auf die weitere Persönlichkeitsentwicklung haben (Asendorpf, 2008). Erikson versteht die Entwicklung der eigenen Persönlichkeit anders als Freud: Er sieht die eigene Persönlichkeit als einen Prozess, der das ganze Leben eines Individuums andauert und in einen vielschichtigen sozialen bzw. gesellschaftlichen Kontext eingebettet ist (Rosenbach, 2008). Roth (2008) hingegen vertritt die Meinung, dass die Persönlichkeit des Menschen, geprägt durch Gene, pränatale Erfahrungen und durch seine Sozialisation sich im Erwachsenenalter kaum mehr wandeln kann. Vereinfacht ausgedrückt nach Dhalke (2004) geht es bei Persönlichkeit um charakteristische Verhaltensweisen und Interaktionsmuster. Abgerundet betrachtet Réale et al. (2010) die Persönlichkeit wie folgt: Die eigene Persönlichkeit ist ein faszinierendes Phänomen. Die Menschen spüren vielleicht, dass ihre eigene Persönlichkeit ihren Alltag und die Beziehungen beeinflusst.

Fünf-Faktoren-Struktur

Um Persönlichkeit messbar zu machen, hat sich eine Klassifikation nach einer Fünf-Faktoren-Struktur (Big Five) etabliert. Über den NEO-FFI von Costa und Mccrae (1989), deutsche Fassung von Borkenau und Ostendorf (1993), können Faktoren, also Bereiche der menschlichen Persönlichkeit gemessen werden. Folgende Faktoren finden hier, mit den folgenden untergeordneten Eigenschaften, Anwendung:

4. Neurotizismus/Emotionale Instabilität (Nervosität, Ängstlichkeit, Erregbarkeit)
5. Extraversion (Geselligkeit, Nicht-Schüchternheit, Aktivität)
6. Verträglichkeit/Liebenswürdigkeit (Wärme, Hilfsbereitschaft, Toleranz)
7. Gewissenhaftigkeit (Ordentlichkeit, Beharrlichkeit, Zuverlässigkeit)
8. Kultur/Offenheit für Erfahrung/Intellekt (Gebildetheit, Kreativität, Gefühl für Kunst)

Klassifiziert werden mit diesen Faktoren Eigenschaften von Individuen, nicht Personen. Personen, die sich in ihren Eigenschaften ähnlich sind, gehören demselben Persönlichkeitstyp an.
Im Bereich der Persönlichkeitsmerkmale konnten bisher nur wenige Korrelationen zwischen Genetik und Persönlichkeit festgestellt werden. Hier fehlen noch Studien/Untersuchungen, die den Nachweis erbringen, ob die Persönlichkeit eine genetische Komponente hat (Henning und Netter, 2005).
Zu den Persönlichkeitsmerkmalen, und der dadurch resultierenden Klassifizierung eines Menschen, löste Mischel (1968) Interesse an den interaktionistischen Ansätzen aus. Er meinte, dass das Verhalten einer Person sich von Situation zu Situation sehr stark unterscheidet, dass es einfach nicht sinnvoll ist, in den Begriffen von umfassenden Persönlichkeitseigenschaften zu denken. Er betrachtete bei der Persönlichkeit eines Menschen den Umfang der Beziehungen zwischen dem Verhalten einer Person in den verschiedenen Situationen und deren Variabilität (Friedman und Schuhstack, 2004).

Persönlichkeitstest bei Hunden

Unter Einbeziehung der vorherigen Ausführungen ist es nun nicht verwunderlich, dass Menschen und Hunde sehr eng miteinander verbunden sind, und dass bei Hunden offenbar ähnliche Persönlichkeitsachsen existieren. So werden für Hunde Persönlichkeitsachsen beschrieben, die den Persönlichkeitsachsen des Fünf-Faktoren-Modells für Menschen ähnlich sind

(Kotrschal et al., 2009; Gosling et al., 2003). Für die Messung der Persönlichkeit des Hundes wurde der MCPQ – Monash Canine Personality Questionnaire (Hunde-Persönlichkeits-Messung) entwickelt. Dieser Test ist eine Bewertung der Persönlichkeit des Hundes aus Sicht des Hundehalters. Durch die ähnlichen Achsen kann die Persönlichkeitsmessung mittels des NEO-FFI beim Menschen wie auch des MCPQ bei Hunden in Korrelation zueinander gebracht werden. Dadurch ergibt sich eine Methode, um eine Beeinflussung von der menschlichen Persönlichkeit auf den Hund zu messen und Zusammenhänge zu erforschen. So zeigte sich in einer Studie von Kotrschal et al. (2009), dass Hundehalter mit einer Persönlichkeit, die hoch im Bereich der Neurotizismus-Achse lag, ihre Hunde als soziale Unterstützer betrachten und viel gemeinsame Zeit mit diesen verbringen wollen. Durch die Persönlichkeit des Hundehalters kann die Leistung des Mensch-Hund-Teams tendentiell in einer praktischen Aufgabe vorhergesagt werden (Kotrschal et al., 2009). Turcsán (2011) belegte weiter, dass es eine Verbindung zwischen den Persönlichkeitsfaktoren „Neurotizismus" und „Extraversion" und der Übertragung der Persönlichkeitszüge von Hundehaltern auf ihre Hunde gibt. Die Persönlichkeit des Hundehalters nimmt Einfluss auf die Qualität der Beziehung zwischen Halter und Hund. So beeinflusst dies die Aufmerksamkeit des Hundes gegenüber seinem Hundehalter und die Nähe beider zueinander. Es ergab in einem Test einen direkten Zusammenhang, wie lange der Hund in der Nähe seines Besitzers blieb, z. B. im Fall eines Hundehalters und dessen Hund, derren Ergebnis der Messung auf der Persönlichkeitsachse im Bereich „Neurotizismus" hoch auf der Achse „vokal und aggressiv" lag. Auch die Qualität der Beziehung hatten erhebliche Auswirkungen auf diese Nähe.

Die Persönlichkeit des Hundehalters nimmt Einfluss auf die Qualität der Beziehung von Halter und Hund.

In der Forschung zeigte sich, dass Hundehalter mit einem Persönlichkeitsergebnis hoch im Bereich Extraversion, …

Bei dieser Studie wurde weiter festgestellt, dass zwar die Persönlichkeit des Menschen ausschlaggegebend ist, jedoch auch die Persönlichkeit des Hundes einen Einfluss auf die Beziehung hat (Wedl et al., 2010). Hinzu kommt, dass es allem Anschein nach einen Unterschied bei der Bewältigung von Aufgaben zwischen der Persönlichkeit von weiblichen und männlichen Hundehaltern gibt und dies die Interaktion von Hundehalter und Hund beeinflusst. Hundehalterinnen hatten weniger gesellige und aktive Hunde als Hundehalter. Durch diese Studie konnten Verbindungen und ein Einfluss von der menschlichen Persönlichkeit auf den Hund bewiesen werden (Kotrschal et al., 2009). Bei einer Studie mit Bedrohungssituationen für den Hund zeigte sich, dass männliche Hundehalter ihre Hunde während der Bedrohung öfter berührten und länger festhielten als weibliche Hundehalter. Die Hunde zeigten auch, dass sie generell länger knurrten, wenn der Hundehalter anwesend war, als wenn sie alleine im Raum waren. Zusätzlich fanden Wedl et al. (2009) heraus, dass je gewissenhafter der Hundehalter war, umso weniger knurrte und bellte der Hund während einer Bedrohungssituation (Wedl et al., 2009). Auch der Stress zeigt unterschiedliche Ausprägungen bei den verschiedenen Persönlichkeitstypen. So hatten Hunde von Hundehaltern, deren Persönlichkeitsmessung hoch auf der Neurotizismus-Achse lag, geringere Kortisolwerte, also weniger Stress im Alltag (Schöberl et al., 2010). Hundehalter, deren Persönlichkeitsergebnisse hoch im Bereich Extraversion lagen, schätzten die gemeinsame Aktivität mit ihren Hunden sehr. Diese Hunde hatten jedoch einen relativ hohen Kortisol-Alltagswert (Kotrschal et al., 2009).

Durch die bisher gefundenen Erkenntnisse ist es naheliegend, dass die Persönlichkeit des Hundehalters einen Einfluss auf den Hund zu haben scheint und der Hund sein Verhalten diesem anpasst bzw. auf dieses eingeht.

Hunde reagierten z. B. in einer Studie von Thorn (2010) aggressiver bei fremden Menschen und Hunden aus einer ängstlich-meidenden Beziehung. Hunde mit einer sicheren Beziehung zu ihren Hundehaltern waren laut ihrer Besitzer weniger aggressiv.

... die gemeinsame Aktivität schätzten.

Einfluss des Halters auf den Hund

Auch der Gehorsam des Hundes scheint durch das Verhalten des Besitzers vorhersagbar zu sein. So zeigten Ergebnisse von Arhant (2008), dass z. B. die Erregbarkeit auf beide, Mensch und Hund, bezogen werden kann. Damit ist gemeint, dass bei den Hundehaltern, die leichter erregbar waren, die Hunde eine ähnliche Erregbarkeit zeigten. Das Verhalten des Hundehalters hat den Einfluss, das Verhalten des Hundes zu ändern, insbesondere der Gehorsam scheint überwiegend vom Hundehalter und dessen Verhalten und Interaktion abzuhängen. So scheint es auch, dass Problemverhalten des Hundes zu einem gewissen Grad von Genetik und Lernerfahrung abhängt und zu einem gewissen Grad vom Verhalten des Eigentümers (konsequent, engagiert) und dessen Methoden (Belohnung, Bestrafung) beeinflusst wird. Bestrafung und Inkonsequenz können z. B. durch die Wechselwirkung zwischen Hundehalter und Hund zu einer Verschlechterung des Problemverhaltens führen (Arhant, 2008). So beschreibt auch Bortfeldt (2008) in ihrer Arbeit, dass die Grundeinstellung des Hundehalters einen Einfluss auf das Verhalten des Hundes zu haben scheint. In einer Untersuchung bewiesen Gyóri et al. (2010), dass es eine Wechselwirkung zwischen den menschlichen Partnern (Hundehalter oder Versuchsleiter) und dem Hund in der gemeinsamen Interaktion gibt. So unterschieden in der Interaktion die Hunde zwischen dem Versuchsleiter und dem Hundehalter. Getestet wurde widersprüchliches menschliches Verhalten, z. B. drohende Körperhaltung und freundliche Gesichtsmimik und die Reaktion und das Verhalten des Hundes. So verhielten sich Hunde in Übereinstimmung mit dem widersprüchlich (getesteten) drohenden und freundlichen Kommunikationsverhalten vom Menschen. Wechsung (2008) belegte erstmals in einer Studie mit 6 000 Hundehaltern und deren Hunden, dass wie Mensch und Hund miteinander im Alltag zurechtkommen, weniger vom Hund als von der Einstellung und den Verhaltensweisen des Hundehalters abhängt. Es scheinen aber auch die Faktoren der Familien- bzw. Verbandsgrößen eine Rolle zu spielen. Bennett und Rohlf (2007) fanden heraus, dass die Größe der Familien signifikant mit zwei Verhaltens-Subskalen korreliert: Hunde aus größeren Familien wurden öfter als „ungehorsam" und „unfreundlich/aggressiv" bewertet als Hunde aus kleineren Haushalten.

Daher ist es umso wichtiger, dass Hunde weniger nach Aussehen und Schönheitsideale gekauft werden, sondern ein stärkeres Gewicht auf die Mensch-Hund-Beziehung gelegt wird. Sodass verschiedene Persönlichkeitstypen von Menschen auch die zu ihnen passenden Hunde finden. So können mögliche Fehlentwicklungen in der Zukunft vermieden werden.

Autorin: Yvonne Adler

RASSEHUND, MISCHLINGSHUND ODER HUND OHNE RASSE

In vielen Untersuchungen, insbesondere aber auch in Gesprächen und Argumentationen mit Hundehalter*Innen und Trainer*Innen wird nicht ausreichend unterschieden zwischen Mischlingen und Hunden, die in ihrer Vorgeschichte niemals einen Rassehund gesehen haben. Gerade die häufig aus dem Ausland importierten Hunde sind im klassischen Sinn oftmals keine Mischlinge, sondern einfach Hunde, die im betreffenden Gebiet besonders gut leben konnten, und z. B. als Reaktion auf die unter dem Thema tiergeografische Regeln besprochenen ökologischen Einflüsse entstanden sind (siehe S. 12).

GESUNDHEIT UND VERHALTEN

Gerade das weit verbreitete Vorurteil, dass Mischlinge gesünder oder sogar emotional stabiler wären, lässt sich schon mit einem Blick auf die einfache Genetik zurückweisen. Wir alle kennen aus dem Schulunterricht die Mendelschen Kreuzungsregeln. Zwei davon, nämlich die Spaltungs- und die Unabhängigkeitsregel, sind hier von besonderer Bedeutung. Kreuzt man z. B. weiße langhaarige und schwarze kurzhaarige Meerschweine, so entstehen bereits in der zweiten Generation auch weiße kurzhaarige und schwarze langhaarige. Jedes der Merkmale Fellfärbung und Felllänge wird unabhängig voneinander weitergegeben. Daher ist es ausgesprochen naiv anzunehmen, dass Mischlinge, insbesondere dann, wenn sie über mehr als eine Generation hinweg weitergezüchtet werden, eine gleichmäßigere oder gar eine an die Umwelt besser angepasste Gruppe von Eigenschaften aufweisen würden. Wissenschaftliche Untersuchungen zu diesen Verhaltenfragen unterstützen die Befunde. So haben z. B. Emily Blackwell und ihre Co-Autoren (2013) aus Bristol festgestellt, dass in einer Betrachtung von Furcht und Geräuschproblemen bei verschiedenen Rassen und Rassegruppen, 12 Rassen oder Hundetypen eine geringere Anfälligkeit für Geräuschprobleme haben als die Mischlinge. Ein größerer Einfluss auf die Geräuschempfindlichkeit war das Alter, in dem der Hund zu seinem derzeitigen Menschen kam. Thomas Belumori und seine Co-Autoren (2013) aus verschiedenen Fakultäten der Universität von Davis in Kalifornien verglichen über 27 000 Fallberichte mit der Auftretenshäufigkeit von 24 genetischen Störungen. Bei 13 davon gab es keinen Zusammenhang zwischen der Rassezugehörigkeit, bzw. zwischen Rassehunden und Mischlingen. Nur 10 genetisch bedingte und beeinflusste Störungen waren bei Rassehunden bisweilen häufiger.

Gerade im Zusammenhang mit Verhaltenseigenschaften wurden aus der Budapester Arbeitsgruppe, mithilfe des noch zu besprechenden Persönlichkeitsfragebogens, auch Mischlingshunde analysiert. Selbst wenn man alle Faktoren wie Alter, Geschlecht, Herkunft etc. von Hundehaltern und haushaltsbedingte Faktoren (Größe der Wohnung, Zahl der Kinder etc.) herausrechnete, waren die Mischlinge deutlich weniger ruhig und zeigten mehr problematisches Verhalten als die reinrassigen Hunde. In anderen Eigenschaften, z. B. Lernbereitschaft und Trainierbereitschaft, waren sie bisweilen höher bepunktet, dies dürfte mit ihrer Herkunft zusammenhängen. Aber gerade die emotionale Erregbarkeit und geringere emotionale Stabilität stimmt durchaus, gerade wenn man Mischlingshunde überwiegend aus ungünstigen, bisweilen sogar tierschutzwidrigen Lebensumständen mit einbezieht, mit ökologischen Überlegungen zur Stressanfälligkeit von Wildtierpopulationen überein. Eine Vorauswertung von etwa 120 Fallberichten aus unserer eigenen Praxis durch Britta Strüve (Knezevic et al., 2015) bestätigt das: Gerade Hunde, die aus typischen Herkunftsländern der sogenannten Auslandshunde stammen, nämlich dem südöstlichen Europa, Balkan und dem östlichen Mittelmeerraum, zeigen zu einem wesentlich höheren Prozentsatz den sogenannten B-Typ, also den bedächtigen, vorsichtigen Bedenkenträger (siehe S. 91 f,). Hunde aus dem westeuropäischen oder westlichen Mittelmeerraum, speziell solche vom Festland Spaniens oder Italiens, zeigen dagegen ähnliche Verteilungen zwischen A- und B-Typ wie auch Hunde aus dem deutschen Inlandstierschutz.

Es spielt auch die Herkunft der Hunde eine wichtige Rolle bei Gesundheit und Verhalten (hier Mischling und Deutscher Pinscher).

AUS DER FORSCHUNG

LEBEN AUF DER STRASSE

Gerade im Zusammenhang mit den häufig importierten Hunden aus dem Auslandstierschutz ist es wichtig, auch einige Faktoren in ihrer Lebensweise zu berücksichtigen.
Im Gegensatz zu den oftmals geäußerten Vermutungen, sind diese Hunde nämlich weder allgemein hoch sozial mit Artgenossen, noch müssen sie immer mit Menschen in einer negativen oder ablehnenden Beziehung gelebt haben. Viele dieser Hunde sind in ihrem Lebensraum durchaus menschenbezogen, oft in direktem Kontakt mit Menschen, und sie sind auch keineswegs alle krank, gequält oder unterernährt.
Bemerkenswert ist jedoch, wie stark die soziale Organisation und das Sozialverhalten dieser Hunde noch die alten, aus der Kanidenverwandtschaft übernommenen gemeinsamen Merkmale aufweist, und wo diese Merkmale abgewandelt sind.

Territorialverhalten

So findet sich auch bei diesen Hunden durchaus noch in ihrem natürlichen Lebensraum eine Restterritorialität, die jedoch längst nicht so streng und so rigoros durchgesetzt wird, wie etwa z. B. bei Wölfen. Benachbarte Straßenhundgruppen sind durchaus rivalisierend, und können auch regelmäßig mit, etwa an einem Müllplatz oder an einem gemeinsamen Treffpunkt ausgetragenen Konflikten auffallen. Im Gegensatz zu den oftmals blutigen und beschädigenden Auseinandersetzungen benachbarter Wolfsgruppen, finden jedoch diese Auseinandersetzungen meist mit Imponier- und Drohverhalten, Warnbellen, Scheinattacken und anderem Theaterdonner statt.
Innerhalb der Gruppen sind diese Hunde durchaus gesellig und auch sozial veranlagt, andere Hunde dagegen werden oftmals

Futteraggressivität bei Straßenhunden ist ein ökologisch ausgewogenes Verhältnis zwischen Aufwand und Erfolg bei der Nahrungsaufnahme.

In der Lebensweise auf der Straße zeigt sich, wie stark die soziale Organisation und das Sozialverhalten der Hunde ist.

abgelehnt, weil sie eben als Eindringling ins eigene Revier gelten. Deshalb ist es nicht weiter erstaunlich, dass solche Hunde dann auch bei uns in Begegnungen mit unbekannten Artgenossen keineswegs immer freudig und begeistert reagieren.

Streifgebietverhalten

Ein weiterer wichtiger Faktor betrifft das Streifgebietverhalten. Diese Hunde sind in der Regel Energiesparer par excellence, sie verbringen den größten Teil des Tages mit Ruhen, Schlafen oder bestenfalls wachsamem Herumliegen. Die Reviere dieser Hundegruppen sind oftmals unter 10 Quadratkilometer, selbst das gesamte Streifgebiet ist oftmals unter 15 Quadratkilometer groß. Zum Vergleich: eine Streifgebietsgröße von 15 Quadratkilometern würde ein Waldstück von drei mal fünf Kilometer Kantenlänge umfassen. In diesem Gebiet bewegen sich die Hunde zwar mehrere Stunden am Tag, sind aber den größten Teil der Zeit passiv. Wenn sie sich bewegen, dann schlendern sie eher entschleunigt durch den Wald. Messungen der Aktivitätsspitzen solcher Hunde zeigen, dass sie bestenfalls ca. 25 Minuten pro 24 Stunden wirklich Gas geben. Und auch diese 25 Minuten sind auf mehrere Einheiten verteilt, es wird gespielt, es werden Rivalen oder auch Konkurrenten (Wildschweine!) vom Futterplatz vertrieben, oder man gibt mal kurz Fersengeld, wenn ein Wanderschäfer mit seinen Herdenschutzhunden in die Nähe kommt.

Futteraggressivität

Ebenfalls bedeutsam ist, dass diese Hunde am Futter oftmals eine sehr hohe Grundaggressivität, auch gegen Gruppenmitglieder, entfalten. Was bei Hundetrainern und Primärpraktikern als Ressourcenaggression verschrien und möglichst wegtherapiert wird, ist nichts anderes als ein ökologisch ausgewogenes Verhältnis zwischen Aufwand und Erfolg bei der Nahrungsaufnahme. Man spricht hier von einem motivationsabhängigen, auch egalitär genannten Zuteilungssystem. Wer am lautesten schreit „ich habe Hunger!", bekommt heute auch den größten Teil vom Pizzahaufen oder den anderen, von Menschen weggeworfenen Nahrungsresten. Diese Erklärung, wie viel Hunger man hat, wird mit Drohen, Defensivaggression und anderem lautstarken und auch mimisch übertriebenen Verhalten gezeigt.
Sozialverhalten, im Sinne positiver Sozialkontakte, findet nicht in dieser Zeit statt, sondern zu anderen Zeiten, beim Ruhen, gemeinsamen Spielen, sozialer Körperpflege oder Ähnlichem. Das bedeutet wiederum,

dass die Aussage, diese Hunde seien hochsozial und gesellig mit Artgenossen, auch nicht automatisch bedeuten muss, dass sie zu mehreren Zuhause nebeneinander ungestört oder gar friedlich fressen. Wenn sie aber einander gerade in dieser Zeit nicht gerade freundlich behandeln, bedeutet das im Umkehrschluss wiederum auch nicht, dass sie einander nicht mögen oder nicht miteinander harmonieren. Wie bei allen Kaniden sind eben die sozialen Ordnungen, z. B. Rangordnung oder auch Bindungen, während der Nahrungsaufnahme ausgesetzt oder zumindest abgeschwächt.

Fortpflanzungsverhalten

Einen weiteren Unterschied im Zusammenhang mit diesen Hunden, finden wir im Fortpflanzungsverhalten. Auch hier gibt es noch Partnerbevorzugungen, aber die Paarbindungen sind längst nicht mehr so streng geregelt wie bei Wildkaniden, und es kommt schon mal öfter vor, dass jemand auch, zumindest innerhalb der eigenen Gruppe, fremdgeht.

Gruppengröße

Die Gruppen sind nach dem sogenannten Fusions-Fissions-Prinzip organisiert, das heißt, alle Bewohner eines Gebietes, meistens Gruppen von 5 bis 10 Hunden, treffen einander in unterschiedlichen Zusammensetzungen immer wieder, ziehen aber auch einzeln oder in kleineren Subgrüppchen auf Nahrungssuche oder auf Revierpatroullie. Ob sie einzeln oder zu weit oder zu dritt unterwegs sind, hängt einerseits von der Verteilung der Nahrung ab, und andrerseits vom Vorhandensein möglicher Feinde und Konkurrenten. In Gebieten ohne Anwesenheit von Wanderschäfern, Wölfen oder anderen potentiellen Feinden und Konkurrenten, ziehen die Hunde meist einzeln, oder bestenfalls zu zweit durch die Lande, und ernähren sich dann z. B. von individuellen Abfallhaufen, Küchenabfällen hinter dem Bauernhaus oder Ähnlichem. Gibt es in diesem Gebiet jedoch Wölfe, Wanderschäfer mit ihren Herdenschutzhunden oder andere größere Konkurrenten und Feinde, dann finden sich die Hunde meist in kleinen Grüppchen zu zweit oder zu dritt ein, ebenso gilt dies, wenn bereits in einer Kleinstadt ein städtischer Müllplatz eingerichtet ist und die Futterversorgung an diesem vorhanden und vorhersagbar ist.

Nahrungszusammensetzung

Der letzte wichtige Aspekt, den die Lebensweise dieser Hunde uns für die Haltung, und zwar nicht nur von Auslandstierschutzhunden zeigt, ist die Nahrungszusammensetzung. Mindestens 60 % der Nahrung dieser Hunde besteht aus menschlich beeinflussten Futtermitteln. Das können Speisereste, Küchenabfälle, weggeworfene oder fallengelassene Teile menschlicher Nahrung, oder eben auch Nachgeburten, Totgeburten etc. von extensiv gehaltenen Haustieren sein. Dass Kot ebenfalls zur normalen Nahrung von Hundeartigen gehört, ist keineswegs als Verhaltensstörung und auch keineswegs nur als Eigenschaft von verwilderten Haushunden zu sehen. Auch bei Wildkaniden tritt dies regelmäßig auf.
Die Studien über die Lebensweise der verwilderten Haushunde zeigen auch, dass sie kaum jemals auf der Jagd, schon gar nicht auf der kooperativen Jagd auf größere Tiere gesichtet wurden. Sie sind Sammler, opportunistische Allesfresser und ähneln in ihrer Nahrungssuche vielmehr einem Waschbären, Fuchs oder anderem Kleinraubtier. Dies gilt nicht nur für die genannten Straßenhunde, sondern ist generell auch als Hinweis auf eine bessere, tier- und verhaltensgerechtere Fütterung und Beschäftigung unserer Familienhunde zu sehen. Näheres dazu siehe Gansloßer und Kitchenham (2019), oder die Berichte in Kitchenham (2020).

Autor: PD Dr. Udo Gansloßer

HUNDE AUS DEM TIERSCHUTZ

Mittlerweile sind Auslandshunde fast so häufig anzutreffen wie Rassehunde vom Züchter. Doch während wir bei Rassehunden eine gewisse Vorhersage in Bezug auf ihre Verhaltensdispositionen und Charaktereigenschaften, wie z. B. das Jagen beim Deutsch Drahthaar, das Territorialverhalten beim Rottweiler, die Verspieltheit eines Labradors, die Verträglichkeit mit Artgenossen eines Beagles, die Bewegungslust eines Huskys, die geringe oder sagen wir mal die etwas andere Art der Bindungsbereitschaft beim Herdenschutzhund, die Sturheit eines Terriers und die Intelligenz eines Belgischen Schäferhundes vermuten können, ist der Hund aus dem Tierschutz immer ein offenes Blatt, bei dem es mehr oder weniger dem Glück überlassen ist, wie sich sein Verhalten hier in unserer Gesellschaft zeigen bzw. entwickeln wird. Zwar ist bei manchen Auslandshunden relativ klar zu definieren, welche Rasse drinstecken könnte, allerdings sind rassetypische Verhaltensweisen und charakteristische Eigenschaften nicht immer garantiert. Im Übrigen auch nicht bei Hunden vom Züchter. Zur Entwicklung eines Charakters und seinen Verhaltensdispositionen kommen zusätzlich noch jede Menge anderer Faktoren, die letztlich den Hund als solches ausmachen. Und bei den Auslandshunden wissen wir schlicht nicht oder nur sehr selten, unter welchen Umständen sie groß geworden sind und welche Erfahrungen sie gemacht haben. Selbst bei einer professionellen Verhaltensbeurteilung vor Ort, also noch im Ausland oder frisch ins deutsche Tierheim verbracht, ist nur der Ist-Stand festzustellen. Es bleibt immer noch offen, wie sie sich entwickeln werden. Schließlich kommt auf die Hunde sehr viel Neues zu. Situationen, die für uns normal sind, die die Hunde allerdings nicht wirklich in ihrem vorherigen Leben kennengelernt haben, wie z. B. das Leben bzw. das Eingesperrtsein im Haus und das Gassigehen, vor allem an der Leine, oder ganz

Für Hunde aus dem Tierschutz kommt oftmals viel Neues auf sie zu. Situationen, die in unserem Leben und für uns normal sind, können – je nach Lernerfahrung – für diese Hunde vollkommen neu sein.

Die Herkunftsanalyse kann im Auslandstierschutz ein wichtiges Instrument sein.

einfach das enge Zusammenleben mit dem Menschen. Das macht auf der einen Seite die Übernahme eines solchen Hundes sehr spannend, aber unter Umständen auch sehr schwierig. Generell möchte ich aber auch darauf hinweisen, das ein Zuchtbrief nicht automatisch ein ständig glückliches Miteinander garantiert, und dass ein Hund aus dem Tierschutz nicht immer ein schwieriger Fall ist. Letztlich sind es alles Individuen.

Die Herkunftsanalyse

Was können wir tun, um uns in die Welt eines Auslandshundes zu versetzen, ihn zu verstehen und seinem eigentlichen Wesen nahe zu kommen? Wir müssen den aktuellen Zustand des Hundes beurteilen können und seine Entwicklung beobachten. Eine Herkunftsanalyse kann uns dabei helfen. Zunächst einmal muss klargestellt werden, dass nicht jeder Auslandshund ein ehemaliger Straßenhund ist. Die Wahrscheinlichkeit, dass es sich um einen ehemaligen Besitzerhund handelt, ist sogar größer.
Wir können für eine erste Einschätzung den Auslandshund grob katalogisieren.

Besitzerhunde

Die Besonderheit bei richtigen Streunern ist, das man sie nur sehr schlecht in eine Schublade stecken kann. Ihr Verhalten kann sehr stark variieren. Von verwildert bis zutraulich. Ob man es glaubt oder nicht, es gibt jede Menge Hunde auf der Straße, die ein sehr schönes Leben führen können. Die Frage ist nur für wie lange. So gibt es neben den tatsächlich herrenlosen Straßenhunden, den freilaufenden Besitzerhund. Er lebt auf einem Gelände und ist als Wachhund sehr willkommen. Er hat die Möglichkeit, das Gelände jederzeit zu verlassen. Im Gegensatz zum Hofhund ohne Freigang. Dieser lebt auf einem eingezäunten und somit ausbruchsicheren Gelände. Der Kettenhund führt ein noch eingeschränkteres Leben, genauso wie die sogenannten Verschlagshunde. Sie wachsen unter Kaspar-Hauser-Bedingungen auf und haben bestenfalls mit Artgenossen Erfahrungen in ihrem bedauernswerten Leben machen dürfen. Wenn man eines bei Auslandshunden verallgemeinern kann, dann ist es, dass die Hunde eher selten im Haus gehalten werden und tägliche Spaziergänge kennen. Aber auch das habe ich hier und da beobachten können. Meistens handelt es sich dann um Rassehunde.

Fragenkatalog zur Herkunft

Wir haben jetzt die Möglichkeit, durch das Verhalten bei Übernahme relativ genau zu spekulieren, welche Vergangenheit der Hund hatte. Da eine Herkunftsanalyse sehr ausgiebig sein kann und individuell betrachtet werden muss, führe ich hier nur ein paar Fragen aus dem eigentlichen Fragenkatalog auf.

Aus welchem Land?

Das Herkunftsland kann uns zumindest dabei helfen auszuschließen, ob wir einen tatsächlichen Straßenhund haben. Kommt der Hund aus Norditalien, Spanien oder Polen, ist es sehr unwahrscheinlich. In diesen Ländern gibt es kaum Straßenhunde. Kommt er aus Ungarn, Portugal oder Kroatien, ist es eher unwahrscheinlich, aber nicht ausgeschlossen. Kommt er z. B. aus Rumänien, ist die Wahrscheinlichkeit recht hoch, dass es ein Streuner sein könnte. Das gleiche gilt für Griechenland, die Türkei oder Bulgarien.

Alter bei Übernahme?

Ganz klar, ist der Hund bei Übernahme unter einem Jahr alt, ist es auch hier sehr unwahrscheinlich, dass es ein Straßenhund war. Ein Blick in den Impfausweis verrät uns am Datum der ersten Impfung, wann der Hund in etwa ins Tierheim kam. Nur selten werden Hunde nach Ankunft im Tierheim zeitnah exportiert.

Verhalten gegenüber dem Besitzer direkt nach Übernahme?

Diese Frage ist nur im Kontext mit der darauffolgenden Frage aussagekräftig. Ob der Hund von Anfang an zugänglich ist oder sehr scheu und zurückhaltend, kann auf jeden Typ Hund zutreffen.

Verhalten gegenüber dem Besitzer nach der ersten Eingewöhnungszeit (2 bis 4 Wochen)

Hier wird es aussagekräftiger. Ist der Hund gegenüber dem Besitzer noch genauso zurückhaltend wie am Anfang, ist es eher ein Verschlagshund oder ein im Tierheim groß gewordener Hund mit wenig Kontakt zum Menschen. Es kann aber auch ein Straßenhund mit wenig positiven Erfahrungen zum Menschen sein. Kettenhunde, Hofhunde und Hofhunde mit Freigang sind in den ersten Tagen auch noch zurückhaltend, dann aber auch innerhalb der Eingewöhnungszeit doch noch zu einer Bindung bereit. Bei Ketten- und Hofhunden ohne Freigang passiert das sogar recht schnell und nicht selten auch sehr übertrieben (Stichwort Territorialverhalten, siehe nächste Frage).

Verhalten des Hundes gegenüber fremden Menschen

Bei Verschlagshunden und Straßenhunden mit schlechter oder gar keiner Erfahrung mit Menschen, wird immer eine gewisse Skepsis und Zurückhaltung gegenüber Fremden bleiben. Hofhunde ohne Freigang und Kettenhunde neigen sehr schnell dazu, territorialen Anspruch zu erheben und auf Besucher zumindest verbellend zu reagieren. Nicht selten zeigen sie sich direkt nach Übernahme noch unauffällig oder zurückhaltend. Manche sogar noch freundlich und offen. Spätestens nach zwei Wochen nehmen sie allerdings die Revierverteidigung etwas ernster und selektieren aus, wer jetzt noch rein darf und wer nicht. Das kommt bei Straßenhunden und Hofhunden mit Freigang eher selten vor. Territoriale Aggression bei freilaufenden Hunden ist nicht wirklich beliebt bei der Bevölkerung.

Verhalten gegenüber der Umwelt

Wie reagiert der Hund auf Autos, Radfahrer, Menschenmengen usw.? Ein Hund, der auf der Straße lebte oder groß geworden ist, hat

in der Regel keine Angst vor Autos, flatternden Markisen usw. Straßenhunde besuchen ihre Umwelt nicht, sie leben in ihr. Selbst wenn sie hier in Deutschland ängstlich auf etwas reagieren, wie z. B. Fahrradfahrer (die bekommt man in Rumänien z. B. selten zu sehen), sind sie sehr schnell dazu in der Lage zu erkennen, ob diese komischen Dinger eine Gefahr darstellen oder nicht. Während ein Verschlagshund auf fast alles ängstlich reagiert und Ewigkeiten braucht, sich an einen Reiz zu gewöhnen. Ketten- und Hofhunde ohne Freigang haben zumindest visuell ihre Umwelt ein wenig wahrgenommen. Das heißt, dass sie sich entweder zurückhaltend beim Spazierengehen bewegen oder ihre Neugier sie regelrecht vorstürmen lässt. Sie wissen gar nicht genau, was sie als erstes machen sollen. Dabei ziehen diese beiden Arten von Besitzerhunden es selten in Betracht, auch mal ihre Geschäfte während des Spaziergangs zu erledigen. Das wird dann, mit einer gewissen Erleichterung, Zuhause im Garten erledigt. Zumindest für die erste Zeit.
Dies ist nur ein kleiner Auszug aus dem Fragenkatalog, mit dem wir aber schon das ein oder andere ausschließen oder in Erwägung ziehen können. Meistens ergeben sich aus der Herkunftsanalyse noch weitere Fragen, deren Antworten dazu führen können, die Analyse zu präzisieren. Dazu gehören Fragen zum Sozialverhalten, zu allgemeinen Verhaltensproblemen und zum Persönlichkeitstyp.
Wir sollten uns im Umgang mit diesen Hunden, und eigentlich auch mit allen anderen Hunden, nicht allein auf irgendwelche Erziehungsmethoden konzentrieren und verlassen. Wir müssen ein Gefühl für unseren Hund entwickeln. Intuitiv sollten wir selber wissen, was gerade für den Hund das Beste ist. Welche Entscheidung ich gerade für ihn treffe oder ihn treffen lasse.

Stefan Kirchhoff hat 12 Jahre lang hauptberuflich als staatlich anerkannterTierpfleger im Bereich Heim-und Pensionstierpflege für den „Bund gegen den Missbrauch der Tiere e. V." gearbeitet. Davon war er 5 Jahre lang Beiratsmitglied und als Tierheimleiter angestellt. In dieser Zeit war er auch im Auslandstierschutz tätig und ehrenamtliches Mitglied des Prüfungsausschusses der IHK für Tierpfleger. Er war eineinhalb Jahre lang stellvertretender Projektleiter des Tuscany Dog Projektes von Günther Bloch, in dem verwilderte Haushunde in Italien beobachtet worden sind. Nach seiner Tierschutztätigkeit dokumentierte er fotografisch das Leben der Straßenhunde. Heute betreibt er eine Hundepension und ist als Hundetrainer, Verhaltensberater und Referent in der Nähe von Bremen tätig.

Ehemalige Kettenhunde haben meist nur wenige Erfahrungen und brauchen Zeit, um sich in einer neuen Umwelt zurechtzufinden.

Die Budapester Studie zeigte auf, dass die meisten Hütehundrassen offener, trainierbarer sind als Meutehunde.

UNTERSUCHUNGS-METHODEN

Will man rassetypische Verhaltenseigenschaften von Haushunden, seien es einzelne Rassen oder Rassegruppen, genauer untersuchen, so gibt es dabei mehrere Vorgehensweisen (siehe Gansloßer und Kitchenham, 2019). Eine häufig kritisch gesehene Möglichkeit besteht darin, Hundeexperten aus verschiedenen Berufsgruppen über ihre Einschätzung verschiedener Rassen und deren typischem Verhalten zu befragen. Bei einer solchen Studie von Luigi Notari und Deborah Goodwin (2007) wurden durchaus eine Reihe von charakteristischen Unterschieden gefunden, hauptsächlich bezüglich der Zuordnung zu den Eigenschaften hohe Aggressionsbereitschaft, hohe Reaktivität, Reife oder Unreife im Verhalten.
Wie differenziert man wieder hinschauen muss, zeigen 2016 Ann-Sofie Sundman und Co-Autoren. Sie untersuchten unterschiedliche Selektionseinflüsse auf die beiden sehr nah verwandten Retrieverrassen Golden und Labrador. Dabei wurde nochmals in Show- und Arbeitslinien unterschieden. Während beim Labrador z. B. Neugier und Offenheit für Umweltreize bei den Arbeitslinien deutlich größer war als bei den Showlinien, verhielt es sich beim Golden Retriever gerade umgekehrt. Der gleiche Persönlichkeitszug hat also offensichtlich unterschiedliche Erbgänge bei den beiden erblich sehr nahe miteinander verwandten Rassen.
Eine andere Vorgehensweise ist die Auswertung von Persönlichkeitsbögen, etwa dem von James Serpell und seinem Team entwickelten, bereits erwähnten **C-BARQ-Test**, oder dem in der Budapester Arbeitsgruppe (Turcsán et al., 2011) entwickelte Persönlichkeitsbogen, der auf vier der fünf Grundpersönlichkeitseigenschaften (emotionale Stabilität, Offenheit und Trainierbarkeit für neue Erfahrungen, Geselligkeit mit Hunden, Extra- vs. Intraversion) abzielt. Die Hundehalter tragen hier jeweils selbst die Werte ihres Hundes ein und vergeben dabei Punkte. Das Computerprogramm berechnet die rassetypischen charakteristischen Werte und deren Streubreite. In der Budapester Studie wurden die Ergebnisse von 96 Hunderassen verglichen, und es ergaben sich durchaus interessante Zusammenhänge: Die Angehörigen der meisten Hütehundrassen sind offener, trainierbarer als Meutehunde. Angehörige der altertümlichen Rassen, z. B. Nordische, sind weniger offen als Hütehunde oder Sichtjäger. Terrier und Mastiffs sind extravertierter, gut trainierbar und extravertiert sind z. B. Deutsch Kurzhaar und die meisten Kleinterrier. Wenig trainierbar und intravertiert sind der Irische Wolfshund, der Malamute und der Eurasier.

Wenig trainierbar und extravertiert wären etwa der Chihuahua und die Spitze. Melissa Starling und Co-Autoren aus der Arbeitsgruppe von Paul Mc Greevy (2013) haben die als **Supereigenschaften** bezeichneten Grundpersönlichkeiten **Scheu und Wagemut** zur Klassifizierung herangezogen: Bei den Jagdhunden waren die Retriever wesentlich wagemutiger als die Pointer und Vorstehhunde. Bei den Hütehunden waren diejenigen wagemutiger, die als Treibhunde von hinten agieren, als diejenigen, die durch fixieren von vorne arbeiten, etwa Border Collies. Hütehunde, die hauptsächlich darauf achten sollen, dass sich kein Tier von der Herde entfernt, etwa Deutsche Schäferhunde, zeigten die höchsten Werte für Kühnheit und Wagemut.

VARIABILITÄT INNERHALB DER RASSE

2014 haben Lindsay Mehrkam und Clive Wynne einen Überblick über Verhaltensunterschiede zwischen Hunderassen veröffentlicht. Sie zeigten mithilfe einer Vielzahl einschlägiger Veröffentlichungen, dass die meisten Arbeitsgruppen zwar durchaus Rasseunterschiede beschreiben, in fast allen Arbeiten wird jedoch die genauso hohe oder fast genauso große Variabilität innerhalb der Rassen betont. Dies entspricht wieder den Anmerkungen zum Thema der Erblichkeit innerhalb von Rassen (siehe S. 47 ff.). Wegen den immer wieder diskutierten Unterschieden in Bezug auf Temperament und Persönlichkeit, Aggressionsbereitschaft oder Erregbarkeit fanden Wynne und Mehrkam auch einige Untersuchungen, die sich mit kognitiven Unterschieden zwischen den Rassen befassen.
Problemlöseverhalten wird in vielen Untersuchungen mithilfe von Testapparaturen überprüft. Einige Arbeitsgruppen finden dabei durchaus Rasseunterschiede, die sich auf das bereits besprochene kurz- oder langschnäuzige Schädelbild zurückführen lassen. Räumliche Umwegaufgaben, die ebenfalls bereits häufig zur Überprüfung kognitiver Eigenschaften verwendet werden, sind offenbar stark von unterschiedlichen Furchtreaktionen beeinflusst. Je furchtsamer eine Rasse, desto mehr Schwierigkeiten haben die Hunde in der Umwegaufgabe. Auch rassetypische Abhängigkeiten der Frustrationstoleranz können eine Rolle spielen. Andere Untersuchungen, etwa von Monique Udell und Co-Autoren (2014) vermuten, dass z. B. die unterschiedlich starke Hemmung des Beutefangverhaltens bei verschiedenen Hunderassen der wahre Grund für die unterschiedliche Reaktionsbereitschaft auf Zeigegesten des Menschen wäre. Rassen, die wie Border Collies oder auch Pointer und Vorstehhunde eine stark gehemmte bis unterbrochene Beutefanghandlung als Arbeitsprogramm aufweisen, sind hier möglicherweise befähigter als Rassen wie Terrier, die weniger gehemmte und mehr spontane Aktivitäten bei der Arbeit benötigen. Mehrkam und Wynne konnten als allgemeine Trendmeldung zeigen, dass Fragebogenaktionen und andere indirekte Methoden mehr Rasseunterschiede aufzeigen als die tatsächlichen Verhaltenstests und direkten Verhaltensbeobachtungen. Des weiteren, dass Persönlichkeits- und Temperamentseigenschaften mehr Unterschiede aufweisen als die kognitiven (sogenannte Intelligenz), dass aber auch oftmals der Einfluss der unterschiedlichen Zahl von Vertretern jeder Rasse an der Untersuchung mit zu berücksichtigen wäre. Auch zeigt sich in vielen Fällen, dass die gefundenen Rasseunterschiede, einerlei aus welcher Methodik, nicht mit den Rassestandards und den typischen Beschreibungen der Zuchtverbände übereinstimmen.

RASSETYPISCHE ERKRANKUNGEN BEI HUNDEN

Bei Hunden sind zurzeit mehr als 700 genetisch bedingte Erkrankungen bekannt (omia.org) und es werden immer mehr. Diese Erkrankungen verteilen sich nicht gleichmäßig auf die bekannten Hunderassen, in vielen Rassen treten mehrere Erkrankungen auf, zum Teil in einer recht hohen Häufigkeit. Durch die in vielen Rassezuchtverbänden gehandhabte Strategie einer weitestmöglichen Vertuschung genetischer Belastungen, ist die Dunkelziffer recht hoch. Strategien zur züchterischen Bekämpfung basieren daher oft auf unzureichenden Fakten bzw. auf einer unzureichenden Bereitschaft der Züchter, sinnvolle Maßnahmen umzusetzen. Die Folge ist, dass es einerseits kaum noch Rassen gibt, die die Bezeichnung „gesund" verdienen, und dass es anderseits in vielen Rassen kaum mehr wirklich gesunde Hunde zur Erhaltung einer Zuchtpopulation gibt. Käufer von Rassehundwelpen kaufen somit bestimmte Erkrankungsrisiken sowie die damit im Zusammenhang stehende finanzielle und emotionale Belastung mit. Denn einerseits schreiben Tierschutzgesetze den Hundebesitzern eine angemessene tierärztliche Behandlung vor, anderseits werden tierärztliche Interventionen immer teurer. Da sehr viele genetische Erkrankungen typischerweise gehäuft bei bestimmten Rassen auftreten, ergibt sich die Frage, warum das so ist. Die Antwort liegt in einem systemimmanenten Problem der Rassehundezucht.

Was sind überhaupt Rassen?
Rassen sind, entgegen der Meinung vieler Hundezüchter, keine biologischen Einheiten. Rassen sind Gruppen von Tieren, die nach gemeinsamen, vom Menschen definierten, Zuchtkriterien gezüchtet werden. Diese Zuchtkriterien sind üblicherweise in Form eines Rassestandards festgelegt. Die Tiere, die einer Rasse angehören, werden als Rassepopulation bezeichnet. Grundsätzlich unterscheidet man „geschlossene Rassepopulationen" und „offene Rassepopulationen".

Beim Dackel sieht man die erblich bedingte Kurzbeinigkeit, und die oftmals daraus resultierende „Dackellähme" kann die Gesundheit sehr einschränken.

Geschlossene Populationen sind dadurch charakterisiert, dass zu einem bestimmten Zeitpunkt das Zuchtbuch geschlossen wird. Dabei werden bestimmte definierte Tiere als rassezugehörig bestimmt. Diese Tiere sind die Gründer der Rasse, die in weiterer Folge die Ahnen jedes Hundes der entsprechenden Rasse sind. Die Paarung eines Hundes mit einem Hund, der andere als die Gründertiere der jeweiligen Rasse in seinem Pedigree hat, ist nicht zulässig. Offene Rassepopulationen unterscheiden sich von geschlossenen im Grunde nur dadurch, dass Einkreuzungen, also die Paarung mit Tieren, die nicht auf einen der Gründer zurückgehen, grundsätzlich zulässig sind.

In der Rassehundezucht herrscht das Prinzip der geschlossenen Populationen, ein Prinzip das vehement und auch gegen jedes bessere Wissen und gegen jeden wissenschaftlichen, fachlichen Rat verteidigt wird.

Anstieg des Inzuchtniveaus

Wie bei allen Dingen im Leben, so ist es auch in der Hundezucht: alles hat zwei Seiten – und das gilt auch für das Prinzip der Zucht in geschlossenen Populationen. Eine auf jeden Fall unausweichliche Folge ist, dass es mit jeder Generation zum Verlust von Genen kommt. Da nicht jeder Hund Nachkommen bringt, gehen alle jene Gene, die die zur

Die Definition, was ein Champion ist, ist immer wieder starken Modeströmungen unterworfen.

Zucht verwendeten Hunde nicht haben, der Population verloren. Und zwar unwiederbringlich. Dieser Effekt kommt umso stärker zum Tragen, je kleiner eine Zuchtpopulation ist. Die direkte Folge ist ein Anstieg des Inzuchtniveaus – was in der Praxis nichts anderes bedeutet, als dass der Anteil homozygoter Genorte bei den Hunden der Population steigt. Das ist, wenn es in Verbindung mit bestimmten Selektionsmaßnahmen geschieht, durchaus sinnvoll, denn damit werden die Merkmale, die als gewünschte Rassenmerkmale definiert sind, in der Population gefestigt. Damit steigt die Wahrscheinlichkeit, dass Nachkommen den Elterntieren gleichen. Die Wunschvorstellung vieler Züchter, dass „Champion x Champion = Champions" ergibt, ist dennoch sehr unrealistisch, zumal die Definition dessen, was ein Champion ist, immer wieder starken Modeströmungen unterworfen ist und auch von verschiedenen Formwertrichtern oft sehr unterschiedlich interpretiert wird.

Auf Genen basierende Erkrankungen

Die Schattenseiten dieser zunehmenden Homozygotierung sind es, die tagtäglich in Tierarztpraxen vorstellig werden und dazu führen, dass es heute kaum mehr eine Hunderasse gibt, die nicht mit einer oder mehreren Erkrankungen mit genetischer Grundlage belastet ist.
Es ist einerseits die eingeschränkte genetische Vielfalt, die eine Grundlage gesundheitlicher Probleme ist, indem sie zu einem verringerten Anpassungsvermögen führt. In der Praxis heißt das, dass Hunde mit den Belastungen der Umwelt schlechter zurechtkommen, sie werden anfälliger gegen Infektionen, leiden eher an Allergien und Überempfindlichkeiten, Autoimmunerkrankungen und Krebserkrankungen und haben insgesamt eine geringere Lebenserwartung. So zeigt z. B. eine englische Studie, dass Mischlinge – die ja im Vergleich mit Rassehunden einen geringeren Anteil an Homozygotie aufweisen – im Durchschnitt 1,2 Jahre länger leben als reinrassige Hunde (www.ncbi.nlm.nih.gov/pubmed/24206631).
Die geringere Lebenserwartung hat aber noch eine zweite Grundlage. Die ergibt sich daraus, dass mit dem erhöhten Homozygotieanteil nicht nur erwünschte Gene in der Rasse fixiert werden, sondern auch unerwünschte Genvarianten – Defektgene – die die Grundlage von Erbkrankheiten sind. Dadurch, dass Defektgene in den meisten Fällen einem rezessiven Erbgang folgen und daher nur dann zu klinisch erkennbaren Symptomen führen, wenn ein Hund das oder die Defektgen(e) von beiden Eltern geerbt hat, können sie sich lange Zeit unerkannt in einer Rassepopulation ausbreiten. Wenn sie dann erstmalig eine klinische Manifestation zeigen, haben sie in der Population bereits eine so hohe Frequenz erreicht, dass sie nur mehr sehr schwer wieder loszuwerden sind.
Die gewünschten Alleinstellungsmerkmale einer Rasse werden also mit der erhöhten Gefahr gesundheitlicher Probleme erkauft.

Wieso rassetypisch?

Viele der genetisch bedingten Erkrankungen treten als „rassetypische" Merkmale auf. Der Grund dafür ist ganz simpel. Wenn in einer geschlossenen Population durch eine Mutation eine Defektvariante eines Gens entsteht, dann verbreitet sie sich auch nur in dieser Population. Der fehlende Genaustausch mit anderen Populationen verhindert, dass die Mutation „wandert". Solche Defekte treten dann tatsächlich auch nur in bestimmten Hunderassen auf. Das gilt aber nur für solche Mutationen, die entstanden sind, nachdem das Zuchtbuch geschlossen wurde. Ältere Mutationen treten in mehreren Rassen auf. Dieser Aspekt erlaubt auch eine ungefähre zeitliche Zuordnung von Mutationen, die in verschiedenen Rassen verbreitet sind. Denn in solchen Fällen kann man den Schluss ziehen, dass die Mutation, die für eine bestimmte Erkrankung verantwortlich ist, bereits zu einem Zeitpunkt stattgefunden haben muss, bevor es zu einer genetischen Isolierung der betreffenden Rassen gekommen ist. So kann man z. B. davon ausgehen, dass der MDR1-Defekt, der bei diversen Collie-artigen Rassen auftritt, auf einer bereits längere Zeit zurückliegenden Mutation beruht.

Nicht alles ist Schicksal

In manchen Rassen sind rassetypische Gesundheitsprobleme allerdings nicht als „schicksalhaft" anzusehen. Sie sind quasi selbstgestrickte Probleme, die sich aus Extreminterpretationen des jeweiligen Rassestandards ergeben. So ist die extreme Kurzköpfigkeit, mit der damit verbundenen Atemnot samt diverser weiterer gesundheitlicher Probleme, kein originäres Rassemerkmal der betroffenen Rassen. Möpse und Französische Bulldoggen z. B. waren bis weit ins 20. Jahrhundert einfach nur kleine Molosser mit einem ausgeprägten Stop. Erst in den letzten Jahrzehnten wurde aus ursprünglich fitten und gesunden kleinen Hunden die heute stark verbreitete Variante kleiner röchelnder Monstrositäten gezüchtet, die in offensichtlicher Unkenntnis oder Ignoranz der Tatsache, dass diese armen Hunde 24 Stunden am Tag um den notwendigen Sauerstoff kämpfen müssen, mehr und mehr in Mode kommen. Es sind aber nicht nur die Plattnasen, deren gesundheitliche Probleme nicht notwendig wären. Riesen- und Zwergwuchs, Hautfalten, lose oder eingerollte Augenlider, unphysiologische Extremitätenstellungen und -winkelungen, bestimmte Farbvarianten wie Verdünnungsfarben, Scheckungen oder Merle sind die Grundlage mehr oder weniger gravierender Gesundheitsprobleme, die sich bei entsprechender Einsicht und geänderter Zuchtrichtung relativ leicht in den Griff bekommen ließen. Doch wie auf S. 12/13 erläutert, der Riesenhund lässt grüßen.

Was bedeutet das in der Praxis?

Rassetypische Erkrankungen sind in zweierlei Hinsicht von praktischer Relevanz. Zum einen sind sie für die Züchter bzw. Zuchtverbände der betreffenden Rassen wichtig. Nur eine möglichst genaue Kenntnis der genetischen Grundlagen einerseits sowie der klinischen und diagnostischen Aspekte der jeweiligen Erkrankungen andererseits, ermöglichen die Erarbeitung von effizienten Zuchtstrategien zur Verdrängung oder Elimination genetischer Belastungen. Dabei ist eines der stärksten Hindernisse, auf dem Weg zu einer erfolgreichen Bekämpfung von Erbkrankheiten, die fehlende Bereitschaft von Züchtern zu einem offenen Umgang mit Erkrankungen. So lange aber Informationen über Merkmalsträger von Erkrankungen nicht offen kommuniziert werden, ist es schwierig bis unmöglich, erfolgversprechende züchterische Strategien zu erarbeiten.

Zum anderen sind es die Käufer bzw. Kaufinteressenten, die sich nach Möglichkeit bereits vor dem Kauf eines Hundes über mögliche gesundheitliche Probleme der gewählten Rasse informieren sollten und das heute auch sehr gut können.

So bietet heute bereits so gut wie jeder Zuchtverband auf seiner Homepage Informationen über spezifische Bekämpfungsprogramme, das gleiche gilt für jeden seriösen Züchter.

Wer sich noch genauer informieren will, dem stehen wissenschaftliche Datenbanken und Suchmaschinen zur Verfügung. Zu nennen wäre die OMIA (Online Mendelian Inheritance in Animals), PubMed oder Google Scholar. Nach Eingabe des Rassenamens findet man einschlägige Publikationen zu Erkrankungen, die in der jeweiligen Rasse beschrieben sind. Weitere Informationen findet man auf den Homepages der inzwischen zahlreichen Labors, die Gentests anbieten. Solche Gentests sollten Züchter mit Verantwortung freiwillig unterstützen.

Die Rasse der Boxer ist leider auch von der „Kurz-Nasen-Züchtung“ betroffen.

Hier sollte man unbedingt darauf achten, Hunde mit „längerer Nase“ auszuwählen.

Es zahlt sich aus, sich vor dem Kauf eines Hundes entsprechend zu informieren. Denn auch wenn man niemals absolute Sicherheit hat – Hunde sind keine Maschinen, mit einem standardisierten Konstruktionsprinzip –, so kann man doch das Risiko, sein Leben mit einem mehr oder weniger kranken Hund zu verbringen, bei entsprechend gründlicher Vorabinformation reduzieren. Und damit einerseits seine Nerven, aber auch seinen Geldbeutel schonen. Denn tierärztliche Interventionen sind zum Teil extrem kostspielig und viele Versicherungen – die man übrigens jedem Hundehalter nur dringend ans Herz legen kann – schließen zudem rassetypische Gesundheitsrisiken aus dem Vertrag aus. Bedenkt man, wie ausführlich sich die meisten Menschen vor dem Kauf eines Handys, eines Autos oder sogar eines Kühlschranks über Vor- und Nachteile des angestrebten Modells informieren, dann sollte man meinen, dass eine zumindest ebenso gründliche Vorabinformation angebracht ist, wenn man sich für ein Lebewesen entscheidet, mit dem man eine Reihe von Jahren sein Leben teilen will.

Das Wissen um rassetypische Krankheitsrisiken hat übrigens auch den Vorteil, dass man beim eigenen Hund auf bestimmte Symptome früher reagieren kann und daher auch eher eine spezifische Therapie einleiten kann.

Und der Mischling?

Mischlingen wird zwar in einzelnen Studien eine höhere Lebenserwartung im Vergleich mit Rassehunden attestiert. Für die dem Mischling immer wieder nachgesagte bessere Gesundheit gibt es auf der Basis der wenigen verfügbaren Studien allerdings keine wissenschaftliche Evidenz. Das liegt u. a. daran, dass Mischlinge von ihren reinrassigen Vorfahren die jeweils vorhandenen Defektgene erben und diese, speziell wenn sie in verschiedenen Rassen verbreitet sind, auch beim Mischling zur homozygoten Manifestation kommen können. Im Gegensatz zum Rassehund, bei dem man bestimmte Erkrankungsrisiken kennt, ist der Mischling auch in gesundheitlicher Hinsicht ein Überraschungspaket. Im schlimmsten Fall hat er typische Defekte mehrerer Rassen.

Vor der Gründung der Zuchtverbänden, Ende des 19. Jahrhunderts, waren streng geschlossene Rassepopulationen unüblich. Heutzutage dagegen wird dies streng durchgeführt.

Moderne Rassehundezucht

Die Rassehundezucht unterlag in den letzten Jahrzehnten einem einschneidenden Wandel. War der Hund früher mehr Nutztier als Heimtier, so lag auch der Selektionsschwerpunkt weniger bei Aspekten der „Schönheit" als bei Aspekten der Gebrauchsfähigkeit. So kamen z. B. als Hütehunde nur solche Hunde zur Weiterzucht, die ihren Job gut und ausdauernd erledigten, Jagdhunde mussten ihre Gebrauchsfähigkeit unter der Flinte, unter der Erde oder in der Meute beweisen und Herdenschutzhunde mussten ihre Herden erfolgreich gegen Prädatoren beschützen. Streng geschlossene Rassepopulationen waren unüblich, bewusste oder auch unbeabsichtigte Paarungen mit Hunden anderer Rassen durchaus normal.

Dadurch, dass die geforderten Leistungen nur von grundsätzlich gesunden Hunden erbracht werden können, erfolgte damit eine Art automatische Selektion auf gesunde Hunde.

Das änderte sich zunächst mit dem Aufkommen der ersten Ausstellungen und der Gründung von Zuchtverbänden Ende des 19. Jahrhunderts. Zuchtbücher wurden erstellt und geschlossen, Rassen als genetische Inselpopulationen ohne Austausch mit anderen Rassen definiert. Die beiden Weltkriege in der ersten Hälfte des 20. Jahrhunderts stellten dann noch einmal eine Zäsur dar, die zudem in vielen Rassen einen deutlichen genetischen Flaschenhals zur Folge hatte. In vielen Rassen lag die Zahl der für die Weiterzucht verfügbaren Hunde nach Ende des Zweiten Weltkrieges bei ganz wenigen Exemplaren. Durch die inzwischen sakrosankte Strategie der rassereinen Zucht beschränkte sich daher die genetische Varianz jeder Rasse auf das, was an genetischer Vielfalt bei den Nachkriegs-Gründertieren der jeweiligen Rasse vorhanden war.

Damit gingen die Probleme der modernen Rassehundezucht aber erst los. Bei den meisten Rassen stand nicht mehr Gebrauchsfähigkeit im Vordergrund züchterischen Interesses, die Selektion fand in erster Linie auf der Basis von Ausstellungsbewertungen statt. Die Rassestandards, die als eine Art „Blaupause" dafür erstellt wurden, wie ein Hund einer bestimmten Rasse auszusehen hat, basierten zwar bei den meisten Rassen grundsätzlich auf funktionalen und biomechanischen Überlegungen, ließen den bewertenden Richtern aber viel Ermessensspielraum. Dadurch kam es in vielen Rassen zu einer Veränderung des Rassebildes, zum Teil in extremer Form. Viele der heute als besonders „schön" prämierten Hunde, sind kaum mehr als Vertreter ihrer ursprünglichen Rasse erkennbar. Und nicht nur das – viele der ins Extreme verzerrten Rassemerkmale sind für die betroffenen Hunde mit mehr oder weniger ausgeprägten Beeinträchtigungen ihrer Gesundheit und ihres Wohlbefindens verbunden. In den 80er Jahren kam dann der Begriff „Qualzucht" auf, der als verbotene züchterische Maßnahme inzwischen auch Einzug in verschiedene Tierschutzgesetze gefunden hat. Ohne wesentliche Konsequenzen allerdings – denn nach wie vor werden Hunde mit Extremmerkmalen auf Ausstellungen gezeigt, prämiert und zur Zucht eingesetzt.

Aber auch mit diversen anderen Problemen hat die moderne Rassehundezucht zu kämpfen. Im Wesentlichen beruhen diese Probleme darauf, dass das genetische und populationsgenetische Grundwissen bei Züchtern und Zuchtfunktionären mit wenigen Ausnahmen mehr als bescheiden ist. Zugegebenermaßen ist das Fachgebiet der Genetik und der Populationsgenetik ein weites und auch nicht in allen Bereichen ein leicht verständliches. Aber auch andere Hobbys, die man betreibt, erfordern eine mehr oder weniger gründliche Auseinandersetzung mit den theoretischen Grundlagen der Materie. Es gibt also keinen Grund, warum das bei einer Beschäftigung, die noch dazu mit der Verantwortung für geschaffenes Leben verbunden ist, anders sein sollte. Züchten ist nun mal mehr, als seine Hündin einem Rüden zuzuführen, ist mehr, als Welpen auf dem Weg ins Leben zu betreuen, ist mehr, als sich bei Ausstellungen mit Züchterfreunden zu treffen und Siege zu bejubeln oder Niederlagen zu beweinen. Und es ist auf jeden Fall mehr, als sich auf den eigenen Hund zu fokussieren. Viele Probleme der modernen Rassehundezucht beruhen auch mehr auf soziologischen als auf genetischen Problemen. Für die meisten Züchter ist der Zuchtverband, unter dessen Betreuung sie züchten, auch ein wesentlicher Teil ihres sozialen Umfeldes. Ein Umfeld, in dem gegenseitige Anerkennung eine ebenso große Rolle spielt, wie gemeinsame Unternehmungen. Ein Umfeld aber auch, das sehr empfindlich auf scheinbare Angriffe reagiert, die z. B. in Form eines offenen Umgangs mit genetisch bedingten

Aus einer Ausgangspopulation mit großer genetischer Vielfalt wird durch starke zahlenmäßige Reduktion der Zuchttiere eine Gründerpopulation mit eingeschränkter genetischer Vielfalt. Wird dann in geschlossener Population weitergezüchtet, kann man zwar die Population zahlenmäßig wieder erweitern, die genetische Vielfalt bleibt aber auf das Maß beschränkt, das den genetischen Flaschenhals überstanden hat und reduziert sich mit jeder weiteren Generation zusätzlich.

Erkrankungen stattfinden. Einzelne Züchter, die offen über Erkrankungen in ihrer Rasse oder Linie berichten, werden nicht selten als Nestbeschmutzer beschimpft. „Sie reden die Rasse krank", lautet ein häufiger Vorwurf, der von anderen Züchtern der Rasse u. a. in der Sorge um die Verkaufbarkeit ihrer Welpen oft geäußert wird. Häufig wird so ein „verräterischer" Züchter im Zuchtverband geächtet, im schlimmsten Fall aus dem Verband ausgeschlossen. Um solche sozialen Restriktionen zu vermeiden, scheuen sich manche Züchter offen über Erkrankungen zu reden.

Auch der Vorschlag einzelner Züchter, bisher nicht übliche züchterische Diagnose- oder Selektionsmaßnahmen verpflichtend einzuführen, wird von der restlichen Züchterschaft oft nicht gern gesehen und auch mal entsprechend geahndet. Und selbst wenn ein Zuchtverband bereit ist, neue Erkenntnisse über eine genetisch bedingte Erkrankung im Rahmen der verbandsdefinierten Zuchtstrategie zu berücksichtigen, sind Beschlüsse auf Grund der demokratischen Struktur von Zuchtverbänden häufig nur mit gewaltiger zeitlicher Verzögerung durch- und umzusetzen. Diese Verzögerung wiederum ermöglicht den relevanten Defektgenen in der Zwischenzeit eine ungestörte weitere Verbreitung in der Population.

So paradox es klingt, auch die moderne Veterinärmedizin kann einen negativen Einfluss auf das Zuchtgeschehen einer Rasse haben. Immer dann, wenn ein genetisch bedingter Defekt tierärztlich so behandelt werden kann, dass der betroffene Hund keine Anzeichen des Defektes mehr zeigt, besteht die Gefahr, dass Merkmalsträger unerkannt züchterisch genutzt werden und ihre Defektgene an die nächsten Generationen weitergeben. Denn eine tierärztliche Behandlung – die natürlich für den betroffenen Hund segensreich und wichtig ist – verändert allenfalls den Phänotyp – der Genotyp bleibt unverändert.

Die 13 Sünden der Hundezucht

Züchten heißt in Populationen zu denken und züchten heißt in Generationen zu denken. Züchten heißt, bei jeder Entscheidung die gesamte Population im Blick zu haben und sich immer zu fragen, welche Auswirkungen die eigene Entscheidung für die nächsten Generationen der Rasse haben können. **Züchten heißt zudem Verantwortung übernehmen. Verantwortung für ein Hundeleben, das es ohne die eigene züchterische Aktivität nicht geben würde.** Und damit ist immer auch die Verantwortung für das Leben der zukünftigen Hundebesitzer verbunden. Für die es sehr wohl von Bedeutung ist, auf welcher Basis die Entscheidung für den Zuchteinsatz der Eltern ihres Hundes gefallen ist.

Vor längerer Zeit wurde ich gebeten, einen kurzen Artikel mit nicht mehr als 300 Wörtern zum Thema „moderne Hundezucht" zu schreiben. Nachdem ich kurz davor war, diese Bitte schlichtweg abzulehnen, mit der Begründung, dass die moderne Hundezucht eine so komplexe und vielschichtige Sache ist, dass man mit 300 Wörtern nicht einmal eine Einleitung zu diesem Thema schreiben könnte, kam mir die Idee, die gestellte Aufgabe in Form einer „Sündenliste" zu lösen.

1. Kleine Hunde zu klein und große Hunde zu groß zu züchten.
2. Hunde mit extremen Maßen und Formen zu züchten, wie z. B.: zu kurze Nasen, zu kurze Beine, zu lange Ohren, Hautfalten oder Pigmentierungsstörungen.
3. Hunde miteinander zu verpaaren, die eng miteinander verwandt sind.
4. Hunde miteinander zu verpaaren, bei denen gleiche genetische Belastungen bekannt oder zu vermuten sind.
5. Viele Hündinnen an ein und denselben Championrüden zu verpaaren.
6. In erster Linie auf den eigenen Hund zu schauen und die Population dahinter zu ignorieren.

7. Mehr auf Ausstellungserfolge zu achten als auf Gesundheit.
8. Gesundheitsprobleme, die in der Rasse auftreten, zu ignorieren oder zu unterschätzen.
9. Gesundheitsprobleme, die in der eigenen Linie auftreten, zu verschweigen.
10. Die eigenen Hunde durch die rosarote Brille zu betrachten, Hunde anderer Züchter hingegen überkritisch zu beurteilen.
11. Vorübergehenden Modeströmungen in der Interpretation des Rassestandards zu folgen, statt auf langfristige und funktionell orientierte Zuchtziele zu setzen.
12. Zu vergessen, dass der Hund von einem Beutejäger abstammt und daher zumindest grundsätzlich in der Lage sein sollte, Beute zu jagen und zu fangen.
13. Zu vergessen, dass Hunde Schmerz und Unbehagen empfinden, so wie wir Menschen auch, dass sie aber nicht immer in der Lage sind, diese Empfindungen entsprechend zu kommunizieren.

Univ.Doz. Dr. Irene Sommerfeld-Stur
hat an der damaligen Tierärztlichen Hochschule in Wien Veterinärmedizin studiert, 1973 ihr Studium abgeschlossen, 1975 promoviert und 1985 habilitiert. Seit dem Abschluss ihres Studiums bis zu ihrem Ruhestand im Juni 2012 hat sie am Institut für Tierzucht der Veterinärmedizinischen Universität gearbeitet. Dort hat sie sich zunächst mit Blutgruppengenetik bei Haustieren beschäftigt, bis sie dann nach ihrer Habilitation fachlich sozusagen „auf den Hund gekommen" ist. Und der ist auch heute noch im Mittelpunkt ihres Interesses, wobei vor allem die Problematik von Erbfehlern und Qualzucht, aber auch populationsgenetische Fragestellungen, Verhaltensgenetik und Fragen der genetischen Vielfalt interessieren. Seit einigen Jahren betreibt sie eine Webpage mit Informationen über genetische Themen für Hundezüchter und -halter und bietet genetisch-züchterische Beratung sowie Vorträge für Züchter und Zuchtverbände an. Im Frühjahr 2016 kam ihr Buch „Rassehundezucht – Genetik für Züchter und Halter" heraus.
Selber hat sie seit vielen Jahren immer Hunde gehabt, zurzeit lebt sie mit ihrem Mann und einer Japan Spitz-Hündin sowie einer Spanischen Wasserhündin auf einem alten Bauernhof in Niederösterreich (www.sommerfeld-stur.at).

VERHALTENSWEISEN UND RASSEBEZOGENE KATEGORIEN

VERHALTENSKOMPLEXE

Adriana Jakovcevic und Co-Autoren aus Buenos Aires (2010) interessierten sich für Rasseunterschiede von verschiedenen Hunden bezüglich der Blickkontaktaufnahme mit dem Menschen. Es wurden Retriever, Deutsche Schäferhunde und Pudel verglichen. Auch hier, vergleichbar den Untersuchungen von Chiara Passalacqua (siehe S. 57) waren zunächst beim Erlernen der Kooperationsaufgabe keine Rasseunterschiede festzustellen. Verhielten sich die Menschen jedoch plötzlich teilnahmslos und unterstützten den Hund nicht mehr, dann waren die Retriever länger bereit, in dieser Auslöschungsphase nochmals den Blick zum Menschen zurückzurichten, um vielleicht doch noch Hilfe zu erhalten. Wenn man die Hunde nicht vorher darauf trainiert hatte, vom Menschen durch Blickkontakt Hilfe anzufordern, waren die Retriever eher bereit, den Menschen zu bitten. **Rasseunterschiede in der Kommunikationsbereitschaft der Hunde mit dem Menschen existieren also durchaus.** Wie bereits angesprochen, sind nach neueren Untersuchungen in diesem Zusammenhang auch Unterschiede in der Genetik des Oxytocinrezeptorsystems von Bedeutung (siehe Gansloßer und Kitchenham, 2019).

JAGDVERHALTEN

Besonders intensiv untersucht wurden Unterschiede im Jagdverhalten, da es hier sehr feine Unterschiede bei den verschiedenen Arbeitshundgruppen gibt. Die von Ray Coppinger und seiner Arbeitsgruppe (Coppinger und Coppinger, 2002; Coppinger und Feinstein, 2015) ausführlich untersuchte, dementsprechend als Coppinger-Kette bezeichnete Sequenz des Jagdverhaltens bei Hunden, aber auch ihren wilden Vorfahren und Verwandten und anderen Beutegreifern, besteht aus einer Reihe von aufeinanderfolgenden Verhaltensabläufen, die übrigens durchaus mit unterschiedlichem Ausmaß durch innere oder äußere Auslöser gesteuert werden. Schon allein das, und erst recht die im Folgenden zu besprechenden Unterschiede, widerspricht dem Konzept des sogenannten Jagdtriebes. Gerd Leder (2014) hat die Jagdverhaltensweisen verschiedener Hundetypen anhand der unterschiedlich starken Ausbildung oder auch Hemmung bzw. sogar des Wegfalls von Elementen dieser Coppinger-Kette beschrieben. Jagende Wölfe zeigen die Kette meist in vollständiger Reihenfolge, wobei zunächst ungerichtetes Appetenz- und Suchverhalten auftritt, dann das Orten und Entdecken, das mit der zielgerichteten Verfolgung den zweiten Teil der Kette bildet. Der dritte Teil besteht dann beim nahen Herankommen an die Beute im Fixieren, der vierte Teil im Anpirschen oder Anschleichen. Danach kann ein Hetzen oder Nachjagen erfolgen, danach das Packen und Töten, und zum Schluss das Wegtragen oder Fressen.

Betrachten wir nun verschiedene Hundetypen, so ergeben sich hier große Unterschiede. Bei den nordischen, relativ nah am Wolf liegenden Rassegruppen sind das ungerichtete Appetenzverhalten, das Orten, das

Hetzen und das Verbellen besonders stark entwickelt. Japanische Hunde vom Urtyp haben alle der genannten Verhaltensweisen verstärkt. Hunde vom Typ Podenco haben vor allem das Orten und das Hetzen erhöht, beim Herdenschutzhundtyp sind fast alle Verhaltensweisen in ihrer Ausprägung eher reduziert, nur das Zupacken kann noch verstärkt auftreten. Hütehunde sind durch eine verstärkte Appetenz und ein verstärktes Hetzen, Arbeitshunde vom Typ Border Collie mit einer Verstärkung aller bis einschließlich zum Hetzen und einer Reduktion von Packen und Töten charakteristischen Sequenz zu erkennen. Hunde der Sport- und Diensthunderassen zeigen vorwiegend Appetenz, Hetzen und Packen, Terrier zeigen Appetenz, Orientieren, vorwiegend aber Hetzen und Totschütteln, bei Dackeln ist mit Ausnahme des Tötens alles verstärkt, insbesondere das Spurlautgeben nochmals besonders erhöht. Bei Laufhunden ist vor allem das orientierte Appetenzverhalten bis hin zum Hetzen, Verbellen, dem sogenannten Standlaut erhöht, die sogenannten Schweißhunde erhöhen vor allem das zielgerichtete Appetenzverhalten bis zum Verbellen, Packen und Töten sind jedoch ebenfalls noch vorhanden, Vorstehhunde reichen bis zum Fixieren, danach nichts mehr, Apportierhunde haben vorwiegend Orten, Zupacken, Wegtragen und Apportieren, bei Windhunden sind Orten, vor allem aber Hetzen, Packen und Töten verstärkt.

Das Jagdverhalten besteht aus einer Reihe von aufeinander folgenden Verhaltensabläufen, die durchaus mit unterschiedlichem Ausmaß gesteuert werden (hier: Äthiopischer Wolf).

JAGDSEQUENZEN (NACH GERD LEDER)

NORDISCHE JAGDHUNDE

JAPANISCHE HUNDE VOM URTYP

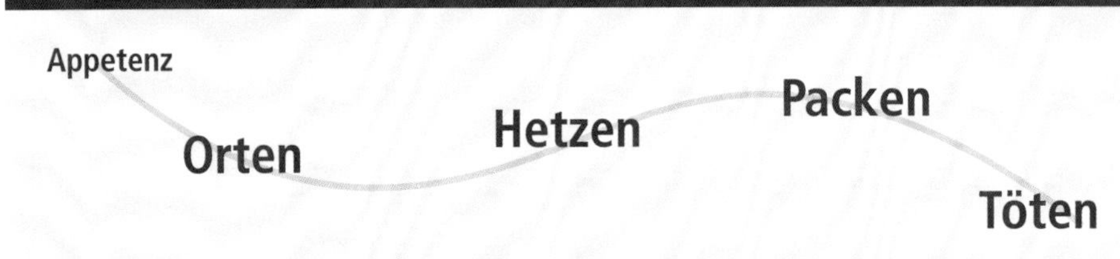

HUNDE VOM TYP PODENCO

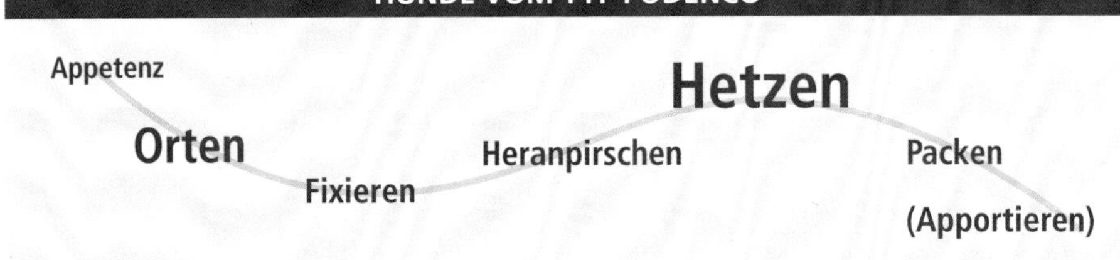

HERDENSCHUTZHUNDE

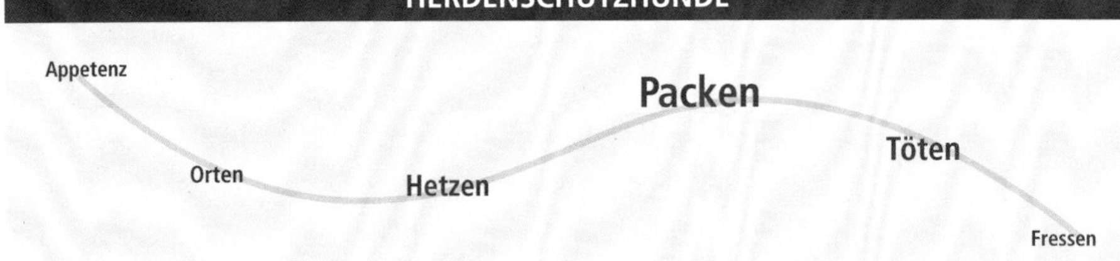

HÜTEHUNDE

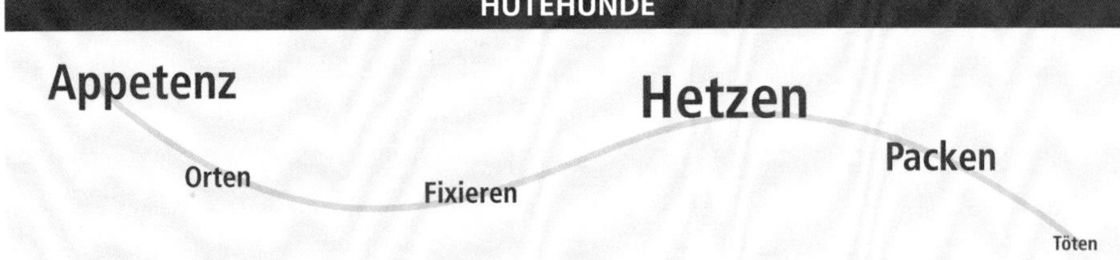

SPORT- UND DIENSTSCHUTZHUNDE

Appetenz

Packen

Hetzen

Töten

TERRIER

Appetenz

Hetzen

Orientieren

Totschütteln

DACKEL

Appetenz

Orten

Spur Laut gebend verfolgen

Verbellen

Packen

Töten

LAUFHUNDE

Orientierendes Appetenzverhalten

Orientiertes Appetenzverhalten (Spurlautes Verfolgen der Fährte)

Hetzen

Verbellen (Standlaut)

Packen

Töten

SCHWEISSHUNDE

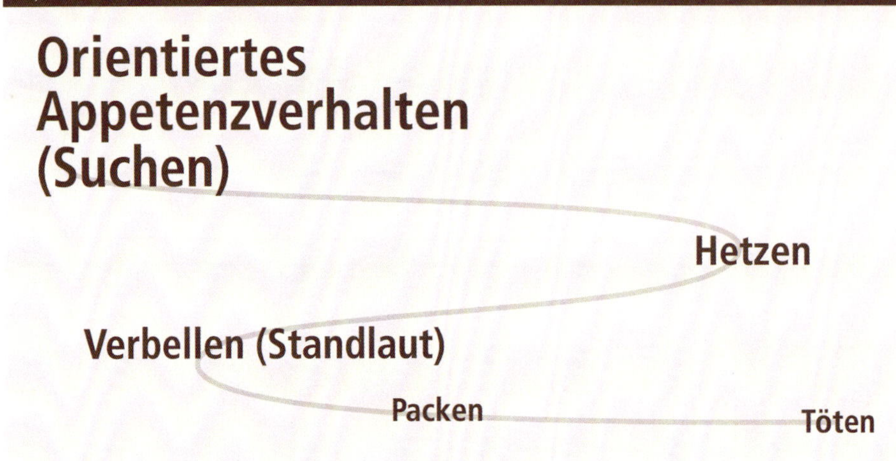

VORSTEHHUNDE TYP POINTER UND SETTER

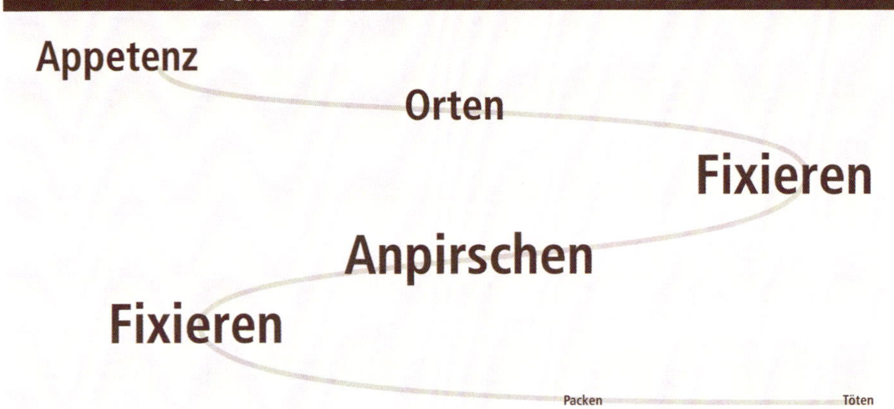

VORSTEHHUNDE TYP WEIMARANER, DEUTSCH DRAHTHAAR USW.

APPORTIERHUND

Orten
Fixieren
Anpirschen
Hetzen
Packen
Töten
Wegtragen/Apportieren

SPANIELS

Appetenz
Stöbern
Orten
Stöbern
Orten
Stöbern
Orten
Packen
Apportieren

WINDHUNDE

Orten
Hetzen
Packen
Töten

ARBEITSHUNDE VOM TYP BORDER COLLIE

Appetenz
Orten
Fixieren
Anpirschen
Hetzen
Packen
Töten

SCHMERZEMPFINDLICHKEIT

Wie Sommerfeld-Stur (2015) ausführlich diskutiert, sind am Verhaltensablauf dieser Coppinger-Kette verschiedene genetische Regulationsmechanismen, sowohl im Bereich der Sinnesfunktionen, der Bewegungsabläufe, aber auch der zentralen neurochemischen Bereiche wie Ausdauer und Motivation, Schmerzempfindlichkeit etc. beteiligt. Auch wenn die einzelnen, hier verwandten genetischen Prozesse noch nicht ausführlich geklärt sind, diskutiert sie z. B. die Möglichkeit, dass eine Funktionsverlustmutante eines aktivierenden Botenstoffes, oder eine funktionsverstärkende Mutante eines hemmenden Botenstoffes, als Grundlage dieser Verhaltensmodifikationen angenommen werden können. Sommerfeld-Stur diskutiert auch, dass rassetypische Unterschiede im Bezug auf die Schmerzempfindlichkeit, vor allem bei Rassen, die verletzungsgefährdet sind, mit einer erhöhten Schmerzschwelle durchaus genetisch begründbar wären. Jagdhunde für die Bauarbeit oder für die Großwildjagd, oder gar sogenannte Kampfhunde, könnten eine denkbare genetische Grundlage für die erhöhte Schmerzschwelle im Bereich der körpereigenen Opiate, der sogenannten Endorphine, aufweisen. In einer speziellen Studie des australischen Working Kelpie wurde z. B. die aufgefundene Schmerzempfindlichkeit auf ein Gen zurückgeführt, von dem auch aus Mausstudien bekannt ist, dass es mit Schmerzempfinden und Angstgedächtnis gekoppelt wird. Ein hoher Reinerblichkeitsgrad im Bereich dieses Gens kann bei einem so riskant arbeitenden Hund wie dem Working Kelpie durchaus eine wichtige Bedeutung gehabt haben.

Rassetypische Unterschiede im Bezug auf die Schmerzempfindlichkeit wären genetisch durchaus begründbar.

AGGRESSIONSBEREITSCHAFT

Gerade im Zusammenhang mit Schmerzempfindlichkeit kommen wir noch in einen weiteren, ebenfalls durchaus häufig diskutierten Bereich, nämlich Rasseunterschiede im Bereich von Aggressionsverhalten und Aggressionsbereitschaft. Auch hier handelt es sich höchstwahrscheinlich wieder um ein Zusammenspiel ganz verschiedener Faktoren. Auf der Verhaltensebene wären z. B. Persönlichkeitseigenschaften wie Ängstlichkeit vs. Wagemut, Erregbarkeit vs. Ausgeglichenheit oder Geselligkeit vs. Ungeselligkeit gegenüber Artgenossen oder auch Menschen zu nennen. Auf neurochemischer Ebene können hier unterschiedliche Empfindlichkeiten oder unterschiedliche Konzentrationen für sozial verträglich machende Botenstoffe, etwa das Oxytocin, eher aggressionsbereit stimmende, etwa das sogenannte Kampfhormon Noradrenalin, Stresshormone, auch das als Eifersuchtshormon bezeichnete Vasopresin genannt werden (siehe Gansloßer, 2020; Gansloßer et al., 2020).

Unterschiede zwischen den Rassen

Durch Auswertung des C-BARQ Fragebogens haben z. B. Duffy und Co-Autoren (2008), aus der Arbeitsgruppe von James Serpell, Besitzer von mehr als 30 Rassen zur Aggressivität ihrer Hunde befragt. Es zeigten sich durchaus deutliche Unterschiede zwischen den Rassen. Den höchsten Anteil an Aggression zeigten folgende Rassen:

Die direkte Arbeit an der Herde ist durchaus eine verletzungsgefährdete Tätigkeit.

- Aggression sowohl gegen den Besitzer als auch gegen Fremde: Dackel, Chihuahua, Jack Russell Terrier
- Aggression gegen den eigenen Besitzer: Cocker Spaniel, Beagle
- Aggression gegen andere Hunde: Akita Inu, Chihuahua, Dackel, Jack Russell Terrier, Pit Bull Terrier

Besonders bemerkenswert war, dass für zwei Rassen, bei denen zwischen Show- und Arbeitslinie differenziert wurde, entgegengesetzte Ergebnisse erzielt wurden: Bei den Springer Spaniels waren die Hunde der Showlinien aggressiver, bei den Labrador Retrievern die Hunde der Arbeitslinien.

Shy-Bold-Achse

Gerade bei sogenannten Wesens- oder Verhaltenstests spielt als besonderer, geradezu übergeordneter Einflussfaktor wieder die Zuordnung auf der Achse der beiden Supereigenschaften „Scheu" und „Wagemutig" eine Rolle. An den beiden Endpunkten dieser als Shy-Bold-Achse bezeichneten Differenzierung steht auf der einen Seite ein ängstlich unsicherer Hund, der im Stress überwiegend mit dem passiven Stresshormon Cortisol reagiert. Auf der anderen Seite steht der bei Stress eher auf Noradrenalin und Adrenalin setzende, bisweilen auch eher selbstbewusste Hund. Bemerkenswert ist, wie bereits die Untersuchung von Svartberg und Co-Autoren 2006 zeigte, dass es keine nachzuweisenden Zusammenhänge zwischen Aggressionsniveau und der Position eines Hundes oder einer Rasse auf der Scheu-Wagemutig-Achse zu entdecken gab. **Selbstbewusstsein und Aggressionsbereitschaft sind also nicht miteinander gekoppelt, was vor allem durch die unterschiedliche Auslösung aggressiven Verhaltens, sei es über das Cortisol- oder das Adrenalin-Noradrenalin-System, erklärbar wäre.**

GESETZGEBUNG UND IHRE SCHWÄCHEN

Nicht zuletzt unter dem Einfluss einiger sehr schlimmer, aber durch andere Maßnahmen weitgehend vermeidbar gewesener Unfälle von Hunden bestimmter Rassen mit Menschen, insbesondere Kindern, hat sich in den letzten 25 Jahren in Deutschland und der Schweiz, seit dem vorletzten Jahr auch in Österreich eine Hysterie breit gemacht, die in keinem einzigen Fall zu sinnvollen gesetzgeberischen oder verordnungsmäßigen Aktivitäten geführt hat. Die sogenannten Rasselisten, oder auch bisweilen sogar pauschal als Kampfhundverordnungen bezeichneten Ausflüsse bürokratischen Regulierungswahns sind, wie Untersuchungen einer ganzen Reihe verschiedener Länder zeigen, selten bis gar nicht geeignet gewesen, eine Verbesserung zu erzielen. Tracey Clarke, aus der Arbeitsgruppe von Daniel Mills in Lincoln, hat 2013 eine Arbeit veröffentlicht, die einen deutlichen wissenschaftlichen Beleg gegen die Bestrebungen der Regierungen für rassetypische oder rassespezifische Hundeverordnungen liefert. Sie zeigt, dass dem Menschen eher ein falsches Gefühl von Sicherheit vorgegaukelt und die Situation dadurch möglicherweise noch verschlimmert wird.

KONTAKTHYPOTHESE

Die Untersuchung wendet eine Vorgehensweise an, die in der menschlichen Soziologie als Kontakthypothese bekannt ist, um die Herkunft rassistischer Vorurteile zu verstehen. Es wurden mehr als 160 Personen befragt, ob sie Kontakt zu Hunden einer bestimmten Rassegruppe hatten, und ob ihr Kontakt zu diesen Hunden ihre Tendenz

Die wenigen Untersuchungen über die Auswirkungen von rassespezifischen Hundegesetzen zeigen, dass die Statistiken, mit denen die Gesetzgeber die Einführung von Rasselisten rechtfertigen, entweder gar nicht vorhanden sind, oder an Verletzungen statistischer Grundregeln leiden.

zur populistischen und negativen Rassestereotypien beeinflusste. Es ergaben sich statistisch deutliche Unterschiede in der Haltung von Menschen mit und ohne solchen Hundekontakt. Mehr als die Hälfte der hundeerfahrenen Befragten sahen keinen triftigen Grund für rassebezogene Gesetzgebung, sondern betonten die Wichtigkeit einer Einzelbetrachtung. Weniger als 10 % der hundeunerfahrenen Befragten waren dieser Ansicht. Dadurch wird die Vorhersage bestätigt, dass die Häufigkeit und Qualität von Hundekontakten die Tendenz populistischer Rassestereotypien maßgeblich beeinflusst, also von ähnlichen gesellschaftlichen Tendenzen gefördert wird, wie auch Rassismus im Zusammenhang mit unseren menschlichen Artgenossen.

UNTERSCHIEDLICHE AGGRESSIONSFELDER

Untersuchungen aus James Serpells Arbeitsgruppe (Duffy et al., 2008) haben wiederum deutliche Hinweise zur wirklichen Problematik geliefert. Die Studie untersuchte zwei Datensätze, einen, der durch Befragung der Mitglieder einschlägiger Rassezuchtclubs entstand, der andere durch die Onlinebefragung des C-BARQ-Systems. Unterschieden wurden Aggressionen gegen fremde Menschen, Aggressionen gegen die eigenen Halter und Aggression gegen Hunde. **Bei allen Datensätzen zeigten sich statistisch nachweisbare Unterschiede zwischen den Aggressionsfeldern, was wieder bestätigt, dass es eben nicht den aggressiven Hund oder die Aggression gibt, sondern dass Aggression ein multifunktionales Werkzeugverhalten in ganz unterschiedlichen Zusammenhängen ist.** Wie bereits erwähnt, waren Chihuahua und Dackel z. B. besonders aggressiv gegen Menschen und Hunde, Akitas und Pit Bull Terrier stärker aggressiv gegen andere Hunde, die stärkste Aggression gegen Menschen wurden von Dackeln, Chihuahuas und Jack Russell Terriern gezeigt. Australian Cattledogs waren besonders aggressiv gegen Fremde und die American Cocker Spaniels und Beagles beißen eher ihre Halter. In einer Studie von Casey und Co-Autoren (2014) wurde bei der Aggression gegen Fremde, die das Haus betraten, sogar eine Reihe von Terrierrassen mit geringerem Risiko behaftet als etwa Vergleichswerte von Mischlingen. Bei Aggression gegen Fremde außerhalb des eigenen Hauses waren Deutsche und Belgische Schäferhunde mit erhöhtem, Golden Retriever und Cocker Spaniels mit geringerem Risiko gegenüber Mischlingen zu erkennen, andere Rasseabhängigkeiten gab es offensichtlich nicht. In keinem der Fälle aber erklärte die hier besprochene Abhängigkeit mehr als 10 % des Unterschiedes zwischen aggressionsbereiten und nicht aggressionsbereiten Hunden.

RASSELISTEN UND WAS SIE BEWIRKEN

Paraic Suillhbahen (2015) hat die Beißstatistik aus der Republik Irland ausgewertet und kommt sogar zu einem ganz anderen Ergebnis: Seit der Veröffentlichung der auch dort üblichen Rasselisten und rassebezogenen Gesetzgebung, ist die Zahl der Hundebisse gestiegen, der Wert lag im Durchschnitt der Jahre 1998 bis 2013 bei 4,75 Hundebissen mit Krankenhausaufenthalt pro 100 000 Einwohnern, und stieg im Laufe des Zeitraums auf über 5,6 Bisse pro 100 000 Einwohner an. Er vermutet, dass die Zahl der Bisse möglicherweise auch deshalb zunahm, weil die Bevölkerung durch die Rassegesetzgebungen in eine trügerische Sicherheit versetzt wurde. Auch in anderen Ländern, z. B. durch Auswertung der Statistik französischer Unfallkrankenhäuser, ergibt sich das gleiche Bild. Ebenso deutlich ist, dass in den französischen unfallchirurgischen Statistiken auch kein Einfluss der Hundegröße festzustellen ist (Näheres in Gansloßer und Kitchenham, 2019; Sommerfeld-Stur, 2015).

Die wenigen Untersuchungen über die Auswirkungen von rassespezifischen Hundegesetzen zeigen also immer wieder, dass die Statistiken, mit denen die Gesetzgeber die Einführung von Rasselisten rechtfertigen, entweder gar nicht vorhanden sind, oder an Verletzungen statistischer Grundregeln leiden. Eine amerikanische Untersuchung zeigt z. B., dass im Staat Colorado 8 333 Hunde verboten werden müssten, um einen einzigen Hundebiss zu vermeiden. Sobald die Häufigkeit pro Beißvorfälle pro Rasse mit der Häufigkeit der betreffenden Hunderasse in der Allgemeinbevölkerung in Bezug gesetzt wird, sind in der Regel z. B. gerade Rassen wie der Rottweiler in gleicher Relation zu ihrer Häufigkeit in der Bevölkerung an Beißverletzungen beteiligt, Rassen wie Deutsche oder andere Schäferhunde dagegen im Vergleich zu ihrer regionalen Häufigkeit überrepräsentiert. Die Schlussfolgerungen aus diesen und anderen Untersuchungen sind bereits so häufig zitiert worden, dass sie schon wie Allgemeinplätze gelten müssen. Leider ist es trotzdem, wie auch unsere eigene Erfahrung immer wieder zeigt, nahezu unmöglich, einschlägige Behörden und politische Entscheidungsträger*Innen von der Sinnlosigkeit solcher Vorschriften zu überzeugen.

Auch die in einigen Ländern übliche Praxis, Hunde nach Größe in Gefährlichkeitskategorien einzuteilen, ist biologisch ziemlicher Unsinn. Eine Reihe von Untersuchungen zeigen allgemein, dass große Hunde ruhiger sind, daher auch seltener Problemverhalten zeigen, während kleinere Hunde impulsiver, erregbarer, und damit auch z. B. anfälliger für Affektkontroll- und Impulskontrollverlustaggressionen sind (siehe S. 44). Letztlich ist auch ein Kind, das von einem Kleinterrier angegriffen wird, möglicherweise gefährdeter als ein Erwachsener, der von einem mittelgroßen oder sogar größeren Hund angegriffen wird.

FEHLGELEITETES JAGDVERHALTEN

Gerichtsmedizinische Auswertungen von Bissverletzungen zeigen darüber hinaus, dass gerade im Umgang mit Kindern häufig fehlgeleitetes Jagdverhalten und nicht etwa Aggression als Auslöser dient, und dass bei Bissverletzungen gegen Erwachsene viel häufiger Territorialität, oder eben auch stress- und angst- bzw. furchtbedingte Aggressionsformen auftreten. Da, wie bereits dargelegt, unterschiedliche Hunderassen bzw. Rassegruppen sich durchaus in verschiedenen Verhaltenseigenschaften unterscheiden, müsste also viel genauer analysiert werden, welche dieser Eigenschaften möglicherweise im einen oder anderen Fall einen erhöhten Risikofaktor darstellt. Das Verbot ganzer Rassegruppen, oder deren pauschale Belegung mit Leinen- und Maulkorbpflicht, ist in keinem Fall gerechtfertigt. Auch die häufig geforderte Pauschalkastration zur Fortpflanzungsunfähigmachung ist, wie hormonphysiologische Überlegungen sehr schnell zeigen würden, oftmals geradezu kontraproduktiv (siehe Gansloßer, 2020). Gerade die mit mangelnder Impuls- und Affektkontrolle, hoher Erregbarkeit und mangelnder emotionaler Stabilität verbundenen Formen der Aggression werden oftmals durch die Sexualhormone eher reduziert, da diese mit zu den wirksamsten Gegenspielern des passiven Stresshormonsystems (Cortisol) zählen. Auch die permanente Leinenpflicht, oft sogar mit kurzen, steifen Führleinen, kann eher das Problem verschärfen. Funktionsmorphologische Untersuchungen zeigen nämlich, dass zur Gesunderhaltung der Gelenke eines Hundes eine geradlinig-gleichförmige Bewegung, und sei es auch am Fahrrad, beim joggenden Menschen, oder anderweitig an der Leine gehalten, nicht ausreicht. Gelenkveränderungen, Gelenkerkrankungen und Entzündungen, die wiederum schmerzbedingte Aggression fördern können, können also ebenso zu einer verstärkten Problematik führen.

EINFLÜSSE AUF DAS KONFLIKTVERHALTEN

Nie zuvor, in der Tausende von Jahren währenden gemeinsamen Geschichte von Mensch und Hund, war das Interesse an der Erforschung von Hundeverhalten größer. Der Haushund hat in unserer Gesellschaft über die Jahrhunderte eine zunehmend große Bedeutung als Sozialpartner und Familienmitglied gewonnen. Doch das enge Zusammenleben von Mensch und Hund stellt beide immer wieder vor einige Herausforderungen und Schwierigkeiten. Glücklicherweise gehört der Haushund zur Familie der Caniden, deren Mitglieder sich durch einen herausragend hohen Grad an komplexer sozialer Organisation innerhalb ihrer Gruppen auszeichnen. Vor allem das Kooperationsvermögen innerhalb des Sozialverbandes ist einzigartig im Tierreich, vergleichbar nur mit dem des Menschen. Diese Besonderheit macht das dauerhafte interspezifische Zusammenleben von Mensch und Hund erst möglich. Aber der heutige Haushund lebt in einer größtenteils unnatürlichen, zugleich jedoch sehr belebten und reizstarken Umwelt, zusammen mit den unterschiedlichsten Menschen und Artgenossen. Darüber hinaus wird er in vielerlei Hinsicht in der Auslebung seines eigenen artgemäßen Verhaltens eingeschränkt. All diese Faktoren stellen Stressoren dar, mit denen er im Laufe seines Lebens umgehen muss. Dabei ist der Haushund auf die Unterstützung des Menschen angewiesen, der ihn durch diese fremde Welt begleitet und ihn im Umgang mit Stress unterstützt, um stressbedingte psychische und physische Schäden zu verhindern. **Es obliegt dem Menschen, durch verhaltensgerechte Haltung und einen verantwortungsvollen Umgang, gute Bedingungen zu schaffen, um eine stressreduzierte Koexistenz zu ermöglichen.** Diese Aufgabe erfordert ein umfangreiches Verständnis des Hundeverhaltens, insbesondere seines Konfliktverhaltens, sowie möglicher selektionsbedingter, rassetypischer Besonderheiten.

Der heutige Haushund lebt in einer größtenteils unnatürlichen, zugleich jedoch sehr belebten und reizstarken Umwelt.

Für die funktionierende Kommunikation sind alle Individuen verantwortlich.

Leben in sozialen Gruppen

Das Konfliktverhalten gehört zum überlebenswichtigen Verhaltensrepertoire gruppenlebender Tiere, zu denen, und das wird oft vergessen, der Haushund zählt. Soziale Gefüge gruppenlebender Tiere und heutige Mensch-Hund-Gesellschaften unterscheiden sich natürlich stark in ihrer Organisation und Struktur, doch allen gemein ist die Interaktion durch Kommunikation, welche das Leben in Gruppen erst möglich macht. Innerhalb sozialer Gruppen muss die hierarchische Ordnung definiert, immer wieder gefestigt oder verändert werden. Aufgaben und Rollen werden unter den Gruppenmitgliedern aufgeteilt. Das Leben in Gruppen bietet auf diese Weise viele Vorteile, darunter eine verbesserte Energiebilanz und ein verringertes Risiko für den Einzelnen. Aber es beinhaltet auch eine Aneinanderreihung von Konflikten und ständige Konkurrenz. Um die Vorteile des Gruppenlebens wahrnehmen zu können und die Konkurrenzen und daraus resultierenden Konflikte zu entschärfen, müssen die Individuen einer Gruppe ständig interagieren und kommunizieren.

Die Grundvoraussetzung für ein funktionierendes soziales Gefüge ist daher funktionierende Kommunikation mit einem möglichst großen Repertoire an fest definierten Verhaltensweisen und -abläufen, allen voran ein effektives Konfliktmanagement.

Dieses ist unabdingbar, wenn es um das Bestehen und Überleben gruppenlebender Tiere geht, denn es ermöglicht Eskalationsvermeidung während laufender Konflikte, wodurch aggressive Interaktionen und daraus resultierende Verletzungen verhindert werden können. Es ist außerdem unverzichtbar für die Aufrechterhaltung wertvoller Beziehungen, die für den Zusammenhalt innerhalb einer Gruppe elementar sind.

Konflikte vermeiden bzw. entschärfen

Das Konfliktverhalten beinhaltet Maßnahmen zur Verhinderung einer Eskalation, der Ausbreitung eines bestehenden Konfliktes, sowie der Auflösung oder Versöhnung eines vorangegangenen Konfliktes. Konflikte müssen nur so ausgetragen werden, dass ein Zusammenleben weiter möglich bleibt.

Ein effektives Konfliktmanagement ist für ein funktionierendes soziales Gefüge wichtig.

Submissives Verhalten Um einen Konflikt schon im Vorhinein zu umgehen oder einen bestehenden Konflikt zu entschärfen, kann die eigene Unterlegenheit und Unterwerfung demonstriert werden. So wird die Angriffsbereitschaft des Gegenübers gehemmt, im besten Fall entsteht sie gar nicht erst. Solche Verhaltensweisen werden unter dem Begriff submissives Verhalten zusammengefasst. Bei Wölfen z. B., ist Submission gekennzeichnet durch eingeknickte Extremitäten, niedrige Körperhaltung und angelegte Ohren (Feddersen-Petersen, 2008). Auf ähnliche Weise kann Beschwichtigungsverhalten aggressives Verhalten im Voraus hemmen, reduzieren oder beenden. Beschwichtigende Signale zeigen die Friedfertigkeit des Senders an, indem andere Verhaltensweisen aktiviert werden, die nichts mit Aggression zu tun haben, sozusagen als Ablenkung. Untersuchungen an verwilderten Haushunden (Meyer, 2006), Pensionshunden (Reimer, 2007) und Wölfen (Seitz, 2009) belegten unabhängig voneinander, dass vorwiegend die sogenannten Leckintentionen, Sich-klein-Machen und Pföteln als Beschwichtigungssignale dienen.

Imponierverhalten Die Vermeidung eines Konfliktes im Vorhinein kann umgekehrt auch durch Imponierverhalten erreicht werden, bei dem die eigene körperliche Stärke durch Vergrößerung des Erscheinungsbildes, Aufstellen der Nackenhaare oder Verlagerung des Körperschwerpunktes demonstriert wird.

Drohverhalten Während eines Konfliktes dient dieses durch Einsatz von Abbruchsignalen dazu, Konflikte zu beenden und dadurch offensive Auseinandersetzungen zu vermeiden, oder die Intensität einer Auseinandersetzung zumindest abzuschwächen. Der Einsatz von Abbruchsignalen kann situationsbedingt und individuell variieren. So kommen zum einen Abbruchsignale ohne Distanzunterschreitung vor. Zu den distanzwahrenden Signalen gehören Drohsignale wie Lefzen-Ziehen oder Knurren. Zum anderen werden auch Abbruchsignale genutzt, die die Individualdistanz des Interaktionspartners unterschreiten und damit z. T. körperlichen Kontakt bedeuten. Hierzu zählen z. B. gezieltes Anspringen, Schnauzgriff oder Auf-den-Boden-Drücken (Bloch, 2004).

Abbruchsignale dienen im Allgemeinen dazu, den Signalempfänger in seiner Handlung zu unterbrechen, die Individualdistanz wiederherzustellen, oder unerwünschte Interaktionen aufzulösen. Sie stellen sozusagen ein soziales Regulativ dar, denn der gezielte Einsatz von Abbruchsignalen verhindert das Eskalieren eines eventuell beziehungsschädigenden Konfliktes. Damit sind Abbruchsignale ein wichtiges Instrument zur Konfliktvermeidung, bei gleichzeitigem Schutz bestehender Beziehungen.

Versöhnungsverhalten Zuletzt haben soziale Tiere durch Versöhnungsverhalten die Möglichkeit nach einem Konflikt, in der sogenannten Postkonfliktphase, dazu beizutragen, die Situation zu beruhigen und einen erneuten Konflikt zu verhindern. Hierbei werden von mindestens einem der Interaktionspartner affiliative Verhaltensweisen gezeigt (Cordoni und Palagi, 2015).

Auswirkung von Domestikation und selektiver Hundezucht

Der Haushund besitzt ein sehr differenziertes und ausgeprägtes Konfliktverhalten. In bisherigen Studien konnte ein vielschichtiges Konfliktmanagement, mit fest definierten Verhaltensabfolgen, beobachtet werden. Allerdings unterliegt dieses einer gewissen Variation, beeinflusst durch stammesgeschichtliche Veränderungen in der Geschichte des Haushundes. Schon während der Domestikation fanden Adaptionsprozesse im Verhalten des Haushundes statt: er lernte Zeigegesten (Lakatos, 2011; Howell et al., 2015), Mimik oder Tonlage (Pongrácz et al., 2004) des Menschen zu verstehen und zu deuten, die Kommunikation durch Vokalisation (Bellen) entwickelte und differenzierte sich, und auch andere Lautäußerungen wurden zahlreicher und differenzierter in Tonalität, Rhythmik und Frequenz (Pongrácz, Molnár und Miklósi, 2010).

Die nachfolgende Differenzierung in hunderte verschiedene Hunderassen, während der künstlichen Selektion durch den Menschen, machte den Haushund zu der Säugetierart mit der höchsten phänotypischen Diversität und veränderte auch sein Kommunikationsverhalten in hohem Maße. **Durch die hohe Variabilität in Morphologie, Verhalten und Fähigkeiten, entstanden rassetypische Besonderheiten im Ausdrucks- und Kommunikationsverhalten der Hunderassen.** Diese erschweren die Verständigung untereinander, denn Veränderungen in für die Kommunikation entscheidenden Körperpartien wie Ohren, Schnauze oder Rute können zu einer verminderten Kommunikationsfähigkeit führen und Missverständnisse hervorrufen. So kann eine verstärkte craniale Hautlappen- oder Fellansammlung das Blickfeld eines Hundes einschränken und in Folge dessen zu einer gesteigerten Vokalisation führen (Habs, 2012). Die übertriebene Lefzenlänge mancher Rassen führt zu einer reduzierten Lippenbeweglichkeit, was das Lefzenziehen

Durch die hohe Variabilität der Morphologie …

als Drohsignal kaum mehr möglich macht (Feddersen-Petersen, 2008). Fehlende oder morphologisch veränderte Ruten erschweren durch eventuell eingeschränkte Beweglichkeit die so wichtige Kommunikation über die Schwanzbewegung: neben der Stellung der Rute können Geschwindigkeit und sogar Richtung des Wedelns unterschiedliche Informationen übermitteln (Siniscalchi et al., 2013).

Größe und Erscheinungsform

Neben diesen kleineren morphologischen Veränderungen, spielen auch allgemeine Größe oder Erscheinungsform verschiedener Rassen beim Sozialverhalten eine Rolle. Jasmin Leinweber (2015) untersuchte die Kommunikation bei Welpen und Junghunden unterschiedlich großer Rassen in Abhängigkeit vom Grad der Paedomorphose. **Paedomorphose beschreibt das Auftreten juveniler Entwicklungsmerkmale eines Vorfahren in der adulten Form des Nachfahrens** (Goodwin et al., 1997). Hunde zeigen dieses Phänomen z. B. in ihrer Körpergröße, die bei einigen Rassen ausgewachsen eher der eines Wolfswelpen gleicht. Auch eine verkürzter Rute oder kleinere Ohren, wie man sie beim Mops sieht, zählen zu paedomorphen Merkmalen. Um den Grad der Paedomorphose zu bestimmen, dienten die Ergebnisse von McGreevy et al. (2013) als Grundlage. Sie stellten fest, dass bei zunehmender Größe eine Abnahme unterschiedlichsten „Fehlverhaltens" (Urinieren, wenn alleine gelassen; Betteln um Essen; Berührungssensitivität) beobachtet werden kann. Das Körpergewicht der untersuchten Hunde korrelierte indirekt mit Aufregung und Hyperaktivität und ein zunehmender Schädel-Index (Verhältnis von Kopfbreite zu Kopflänge) zeigte eine ansteigende Eigen-Fellpflege (McGreevy et al., 2013). Auch Jasmin Leinweber konnte einige Eigenschaften finden, die womöglich eine Korrelation zum Grad der Paedomorphose aufweisen. Aggression bzw. Reaktion auf Neues, Zeitdauer und Häufigkeit des Sozialspiels schienen mit zunehmendem Grad der Paedomorphose zuzunehmen, Eigenschaften wie

... kann eine erschwerte Verständigung in der Kommunikation entstehen.

Ein verändertes Konfliktverhalten konnte in einer Untersuchung einer Gruppe Chihuahuas festgestellt werden.

Tranierbarkeit oder der Umfang des Verhaltensrepertoires korrelierten negativ zum Grad der Paedomorphose. Aufgrund der geringen Stichprobengröße in ihrer Studie, ließen sich hier allerdings nur Tendenzen erkennen, die weiter bestätigt werden müssen (Leinweber, 2015).

Größe versus Konflikte

Den Zusammenhang von Größe und Konfliktverhalten untersuchte Bianca Müller (2017). Sie konnte feststellen, dass kleine Hunde eine höhere Rate an distanzwahrenden Abbruchsignalen wie Drohbellen, Fixieren, Knurren oder Lefzenziehen nutzten, als die beobachteten großen Hunde. Vermutlich versuchen kleine Hunde durch Setzen von distanzwahrenden Abbruchsignalen eine Eskalation von Konflikten mit größeren Individuen zu vermeiden. Durch ihre Körpergröße haben sie im Falle einer Eskalation gegenüber großen Hunden die geringeren Chancen (B. Müller, 2017). In der vorher genannten Studie von McGreevy et al. konnte für kleine Hunde eine erhöhte Stressanfälligkeit und Unsicherheit im Hund-Hund-Kontakt im Vergleich zu großen Hunden nachgewiesen werden (McGreevy et al., 2013).

Auch diese erhöhte Ängstlichkeit könnte ein Grund für den vermehrten Einsatz distanzwahrender und damit intensitätsschwächerer Abbruchsignale gegen größere Hunde sein. Sind kleine Hunde unter sich, scheint sich das Konfliktverhalten jedoch wieder zu ändern. Dies konnte die Untersuchung des Konfliktverhaltens einer großen Gruppe Chihuahuas zeigen. Hier nutzten die Hunde im Vergleich weniger distanzwahrende Abbruchsignale und zeigten auch distanzunterschreitende Signale wie Schnappen oder bedrohend Vorspringen, vermutlich wegen des verringerten Gefahrenpotenzials in einer Gruppe gleich großer Hunde. Außerdem nutzten die Chihuahuas vermehrt Bellen als Unterstützung des von

Das Gefahrenpotenzial war geringer.

ihnen am häufigsten gezeigten Abbruchsignals Knurren (I. Müller, 2017).
Bianca Müller konnte darüber hinaus auch Unterschiede in den Verhältnissen gezeigter Abbruchsignale finden. Die kleineren Rassen zeigten gehäuft akustische Signale (Drohbellen oder Knurren), die größeren Rassen hingegen nutzten akustische und visuelle Signale (Fixieren oder Lefzen-Ziehen) in einem ausgewogenerem Verhältnis. Durch laute akustische Signale können kleinere Hunde wahrscheinlich eher ihre fehlende Größe kompensieren. Ein weiterer Zusammenhang von Größe und unterschiedlichem Konfliktverhalten zeigte sich in der Rate, mit der die Hunde Abbruchsignale anderer Hunde ignorierten. Mit zunehmender Größe wurde auch ein Anstieg der Ignorierungsrate beobachtet. Auch hier könnte die erhöhte Stressanfälligkeit und Unsicherheit kleinerer Rassen begründen, warum diese seltener die Abbruchsignale anderer Hunde ignorierten (B. Müller, 2017).

Rassetypische Verhaltensmerkmale

Zusätzlich zu den morphologischen Unterschieden, existieren genetisch festgelegte, rassenabhängige Verhaltensmechanismen, die das Konfliktverhalten ebenso beeinflussen können. Durch künstliche Selektion wurden bei manchen Rassen Verhaltensmerkmale für Jagd- oder Hütearbeit verstärkt, bei anderen legte man das Hauptaugenmerk z. B. auf Familientauglichkeit. Durch jahrzehntelange Züchtung weisen die Rassen heute eine höhere genetische Variabilität zueinander auf, als man bei manchen Canidenarten zueinander finden kann (Beckmann et al., 2010). Diese nutzungsbedingte Selektion beeinflusst auch das Sozialverhalten dieser Hunderassen.
Im Vergleich gezeigter Abbruchsignale in einer temporär zusammenlebenden Hundegruppe, fand man Unterschiede im Konfliktverhalten zwischen Vertretern der FCI-Gruppe 1 (Hüte- und Treibhunde) und FCI-Gruppe 8 (Apportier-, Stöber- und Wasserhunde). So nutzten die Hunde der Gruppe 8 tendenziell häufiger distanzwahrende Abbruchsignale wie Knurren und Lefzenziehen, während die Hunde der Gruppe 1 mehr distanzunterschreitende Abbruchsignale wie Schnappen einsetzten. Dieses risikobereitere Setzen von Abbruchsignalen durch Distanzunterschreitung kann auf die künstliche Selektion während der Zucht zurückgeführt werden. Während Hunde der FCI-Gruppe 1 für die eigenständige Verteidigung und Kontrolle von Viehherden gezüchtet wurden, wurden die Hunde der Gruppe 8 darauf selektiert, bereitwillig mit dem Menschen zu kooperieren. Bei Letzteren könnte dies die Reizschwelle während Konflikten erhöhen. Die verstärkte Selbstsicherheit und Risikobereitschaft von Hunden der Gruppe 1 führte wiederum zu einem eigenständigeren Konfliktlösungsverhalten und könnte dementsprechend den Einsatz stärkerer Abbruchsignale erklären (B. Müller, 2015).

In einer darauffolgenden Untersuchung konnten diese Tendenzen erneut beobachtet werden. Vertreter der Klade (Klassifizierung nach Parker et al., 2017) United Kingdom Rural (darunter Altenglischer Schäferhund, Australian Shepherd, Border Collie) zeigten im Gegensatz zu Vertretern der Klade Retriever (Golden Retriever, Labrador Retriever) signifikant seltener distanzwahrende Abbruchsignale. Dementsprechend zeigten auch hier die Hütehunde eher stärkere Abbruchsignale. Außerdem nutzten sie die Verhaltenselemente Schnappen und Anspringen, welche auch Elemente der Hütearbeit sind, für die sie gezüchtet wurden. Dadurch könnten sie weniger Hemmungen haben, diese Verhaltenselemente auch gegenüber ihren Artgenossen einzusetzen (B. Müller, 2017).

Lydia Schwellenbach (2016) konnte ebenfalls Tendenzen rassespezifischer Unterschiede in Bezug auf Konfliktverhalten feststellen. In einer Hundepension wurde das Konfliktverhalten verschiedener Hunderassen gefilmt und ausgewertet. Man fand für die FCI-Gruppe 3, durch Terrier vertreten, eine große Bandbreite an konfliktauslösenden Verhaltensweisen und die im Vergleich zu den anderen untersuchten Rassen vermehrte Nutzung distanzunterschreitender Signale. Die Vertreter der Rassegruppe 3 neigten zu gehemmt aggressiv-offensiven Verhaltensweisen, während Vertreter der FCI-Gruppe 9 (Gesellschafts- und Begleithunde) in dieser Studie eher sozio-positive Verhaltensweisen zeigten (Schwellenbach, 2016).

Einfluss auf das Sozialverhalten

Hunderassen unterscheiden sich vermutlich auch in der Toleranz gegenüber sozialem und räumlichem Distanzmangel. Manche Rassen zeigen eine große Toleranz gegen-

In der Untersuchung zeigten Hütehunde eher stärkere Abbruchsignale.

über Geräuschen und räumlicher Enge, z. B. in einer reizüberfluteten Großstadt, andere überfordert diese räumliche Enge. Einige Hunderassen weisen typischerweise eine enge Bindung zu ihren Haltern auf, wohingegen andere stets die Distanz wahren (Miklósi und Kubinyi, 2016). Ergebnisse von Rassengruppenvergleichen deckten auf, dass ursprünglichere Rassen mit der höchsten genetische Nähe zum Wolf (Parker et al., 2004) eine geringere soziale und räumliche Toleranz aufweisen als modernere, menschenbezogene Rassen. Während modernere Rassen auf besonders hohe Kooperationsbereitschaft sowie Menschen- und Artgenossenverträglichkeit künstlich selektiert wurden und dadurch eine sehr gute Anpassung an das Leben in urbanem Lebensraum aufweisen, zeigen ursprüngliche Rassen noch viele Merkmale natürlicher Selektion, darunter ausgeprägtes Jagdverhalten, Eigenständigkeit, starkes Markierverhalten und niedrige Toleranz gegenüber gleichgeschlechtlichen Artgenossen. Die steigende Toleranz während der Selektion des Hundes, wurde vermutlich durch die Veränderung und Reduzierung bestimmter Gehirnstrukturen hervorgerufen (Serpell, 1995). Smith, Browne und Serpell (2017) analysierten Unterschiede zwischen modernen und ursprünglichen Hunderassen, sowie australischen Wildcaniden (Dingos). Zur Untersuchung der Verhaltensweisen wurde der C-BARQ-Fragebogen verwendet. Dieser Fragebogen zur Bewertung der typischen Reaktionen von Hunden auf eine Vielzahl gängiger Reize und Situationen, stellt ein validiertes und zuverlässiges Instrument zur Beurteilung von Hunden dar und wird mittlerweile in vielen Studien genutzt. Die Studie von Smith et al. untersuchte das Verhalten von 49 Dingos, 6935 modernen Hunden und 673 ursprünglichen Hunden (darunter Afghanischer Windhund, Akita, Alaskan Malamute, Basenji, Shar Pei, Chow-Chow, Saluki, Samojede, Siberian Husky).

„WESEN" EINES HUNDES

Das Wissen um rassetypische Unterschiede im Wesen eines Hundes und ihre Auswirkungen auf das Konfliktverhalten kann helfen, vor möglichen Gefahren zu warnen, die aus der Wahl der falschen Rasse oder falscher Haltung resultieren, und überdies viel zu einem verhaltensgerechterem Umgang mit der jeweiligen Hunderasse beitragen. Darüber hinaus kann dieses Wissen zur Entwicklung aussagekräftigerer Verhaltensanalysen von Haushunden beitragen. Denn bisherige, vom Gesetzgeber vorgesehene Wesenstests machen eine zuverlässige Einschätzung der Aggressionsbereitschaft aufgrund unvollständiger und unzureichender Datenlage noch nicht möglich (Frank, 2007; Svartberg, 2005).

Erwartungsgemäß waren die Dingos deutlich weniger trainierbar und zudem ängstlicher als die Vertreter ursprünglicher und moderner Hunderassen. Verglichen mit den Dingos, zeigten sich die untersuchten ursprünglichen Hunde deutlich moderater in den Bereichen menschenbezogene Angst, Ausbruchstendenzen und objektbezogenes Markieren. Verglichen mit den modernen Rassen aber waren die Werte für diese Merkmale höher. Moderne Rassen erwiesen sich als bellfreudiger und aufmerksamkeitssuchender und zeigten überdies ein höheres Energielevel als ursprüngliche Rassen. Die Aggressionsbereitschaft gegenüber dem Besitzer und das stereotype Jagen der eigenen Rute wurden bei Vertretern der ursprünglichen Rassen vergleichsweise häufiger beobachtet als bei den modernen Rassen (Smith et al., 2017). Diese Ergebnisse zeigen eine Spiegelung selektiver Prozesse im Verhalten verschiedener Hunderassen und weisen zusätzlich darauf hin, dass bei Wildcaniden und auch bei ursprünglichen Rassen viele Merkmale der natürlichen Selektion konserviert sind.

In der Untersuchung wurden klare Unterschiede im Jagdverhalten, in der Trainierbarkeit und in der Neigung zu Aggression gegenüber Fremden gefunden.

Aggressionsbereitschaft bestimmter Rassen

Das meiste, was man bisher z. B. über die Aggressionsbereitschaft bestimmter Hunderassen wusste, basierte auf Beißvorfall-Statistiken, Fallzahlen aus Verhaltenstherapien und Expertenmeinungen. Informationen über rassenspezifische Aggressivität, die aus solchen Quellen stammen, können jedoch irreführend sein. Zum einen ist das Verletzungsrisiko bei größeren und körperlich leistungsfähigeren Rassen grundsätzlich schon höher und die dadurch bedingte höhere Fallzahl kann möglicherweise Statistiken verzerren. Andererseits trägt das Vorhandensein von Rassenstereotypen seinen Teil zu so mancher Expertenmeinung bei. Vertretern der Klade European Mastiff z. B., wird ein höheres Aggressionspotenzial unterstellt. In ihrer Studie konnte Bianca Müller (2017) jedoch bei ihren Beobachtungstieren (darunter American Staffordshire Terrier, Englische Bulldogge, Mastino Napolitano, Rhodesian Ridgeback) keine verringerte soziale Toleranz gegenüber anderen Hunden feststellen.

Es bedarf also noch vieler weiterer wissenschaftlich fundierter Studien, welche die Aggressionsbereitschaft von Hunden und mögliche weitere rassetypische Eigenschaften erörtern.

Vererblichkeit von Wesensmerkmalen

Kombiniert man Verhaltensanalysen mit phylogenetischen Untersuchungsmethoden, können sogar Aussagen über die Vererblichkeit bestimmter Wesens- und Verhaltensmerkmale getroffen werden. MacLean et al. (2019) untersuchten in ihrer Studie 17 000 Hunde verschiedenster Rassen hinsichtlich der Erblichkeit spezieller Verhaltensmerkmale. Dabei wurde das Verhalten der Hunde auch hier mit Hilfe des C-BARQ erfasst, zusätzlich wurden die Hunderassen genetisch betrachtet und miteinander verglichen. Durch die große Stichprobe konnten fundierte Aussagen über rassebedingte Unterschiede im Verhalten getroffen werden: Man fand 131 Genabschnitte, die 14 Verhaltensmerkmalen eindeutig zuzuordnen sind. Bei diesen Verhaltensmerkmalen zeigten sich signifikante Unterschiede zwischen den Hunderassen, also Unterschiede, die über Zufälle oder die Streuung innerhalb einer Rasse hinausgehen. Diese konnten damit eindeutig dem Erbgut zugeordnet werden, sind also erblich bedingt. Wie zu erwarten war, zeigen Hunderassen also genetisch bedingte Unterschiede in Teilen ihres Verhaltensrepertoires. Die klarsten Unterschiede wurden im Jagdverhalten, in der Trainierbarkeit und in der Neigung zu Aggression gegenüber Fremden gefunden (MacLean et al., 2019).

Zusammenfassend lassen die Ergebnisse bisheriger Forschungen darauf schließen, dass die Veränderungen infolge der künstlichen Selektion im Zuge der Rassezucht nachweislich einen Einfluss auf das Wesen und das Sozialverhalten unterschiedlicher Hunderassen haben. Natürlich ist neben diesen phylogenetischen und morphologischen Einflüssen auch weiter die individuelle Vergangenheit eines Hundes zu berücksichtigen, welche ebenso erheblichen Einfluss auf sein Verhalten hat. Bereits in der frühen Lebensphase muss der Umgang mit Stress erlernt werden, d. h., der Hund muss Stressbewältigungsmechanismen entwickeln und sogenannte Coping-Strategien erlernen (Feddersen-Petersen, 2004, 2008). Besonders in der entscheidenden Sozialisationsphase muss die Interaktion mit verschiedenen Hunden und Menschen, sowie das Erleben vieler unterschiedlicher Reize gewährleistet sein. Nichtsdestotrotz kann die Berücksichtigung phylogenetischer und morphologischer Besonderheiten und der Einfluss auf das Sozialverhalten, den diese mit sich bringen, hilfreich sein, um Hundehalter in Bezug auf individuelle Bedürfnisse ihrer Hunde besser schulen zu können.

Kristina Knezevic M.Sc. studierte Biologie an der Universität Köln und erforschte während ihrer Abschlussarbeit das Sozial- und Paarungsverhalten der Philippinenkrokodile im Kölner Zoo. An der Rheinischen Friedrich-Wilhelms-Universität Bonn erlangte sie den Masterabschluss mit den Schwerpunkten Zoologie und Evolution. Zurzeit arbeitet sie an einem Forschungsprojekt über das Konfliktverhalten verschiedener Canidenarten und unterschiedlicher Hunderassen.

Hunderassen zeigen genetisch bedingte Unterschiede in Teilen ihres Verhaltensrepertoires.

HUNDERASSEN EINST UND JETZT

EINTEILUNG IN KATEGORIEN

TRADITIONELLE EINTEILUNGEN

Bereits seit vielen Jahrzehnten sind bei verschiedenen hundezüchterischen und hundekundlichen Vereinigungen Kategorienbildungen der Hunderassen üblich. Die am gebräuchlichsten angewendete dieser Kategorisierungen ist die der FCI, der Federation Cynologique Internationale, deren Auflistung unter www.fci.be/de/Nomenclature ersichtlich ist.
Bereits vor den im Folgenden zu besprechenden genetischen Verwandschaftsuntersuchungen an den FCI anerkannten Rassen, wurde immer wieder von Kennern der Szene die Kategorienbildung kritisiert. Insbesondere bei Hunderassen, die nicht für den jagdlichen, sondern irgendeinen anderen Gebrauch gezüchtet worden waren, zeigte sich eine ziemlich vereinfacht und wenig an der wirklichen Arbeit orientierte Kategorisierung. So sind z. B. unter den Hirtenhunden sowohl Hüte-, Hüte/Treib- wie auch Herdenschutzhunde eingeordnet, die weder im Aussehen noch in ihren Verhaltenseigenschaften irgendwelche Gemeinsamkeiten haben. Was die Bauern mit ihren Hunden taten, interessierte die feinen Herrschaften in der Oberschicht, die die FCI ursprünglich gegründet hatten, herzlich wenig. Sie interessierten sich nur für die Jagd, und deshalb sind die Kategorien der Jagdhunde bei der FCI auch wesentlich zutreffender. Trotzdem werden vielfach die FCI-Kategorien immer noch benutzt. Wie wir jedoch sehen werden, ist dies gerade in Bezug auf die Verhaltenseigenschaften, teilweise aber auch in Bezug auf die anatomischen Besonderheiten der Hunderassen, äußerst fragwürdig.

MODERNE GENETIK

Spätestens seit der Entschlüsselung des Humangenoms zu Beginn des neuen Jahrtausends und im Zuge davon auch der Untersuchungen der genetischen Zusammensetzung einiger anderer ausgewählter Tierarten, ergaben sich neue Möglichkeiten, Verwandtschaftsforschung innerhalb einer Spezies auf molekulargenetischer Basis durchzuführen. Man konnte nun auf Ähnlichkeiten in der Abfolge der Bestandteile der DNS (Desoxyribonukleinsäure) achten, sei es in der prozentualen Zusammensetzung, oder auch in der genauen Reihenfolge der dort zusammengelagerten Bestandteile. Drei grundlegende und wichtige Arbeiten, jeweils von großen Arbeitsgruppen veröffentlicht, haben seitdem die Genetik des Hundeerbguts ausführlich analysiert. Um die Lesbarkeit des folgenden Kapitels zu erleichtern, werden die Einzelbefunde dieser drei Arbeiten nicht jeweils genau mit ihrer Ursprungsquelle belegt. Alle im Folgenden zusammengetragenen Befunde stammen aus den Arbeiten Lindblad-Toh et al., 2005; VonHoldt et al., 2010; Parker et al., 2017. Bemerkenswert ist bereits, dass sich beim Vergleich der Erbgutzusammensetzung zwischen Mensch, Maus und Hund große Unterschiede, aber auch Gemeinsamkeiten ergeben. Das gesamte Erbgut des Hundes ist nämlich kleiner, sowohl als das der Maus, als auch als das des Menschen.
Einer der Gründe für die geringere Anzahl von Bausteinen im Erbgut des Hundes besteht wahrscheinlich in seiner geringeren Wiederholungsrate. Auch sogenannte Transposons, also Elemente, die innerhalb des Erbguts verschoben wurden, finden sich beim Hund in wesentlich geringerer Anzahl.

Der Hund hat z. B. 34 % weniger wiederholende Elemente als der Mensch, die Maus hat weniger alte, also von den Vorfahren übernommene Genomelemente als Mensch und Hund. Worauf dies zurückzuführen ist, kann nur vermutet werden. Der Mensch hat ca. 650 Megabausteine mehr Gemeinsamkeiten mit dem Hund als mit der Maus. Auch deshalb ist der Hund oftmals für viele medizinische und andere angewandte Fragestellungen als Modelltier der Labormaus gegenüber bevorzugt. Im Genom des Hundes finden sich mehr Einschübe und mehr Variationen als bei Maus oder Mensch, möglicherweise ist das jedoch wiederum einer der genetischen Gründe für die größere Anzahl von Erbkrankheiten bei Hunden. Insgesamt ist die genetische Divergenz im

Oftmals passen die Hunderassen in der früheren Einteilung nicht mit der funktionellen Kategorie übereinn.

Erbgut des Hundes größer als beim Menschen, aber geringer als bei der Maus. Hier wird vermutet, dass es eventuell mit der erhöhten Stoffwechselrate und der kürzeren Generationszeit der Maus zusammenhängt. Bemerkenswert ist auch der Geschlechtsunterschied. Die Mutationsrate auf männlicher Seite ist beim Hund wesentlich kleiner als beim Menschen, und im Zusammenhang mit einer ebenfalls geringeren Variabilität von Genabschnitten, die mit Hodenbau und Spermienbeweglichkeit zu tun haben, vermutet man einen geringeren Einfluss der sexuellen Selektion auf die Evolution des Hundes im Vergleich zum Menschen. Dies würde z. B. auch mit den Befunden zum Sozialsystem der Hunde, das mehr auf Paarbindung und weniger auf strenge sexuelle Konkurrenz ausgerichtet ist, zusammenpassen. Sowohl beim Mensch als auch beim Hund ist die Mehrzahl der Genverdoppelungen in Bereichen, die entweder mit dem Immunsystem oder mit der Chemosensorik, also der Ausbildung von Geruchsrezeptoren etc. verbunden sind. Zirka 20 Gene, die mit der Hirnentwicklung zu tun haben, sind beim Hund im Vergleich zur Maus beschleunigt und verstärkt variabel.

FLASCHENHALSERSCHEINUNGEN

Die genetischen Untersuchungen lassen vermuten, dass die Populationen unserer Haushunde durch mindestens zwei genetische Flaschenhälse gegangen sind (siehe auch S. 80). Einer davon liegt ca. 9 000 Generationen zurück, geht auf eine Gesamtpopulation von zirka 13 000 Individuen zurück, und betrifft den Übergang vom Wolf zum Hund. Die zweite Flaschenhalserscheinung, die ca. 30 bis 90 Generationen zurückliegt, betrifft die Bildung der modernen Rassen und die Einrichtung von geschlossenen Zuchtbüchern am Ende des 19. Jahrhunderts.
Der Grad an genetischer Homozygosität, also die Anzahl derjenigen Erbeigenschaften, die auf beiden Chromosomen mit dem gleichen Allel vorliegen, ist bei den verschiedenen Hunderassen sehr ähnlich. Jedoch liegen die Homozygotenregionen bei jeder Rasse auf einem anderen Chromosom.
Der Akita passt am wenigsten zu den genetischen Modellen, bei ihm findet sich zumindest in den amerikanischen Populationen nicht die besprochene zwei-, sondern eine eher dreihalsige Flaschenhalsverteilung. Der amerikanische Akita, der in den 1940-Jahren in die USA kam, hat hier offensichtlich noch einen dritten Flaschenhals erlebt. Wie bereits bei „Domestikation“ erwähnt (siehe S. 13), haben Wölfe aus dem Nahen und Mittleren Osten die meisten genetischen Gemeinsamkeiten mit unserem Haushund, dies gilt auch für Rassen aus anderen Regionen, etwa Chihuahua, Barsoi oder den Basenji.

FUNKTIONALITÄT UND GENETISCHE DIVERSITÄT

Eine ganze Reihe von Hunderassen passen nicht mit den funktionellen Kategorien der FCI zusammen, einige Beispiele dafür wären der Deutsche vs. dem Belgischen Schäferhund, der Riesenschnauzer gegenüber dem Rest der Schnauzer, oder auch einige Terrierrassen. Besonders auffallend, und in den Kapiteln über die einzelnen Gruppen der Hunderassen nochmals aufgegriffen, ist das mehrfache Auftreten von Windhundtypen in zwei genetisch nicht näher verwandten Gruppen, oder das mehrfache Auftreten von großen, schweren, eher dem Herdenschutz zugeeigneten Hunden in ebenfalls zwei verschiedenen sogenannten Kladen, also genetischen Verwandschaftsgruppen der Hunderassen.
Rassen, die nicht zwischen Genetik und funktioneller Einteilung übereinstimmen, sind z. B. auch Pekinese, Mops, Dobermann, Kuvasz, Briard oder der Jack Russell Terrier. Bei einer Reihe von Rassen ist eine erneute Einwanderung von genetischem Material des

Wolfes zu beobachten. Dazu gehören z. B. Basenji, Afghane, Samojede, Chow-Chow, Shar Pei und Akita, oder auch der Alaskan Malamute. Die größte genetische Diversität haben Saluki und Shar Pei. Bemerkenswerterweise haben manche altertümlichen Rassen (Kanaan, Basenji, Australischer Dingo) eine niedrige genetische Vielfalt. Ebenfalls trifft dies auf Inselrassen zu. Beim Vergleich der genetischen Diversität von Dorfhunden in Afrika und in Puerto Rico zeigt sich, dass dort eine höhere genetische Vielfalt vorliegt als bei Rassehunden. Afghane, Saluki, Malamute und Husky sowie die asiatischen Rassen, einschließlich des Dingos, unterscheiden sich sowohl von den modernen Familienhunderassen als auch vom Basenji, der als die älteste Rasse gilt. **Insgesamt finden sich 65 % der genetischen Vielfalt innerhalb von Rassen, 31 % innerhalb von Rassegruppen und nur 3,8 % gehen auf phänotypische oder funktionelle Gruppen nach FCI zurück.**

GENSTRUKTUR

Die Genstruktur des modernen Haushundes lässt sich auf drei Ebenen beschreiben:

1. Zunächst die Rassen, die sich wie erwähnt deutlich genetisch unterscheiden (trotzdem ist nach derzeitigem Kenntnisstand die Zuordnung von Mischlingen zu ihren Ausgangsrassen, sofern nicht wenigstens die „Hauptverdächtigen“ unter den Elterntieren bekannt sind oder streng vermutet werden, nicht möglich).
2. Die Rassegruppen, bei denen jedoch nicht immer die Genetik auch mit der Funktionalität korreliert, z. B. ist die Kurzbeinigkeit, die bei mindestens 19 Rassen auftritt, immer mit einem Gen Namens Fg4 verbunden.
3. Und schließlich die divergenten Linien, die aus altertümlichen geographischen Rassen und geographischen Herkünften entstanden sind.

Der genauere Vergleich des Erbgutes von über 160 Rassen hat schließlich auch ergeben, dass 15 davon nicht monophyletisch sind. Dieser Begriff bedeutet, dass eine Tierart, Unterart oder eben auch Rasse auf eine gemeinsame Stammlinie zurückzuführen ist. Zwei von diesen 15 Rassen, nämlich der Peruanische Nackthund und der Xoloitcuntl, gehen sogar auf genetische Einflüsse von mehr als einer Großgruppe zurück. Einige der nicht monophyletischen Rassen, die gerade neu in die Kategorisierung der Rassezuchtverbände aufgenommen wurden, zeigen wahrscheinlich dadurch noch ihre Herkunft durch kürzliche Vermischung aus verschiedenen Ausgangstieren. Bei zwei der untersuchten Rassen, nämlich dem Saluki und dem Cane Corso, divergieren sie je nach Herkunftsgebiet: Die Italienischen Cane Corso-Hunde sind monophyletisch, die in den USA sind paraphyletisch, gehen also auf mehrere nichtverwandte Linien zurück. Dem gegenüber sind die Salukis in den USA monophyletisch, wohingegen die aus dem Mittleren Osten paraphyletisch sind, und zu ihrer Gruppe, also den Mittelost Salukis, gehören nicht nur die Amerikanischen Salukis, sondern auch die Afghanen.

EINTEILUNG NACH PARKER ET AL.

Die Arbeit von Parker et al. (2017) hat schließlich die Rassen kategorisiert und in insgesamt 23 als Kladen bezeichnete Verwandtschaftsgruppierungen eingeteilt. Die Abbildung, die diese in einem Kreisdiagramm darstellt, lässt bereits erkennen, wie bisweilen nicht näher miteinander verwandte Rassen eine sehr hohe äußerliche Ähnlichkeit oder auch eine hohe Ähnlichkeit in ihrer Arbeitsweise aufzeigen. Unter diesen 23 Kladen sind fünf Rassen, die unabhängig voneinander jeweils in einer eigenen Entwicklungslinie stehen, sechs davon sind paraphyletisch, das heißt, dass sie auf mehrere, nicht näher verwandte Linien zurückgehen. Einige Hunde, nämlich der Cane Paratore, der Peruanische Nackthund, der Sloughi, der Saluki in seinem natürlichen Verbreitungsgebiet und der Mini Xoloitzcuntle, passen überhaupt nicht irgendwo ins Bild. Der Eurasier bildet z. B. deshalb eine eigene Klade mit keiner näher verwandten Rasse, weil er aus Angehörigen dreier verschiedener Kladen, nämlich dem Samojeden, dem Keeshund aus den nordischen Spitzen und dem Chow-Chow aus den asiatischen Spitzen zusammengemischt wurde.

117 der untersuchten Rassen zeigen insgesamt Hinweise auf Vermischung, wobei 54 % davon nur innerhalb ihrer eigenen Klade, 30 % nur mit einer Rasse außerhalb ihrer Klade gemischt wurden. Nur sechs Rassen werden aus insgesamt mehr als acht Gruppen zusammengemixt.

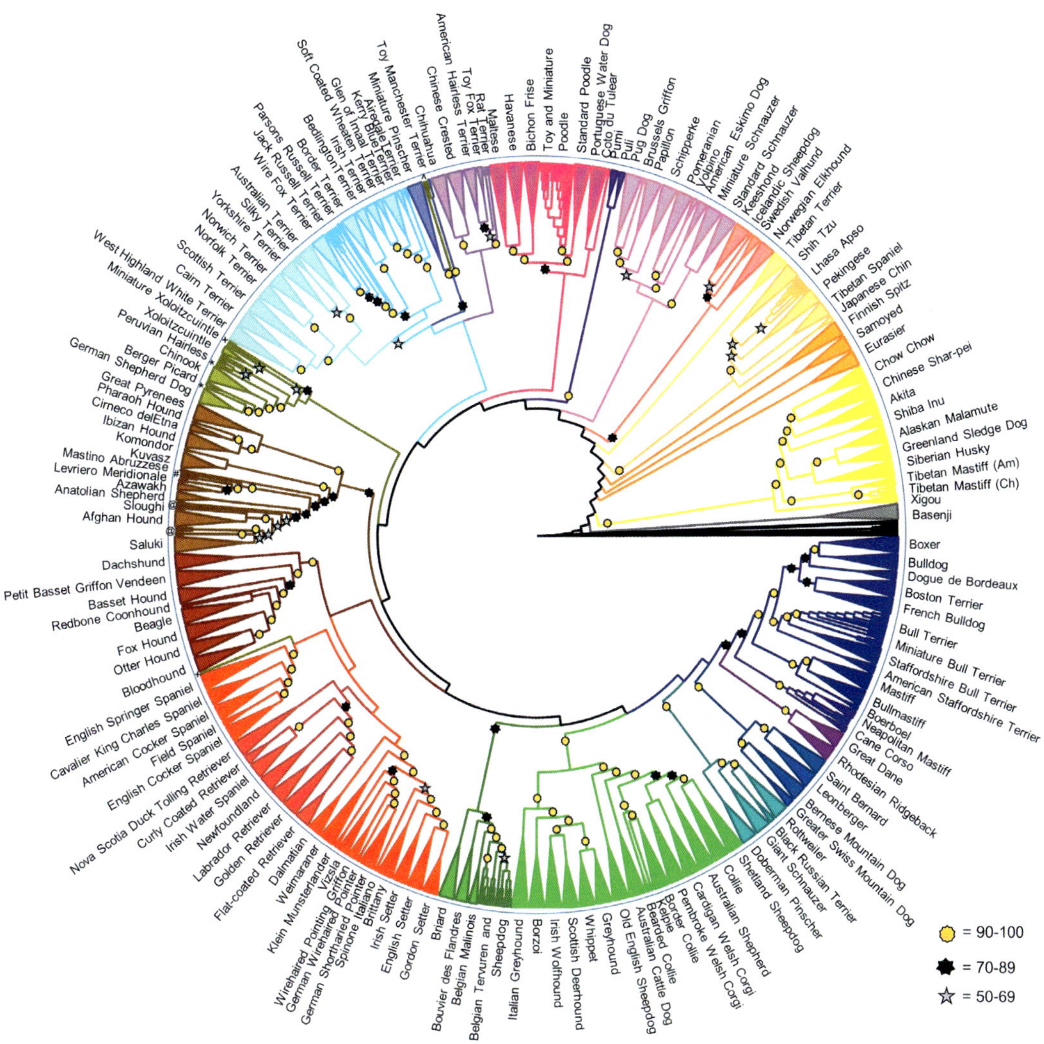

Die Genetiker konnten anhand der Genanalysen 23 Rassegruppen bestimmen (Parker et al., 2017). Im Folgenden werden die Gruppen beginnend mit Gruppe 1 (Pumi, Puli / 12:05) beschrieben.

VERWANDTSCHAFT UND ERBKRANKHEITEN

Die hier dargestellten Verwandtschaftsverhältnisse sind auch, z. B. bei der Verbreitung des MDR1-Defekts oder auch bei der Verbreitung der Collie-Eye-Anomalie, als Erklärungsansätze für das Auftreten von Erbkrankheiten bei verschiedenen, zum Teil in FCI-Kategorien und Aussehen völlig unterschiedlichen Rassen hilfreich. So ist der MDR1-Defekt beim Deutschen Schäferhund über Vermischungen mit dem Australian Shepherd, dem Chinook und dem Collie erklärbar, und es sollte bereits erwartet werden, dass auch der Xoloitcuntl aufgrund seiner genetischen Verwandtschaft diesen Erbdefekt haben kann. Der Mops trägt zu sehr vielen Kleinhundrassen bei und ist deshalb auch mit vielen Eigenschaften genetisch mit diesen Rassen verwandt.

ALTER DER KLADEN

Die Ältesten der Kladen scheinen die als mediterrane Gruppe und die als asiatische Spitzgruppe bezeichneten zu sein. Insgesamt sind die Kladen sehr viel älter als die, wie bereits erwähnt meist unter 200 Jahre jungen Rassen. Amerikanische Hunde sind zwar seit 10000 Jahren dort vorhanden und kamen aus Asien. Durch die Kolonisten aus Europa wurden dann aber europäische Arbeitshunde mitgebracht, und diese haben die ursprünglichen amerikanischen Rassen entweder verdrängt oder sich mit ihnen vermischt. In einigen amerikanischen Rassen, z. B. dem Amerikanischen Terrier, dem Chihuahua und dem Chinesischen Schopfhund finden sich jedoch noch alte Genreste dieser neuweltlichen (aber eigentlich eben asiatischen) Stammrassen.

ÄHNLICHKEITEN

Das bereits besprochene Phänomen der Konvergenz (siehe S. 11), also des gemeinsamen Aussehens durch gemeinsame Funktion von nicht näher miteinander verwandten Ausgangsgruppen, finden wir besonders in zwei Kladen: Sowohl in der als ländliche Hunde des Vereinigten Königreichs (UK Rural) und in der als Mediterrane bezeichneten Klade finden wir Sichtjäger als auch Arbeitshunde. Auch die Herdenschutzhunde im Bereich der Mediterranen und der europäischen Mastiffgruppe sehen einander recht ähnlich, sind aber nicht näher miteinander verwandt. Unterschiede im Verhalten

---

PORTRÄT: DR. HEIDI PARKER

Während ihres Studiums an der Universität von Washington, lernte Heidi Parker die Wissenschaftlerin Dr. Elaine Ostrander kennen, die gerade dabei war, das Hundegenom zu entschlüsseln, um mit dem Wissen grundlegende Unterschiede zwischen den Rassen verstehen zu können. Heidi Parker wurde in das Team aufgenommen und es entstand eine sehr erfolgreiche Partnerschaft, aus der im Laufe der Zeit fast 50 gemeinsame Artikel und Buchkapitel bis heute entstanden sind.
Die Forschungen drehen sich rund um das Hundegenom, sie analysieren die Zuchtstruktur der Rassen und versuchen, die genetischen Hintergründe rassespezifischer Fähigkeiten zu ergründen. Im Jahr 2004 veröffentlichten sie die erste genetische Kategorisierung von Hunderassen. Heute ist Dr. Heidi Parker leitende Wissenschaftlerin des „Hundegenom-Projektes" am „National Human Genome Research Institute of the National Institutes of Health" der Vereinigten Staaten von Amerika.
Die aktuellen Studien befassen sich mit der Analyse der Verwandtschaft weltweit verbreiteter moderner Hunderassen zueinander.

Herdenschutzhunde (hier Kuvasz) zeigen deutlich Unterschiede im Verhalten zu der europäischen Mastiffgruppe.

zwischen diesen beiden sind jedoch deutlich erkennbar, wahrscheinlich deshalb, weil die Herdenschutzhunde im mediterranen Kladus mehr gegen vierbeinige Beutegreifer, die in der europäischen Mastiffgruppe aber auch gegen menschliche Viehdiebe arbeiten sollten. Die Tabelle (siehe S. 114 f.) zeigt, welche der untersuchten Hunderassen in welche Rassengruppe eingeteilt sind.
Im Folgenden werden wir die Rassegruppen nach und nach besprechen, wobei jeweils die Herkunft, soweit bekannt, ihre wichtigsten äußerlichen und inneren Eigenschaften, ihre Verhaltenscharakteristika und eventuell für diese Rasse medizinisch beschriebene Krankheiten Erwähnung finden. **Im Zusammenhang mit der Beschreibung rassetypischer Krankheiten muss darauf hingewiesen werden, dass die dort beschriebenen Erkrankungen auf einer Durchforstung tiermedizinischer Literatur insgesamt beruhen. Wenn eine Krankheit für eine bestimmte Rasse beschrieben wurde, bedeutet dies nicht automatisch, dass sie bei dieser Rasse ganz besonders häufig auftritt. Es bedeutet lediglich, dass die Durchforstung der tiermedizinischen Literatur Befunde dieser Krankheit bei der genannten Rasse ergeben hat.**
Häufig, bei mehreren Rassen, auftretende Krankheiten sind im Glossar nochmals erklärt. Um die Lesbarkeit zu erleichtern, werden auch bei den Rassebeschreibungen jeweils die aus der Allgemeinliteratur, z. B. Räber (1995), entnommenen Tatbestände nicht einzeln mit ihrer Quelle versehen. Nur Einzeluntersuchungen, die über diese allgemeinen Rassebeschreibungen hinausgehen, sind mit dem zugehörigen Literaturzitat versehen.
An einigen Stellen, teilweise auch für Rassen, die in der Parkerschen Einteilung nicht erwähnt werden, finden sich Infoboxen von Spezialist*Innen, die mit der betreffenden Rasse züchterisch, halterisch, wissenschaftlich oder trainerisch besondere Erfahrungen haben. Diese Berichte sind jeweils mit einem Kurzporträt des Autors/der Autorin versehen. Die in diesen Infoboxen zitierte Literatur findet sich im Literaturverzeichnis des Gesamtwerkes, das als PDF zum Download im Service bereitsteht.

KLADE	RASSE
Wild	Grauwolf
Gruppe 1	
Ungarische	Puli
Hungarian	Pumi
Gruppe 2	
Gesellschaftsspitze	Mops (Pug Dog)
Toy Spitz	Brüsseler Griffon
Toy Spitz	Papillon
Toy Spitz	Schipperke
Kleinspitze	Zwergspitz (Pomeranian)
Small Spitz	Volpino Italiano
Small Spitz	American Eskimo Dog
Schnauzer	Zwergschnauzer
Schnauzer	Standard Schnauzer
Gruppe 3	
Nordische Spitze	Westgotenspitz
Nordic Spitz	Norwegischer Elchhund
Nordic Spitz	Islandhund
Nordic Spitz	Wolfsspitz, Keeshond
Gruppe 4	
	Tibet Terrier
Gruppe 5	
Asiatische Gesellschaftshunde	Shih Tzu
Asian Toy	Lhasa Apso
Asian Toy	Pekinese
Asian Toy	Tibet Spaniel
Asian Toy	Japanischer Chin
Gruppe 6	
	Finnischer Spitz
	Eurasier
	Samojede
Gruppe 7	
Asiatischer Spitz	Chow-Chow
Asiatischer Spitz	Chinesischer Shar Pei
Asiatischer Spitz	Akita Inu
Asiatischer Spitz	Shiba Inu
Asiatischer Spitz	Alaskan Malamute
Asiatischer Spitz	Siberian Husky
Asiatischer Spitz	Grönlandhund
Asiatischer Spitz	Tibetan Mastiff – USA
Asiatischer Spitz	Tibetan Mastiff – Tibet
Asiatischer Spitz	Xigou
Gruppe 8	
	Basenji
Gruppe 9	
European Mastiff	Deutscher Boxer
European Mastiff	Englische Bulldogge
European Mastiff	Französische Bulldogge
European Mastiff	Old English Mastiff
European Mastiff	Bullmastiff
European Mastiff	Boerboel
European Mastiff	Bordeauxdogge
European Mastiff	Boston Terrier
European Mastiff	English Bull Terrier
European Mastiff	Miniatur Bull Terrier
European Mastiff	Staffordshire Bull Terrier
European Mastiff	American Staffordshire Terrier
European Mastiff	Staffordshire Bull Terrier
European Mastiff	American Staffordshire Terrier
Gruppe 10	
European Mastiff	Mastino Napoletano
European Mastiff	Cane Corso – Italien
European Mastiff	Cane Corso – USA
Gruppe 11	
European Mastiff	Deutsche Dogge
European Mastiff	Rhodesian Ridgeback
Gruppe 12	
Alpine	Bernhardiner
Alpine	Leonbererger
Alpine	Berner Sennenhund
Alpine	Großer Schweizer Sennenhund
Gruppe 13	
Drover	Rottweiler
Drover	Russischer Schwarzer Terrier
Drover	Riesenschnauzer
Drover	Dobermann Pinscher
Gruppe 14	
UK Rual	Shettland Sheepdog
UK Rual	Collie
UK Rual	Bearded Collie
UK Rual	Old English Sheepdog
UK Rual	Border Collie
UK Rual	Pembroke Welsh Corgi
UK Rual	Cardigan Welsh Corgi
UK Rual	Australian Shepherd
UK Rual	Australian Kelpie
UK Rual	Australian Cattle Dog
UK Rual	English Greyhound
UK Rual	Whippet
UK Rual	Scottish Deerhound
UK Rual	Irish Wolfhound
UK Rual	Barsoi
UK Rual	Italienisches Windspiel
Gruppe 15	
Continental Herder	Briard
Continental Herder	Bouvier des Flanders

KLADE	RASSE
Continental Herder	Belgischer Malinois
Continental Herder	Belgischer Tervueren
Continental Herder	Groenendael
Continental Herder	Laekenois
Gruppe 16	
Spaniel	English Springer Spaniel
Spaniel	Cavalier King Charles Spaniel
Spaniel	American Cocker Spaniel
Spaniel	Field Spaniel
Spaniel	English Cocker Spaniel
Retriever	Nova Scotia Duck Tolling Retriever
Retriever	Curly Coated Retriever
Retriever	Labrador Retriever
Retriever	Golden Retriever
Retriever	Flat-Coated Retriever
	Irish Water Spaniel
	Neufundländer
Pointer/Setter	Dalmatiner
Pointer/Setter	Weimaraner
Pointer/Setter	Großer Münsterländer
Pointer/Setter	Magyar Vizsla
Pointer/Setter	Wirehaired Pointing Griffon
Pointer/Setter	Deutsch Drahthaar
Pointer/Setter	Deutsch Kurzhaar
Pointer/Setter	Spinone Italiano
Pointer/Setter	Epagneul Breton
Pointer/Setter	Irish Setter
Pointer/Setter	English Setter
Pointer/Setter	Gordon Setter
Gruppe 17	
Nasenarbeitshunde	Dachshund
Scent Hound	Petit Basset Griffon Vendeen
ScentHound	Basset Hound
Scent Hound	Redbone Coonhound
ScentHound	Beagle
Scent Hound	English Foxhound
ScentHound	Otterhound
Scent Hound	Bloodhound
Gruppe 18	
Mediterranean	Pyrenäenberghund
Mediterranean	Komondor
Mediterranean	Kuvasz
Mediterranean	Maremmen-Abruzzen-Schäferhund
Mediterranean	Anatolischer Hirtenhund
Mediterranean	Levriero Meridionale
Mediterranean	Azawakh
Mediterranean	Cineco dellÉtna
Mediterranean	Pharaonenhund

KLADE	RASSE
Mediterranean	Podenco Ibicenco
Mediterranean	Sloughi
Mediterranean	Afghanischer Windhund
Mediterranean	Saluki
Gruppe 19	
New World	Miniature Xoloitzcuintle
New World	Xoloitzcuintle
New World	Peruanischer Nackthund
New World	Chinook
New World	Berger de Picardie
New World	Deutscher Schäferhund
Gruppe 20	
Terrier	Airedale Terrier
Terrier	Kerry Blue Terrier
Terrier	Irish Glen of Imaal Terrier
Terrier	Soft Coated Wheaten Terrier
Terrier	Irish Terrier
Terrier	Bedlington Terrier
Terrier	Border Terrier
Terrier	Parson Russell Terrier
Terrier	Jack Russell Terrier
Terrier	Fox Terrier
Terrier	Australian Terrier
Terrier	Australian Silky Terrier
Terrier	Yorkshire Terrier
Terrier	Norwich Terrier
Terrier	Norfolk Terrier
Terrier	Scottish Terrier
Terrier	Cairn Terrier
Terrier	West Highland White Terrier
Gruppe 21	
Pinscher	Toy Manchester Terrier
Pinscher	Zwergpinscher
Gruppe 22	
American Terrier	Ratten Terrier
American Terrier	Toy Fox Terrier
American Terrier	American Hairless Terrier
Amerikanische Gesellschaftshunde	Chinesischer Schopfhund
American Toy	Chihuahua
Gruppe 23	
Pudel	Malteser
Poodle	Havaneser
Poodle	Bichon Frisé
Poodle	Miniatur Pudel
Poodle	Toy Pudel
Poodle	Standard Pudel
Poodle	Portugiesischer Wasserhund
Poodle	Coton de Tuléar

HUNDERASSEN

— *im Überblick*

GRUPPE 1
— *nach Parker*

PULI

HERKUNFT, GESCHICHTE, AUFGABEN

Der Puli zählt zu den Treibhunden. Er ist ein kleiner bis mittelgroßer Hund, der noch im 19. Jahrhundert keinerlei Erwähnung als ungarischer Hirtenhund findet. Vermutlich wurde die Rasse vor mehr als 1 000 Jahren durch die Abwanderung der Magyaren aus Zentralasien eingeführt. In Ungarn fanden sich als Hirtenhunde nur der Kuvasz und der Komondor in den Aufzeichnungen. Im 19. und Anfang des 20. Jahrhunderts wurden die ungarischen Hirtenhunde rein nach ihrer Arbeitstauglichkeit und Gebrauchsfähigkeit gezüchtet. Es handelte sich also erst einmal um Landrassen. Erst 1920 erhielt der Puli einen eigenen Zuchtstandard. Die Aufgabe des kleinen wendigen Hundes war es nicht, die Wölfe von den Herden zu vertreiben, sondern die Schaf-, Rinder- oder Schweineherden zu bewachen, zusammenzuhalten und zur nächsten Weide zu treiben.

MORPHOLOGIE

Größe und Gewicht Beim Puli ist eine Höhe zwischen 40 und 44 cm für Rüden und 37 bis 41 cm für Hündinnen erwünscht. Rüden wiegen zwischen 13 bis 15 kg, Hündinnen ca. 10 bis 13 kg.
Farben Ursprünglich traten Pulis in sämtlichen Farbvariationen auf, erst mit der Zeit wurde die schwarze Fellfarbe vorherrschend, weil sie bei den Züchtern besonders beliebt war. Der heutige Zuchtstandard duldet keine weißen Abzeichen auf der Brust und weiße Haarbüschel sind unerwünscht. Zugelassene Farben sind noch schwarz mit rotbraun und alle Schattierungen von grau bis weiß.

Fell und Haarstruktur Das heutige lange Pusztahaar ist für die Treibhundarbeit völlig ungeeignet. Der ursprüngliche Puli hatte zotteliges Haar, das bedeutend kürzer war. Im Frühjahr wurde das Fell beim Scheren der Schafe mitgeschoren. Im Winter durfte der Puli sein verfilztes Fell behalten, es diente zum Schutz gegen Kälte und schützt auch vor Bissverletzungen anderer Hunde.
Die Haarstruktur ist beim Puli auch heute nicht einheitlich. Das Fell besteht aus Grannen und Deckhaaren, mit Verdünnungen und spindelartigen Verdickungen und feinem Flaum, der vom Deckhaar entlang nach außen wächst und schließlich lange Bänder und Schnüre bildet oder auch zu Bändern oder Flächen verfilzt. Je nach Art und Grad der Verfilzung unterscheidet man zwischen zottig verfilzt und breitbandförmigem Zottelhaar oder Plattenbildung.

Der Puli zeigt sich in den zugelassenen Fellfarben von schwarz mit rotbraun und alle Schattierungen von grau bis weiß.

Der Puli, ein ungarischer Hirtenhund, ist sehr selbstbewusst, durchsetzungsfähig und gelehrig, der selbstständig seiner Arbeit nachgeht.

EIGENSCHAFTEN

Der Puli ist ein sehr agiler und lebhafter Hund, der energisch seinen Aufgaben nachkommt. Seine Arbeit als Wächter für die Herde macht ihn territorial, sehr wachsam und verteidigungsbereit. Er kann zur ressourcenmotivierten sowie zur impulsiven oder statusbasierten und zur territorialen Aggression neigen (Borchelt,1983). Sie sind intelligente, moderat trainierbare Hunde, weisen ein moderates Erregungsniveau auf und neigen zur sozial motivierten Aggression gegenüber fremden Personen und fremden Hunden (Clark, 2017). Aufgrund ihrer ausgeprägten Aggressionsbereitschaft bei gleichzeitig hoher Trainierbarkeit und Freundlichkeit gegenüber dem Besitzer, werden sie nicht nur als Hütehunde, sondern auch als Wach- und vereinzelt als Polizeihunde eingesetzt (Ócsag und Pal, 1987). Will man den Puli als Familienhund halten, sollte man bedenken, dass dieser selbstbewusste, durchsetzungsfähige und gelehrige Hund selbstständig arbeitet. Bekommt er keine adäquate Beschäftigung geboten, dann sucht er sich diese selbst. Der Puli braucht eine sehr liebevolle, konsequente Erziehung und viel Aufenthalt im Freien. Er eignet sich daher gut für sportliche Aktivitäten. Im Ernstfall scheut er nicht zurück, die Zähne einzusetzen und er ist sehr bellfreudig. Daher brauchen diese Hunde einen erfahrenen Halter und sind nicht für Anfänger geeignet.

Training – siehe Pumi, S. 123

RASSETYPISCHE KRANKHEITEN

Bei Untersuchungen von Mammatumoren an 521 ungarischen Hunden waren Pulis deutlich überrepräsentiert (Boldiszar et al., 1992). Sie gelten als häufig von primären Katarakten betroffen (Gelatt und MacKay, 2005). Die Progressive retinale Atrophie (PRA) tritt bei Puli häufig auf. Der Erbgang verläuft autosomal-rezessiv (Pagdett, 1998; Ackerman und Lowell, 1999).

PUMI

HERKUNFT, GESCHICHTE, AUFGABEN

Geschichtlich fehlen weitgehend Daten über eine getrennte Entstehung dieser Rasse im Vergleich zum Puli. Der Pumi soll im 17. bis 18. Jahrhundert in Ungarn durch Kreuzung des ursprünglichen ungarischen Puli mit importierten deutschen und französischen terrierartigen Hunden entstanden sein. Seit Anfang des 20. Jahrhunderts gilt er als selbstständige Rasse. Eine klare Unterscheidung zwischen Puli und Pumi wurde von Kynologen Anfang des 20. Jahrhunderts angeregt und die Trennung der zwei Rassen erfolgte. Während der Puli daraufhin bei den Hundezüchtern in Mode kam, blieb der Pumi ein Arbeitshund und relativ unbeachtet von den Kynologen.
Verwendung fand er als terrierartiger Treibhund für größeres Vieh, sowie zur Bekämpfung von Nagern und Raubwild. Es gibt Diskussionen, ob beim Pumi kleine Hüteterrier oder andere Schäferhunde eingekreuzt wurden, doch die Beweise dafür fehlen. Zu beachten ist, dass noch heute kleine struppighaarige Schäferhunde, die große Ähnlichkeit mit dem ungarischen Pumi haben, sehr gern im osteuropäischen Raum für die Arbeit zum Treiben der Herden verwendet werden. Das unterstützt die Überlegung, dass diese ungarischen Hirtenhunde rein nach ihrer Gebrauchsfähigkeit und nicht nach optischen Merkmalen gezüchtet wurden.

MORPHOLOGIE

Der Hauptunterschied vom Pumi zum Puli ist die Haltung der Ohren. Die Ohren des Pumis stehen aufrecht, und knicken ihre Spitze oben ab. Der Pumi ist in der Regel feingliedriger, leichter und beweglicher.

Größe und Gewicht Rüden haben eine Schulterhöhe von 41 bis 47 cm, Hündinnen zwischen 38 und 44 cm. Rüden sind ca. 10 bis 15 kg schwer, Hündinnen dagegen nur 8 bis 13 kg.
Farben und Fell Grau, schwarz, falb (rot, gelb, cremefarben mit schwarzen oder grauen Nuancen sowie einer ausgeprägten Maske) und weiß. Das dicht gelockte Fell muss regelmäßig in Form getrimmt werden.

Der Pumi, ein aktiver und bewegungsfreudiger Hund, der zum vermehrten Bellen neigt.

EIGENSCHAFTEN

Pumi gelten als intelligent und leicht trainierbar. Sie sind bellfreudig und reserviert Fremden gegenüber (Clark, 2017). Gemäß ihres Einsatzes als Hüte- und Wachhund sind sie leicht erregbar sowie territorial motiviert (Pál und Ócsag, 1987; Clark, 2017). Der Pumi ist ein sehr lebhafter, teilweise rastlos wirkender Hund. Er ist meist aktionsbereit, intelligent und arbeitsfreudig. Daher ist es extrem wichtig, diese Hunde ausreichend zu beschäftigen. Sie eignen sich dementsprechend sehr gut für alle Arten von Hundesport. Hat der Pumi genug Beschäftigung, ist er familientauglich. Er sucht die Nähe zu seinem Menschen und freut sich über ein liebevolles Training, um seinen wachen Verstand anzuregen. Er besitzt jedoch eine gute Portion Durchsetzungsvermögen und ist ein ausgezeichneter Wächter, zeigt hier auch Verteidigungsbereitschaft. Für Menschen, die sich viel im Freien aufhalten, ist er ein anpassungsfähiger Begleiter, dagegen eignet er sich für ein reines Stadtleben eher nicht.

RASSETYPISCHE KRANKHEITEN

19,1 % der auf die vererbbare Muskelschwäche getesteten Pumi waren Träger dieser Erbkrankheiten und somit in der Lage, diese bei einem ebenfalls betroffenen Zuchtpartner zu vererben (Gough und Thomas, 2010). Die Primäre Linsenluxation (PLL) wird durch eine Verschiebung der Linse ausgelöst. Sie tritt besonders häufig bei Terrier-Rassen sowie Rassen mit Terrier-Abstammung auf. Der Erbgang verläuft autosomal-rezessiv (Farias et al., 2010; Gould et al., 2011; ACVO, 2009).

Durch seine Wachbereitschaft und Bellfreude eignet er sich weniger als städtischer Wohnungshund.

TRAINING (PULI UND PUMI)

Das Treiben von sogenannten Treibhunden erfolgt durch Bellen oder „Stechen" in die Fesselgelenke. Hier ist besonderes Augenmerk auf eine sinnvolle Beschäftigung zu legen, da diese Verhaltensweise des „to heel" auch gegen Menschen und andere Tiere (auch Hunde) gerichtet werden kann. Diesbezüglich ist bereits in der Sozialisierungsphase darauf zu achten, dass ein möglicher Familienhund diese Eigenschaften nicht an den Kindern oder Besuchern anwendet. Zudem ist dieses „Stechen" stark selbstbelohnend, was dazu führt, dass ein Ignorieren dieser Verhaltensweise KEINEN Erfolg bringt, da es sich durch die Tätigkeit selbst belohnt. Hier ist es unabdingbar, dass die Hunde im häuslichen Umfeld

1. durch Management lernen, also Situationen zum Lernen werden so gestaltet, dass ein mögliches Fehlverhalten gar nicht auftreten kann.
2. durch konsequente Erziehung und Training ein Alternativverhalten durch Belohnung erlernen.

Je früher der Hund lernt, dass andere Verhaltensweisen sich für ihn mehr lohnen, desto nachhaltiger funktioniert dies meist. Die Bellfreude ist nicht nur für manche Nachbarn störend, sondern auch selbstbelohnend. Auch hier sollte ein konsequentes Training vorangehen. Ruhiges Verhalten (auch bewegungsarm) sollte hier höchstmöglich verstärkt werden, mit hochwertiger Belohnung.
Durch ihr Temperament und ihre Arbeitsfreude trainieren diese Hunde gern und lernen schnell, wenn es sich für sie nachhaltig lohnt. Bei neueren Übungen ist es ratsam, mit Belohnungen von niedriger Qualität zu beginnen, um mit Steigerung der Übung die Qualität der Belohnung anpassen zu können. Bei Treibhunden kann es vorkommen, dass diese sehr emotional und extrovertiert sind.

Für aktive Menschen, die gern im Freien sind, kann dieser Hund ein idealer Begleiter werden.

Einfache Übungen zur Impulskontrolle machen Sinn und können im Aufbau auch mit „Bewegung" (gemeinsames Laufen) als Belohnung umgesetzt werden. Bewegungseinschränkungen im Training als Alternativverhalten ist meist kein guter Weg.
Zudem ist bei Treibhunden ein Training mit Hilfestellung durch den Menschen beim Erlernen einer Übung sinnvoll. Der Hund muss nicht selbst auf die Lösung kommen, um nachhaltig zu lernen. Es macht Sinn (um in keine hohe Erregungslage und damit einhergehende Frustration zu kommen), dem Hund anfangs zu helfen, um eine Idee für die Lösung zu erzeugen. Beispiel: Hund läuft „bei Fuß" und soll sich hinsetzen, während sein Mensch weiterläuft. Hier ist eine Hilfe durch ein Signal „Sitz" angebracht, bis sich der Hund bei steigendem Lernerfolg selbst hinsetzt.
Jede Belohnung muss mit der Aufregung in einer Situation konkurrieren können – daher sollte mit hochwertigen Belohnungen trainiert werden.

GRUPPE 2
— *nach Parker*

MOPS (PUG DOG)

HERKUNFT, GESCHICHTE, AUFGABEN

Vermutungen und Theorien wollen die Herkunft des Mopses in China sehen, schlüssig beweisbar sind diese Hypothesen nicht. Der Mops wird auch gern „holländischer Mops“ genannt. Die Holländer pflegten rege Beziehungen mit China. Erstmals sind Möpse in Europa ungefähr ab 1425 belegt, wo man sie auf Zeichnungen, Gemälden und Skulpturen festgehalten hat. Ebenso wird vermutet, dass das Wort Mops vom niederländischen Verb „mopperen“ abzuleiten ist, was soviel bedeutet wie „brummende Geräusche von sich gebend“ oder auch „Schnarchen im Halbschlaf“. Aber es gibt auch die Theorie, dass der Begriff Mopperent auf das althochdeutsche Wort Mob zurückzuführen ist, was soviel bedeutet wie „Gesicht verziehen“ oder „Grimasse schneiden“. Und es gibt noch weitere Möglichkeiten: Im Mittelhochdeutsch hieß Muff „den Mund verziehen“, Mob im alten englischen Sprachgebrauch „Fratzen schneiden“. Mit der Bezeichnung „Mops“ wollte man anscheinend einen mehr oder weniger mürrischen Hund benennen. Die größte Beliebtheit erreichte der Mops im 17. Jahrhundert. Seine Aufgabe war reiner Gesellschafts- und Begleithund zu sein, denn weder zum Jagen noch zum Hüten oder Bewachen war er anscheinend zu gebrauchen. Trotz seines mürrischen Gesichtsausdruckes war und ist er ein sanftmütiger und anhänglicher Hund, der überall mit dabei war und dadurch auch auf vielen Familienportraits verewigt wurde. Dadurch hat man vom Mops eine Chronologie seines Aussehens seit dem 17. Jahrhundert. Bei der adeligen Gesellschaft war er besonders beliebt, u. a. wurde sogar ein Mopsorden gegründet. Der Mops galt als Symbol der Treue, der Zuverlässigkeit und der Standhaftigkeit. Die Angehörigen dieser Logen nannten sich Möpse und die Novizen wurden an Hundehalsbändern eingeführt. Einer der bedeutendsten Schirmherren des Ordens war Friedrich August II von Sachsen, der spätere König von Polen. Es gehörte zum guten Ton der Mitglieder dieses Mopsordens, dass sie sich gegenseitig mit Figuren aus feinstem Porzellan aus den königlichen Manufakturen beschenkten, dargestellt wurden Menschengruppen und immer lag ein Mops entweder auf dem Schoß der dargestellten Dame oder zu Füßen des Herrn. Die Vorläufer des heutigen Mopses waren Jahrhunderte lang in Europa die einzigen Hunde mit kurzer Schnauze und großen Kulleraugen.

Da jedoch die Zucht der Möpse durchaus schwierig war, konnten nicht immer alle Liebhaber einen dieser Hunde bekommen. Darum begann man Möpse mit anderen kleinen Hunden zu kreuzen, um so zu mopsähnlichen Hunden zu kommen und damit die große Nachfrage zu befriedigen. Leider bewirkten diese Einkreuzungen und zum Teil auch die falsche Haltung der Hunde im Laufe des 19. Jahrhundert den Niedergang der Mopszucht. Die schlechte Haltung wurde dadurch verursacht, dass bis zum Beginn des 19. Jahrhunderts der Mops fast ausschließlich der Hund des Adels gewesen war, danach wurde er auch zum Mittelpunkt im Biedermeierstübchen der alleinstehenden Damen.

Extrem kurz gezüchtete Nasen- und Schädelformationen können starke gesundheitliche Probleme verursachen. Diese Hunde sind häufig sehr hitzeempfindlich und haben meist Probleme beim Atmen.

Diese stopften die Hunde mit Konfekt und anderen Leckereien voll, so dass der eigentlich aktive muskulöse Mops, der seinen Herrn durchaus auf die Schlachtfelder begleitet hatte, sich in eine pralle Wurst verwandelte und sich wegen Verfettung kaum noch von seinen Kissen wegbewegen konnte.
Ungefähr um das Jahr 1860 kam durch den Import mehrerer schwarzer Möpse aus China wieder Bewegung in die Mopszucht Englands. Lange Zeit war es dann etwas ruhiger, aber in den letzten Jahren steigt die Beliebtheit. So wie bei jeder Modeerscheinung und der damit einhergehenden verstärkten Zucht, liegen die Gefahren darin, weniger Augenmerk auf die Gesundheit der Rasse zu legen, sondern eher die optischen Merkmale, die sich gerade großer Beliebtheit erfreuen, zu bedienen.

MORPHOLOGIE

Größe und Gewicht Die Schulterhöhe sollte beim Rüden ca. 30 cm und bei Hündinnen ca. 25 cm betragen. Das Gewicht sollte bei 6,3 bis 8,1 kg liegen.
Farben Silber, apricot, rehfarben oder schwarz

Der Standard der Rasse schreibt vor, dass die Schnauze kurz, stumpf und viereckig sein soll. Wie bei allen kurzschnauzigen Rassen, ist auf die geänderte Anatomie von Netzhaut und Gehirn (siehe S. 45) zu verweisen, die z.B. räumliches Sehen bei Blickrichtung nach vorne erleichtert, Scharfsehen im Augenwinkel aber erschwert. Welche Auswirkungen die geänderten Größenverhältnisse der Gehirnregionen haben, ist noch nicht im Detail erforscht.

EIGENSCHAFTEN

Der Mops, wenn er keine körperlichen Beschwerden hat, ist ein aktiver und unternehmungslustiger Hund. Trotz der starken Bindung zu seinem Halter, bleibt er ein sehr selbstsicherer Hund. Leider eignet sich der Mops wegen seiner Kurzatmigkeit wenig für sportliche Aktivitäten, obwohl er durchaus ein robuster Hund wäre. Deswegen sollte jeder Halter dieser Rasse großes Feingefühl darin zeigen, die für seinen Hund beste Balance zwischen Bewegung und Atmungsfähigkeit zu finden. Der Mops wird als Rasse mit erhöhtem Aggressionspotenzial, hoher Erregbarkeit und durchschnittlicher

bis geringer Trainierbarkeit beschrieben (Takeuchi und Mori, 2006; Mehrkam und Wynne, 2014). Sie gelten als wachsam und verteidigen ihr Territorium (Takeuchi und Mori, 2006). Die Budapester Studie (Turcsan et al., 2011) stuft ihn in die Gruppe der extravertierten und wenig trainierbaren Rassen ein, mit sowohl emotionaler Stabilität wie Hunde-Sozialität in den oberen 20 %. Der Begriff der Trainierbarkeit muss hier besser als „Offenheit für neue Erfahrungen" interpretiert werden.
In einer Vergleichsuntersuchung zur Geruchsdifferenzierung (siehe S. 45) zeigten sich Möpse sogar Deutschen Schäferhunden überlegen, hierzu trägt aber auch die bei Mopshalter*Innen durchaus bekannte Eigenschaften ihrer Hunde, nämlich Beharrlichkeit und Arbeitsbegeisterung bei.

RASSETYPISCHE KRANKHEITEN

Extrem kurz gezüchtete Nasen und Schädelformationen verursachen Kurzatmigkeit, die Hunde schnarchen häufig und laut. Dies ist im Sommer zusätzlich problematisch, was die Hitzeempfindlichkeit stark beeinflusst. Es treten innere Verwachsungen der Nase auf, die eine Erschwerung der Atmung zusätzlich benünstigen. Möpse müssen oft wegen dieser Beschwerden operiert werden, wenn sie ein erträgliches Leben führen sollen. Eine empirische Studie unterzog 47 Möpse einem standardisierten Belastungstest nach den Richtlinien des Deutschen Mopsclubs. Hierbei mussten die Tiere eine Entfernung von 1 km in rund 11 Minuten laufen, dies entspricht knapp 5,5 km/h. Rund die Hälfte der Tiere konnte den Normtest nicht bestehen. Dabei spielte es für das Testergebnis keine Rolle, ob die Möpse aus einer dem Verband für das Deutsche Hundewesen angehörenden Zucht oder einer Zucht außerhalb des VDH entstammten (Martin, V. M., 2012). In den Niederlanden ist die Zucht von kurznasigen Hunden aller Rassen (auch Mops), einschließlich der Mischlinge, grundsätzlich verboten, soweit deren Nasenlänge nicht mind. ein Drittel der Kopflänge beträgt (Stand Juni 2019). Eine weitere, schwerwiegende Erkrankung ist die „Pug-Dog-Enzephalitis" – eine rassespezifische entzündliche Erkrankung des Zentralen Nervensystems, die beim Mops in etwa 1 % der Fälle vorkommt (Schulte et al., 2006). Die Krankheit ist erblich, der Erbgang wird als autosomal-rezessiv mit unvollständiger Penetranz beschrieben (Barber et al., 2011) und ähnelt klinisch der akuten Form der multiplen Sklerose des Menschen (Greer at el., 2010). Besonders kleine Hunderassen können auch unter Patellaluxation (Herausspringen der Kniescheibe) und Demodikose (durch Milben verursachte Hautkrankheit, die eine schwere Hautstörung verursachen kann) leiden. Auch kann aufgrund der hervortretenden Augen, damit eine chronische Augenentzündung einhergehen.

Für die Halter eines Mopses bedeutend, die beste Balance zwischen Bewegung und Atmungsfähigkeit zu finden.

BRÜSSELER GRIFFON

HERKUNFT, GESCHICHTE, AUFGABEN

Der Brüsseler Griffon wird auch der Belgische Affenpinscher genannt. Man vermutet, dass dieser Hund eine Kreuzung zwischen dem Deutschen Affenpinscher und dem Mops ist, sichere Beweise dafür gibt es jedoch nicht. Struppige Zwerghunde gab es überall im mitteleuropäischen Raum, daher kann man keine klare Abstammungslinie von dem einen oder anderen herleiten. Es gibt auch Überlegungen, dass der Belgische Griffon eine Kreuzung zwischen Yorkshire Terrier und Zwergspaniel ist, auch dies ist nicht bestätigt. Ungefähr ab 1880 begannen in Belgien planmäßige Züchtungen.
Ursprünglich wurde der Brüsseler Griffon als Stallhund, zum Ratten- und Mäusefangen verwendet. Später lag seine Verwendung eher als kleiner Wach- und Begleithund. Große Beliebtheit erlangte diese Hunderasse in den USA, in England und in skandinavischen Ländern. In Mitteleuropa konnte dieser robuste und recht anspruchslose Hund keine größere Verbreitung erreichen.

MORPHOLOGIE

Größe und Gewicht Er ist ein stämmiger, quadratisch gebauter Hund von 30 bis 32 cm Schulterhöhe und einem Körpergewicht von etwa 4,5 bis 5 kg. Es besteht aber eine Tendenz zum Größerwerden, da gerade die größeren Hunde (6 bis 8 kg) die robusteren sind.
Farbe und Fell Er ist weizenfarbig, rot bis rotbraun, oder auch schwarz, schwarz mit loh. Fast alle Hunde werden mit einer dunklen Gesichtsmaske geboren, die sich im Laufe der Zeit meist stark aufhellt. Erlaubt ist beides, Maske oder ohne Maske. Das Haarkleid besteht aus einem Rauh- und einem mittellangen Deckhaar und einer kurzen, aber dichten Unterwolle.
Das Hauptproblem der Rasse sind die Köpfe. Der Standard verlangt einen relativ großen Kopf mit breiter, vorgewölbter Stirn und einem starken Knick zwischen Stirn- und Nasenbein.
Eine zweite Schwierigkeit liegt in der Zucht. Die Welpen kommen mit einem hohen Geburtsgewicht auf die Welt. Eine Griffonhündin mit etwa 5 kg Körpergewicht kann Welpen mit einem Geburtsgewicht von 270 g werfen. Geburtsschwierigkeiten sind deshalb relativ häufig.

EIGENSCHAFTEN

Charakterlich ist der Brüsseler Griffon ein reizvoller Hund. Trotz ihrer Kleinheit, sind sie äußerst wachsam. Durch die kurze Nase ergibt sich beim Bellen jedoch eine schlechte Resonanz und so bellt der Griffon nur mit eher leiser Stimme. Das verhindert jedoch nicht, dass er äußerst aufmerksam und ein ausgezeichneter Wächter ist. Fremden gegenüber ist er eher zurückhaltend und kritisch. Seinem Menschen gegenüber kann er jedoch anhänglich sein und begleitet ihn am liebsten überall hin.
Ein gesunder Griffon ist lebhaft, robust und bei Spaziergängen fast unermüdlich, bis ins hohe Alter kann er sehr spielfreudig sein. Er gehört zu einer ausgesprochen langlebigen Rasse und erreicht häufig ein Alter von 15 Jahren.

Der Brüsseler Griffon ist ein aktiver und lebhafter Begleiter. Er kann fremden Menschen gegenüber zurückhaltend sein.

RASSETYPISCHE KRANKHEITEN

Bei der grundsätzlich recht robusten Hunderasse können die aufrecht stehenden Haare am Nasenrücken die Augen ständig reizen und einen vermehrten Tränenfluss hervorrufen. Das Tränenwasser fließt durch die tiefen Falten in die Schnauzenhaare hinunter. Nur tägliche, sorgfältige Pflege kann eine chronische Entzündung in der Hautfalte verhindern. Es sollte darauf geachtet werden, dass die Hunde eine gut ausgebildete Nasenlänge haben (nicht verkürzt). Vermehrt tritt auch die Chiari-ähnliche Malformation auf (Knowler et al., 2014; Freeman et al., 2014). Bei dieser Erkrankung hat das Kleinhirn zu wenig Platz im Schädel, das Gehirn ist zu groß für den Hundeschädel. Dadurch werden Teile des Gehirns durch das Hinterhauptsloch gepresst. Dies ist eine große Öffnung im Schädel, durch die die Verbindungen von Blut- und Nervengefäßen zwischen Gehirn und Rückenmark verlaufen. Das aus dem Schädel tretende Hirn quetscht Teile des verlängerten Rückenmarks ab und behindert den normalen Fluss der Rückenmarksflüssigkeit (Olsen et al., 2017).

TRAINING

Er besitzt oftmals ein ungestümes Wesens, weshalb er bereits im Welpenalter eine gute Frustrationstoleranz lernen sollte. Es ist also weniger auf ein perfekt ausgeführtes Sitz oder Platz zu achten, sondern vielmehr auf Ruhe und Gelassenheit. Frustrationsbewältigung lässt sich sehr gut in das normale Hundetraining integrieren. Nach Abschluss einer Übung sollte die Futterbelohnung erst nach einer kurzen Wartezeit präsentiert werden. Der Hund lernt dadurch, sinnvoll aufgebaut, sich in Geduld zu üben, und dass diese sich nachhaltig lohnt. Der Griffon ist für unterschiedliche Hundesportarten oder Beschäftigungen geeignet. Er ist ein sehr aktiver Hund, der in der Belohnungsform gut auf Beute (Jagdverhalten) und gemeinsames Spiel in Form von Laufen, Balgen, Spaß haben mit seinem Menschen reagiert. Die geistige Beschäftigung ist wichtig. Hier muss es nicht unbedingt „Hundeschule“ sein, es lassen sich eine Vielzahl an Beschäftigungsformen zu Hause und auf dem Spaziergang umsetzen. Der Alltag kann sogar oft noch spannender sein.

PAPILLON

HERKUNFT, GESCHICHTE, AUFGABEN

Der Papillon ist ein Zwergspaniel und mit dem englischen King Charles Spaniel verwandt. Es gab ursprünglich zwei Varianten, wobei die ältere Variante, der Phaléne, hängende Ohren hat und die heute als Papillon bekannte Variante große, reichlich behaarte, schräg aufrechtstehende. Der Kopfumriss und die großen Ohren erinnern an Schmetterlingsflügel.

Seit dem Jahr 480 finden sich diese kleinen Spaniels auf vielen italienischen Kunstwerken und werden vor allem von florentinischen Malern dargestellt. Sie waren im kulturell hochstehenden Italien weit verbreitet, wurden dort gezüchtet und nicht aus fernen Ländern eingeführt. Ihre Aufgabe war und ist reiner Gesellschaftshund.

Nach und nach gerieten diese Zwerge auf dem Kontinent jedoch etwas in Vergessenheit und erst in der zweiten Hälfte des 19. Jahrhunderts nahmen sich französische und belgische Liebhaber dieser Rasse wieder an und züchteten den Papillon, im Gegensatz zur kurzschnauzigen englischen Variante, den spitzschnauzigen Kontinental Zwergspaniel. Er ist der einzige der Spaniels, der eine spitze Schnauze behalten hat und ähnelt vom Körperbau her mehr einem Spitz.

MORPHOLOGIE

Größe und Gewicht Die Schulterhöhe beträgt ca. 28 cm, das Gewicht 2,5 bis 4,5 kg.

Farbe und Fell Farben sind alle erlaubt, jedoch auf weißem Grund. Das lange Fell ist leicht zu pflegen.

Der Papillon ist gerne aktiv, meist leicht zu motivieren und eignet sich durch sein hohes Energielevel für eine Vielzahl an gemeinsamen Aktivitäten.

Die Papillons gehören zu den kleinsten Hunderassen, die kleinsten unter ihnen wiegen nur 1,5 kg, die schwersten nicht mehr als 5 kg. Die kontinentale Variante ist wesentlich leichter als die englische mit 4,5 bis 8,2 kg. Entsprechend der geringen Körpergröße, ist die Anzahl der Welpen pro Wurf sehr klein, der Durchschnitt liegt bei 2,4 Welpen. Wie die meisten Zwerghunde, sind Papillons recht langlebig und können ein Durchschnittsalter von 16 Jahren erreichen.

EIGENSCHAFTEN

Der Papillon ist ein aufgeweckter, selbstbewusster Hund. Obwohl sehr klein, ist er trotzdem aktiv, leicht zu motivieren und ausdauernd, er eignet sich durchaus für sportliche Aktivitäten. Die Rasse hat ein hohes Energielevel, ist schnell erregbar, wachsam und bellfreudig (Coile, 2005).

Er fordert oftmals einen hohen Grad an Aufmerksamkeit von seinem Menschen, der sensibel sein und ihn nicht überfordern sollte. Hohe Wachsamkeit und Intelligenz zeichnen den Papillon aus, sowie sein freundliches Wesen. Dabei sollte man jedoch nicht außer Acht lassen, dass diese kleinen Hunde leidenschaftliche Mäusejäger sind. Der Papillon fühlt sich bei alleinstehenden Menschen wie auch in lebhaften Familien wohl, wobei man immer darauf achten muss, dass er einen Rückzugsort vor ungestümen Kindern bzw. Erwachsenen benötigt.

RASSETYPISCHE KRANKHEITEN

Papillons haben nur geringe gesundheitliche Probleme, zu denen Krampfanfälle, Zahnprobleme und Patellaluxation (PL) gehören können. Man kann daher beim Hundekauf darauf achten, dass zumindest beide Elterntiere PL-frei (PL 0/0) sind. Dies ist keine Garantie, jedoch eine erste sinnvolle Maßnahme in der Selektion. Darüber hinaus können sie von Progressiver Netzhautatrophie (PRA), Bandscheibenerkrankungen und Allergien betroffen sein (Zech, 2009).

TRAINING

Oftmals lässt das freundliche und aufgeschlossene Wesen dieser Hunde übersehen, dass auch sie konsequent erzogen werden müssen. Wichtig ist einerseits die Grunderziehung, damit der Hund auch alltagstauglich wird. Andererseits ist aber auch wichtig, dass sich ein kleiner Hund nicht alles gefallen lassen muss – Stichwort: Zwangskuscheln. Leider fällt oft auf, dass kleine Hunderassen nur herumgetragen und sehr nahe und zu fest gedrückt und gekuschelt werden. Auch das permanente Tragen in einer Hundetasche oder Sitzen in einem Hundewagen sollte man kritisch sehen. Hier sind die Hundehalter gefragt, sich mit den Bedürfnissen des Hundes auseinanderzusetzen. Auch diese Hunde sollten ein ganz normales Hundeleben führen dürfen. Haarspangen, Mäntelchen, Frisuren, etc. können den Hund beeinträchtigen und da sich dies auch oftmals unangenehm anfühlt, Verhaltensauffälligkeiten hervorrufen.

Sein freundliches Wesen und seine Intelligenz zeichnen den Papillon aus.

SCHIPPERKE

HERKUNFT, GESCHICHTE, AUFGABEN

Kleiner Schäferhund vom Spitztyp, dessen Name vom flämischen „Ski packe“ abgeleitet wird, was kleiner Schäferhund bedeutet.
Der Schipperke ist ein gutes Beispiel dafür, wie schwierig es ist, eine Hunderasse einer bestimmten Rassegruppe zuzuordnen. Klare Abgrenzungen gibt es relativ selten, weil die Trennung und Reinzucht der meisten Rassen keine 100 Jahre alt sind. Er wird einerseits von vielen Fachleuten zu den Spitzen, andererseits aber auch gern zu den Schäferhunden gezählt. Die Annahme, dass der Schipperke ein kleiner Schäferhund ist, trifft wohl eher zu, zumal die alten Formen größer waren als die heutigen. Es waren vor allem die Engländer, die aus diesem ehemals mittelgroßen Hund einen eleganten Zwerg machten. So hat der Schipperke durch diese Verkleinerung etliche seiner ursprünglichen Schäferhundmerkmale eingebüßt.
Allgemein wird das Wort Schipperke als Schifferspitz übersetzt, es soll die flämische Bezeichnung für „kleiner Bootsmann“ sein. Unbestritten ist, dass er auf vielen flämischen Flusskähnen als Wachhund, Ratten- und Mäusevertilger gehalten worden ist, bis zur Mitte des 19. Jahrhunderts auch als Wachhund in den Bürgerhäusern. Ursprünglich war er der Hund der Handwerker und keineswegs der Kanalschiffer. Erste geschichtliche Erwähnungen eines kleinen schwarzen Hundes stammen aus dem 15. Jahrhundert von einem Mönch, der zu seiner Zeit in Brügge von kleinen schwanzlosen schwarzen Hunden berichtet, die in allen Häusern gehalten wurden. Die häufigen Erwähnungen in der Literatur dürften daher kommen, dass er der Hund der kleinen Leute war und damit eine weite Verbreitung hatte.

MORPHOLOGIE

Größe und Gewicht Die Schulterhöhe beträgt bei Rüden 28 bis 33 cm, bei Hündinnen 25 bis 30 cm. Das Gewicht liegt zwischen 3 bis 9 kg.
Farbe und Fell Die Fellfarbe ist einfarbig schwarz, das kurze Fell ist pflegeleicht.
Die Körperform entspricht nicht mehr einem Rechteck, sondern ist eher quadratisch.
Die Hinterhand ist deutlich steiler als beim Schäferhund und im ruhigen Stand stehen die Hinterpfoten ungefähr senkrecht unter dem Hüftansatz. Der Kopf des Schipperke unterscheidet sich vom Kopf des Schäferhundes durch den deutlich markierten „Stop“, die Schnauze ist nach vorne spitz zulaufend.
Der heute gültige Standard beschreibt einen rutenlosen Hund. Anurie (angeborene Schwanzlosigkeit) wirkt sich bei homozygoter (doppelter) Anlage letal oder doch zumindest subletal aus und führt zu Totgeburten. Eine starke Reduktion der Welpenanzahl und stark verminderte Fitness der überlebenden Hunde wäre die Folge. Hätte man den Schipperke konsequent auf angeborene Schwanzlosigkeit gezüchtet, so würde er heute nicht mehr existieren.

EIGENSCHAFTEN

Das Wesen des Schipperke ist wachsam und verteidigungsbereit. Er ist ein lebhafter und agiler Hund, der immer neugierig an seiner Umwelt interessiert ist. Fremden gegenüber ist er eher zurückhaltend bis unfreundlich. Dieser Hund ist ein intelligenter und gelehriger, sowie arbeitsfreudiger Begleiter. Nach wie vor ist er ein leidenschaftlicher Ratten- und Mäusejäger. Bei der Haltung muss man darauf achten, dass er seinem Temperament nach mit Beschäftigung und Bewegung gut ausgelastet wird. Seinem Menschen schließt er sich gern an und fühlt sich auch in Familien sehr wohl. Man sollte jedoch beachten, dass er sehr bellfreudig ist und daher nur bedingt für Wohnungshaltung geeignet. Schipperke neigen zudem zu Aggressivität gegenüber Artgenossen.

RASSETYPISCHE KRANKHEITEN

Der Schipperke ist eine gesunde und robuste Hunderasse. Auf den Kauf von schwanzlosen Hunden (Anurie) sollte verzichtet werden.

TRAINING

Für seine Erziehung benötigt man etwas Fachwissen und Erfahrung. Diese meist sehr intelligenten Hunde lernen schnell und so kann sich ein mögliches „Fehlverhalten" (aus Sicht des Hundehalters) etablieren. Sie lernen mit geringer Wiederholungsrate auch die Umgebungsdetails. Man muss daher darauf achten, dass durch die eigenen Handlungen keine Erwartungshaltung beim Hund ausgelöst wird. Trainiert man z. B. immer mit einer Leckerchentasche um den Bauch, kann diese bereits als optische Hilfe fungieren, der Hund lernt so schnell: Leckerchentasche = Jetzt gibt es Belohnung (Leckerchen) für Verhalten / keine Tasche = keine Belohnung.
Bei diesen Hunden ist es unabdingbar, viel Abwechslung ins Training mit einzubauen. Das Belohnen sollte nicht vorhersehbar sein und die Belohnungsarten variieren. Ein Schipperke lässt sich auch gut über ein Beuteobjekt (Jagdverhalten) motivieren. Auch können viele Umgebungsumstände zur Belohnung eingesetzt werden. So kann ein Mauseloch am Wegesrand eine wunderbare Schnüffel- und Buddelbelohnung darstellen, sofern der Hundehalter es zuvor schafft, dies als Verstärker ins Training mit einzubauen. Diese robuste Hunderasse ist für viele Hundesportarten geeignet. Jedoch sollte man vorsichtig sein, dass der Hund nicht zu sehr hochgepuscht wird. Dies zeigt sich schnell in einem übersteigerten Bellverhalten.

Wegen seines aktiven und arbeitsfreudigen Wesens, sollte er zu aktiven Menschen mit Hundeerfahrung.

ZWERGSPITZ (POMERANIAN)

HERKUNFT, GESCHICHTE, AUFGABEN

Der Zwergspitz ist besonders in den USA und England als Zwergrasse kultiviert und sehr beliebt. In Mitteleuropa fanden die kleinen bunten Fellkugeln zunächst wenig Liebhaber, inzwischen steigt ihre Beliebtheit. Der Name (oft nur Pom) kommt daher, dass der weiße Deutsche Spitz seine Hochblüte in Pommern hatte und von dort nach England kam. Zwergspitze waren bei der adeligen Bevölkerung des 18. Jahrhunderts sehr beliebt. Doch erst durch Königin Viktoria, die zwei Zwergspitze von einer Reise in Italien mit nach England nahm, wurde die Miniaturvariante der Pomeranian verstärkt herausgezüchtet.

MORPHOLOGIE

Größe und Gewicht Die Schulterhöhe beträgt 20 cm, das Gewicht 1,9 bis 3,5 kg.
Farbe und Fell Die Fellfarben sind schwarz, braun, weiß, orange, graugewolkt und andere. Das lange Fell bedarf sorgfältiger Pflege.

Eine extrem bellfreudige Hunderasse, die meist schnell erregbar ist.

EIGENSCHAFTEN

Zwergspitze sind für ihr Selbstbewusstsein bekannt, sie sind sehr lebhaft und freundlich. Wegen ihrer Verspieltheit und Anhänglichkeit eignen sie sich für Menschen, die ihren Hund überall mitnehmen wollen. Dennoch ist der Zwergspitz stets wachsam. Er ist freundlich gegenüber Artgenossen und kann gut zu mehreren gehalten werden. Jedoch gehört er nicht gerade zu den robustesten Hunden und man sollte keine übermäßigen Aktivitäten von ihm verlangen. Bei konsequenter Erziehung eignet er sich gut für ältere Menschen oder Menschen mit körperlicher Behinderung. Zwergspitze sind extrem bellfreudig und neigen mitunter auch zum exzessiven Bellen. Sie sind schnell erregbar und können auf Bedrängen mit Schnappen reagieren. Zudem sind sie wenig trainierbar, sehr aggressionsbereit und sehr reaktiv (Takeuchi und Mori, 2006). Deshalb sind sie für Familien mit kleinen Kindern weniger geeignet.

RASSETYPISCHE KRANKHEITEN

Bei Pommerschen Zwergspitzens ist eine Hautkrankheit, die als „black skin disease" bezeichnet wird, keine Seltenheit. Das Krankheitsbild geht mit Alopezie (Haarausfall) und Hyperpigmentierung (Verdunkelung der Haut) einher (University of Tennessee). Bei Zwergspitzen wird vermutet, dass es sich bei dieser Erkrankung um eine X-chromosomale Erbkrankheit handelt, da wesentlich mehr Rüden als Hündinnen betroffen sind. Die verfügbaren Daten weisen möglicherweise auf eine monogene autosomal-dominante Vererbung hin (Mausberg et al., 2007). Eine häufige Fehlbildung bei Rüden ist Kryptorchismus, das unvollständige Absteigen eines oder beider Hoden in den Hodensack (Ettinger und Feldmann, 1995).

VOLPINO ITALIANO

HERKUNFT, GESCHICHTE, AUFGABEN

Vulpes heißt im Lateinischen „der Fuchs". Daraus wurde die italienische Bezeichnung Volpe für Fuchs oder Volpino für Füchslein. Der Volpino, insbesondere die rothaarige Variante, hat eine hohe Ähnlichkeit mit einem jungen Füchslein. Volpino Italiano wird mit „Italienischer Zwergspitz" übersetzt.

Erstmals erwähnt wird der Fuchshund 434 v. Chr. Die Glanzzeit der Volpino-Zucht liegt in der ersten Hälfte des 19. Jahrhunderts in Italien. Damals gab es zahlreiche Volpinos in Florenz und Rom. Er wurde damals auch der „Fuhrmannspitz" genannt, da seine Aufgabe darin bestand, die Fuhrwerke, die mit Weinreben beladen waren, Tag und Nacht zu bewachen. Auf den Bauernhöfen war der Volpino der Wecker der großen und etwas phlegmatischen Wachhunde, die im Ernstfall Fremdlinge vom Hof fernhielten.

Bis zum Zweiten Weltkrieg war der Volpino in Italien noch recht häufig anzutreffen, dann brach seine Zucht fast völlig zusammen. Er wurde so selten, dass man sein Aussterben befürchten musste. Erst in den 80ern des vorigen Jahrhunderts konnte durch einen Aufruf zur Rettung des Volpinos eine Kehrtwende herbeigeführt werden. 1986 wurden wieder 90 Volpinos registriert. Außerhalb ihrer Heimat sind sie aber auch heute noch sehr selten.

MORPHOLOGIE

Größe und Gewicht Die Schulterhöhe beträgt bei Rüden 27 bis 30 cm, bei Hündinnen 25 bis 28 cm. Sein Gewicht liegt bei 4 bis 6 kg.

Farben weiß, orange, braun und schwarz

Dieser sehr aktive Hund lernt sehr schnell, ist aber manchmal schwer zur Mitarbeit mit dem Menschen zu motivieren.

Fell und Haarstruktur Der Volpino hat einen quadratischen Körperbau und ein üppiges und langes Haar, das wegen der reichlichen Unterwolle vom Körper absteht. Er besitzt eine buschig behaarte und nach vorne über den Rücken gerollte Rute.

EIGENSCHAFTEN

Volpinos gelten als sehr aggressionsbereite, wachsame und reaktive, erregbare Hunde (Notari und Goodwin, 2007). Es handelt sich um einen lebendigen und aktiven Hund, der gern bei seiner Bezugsperson ist. Er lernt schnell, aber ist manchmal schwer zur Mitarbeit zu motivieren. Trotz seines verspielten Wesens, ist er ein ausgezeichneter Wachhund und zeigt eine hohe Eigenständigkeit.

Die sinnvolle Beschäftigung ist bei dieser aktiven und gelehrigen Hunderasse sehr wichtig.

AMERICAN ESKIMO DOG

HERKUNFT, GESCHICHTE, AUFGABEN

Der American Eskimo Dog kommt aus den USA, ist dort sehr beliebt und weit verbreitet. Von der FCI ist er nicht anerkannt. Obwohl der Name American Eskimo Dog auf einen Polar- oder Schlittenhund schließen lassen könnte, handelt es sich hier vielmehr um eine Variante der Deutschen Spitze.

MORPHOLOGIE

Größe und Gewicht Er wird in drei Größen gezüchtet und hat eine Schulterhöhe zwischen 20 und 38 cm, je nach Größe liegt das Gewicht zwischen ca. 2 und 16 kg.

Farbe und Fell Die einzigen erlaubten Farben sind rein weiß und creamy-biscuit. Das Fell ist spitztypisch lang, stehend oder mittellang. Das Haarkleid gilt als selbstreinigend. Die dichte Unterwolle verhindert, dass der Hund bis auf die Haut nass wird.

EIGENSCHAFTEN

American Eskimo Dog hat ein freundliches Wesen, aber durch seine große Anhänglichkeit zum Menschen wirkt er sehr unselbstständig. Dadurch kommt es bei seiner Haltung auch oft zu Problemen, wenn man ihn alleine lassen möchte. Eine hohe Gelehrigkeit zeichnet ihn genauso aus, wie eine gewisse Eigenwilligkeit. Da es ein aktiver Hund ist, braucht er Beschäftigung und Bewegung. Kann man ihn richtig motivieren, ist er gut trainierbar.

ZWERGSCHNAUZER/ MINIATURSCHNAUZER

HERKUNFT, GESCHICHTE, AUFGABEN

Der Miniaturschnauzer wurde Mitte des 19. Jahrhunderts aus dem Standard Schnauzer und wahrscheinlich durch Einkreuzung des Affenpinschers gezüchtet. Ursprünglich trennte man Zwergschnauzer und Affenpinscher nicht voneinander. Anfang des 20. Jahrhunderts wurden jedoch die körperlichen Unterschiede deutlicher. Im Jahre 1906 kamen bereits 700 Hunde des neuen Typs Miniaturschnauzer zu Ausstellungen nach Frankfurt.

MORPHOLOGIE

Größe und Gewicht Die Schulterhöhe beträgt 30 bis 36 cm und das Gewicht liegt bei 5,4 bis 8 kg.

Farbe und Fell Es gibt sie in weiß, schwarz, pfeffer-salz, schwarz-silber. Das rauhaarige Fell ist pflegeleicht. Wie alle kleinen Hunderassen, hat auch der Miniaturschnauzer eine hohe Lebenserwartung.

Das sogenannte Agouti-Gen spielt wie bei allen pfeffer-und-salz-farbenen Rassen wohl auch in den Verhaltensbereich hinein. Studien an verschiedenen Tierarten zeigen eine genetische Kopppelung mit dem Streßhormonsystem des Cortisols.

EIGENSCHAFTEN

Der Miniaturschnauzer ist ein lebhafter, temperamentvoller Hund. Er zeigt eine hohe Aggressionsbereitschaft, ist leicht erregbar und moderat ernsthaft (Notari und Goodwin, 2007). Er ist territorial und wachsam (Houpt, 2007). Seiner hohen Aufmerksamkeit ist es zu verdanken, dass ihm nichts entgeht. Er ist meist unerschrocken und hat eine mutige Persönlichkeit. Fremden gegenüber ist der Zwergschnauzer unnahbar bis abweisend. Der intelligente, robuste, putzmuntere und spielfreudige Hund ist ein ausdauernder Begleiter, der jedoch einen einfühlsamen Hundehalter braucht, der ihn richtig beschäftigen kann. Er liebt Aktivitäten und möchte überall dabei sein. Bei richtiger Erziehung ist er ein anpassungsfähiger Hund, für die Stadt oder das Landleben geeignet.

In der Budapester Studie (Turcsán et al., 2011) findet er sich in der Gruppe der eher intravertierten trainierbaren Rassen, die emotionale Stabilität liegt in den oberen 20 % (Platz 17), die Geselligkeit im oberen Mittelfeld der 96 untersuchten Rassen (Platz 35).

Zwergschnauzer sind sehr wachsam, ihnen entgeht nichts.

STANDARD SCHNAUZER

HERKUNFT, GESCHICHTE, AUFGABEN

Die Schnauzer sind gegen Ende des 19. Jahrhunderts aus dem großen Sammelsurium der kleinen bis mittelgroßen Bauernhunde im süddeutschen Raum herausgezüchtet worden. Voraussetzung für die Abhebung des Schnauzers von ähnlichen Hunden war eine recht eigentümliche Mutation, die bewirkt, dass anstelle des bei Hunden sonst üblichen Stockhaares die Deckhaare verlängert und vergröbert werden und sich die lange Behaarung auf Gesicht und Läufe erstreckt. Schnauzer waren Wachhunde – einerseits begleiteten sie die Fuhrmänner, andererseits bewachten sie die Ställe. Zu ihren Aufgaben gehörte jedoch auch, Ratten und Mäuse zu jagen, die gern das Futter der Pferde fraßen. Es war die Aufgabe des Stallhundes, die Schmarotzer kurz zu halten. Dazu braucht es einen kleinen, wendigen, furchtlosen Hund, mit ausgesprochener Jagdleidenschaft. Ratten können sich energisch zur Wehr setzen und beißen kräftig zu. Ein Hund mit struppigem Haar um die Schnauze war hier entschieden im Vorteil. Der Hund musste außerdem misstrauisch gegen jeden Fremden sein und vor allem einen ausgeprägten Sinn für das Eigentum seines „Herrn“ haben. Schnauzer begleiteten die Fuhrmänner mit ihrer Ladung über Strecken von ca. 20 km, und das bei jedem Wetter. Während der Mittagsrast und am Abend wurde die Ladung bewacht. Dazu brauchte es einen zähen, ausdauernden Hund, der genügsam und selbstständig war, seine Nahrung selbst beschaffte und sich eine geeignete Unterkunft für die Nacht suchte.
Die ersten Rassekennzeichen wurden 1880 festgelegt. Offiziell erhielt der Schnauzer seinen Namen 1917.

MORPHOLOGIE

Größe und Gewicht Die Schulterhöhe beträgt 45 bis 50 cm und das Gewicht 14 bis 20 kg.
Farbe und Fell Schwarz und Pfeffer/Salz. Die Pigmentierung des Haares erfolgt während des Wachstums: Ändert sich die Entwicklung des Pigments während des Haarwachstums, so wird das einzelne Haar gebändert, wie beim Wolfshaar oder des pfeffer-salz-farbigen Schnauzers. Der ganze Aufbau ist recht kompliziert, da nicht jedes Haar gleich gebändert ist. Daraus ergeben sich die verschiedenen Schattierungen des Gesamtfells, die von sehr hell (Pfeffer/Salz) bis dunkel variieren können.
Bisweilen zeigt der pfeffer-salz-farbige Schnauzer einen starken gelbbraunen Anflug, den man auf einen Abbau der Pigmentierung zurückführt. Hauptsächlich davon betroffen ist das gelbe Pigment, das bei einer Art Oxidationsvorgang aus dem schwarzen Pigment gebildet wird. Auch hier gilt das beim Zwergschnauzer schon über den Verhaltensaspekt dieses Farbgens Gesagte (siehe S. 137).
Außerdem haben die Schnauzer wildfarbene Abzeichen, wozu ein dunkler Nasenrücken, dunkle Ohrenspitzen und ein mehr oder weniger deutlicher Aalstrich über dem Rücken gezählt werden.

EIGENSCHAFTEN

Der Schnauzer ist ein ausgezeichneter Wächter, macht jedoch bei seiner Wachsamkeit wenig Lärm, was ein Leben mit ihm im städtischen Bereich erleichtert. Er ist sehr intelligent und kann mutig sein, ohne dabei rauflustig zu werden. Geblieben ist jedoch der Charakter des einstigen Fuhrmannhundes: Er ist ein Hund mit ausgeprägtem

Sinn für Besitz und Eigentum, wenn er sich bedroht fühlt, wird er durchaus auch aggressiver. Der Schnauzer ist immer noch sehr selbstständig und unabhängig und kann im Alter viele Eigenheiten entwickelt.
Die Studie von Turcsán et al. (2011) stuft ihn bei den extravertiert-trainierbaren Rassen ein. Die emotionale Stabilität liegt im untersten Bereich (Platz 87 von 96), die Geselligkeit mit Hunden ebenso (Platz 85 von 96).

RASSETYPISCHE KRANKHEITEN

Der Schnauzer ist eine gesunde und robuste Hunderasse. Beim Kauf sollte man aufgrund der Größe des Hundes auf mögliche HD-, ED- und OCD-Erkrankungen der Elterntiere achten.

TRAINING

Hier sollte man sich zuerst mit der Rasse und deren Herkunft, sowie mit den damaligen Aufgaben auseinandersetzen. Schnauzer haben immer noch einige rassetypische Verhaltensweisen. Sie zeigen sich durchaus häufig jagdlich motiviert, was der Hundehalter gut als Belohnungsform einsetzen kann. Hier muss man aber beachten, dass diese jagdliche Motivation nicht zum „Selbstläufer“ wird. Man muss die „Beute“ und die Belohnungsform kontrollieren können und dann entsprechend positiv einsetzen. Zudem können diese Hunde sehr territorial werden, was gerade im Hinblick auf ein „offenes Haus“ mit viel Besuch von Beginn an trainiert werden muss, damit eine entsprechende und positive Alltagsgewöhnung und Sozialisation erfolgt. Dies gilt auch für die Hunde, die im städtischen Gebiet leben. Diese müssen lernen, dass das Territorialverhalten, z. B. beim Spaziergang, nicht erforderlich ist.
In der Arbeitsmotivation zeigen sich Schnauzer häufig freudig beim Training und der Arbeit, sofern sich die Tätigkeit aus Sicht des Hundes lohnt. Hier kann es sein, dass man selbst kreativ werden muss. Wiederholungen langweilen diese Hunde schnell. Das Training muss konstruktiv und konsequent durchgeführt werden. Intelligente Hunde bemerken Inkonsequenz und Fehler im Training sehr schnell. Hat man die Belohnungsformen des eigenen Hundes verstanden und setzt diese richtig ein, kann der Schnauzer ein angenehmer und leichtführiger Begleiter sein.

Der intelligente Schnauzer braucht einen konsequenten Hundehalter, der ihn liebevoll führt.

GRUPPE 3

— *nach Parker*

OPTISCHE VIELFALT IN EINER GRUPPE

Die Angehörigen dieser Gruppe sind optisch uneinheitlich, was aber vorwiegend auf ihre unterschiedliche Nutzung zurückzuführen ist. Eine hervorstechende Eigenschaft dieser Gruppe ist, dass man die einzelnen Hunde optisch oft nicht als reinrassige Spezies erkennen kann. Häufig wird vermutet, dass es sich um eine Mischung aus anderen Hunderassen handelt. Die optische Vielfalt, sowie ihre universellen Eigenschaften und die Vielfältigkeit in der Einsetzbarkeit, machen jedoch gerade den Reiz der Rassen dieser Gruppe aus. Von den Gerbrauchseigenschaften her, können drei Gruppen unterschieden werden:

1. Schlittenhunde
2. Jagdhunde
3. Bauern-, Hirten- und Schäferhunde

Wolfsspitz, Islandhund und Westgotenspitz werden mehr zu Bauern-, Hirten- und Schäferhunden gezählt. Der Norwegische Elchhund wird mehr als Jagdhund gesehen und eingesetzt. Es wäre jedoch falsch, den anderen drei Hunderrassen jegliche Jagdeigenschaften oder Fähigkeiten abzusprechen, sie kann durchaus bei den einzelnen Hunden vorhanden sein. Gemeinsam ist ihnen die Selbstständigkeit, die körperliche Robustheit und der lebhafte Charakter. Dürfen sie ihrer Profession nachgehen, sind sie meist sehr ausgeglichen und entspannt. Passiert das nicht, können die vielen guten Eigenschaften zum Problem werden. Der Menschenbezug kann zu trennungsbezogenen Problemen führen, die Ausdauer zu massivem und lang andauerndem aufmerksamkeitsforderndem Verhalten. Aber auch die als Hofwächter gern gehörte Lautgebung wie z. B. beim Islandspitz, kann schnell zu stressigem Dauerbellen werden, wenn diese Hunde nicht richtig gehalten werden.

In einer molekulargenetischen Studie (Pohjoismäki et al., 2018) wurde ein Kladogramm, also eine Verwandtschaftsrekonstruktion der Finnischen Spitze herausgearbeitet. Danach könnte der Karelische Bärenhund zwar genetisch zu den Laika-Rassen beigetragen haben und ein Genfluss vom westsibirischen Laika zum schwedischen Elchhund wäre ebenfalls möglich. Der genetische Eintrag des Finnenspitzes in die Nordspitze beträgt nach diesen Berechnungen fast 14 Individuen pro Generation, in umgekehrter Richtung nur ca. 0,6 Individuen. Geographie und auch kulturelle sowie historische Entwicklungen haben also gleichermaßen die heutigen Rassen dieser Gruppe beeinflusst.

Westgotenspitz (oben) und Islandhund (links)

WESTGOTENSPITZ

HERKUNFT, GESCHICHTE, AUFGABEN

Die Wurzeln dieser Rasse liegen in Schweden und der Västgötaspets wurde ursprünglich von den Bauern auf Gotland als Viehhüter und -treiber verwendet. Heutzutage hat er seine Aufgaben weitgehend verloren und gilt als angenehmer Begleithund.

MORPHOLOGIE

Größe und Gewicht Die Schulterhöhe beträgt 31 bis 34 cm, das Gewicht 14 kg.
Farben und Fell Vorwiegend grau-braun, grau-gelb oder rötlich-braun, mit dunklerem Haar auf dem Rücken, am Hals und seitlich am Körper. Die Ohren sind mittelgroß, spitz aufgerichtet, beweglich. Es gibt lange und kurze Ruten. Sein Fell ist mittellang, harsch, anliegend und dicht, mit viel Unterwolle.

RASSETYPISCHE KRANKHEITEN

Der Schwedische Vallhund kann eine eigene, auf dem Chromosom Nr. 17 lokalisierte Form der Progressiven Retinopathie, also einer im Laufe des Lebens zunehmenden Erblindung durch Verlust von sowohl Zapfen wie Stäbchen in den Sehzellen der Netzhaut entwickeln. Meist beginnen die Symptome mit Nachtblindheit. Diese Form der PRA wird rezessiv vererbt (Everson et al., 2017; Cooper et al., 2014).

Die Freude am Training machen kurze Einheiten mit viel Abwechslung aus.

EIGENSCHAFTEN

Er ist ein sehr agiler, lebhafter Hund, hat ein ausgeprägtes Territorialverhalten und ist daher sehr wachsam. Durch seine Ausdauer und robuste Gesundheit ist er für viele Aktivitäten, sowohl sportliche als auch begleitende Tätigkeiten im Freien, sehr gut geeignet. Diese Hunde fühlen sich in ländlicher Umgebung sehr wohl und eignen sich nur bedingt für die Stadt.

TRAINING

Auch wenn sie sehr agil und lebhaft sein können, sind es trotzallem keine Hunde, die verschiedene sportliche Übungen oft am Stück wiederholen möchten. Hier könnte man fast meinen, dass ihnen der „Sinn" dahinter fehlt. Das Training sollte deshalb mit einer geringen Wiederholungsrate aufgebaut werden. Die Signale sollten immer wieder in ihrer Abfolge variiert und in unterschiedlicher Umgebung geübt werden. Am besten eignet sich ein ungezwungener, abwechslungsreicher Spaziergang, der dem Hund Spaß macht: z. B. ein „Sitz" am Baumstamm, ein „Fuss" zwischen den Bäumen. Für Nasenarbeit sind sie ebenfalls zu begeistern. Hüte- bzw. Treibverhalten ist aufgrund der Zucht heutzutage meist weniger vorhanden. Ein Augenmerk sollte man auf „leises Verhalten" legen und dies auch häufig bestätigen. Ansonsten kann ein dauerhaft auftretendes Bellen schnell sehr unangenehm werden.

NORWEGISCHER ELCHHUND

HERKUNFT, GESCHICHTE, AUFGABEN

Dieser Hund hat seinen Ursprung in Schweden, ist aber seit 1981 als norwegische Hunderasse anerkannt. Er wird gern zur Jagd auf Bären und Elche eingesetzt, gilt aber auch als sehr guter Haus- und Familienhund.

MORPHOLOGIE

Größe und Gewicht Die Schulterhöhe beträgt 49 bis 54 cm, das Gewicht ca. 24 kg.
Farbe und Fell Sein dicht anliegendes harsches Haar ist grau oder schwarz.

EIGENSCHAFTEN

Der Elchhund ist ein selbstständig jagender Hund, der in dichten Wäldern das Wild sucht, verfolgt und bellend dem Jäger anzeigt. Er kann sich relativ weit vom Jäger entfernen, ohne jedoch den Kontakt zu ihm zu verlieren. Durch seine hohe Ausdauer und wetterfeste Konstitution eignet er sich weniger für bequeme Menschen, er braucht Aktivität und Beschäftigung.

Der Trainingsaufbau sollte auch den Freiraum für den „eigenen Stil" des Hundes ermöglichen.

Die Erblichkeit verschiedener Verhaltensweisen, selbstständige Arbeit oder an der Leine, ist allgemein gering (Welten et al., 2014, 2018). Am höchsten ist der Wert für Qualität und Fähigkeit des Elchfindens an der Leine (0,16), Lautstärke des Bellens (0,02), Kooperation mit (0,01) und Gehorsam zum (0,04) Hundeführer, jeweils ohne Leine. Mittlere Werte (0,08) erreicht z. B. die Art, wie der Hund sich am flüchtenden Elch verbeißt oder die Qualität der Suche ohne Leine. Bemerkenswert ist, neben dem stärksten Einfluss des Hundeführers, die kaum vorhandene genetische Kopplung zwischen Arbeit mit und ohne Leine. Wenn überhaupt, waren die Kopplungen eher negativ, d. h., Hunde, die mit Leine gut arbeiteten, arbeiteten ohne schlecht und umgekehrt.

RASSETYPISCHE KRANKHEITEN

Welten et al. (2014) zeigen einen geringen Inzuchtgrad von 3,7 % für ihre Population. Diabetes mellitus bei Hündinnen, genetische Veranlagung zu Nierenversagen in manchen Linien, primäre Glaukome (Ahonen et al., 2014; Fail et al., 2010; Wiersma et al., 2005).

TRAINING

Die Hunde sind bei allen Arten der Nasenarbeit einzuzsetzen: Rettungshundearbeit, Mantrailing, Fährte, Diabetiker- und Epilepsiewarnhund. Hier sei jedoch noch einmal die Eigenständigkeit dieser Rasse erwähnt. Der Trainingsaufbau muss Freiraum geben, um den „eigenen Stil" entwickeln zu können. Zu viel Korrektur und Perfektionismus führt beim Hund zu Frustration und Unlust. In der Erziehung dagegen kann es wichtig sein, dass diese Hunde lernen, nicht alles selbst zu entscheiden, sondern mit dem Menschen zu kooperieren.

ISLANDHUND

HERKUNFT, GESCHICHTE, AUFGABEN

Man vermutet, dass diese Hunde mit den Wikingern nach Island eingewandert sind. Der „Isländer“ gilt als einzig aus Island stammende Hunderasse. Sie wurden als robuste wendige Treiber zum Hüten von Schafen, Pferden und anderem Vieh verwendet; in manchen Teilen Islands bis heute. Da die Höfe weit entfernt sind, hatten sie auch die Aufgabe als Wächter und waren eng in das Familienleben integriert.

MORPHOLOGIE

Größe und Gewicht Die Schulterhöhe liegt zwischen 42 und 46 cm, das Gewicht bei 16 kg.

Farbe und Fell Alle Farben sind erlaubt, aber eine sollte vorherrschen. Es gibt kurzhaarige und langhaarige Hunde, mit einem ziemlich rauen Deckhaar und dichter, weicher Unterwolle. Das Fell ist pflegeleicht. Kennzeichnend sind die Stehohren und die hoch angesetzte, über den Rücken geringelte Rute.

Der Islandhund ist sehr bellfreudig, aktiv und lebhaft.

EIGENSCHAFTEN

Es ist ein lebhafter, aktiver Hund, der ein freundliches neugieriges Verhalten zeigt und selten ängstlich an unbekannte Situationen herangeht. Dadurch eignet er sich heutzutage auch gut als Begleithund. Er meldet akribisch alles Neue mit lautem Gebell, bleibt jedoch trotzdem fremdem Menschen und Hunden gegenüber freundlich. Seine geringe Neigung zum selbstständigen Jagen macht ihn als Begleithund sehr beliebt. Durch sein temperamentvolles Wesen braucht er Beschäftigung und Bewegung. Er ist kein Wohnungshund und nicht für bequeme Menschen geeignet.

RASSETYPISCHE KRANKHEITEN

Der Islandhund wird seit längerer Zeit in einer geschlossenen Population gezüchtet, und diese durchlief im letzten Jahrhundert einen sehr engen genetischen Flaschenhals (Olafsdottir und Kristjansson, 2008). Oliehoek et al. (2009) errechnen eine genetische Restvielfalt, die gerade einmal 2,2 Gründertieren entspräche und einem Inzuchtkoeffizient von 0,21. Parallel zu einem steigenden Verwandtschaftsgrad in der Population, ging die durchschnittliche Wurfgröße auffallend zurück (Oliehoek et al., 2004).

TRAINING

Wegen der ausgeprägten „Bellfreude“, die oft als störend empfunden wird, ist besonderes Augenmerk auf „leises Verhalten“ zu legen und dies zu bestätigen. Zudem sollte man die Aufzucht- und Umweltbedingungen eingehender betrachten. Vieles, was „neu“ ist, löst Erregung und Bellverhalten aus. Haben sie wenig in der Sozialisierungsphase gelernt und erlebt, kann es vorkommen, dass alltägliche Geräusche eine erhöhte Erregung auslösen.

WOLFSSPITZ, KEESHOND

HERKUNFT, GESCHICHTE, AUFGABEN

Der Keeshond wurde ursprünglich als Wachhund der Binnenschiffer in Holland gehalten. Er war das Maskottchen der niederländischen Patriotenvereinigung Kees. Heute ist der Wolfsspitz als deutsche Hunderasse eingestuft.

MORPHOLOGIE

Größe und Gewicht Er hat einen quadratischen Körperbau, mit gedrungenem Hals, einer Höhe von 44 bis 55 cm und einem Gewicht bis zu 25 kg.

Farbe und Fell Seinen Namen hat er aufgrund der Farbe: silbergrau mit schwarzen Haarspitzen. Das weiche Fell neigt zum verfilzen und ist pflegeintensiv, ganz besonders das Jugendfell.

Bei konsequentem und liebevollem Training arbeiten diese Hunde meist mit hoher Beharrlichkeit.

EIGENSCHAFTEN

Der Wolfspitz ist ein aufmerksamer, lebhafter und gelehriger Hund. Sein großes Selbstbewusstsein und seine eigenständige Persönlichkeit erfordern von seinem Halter eine klare Erziehung und konsequentes Training. Er gilt als sehr territorial, mit guten Eigenschaften als Wächter. Fremden gegenüber zeigt er sich oft unnahbar und wenig kooperativ gegenüber fremden Hunden im eigenen Revier. Durch seine hohe Ortstreue neigt er weniger zum Streunen, doch Jagdpassion kommt auch bei ihm vor. Der Wolfsspitz eignet sich mit seiner wetterfesten Natur für alle sportlichen Aktivitäten und bevorzugt ein Leben auf dem Land.

RASSETYPISCHE KRANKHEITEN

Wolfsspitze können eine Reihe genetisch veranlagter Krankheiten aufweisen, z. B. eine autosomal (also nicht geschlechtsgekoppelte) rezessive Form der Epilepsie, erbliche Defekte am Aortenstamm des Herzens, sowie einen Diabetes mellitus Typ 1 (Insulinmangel).

TRAINING

Beim Wolfsspitz ist der Halter gefragt, wirklich konsequent zu sein. Oft werden beharrliche Hunde als „stur oder unerziehbar" bezeichnet. Doch das stimmt nicht. Oft steckt die gleiche Motivation hinter einem Verhalten, egal ob der Mensch dieses als gut oder schlecht ansieht. Daher ist in der Erziehung und im Training Konsequenz gefragt. Jedes erwünschte Verhalten muss belohnt werden und zwar so, dass die Belohnung in Form und Umfang mit Umweltreizen konkurrieren kann. Eine Korrektur sollte keinesfalls mit Strafreiz und Härte erfolgen. Der Hund muss verstehen lernen, dass „Nein" auch „Nein" bedeutet, dass sich ein anderes Verhalten jedoch viel mehr für ihn lohnt.

GRUPPE 4
— *nach Parker*

TIBET TERRIER

HERKUNFT, GESCHICHTE, AUFGABEN

Der Tibet Terrier wird verwandtschaftlich nicht zu einer der Terrierrassen gezählt – er ist ein Hirtenhund. Man nimmt als Ursprung dieser Rasse Tibet an, da die Tibeter immer schon Viehzüchter und Ackerbauern waren. Die Tibeter hatten wie alle Hirtenvölker zum Schutz ihrer Herden und ihres Eigentums Hirtenhunde. Die Landschaft Tibets ist karg, daher sind kleine robuste Hunde besser für die Arbeit geeignet, als ein großer Hund, der viel Futter benötigt. In den Lamaklöstern wurden diese Hunde mehr oder weniger rein gezüchtet. Der Tibet Terrier wird auch wegen seines zottigen löwenmähnenartigen Haares „Löwenhund" genannt.

Möglicherweise stammen die Rassen Tibet Terrier, Lhasa Apso, Shih Tzu und Pekinese von derselben Form des kleinen zotteligen Löwenhundes ab (siehe auch S. 151). Die Unterschiede zwischen diesen Rassen sind auch heute noch nicht stark ausgeprägt. Die Betrachtung des molekularen Stammbaumes (Parker et al., 2017) zeigt jedoch, dass der Tibet Terrier die Schwestergruppe einer ganzen Reihe, ja aller abgeleiteten, also modernen Rassen darstellt. Steigt man den Rassestammbaum aufwärts, hat sich nach dem Tibet Terrier als Nächstes die Gruppe von Elchhund bis Keeshund abgespalten. Steigt man abwärts, war vor der Abspaltung des Tibet Terriers die vorgenannte Gruppe von Chin bis Shih Tzu abgespalten worden.

Der Tibet Terrier ist ein kleiner, robuster und ausdauernder Arbeitshund.

Da das Fell sehr anspruchsvoll und pflegeintensiv ist, sollte der Hund unbedingt vorab im Training lernen, dass Pflegemaßnahmen positiv sind.

MORPHOLOGIE

Größe und Gewicht Der Tibet Terrier ist ein kleiner Hund zwischen 36 bis 41 cm und einem Gewicht von 8 bis 14 kg. Er ist quadratisch gebaut und hat tief liegende Sprunggelenke, wodurch ein bärenhafter Gang entsteht. Seine Rute trägt er geringelt am Rücken aufliegend. Die Schnauze ist kürzer als der Hirnschädel. Die Ohren sind klein, stark behaart und liegen am Kopf an.
Farbe und Fell Ausschlussfarben sind nur schokoladen- oder leberbraun und merle. Sein Haarkleid ist wetterfest, doch sehr pflegeintensiv, mit einer dichten feinen Unterwolle und einem langen Deckhaar.

EIGENSCHAFTEN

Dieser robuste und widerstandsfähige Hund ist ein sehr bewegungsfreudiger und agiler Begleiter und eignet sich nicht für inaktive Menschen. Der Tibet Terrier ist ein geschickter Kletterer, mit einer erstaunlichen Sprungkraft und daher gut für sportliche Aktivitäten geeignet. Er ist extrem wachsam und bellfreudig und geht seinen Aufgaben selbstbewusst und mit großem Durchsetzungsvermögen nach. Daher braucht er einen erfahrenen Hundehalter, der ihn liebevoll, aber ausreichend trainieren kann. Dann kann der Tibet Terrier zu einem tollen Familienhund heranwachsen, der gut damit zurecht-

kommt, wenn es in seiner Familie lebhaft und actionreich zugeht.
In groß angelegten Rassevergleichen nach dem Fünf-Faktorenmodell (Turcsán et al., 2011) gehört der Tibet Terrier zur Gruppe der emotional wenig stabilen, intravertierten, wenig (mit Hunden) geselligen, aber sehr offenen und lernbereiten Rassen. In der praktischen Erziehung und Alltagsführung muss also der Mensch viel auf emotionale Stabilität und auf feines Lesenkönnen des Ausdrucksverhaltens achten. Blackwell et al. (2013) unterschieden die Problematik verschiedener Hunderassen in Bezug auf Geräuschfurcht oder -angst. Hier war der Tibet Terrier unter jenen, die sich weder positiv noch negativ von Mischlingen unterschieden. Das bedeutet, dass bezüglich Geräuschproblemen die Tibet Terrier weder besonders furchtsam, noch besonders dickhäutig waren.

TRAINING

Da gerade das Fell dieser Hunderasse sehr anspruchsvoll ist, sollte man den Tibet Terrier von Beginn an die Fellpflege und die damit einhergehenden Tätigkeiten gewöhnen. Als Stichwort sei hier „Medizinisches Training" genannt. So kann jeder Hund, egal welchen Alters und welcher Rasse, lernen, gewisse Pflegehandlungen möglichst stressarm zu erleben. Der subjektiv empfundene Stress reduziert sich für ein Individuum, wenn der Hund weiß, was von dieser Situation zu erwarten ist, und dass sie für ihn positiv ausgeht. Dies setzt voraus, dass man sich Zeit für das Training nimmt und dieses, je nach Lernerfahrung und Persönlichkeit des Hundes, auch länger dauern kann. Zudem ist es wichtig, dass der Hund für eine Pflegemaßnahme nicht „überfallen" wird. Dies schmälert nicht nur das Vertrauen in die Bezugsperson, sondern auch den Lernerfolg des Trainings. Gerade hier sind die genannten Persönlichkeitseigenschaften wichtig. Nicht nur die geringe emotionale Ruhe ist zu beachten. Wegen des hohen Grades an Intraversion (siehe S. 73), bedarf es auch guter Beobachtung, um zu erkennen, wann es dem Hund zu viel wird.

BÜRSTENTRAINING

1. Man beginnt mit der Gewöhnung an normale, zur Pflege notwendige Dinge wie Bürste, Schere, Kamm, etc. Eine Gewöhnung beginnt für einen Hund damit, dass der Reiz (Bürste) nur präsentiert wird. Das heißt, die Bürste liegt einfach zu Hause herum. Später nimmt man sie in die Hand, ohne dass etwas passiert. Hunde lernen nämlich sonst sehr schnell, dass das Equipment nicht „bedrohlich" ist, solange es herumliegt, aber zur Bedrohung werden kann, wenn der Mensch es in die Hand nimmt.
2. Im nächsten Schritt wird noch nicht „gebürstet", sondern alle Verhaltensweisen in Richtung Bürste (sich annähern, anstupsen) wird positiv bestärkt (Lob oder Futter).
3. Erst wenn der Hund gelernt hat, dass die Handlung mit der Bürste etwas Positives bedeutet, wird auch wirklich gebürstet. Zuerst wird das Bürsten nur „angedeutet": Bürste am Hund – loben, leichter Bürstenstrich – loben, etc. Sollte der Hund der Bürste von sich aus ausweichen oder weggehen, unbedingt mit der Pflegemaßnahme aufhören, da es für den Hund wichtig ist, auch selbst entscheiden zu können, wann es ihm zu viel ist oder wird.
4. Als nächstes folgt die Verknüpfung mit einem Kooperationssignal (Anleitung, siehe S. 156).

GRUPPE 5
— *nach Parker*

LÖWENHUNDE

Der Entdecker Marco Polo (1254 – 1324) bereiste 1271 Zentralasien und berichtete bei seiner Rückkehr nach Europa erstmals von den kleinen goldfarbenen Löwenhunden, die im kaiserlichen Palast in Peking lebten. Der Name „Löwenhund" steht für einen kleinen löwenfarbigen Hund, mit ausgeprägter Halskrause. Der Löwe ist in vielen Kulturen Sinnbild für Mut, Kraft und Macht. Löwen sind jedoch recht unhandliche Kulttiere und so gingen die altägyptischen Priester schließlich dazu über, Katzen anstelle von Löwen im Tempel zu pflegen. Und in China und Tibet traten anstelle der echten Löwen die kleinen Löwenhunde in die Paläste des Kaisers in Penking und des Dalai-Lamas ein. Die kleinen Zwerghunde wurden auch von den Künstlern immer wieder abgebildet, sowohl auf Gemälden, als Keramiken und Holzplastiken.Man kann davon ausgehen, dass sowohl der heutige Tibet Terrier, der Lhasa Apso, der Shih Tzu und der Pekinese (Foto links) ursprünglich aus ein und derselben Form des kleinen Löwenhündchens entstanden sind. Ab wann die kaiserlichen Palasthunde systematisch und einheitlich gezüchtet wurden, ist nicht belegt. Doch es ist anzunehmen, dass schon sehr früh auf ein einheitliches Aussehen geachtet wurde. Das Hauptaugenmerk lag wohl auf dem Zwergwuchs – die Hunde sollten auf jeden Fall klein sein.

Das lange Fell des Shih Tzu bedarf sehr viel Pflege, so dass es zu keinen Verfilzungen und damit zu keinem Unbehagen für diese kleinen und aktiven Hunde kommt.

SHIH TZU

HERKUNFT, GESCHICHTE, AUFGABEN

Der Shih Tzu wurde in vielen tibetischen Klöstern sehr gern als Bruder des „Löwenhündchens“ gehalten, durch die große geografische Trennung der Klöster entstanden sehr schnell eigene Hundetypen. Sie wurden als Tributzahlungen an den chinesischen Kaiserhof weitergegeben, wo sie sorgsam weitergezüchtet wurden. Nach dem Ende des Kaiserreichs kamen durch in China lebende Engländer die ersten Tiere nach Europa, wo mit einer Zucht der Shih Tzus als Gesellschaftshund begonnen wurde.

Der Shih Tzu zeichnet sich optisch durch seinen markanten „Stop“, der Knick zwischen Nasenbein und Strinband, aus.

MORPHOLOGIE

Shih Tzu und Lhasa Apso können nicht nur von Laien kaum auseinandergehalten werden, auch Kynologen haben hier häufig Schwierigkeiten. Die Unterscheidung ist schwierig, da sich Farben und die Art der Behaarung ähneln, auch die Widerristhöhe liegt bei beiden Rassen zwischen 25 bis 28 cm und das Gewicht zwischen 6 und 7 kg. Sie sind beide länger als hoch, wenn auch der Shih Tzu nicht ganz so rechteckig ist.

Das wichtigste Unterscheidungsmerkmal bietet die Kopfform. Beim Lhasa Apso sollte sich die Länge der Schnauzenpartie zur Schädellänge 1:2 verhalten, beim Shih Tzu 1:3. Entsprechend dieser Verkürzung ist der sogenannte „Stop“, der Knick zwischen Nasenbein und Stirnband, beim Shih Tzu bedeutend markanter als beim Lhasa Apso. Von vorne gesehen, liegt beim Shih Tzu der obere Nasenrand auf der Höhe des Augenwinkels, beim Lhasa Apso auf der Höhe des unteren Augenlidrandes, also etwas tiefer. Der Kopf des Shih Tzu wird durch diese Verkürzung breiter, die Schnauze wirkt von vorne gesehen wie ein Quadrat. Ein schmaler Kopf und eine sogenannte Schweineschnauze sind fehlerhaft. Durch die Verkürzung der Nase wächst das lange Haar auf dem Nasenrücken aufwärts und

Er ist häufig bis ins hohe Alter lebhaft, verspielt und bewegungsfreudig.

bildet mit dem Haarschopf auf der Schädeldecke die „Chrysantheme".
Eine Faltenbildung, wie beim Pekinesen, ist unerwünscht. Die Augen stehen relativ weit auseinander, die Ohren sind lang und stark behaart. Gewünscht wird ein Zangenbiss oder ein leichter Vorbiss. Die Nasenwurzel soll schwarz sein, hautfarben gilt als Fehler. Wer unter den Haarmantel des Körpers greift, wird feststellen, dass der Shih Tzu tiefer steht, die Läufe sind kurz und stämmig, krumme Oberarmknochen sind fehlerhaft. Die stark behaarte Rute wird über dem Rücken eingerollt. Das Haarkleid besteht aus einer dichten Unterwolle und dem langen dichten Deckhaar, das am Kopf einen üppigen Kinn- und Backenbart bildet. Alle Farben sind erlaubt, die weiße Blässe und die weiß-roten Spitzen sollten jedoch nicht fehlen. Sein Fell ist pflegeintensiv, so dass der Shih Tzu sehr oft geschoren anzutreffen ist. Die Widerristhöhe soll 26,7 cm nicht überschreiten, als Idealgewicht werden 4,1 bis 7,2 kg angegeben.

EIGENSCHAFTEN

Der Shih Tzu ist ein robuster kleiner Hund, mit großem Temperament und freundlichem Wesen. Er ist Menschen sehr zugetan, bewahrt sich jedoch eine gewisse Unabhängigkeit. Intelligenz und Gelehrigkeit zählen zu den Stärken des Shih Tzus und obwohl er sehr lebhaft ist, wirkt er nie nervös. All diese Eigenschaften machen ihn zu einem idealen Gesellschaftshund, sowohl für Familien, als auch für alleinlebende Menschen. Der Shih Tzu kann bis ins hohe Alter verspielt und sehr bewegungsfreudig sein.
In der Budapester Vergleichsstudie (Turcsán et al., 2011) zählt er zu den weniger offentrainierbaren, aber extravertierten Rassen. Seine emotionale Stabilität liegt auf Platz 28 (von 96), die Geselligkeit mit Hunden ist mittelprächtig. Diese Kombination kann für den Menschen zur Herausforderung werden.

Rassetypische Krankheiten – siehe Lhasa Apso, S. 154
Training – siehe Lhasa Apso, S. 155

LHASA APSO

HERKUNFT, GESCHICHTE, AUFGABEN

Der Lhasa Apso wurde durch seine Herkunft als ein Bruder des „Löwenhundes" seit alters her in Klöstern und adeligen Familien Tibets hoch geschätzt. Zu Beginn des 20. Jahrhunderts brachten Engländer, die jahrelang in Tibet gelebt hatten, eine kleine Auswahl an Exemplaren nach Europa. Ihre Verwendung fanden sie als Begleithund. Diese Hunde waren von ziemlich einheitlichem Typ. Bereits 1934 erfolgte ihre Anerkennung durch den English Kennel Club und die Genehmigung des Standards für den Lhasa Apso.

MORPHOLOGIE

Größe und Gewicht Er ist ein kleiner, eher lang gestreckter Hund, seine Körperlänge übertrifft die Widerristhöhe. Diese beträgt zwischen 25,5 und 28 cm. Das Gewicht liegt bei 6 bis 7 kg.

Der Schädel ist relativ schmal, der Stop nur mäßig betont. Die Fanglänge verhält sich zur Gesamtkopflänge 1:2, d.h., der Frang ist relativ kurz, deshalb hat der Lhasa Apso einen Zangenbiss oder einen leichten Vorbiss. Hunde mit Scherengebiss haben in der Regel ein zu langes Nasenbein.

Die Ohren sind weit hinten angesetzt, reichlich behaart und werden zusammengefaltet getragen. Die Nackenlinie ist stark betont, der Hals wird aufrecht getragen. Der Rumpf ist kompakt und sollte gut bemuskelt sein, ein zu langer Rücken wie beim Dackel ist unerwünscht. Die üppig behaarte Rute wird über den Rücken geschlagen, ein leichter Knick an ihrem Ende gilt als Fehler.

Farbe und Fell Alle Farben sind erlaubt, bevorzugt werden gold- und löwenfarben, populär sind auch rauch- und schieferfarben. Das Deckhaar ist üppig und hart, die Unterwolle ist dicht. Das lange Haar bedarf regelmäßiger und gründlicher Pflege, da es sonst schnell zu Verfilzungen kommt, die auch die Bewegung beeinträchtigen können.

EIGENSCHAFTEN

Der Lhasa Apso ist ein lebhafter Hund, der aufmerksam und gelehrig ist. Trotz seines kleinen Wuchses ist er ein robuster und widerstandsfähiger Hund, durchaus athletisch, wendig und ausdauernd. Wegen seiner Bewegungsfreude sollte man sich für diese Hunderasse nur dann entscheiden, wenn man selbst auch ein aktives Leben führt. Durch seine Anhänglichkeit ist er gut als Familienhund geeignet. Allerdings haben diese Hunde einen großen Eigenwillen und können sehr stur werden, wenn man ihnen die Regeln des Zusammenlebens „grob" vermittelt (Krämer, 2017). Auch sollte immer auf die Bedürfnisse des Hundes eingegangen werden. Fremden gegenüber kann der Lhasa Apso misstrauisch sein, in der eigenen Familie ist er jedoch zärtlich und anhänglich und möchte seinen Menschen überall hin begleiten.

In der Studie von Turcsán et al. (2011) zählt er zu den wenig offenen und intravertierten Rassen, seine emotionale Stabilität ist hoch, die Geselligkeit mit Hunden mittlemäßig.

RASSETYPISCHE KRANKHEITEN (SHIH TZU UND LHASA APSO)

Häufig wird die Diagnose Hydrocephalus gestellt. Darunter versteht man eine krankhafte Erweiterung der mit Cerebrospinalflüssigkeit gefüllten Flüssigkeitsräume des Gehirns. Dadurch kommt es zu einer erheblichen Schädelvergrößerung. Damit einhergehend treten Folgeschäden wie z. B. Verhaltensstörung und Probleme mit der Bewegungskoordination auf. Eine weitere

Folge ist die Lissenzephalie, die jedoch nicht so häufig auftritt. Diese Diagnose beschreibt eine Fehlbildung des Gehirns, wobei Hirnwindungen unvollständig ausgebildet werden und damit z. B. zur Beeinträchtigung des Sehvermögens und Verhaltensstörungen führt (Passantino und Masucci, 2016). Ansonsten gibt es keine direkt bezogenen rassespezifischen Krankheiten.

Bei kleinen Hunderassen kann es generell zu einer Patellaluxation kommen, die man als Hundehalter beim Laufen des Hundes manchmal erkennen kann. Die Hunde strecken im Laufen ein Hinterbein zur Seite und „schütteln es aus", sodass die Kniescheibe wieder in ihre Position springt.

Es muss aufgrund der Kurzköpfigkeit auf eine gute Nasenlänge geachtet werden. Längere Nasen sollten auch unbedingt in der Zucht Beachtung finden, um verschiedenen Krankheiten im Hinblick auf Atemnot und Temperaturausgleich Einhalt zu gebieten.

Aufgrund ihrer Kurzschnauzigkeit (Brachyzephalie, siehe S. 159, 214) sind diese Hunde nicht mehr in der Lage, optimal ihre Körpertemperatur zu regulieren. Ab einer Außentemperatur von etwa 35° C sollten sie von außen kühl gehalten werden.

TRAINING (SHIH TZU UND LHASA APSO)

Hunde, die viel Aufwand in der Fellpflege mit sich bringen, sollten frühzeitig an diese gewöhnt werden. Mit einem gezielten „Medical Training" ist es möglich, dass der Hund freiwillig auch für ihn störende oder unangenehme Handlungen duldet. Hier hilft ein sogenanntes Kooperationssignal (Info, S. 156), das trainiert werden kann. Mit diesem kann der Hund signalisieren, dass er bereit für die Fellpflege ist. Der Hund hat demnach die Wahl, ob er die Fellpflege in diesem Moment duldet und erhält im Anschluss daran eine Belohnung für seine

Der Lhasa Apso ist ein kleiner, robuster und lebhafter Hund, der mit seiner Aktivität und Bewegungsfreude überzeugt.

Intelligente und aktive Hunde, die gern spannende und abwechslungsreiche Dinge mit ihren Menschen erleben.

Bereitschaft. Kann der Hund durch diese Entscheidungsmöglichkeit selbst wählen und wird ihm eine Erwartungssicherheit in die (wenn auch unangenehme) Situation gegeben, verringert sich der Stress und ein mögliches Unwohlsein signifikant.

Lhasa Apso und Shih Tzu benötigen keine stundenlangen Spaziergänge. Sie werden lieber geistig gefordert. Durch ihre Intelligenz können sie eine geringe Wiederholungsrate im Aufbau von neuen Lerninhalten aufweisen, ständige Wiederholungen führen rasch zu Langeweile. Die Halter müssen sich deshalb mehr Gedanken darüber machen, wie das gemeinsame Leben spannend und aufregend gestaltet werden kann.

Neue Übungen mit „Locken" durch Leckerchen aufzubauen, ist bei diesen Hunden sehr riskant. Sie verbinden schnell das Locken mit der Übung und fordern dieses dann ein. Dann kooperiert der Hund nur noch, wenn sein Mensch Futter in der Hand hat. Dies ist ein klarer Trainingsfehler! Die Intelligenz dieser zumeist selbstbewussten Hunde macht es Hundehaltern oftmals schwer, die Balance zwischen Konsequenz, Führung und Hilfestellung im Training zu finden.

KOOPERATIONSSIGNAL

Unter einem Kooperationssignal versteht man ein erlerntes Signal, über das der Hund selbst mitbestimmen kann, ob eine Handlung beginnt, wie lange sie andauert, oder ob der Hund die Behandlung abbrechnen möchte. Der Hund hat damit eine hohe Erwartungssicherheit, dass er den Ausgang und die Dauer selbst mitbestimmen kann. Dies gibt den Hunden Vertrauen in die Situation. Der Hund kann z. B. über ein Targettraining lernen, dass er seinen Kopf (sein Kinn) in die Hand legt. Dieses „Kinntarget" wird dann zum Ankündiger für das Medical Training. Solange der Hund also den Kopf in die Hand legt, kann man z. B. die Ohren kontrollieren. Sollte der Hund sich aber vom Kinntarget lösen, hört die Behandlung sofort auf. Selbstverständlich muss das Medical Training sehr kleinschrittig, mit guter Belohnung aufgebaut werden. Nur so tolerieren die Hunde auch schmerzhafte Behandlungen durch die Erwartungssicherheit in der Situation und die Gewissheit, dass der Mensch den „Vertrag" des Kooperationssignals nicht bricht.

PEKINESE (PEKINGESE)

HERKUNFT, GESCHICHTE, AUFGABEN

Der Pekinese oder Löwenhund gehörte als Miniaturlöwe zum chinesischen Hofzeremoniell. Seine Geschichte als Pekings Palasthund hängt eng mit der Ausbreitung der buddhistischen Kultur im fernen Osten zusammen. Einer Legende nach war Buddha stets von einer Gruppe kleiner Löwen umgeben, die sich bei Gefahr in große Löwen verwandelten und ihren Herrn beschützten. Die Herkunft des Pekinesen wird immer im Dunkeln bleiben. Es gibt viele Überlegungen, ob er von Tibet aus nach China gelangte, oder aus anderen nördlichen Breiten. Gesicherte Überlieferungen gibt es dazu nicht. Der heutige Pekinese ist das Werk der Engländer! Als China mit Europa rege Handelsbeziehungen aufnahm, wurde ab und an von den Europäern der Wunsch geäußert, einen der berühmten Palasthunde mit nach Europa nehmen zu dürfen. Mit chinesischer Höflichkeit wurde dieser Wunsch erfüllt, doch, so wird jedenfalls behauptet, hat keiner der

Bei Pekinesen bringt die extreme Verkürzung des Nasenbeins leider oftmals gesundheitliche Probleme mit sich. Darauf sollte unbedingt geachtet werden.

Hunde die lange Reise nach Europa überstanden. Glas- und Bambussplitter wurden in die letzte Mahlzeit gegeben und sorgten dafür, dass ein Löwenhund nie in fremde Hände kam.
Der Krieg gegen die verbündeten Mächte England, Russland, Frankreich und die USA, führte 1860 zum Einmarsch fremder Truppen in die verbotene Stadt in Peking. Bei der Plünderung des Sommerpalastes fingen die Besatzer auch fünf überlebende Pekinesen. Zwei von diesen kamen in den Besitz des Herzogs von Richmond, zwei behielt Admiral Hay und eine Hündin namens Looty kam in den Besitz von General Dunne, der sie nach der Rückkehr nach England Königin Victoria schenkte. Die Hündin wurde von dem damals berühmten Tiermaler Friedrich Wilhelm Keyl gemalt. Nach ihrem Tod wurde Looty ausgestopft, das Stoffpräparat ist noch heute im naturhistorischen Museum in London zu sehen. Die Herzogin von Richmond gründete mit ihren zwei Hunden und einem späteren Import aus China die erste Pekinesenzucht in Europa. Hunde aus ihrem Zwinger kamen später nach Amerika und nach Deutschland. Im Jahr 1910 wurde die Rasse vom Englischen Kennel Club als Pekings Palast-Hunde anerkannt.

MORPHOLOGIE

Größe und Gewicht Eine Widerristhöhe ist beim Pekinesen nicht festgelegt, doch soll das Gewicht eines Rüden ca. 5 bis 6 kg, das einer Hündin 3 bis 4 kg nicht überschreiten. Das entspricht einem Hund mit einer Schulterhöhe um die 20 cm.
Der Kopf ist kurz, das Gesicht flach, der Stop tief und der Nasenrücken ist sehr kurz. Ohren und Augen liegen relativ weit auseinander. Die Schnauze ist breit mit Vorbiss. Die reich behaarte Rute ist hoch angesetzt und wird über den Rücken getragen, wobei die lange Fahne seitlich über die Lenden fällt. Unter dem langen Deckhaar liegt reichlich Unterwolle und um den Hals liegt eine üppige Mähne. Die kräftigen Vorderläufe werden bei den Ellbogen stark ausgedreht, was den Pekinesen den charakteristischen Rollgang gibt.

Diese wissbegierigen und hellwachen Hunde wollen beschäftigt werden.

Farben An Farben ist außer lederfarben, was eine rosa Nase bewirken würde, und albinoweiß alles erlaubt (Krämer, 2017). Bei einfarbigen Hunden ist eine dunkle Maske erwünscht.

EIGENSCHAFTEN

Der kleine Hund macht seinem ursprünglichen Namen alle Ehre, denn er ist furchtlos wie ein Löwe, sehr selbstständig und überlegt durchaus, welche Vorteile ihm die Zusammenarbeit mit dem Menschen bringt. Hat er jemanden akzeptiert und in sein Löwenherz geschlossen, dann kann er sehr anhänglich und verschmust sein. Fremden Menschen gegenüber ist er oft distanziert. Da er selten bellt, wird der Pekinese gern als Stadt- und Wohnungshund gehalten. Durch seine aufbrausende Persönlichkeit ist er als Hund für Familien mit Kindern eher ungeeignet (Krämer, 2017).
In der Studie von Turcsán et al. (2011) zählt er zu den weniger offenen, aber extravertierten Rassen, die emotionale Stabilität ist hoch und die Geselligkeit mit Hunden am Beginn des unteren Drittels der 96 Rassen.

RASSETYPISCHE KRANKHEITEN

Viele der heutigen Qualzuchtmerkmale vereinigen sich leider durch die züchterischen Übertreibungen in dieser Hunderasse.
So führt der tiefe Stop an der Nasenwurzel zu einer übermäßigen Hautfaltenbildung, die wiederum Ursache von Dermatitis ist. Die extreme Verkürzung des Nasenbeins hat zur Folge, dass Missbildungen im Nasenknorpel und im Gaumen (Hasenscharten, Gaumenspalten) beim Pekinesen weit häufiger auftreten als bei langnasigen Rassen. Ein Problem der Rasse sind auch die stark hervortretenden Augen. Ektropium oder Doppelreihigkeit der Wimpern (Distichiasis) reizen die Hornhaut des Augapfels, Hornhautentzündung und Hornhautgeschwüre kommen beim Pekinesen zwölfmal häufiger vor als bei Hunden mit normaler Schädelbildung. Bekannt ist auch die Anfälligkeit für Nierensteine.
Auch das sehr lange und üppige Fell ist problematisch. Das „verkrüppelte" Gangwerk hat negative Auswirkungen auf den Bewegungsapparat.
Pekinesen leiden häufig unter Hydrocephalus. Darunter versteht man eine krankhafte Erweiterung der mit Cerebrospinalflüssigkeit gefüllten Flüssigkeitsräume des Gehirns. Dadurch kommt es zu einer erheblichen Schädelvergrößerung. Damit einhergehend treten Folgeschäden, wie z. B. Verhaltensstörung und Probleme mit Bewegungskoordination auf (Passantino und Masucci, 2016).
Die Kleinwüchsigkeit dieser Hunde ist eine Folge der Chondrodystrophie. Hierbei führt eine Genmutation dazu, dass das Längenwachstum der Knochen beeinträchtig ist. Bereits früh in ihrer Entwicklung beginnt eine Degenerierung der Bandscheiben (Hansen, 2009).

TRAINING

Mit der Erziehung sollte frühzeitig begonnen werden, da diese hellwachen und wissbegierigen Hunde sonst schnell für viele Hundehalter zu eigenständig werden. Sie sind sehr bewegungsfreudig und benötigen einen konsequenten und liebevollen Menschen an ihrer Seite. Die gesundheitlichen Problematiken im Bewegungsapparat lassen es leider nicht zu, dass dieser bewegungsfreudige Hund belastende Rennspiele oder Hundesportarten wie Agility oder Flyball machen kann. Vielmehr ist hier der Hundehalter gefragt, sich Intelligenzspiele und Beschäftigungsmöglichkeiten für den Hund auszudenken. Nasenarbeit oder Suchspiele müssen sehr einfach gestaltet werden, da diese Hunde eventuell aus verschiedenen anatomischen Grünen meist nicht die gleiche „Nasenleistung" hinsichtlich „Dauer der Tätigkeit" erbringen können. Trotzdem haben sie viel Freude an dieser Arbeit.

TIBET SPANIEL

HERKUNFT, GESCHICHTE, AUFGABEN

Über die Herkunft des Tibet Spaniels ist wenig bekannt. Hunde von diesem Typ gab es sicher schon seit langer Zeit in den tibetischen Dörfern und Klöstern, sie wurden als Wach- und Haushunde gehalten. In Europa waren sie jedoch kaum bekannt. Die Tibeter richteten diese Hunde zum Drehen in den Gebetsmühlen ab, deshalb heißen sie auch Gebetshunde. Überlieferungen nach, gab es unter den Tibet Spaniels größere und kleinere Hunde. Von den größeren Hunden kamen einige nach Europa und wurden teuer verkauft. Die kleinsten Tibet Spaniels galten jedoch als die wertvollsten, zudem sollen die Hunde aus den Klöstern eleganter gewesen sein, als die aus den Dörfern. Die Hunde aus den Klöstern, entlang der chinesischen Grenze, hatten kürzere Nasen und glichen mehr einem Pekinesen. Der reinste Typ war vorwiegend in den Klöstern westlich von Lhasa zu finden. Die Hunde glichen hier weniger dem Gya-khyi, wie die Tibeter die chinesischen Hunde nannten. In den Klöstern war es Aufgabe des kleinen Hundes, von einem erhöhten Punkt aus, z. B. auf der Umfassungsmauer, Wache zu halten und alles Ungewohnte mit Gebell zu melden. Ihr Gebell rief dann die großen Tibet Doggen auf den Plan, die den Fremdling vom Eindringen in das Kloster abhielten. Trotz ihrer Kleinheit sind Tibet Spaniels äußerst robuste Hunde, anders hätten sie im tibetischen Hochland mit den kurzen, aber heißen Sommern und den langen kalten Wintern gar nicht überleben können. Nach England, und somit nach Europa, kamen die ersten Tibet Spaniel kurz vor der Wende zum 20. Jahrhundert. Engländer, die von Indien nach England zurückkehrten, brachten diese Hunde mit.
Der Zweite Weltkrieg brachte die Zucht fast zum Erliegen. Ein Neuanfang begann mit den beiden Geschwistern Garpon und Potala und der blutfremden Hündin Dolma. Die Geschwister Garpon und Potala sind direkte Abkömmlinge tibetischer Klosterhunde. Die Hündin Dolma kam über die Vermittlung des Maharadschas von Sikkim aus einem Kloster Phari Dzong, Osttibet. Die enge Inzucht führte zu dem Tibet Spaniel, wie wir ihn heute kennen. 1961 erfolgte die Anerkennung durch die FCI.

Trotz ihrer Kleinheit sind Tibet Spaniels sehr robust, widerstandsfähig und ausdauernd.

MORPHOLOGIE

Größe und Gewicht Der Tibet Spaniel hat eine Schulterhöhe von etwa 25 cm und ein Gewicht zwischen 2,5 und 6 kg.
Farben und Fell Alle Farben (außer grün, lila und blau) und deren Kombinationen können vorkommen. Das Deckhaar ist seidig, von mittlerer Länge, die Unterwolle ist sehr fein. Die Ohren hängen, sind von mittlerer Größe und liegen nicht am Schädel an.

Durch ihre Intelligenz eignen sich Tibet Spaniels durchaus für alle möglichen Arten von Hundesport. Durch ihre Bewegungsfreude können dies auch schnelle und wendige Sportarten sein.

EIGENSCHAFTEN

Der Tibet Spaniel ist ein fröhlicher, lebhafter und ausgesprochen intelligenter Hund. Durch seine Herkunft ist er ein robuster und widerstandsfähiger Hausgenosse, der seine Wachsamkeit nicht verloren hat und Fremden gegenüber abweisend sein kann. Er ist an allem interessiert und liebt den Aufenthalt im Freien, lange Wanderungen und viel Beschäftigung. Gewährt man ihm diese Beschäftigung, eignet er sich auch als Stadt- und Wohnungshund. Seinen Bezugspersonen gegenüber ist der Tibet Spaniel eng verbunden, will diese überall hin begleiten und bleibt weniger gern allein.

RASSETYPISCHE KRANKHEITEN

Diese Hunderasse ist, aus einer seriösen Zucht stammend, meist gesund.

TRAINING

Der Tibet Spaniel lernt gern und ist sehr bewegungsfreudig. Seine Erziehung ist mit Konsequenz und liebe- und vertrauensvoller Führung einfach. Druck oder Zwang bewirken bei diesem Hund nur das Gegenteil und sollten (wie bei allen anderen Hunden auch) unterlassen werden. Sie eignen sich für komplexe Aufgaben und auch für schnelle und wendige Hundesportarten. Dogdancing, Tricks, etc. können viel Spaß machen. Aktive Menschen haben mit diesen Hunden eine große Freude. Es gilt aber auch zu beachten, dass es dem schlauen Hund schnell langweilig werden kann. Daher sind viele Wiederholungen meist kontraproduktiv und die Hunde können die Übung (das erwünschte Verhalten) einstellen. Es kann durchaus für Mensch und Hund anspruchsvoll werden.

Heute kennen wir den Chin nur noch mit weißer Grundfarbe und klar abgegrenzten Platten.

JAPANISCHER CHIN

HERKUNFT, GESCHICHTE, AUFGABEN

Die Vorfahren des Japanischen Chin gelangten im Jahr 732 als Geschenk des koreanischen Herrschers an den japanischen Hof. Das Wort „Chin" ist nicht von „Chinese" abzuleiten, sondern vom chinesischen Wort „Tsien", was „Hund" bedeutet. In Japan heißt der Hund: Makura Tsin, das Polsterhündchen. Sie erlangten dort große Beliebtheit und wurden am japanischen Hof gezüchtet. Es heißt, das kleine Hündchen wurde als besonderer Liebling der Damen in den Kimonoärmeln getragen und lebte in Bambuskäfigen. Der erste Japanische Chin kam als Geschenk an Königin Victoria nach England und gelangte von dort nach Europa. Nach Deutschland kam das erste Pärchen im Jahr 1880 als Weihnachtsgeschenk der japanischen Kaiserin an die deutsche Kaiserin Augusta. Gezüchtet wurde mit diesen Hunden nicht. Offenbar bereitet die Zucht dieser Zwerge den Züchtern einige Schwierigkeiten. So steht in einem österreichischen Kynologenjahrbuch über den Japanischen Chin: „Die Hündinnen nehmen häufig bei vier Hitzen nur einmal auf. Die Geburten sind sehr schwer, da die Köpfe der Welpen unverhältnismäßig groß sind und dadurch ein großer Teil der Nachtzuchten tot zur Welt kommen." Auch hier finden wir die häufigen Probleme der Verzwergung.

MORPHOLOGIE

Größe und Gewicht Erlaubt sind Größen zwischen 18 und 28 cm, was einem Gewicht von 2 bis 4 kg entspricht. Im Gegensatz zu den Hunden der Kaiserin Augusta, die gemäß der überlieferten Maße einen langen rechteckigen Körper hatten, ist der heutige Japanische Chin quadratisch veranlagt, d. h., seine Widerristhöhe soll der Rumpflänge entsprechen.

Farben Heute kennen wir den Japanischen Chin nur noch mit weißer Grundfarbe und klar abgegrenzten schwarzen oder braunroten bis gelben Platten. Die grau gefleckten und gelbgrau farbigen Hunde, die in älteren Aufzeichnungen noch erwähnt werden, sind vollständig verschwunden.

Wie alle kleinen Hunde, erreicht auch der Japanische Chin bei guter Pflege ein recht hohes Alter, 16 oder mehr Jahre sind nicht selten.

EIGENSCHAFTEN

Der Japanische Chin ist lebhaft und intelligent. Er ist ein verspielter, vergnügter kleiner Gefährte der sehr anhänglich und liebenswürdig sein kann. Mit anderen Hunden ist er sozial gut verträglich. Er kann wachsam sein. Der Japanische Chin arbeitet gern mit dem Menschen zusammen und ist daher für Hundeneulinge gut geeignet. Dennoch sollte man den Bewegungsdrang dieses kleinen Hundes nicht unterschätzen und regelmäßig ausgedehnte Spaziergänge mit ihm machen. Durch seine große Neugier, ist er an allem interessiert. Deshalb lässt er sich nur nach längerem Beharren von spannenden Dingen zurückrufen (American Kennel Club, 2016) und sollte in fremder Umgebung besser an der Leine geführt werden.

RASSETYPISCHE KRANKHEITEN

Als relativ häufige Krankheiten gelten Trichiasis und Distichiasis. Bei Trichiasis kehren sich die Wimpernhaare nach innen und reiben auf der Hornhaut des Auges, was zu schmerzhaften Entzündungen führt. Die Distichiasis ist eine angeborene Anomalie, bei der hinter den eigentlichen Wimpernhaaren noch eine zweite Reihe feiner Haare wächst, die ebenfalls zu Hornhautentzündungen führen.

Weitere Krankheitsbilder eines Japanischen Chins wären Patellaluxation, Katarakt (Grauer Star) und Epilepsie, GM2-Gangliosidose und das Tay-Sachs-Syndrom. Die beiden zuletzt genannten Erkrankungen hängen mit einem gestörten Fettstoffwechsel zusammen und können z.B. zu einer Intelligenzminderung (bei Tay-Sachs-Syndrom) führen (American Kennel Club, 2019).

TRAINING

Japanische Chin wurden von Beginn ihrer Zucht an verwöhnt und für keinen Zweck gezüchtet. Deshalb sind sie für ein intensives Training eher ungeeignet. Bei ihrer Erziehung ist viel Geduld und positives Training gefragt (American Kennel Club, 2019).

Ein lebhafter, schlauer und vergnügter Hund, der sehr anhänglich sein kann.

GRUPPE 6
— *nach Parker*

FINNISCHER SPITZ

HERKUNFT, GESCHICHTE, AUFGABEN

Der Finnische Spitz, oder auch finnischer Vogelhund, ist ein „alteingesessener“ Hund. Über seine Herkunft weiß man so gut wie nichts. Man nimmt an, dass die ersten Einwanderer von Osten kommend, das heutige Gebiet Finnlands besiedelten. Sicher brachten die Einwanderer auch Hunde mit, die sich vor allem an den Küsten mit den bereits vorhandenen Hunden vermischten, sich in der Abgeschiedenheit jedoch mehr oder weniger rein erhalten konnten. Alle modernen Rassen sind erst vor wenigen tausend Jahren entstanden. Gleiches gilt für die modernen fennoskandischen Hunderassen, die im Gegensatz zu vielen anderen europäischen Rassen, relativ jung sind und als direkte Nachfahren der alten nordeurasischen Jagdhunde gelten (Larson et al., 2012). Die Reinzucht der Rasse Finnenspitz setzte erstaunlich früh ein, bereits 1812 wurden erstmals Rassekennzeichen festgelegt und ab 1880 wurde die Rasse erstmals rein gezüchtet. Von Anfang an standen zwei Ziele im Vordergrund: die Erhaltung der jagdlichen Tüchtigkeit und ein schöner, ebenmäßiger Körperbau.
Der Finnenspitz gilt als finnischer Nationalhund und ist dementsprechend populär geworden. Mehr und mehr wird er heute auch in Westeuropa, vor allem in England, als Haus- und Begleithund gezüchtet. Von jeher wurde der Hund zur Jagd auf Auer- und Birkwild und auf das Haselhuhn eingesetzt. Er musste die Hühner aufscheuchen, nach dem Aufscheuchen beharrlich verbellen und so dem Jäger den Standort des Wildes anzeigen. Kälte und tiefer Schnee können die Jagdmotivation des Finnenspitzes kaum

Evolution der Finnischen Spitz-Rassen

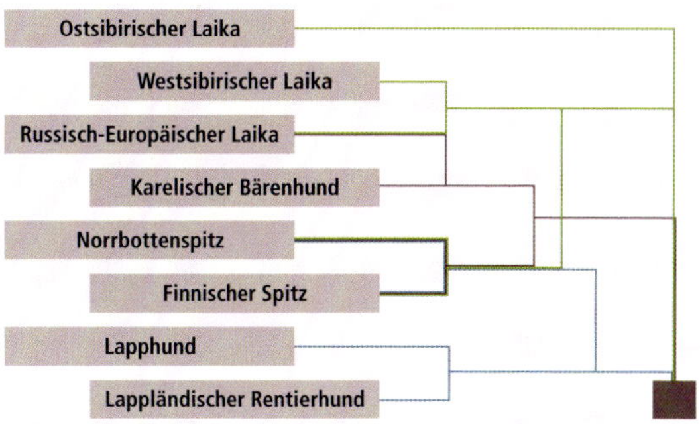

Cladogramm (Verwandtschaftsdiagramm).

VERWANDTSCHAFT IN GRUPPE 6

Finnischer Spitz, Eurasier und Samojede verkörpern molekular-verwandtschaftlich drei Entwicklungslinien, die gar nicht so eng untereinander verwandt sind. Ihr Zusammenstehen im Stammbaum beruht mehr auf ursprünglichen Merkmalen.
Die Schwestergruppe des Finnenspitzes besteht aus einer ganzen Reihe von Entwicklungslinien, die mit Ausnahme des Basenji und seiner Schwestergruppe (von Chow-Chow bis Tibet-Mastiff) praktisch alle modernen Rassen umfaßt. Der Samojede wiederum ist die Schwestergruppe von Finnenspitz plus dieser vielen Rassen, der Eurasier wieder die noch ursprünglichere Verzweigung dieser vielen Linien.
In der Gruppierung nach Persönlichkeitsmerkmalen (Turcsán et al., 2014) wird nur der Eurasier genannt. Er steht nahe bei Coton de Tulear, etwas weiter entfernt sind Shar Pei und English Setter, noch einen Schritt im Diagramm zurück dann Lhasa Apso und Bordeauxdogge.

---

dämpfen. In dieser Beziehung unterscheidet er sich vom mitteleuropäischen Spitz, der sich gerade dadurch auszeichnen soll, dass er eine geringere jagdliche Motivation zeigt. Der Name Finnenspitz erweckt deshalb oftmals falsche Vorstellungen, dieser Hund ist nicht ein Haus- und Hofspitz, sondern ein ausgesprochener Jagdhund.
In Russland und insbesondere in der Russischen Kynologischen Vereinigung (RKF) ist für den Finnischen Spitz auch die Bezeichnung Karelo-Finnischer Laika, kurz „Laika", üblich. 2006 einigten sich der Finnische und der Russische Zuchtverband darauf, dass es sich bei den Finnischen Spitzen und den Karelo-Finnischen Laika um dieselbe Rasse handelt. Der Standard wurde von Finnland erstellt, damit ist Finnland auch Ursprung der Rasse.
Finnischer Spitz, Norbottenspets und der Karelische Bärenhund sowie die Lapinporokoira und Lapinkoira weisen eine engere genetische Verwandtschaft zu nordosteuropäischen Laika-Rassen auf, als zu anderen skandinavischen Spitzrassen wie Elchhunden und Schwedischen Vallhunden. Der stärkste genetische Einfluss kommt seitens der westsibirischen Laika- und Lapponian Herder-Rassen (Pohjoismäki et al., 2018).

MORPHOLOGIE

Größe und Gewicht Schulterhöhe bei Rüden 44 bis 50 cm, bei Hündinnen 39 bis 45 cm. Das Gewicht liegt bei 13 kg.
Farbe und Fell Rotbraun oder gelblichbraun wurden als einzige Farben zugelassen. Sein Haar ist lang, stehend, steif, mit reichlich Unterwolle. Kleine, aufgerichtete Ohren sind spitztypisch; die Rute wird über dem Rücken getragen.

RASSETYPISCHE KRANKHEITEN

Finnische Spitze neigen zur idiopathischen Epilepsie, rund 5 % sind betroffen. Rüden zeigen eine stärkere genetische Prädisposition als Hündinnen (Viitmaa, 2013).

EIGENSCHAFTEN

Der Finnische Spitz ist ein selbstbewusster Hund, der Wild selbstständig finden kann, verfolgt und bellend den Jäger heranruft. Seine große Jagdleidenschaft macht ihn zu einem hervorragenden Jagdbegleiter. Durch seine hohe Ausdauer eignet er sich nicht für bequeme Menschen, er braucht Aktivität und Beschäftigung, um sich wohlzufühlen. Finnische Spitze sind aktiv, aufmerksam und lebhaft. Sie sind sehr menschenbezogen und benötigen engen Familienanschluss (Cunliffe, 2003). Es handelt sich wie bei allen nordischen Spitzen um eine unabhängige Rasse, die Fremden gegenüber skeptisch ist (Nicholas, 1990). Sie sind wachsam und melden alles, was ihnen ungewöhnlich erscheint. Zudem sind sie außerordentlich bellfreudig, denn das Bellen ist ein wichtiger Teil ihrer jagdlichen Arbeit. Als Jagdbegleiter signalisiert das Bellen dem Jäger, dass der Hund Beute im Wald gefunden hat (Nicholas, 1990).
Durch sein wetterfestes Naturel eignet er sich für alle sportlichen Aktivitäten und bevorzugt ein „Arbeits-"Leben auf dem Land und nicht im städtischen Bereich.

TRAINING

Der Finnische Spitz ist ein Jagdhund, der im besten Fall in erfahrene Hundehalter-Hände kommt und konsequent trainiert und erzogen gehört. Wird er nicht jagdlich geführt, dann braucht er viel Beschäftigung und geistige Auslastung. Seine Bellfreude sollte von Anbeginn im Kontext zur Jagd und ortsbezogen unter Signalkontrolle trainiert werden, sonst kann sie schnell als sehr störend empfunden werden. Durch seine hohe Motivation für die Jagd, lässt er sich auch sehr gut für den Sport trainieren. Jedoch empfinden manche Hundehalter seine eigenständige Arbeit, die er bei der Jagd benötigt, im Hundesport als störend. Er wurde dahingehend gezüchtet, seine Entscheidungen selbst zu treffen und den Menschen nicht einzubeziehen. Daher ist es wichtig, dass diese Hunde sehr früh lernen, mit dem Menschen zusammenzuarbeiten und sich diese Zusammenarbeit auch für sie lohnt. Die Bestärkungen/Belohnungen durch den Menschen sollten früh geübt werden. Der Finnenspitz ist auch durchaus bereit, das Wild (seine Beute) gegen Fremde zu verteidigen. Diesbezüglich sollte gerade in der Erziehung dahingehend trainiert werden, dass es erst gar nicht zu einem Ressourcen-Verteidigungsverhalten kommt. Dadurch, dass der Hund oftmals als „Familienhund" gehalten wird, kann sich „seine Beute" auch auf andere Dinge verlagern, was schnell zu Problemen führen kann. Je nach Tagesverfassung eines Hundes, können sich Ressourcen und die Motivation, diese zu verteidigen, variieren. Mögliche Ressourcen können z. B. sein:

- Futter, Kausachen
- Wasser
- Territorium
- Sozialpartner
- Fortpflanzungspartner
- Körperliche Unversehrtheit

Es ist wichtig, dass gerade Hunde, die dazu neigen, Dinge zu verteidigen, von Beginn an lernen, dass Menschen in der Umgebung von Ressourcen keine Bedrohung darstellen. Dies ist eine gute Basis, dass erst gar keine Probleme im gemeinsamen Miteinander entstehen.

Dieser ursprüngliche Jagdhund braucht erfahrene Hundehalter, die ihn mit liebevoller Konsequenz erziehen und ausbilden. Findet er keinen Einsatz in der jagdlichen Arbeit, muss er sinnvoll beschäftigt werden.

EURASIER

Herkunft, Geschichte, Aufgaben – siehe „Aus der Forschung“, S. 169

MORPHOLOGIE

Größe und Gewicht Die Größe beträgt bei Rüden 52 bis 60 cm und bei Hündinnen 48 bis 56 cm. Rüden wiegen 23 bis 32 kg, Hündinnen 18 bis 26 kg.

Farben Sowohl die Farbe des Wolfspitzes, als auch die des roten Chow-Chow, gehört zu der von Iljin (1926) als Aguti-Serie bezeichneten Farbreihe. Diese Serie umfasst mehrere Allele, nämlich:

A = dominant Schwarz

Ag =Wolfsgrau

Ay = Zobelfarben

A8 = schwarzer oder leberbrauner Sattel und ausgedehnte gelbe oder braune Abzeichen an den Läufen und am Kopf

Der Eurasier kann durch sein ausgeglichenes Wesen mit entsprechender Erziehung ein guter Familienhund werden.

At = zweifarbig, schwarz oder leberbraun, mit begrenzten Lohfarbenabzeichen an den Läufen und um die Schnauze.

Es war deshalb bei Kreuzungen der beiden Ausgangsrassen damit zu rechnen, dass alle Varianten der Aguti-Serie bei den Nachkommen auftreten würden, was auch der Fall war. Die Einkreuzung des Samojeden brachte infolge auch weiße und gescheckte Hunde. Da bei der Zucht ein bestimmtes Verhalten im Vordergrund stand, wurde keine Selektion auf bestimmte Farben vorgenommen, einzig die Farben Weiß und Gescheckt wurden aus dem Standard genommen. Das Fell ist nicht besonders pflegeintensiv.

Eigenschaften – siehe „Aus der Forschung“, S. 169

TRAINING

Der Eurasier begleitet seine Menschen gern, ist gut erziehbar, aber weniger für Hundesport und starre Übungen mit gleichem Ablauf und perfektionsähnlicher Ausführung gemacht. Im Training macht er verschiedene Übungen ohne oftmalige Wiederholungsrate gern mit. Sture Übungsabläufe, immer wieder gleich geübt, langweilen ihn schnell. Hier wird er nur langsamer und die Frustration steigt. Ist es nicht spannend und lustig für einen Eurasier, kann es sein, dass er sich einfach hinlegt und gar nichts mehr machen möchte, egal, welche Superbelohnung es geben könnte.

Er nimmt die vertrauensvolle und liebevolle Führung seiner Bezugspersonen gern an und ist daher mit Konsequenz und Einfühlungsvermögen gut erziehbar. Alles, was er lustig und als Spaß empfindet, macht er sehr gern.

EURASIER

Diese relativ junge Hunderasse ging aus ursprünglich in Deutschland erfolgten Kreuzungen von Wolfsspitz, Chow-Chow und Samojede hervor, sie wurde 1973 von der FCI anerkannt. Rassegründer Julius Wipfel versuchte, einen nordischen Hund eines kanadischen Besatzungssoldaten wieder auferstehen zu lassen, der ihn nach dem Zweiten Weltkrieg durch Charakterstärke und unabhängigem Wesen begeistert hatte. So kreuzte er 1960 – auch von Konrad Lorenz (1949) inspiriert – eine Wolfsspitzhündin mit einem Chow-Rüden. Ergebnis waren zunächst die recht ruppigen „Wolf-Chows". Als 1972 Samojeden eingekreuzt wurden, gewann der neue Hundeschlag an Eleganz, das Wesen wurde sanfter. Heute leben in Europa, zunehmend auch in Nord-Amerika, etwa 8000 Hunde. Die größten Eurasiervereine gibt es mit dem „Eurasier Klub Weinheim (EKW)" und der „Kynologischen Zuchtgemeinschaft (KZG)" in Deutschland. In Österreich fiel der erste Eurasierwurf 1980 bei Frau Elisabeth Seywald, die 1984 auch den Eurasier-Club-Austria gründete.

Wesen und Charakter

Als hervorragender Familienhund, ist der typische Eurasier anpassungsfähig, sozial kompetent, wachsam, ruhig, ausgeglichen und Kindern ein toleranter Gefährte. Er ist Fremden gegenüber freundlich-distanziert, kein Kläffer und zeichnet sich durch geringes Jagdverhalten aus – Ausnahmen bestätigen die Regel. Trotz ihres ursprünglichen Wesens im Sinne einer wolfsähnlichen sozialen Sensibilität, passen sich Eurasier gut an ihre Halter an, sind im partnerschaftlichen Umgang einfach erziehbar, widersetzen sich aber Drill und Zwang. Eurasier brachten es bereits zum ausgebildeten Lawinenhund und nicht selten sogar zum Agility-Champion, letzteres weniger durch Tempo, denn durch kluges Vermeiden von Fehlern. Zuerst denken und die Situation abschätzen, dann erst handeln, scheint die Devise der Eurasier zu sein.

Entstehung

Die Vielfalt der Eurasier in Aussehen – und auch in ihrem Charakter – ist gewollt. Nach einem anfänglichen genetischen Flaschenhals bis in die 1980er Jahre, der durch Inzucht im Sinne der „Stabilisierung" des Rasse-Phänotyps zustande kam, werden Eurasier im Großteil der europäischen FCI-Zuchtvereine nach den Prinzipien der Inzuchtvermeidung und Optimierung der Gesundheit gezüchtet.

Durch ihre gute Anpassungsfähigkeit und als tolerante Gefährten, erfreut sich diese Hunderasse immer größerer Beliebtheit.

Dazu taten sich 1997 acht FCI-Vereine aus Deutschland, Finnland, der Schweiz, Dänemark, den Niederlanden und Österreich in einer „Internationalen Föderation für Eurasierzucht (IFEZ)“ zusammen, um planvoll gesunde und wesensfeste Hunde zu züchten. Verpaarungen werden auf Grundlage der gespeicherten Gesundheitsdaten von über 30 000 Hunden geplant. Wie bei anderen Hunderassen auch, werden Eurasier auf Ausstellungen durch Formwertrichter beurteilt, vor allem um sie der Öffentlichkeit vorzustellen. Für die Zucht aber haben die Ausstellungsergebnisse wenig Bedeutung, da „Championzucht“ im Bereich der IFEZ konsequent vermieden wird. Vielmehr entscheiden die Zuchtwarte in den Vereinen, nach Maßgabe der Gesundheitsdaten und des Wesens der Hunde, über einen Zuchteinsatz. Durch diese internationale Kooperation innerhalb der IFEZ, zählen Eurasier – sozusagen als standardisierte Mischlingshunde – heute zu den gesündesten, robusten und relativ langlebigen Rassehunden. Inzuchtvermeidung und seltene Neueinkreuzung der Ausgangsrassen – vor allem von Wolfsspitzen und Samojeden – sorgten für eine von anderen Hunderassen unerreichte genetische Diversität.

Wegmarke in der Domestikation

Paradox eigentlich: Eurasier als eine der jüngsten FCI-anerkannten Hunderassen spielen dennoch eine bedeutende Rolle als Wegmarke in der Domestikation moderner Hunde aus den Wolfsvorfahren. Generell grenzt es an ein Wunder, dass aus einem relativ einheitlichen Wolfstyp eine derart große Vielfalt an Hunden werden konnte. Heute wissen wir, dass der Grundstock dazu in der Selektion auf Zahmheit von mit Menschen lebenden Wölfen bereits vor 35 000 Jahren gelegt wurde (Kotrschal 2016, 2017). Ein Leben mit sozialisierten Wölfen war offenbar kulturelles Merkmal einer buchstäblich vom Atlantik bis zum Pazifik reichenden, eurasischen Jäger- und Sammlerkultur. Daher verwundert nicht, dass man heute mehrere Domestikationsereignisse in Richtung Hund annimmt. Einige dieser Linien erloschen wieder. Tatsächlich scheinen alle heute lebenden Hunde von zwei Domestikationszentren abzustammen, von einem sehr frühen in Westeuropa, und einem etwas späteren in Ostasien (Frantz et al., 2016). Und weil Menschen immer schon sehr mobil waren, verbreiteten sich diese Hundetypen, kaum entstanden, immer weiter rasch über die damals besiedelten Teile der Welt, vermischten und verdrängten einander. Das macht die Analyse der Abstammung der modernen Hunde auf Basis genetischer und archäologischer Daten recht kompliziert.

Jedenfalls scheinen die heute existierenden Hundetypen und -rassen europäische und ostasiatische Genvarianten in unterschiedlichen Mischungen in sich zu tragen, angereichert mit umso mehr adaptiven Mutationen, je „moderner“ (im Sinn des genetischen Abstands vom Wolf) ein Hundetyp ist; mit dem Sesshaftwerden der Menschen und den von ihnen geschaffenen kulturellen Bedingungen, veränderten sich auch deren Hundekumpane (Parker et al., 2017).

Wolfs- und Hundeeigenschaften

Eurasier zählen zu den genetisch wolfsähnlichen Hunden, mit alten europäischen Genkomponenten vom Wolfsspitz, jüngeren asiatischen Genanteilen vom Chow-Chow und bereits im Samojeden gemischten Anteilen aus dem Samojeden. Zur Zeit der Entstehung der Rasse war dies alles unbekannt; die Rassegründer des Eurasiers zeigten mit der Namensgebung jedenfalls ein gutes Gespür für den heute bekannten Rassehintergrund. So ist der Eurasier auch ein bemerkenswerter Beleg für die Domestikations- und Kulturgeschichte der Hunde und ihrer Menschen – mit einer Mischung alter Wolfs- und moderner Hundeeigen-

Kurt Kotrschal mit seiner 10-jährigen Eurasierhündin „Bolita", die immer seine Partnerin bei der Wolfs- und Hundeaufzucht war.

schaften. Zu ersteren zählt die soziale Sensibilität und die Kooperationsbereitschaft als Partner auf Augenhöhe, zu letzteren doch eine gewisse hundetypische Bereitschaft zur Unterordnung und zur Territorialität (Kotrschal, 2017), welche die Bereitschaft bedingt, mit hoher Sensibilität für die Situation die eigene Menschenfamilie und ihr Hab und Gut gegen Fremde zu verteidigen. Diese Tendenzen, vor allem aus Wolfspitz und Chow-Chow, wurden durch Einkreuzung der sehr menschenfreundlichen Samojeden gemildert. So stammen Eurasier auch nicht von Arbeitslinien mit spezialisierten, extrem ausgebildeten Verhaltensbereitschaften ab, wie sie etwa Border Collies, manche Terrier, Jagdhunde, Huskys, etc. zeigen. All das machte sie zu ruhigen Allroundern und schuf die Grundlage für ihre weite Verbreitung und steigende Beliebtheit als Familien- und Begleithunde. Allerdings ist die „Marke Eurasier" nicht geschützt. Daher werden nicht nur aus der sorgsamen Zucht im Rahmen der FCI/IFEZ Welpen angeboten, sondern auch in erheblichem Ausmaß Nachwuchs von Züchtern, die es mit der Gesundheit nicht so genau nehmen; und immer noch gibt es in erheblichem Ausmaß Ostimporte viel zu junger und kranker Welpen aus dem Kofferraum oder aus dem Internet. Solche Tiere sollte man aus Tierschutzgründen und eigenem Interesse meiden.

Kurt M. Kotrschal, Mag.rer.nat., Prof. Dr., geboren 1953 in Linz. Studium der Biologie an der Universität Salzburg, dort auch 1981 Promotion und 1987 Habilitation; 1976 bis 1981 Forschungsaufenthalte an den Universitäten Arizona und Colorado, USA. Seit 1990 bis 2018 Leiter der Konrad Lorenz Forschungsstelle für Ethologie in Grünau/Oberösterreich und Professor i. R. am Department für Verhaltensbiologie Universität Wien. Mitbegründer des Wolfsforschungszentrums (www.wolfscience.at). Sprecher der AG Wildtiere am Forum Wissenschaft und Umwelt. Mehr als 250 wissenschaftliche Beiträge in Fachzeitschriften, Buchbeiträge und Bücher, darunter Österreichs Wissenschaftsbuch des Jahres 2013. Wissenschaftler des Jahres 2010, seit 2006 Kolumnist der Tageszeitung „Die Presse", ab 2019 wöchentlicher Blog auf Heute.at

SAMOJEDE

HERKUNFT, GESCHICHTE, AUFGABEN

Seinen Namen hat er vom Volk der Samojeden, einer ukrainischen Völkergruppe, die die Tundren am weißen Meer bewohnten. Die Samojeden waren Rentiernomaden und wohnten in Stangenzelten. Die Hunde waren vor allem Wächter und Hüter der Rentierherden, halfen aber auch bei der Jagd auf Pelztiere und wurden bei Bedarf vor den Schlitten gespannt. Der Eintritt in die offizielle Kynologie erfolgte 1889, als ein Engländer einige Samojedenhunde nach England brachte. Von England kamen die Samojeden dann nach Europa.

MORPHOLOGIE

Größe und Gewicht Rüden haben eine Schulterhöhe von 50 bis 70 cm, Hündinnen ca. 53 cm (+/– 3 cm).

Farbe und Fell Mit den anfangs in den Würfen noch auftretenden schwarzen und gescheckten Hunden wurde nicht gezüchtet, sodass sich bald die weiße Farbe in der Samojedenzucht durchsetzte. Intensive Fellpflege, besonders beim Junghund, der Samojede haart stark.

EIGENSCHAFTEN

Der Samojede ist freundlich und aufgeschlossen gegenüber Menschen. Typisch für nordische Hunde, neigt er nicht zu übertriebener Waghalsigkeit, aber auch nicht zur Ängstlichkeit; Samojeden können wagemutig sein, aber lassen sich leicht beeindrucken (Starling et al., 2013). Er ist ein lebhafter, neugieriger und auch sehr geselliger Hund (Svartberg und Forkman, 2002) und eignet sich nicht als Wach- oder Schutzhund, da er sehr selbstständig und unabhängig ist. Ein wichtiger Aspekt von Schlittenhunden ist, dass sie gegenüber anderen Hunden sozial sind, daher sind auch Samojeden generell verträglich gegenüber Artgenossen (Coppinger und Coppinger, 2001). Samojeden sind eher wenig trainierbar und sehr eigensinnig (Draper, 1995; Miklósi et al., 2012). Sie bestechen durch ihre Klugheit und Gelehrigkeit, die jedoch nicht zur Unterordnung genutzt wird (Draper, 1995). Entscheidet man sich für diese Rasse, hat man einen temperamentvollen und unternehmungslustigen Begleiter, mit dem es nie langweilig wird. Er ist daher nicht für bequeme Menschen oder Hundeneulinge geeignet, da sein unabhängiges Wesen und seine geringe Bereitschaft „gefallen zu wollen" Schwierigkeiten bereitet. Er eignet sich auch als Wagen- und Schlittenhund, ist jedoch nicht so schnell wie der Husky.

Der Samojede liebt es, in der Natur unterwegs zu sein und sich zu bewegen.

RASSETYPISCHE KRANKHEITEN

Samojeden können von der Samojeden-Erbglomerulopathie, einer erblich bedingten Nierenerkrankung, betroffen sein. Bei männlichen Tieren verläuft sie meist schwerwiegender (Jansen et al., 1986; Grodecki et al., 1997). Die Hunde können an einer seltenen Form des Zwergenwuchses, einer Kurzbeinigkeit, die mit Augenanomalien wie Katarakten zusammen auftritt, erkranken (Acland, 1991; Meyers et al., 1983). Lungenstenose tritt bei Samojeden im Vergleich zu anderen Rassen häufiger auf. Die Krankheit kann Atemnot, Herzrhythmusstörungen verursachen und das Risiko einer Herzinsuffizienz erhöhen (McCaw, 1984). Sie sind ebenso häufig von Hüftgelenksdysplasie betroffen (Martin, 1980). Auch Progressive retinale Atrophie (PRA) kommt vor (Dice, 1980). Die Rasse kann auch von Talgadenitis betroffen sein, einer seltenen idiopathischen Autoimmunerkrankung der Haut (Craig, 2006).

TRAINING

Der Samojede ist ein freudiger und manchmal auch sensibler Begleiter. Er liebt die kalte Jahreszeit und gern auch das Leben im Garten. Wie alle Hunde des „Urtyps" bzw. wo keine Selektion auf Schönheit erfolgte, sind diese Hunde oftmals sehr eigenständig. Dies ist für viele Hundehalter ein Problem. Gerade der Freilauf ist hier ein Thema, da diese Hunde viel Auslauf benötigen und dies an einer Schleppleine allein kaum realisierbar ist. Sie lieben das „Laufen", was sehr gut als Verstärker im Training eingesetzt werden kann. Zudem ist es wichtig zu beachten, dass man „simulierte Beute", die das Jagdverhalten beim Samojeden auslöst, zum Training einsetzen kann. Sie besitzen auch heute noch eine jagdliche Motivation, die man sich sehr gut zunutze machen kann. Hierfür ist es aber unabdingbar, dass man diese „simulierte Beute" als Hundehalter kontrollieren und als Verstärker für richtiges Verhalten des Hundes einsetzen kann. Gerade im Rückruf sollte hier ein Augenmerk liegen, er sollte früh eingeübt und mit hochwertiger Belohnung bestärkt werden. Zudem muss er auch unter erhöhter Ablenkung konsequent geübt werden. Positive Bestärkung und ein Gefühl für die richtige Belohnungsart führen hier zum Ziel. Samojeden besitzen eine hohe Ausdauer im Laufen und zeigen sich dabei aber keinesfalls hektisch. Sie haben viel Spaß daran, einen Schlitten zu ziehen oder auch an Canicross (gemeinsames Laufen mit dem Hund). Hier muss sich der Hundehalter nur bewusst machen, dass die Hunde in der Kondition wie Spitzensportler auf- und auch abtrainiert werden und dafür natürlich gesund sein müssen. Eine gute Aufzucht ist (wie bei allen Hunden) auch für den Samojeden sehr wichtig, da gerade in der Sozialisation eine wichtige Basis für das spätere Leben gelegt wird.

Haben diese Hunde die Wahl, so ist das Leben im Freien, unter entsprechenden Rahmenbedingungen, oft ihre erste.

GRUPPE 7
— *nach Parker*

CHOW-CHOW

HERKUNFT, GESCHICHTE, AUFGABEN

In China dürfte es bereits im 18. bzw. 19. Jahrhundert blauzüngige Hunde gegeben haben, sie waren aber dem heutigen Chow-Chow im Aussehen sicher nicht sehr ähnlich (Yang et al., 2017). Engländer haben diese Vorfahren in ihre Heimat gebracht und 1880 wurde erstmals ein Chow-Chow aus China bei einer Ausstellung vorgeführt. Weil in England sehr beliebt, bekam er 1893 im English Kennel Club ein eigenes Register. Regelmäßig wurden immer wieder Hunde aus China importiert, wobei die Beliebtheit des Chow-Chow im Heimatland immer mehr abnahm und es 1925 kaum mehr einen Hund dieser Rasse in China gab.

MORPHOLOGIE

Größe und Gewicht Rüden haben eine Schulterhöhe von 48 bis 56 cm, Hündinnen von 46 bis 51 cm. Das Gewicht liegt zwischen 20 und 32 kg.

Faben und Fell Die Fellfarben sind schwarz, rot, blau, rehfarben, creme und weiß. Es gibt den Chow-Chow in zwei Fellvarianten. Der Kurzhaarige war wohl einst die ursprüngliche Form, er wurde jedoch im Laufe der Zeit von der langhaarigen und attraktiveren Form verdrängt, verschwand aber glücklicherweise nicht ganz. Die langhaarige Form ist in der Fellpflege sehr pflegeintensiv.

Scowl Die Engländer, die den Standard aufstellten, führten den Begriff „Scowl" ein. Damit ist ein finster ernster Gesichtsausdruck gemeint, der durch die tiefliegenden und von gerunzelten Augenwülsten überdachten Augen hervorgerufen wird. Eine vertikale Stirnfurche verstärkt den Eindruck, ebenso die leicht nach vorne geneigten kleinen Stehohren. Grundsätzlich wäre gegen den „Scowl" als Rassemerkmale nichts einzuwenden. Doch wie so oft in der Zucht, wurden die rassetypischen Merkmale hin zu gesundheitsschädlichen Erscheinungsformen von den Züchtern übertrieben. Starke Stirnfalten, Kehllappen und stark überhängende Lefzen verleihen dem Chow-Chow nicht mehr einen finsteren ernsten Ausdruck, sondern einen griesgrämig gelangweilten. Der ursprüngliche Begriff „Scowl" hat mit der übermäßigen losen Kopf- und Kehlhaut nichts mehr gemein.

EIGENSCHAFTEN

Der Chow-Chow ist ein aufmerksamer Hund, der fremden Menschen gegenüber relativ skeptisch und zurückhaltend sein kann. Er ist ein selbstständiger und unabhängiger Hund, der nicht sehr bemüht ist, den Menschen, mit denen er zusammen lebt, zu gefallen. Ist der Hundehalter klar und konsequent in seiner Erziehung, ist der Chow-Chow durchaus bereit, diesem zu folgen. In seinem Revier ist er anderen Hunden gegenüber unduldsam. Er liebt Bewegung, aber im gemäßigten Tempo, für schnelle Hundesportarten ist er daher weniger geeignet. Der Chow-Chow macht

---

VERWANDTSCHAFT IN GRUPPE 7

Innerhalb dieser Gruppe, die genetisch noch viele Urtyp-Merkmale, d. h. eine recht große Nähe zur Stammart aufweist, sind Chow-Chow und Shar Pei am nächsten, deren gemeinsame Schwesterrasse ist der Akita. Alaskan Malamute und Grönlandhund bilden auch eine Schwestergruppierung mit Nächstverwandtem, dem Siberian Husky.

---

zwar einen ruhigen und gemütlichen Eindruck, man sollte jedoch dabei nicht übersehen, dass durchaus eine große Leidenschaft zum Jagen erhalten geblieben ist. Die Läufigkeit der Hündinnen findet laut Wikström und Linde Forsberg (2006), im Gegensatz zu den meisten anderen Rassen, hauptsächlich im Herbst statt.

RASSETYPISCHE KRANKHEITEN

Der Chow-Chow aus einer guten Zucht, wo rassetypische Merkmale nicht bis hin zu gesundheitsschädlichen Erscheinungsformen gezüchtet werden, ist eine robuste Hunderasse. Er kann im Sommer sehr hitzeempfindlich sein. Die Rasse kann zu Augenentzündungen und auch zu Allergien neigen (Hartmann und Steidl, 1998). Farrow und Malik (1981) stellten bei vier Hundewelpen eine Myotonie (Muskelerkrankungen) fest. Eine erbliche Grundlage für diese wurde von Jones et al. (1977) vorgeschlagen. Farrow und Malik (1981) untersuchten die Stammbäume der Fälle, was weitere Beweise dafür lieferte, dass die Myotonie eine vererbte Störung bei den Chow-Chow ist. Laut Farrow und Malik sei diese Störung ein Zuchtergebnis durch aktive Selektion auf steife Hinterbeine und einen gestelzten Gang.

Auch den Chow-Chow kann man mit Geduld und entsprechendem Fachwissen gut trainieren.

TRAINING (CHOW-CHOW, SHAR PEI, AKITA, SHIBA INU)

Wir finden im Training oftmals „Ein-Mann-" oder „Ein-Frau-Hunde". Dies bedeutet, dass diese Hunde weniger den Sozialpartner Hund benötigen, sondern sich eng an eine menschliche Bezugsperson binden. Je nach Lernerfahrung, Aufzucht und Sozialisation, können sie natürlich auch gemeinsam mit anderen Hunden leben. Oftmals scheint es aber, dass dies dann eher einer Wohngemeinschaft als einem echten „Familienverband" ähnelt.

Hat man für seinen Hund herausgefunden, was ihn (hoch) motiviert, so arbeiten diese Hunde gern mit dem Menschen zusammen. Natürlich lassen sich alle möglichen Formen des Jagdverhaltens wunderbar im Training einsetzen, da alle diese Hunde auch eine Jagdleidenschaft besitzen. Hier gilt es nur genaues Augenmerk darauf zu legen, wie man diese Jagdmotivation im Alltag als Hundehalter auch kontrollieren und damit fürs Training nutzen kann.

Den womöglich für uns Menschen eigenwilligen und eigensinnigen Stil bei der Tätigkeit, darf einen nicht stören, da diese „intrinsische Motivation" eines Hundes nicht wegtrainiert werden kann. Noch dazu verliert der Hund sonst die Freude und den Spaß an der Sache selbst.

Diese Hunde sind gut für Nasenarbeit zu motivieren wie Fährte, Stöbern, Mantrailing ... wobei dies in der Beschäftigungsform eher ihr „Ding" ist. Sobald es um „Vorschriften" geht, „wie" gesucht werden soll, ist der Spaß oftmals für diese Hunde vorbei und darunter leidet dann der Lernerfolg und Frustration entsteht.

Sie können sehr schnell lernen und sind intelligent. Die Eigenwilligkeit und Eigenständigkeit ist für manche Menschen ein „Problem". Hier werden diese Hunde oftmals fälschlicherweise als „stur" oder „nicht trainierbar" bezeichnet. Dabei haben u.a. Strychalski et al. (2015) bei einem Clickertraining mit

Der Chow-Chow kann ein angenehmer und entspannter Begleiter werden, wenn man von Beginn an Zeit in die richtige Erziehung investiert.

Chow-Chow zeigen können, dass man mit dieser Hunderasse erfolgreich trainieren kann. Es braucht nur viel mehr Geduld! Für einen Freilauf muss ein Abruf von Beginn an positiv trainiert werden. Im besten Fall, für alle jagdambitionierten Hunde, mit Beutemotivation, da man später im Freilauf es womöglich mit einer „konkurrierenden Motivation“ hinsichtlich Jagdverhalten zu tun hat. Der Rückruf wird also mit einem Jagd“spiel“ beim Hundehalter kombiniert. Je nach Lernerfahrung des Hundes und wie zeitig (Alter des Hundes) man damit anfängt, desto höher ist die Wahrscheinlichkeit, einen gut sitzenden Rückruf zu etablieren. Für Hunde, die bereits gejagt und womöglich sogar Wild getötet haben, ist die Trainingsprognose eine andere, da hier die Lernerfahrung einen massiven Einfluss darauf hat. Hier muss der Hund so abgesichert werden, dass er keine Möglichkeit zum Jagen hat.

Gerade im Hinblick auf die Eigenschaften eines Wächters, ist es wichtig, dass diese Hunde in der heutigen Zeit viele positive Erfahrungen mit Umweltreizen (Mensch, Hund, Tiere, etc.) in der Aufzucht und der Sozialisation machen. So können sie sich ebenfalls zu angenehmen und entspannten Begleitern entwickeln.

CHINESISCHER SHAR PEI

HERKUNFT, GESCHICHTE, AUFGABEN

Berichte darüber, dass der Shar Pei eine sehr alte Hunderasse sein soll, sind relativ unrealistisch und nicht nachvollziehbar. Wahrscheinlicher ist, dass er im 19. Jahrhundert gezüchtet wurde. Es gibt aber keinerlei Aufzeichnungen darüber, welche Hunderassen daran beteiligt waren. Die blaue Zunge deutet auf eine chinesische oder asiatische Herkunft hin, eventuell gibt es bei den Vorfahren auch einen Mastino Napoletano, was die starken Hautfalten erklären könnte. Entstanden dürfte der Shar Pei in den Provinzen Südchinas sein, die für ihre Spielhöllen und Vergnügungsviertel bekannt waren. Dort wurden regelmäßig Hahnen- und Hundekämpfe abgehalten. Ein Vorfahre des Shar Pei wurde in Südchina oftmals als Jagd- und Wachhund gehalten. Erst als die Hundekämpfe beliebter wurden, versuchte man durch das Einkreuzen von Bulldoggen aus dem Westen, die Hunde kräftiger und körperlich kampffähiger zu machen. Als jedoch die Kommunisten in China an die Macht kamen, verschwanden die Kampfhunde fast völlig. 1979 erlangte der Shar-Pei die traurige Berühmtheit, einer der seltensten Hunderassen der Welt zu sein, durch einen Eintrag im Guinness-Buch der Rekorde. Im Februar 1978 war nur noch ein Bestand von 145 Tieren bekannt, die alle in Nordamerika zu finden waren. Inzwischen hat sich die Zahl der gezüchteten Shar-Pei verbessert und er ist auch wieder in anderen Ländern bekannt und verbreitet.

Ein guter Wächter, der vom Wesen sehr unabhängig sein kann.

MORPHOLOGIE

Größe und Gewicht Schulterhöhe liegt bei 44 bis 51 cm, das Gewicht bei ca. 16 bis 22 kg.
Farben und Fell Das Fell gibt es in allen Farben, außer weiß. Es ist borstig und nicht sehr pflegeintensiv. Die Erscheinungsform erweckt den Anschein, dass ihm das Fell zu weit ist.

Diese Hunde haben ein außergewöhnliches Aussehen. Stirn und Wangen sind mit dicken Hautfalten bedeckt, die Probleme mit sich bringen. Stirnfalten, wenn sie zu übermäßig ausgebildet sind, können über die Augen fallen, im Extremfall ist der Augapfel nicht mehr sichtbar. Zu viel lose Haut führt aber auch zu stark hängenden Augenlidern, die wiederum zu chronischen Bindehautentzündungen führen können. Oftmals kommt es außerdem zu einer Verengung des Augenlides und zu einem rollenden Lidrand. Die tiefen Hautfalten neigen leider auch zu chronischen und kaum heilbaren Hautentzündungen.

Beim Shar Pei kann die extreme Faltenbildung leider zu Haut- und Augenentzündungen führen, die die Lebensqualität des Hundes massiv einschränken können.

EIGENSCHAFTEN

Der Shar Pei ist ein ruhiger Hund, der nicht übermäßig viel Sport oder Bewegung braucht. Er ist jedoch im Wesen sehr unabhängig und Fremden gegenüber eher misstrauisch. Er ist ein guter Wächter, der es liebt, bei seiner Familie zu sein und es gar nicht schätzt, zurückgelassen zu werden. Die Erziehung ist gut machbar, wenn man genau weiß, wie man ihn motivieren und begeistern kann. Laut Turcsán et al. (2011) gehört der Chinesische Shar-Pei eher zu dem Cluster der sehr ruhigen, wenig trainierbaren, mittelmäßig geselligen und wenig mutigen Hunden. Er erreicht Platz 33 bei emotionaler Stabilität, 91 bei Offenheit, 42 bei Geselligkeit mit Hunden und 94 bei Extraversion (von 96 Rassen).

RASSETYPISCHE KRANKHEITEN

Durch die sehr enge genetische Ausgangsbasis, ist der Genpool sehr begrenzt, und es obliegt den verantwortungsvollen Züchtern, hier die Hunde zur Verpaarung auszusuchen. Man nimmt an, dass die Hauterkrankung „Idiopatische Muzinose" eine genetische Erkrankung darstellt (Bomhard und Kraft, 1998; Welle et al., 1999; Zanna et al., 2008; Docampo et al., 2011). Mittlerweile kennt man auch die SPAID, das familiar gehäufte Shar Pei-Fieber* (FSF) (Olson et al., 2011), Nierenkrankheiten und Amyloidose** (DiBartola et al., 1990; Rivas et al., 1993; Segev et al., 2012; Schneider et al., 2013). Hier kann man inzwischen verantwortliche Genorte per Test nachweisen. Die extreme Faltenbildung kann zu Hautentzündungen und Augenentzündungen führen. Auch werden häufiger Allergien und Hautkrankheiten beschrieben.

* Das Shar Pei-Fieber wird dem autoinflammatorischen Krankheitskomplex der „SPAID" (Shar Pei Autoinflammatory Disease) zugeordnet und geht mit periodisch wiederkehrenden Entzündungsreaktionen und Fieberschüben einher.

** Lokalisierte oder systemische Ablagerung von unlöslichen, fehlgefalteten Eiweiß-Fibrillen um und z.T. auch in die Zellen, die zu Störungen der Zellfunktionen führen.

Training – siehe S. 176, Chow-Chow

AKITA INU

HERKUNFT, GESCHICHTE, AUFGABEN

Als Vorfahre des Akita Inu gilt der in Japan bereits Jahrhunderte lang vorkommende Nippon Inu. Er war bereits vor und nach Christi Geburt auf diversen Abbildungen zu finden. Abgebildet wurde dabei immer ein Hund, mit aufrecht spitzen Ohren und einer über den Rücken getragenen Rute. Aus diesen Nippon Inu haben sich im Laufe der Zeit die heutigen japanischen spitzartigen Hunde entwickelt. Die erste schriftliche Aufzeichnung über den Akita erscheint Ende des 19. Jahrhunderts und ist eine jagdliche Beschreibung, wie man ihn am besten zur Bären- und Hirschjagd ausbildet. Ein genauer Zeitpunkt, wann der Akita entstanden ist, gibt es nicht, da mit großer Wahrscheinlichkeit die Entwicklung nicht homogen verlaufen ist.

Seine Territorialität kann unerfahrene Hundehalter schnell überfordern. Eine gute und einfühlsame Erziehung ist von Beginn an sehr wichtig.

In seiner japanischen Heimat gilt er als Sinnbild für Gesundheit und Wohlergehen, ein preisgekrönter Akita gilt als nationaler Kunstschatz. Um 1930 wurde sogar jeglicher Export verboten. Die ersten Akita kamen davor bereits um 1900 nach Amerika. Der in den USA seither gezüchtete Typ entspricht nicht dem japanischen Typ, da sie größer sind, einen massigeren Körperbau haben und stärker ausgeprägte Stirnfalten.

MORPHOLOGIE

Größe und Gewicht Die Schulterhöhe beträgt zwischen 61 und 67 cm, je nach Geschlecht. Laut Tanabe (1991) beträgt die Körpergröße 58 bis 70 cm. Je nach Körpergröße erreicht ein Akita zwischen 34 und 50 kg.

Farben und Fell Fellfarben sind rot-falb, sesam, gestromt und weiß. Das dichte Fell ist pflegeleicht, haart aber stark.

EIGENSCHAFTEN

Der Akita ist ein intelligenter, ruhiger Hund. Er hat eine robuste und kräftige Statur, seine große Jagdleidenschaft blieb erhalten. Es braucht einen erfahrenen Hundehalter, um diesem, gegen fremde Menschen eher unnahbaren und misstrauischen Hund gerecht zu werden. Der Akita kann territorial sein und ist bereit, nicht nur fremden Hunden gegenüber sein Revier zu verteidigen. Wenn man ihn schon als Welpe auf Menschen, Hunde und Umwelt positiv sozialisiert und viel Einfühlsamkeit bei der Erziehung zeigt, ist der Akita ein liebenswerter Hund. Doch er ist weniger für Anfänger und auch nicht für ein Leben in der Stadt oder einer Wohnung geeignet. In der Studie von Turcsán et al. (2011) erreicht er Platz 6 für emotionale Stabilität, 65 für Offenheit, 96 für Geselligkeit und 76 für Extraversion. Die Gesamtanalyse der erfaßten Eigenschaften gruppiert ihn am nächsten zur Deutschen Bracke.

RASSETYPISCHE KRANKHEITEN

Bei dieser Hunderasse wird oftmals von der unheilbaren Hautkrankheit „Sebadenitis" gesprochen. Hier wird ein autosomal rezessiver Modus der Vererbung vermutet und es gibt keine offensichtliche geschlechtliche Veranlagung (Reichler et al., 2001; Szczepanik et al., 2012). Ebenso gibt es eine Erbkrankheit des Innenohrs (kongenitales Vestibularsyndrom; Nelson und Couto, 1998). Wie häufig bei allen großen Hunden, können auch Akita Inu im Alter zu Skeletterkrankungen wie z. B. Spondylosen und Arthrosen neigen.

Training – siehe S. 176, Chow Chow

Für einen Akita Inu ist die gute Sozialisation auf Menschen, Hunde, Umweltreize für das spätere Leben sehr wichtig.

AUS DER PRAXIS

AKITA

Der Akita in der Familie

Heute gilt der Akita als Familienhund. Seine Ruhe macht ihn zu einem sehr angenehmen Begleiter, seine Charakterstärke und sein imposantes Auftreten zeichnen ihn aus. Akitas fühlen sich als Einzelhund sehr wohl. So ist der Mensch für den Akita, auch in der Mehrhundehaltung, häufig wichtiger als die Hunde-Sozialpartner. Ausgewachsene Hunde sehen sich eher als Partner, denn als dem Menschen untergeordnet. Es liegt ihnen daher im Naturell, stets gefallen zu wollen. Gerde in der Pubertät hat ein Akita eine höhere Bereitschaft, seinen Autonomieanspruch durchzusetzen. Er testet seine Stellung in der Familie gern aus, eine Auseinandersetzung speziell mit einem Jungrüden kann in dieser Zeit eskalieren. Hier kann es auch zu Problemen mit Kindern kommen. Damit es zwischen Kind und Akita funktioniert, ist es wichtig, nicht nur das Kind durch Beaufsichtigung vor dem Akita zu schützen, sondern auch den Akita vor den Kindern. Es muss Tabuzonen, also Ruhebereiche (Rückzugsmöglichkeiten) für den Hund geben, die das Kind NICHT betreten darf. Ein Akita ist kein Statussymbol, kein schmückendes Beiwerk, er ist ein Lebewesen mit Bedürfnissen und einem Recht auf rassegerechte Haltung. Die Basis einer Beziehung fußt auf Respekt. Dies muss für den Akita eine Wertigkeit haben, die erarbeitet sein will, und die es NICHT zum Null-Tarif gibt.

Verantwortung seitens der Halter

Jedem muss klar sein, dass diese Rasse alles andere als leicht zu handhaben ist. Auch seine Jagdleidenschaft macht die Haltung nicht einfach. Ersthundebesitzern ist deswegen von dieser Rasse in der Regel abzuraten. Bereits Welpen müssen lernen, sich zu beherrschen (Duldungsübungen), wobei etwaige Abbruchsignale eindeutig und

Für Ersthundehalter ist diese Hunderasse eher nicht geeignet.

konsequent durchgesetzt werden müssen. Auch muss jedem Halter klar sein, dass Sozialisationseinflüsse im 3. bis 6. Lebensmonat offensichtlich entscheidend für die Ausbildung der Verträglichkeit mit Artgenossen sind. Zudem sollte man wissen, dass bei asiatischen Hunderassen ein vergleichsweise geringes Interesse am Spiel mit anderen Hunden festgestellt wurde. Der Habitus eines Akita ist imposant. Daher kann seine in sich ruhende Präsenz bedrohlich wirken. Dies sogar mit hoher Wahrscheinlichkeit, wenn die innerartlichen Kommunikationsmöglichkeiten der sich begegnenden Hunde nicht ausreichend erlernt wurden oder/und die Individualdistanz des Akita durch sein Gegenüber „unerlaubt" unterschritten wird. Unliebsame Auseinandersetzungen sind dann sozusagen vorprogrammiert. Hier ist der Mensch gefordert, diesen vorhersehbaren Schwierigkeiten zuvorzukommen und das Problem verlässlich zu lösen. In der Erziehung muss ein Akita klare Grenzen aufgezeigt bekommen: freundlich, aber konsequent, nachdrücklich und durchaus mit körpersprachlichen Signalen. Einen Akita lediglich mit positiver Verstärkung erziehen zu wollen, wird in der Regel nicht funktionieren. Wer glaubt, mit Leckerli oder gar mit Ignorieren von Fehlverhalten über alle erzieherischen Hürden zu kommen, wird in der Praxis schnell seine Grenzen erreichen.

Aggressionsverhalten

Bei einem Akita ist dringend von einer Schutzhundeausbildung abzuraten. Ist die sehr hohe Reizschwelle und Beißhemmung gegenüber dem Menschen einmal durchbrochen, muss Unkontrollierbarkeit befürchtet werden. Doch auch hier hat die individuelle Erfahrung in der Entwicklung aggressiver Reaktionen eine sehr viel größere Bedeutung. Hier ist es wichtig, Aggression als Bestandteil des Lebewesens Hund zu sehen. Nur dann haben wir die Chance, Einfluss zu nehmen und dem Akita zu ermöglichen, in einer von menschlichen Bedürfnissen geprägten Umwelt zurechtzukommen.

Gemeinsame Aktivitäten

Eine intensive Bindung entwickelt sich dann am besten, wenn Mensch und Hund viele gemeinsame Unternehmungen, Aktionen, Spiele, Spaziergänge und Erlebnisse haben. Seine Disposition zur Selbstständigkeit prägt einen Akita bis heute. Zwangsläufig ist er an Übungen, insbesondere wenn häufige Wiederholungen abverlangt werden, nicht besonders interessiert. Die Jagdleidenschaft dagegen bietet reizvolle Herausforderungen, denkt man an die Möglichkeiten der Nasenarbeit. Fährtenarbeit, Zielobjektsuche, Mantrailing u. Ä. sind sicher gut geeignet, um das Interesse eines Akita zu wecken und qualifiziert für eine sinnvolle Betätigung mit rassegerechter Auslastung.

Verstehen als Basis des Miteinanders

So faszinierend Akita sind, müssen wir als Halter lernen, sie als Rasse zu begreifen, ihre Körpersprache wie ihr Verhalten zu lesen und ihre Bedürfnisse zu erkennen, um sie rassegerecht „bedienen" zu können. Ansonsten findet ein Akita höchst erstaunliche Lösungen für Probleme, die man ohne ihn nicht hätte und die mit Sicherheit nicht immer zum Schmunzeln sind. Ein Akita aber, richtig sozialisiert, gut erzogen, ausreichend beschäftigt und bewegt, ist ein wunderbarer, ruhiger und doch aufmerksamer wie treuer Begleiter, den man überall hin mitnehmen kann.

Bettina Schmidt-Pinnekamp, seit 1985 Erfahrung mit Akita, Ausbildungs- und Erziehungsbeauftragte im Japan Akita e. V.

Harald Zrenner, von klein auf hundeaffin, seit 1990 Erfahrung mit Akita, Mitbegründer und Vorsitzender des Japan Akita e. V. (www.japan-akita.de).

Er besitzt ein äußerst selbstständiges und unabhängiges Wesen und braucht einen erfahrenen Menschen.

SHIBA INU

HERKUNFT, GESCHICHTE, AUFGABEN

Shiba Inu heißt im japanischen Dialekt „kleiner Hund" und ist der kleinste japanische spitzartige Hund. Alle Nachkommen des Urvaters der japanischen Hunde, des Nippon Inu, sind nach dem gleichen Modell gebaut und nur größentechnisch voneinander unterschieden. Der Größte ist der Akita und der kleinste der Shiba Inu. Der heutige Shiba Inu ist aus einer sorgfältigen Selektion in den Bergregionen Japans entstanden. Dort wurden sie als Jagdhunde auf kleines Wild gehalten, besonders aggressive Hunde wurden auch zur Bären- und Wildschweinjagd verwendet.

Durch die Vermischung mit westlichen Jagdhunden, ist der Shiba Inu beinahe ausgestorben. Erst 1928 wurde wieder mit der Reinzucht begonnen und seit 1934 wurde der erste Standard für die Rasse veröffentlicht. Der Shiba Inu ist heute in Japan einer der beliebtesten Familienhunde geworden, vereinzelt wird er jedoch auch noch immer als Jagdhund auf kleines Wild eingesetzt.

MORPHOLOGIE

Größe und Gewicht Die Schulterhöhe beträgt beim Rüden 39 cm, bei Hündinnen 36 cm. Das Gewicht variiert je nach Geschlecht zwischen 9 und 14 kg.

Farbe Fellfarben sind rot, schwarzloh und sesam.

Zuchtprobleme beim Shiba Inu sind, wie bei allen Zwerghunden, die Patellaluxationen und Zahnfehler.

EIGENSCHAFTEN

Der Shiba Inu ist wie sein großer Verwandter, der Akita, kein Hund für Anfänger. Seine kleine Körpergröße mag darüber hinwegtäuschen, dass in diesem kleinen Hundekörper ein äußerst passionierter Jäger steckt. Dazu kommt ein ausgesprochen selbstständiges und unabhängiges Wesen, sodass er schon im Welpenalter an eine Zusammenarbeit mit dem Menschen gewöhnt werden muss, um später zumindest ein Interesse an dieser zu zeigen. Der kleine Shiba Inu ist äußerst wachsam und kann territorial und unduldsam gegenüber fremden Hunden sein. Fremde Menschen werden misstrauisch beobachtet, daher ist eine frühe und positive Sozialisation hier wichtig.

Laut Turcsán et al. (2011) gehört der Shiba Inu eher zum Cluster der wenig ruhigen, gut trainierbaren, mittelmäßig geselligen und wenig mutigen Hunde. Für emotionale Stabilität erreicht er Platz 46, für Offenheit Platz 37, für Geselligkeit 56 und für Extraversion Platz 95. Nach den Punkten der Gesamtpersönlichkeit, ähnelt er Collie und Zwergdackel am meisten.

Es benötigt einen erfahrenen und einfühlsamen Halter, damit der Shiba Inu zu einem angenehmen Partner wird. Diese Hunde sind relativ robust und widerstandsfähig und lieben viel Bewegung. Freilauf ist bei ihnen nur mit Training und Erziehung möglich, da sie selbstständig und jagdpassioniert sind und gern eigene Entscheidungen treffen. Laut Kutsumi et al. (2013) ist es positiv, mit dem Welpen einen gut geführten Welpenkurs zu besuchen. Die Welpen wurden in einer Studie 6 Wochen lang jede Woche eine Stunde am Tag unterrichtet. Dieses kontinuierliche Training hat laut Kutsumi dazu beigetragen, Verhaltensprobleme wie Ungehorsam oder Angst vor Fremden zu verhindern.

RASSETYPISCHE KRANKHEITEN

Beim Shiba Inu dürfte es sich um eine robuste Hunderasse handeln, die bei guter Zucht keine rassetypischen Krankheiten aufweist. Einige Hunde in Japan, vor allem im Bezirk Kinki, weisen die Krankheit GM1-Gangliosidose auf. Dies ist eine lysosomale Speicherkrankheit, die das Gehirn und mehrere systemische Organe befällt. Die Krankheit wird autosomal rezessiv vererbt. Bei betroffenen Hunden manifestieren sich neurologische Anzeichen einer progressiven motorischen Dysfunktion im Alter von 5 bis 6 Monaten (Yamato et al., 2000; Uddin et al., 2013).

Training – siehe S. 176, Chow-Chow

Der Shiba Inu ist im Training mit Jagdverhalten gut zu motivieren, wenn man es richtig einsetzt.

ALASKAN MALAMUTE

HERKUNFT, GESCHICHTE, AUFGABEN

Bis weit ins 19. Jahrhundert hinein, war der Malamute die einzige Hunderasse im nordwestlichen Teil Alaskas. Ihre Aufgabe war es, sowohl Mensch als auch dessen „Hab und Gut" mit dem Schlitten zu ziehen. Am Schlitten liefen die Hunde zu zweit nebeneinander, ein weiterer lief allein davor an der Spitze des Teams. Als die weißen Siedler kamen, begann auch der Niedergang der Schlittenhunderassen in Alaska. Zwischen 1900 und 1918 wurde der Schlittenhundesport bei den eingewanderten weißen Siedlern sehr populär. Der Alaskan Malamute war den Siedlern jedoch zu langsam. So wurden alle Schlittenhunde miteinander gekreuzt. Erst ab 1926 besann man sich eines Besseren und widmete sich vermehrt der Reinzucht des heimischen Malamute. Beigetragen zu diesem Sinneswandel hat die Tatsache, dass sich bei der letzten Südpolexpedition der Malamute von allen Schlittenhunden als am Leistungsfähigsten erwiesen hatte. Er ist der schwerste aller Schlittenhunde und vermag damit die meisten Lasten zu ziehen.

MORPHOLOGIE

Größe und Gewicht Die Schulterhöhe liegt zwischen 58 bis 63 cm, das Gewicht zwischen 39 und 57 kg, je nach Geschlecht.

Farbe und Fell Das dichte Fell kommt in den Farben hellgrau bis schwarz und sable, mit oder ohne weiß, vor. Es ist pflegeleicht, haart jedoch stark.

EIGENSCHAFTEN

Der Alaskan Malamute ist ein ruhiger, gelassener Hund, der jedoch stets wachsam ist. Für den Bindungs- und Beziehungsaufbau braucht es einen erfahrenen und einfühlsamen Hundehalter, um ihn zur Zusammenarbeit zu motivieren. Obwohl er der größte und kräftigste der nordischen Rassen ist, ist er dennoch ein wendiger und schneller Jäger. Er braucht viel Bewegung und wenn er nicht seiner ursprünglichen Aufgabe, dem Schlitten- oder Wagenziehen, nachgehen kann, braucht er unbedingt eine adäquate geistige und körperliche Beschäftigung. Laut Turcsán et al. (2011) gehört er eher zu dem Cluster der sehr ruhigen, wenig trainierbaren, mittelmäßig geselligen und wenig mutigen Hunden. Er ist auf Platz 2 für emotionale Stabilität, Platz 94 für Offenheit, 75 für Geselligkeit und 67 für Extraversion.

RASSETYPISCHE KRANKHEITEN

Durch die Größe muss man insbesondere auf Erkrankungen des Bewegungsapparates wie HD, ED, OCD achten (Witsberger et al., 2008). Die auftretende Chondrodysplasie wird einfach autosomal rezessiv vererbt (Brown et al., 1978; Kerrigan und Robinson, 2016). Die Achromatopsie ist eine autosomal rezessive Erkrankung, die durch den Verlust der Zapfenphotorezeptorfunktion gekennzeichnet ist und zu Tagblindheit, völliger Farbenblindheit und verminderter zentraler Sehschärfe führt. CNGB3-Achromatopsie oder Zapfendegeneration ist ebenfalls bekannt (Yeh et al., 2013).

Der Alaskan Malamute liebt es, in der Natur unterwegs zu sein und sich zu bewegen.

TRAINING

Diese Hunde lieben den Kontakt zu ihren Artgenossen. Dies betrifft jedoch nicht immer den Kontakt mit fremden Hunden, sondern eher die gemeinsame Gruppe zu Hause, wo Hunde miteinander leben. Sie finden Laufen hoch belohnend. Ob am Schlitten, beim Radfahren, beim gemeinsamen Laufen oder auch der Hundesportart Canicross. Jedoch ist gerade deswegen auf Ruhe- und Entspannungsphasen zwischen den Laufphasen zu achten. Nur wenn die Hunde immer wieder, am Besten auf Signal, wirklich entspannen können, ist die Suchtgefahr vermeidbar. Berichte, z. B. aus Pflegestellen von Schlittenhundnothilfeorganisationen, beschreiben ansonsten Erscheinungen, die dem kalten Entzug eines menschlichen Suchtpatienten höchst ähnlich sind.

Auch hier gilt: Für einen Freilauf muss ein Abruf von Beginn an positiv trainiert werden. Im besten Fall, für alle jagdambitionierten Hunde, mit Beutemotivation, da man später im Freilauf es womöglich mit einer „konkurrierenden Motivation" hinsichtlich Jagdverhalten zu tun hat. Der Rückruf wird also mit einem Jagd„spiel" beim Hundehalter kombiniert. Je nach Lernerfahrung des Hundes und wie zeitig (Alter des Hundes) man damit anfängt, desto höher ist die Wahrscheinlichkeit, einen gut sitzenden Rückruf zu etablieren. Für Hunde, die bereits gejagt und womöglich sogar Wild getötet haben, ist die Trainingsprognose eine andere, da hier die Lernerfahrung einen massiven Einfluss darauf hat. Hier muss der Hund so abgesichert werden, dass er keine Möglichkeit zum Jagen hat. Im Training lassen sich diese Hunde aber auch über hochwertiges Futter belohnen. Wichtig ist die Geduld und Ausdauer des Menschen, die sich nachhaltig bezahlt macht. Laufen, wie schon eingangs erwähnt, kann auch sehr gut als Verstärker eingesetzt werden.
Eine ausreichende körperliche und geistige Beschäftigung ist bei diesen Hunden sehr wichtig, so kann man spielerisch damit auch Grundsignale mit dem Hund erarbeiten, wenn man die für den eigenen Hund belohnenden Verstärker versteht und auch richtig einsetzen kann.
Bindungsübungen an den Hundehalter und Übungen zur Frustrationstoleranz, können hier oftmals wichtig sein. Daher empfiehlt es sich, mit dem Training frühzeitig zu beginnen, damit die Hunde von Beginn an lernen, dass sich die Zusammenarbeit mit dem Menschen nachhaltig lohnt, und dass normale Umweltreize keine hohe Erregung bedeuten. Auch betreffend des „übermäßigen Bellens", wenn andere Hunde „arbeiten" dürfen, als Ausdruck der Erregung, kann vorzeitig mit Training gegengesteuert werden, sodass die Hunde lernen, dass sich ruhiges Verhalten lohnt.

SIBERIAN HUSKY

HERKUNFT, GESCHICHTE, AUFGABEN

Husky war ursprünglich ein Schimpfwort für „Eskimo", später wurde es auch auf deren Hunde übertragen. Die Stämme der indigenen Völker in Ostsibirien, der Heimat des Huskys, hatten extrem schwere Lebensbedingungen. Sie führten ihr ganzes „Hab und Gut" während weiter und langer Wanderungen auf Schlitten mit sich. Das Überleben und Wohlergehen einer Familie hing davon ab, wie viele Hunde sie hatten und wie leistungsstark diese waren. Erstmals aufmerksam wurde man auf die Huskys, als ein russischer Händler einen Schlitten mit den kleineren und leichteren Hunden bei einem Rennen in Alaska meldete. Obwohl milde belächelt, gewann er das Rennen, womit den Huskys die Aufmerksamkeit gewiss war. Es begann ein reger Handel mit diesen Hunden, wobei auf eine Reinzucht kaum geachtet wurde. Der Verdienst, dass der Siberian Husky systematisch gezüchtet wurde, gilt dem Norweger Seppala. Er kaufte 1914 eine Anzahl von Hunden, die für die Nordpolexpedition von Amundsen vorgesehen waren, wegen des Kriegsausbruchs jedoch nicht stattgefunden hat.
Er verkaufte die Siberian Huskys in die USA und nach Kanada. Dort wurden mit ihnen eigene Zuchtgruppen gegründet, die zum Teil auch heute noch bestehen.

Gerade in jungen Jahren sollte viel Zeit in die richtige, liebevolle und konsequente Erziehung investiert werden.

MORPHOLOGIE

Größe und Gewicht Schulterhöhe bei Rüden von 53 bis 60 cm, das Gewicht liegt bei ca. 27 kg, Hündinnen erreichen eine Schulterhöhe von 50 bis 56 cm und ein Gewicht ab ca. 16 kg.
Farben und Fell Er kommt in allen Farben von schwarz bis reinweiß vor. Das Fell hat eine dichte Unterwolle und ein dichtes Deckhaar.

EIGENSCHAFTEN

Der Siberian Husky ist kleiner und leichter als der Alaskan Malamute und unterscheidet sich auch im Wesen. So ist er oftmals weniger wachsam. Er ist temperamentvoll und sehr bewegungsfreudig. Obwohl der Siberian Husky ein sehr freundliches Wesen hat, benötigt auch er für die Bindung und den Beziehungsaufbau erfahrene Hunde-

halter. Er ist gelehrig, kann aber eine hohe Eigenständigkeit haben, wenn die Motivation nicht hoch genug ist, mit dem Menschen zusammenzuarbeiten. Serpell und Duffy (2014) sprachen der Rasse eine nicht so hohe Trainierbarkeit zu. Jedoch zeigt der Siberian Husky weniger Aggressionen gegen Fremde, ist nicht so schnell erregbar (z. B., wenn eine Autofahrt ansteht), bellt weniger und hat niedrigere Angstwerte als andere Rassen, wie z.B. der Chihuahua (Serpell und Duffy, 2014).
Durch seine Selbstständigkeit und große Jagdleidenschaft (Serpell und Duffy, 2014) ist Freilauf meist nur mit viel Training und einer konsequenten Erziehung möglich. Er ist weniger ein Hund für die Stadt, noch für bequeme oder Hunde unerfahrene Menschen.

Bei Turcsán et al. (2011) steht der Siberian Husky auf Platz 5 für emotionale Stabilität, 88 für Offenheit, 60 für Geselligkeit und 24 für Extraversion. Er zählt zu den extravertierten, wenig offenen Rassen und gruppiert nach Persönlichkeit am nächsten zum Bernhardiner.

RASSETYPISCHE KRANKHEITEN

Kommt er aus einer seriösen, guten Zucht, wird der Siberian Husky als sehr robuste Hunderasse beschrieben. Bichsel et al. (1983) stellten bei drei verwandten Siberian Huskies eine degenerative Myelopathie fest. Ob und auf welche Weise diese jedoch vererbt werden kann, muss weiterhin erforscht werden.

Training – siehe S. 187, Alaskan Malamute

Durch die Selbstständigkeit und große Jagdleidenschaft dieser Hunde, sollte jeder Hund einer Gruppe unbedingt erzogen werden. Dann steht dem Freilauf auch mit den Gruppenmitgliedern nichts im Weg.

Eine wahre Freude, wenn der Grönlandhund viel in der Natur unterwegs sein kann.

GRÖNLANDHUND (GREENLAND SLED DOG)

HERKUNFT, GESCHICHTE, AUFGABEN

Als ab 1900 die große Begeisterung für Schlittenhunderennen begann, wurden alle schon damals vorhandenen Schlittenhunderassen miteinander gekreuzt. Wichtig war die Leistung und oftmals wurden die Hunde als „Eskimohunde" bezeichnet und keiner Rasse zugeordnet (Huson et al., 2010). Als Lokalschlag dieser Hunde kann man den Grönlandhund bezeichnen (Croft, 1937). Er wird vereinzelt in Nordeuropa gezüchtet, ob er jedoch in Grönland selbst noch als Rasse vorhanden ist, darüber streiten sich die Fachleute (Huson et al., 2010).

MORPHOLOGIE

Größe und Gewicht Die Schulterhöhe beträgt 55 bis 60 cm und das Gewicht ungefähr 30 bis 32 kg.

Farben und Fell Es sind alle Fellfarben vorhanden, sowohl einfarbig, als auch mehrfarbig. Das Fell besteht aus einer dichten Unterwolle mit Deckhaar.

EIGENSCHAFTEN

Der Grönlandhund ist ein äußerst robuster und kräftiger Hund, der es liebt, eigenständig zu arbeiten. Kann er seiner ursprünglichen Beschäftigung nicht nachgehen, fühlt sich dieser Hund weniger wohl und braucht entsprechende geistige Beschäftigung. Teilweise ungeeignet als Stadt- oder reiner Wohnungshund, sowohl wegen seiner großen Jagdleidenschaft als auch wegen seines selbstständigen Wesens. Nicht geeignet für Hundeanfänger und bequeme Menschen, jedoch für sehr sportliche aktive.

Training – siehe S. 187, Alaskan Malamute

TIBETAN MASTIFF (DO KHYI)

HERKUNFT, GESCHICHTE, AUFGABEN

Da Tibet schon immer ein sehr in sich geschlossenes und isoliertes Land war, sind nicht viele Berichte über den Do Khyi (Tibet Dogge oder Tibet Mastiff) bekannt. Die ersten genaueren Schilderungen waren Aufzeichnungen aus dem Reisebericht Marco Polos, der 1271 nach Asien gereist war und über die sagenhaften Hunde Tibets berichtete (Cordier, 1903; Polo et al., 2004). Aus weiteren geschichtlichen Überlieferungen weiß man, dass es bei den Ureinwohnern Tibets zwei verschiedene Arten des Tibet Mastiffs gegeben haben soll: den Bhotia, ein Hund, der mit der Herde mitgezogen ist und sie beschützt hat und den Tsang Khyi, ein Wächter für die Grundbesitzer. Der Tsang Kyi war über Jahrhunderte hinweg der Beschützer von Klöstern und des Grundbesitzes des Adels. Man hat die Tsang Khyi bereits im Alter von ein paar Monaten an die Kette gelegt, damit sie lernten, den Grundbesitz zu verteidigen. In der Nacht ließ man sie frei. Die Übersetzung für Do Khyi bedeutet „ein Hund zum Anketten". Lange Zeit gab es keine bzw. kaum Überlieferungen vom Do Khyi, erst im 19. Jahrhundert tauchen wieder Beschreibung über ihn auf, die aber recht unterschiedlich ausfallen, je nach Autor. Woraus die Schlussfolgerung gezogen werden kann, dass es vom Do Khyi viele verschiedene lokale Schläge gegeben haben könnte. Er ist ein Berghund wie der Pyrenäenhund oder Berner Sennenhund, der als Herdenschutzhund für die wandernden Hirten des Himalayas eingesetzt wurde. Er ist außerdem der traditionelle Wachhund der Klöster(Wirz-Ridolfi, 2018).

Der Do Khyi ist ein sehr imposanter Herdenschutzhund, der trotz seiner Gelassenheit blitzschnell reagieren kann. Seine Wachsamkeit und Territorialität stellt viele Hundehalter vor große Herausforderungen.

MORPHOLOGIE

Größe und Gewicht Er erreicht eine Schulterhöhe von 61 bis 66 cm und ein Gewicht von 64 bis 82 kg.

Farben und Fell Die Farben schwarz, blau oder gold sind erlaubt, kleine weiße Abzeichen an der Brust sind möglich. Das dichte Fell mit Unterwolle und Deckhaar wird einmal im Jahr stark abgestoßen, worauf er danach um einiges schlanker wirkt.
Eine Art genetische Anpassung an die sauerstoffarme Umgebung in großer Höhe, zeigt sowohl die Lungenstruktur wie auch die chemische Struktur des roten Blutfarbstoffes Hämoglobin des tibetischen Mastiffs (Jianguo et al., 2009; Li et al., 2015).

Die richtige und gute Sozialisation dieser Hunde, legt einen wichtigen Grundstein für das spätere gemeinsame Leben.

EIGENSCHAFTEN

Der Tibet Mastiff (Do Khyi) ist ein ruhiger und ausgeglichener Hund. Er ist durch seine große Körpergröße weniger bewegungsfreudig, geht aber im ruhigen Tempo gern spazieren. Er ist wachsam, stark territorial und jederzeit bereit, sein Revier auch zu verteidigen. Achtet man auf eine gute Aufzucht, frühe positive Sozialisation auf Menschen, andere Tiere und Umwelt, dann kann dieser selbstständige Hund auch auf seine Familie bezogen und ein angenehmer Begleiter sein. Kein Hund für Anfänger oder dem städtischen Raum.

RASSETYPISCHE KRANKHEITEN

Bei tibetanischen Mastiff-Hunden wurde von Sponenberg und de Lahunta (1981) sowie von Cummings et al. (1981) eine rezessiv vererbte hypertrophische Neuropathie (Verdickung der peripheren Nerven und Nervenwurzeln infolge von Regenerationsvorgängen) entdeckt. Die Krankheitssymptome variieren. Motorische Ausfälle lassen sich klinisch am ehesten diagnostizieren (Rentmeister, 2005).

TRAINING

Durch seinen massigen und imposanten Gesamteindruck und seinem gelassenen Wesen, findet dieser Hund immer mehr Liebhaber. Hier ist der Hundehalter im „Lesen" seines Hundes gefragt. Das Ausdrucksverhalten ist jedoch durch die vielen Haare und durch die Größe oftmals für Menschen sehr schwierig. Doch auch diese Hunderasse zeigt das gesamte Spektrum des hundlichen Ausdrucksverhaltens in differenziert ausgeprägter Form. Es umfasst eine Vielzahl an Einzelsignalen und ihre jeweilige Bedeutung in unterschiedlichen Kombinationen. So liefern Gestik, Mimik, Körperhaltung, Körperstellung, Körperspannung, mögliche Lautgebungen im jeweiligen Verhaltenskontext Informationen über den emotionalen Zustand eines Hundes, dessen Motivationen und Verhaltensbereitschaften. Es ist zu beachten, dass es nie ein einziges Signal gibt, das einen bestimmten Bedeutungsinhalt hat. Es ist der differenziert zusammengesetzte Gesamtausdruck des Ausdrucksverhaltens des Hundes, und der Kontext entscheidend.

Hunde lesen lernen

Zum Einüben des „Lesenlernens" von Hunden eignet sich folgende Herangehensweise:

- Verhalten beobachten
- Beschreibung des Gesehenen in neutraler Form (z.B. die Rute wird hoch getragen, Ohren vorne, ...)
- Zuordnung (Kontext beachten und Prioritäten setzen)
- Interpretation der Beobachtungen

So kann man auch beim Tibet Mastiff, trotz der Haare, sehr gut die Ohrstellung (Ohrmuschel), die Rutenhaltung, die Kopfstellung, etc. erkennen.
Zu beachten gilt weiter, dass die aufgestellten Rückenhaare (vom Schulteransatz bis inkl. der Rute in unterschiedlichen Formen) nur ein Signal von Aufregung, Erregung bedeuten. Ebenso verhält es sich mit der Rutenbewegung (Schwanzwedeln).
Als Hundehalter muss man sich mit dem „Lesen des eigenen Hundes" auseinandersetzen, um dann im Training darauf eingehen zu können.

Erziehung des Do Khyi

Zu Beginn steht immer die konsequente Erziehung. So kann der Do Khyi zu einem unkomplizierten Wegbegleiter werden, sofern bereits der Züchter darauf achtet, die Welpen gut zu sozialisieren, gerade auch auf Menschen. Sehr wachsame, territoriale Hunde müssen von Anbeginn lernen, dass die Wachsamkeit auf einem Spaziergang unbegründet ist und man hier vorallem auf „Freunde" trifft. Hält man diese Hunde schon in frühen Jahren von anderen Menschen, Umweltreizen und Hunden fern, kann dies dazu führen, dass sie auch mit erhöhtem Trainingsaufwand eine Freundlichkeit gegenüber Fremden im Alter nicht mehr lernen. Hier geht es keinesfalls darum, dass sie sich von jedem auf der Straße anfassen lassen müssen. Die eigene Souveränität und Führungsqualität des Hundehalters ist hier gefragt, dem Hund zu vermitteln, dass Menschen und andere Hunde freundlich sind und man mit ihnen Kontakt haben kann (nicht muss!), oder man ganz einfach entspannt an diesen vorbei geht. Hier sind die eigene Vorbildwirkung und Stimmungsübertragung wichtig. Dem Hund etwas vorspielen, an das man selbst nicht glaubt, klappt nicht, da die Hunde dies sofort spüren und einen dann nicht ernst nehmen.
Man sollte sich zudem immer vor Augen führen, dass der ausgewachsene Hund nicht über die Leine „kontrolliert" werden kann. Dieser große Hund hat locker die Kraft, das Leinenende beliebig zu manövrieren. Daher ist die Grunderziehung essentiell wichtig, die Signale müssen richtig geübt und zuverlässig ausgeführt werden, nur dann wird dieser starke Hund zu einem entspannten Wegbegleiter. Die Signale sollten immer mit einer hochwertigen Belohnung gefestigt werden, sodass der Hund den „Sinn für sich dahinter" versteht. Sture Übungsabläufe, mehrmals hintereinander, machen hier keinen Sinn, ebensowenig wie Druck oder Strafe!
Zur Gefahrenprävention ist es unabdingbar, dass diese Hunde lernen, dass Aufregung nicht mit Gewalt vom Menschen beantwortet wird! Dies kann zu einem reaktiven Hund führen und damit auch dazu, dass er bei geringer Aufregung bereits mit Aggressionsverhalten reagiert.
Ein gelassener und routinierter Hundehalter, mit Einfühlungsvermögen und liebevoller Konsequenz, ist hier in der Erziehung und im Training gefragt.

XIGOU

HERKUNFT, GESCHICHTE, AUFGABEN

Die erste Erwähnung des Xigou findet sich auf einem Wandgemälde am kaiserlichen Grab der Tang-Dynastie. Der Xigou wird auch chinesischer Saluki genannt, es handelt sich um einen windhundartigen Hund, mit einer ungewöhnlichen bananenförmigen Nase. Besonders gut geeignet ist er für die Hasenjagd, aber auch als Wächter von Häusern findet er Verwendung. Erst 2009 wurde ein erster Standard für diese Rasse erstellt, der jedoch noch nicht wirklich befolgt wird. Auch in der eigenen Heimat ist der Xigou sehr selten.

MORPHOLOGIE

Größe und Gewicht Die Schulterhöhe beträgt zwischen 60 und 70 cm. Korrekte Gewichtsangaben gibt es keine.

Farben Der Xigou kommt in den Fellfarben weiß, rot und schwarz vor.

Der Xigou ist ein ausgezeichneter Jäger und daher gut über Jagdmotivation trainierbar.

EIGENSCHAFTEN

Seine vielseitige Einsetzbarkeit erfordert einen hohen Grad an Anpassung. Als Jäger muss der Xigou fokussiert und motiviert sein, als Wächter extrem wachsam und ständig reaktionsbereit. Da er selten im Haus gehalten wird, ist die Bindung zum Menschen nicht vorherrschend.

TRAINING

Der Xigou ist ein ausgezeichneter Jäger und braucht eine Aufgabe und Beschäftigung. Oftmals empfinden diese Hunde neben der Beutemotivation (Jagdverhalten) auch das Laufen als sehr belohnend, das kann im Training gut eingesetzt werden. Er ist kein Hund für Anfänger, da die meisten Zuchtlinien noch jagdlich geführt werden. Dadurch ist die Leistungsbereitschaft der Hunde hoch.
Eine mögliche Form der Beschäftigung kann die Hunderennbahn darstellen, sofern dies aus Spaß erfolgt UND vor allem ortsbezogen trainiert wird. Tut man dies nicht, hat man schnell einen passionierten Jäger beim täglichem Spaziergang an seiner Seite, der auch (noch) zusätzlich Jagderfahrung von der Rennbahn mitbringt. Hier ist der Hundehalter gefragt, ob er die entsprechenden Voraussetzungen schaffen kann, damit er dem Individuum und den Bedürfnissen gerecht wird. Der entsprechende Zeitaufwand ist hier nicht zu unterschätzen.
Management im Jagdverhalten ist genauso wichtig, wie das gezielte und strukturierte Training des Hundes. Für viele Bereiche des Hundesportes sind sie geeignet: Agility, Canicross, Unterordnung, etc. Der Xigou ist für agile Menschen, die gern in der Natur sind, gut geeignet.

WEITERE HUNDERASSEN AUS CHINA

Während eine Reihe von Hunderassen aus der ganzen Welt in China sehr beliebt sind, gibt es einige seltene und einige gut bekannte Hunderassen, die ihren Ursprung in China haben. Dazu gehören Chinese Chongqing Dog, Shar Pei, Mops, Pekinese, Chow-Chow, Chinese Crested Dog, Shih Tzu, Chinese Foo Dog, Kunming Wolf Dog und Xiasi Quan (Pregowski, 2016).
Hunde repräsentieren darüber hinaus eine Reihe wichtiger Werte in der chinesischen Kultur wie Fruchtbarkeit, Familienglück und Wohlbefinden sowie Treue (Williams, 1976). Einheimische chinesische Rassen weisen im Vergleich zu westlichen Hunden eine höhere genetische Diversität auf – ursächlich ist wahrscheinlich der unterschiedliche Domestikationszeitpunkt, denn die Domestizierung einheimischer chinesischer Hunde erfolgte viel früher als die Domestizierung westlicher Hunde (Wang et al., 2016). Die chinesischen Dorfhunde wurden zudem weniger intensiv selektiert, weil es bei der Bildung der Rassen im Vergleich zu den meisten modernen Hunderassen keinen spezifischen Selektionszweck gab (Yang et al., 2019). Auch die Einordnung von Yang et al. (2020) der chinesischen Hunde in genetische Cluster ist interessant – so sind Grönlandhunde zusammen mit asiatischen Grauwölfen, Hunden aus den nordwestlichen Gebirgsregionen Chinas und südwestasiatischen Urhunden in eine Gruppe einzuordnen. Der Papillon hingegen teilt sich ein Cluster mit europäischen Eurasiern und Pekinesen. Chinesische Kasachstan-Schäferhunde und Mongolische Xi-Hunde (chinesische Herdenschutz- und Hochgebirgshütehunde) aus Nordwestchina grenzen sich von der chinesischen Hauptgruppe ab, und stehen den finnischen Spitz- und Elchhundgruppen genetisch am nächsten. Einige westliche Hunde, wie der Grönlandhund, Papillon und der Eurasier, weisen Anzeichen für eine Abstammung von chinesischen Hunden auf, die möglicherweise ein Ergebnis der Einwanderung dieser Hunde nach Europa entlang der Wege von Sibirien nach Nordeuropa ist. Eine andere Erklärung ist, dass diese Hunde Kreuzungen aus einheimischen chinesischen Rassen mit europäischen Hunderassen sind (z. B. der europäische Eurasier eine Kreuzung zwischen dem deutschen Wolfsspitz und dem chinesischen Chow-Chow), so Yang et al. (2020).

Chinese Chongqing Dog

Geschichte und Herkunft Der chinesische Chongqing, in China als Ost-Sichuan-Stadthund bekannt, stammt aus dem südwestlichen Sichuan und Chongqing Chinas, daher leitet sich auch der Name ab (Zhou guàng, 1994). Die Geschichte dieser Rasse lässt sich bis in die westliche Han-Dynastie (202 v. bis 8 n. Chr.) vor mehr als 2000 Jahren zurückverfolgen. Archäologen fanden im Jahr 2000 im Jiangbei-Gebiet von Chongqing einen riesigen Friedhof der Westlichen Han-Dynastie. Es wurden Hundekeramik-Statuen gefunden, die dem Chongquing Hund gleichen (Dong, 2018).
Als direkter Vorfahre der Rasse sind die einheimischen Rassen aus den angrenzenden Regionen Dazhu, Hechuan, Yongchuan, Lingshui und Guanan, anzusehen, die kollektiv als Chongqing Hund bezeichnet wurden. Sie wurden für die Jagd in der Bergregion von Ost-Sichuan genutzt.

Durch die Verstädterung verlor der Chongqing Dog seinen Hauptverwendungszweck und die Population nahm rapide ab. Die Wiedereinführung der Rasse wurde erst in den 70er-Jahren erfolgreich durchgeführt. Seitdem sind sie in Chongqing zu einem beliebten Gebrauchshund geworden. Er wird als Begleithund, Wachhund oder zum Jagdgebrauch eingesetzt. Die Rasse ist vom Chinesischen Kennelclub anerkannt.

Eigenschaften Chongqing Dogs sind mittelgroße Hunde, quadratisch gebaut, für ihre Größe sehr stark und muskulös. Ihr Körper ist mit einem kurzen, harten Fell bedeckt. Vom Widerrist und der Wirbelsäule aus formt sich ein leichter, charakteristischer „Ridge“, der von der Schulter bis zur Schwanzwurzel etwa 3 m absteht. Die Rasse gilt als loyal, mutig, intelligent und agil. Sie sind in der Regel gute Familienhunde, jedoch gelten sie Fremden gegenüber als wachsam, reserviert und neigen zu angstbasierter Aggressivität (Choron und Choron, 2005). Sie wurden als Wachhunde für Eigentum und Familie verwendet, daher gelten sie als furchtlos und zäh, aufgrund ihrer ursprünglichen Nutzung als Jagdhund sind sie sehr muskulös, widerstandsfähig und beweglich (Zhou guáng,1994).

Xiasi

Geschichte und Herkunft Der Xiasi Dog ist eine vom Chinesischen Kennel Club anerkannte Hunderasse, die aus der Provinz Guizhou in China stammt. Da die Rasse hauptsächlich in der Stadt Xiasi vorkommt, lautet der offizielle Name Xiasi Quan, obwohl sie seitens der Miao-Ethnie auch als Bai Long Quan bezeichnet werden. Der ursprüngliche Zweck der Xiasi Quan-Rasse war das Bewachen des Grundstücks und die Jagd. Durch ihre angeborene Intelligenz und Wendigkeit, wurden sie zu effektiven Jägern, sodass der Xiasi nach den 1990er-Jahren hauptsächlich für die Jagd eingesetzt wurde (NGDC, 2020). Die Bewohner von Guizhou schätzen den Xiasi, weil sie glauben, dass der Hund Reichtum in die Familie bringt (Pregowski, 2016). Leider steht die Hunderasse nahe der Ausrottung. Es wird geschätzt, dass im Ursprungsort nur noch etwa 270 Individuen existieren (Savolainen et al., 2019).

Eigenschaften Ein ausgewachsener Xiasi wiegt zwischen 9 und 20 kg und wird zwischen 43 und 55 Zentimeter groß. Die Rasse hat kurzes, drahtiges, weiß gefärbtes Fell, Stehohren, kleine Augen und ein breites Maul. Die Haut um Nase, Schnauze und Augen ist rötlich gefärbt (Baidu, 2020).

Chongqing Dog – ein sehr wachsamer Hund.

Xiasi – ein umgänglicher, freundlicher Hund.

Kunming Wolfdog

Herkunft und Geschichte Der Kunming-Wolfhund ist die erste und einzige weltweit anerkannte Gebrauchshunderasse aus China. Die Rasse geht auf Hybridkreuzungen aus Wölfen und Hunden zurück, die später als einheimische Wolfhunde weiter mit Gebrauchshunden – wie dem Deutschen Schäferhund – verpaart wurden (Wei et al., 2017). In den 1950er-Jahren in Kunming, Provinz Yunnan, wurden sie als eigenständige Rasse eingeführt (Wang et al., 2013) und 1988 offiziell als Rasse anerkannt.

Eigenschaften Aufgrund ihrer Zuchthistorie unterscheiden sich Kunming-Hunde optisch kaum von Deutschen Schäferhunden des Leistungszucht-Typus – ihr Fell ist kurz, grau oder braun-schwarz, sie haben Stehohren und eine schäferhundtypische Statur. Die Kunming-Hunde finden als Militär- und Polizeihunde Verwendung, indem sie eine Vielzahl von Aufgaben erfüllen, einschließlich der Erkennung von Gerüchen wie z. B. von Sprengstoffen, Beschleunigern (für die Untersuchung von Brandstiftung) und Betäubungsmittel; Verfolgung und Suche nach Menschen; ebenso bei der Überwachung und Bewachung von Grundstücken sowie Rettungseinsätzen (Cheng et al., 2009; Li et al., 2009).

Chinese Foo Dog

Herkunft und Geschichte Der Foo wird zu den nordisch-asiatischen Spitzen gezählt, allerdings ist er keine offiziell anerkannte Rasse innerhalb Chinas. Es wird vermutet, dass er auf eine Kreuzung des Chow-Chow mit norwegischen Elchhunden zurückgeht.

Eigenschaften Die Rasse gilt als leicht umgänglich und zeichnet sich durch ihr freundliches, ruhiges Wesen aus. Der Foo Dog ist ein idealer Familienhund, der sich gut erziehen lässt. Das Jagdinteresse ist nur mäßig ausgeprägt (Palika, 2007). Der Foo wurde hauptsächlich als Wach- und Arbeitshund eingesetzt. Einst soll er die chinesische Mauer bewacht haben. Zahlreiche Mythen ranken sich um ihn. Viele Chinesen sind der Auffassung, dass die löwenartigen Foo-Skulpturen ihr Vorbild in dieser Hunderassse haben (Palika, 2007). Laut Standard des Chinese Foo Dog Club of America ist er ein typisch nordischer, spitzartiger Hund, kompakt und quadratisch im Profil. Der Kopf ist massig, die Rute hoch angesetzt und wird über dem Rücken getragen. Es gibt ihn in den unterschiedlichsten Farben von schwarz, über braun bis weiß – mit oder ohne minimal begrenzte weißen Abzeichen.

Hana Tebelmann – siehe S. 31

Kunming-Wolfdog – Gebrauchshunderasse

Chinsese Foo Dog – nordisch-asiatischer Spitz

GRUPPE 8
— *nach Parker*

BASENJI

HERKUNFT, GESCHICHTE, AUFGABEN

Die Einordnung des Basenji in eine Gruppe ist schwierig und galt bisher als kaum möglich. Gern wurde er zu der Gruppe der Terrier gezählt, laut FCI gehört er in die Gruppe der Spitze und den urtümlichen Hunden. Mit den Spitzen hat der Basenji jedoch kaum etwas gemein, die Zuordnung war daher umstritten. Molekulargenetisch ist er jedoch eindeutig gruppiert, und zwar als Schwestergruppe einer großen Zahl von Rassen und Entwicklungslinien, die von Shi Tzu über die „typischen Schlittenhunde" bis zum Tibet Mastiff reicht.
Der Basenji, auch bekannt als der zentralafrikanische Hund, lebt in der bewaldeten Landschaft nahe des hydrografischen Tiefseebeckens, das den Äquator im Zentrum des afrikanischen Kontinents überspannt. Bekannt als das „Kongobecken", umfasst dieses geografische Verbreitungsgebiet die Wasserscheide, die vom Kongo und seinen unzähligen Zuflüssen dominiert wird, den Regenwald und die bewaldeten Gebiete und erstreckt sich somit über Äquatorialguinea, Gabun, die Republik Kongo sowie den Süden Kameruns, die südliche Zentralafrikanische Republik und sogar den Norden Angolas und die südlichen Regionen des Südsudans.

Erscheinungsbild

Die Körperform entwickelte sich zu einem bestimmten Rassetyp, der von den frühen Westlichen Reisenden als „Kongo-Terrier" erkannt und später als Basenji bezeichnet wurde – aufgrund der ehemaligen Benennung als Terrier, wird er auch heute noch zum Teil als solcher bezeichnet. In Zentralafrika leben viele Hunde frei in der Nähe von menschlichen Siedlungen, sie haben alle eine ähnliche Erscheinung. Da sie sich in dieser speziellen Umgebung entwickelt haben, sind sie an ihre lokalen Bedingungen angepasst, einschließlich der lokalen Parasiten. Sie sind oft Ziele plündernder Leoparden, die ein Individuum mit Leichtigkeit erbeuten können, weshalb die Hunde dort häufig in größeren Familiengruppen zusammenleben.

VERWENDUNG UND URSPRUNGSVERHALTEN

Einige afrikanische Stämme in Kamerun nützten diese sehr jagdlich ambitionierten Hunde. Jeder Hund bekam von seinem „Besitzer" eine hölzerne Glocke oder Klapper um den Hals gebunden und wurde anhand des jeweiligen Klapperns oder Läutens erkannt. Bei der gemeinsamen Jagd konnte daher genau zugeordnet werden, welcher Hund gerade das Wild aufgescheucht hatte.

Der Basenji ist ein sehr aufmerksamer und aktiver Hund.

Die einheimischen Basenji sind keine Haustiere oder Gefährten. Sie sind eines der Werkzeuge im Jagdarsenal – sie unterstützen ihre Besitzer bei der Jagd mit aus Baumrindenfasern gewebten Netzen, in die Tiere getrieben werden. Wenn sich etwas im Netz verfängt, besteht die Hauptaufgabe der Basenji darin, die gefangenen Tiere festzuhalten und abzulenken, während die Jäger jene töten. Die verängstigten und verwundeten Tiere sind gefährlich, deshalb stehen die Hunde im Mittelpunkt der Abwehrreaktion der Wildtiere und schützen so die Jäger davor, Schaden zu nehmen (Thompson, 2016). Die ersten Hunde, die nach Europa kamen, stammten alle aus dem Kongogebiet. Die Engländer verliebten sich in die hübschen afrikanischen Jagdhunde und versuchten diese nach England zu importieren. Leider waren diese ersten Versuche von vielen Misserfolgen bestimmt, da sie nach der Staupeimpfung an dieser erkrankten und starben. Die Liebhaber dieser Hunde gaben jedoch nicht auf und die europäische Zucht der Basenji soll angeblich auf 11 aus dem Kongo eingeführte Hunde zurückgeführen werden können.

Ein intelligenter Hund mit großer Jagdpassion, die er mit selbstständigem Handeln umsetzt.

DER BASENJI IM KONGO

Die Menschen, die nur traditionelle Lebensgrundlagen im Wald kennen, sind darauf angewiesen, größere Säugetiere zu jagen, um überleben zu können. Daher erfordert ihr Leben im alten äquatorialen Primärregenwald ein spezifisches Arsenal an traditionellen Jagdwerkzeugen. Die Hunde sind Eigentum des Jägers; ein Teil des Waldwerkzeugs, zusammen mit Bögen, Pfeilen, Speeren und Netzen aus heimischen Pflanzenfasern. Duiker (Waldantilopen) gehören zu der Hauptnahrungsquelle dieser Stämme. Bei der Jagd gilt der zentralafrikanische Basenji als Spezialist und wird neben der Netzjagd auch zur direkten Jagd am Wild eingesetzt. Die Hunde müssen sowohl sportlich als auch wendig sein, um auf einem unwegsamen, von dichter Vegetation versperrten Gelände arbeiten zu können, während sie einem schnellen, flüchtenden Tier nachjagen. Die traditionelle Verwendung der Hunde umfasst nicht nur die Jagd, sondern spricht ihnen auch einen wichtigen Nutzen in der Sauberhaltung der Umgebung zu, denn sie sind Aasfresser und ernähren sich auch von menschlichen Abfällen sowie ihren Hinterlassenschaften (Thompson, 2014). Allesamt Eigenschaften, die ihn eher nicht zum Familienhund prädestinieren.

MORPHOLOGIE

Größe und Gewicht Die Schulterhöhe beträgt bei Rüden 43 cm und 40 cm bei Hündinnen. Das Gewicht liegt zwischen 9,5 und 11 kg.

Farben Rein schwarz und weiß; rotbraun und weiß; schwarz, lohfarben und weiß mit lohfarbenen Abzeichen.

Der Basenji ist ein symmetrischer, leicht gebauter Hund, mit langem flachem Kopf. Die Haut auf der Stirn bildet Falten, wenn er seine großen Ohren aufrichtet. Die Rute ist auf dem Rücken geringelt. Das Fell ist kurz, etwas länger auf dem Rücken und Unterseite der Rute und sehr pflegeleicht.

Basenjis leben in freier Wildbahn in Familienverbänden und haben dort nur lose Beziehungen zu den Menschen. Daher sind sie auch sehr freiheitsliebend und eigenständige Jäger.

PHYSIOLOGISCHE BESONDERHEITEN

Auffällig bei Basenjis ist nicht nur ihre eng geringelte Rute sowie ihre faltenreiche Stirn, sondern auch die besondere Pfotenbeschaffenheit, die durch eine ungewöhnliche Ballenform gekennzeichnet ist. Lange galten die „gespaltenen Ballen“ als einzigartig beim Basenji, der, anders als die meisten Haushunde, eine dem Rothund (*Cuon alpinus*) ähnliche Zehenanordnung mit gespaltenen Vorderzehenballen aufweist. Diese Ballenform wurde jedoch auch bei indischen indigenen Hunden „INDogs“ in Bhubaneshwar, Odisha beobachtet (Nierhoff, 2018). Naheliegend ist, dass diese Ballenform eine Funktion für in speziellen Lebensräumen beheimatete Hundeartige erfüllt, da sie sowohl bei den zentralafrikanischen Basenjis, den indigenen indischen Hunden wie auch beim in Asien vorkommenden Rothund und dem in Eurasien heimischen Goldschakal auftreten (Heptner, 1988).

EIGENSCHAFTEN

Basenjis zeigen – trotz züchterischer Selektion und Anpassung an westlich orientierte Bedürfnisse – immer noch viele Verhaltensweisen eines sehr ursprünglichen Hundes. Sie neigen zur Ängstlichkeit und zu Fluchtreaktionen gegenüber unbekannten Personen, in fremder Umgebung und gegenüber unbekannten Objekten. Ihre Orientierungsbereitschaft am Menschen ist verglichen mit modernen, europäisch geprägten Jagdhunden gering ausgeprägt, und sie zeigen ein sehr eigenständiges, exzellent ausgeprägtes Problemlösungsverhalten (Mehrkam und

Diese Hunderasse eignet sich wegen des starken Außenfokus, der Jagdleidenschaft, Beharrlichkeit und Ausdauer nur für erfahrene Hundehalter.

Wynne, 2014; Houpt, 2007). Sie sind generell aufgrund ihrer starken Außenfokussierung und ihrer geringen Halterbezogenheit wenig trainierbar (Houpt, 2007). Aufgrund dieser Eigenschaften gilt der Basenji mitunter als „wildtiertypisch" oder „untrainierbar".

In vergleichenden Halterumfragen, in denen die Trainierbarkeit sowie andere Eigenschaften von Dingos (australischen Wildhunden), Basenjis sowie anderen „Urhunden", dem Shiba und dem Kanaanhund, verglichen wurden, gaben rund 66 % der Halter an, ihre Basenjis mit moderatem, täglichem Training und hoher Erfolgsrate trainieren zu können – als erfolglos sahen lediglich 9 % der Befragten ihren intensiven Trainingsaufwand an. Einen erfolgreichen Rückruf, der den Basenji freilauftauglich macht, konnten lediglich 12 % der befragten Halter nach eigenen Angaben erreichen, rund 16 % gaben an, ihre Hunde unter keinen Umständen abzuleinen. Basenjis gelten als sehr jagdambitioniert – rund 47 % der Halter stuften ihre Hunde als jagdlich sehr ambitioniert ein, sie seien jedoch vornehmlich an der Hatz sowie der Spurensuche interessiert (Sanders, 2017).

Haltung als Haushund

Über das Wesen des Basenjis und seine Tauglichkeit zur Haltung gibt es unterschiedliche Meinungen. Einerseits wird der Basenji als idealer Haushund gepriesen, weil er selten bellt, sehr sauber und pflegeleicht, fast „geruchlos" ist. Demgegenüber stehen jedoch Beschreibungen seiner großen Sturheit, schlechten Gehorsams und der großen Jagdmotiviation.

Grundsätzlich ist der Basenji ein sehr intelligenter und im Wesen sehr unabhängiger und eigenwilliger Hund. Unbestritten ist seine große Jagdpassion, die bei der Jagd selbstständiges Handeln und Unabhängigkeit zeigt. In seiner Heimat folgt der Mensch dem Hund, der das Wild anzeigt. Unterordnung und echte Kooperation sind dabei nicht gefordert. Die Hunde leben in Afrika mit den Familien ohne enge Bindung an bestimmte Menschen und ernähren sich von Abfällen. Dementsprechend ist der Basenji sehr freiheitsliebend und immer auf der Jagd. Will man ihn richtig halten, ist sinnvolle Beschäftigung angebracht, wobei Hundesport wegen der geringen Unterordnungsbereitschaft kaum in Frage kommt. Fühlt sich der Basenji in seiner Familie und Umgebung wohl, ist er liebevoll, aufgeweckt und sehr aktiv. Fremden gegenüber ist er jedoch sehr zurückhaltend und man sollte bereits sehr viel Erfahrung und gutes Vorwissen haben, wenn man sich für die Haltung eines Basenjis entscheidet.

TRAINING

Durch die ursprüngliche Verwendung als Jagdhund, war bei der Jagd seine Beharrlichkeit und Ausdauer mehr als gewünscht und in der heutigen Zeit wird dies wohl oft (fälschlicher Weise) als „Sturheit" benannt. Hier muss sich der Halter (wie bei vielen anderen Hunderassen auch) mit dem Jagdverhalten von Hunden auseinandersetzen und die Hintergründe und Verstärkungsmechanismen verstehen. Dann kann mit Training und einer sinnvollen Beschäftigung dieser Hund auch im Alltag ein treuer Begleiter sein.
Je zeitiger der Basenji in seiner Entwicklung die sich lohnende Kooperation mit dem Menschen kennenlernt, desto einfach ist es, ihn später an neue Dinge heranzuführen und für Training zu motivieren. Der Basenji ist ein durchaus quirliger Weggefährte, der sehr gut auf Belohnungen in Form von Bewegung (Laufen, Hüpfen, ...) anspricht. Auch können alle Formen des Jagdverhaltens in den unterschiedlichen Sequenzen zur Bestärkung eingesetzt werden. Hier ist im Training darauf zu achten, dass man hochwertige Futterbelohnungen bei Übungen zur Konzentration einsetzt und die Belohnungsform des Jagdverhaltens bei Übungen für z.B. Schnelligkeit kombiniert. Auf die Wahl der Belohnung ist zu achten, da mit dem Jagdverhalten auch u.a. eine Adrenalinausschüttung erfolgt und man keinesfalls seinen Hund durch falsches Training „hochdrehen" sollte. Beschäftigungen mit Passivanzeige sind daher besser geeignet.
Der Basenji ist sehr intelligent und kann auch im Umgang sensibel sein. Hier sind eine konsequente, aber keinesfalls druckvolle Erziehung und Training gefragt. Schafft man es, die Übungen im Training abwechslungsreich zu gestalten, bleibt der Basenji mit Freude und Eifer dabei. Häufige Wiederholung der gleichen Übungen findet er schnell langweilig und neigt dann dazu, selbst erfinderisch zu werden, was meistens die Hundehalter als störend empfinden.
Ein konsequenter und beharrlicher Hund, der daher gut für Nasenarbeit (Fährte, Stöbern, Mantrailing, etc.) oder im Hundesport geeignet ist, sofern man ihm seine intrinsische Motivation an der Sache selbst nicht wegtrainieren möchte. Durch seine Wendigkeit und seine Lust am Laufen, eignen sich auch Laufsportarten mit oder ohne Geräte für ihn gut. Jedoch ist auch hier auf das hohe Suchtpotenzial solcher Beschäftigungen zu achten!

Ein aktiver Hund, der gern viel Bewegung hat.

WISSENSWERTES ÜBER DEN BASENJI

Basenji (ausgesprochen „Basenschi") bedeutet frei übersetzt: „Das kleine wilde Ding aus dem Busch". Noch heute passt diese Beschreibung gut zu dem Hund, den große Selbstständigkeit, ein starker „Freiheitsdrang" und eigensinniges Verhalten auszeichnen. Basenjis weisen eine starke Ähnlichkeit zur altägyptischen Rasse „Tesem" (Tjesem) auf. Zeichnungen aus Ägypten, sowie Grabfunde von Relikten dieser Hunde, wurden oftmals als Hinweis auf eine damalige Existenz des Basenji gesehen, konnten jedoch nicht als solche belegt werden. Der leichte, windhundartig gebaute Hund mit Stehohren und Ringelrute, ist einer der ältesten bekannten Hundetypen – insbesondere der Podenco Ibicenco von den Balearen sowie der Kelbtal-Fenek (unter der FCI als Pharaonenhund bekannt) aus Malta, werden oft als seine Nachfahren betrachtet, eine tatsächliche Abstammung wurde jedoch bisher bei keiner Rasse belegt (Hilzheimer, 1930; Rice, 2006).

Der Basenji in Deutschland

Im Jahr 1977 wurde der Basenji Klub Deutschland in München gegründet und die Rasse planmäßig in Deutschland eingeführt. Berta Burkert war die erste anerkannte Basenji-Züchterin (Zwingername „Casa d'Regina"). Unter dem 1. Basenji Klub Deutschland von 1977 e. V. sind mittlerweile 19 Züchter gelistet. Nachdem Basenjis bereits 1918 von Schweinfurth phänotypisch in einer Art „Standard" beschrieben wurden, erschien am 24. Juni 1942 in Großbritannien der erste Rassestandard, obwohl die ersten Basenjis bereits 1930 nach Deutschland eingeführt wurden. Unter der FCI wird der Basenji seit 2000 aufgeführt.

Ein Hund, der nicht bellt, aber spricht

Bei einigen Nomaden in Afrika sind Basenjis als „sprechende Hunde" bekannt. Die meisten Basenjis bellen nicht richtig, können sich aber mit einer Vielzahl an stimmlichen Lautäußerungen verständlich machen, manchmal auch begleitet von ausdrucksstarken Körpersignalen. Der Jodel, oftmals und anhaltend wiederholt, bedeutet Freude, ganz besonders der Begrüßungsjodel. Ein fröhliches, kurzes Jodeln drückt Zufriedenheit des Hundes aus. Es wird aber auch als Aufforderung, dem Basenji einen Wunsch zu erfüllen, eingesetzt. Mit einem anhaltenden Heulen macht der Hund darauf aufmerksam, dass er extrem unglücklich ist, weil er allein gelassen wurde – als Hund, der ursprünglich im „Rudel" lebt, macht er so seinen Verlust gegenüber seinem Halter oder anderen Hunden deutlich (U. Brammer).

Gesundheit

Basenjis können an einer seltenen Erbkrankheit, der Fanconi-Anämie, erkranken. Jene geht mit angeborenen Fehlbildungen, z.B. der Unterarmknochen oder verschiedener innerer Organe einher. Teil des Krankheitsbildes ist ein zunehmendes Versagen des blutbildenden Knochenmarks, sowie ein erhöhtes Krebsrisiko (Dr. med G. Tallen, 2016; Auerbach, 2009). Die Niere leitet Elektrolyte und Nährstoffe nicht richtig in den Körper zurück, sondern schüttet jene in den Urin aus. Zu den Symptomen gehören übermäßiges Trinken (Polydipsie), übermäßiges Wasserlassen (Polyurie) und Glukose im Urin (Glukosurie). Wenn Fanconi unbehandelt bleibt, treten Muskelschwund und Azidose auf, bis sich der Gesundheitszustand massiv verschlechtert und es, wenn

Der Basenji ist ein sehr aufmerksamer und interessierter Hund und für erfahrene Hundehalter, die sich gern viel in der Natur aufhalten, geeignet.

keine Behandlung stattfindet, zum Tod führt. Der Beginn von Fanconi liegt typischerweise im Alter zwischen vier und acht Jahren (Basenji Club of America).

Eine weitere Erkrankung, die bei Basenjis auftreten kann, ist IPSID, eine entzündliche Darmerkrankung (IBD), die dazu führt, dass der Hund Nährstoffe aus dem Futter nicht richtig verwerten und aufnehmen kann. Ungefähr 1 % der Basenjis gelten als betroffen. Zu den Symptomen können Durchfall, Erbrechen, Gewichtsverlust, gesteigerter oder verminderter Appetit und Aufgasung des Bauchraumes gehören (A&M University, Texas).

Schilddrüsenentzündungen gehören zu den rassetypischen Erbkrankheiten bei Basenjis. Etwa 17 % gelten als betroffen – 6 % davon weisen eine autoimmune Thyreoiditis (Abbau durch Gewebeabstoßung des Schilddrüsengewebes, auch als Hashimoto bekannt, auf, die zu einer chronischen Entzündung der Schilddrüse führt, 0,4 % dagegen eine idiopathische Hypothyreose, eine Schilddrüsenunterfunktion, die nicht autoimmun bedingt ist (Orthopedic Foundation for Animals).

Auch HD kann auftreten – ungefähr 3 bis 3,5 % sind dysplastisch (Orthopedic Foundation for Animals). Sehr verbreitet mit rund 77 % aller Basenjis ist die Persistierende Pupillenmembran, die allerdings bei 70,5 % sehr mild ausfällt und die betroffenen Hunde kaum beeinträchtigt (Canine Eye Registration Foundation).

Hana Tebelmann – siehe S. 31

MYTHOS CANAAN DOG

Die Nachfrage nach gesunden Hunden hält ungebrochen an, weshalb sich immer mehr Menschen für urhündische Rassen entscheiden. Ein Vertreter vom Urhundtyp ist der Canaan Dog (Kanaan Hund). Diese Jahrtausende alte Hunderasse zeichnet sich neben Gesundheit besonders durch Territorialität und Familientauglichkeit aus. Weltweit soll es gemäß Expertenmeinung etwa 3000 registrierte Kanaan Hunde geben, inklusive der freilebenden wird die Anzahl auf 5000 geschätzt. Doch auch, wenn die Seltenheit und die Besonderheit der Rasse attraktiv erscheinen, darf das nicht darüber hinwegtäuschen, dass für die Haltung oder Zucht spezielle Anforderungen bestehen und Kompetenzen entwickelt werden müssen.

Der lebhafte, aktive Canaan Dog kann reaktionsschnell und in seiner Territorialität durchaus auch eine Herausforderung sein.

Gesundheit

Der Kanaan Hund kann als eine überdurchschnittlich gesunde Rasse angesehen werden, wenn bei Elterntieren oder davon abstammenden Welpen rassespezifische Erkrankungsrisiken durch genetische Tests oder Gesundheitsuntersuchungen ausgeschlossen worden sind. Es reicht hierfür nicht aus, die derzeit im allgemeinen geforderten Untersuchungen auf Augenerkrankungen, Hüft- oder Ellbogendysplasie durchzuführen, da diese bei der Rasse Kanaan Hund gemäß den statistischen Erhebungen der OFA (Orthopedic Foundation for Animals) nur selten vorkommen. Amerikanische Untersuchungen der OFA verweisen mit ihren Statistiken zum Stand 31.12.2019 als gesundheitliche Hauptprobleme auf die Degenerative Myelopathie oder auf die Schilddrüsenerkrankung Autoimmun-Thyreoiditis. Bei diesen beiden Erkrankungsformen sind andere Hunderassen weniger belastet und gesünder. Die allgemeine Aussage, dass Kanaan Hunde gesünder sind als andere Rassen, kann von uns deshalb nicht bestätigt werden.

Wie sind die Gesundheitswerte der Kanaan Hunde im Vergleich mit anderen Rassen einzuordnen? In Zahlen der OFA rangiert der Kanaan Hund im Vergleich mit 59 anderen Rassen bei Degenerativer Myelopathie weit vorne auf Rang 25. Die Erhebungen der OFA weisen aus, dass bis Ende 2019 nur 57,1 % der auf Degenerative Myelopathie getesteten Kanaan Hunde davon frei und gesund waren (152 von 266). Genetische Merkmalsträger ohne Ausbruch der Erkrankung (dm-Träger) waren 37,2 % der getesteten Hunde (99 von 266). Ernsthaft erkrankt waren 5,6 % als dm-Risikoträger

Gemeinsame Aktivitäten mit seiner Familie, können große Freude bereiten. Wachsam ist er nicht nur gegenüber Menschen, sondern auch gegenüber möglichen Tieren.

(15 von 266). Es lässt sich ableiten, dass in 2019 zusammengerechnet 114 von 266 Kanaan Hunden der amerikanischen Testpopulation gesundheitlich belastet waren, was einem Prozentwert von fast 43 % entspricht. Am zweitschlimmsten nach der Degenerativen Myelopathie wird die autoimmune Schilddrüsenerkrankung bewertet. Im Vergleich mit anderen 115 untersuchten Rassen lagen Kanaan Hunde auf Rang 37. Gemäß der amerikanischen OFA-Erhebung waren 87% gesund (168 von 193).

Aus züchterischem Gesichtspunkt stellt sich die Frage, ob mit degenerativer Myelopathie (dm) belastete Trägertiere in der Zuchtpopulation belassen werden sollen oder nicht. Durch den Zuchtausschluss der dm-Trägertiere könnte der Verbreitung der Erkrankungsrisiken Einhalt geboten werden. Andere Experten verweisen auf das Risiko, dass dadurch viel wertvolles Erbmaterial verlorengehen könnte. Bisherige Zuchtvorschriften der OFA oder der nationalen Vereine oder Verbände sprechen sich deshalb für eine kontrollierte Weiterzucht mit dm-Trägertieren aus. Wenn genetische dm-Trägertiere im Zuchtpool verbleiben, dürfen sie nach unserer Auffassung nur mit dm-freien Tieren verpaart werden, um dieses Erkrankungsmerkmal nicht weiter zu fördern und zukünftig aus der Rasse auszuzüchten.

Familienhund oder „Rudelmitglied"

Oft ist zu lesen, dass Kanaan Hunde gute Familienhunde sein sollen und innerhalb ihres Rudels einen guten Umgang mit Kindern und Haustieren zeigen würden. Hierbei ist der Begriff der Familientauglichkeit genauer zu definieren. Was ist Familie? Nur die engere Haushaltsgemeinschaft? Alle Mitbewohner oder nur die, die täglich ein- und ausgehen? Was ist mit großen Kindern, die ab und an zu Besuch kommen und eigentlich der Herkunftsfamilie

Die Farben des Canaan Dog reichen von Sandfarben bis rot-braun, weiß, schwarz oder gefleckt, mit oder ohne Maske.

zuzurechnen sind, aber schon woanders leben? Was ist mit Besuchskindern? Was mit Freunden des Hauses? Ganz klar bewacht der Kanaan Hund sein Territorium. Und er beschützt sein Rudel. Und hier wird es differenzierter. Der Kanaan Hund betrachtet sein Rudel manchmal etwas anderes als der Mensch. Fremde Katzen oder Eichhörnchen gehören z. B. nicht dazu. Nach unserer Beobachtung gehören die täglich anwesenden erwachsenen Haushaltsmitglieder und alle Kinder, alle Haustiere und auch Nutztiere wie Hühner oder Schafe dazu. Bei Mehrhundehaltung gehören auch die anderen Hunde dazu, auch wenn sich im gemeinsamen Haushalt lebende Hunde nicht immer gut verstehen müssen. Bei erwachsenen Kindern, die auswärts wohnen und nur tageweise zu Besuch kommen, ist es schon anders. Es kann noch funktionieren, dass der Kanaan Hund sie duldet. Es kann aber auch sein, dass er mit einem deutlichen Warnbellen anzeigt, dass diese großen Kinder für ihn Fremde sind. Besuchskinder können ebenfalls geduldet werden, sind aber unter genauer Beobachtung. Kanaan Hunde verziehen sich hierzu in eine Ecke und beobachten meist unbemerkt, was vor sich geht. Dies gilt auch für Freunde der Familie. Bei Handwerkern, Müllwerkern oder dem Postboten muss schon genauer aufgepasst werden, dass diese nicht unvermittelt scharf angebellt werden. Darüber hinaus sind die meisten Kanaan Hunde im Innenbereich im täglichen Alltag eher zurückhaltend. Nach unserer Erfahrung hat das Etikett der Familientauglichkeit also nur eine eingeschränkte Gültigkeit, gegebenenfalls für den inneren Kern eines Haushaltes und eventuell noch für Erweiterungen, wenn die betroffenen Akteure den Hund im Einzelfall respektvoll behandeln und ihm durch ausreichend Sozialisierung und artgerechte Ausbildung eine Gelegenheit zur sicheren Bindung ermöglicht werden konnte. Wir befürworten den Begriff „rudeltauglich", weil dieses Etikett besser abbildet, wo ein Kanaan Hund gut integrierbar ist.

Eine Rasse für Individualisten

Kanaan Hunde sind für Kenner geeignet – aber nicht zwangsweise für Leute mit Hundeerfahrung in anderen Rassen – sondern in Erfahrung mit Führung, Körpersprache und Beherrschung der eigenen Emotionen. Hundeanfänger können durchaus „kanaanfähig" sein, wenn sie ausgeprägte Empathie besitzen, nicht unkontrolliert aggressiv werden und vor allem nicht nachgiebig sind. Positive Vorerfahrungen mit Kanaan Hunden erleichtern den Umgang. Grundsätzlich wird von verschiedensten Experten für alle Kanaan Hunde viel Sozialisierung empfohlen, egal wie temperamentvoll sie sind. Damit ist ein laufender Prozess gemeint, der nicht nur ein paar Wochen in der Welpengruppe einer Hundeschule, sondern mit manchen Hunden viele Jahre Sozialisierung und Ausbildung durch einen Hundeausbilder und Trainer, der die Kanaan Hunde kennt, umfasst, weil bei ihnen von einer Lebenserwartung bis zu 17 Jahren ausgegangen werden kann. Wie bei anderen Hunderassen auch, gibt es bei beiden Geschlechtern Vertreter aller Extreme in der Verhaltensbandbreite. Die Skala reicht von ängstlichen bis zu aggressiven Hunden, sie geht von introvertiert bis extrovertiert. Es gibt hochgradig misstrauische bis hin zu stürmisch freundlichen Exemplaren, es gibt Hunde mit ganz schneller Erregbarkeit, genauso wie solche mit stoischer Gelassenheit. Und auch in dieser wildhündischen Rasse gibt es Hunde, die sich bei Stress regelrecht in den Konflikt reinwerfen und solche, die erstmal in der Flucht ihr Heil suchen und versuchen, Orientierung zu gewinnen. Es gibt sehr freiheitsliebende Vertreter und auch sehr bindungsfähige und loyale Typen. All das kann nicht pauschaliert werden, allerdings mit gewissen Schwerpunkten im Alltag auftauchen.

Kanaan Hunde sind ein antikes Erbe und würdige Vertreter einer seltenen alten Rasse. Genauso wie sie zum einen selbstständig zurechtkommen und in der freien Natur noch wildhündisch überleben können, sind sie andererseits zu tiefer Bindung, starker Personenorientierung und loyaler Gefolgschaft fähig. Wer als Besitzer für diese eigenwillige und selbstständige Rasse Bodenständigkeit gepaart mit Ausdauer mitbringt, kann mit Kanaan Hunden viel Freude haben. Wer darüber hinaus bereit ist, sich voll und ganz auf die ureigenste Wesenhaftigkeit seines Kanaan Hundes einzulassen und auch bei Problemen in einem permanenten Prozess des Miteinander langfristig drin bleibt, kann mit großer Gefolgschaft belohnt werden.

Uwe Harer, Kanaan Hund-Züchter, Zuchtstätte Canaan Gen – Erhaltungszucht mit Gentests und Gesundheitsnachweisen, Dipl. Wirt.-Ing. (Universität Karlsruhe) mit Vertiefungen Personalmanagement, Eignungsforschung und Unternehmensplanung.
Im Nebenberuf Verhaltensbeobachtung und Rassehundezucht von Kanaan Hunden, zusammen mit seiner Ehefrau **Jacqueline Harer**. Mit unserem Namen Canaan Gen verweisen wir auf die aus unserer Sicht unerlässliche und hohe Bedeutung genetischer DNA- und Gesundheitsuntersuchungen.

Er kann bis zu 17 Jahre alt werden.

GRUPPE 9
— *nach Parker*

DEUTSCHER BOXER

HERKUNFT, GESCHICHTE, AUFGABEN

Die sogenannten „Bullenbeißer" oder „Saupacker" sind die Vorfahren der heutigen Boxer. Im 16. und 17. Jahrhundert hat man zwischen zwei in der Größe verschiedenen Variationen unterschieden, den großen „Danziger Bullenbeißer" und den kleineren „Brabanter Bullenbeißer". Beide Arten waren Jagd- und Hetzhunde, der Boxer dürfte sich aus dem kleineren „Brabanter Bullenbeißer" entwickelt haben. Mit dem Rückgang der Saujagd in Europa, Anfang des 19. Jahrhunderts, hatte man für diese Hunde kaum noch Verwendung, sie wurden zu Begleitern der Viehhändler (Witoslawska und Klimazewski, 2019). Eine klare Unterscheidung zwischen Doggen, Bullenbeißern und den importierten Englischen Bulldoggen war Mitte des 19 Jahrhunderts schwierig, oftmals wurden Englische Bulldoggen zu Beginn einer planmäßigen Zucht noch als Boxer gezählt.

In Bayern waren die Boxer besonders beliebt und ein erster Rassestandard wurde 1905 festgelegt. Der erste Boxer Club, der auch heute noch existiert, wurde 1910 gegründet und auf eine einheitliche Entwicklung in der Zucht der Boxer geachtet (Mostert et al., 2015).

MORPHOLOGIE

Größe und Gewicht Die Schulterhöhe beträgt zwischen 53 bis 63 cm, das Gewicht liegt zwischen 20 und 32 kg, je nach Geschlecht.

Farbe und Fell Es gibt ihn in den Farben gelb und gestromt, mit oder ohne Abzeichen. Das kurze Fell des Boxers ist pflegeleicht, bietet jedoch weder Schutz vor Hitze, noch vor Kälte und Nässe.

VERWANDTSCHAFT IN GRUPPE 9

Auch in dieser Gruppe finden wir Rassen, die in der traditionellen Klassifikation nicht zusammenstehen, und z. B. auch wieder einige als „Terrier" bezeichnete. Dies zeigt, wie unbefriedigend die bisherigen Klassifikationen aus zoologischer und genetischer Sicht waren.

Innerhalb dieser Gruppe sind Deutscher Boxer und Englische Bulldogge nahe verwandt, deren gemeinsame Schwestergruppe ist die Bordeauxdogge.

Boston Terrier und Französische Bulldogge stehen nahe zusammen und sind die gemeinsame Schwestergruppe von Boxer, Bulldogge und Bordeauxdogge. Boerboel, Mastiff und Bullmastiff stehen dem Staffordshire Bull Terrier gegenüber. Mastino Napoletano sowie Cane Corso aus Gruppe 10 sind Schwestergruppe von Gruppe 9.

Deutsche Dogge und Rhodesian Ridgeback aus Gruppe 11 sind Schwestergruppe der Gruppen 9 und 10.

Boxer waren früher einmal sehr beliebte Familienhunde.

EIGENSCHAFTEN

Der Boxer ist dem ersten Anschein nach ein zu allen freundlicher Hund, der jeden mag. Betrachtet man ihn jedoch genauer, ist er fremden Menschen gegenüber eher misstrauisch und durchaus bereit, sich und seine Ressourcen zu verteidigen. Boxer sind bewegungsfreudige Hunde, die gern arbeiten und durch ihre Intelligenz und Gelehrigkeit bestechen (Serpell und Duffy, 2014). Er ist weder ein Hund für bequeme Menschen, noch einer für Hundeanfänger, man sollte bei der Haltung eines Boxers sehr klar und verständnisvoll sein. Er ist ein Arbeitshund, der jedoch im Diensthundewesen aufgrund von gesundheitlichen Problematiken, seiner Leistungsbereitschaft und seinem Wesen meist nicht mehr eingesetzt wird (Parker et al., 2004). Für Hundesport lässt er sich gern begeistern (Svartberg, 2006).

In der Budapester Studie zählt der Boxer zu den offenen und extravertierten Rassen, er erreicht Platz 54 für emotionale Stabilität, 34 für Trainierbarkeit, 61 für Geselligkeit mit Hunden und 10 für Extraversion. Von der Persönlichkeit sind ihm der Border Terrier und der Hovawart am Ähnlichsten.

RASSETYPISCHE ERKRANKUNGEN

So wie bei den meisten großen Hunden, muss man auch beim Boxer auf den Bewegungsapparat mit HD, ED, OCD achten. Zudem können Herz-, Nierenerkrankungen (JDR), Schädigung des Rückenmarks (Wobbler-Syndrom) und Epilepsie auftreten (Bussadori et al., 2009; Meurs, 2004; Nielen et al., 2001; van Hagen et al., 2005). Auch im Bereich der Kurznasen-Züchtung muss man genau darauf achten, dass man einen Hund mit „längerer Nase" erwirbt, da Atemnot leider auch hier vorkommen kann, was die Lebensqualität des Hundes massiv beeinflusst und die Leistungsfähigkeit einschränkt (Koch et al., 2003).

Bei der Auswahl sollte unbedingt auf die Länge der Nase geachtet werden. Längere Nasen sollten unbedingt bevorzugt werden.

Mit Beute kann der Boxer gut motiviert werden. Die größte Belohnung für Hunde ist das, was sie gerade am meisten haben wollen.

TRAINING

Der Boxer ist ein gelehriger Hund, er ist intelligent und gut trainierbar. Jedoch findet man oft auch nervöse Hunde, was das Training und die Ausbildung erschweren kann. Hier ist es wichtig, eine gute Zucht mit guten Aufzuchtbedingungen zu wählen. Auch die weitere Sozialisation und Erziehung sind wichtige Faktoren für einen ausgeglichenen Hund (Strychalski et al., 2015). Der Boxer kann sehr stürmisch sein und man muss beim Einsetzen der Belohnungen sehr kreativ sein. Gerade im Hinblick auf Frustrationstoleranz kann ein Training aufwändig werden. Die Erhöhung der Frustrationstoleranz bewirkt jedoch nicht, dass ein „Hibbelhund“ dann nur mehr still sitzt. Das sind falsche Vorstellungen betreffend des Trainings. In einem strukturiert und gut aufgebauten Training zur Frustrationstoleranz lernt der Hund, dass er mittels Lösungsstrategien (hier kann von menschlicher Seite Hilfestellung gegeben werden) verschiedene Reize als weniger frustrierend empfindet, bzw. nicht mehr so schnell in Frustration gerät und sich auch ein Stück weit zurücknehmen kann. Der Hund hat sozusagen einen „Plan der Lösung“ im Kopf, was Sicherheit gibt und Stress reduziert. So wird er mit steigendem Lernerfolg im Alltag und Training entspannter, bleibt jedoch auch dann ein „Hibbelhund“, wenn er das von Beginn an war. Boxer lassen sich gut mit Beute motivieren. Ebenso finden sie Laufen sehr belohnend. So kann eine Flächensuche, z. B. nach einem Ball, als Abschluss zu einer Übung sehr motivieren. Im Hundesport, je nach Leistungsfähigkeit, ist er gut einsetzbar. Die Lauffreude und der Bewegungsdrang müssen dem Halter bewusst sein.

ENGLISCHE BULLDOGGE (ENGLISH BULLDOG)

HERKUNFT, GESCHICHTE, AUFGABEN

Die Enlische Bulldogge wurde aus den Vorgängern der früheren Mastiffs entwickelt, die für Stierkämpfe verwendet wurden. Durch den Kampfstil der Stiere, die bei Angriff den Kopf senken und versuchen, ihren Gegner mit den Hörnern aufzuspießen, hatten massige große Hunde weniger Chancen, als kleinere wendigere. Beim Bullenkampf, dem sogenannten „Bull Baiting", sollten die Hunde sich in die Nasen der Bullen verbeißen. Kleinere und robuste Hunde bissen sich fest und wenn der Bulle sie hochwarf und abschüttelte, war das für diese kräftigen, muskulösen Hunde kein Problem, sie drehten sich um und versuchten erneut die Nase des Bullen zu erreichen. Die damaligen Bulldoggen haben mit der jetzigen Form wenig gemein, denn heute wären die Hunde körper-

EXKURS: BRACHYCEPHALIE

Brachycephalie bedeutet „Kurzköpfigkeit" und geht durch die Schädelverkürzung mit Veränderungen an Nase, Maul und Luftröhre, aber auch den Augenhöhlen einher. Die Gesamtheit der damit verbundenen Beschwerden wird als Brachycephales Syndrom bezeichnet. Durch die zu engen Nasenlöcher, das verlängerte Gaumensegel, den zu kleinen Kehlkopf und den zu geringen Durchmesser der Luftröhre gehört die Atemnot zu den häufigsten Beschwerden betroffener Rassen. Die Veränderungen der Nasenmuscheln bewirken außerdem eine gestörte Thermoregulation, wodurch die Tiere gerade bei warmem Wetter wenig belastbar sind. Der Schweregrad der Symptome richtet sich nach dem Ausmaß der Schädelverkürzung. Eine nachhaltige Linderung der Beschwerden kann ausschließlich chirurgisch erreicht werden, eine vollständige „Heilung" ist jedoch nicht möglich.

Leider sind die heutigen English Bulldogs durch extreme Züchtungen weniger agil.

Extrem kurz gezüchtete Nasen- und Schädelformationen können starke gesundheitliche Probleme verursachen.

lich nicht mehr dazu in der Lage, diese Kämpfe durchzustehen. Die Form der Bulldogge, die heutzutage bekannt ist, entstand erst mit der Beendigung der Stierkämpfe um 1835. Die Zucht und die Beliebtheit der Bulldogge ging damals stark zurück, da sie mehr der Hund von Zuhältern, Schaustellern und Komödianten war, und kein Hund der gehobenen wohlhabenden Klasse. Erst mit dem Aufkommen von Hundeausstellungen begann man mit einer gezielten Zucht. 1868 wurde erstmals in Birmingham eine eigene Klasse für English Bulldogs bei einer Ausstellung eingeführt. Da jedoch nicht mehr die Leistung der selektive Grund der Züchtung war, sondern optische Merkmale, geschah das, was bei so vielen anderen Rassen auch passierte: man übertrieb die typischen Rassemerkmale wie breiter Kopf, kurze Nase, Vorbiss, breite Brust oder athletischer Körperbau. Die gesundheitlichen Folgen der Übertreibung dieser Merkmale wurden nicht beachtet (Oechtering et al., 2007).

MORPHOLOGIE

Größe und Gewicht Für Angaben bezüglich der Größe der Bulldogge werden keine Maße zur Schulterhöhe herangezogen, sondern nur Gewichtsangaben. Eine männliche Bulldogge sollte 25 kg wiegen und eine weibliche 23 kg.

Farben und Fell Das Fell ist kurz und kommt in allen Farben außer schwarz vor, es kann einfarbig, gescheckt oder gestromt sein. Die Hautfalten bei Bulldoggen müssen stets sauber gehalten werden, ebenso die Augen. Sonst kommt es zu Entzündungen, die teils auch übel riechen können (O'Neill et al., 2019).

EIGENSCHAFTEN

Grundsätzlich wäre die Bulldogge ein sehr agiler und unternehmungslustiger Hund, der fast als kühn und abenteuerlustig zu bezeichnen wäre. Durch übertriebene Zuchtformen hat sie mit Atemnot und extremer Hitzeempfindlichkeit zu kämpfen.

Durch gute Aufzucht, Sozialisation und Erziehung können diese Hunde tolle Familienhunde werden. Oftmals ist die Selbstständigkeit dieser Hunde für manche Hundehalter eine große Herausforderung.

Ausdauernde Bewegung, bei denen sie sich anstrengen muss, sind nicht möglich! Das verursacht Stress und bringt Verhaltensweisen in den Vordergrund, die durchaus nicht typisch sind. Hat die Bulldogge einen funktionstüchtigeren Körper, der sie nicht zu stark belastet, ist sie ein lebhafter, spielfreudiger und unternehmungslustiger Hund. Erziehungssignale muss man vom Welpenalter gut trainieren, ansonsten ist die Bulldogge durchaus ein sehr selbstständiger Hund (Ricciarelli, 2016). Bei Turcsán et al. (2011) findet sie sich auf Platz 26 für emotionale Stabilität, Platz 72 für Offenheit, 34 für Geselligkeit und 23 für Extraversion. Insgesamt ist ihre Persönlichkeit der Französischen Bulldogge und dem Shi Tzu am nächsten.

RASSETYPISCHE ERKRANKUNGEN

Viele Bulldoggen leiden unter einer Deformierung der Atemwege, was fast kein freies Atmen ermöglicht (Liu et al., 2017). Dadurch kann es zu Herz-Kreislauf-Problemen kommen. Gerade die vielen Hautfalten bedingen Entzündungen der Haut. Auch kann ein Entropium (Umstülpung des Augenlides nach innen) auftreten, verengte Gehörgänge und Ohrenentzündungen sind ebenfalls möglich (O'Neill et al., 2019).

TRAINING (ENGLISH BULLDOG, FRANZÖSISCHE BULLDOGGE)

Bulldoggen sind gern mit ihren Bezugspersonen zusammen. Durch gute Sozialisation und Erziehung können sie ein guter Familienhund werden. Man darf jedoch nicht außer Acht lassen, dass diese Hunde ursprüngliche Arbeitshunde (Tierkämpfe) waren, daher noch immer die Anlagen für das Hüteverhalten (Bullen-Beißen) mitbringen und durchaus auch verteidigungsbereit sind, wenn es um eine (in ihren Augen) wichtige Ressource geht. Beim Training brauchen sie meist eine höhere Wiederholungsrate für ein Kriterium. Hat ein Malinois in z. B. zweimaliger Wiederholung den Sinn der Übung verstanden, so kann dies bei Bulldoggen leicht 10 oder mehr Wiederholungen bedeuten. Hier ist es wichtig, das Training interessant zu gestalten. Je nachdem, wie stark die körperlichen Beeinträchtigungen aufgrund der Zucht sind, lieben diese Hunde zu laufen und zu toben. Im Sommer kann dies oftmals bei vielen, je nach Temperatur, nur in den frühen Morgen- oder Abendstunden sein. Sie sind durch die momentan extreme Zucht oft gesundheitlich sehr eingeschränkt, was eindeutig vom Kauf abraten läßt. Nicht zu extrem gezüchtete Englische Bulldoggen sind dagegen für jeden Spaß zu haben. Kreative Dinge wie Tricks, Dogdance, Intelligenzspiele finden diese Hunde toll. Bei langweiliger Übungswiederholung zeigen sie ihre Eigenständigkeit und machen dann meist andere Dinge, zum Missfallen ihrer Menschen. Ein großer Vorteil im Training mit Bulldoggen ist ihre Leidenschaft für Futter. Sie lassen sich leicht und gern mit Futter motivieren. Motivierend finden sie auch Beutemotivation oder Sozialspiele. Schnüffelübungen können eine gute Beschäftigung darstellen. Auch Hunde mit verkürzter Nase können Leckerchensuche oder Fährtenarbeit lernen. Untersuchungen an Möpsen (Hall et al., 2015) zeigen, dass die Leistung kurznasiger Hunde bei der Geruchsdifferenzierung nicht hinter der von langnasigen Rassen zurückstehen muss.

Auch wenn Welpen immer süß aussehen, ist von extremen Züchtungen unbedingt abzuraten.

FRANZÖSISCHE BULLDOGGE (FRENCH BULLDOG)

HERKUNFT, GESCHICHTE, AUFGABEN

Um 1500 herum kam in England erstmals der Begriff „Bonddogge“ auf, gemeint waren damit Hunde, die man an der Leine („Bond“) führen musste, da sie so rauflustig und schwierig waren. Gemeint waren damit wahrscheinlich alle vorkommenden Kampfhunde, da es noch keine Unterscheidung zwischen Französischer Bulldogge und der Englischen Bulldogge gab. Mit dem Verbot der Hundekämpfe 1858, änderte sich auch die Anforderung an die Hunde. Sollten sie früher temperamentvoll und bissig sein, wünschten sich die Menschen nun einen angenehmen Gefährten. Als beliebter Hund der niederen Arbeiterschicht, wurden auch keine großen Hunde bevorzugt, sondern eine Miniatur-Ausgabe des alten Kampfhundes, die unter dem Namen Toy Bulldogge immer mehr Anhänger fand. 1836 wurden die ersten Toy Bulldoggen auf einer Hundeausstellung gezeigt. Ende des 19. Jahrhunderts erlebte die Spitzenproduktion in der Normandie in Frankreich einen großen Aufschwung. Englische Spitzenklöppler wanderten nach Frankreich aus und nahmen ihre Hunde, die Toy Bulldoggen, mit. Diese Bulldogge wurde mit der Zeit zum Franzosen und zum Hund der kleinen Leute wie Obst- und Gemüsehändler, Schuster, Lastenträger oder der Damen des ältesten Gewerbes der Welt. Damit erfolgte auch keine genaue Zuchtauswahl, sondern die Veränderungen erfolgten ganz zufällig. 1885 wurde ein erstes Zuchtbuch für die Französische Bulldogge veröffentlicht und 1888 die ersten Rassekennzeichen.

Hier muss die Balance zwischen Bewegung und Atmungsfähigkeit, je nach Ausprägung der Brachycephalie, gefunden werden.

MORPHOLOGIE

Größe und Gewicht Die Schulterhöhe beträgt bei Rüden zwischen 27 und 35 cm, bei Hündinnen 24 bis 32 cm. Auch im Gewicht gibt es nur geringe Unterschiede, es liegt meist zwischen 10 und 13 kg.

Farben und Fell Das kurze Fell kann in den Farben falb oder weiß gescheckt auftreten, aber auch einfarbig oder gestromt. Die Französische Bulldogge neigt zur Kurzatmigkeit, verbundenen mit Erscheinungen wie teils lautes Schnarchen oder einer geringen Leistungsfähigkeit (Dupré und Heidenreich, 2016).

Ein kleiner kompakter Hund, der eigentlich sehr robust wäre, wenn nicht übertriebene Züchtungen die Gesundheit beeinträchtigen würden.

EIGENSCHAFTEN

Die Französische Bulldogge ist ein aufmerksamer und wachsamer Hund, der jedoch nicht zu übertriebener Lautäußerung neigt. Sozial mit Menschen und mit anderen Tieren gut verträglich, ist er ein liebenswerter Gefährte sowohl für Familien als auch Singles. Man sollte jedoch nicht erwarten, dass man einen stets gehorsamen Hund um sich hat, die Französische Bulldogge ist sehr selbstbewusst. Ist sie gesundheitlich fit und kämpft nicht so sehr mit Atemnot, liebt sie lange Spaziergänge und ist durchaus bewegungsfreudig. Für Hundesport ist sie weniger geeignet, auch sehr sportlichen aktiven Menschen wird diese Hunderasse weniger Freude bereiten.

Die Französische Bulldogge ist bei Turcsán et al. auf Platz 23 für emotionale Stabilität, 76 für Trainierbarkeit, 32 für Geselligkeit mit Hunden und 12 für Extraversion. Sie zählt damit zu den extravertierten, aber wenig offenen Rassen.

RASSESPEZIFISCHE KRANKHEITEN

Leider stellt die Kurzatmigkeit eine sehr häufige Einschränkung der Lebensqualität und Leistungsfähigkeit dieser Rasse dar (siehe Info S. 214). Es kann weiter zu Allergien, Hautkrankheiten und auch zu Bandscheibenproblemen kommen (Mayousse et al., 2017).

Training – siehe English Bulldog, S. 217

Unter optimalen Bedingungen ein ruhiger, gelassener und entspannter Hund.

OLD ENGLISH MASTIFF

HERKUNFT, GESCHICHTE, AUFGABEN

Den genauen Ursprung dieser Rasse kann man, wie für viele andere Hunderassen, nicht zurückverfolgen. Tatsache ist jedoch, dass bereits um 100 n. Chr. von großen massigen Hunden berichtet wurde, die wie Gold, Kohle, Silber oder Sklaven gehandelt wurden. Vermutlich waren es Jagd-, Kriegs- und Kampfhunde, die in den Römischen Arenen massenhaft verbraucht wurden. Mit dem Untergang des römischen Reichs fanden die großen Hunde eine andere Verwendung. Sie wurden zur Bewachung der Höfe gehalten. Da sie jedoch keinen Schaden anrichten sollten, wenn sie in den Wäldern wilderten, wurden diese „Bauernhunde" bis weit ins 17. Jahrhundert an einem Vorderfuß oder Hinterlauf gelähmt, indem man ihnen die Sehne am Fersengelenk durchtrennte oder am Vorderfuß drei Zehen amputierte.
Zum Zeitvertreib des Adels fanden auch immer wieder Bären- und Wildschweinjagden statt, dafür wurden nicht die „wertvollen" Jagdhunde verwendet, sondern die „Bauernhunde". So gibt es Berichte, dass Königin Elisabeth I an einem einzigen Sommertag des Jahres 1575 nicht weniger als 13 Bären im Kampf gegen Hunde eingesetzt hat. Wie viele Hunde zum Einsatz kamen, wird nicht erwähnt. Im Mittelalter wurde die Bärenjagd vom Bull-Baiting (Stierkampf) abgelöst, der dann wiederum in den Hundekampf überging. Sehr bald stellte man aber die Untauglichkeit der gro-

ßen, massigen Hunde fest, und sie wurden von kleineren und wendigeren Hunden wie z. B. Bulldogge und Bull Terrier abgelöst. Eine regulierte Zucht des Mastiffs begann erst um 1835. Im Jahr 1872 wurde der erste Mastiff Club gegründet, der sich zur Aufgabe machte, Mastiffs zu erhalten (Steinfeldt, 2002). Zum Ende des Zweiten Weltkriegs galt die Rasse als nahezu ausgestorben und musste rückgekreuzt werden. Somit sollte man ihrer Vergangenheit als Kriegs- und Kampfhund nicht allzu große Bedeutung beimessen (Etscheidt, 2001).

MORPHOLOGIE

Größe und Gewicht Sowohl für die Schulterhöhe als auch das Gewicht sind beim Mastiff keine Grenzen festgelegt.

Farben und Fell Der Mastiff kann in den Farben apricot, falb und gestromt auftreten (Steinfeldt, 2002). Das kurze, eng anliegende Fell ist zwar pflegeleicht, durch die hängenden Lefzen sabbert der Mastiff jedoch stark.

EIGENSCHAFTEN

Der Mastiff ist ein loyaler, ruhiger und bei idealen Bedingungen entspannter, liebevoller Hund. Er ist zudem ein mutiger, aufmerksamer und verlässlicher Wächter über sein Territorium und seine Familie. Durch seine Größe bereits beeindruckend, ist er selten dazu gezwungen, seine Verteidigungsbereitschaft unter Beweis zu stellen (MacInnes, 2003; Stur, 2000; Duffy, Hsu und Serpell, 2008). Man sollte ihm jedoch frühzeitig zeigen, dass es sich für ihn lohnt, mit dem Menschen zusammenzuarbeiten. Vernachlässigt man diesen Ratschlag, hat man oft einen sehr eigenständigen Hund, der genau weiß, was er will und das auch, ohne sich um Konsequenzen Gedanken zu machen, durchzieht. Der Mastiff ist kein Hund für sportlich aktive Menschen, mit seinen Bewegungen geht er mit Bedacht um und bevorzugt kühlere Temperaturen für längere Spaziergänge.

RASSETYPISCHE ERKRANKUNGEN (OLD ENGLISH MASTIFF, BULLMASTIFF)

Wie viele Riesenrassen, leiden auch Mastiff und Bullmastiff an den Folgen ihrer Größe. So kann es zu schweren Schäden am Bewegungsapparat kommen wie ED und HD, sowie zu einer sehr verkürzten Lebenserwartung (Urfer, Greer und Wolf, 2011; O'Neill et al., 2013). Übermäßige Faltenbildung kann auch hier zu Entzündungen der Hautfalten führen. Augen- und Herzerkrankungen können auftreten (PRA: autosomal dominant: Mellersh, 2014; Kijas et al., 2003).

Er ist ein guter und mutiger Wächter, der die entsprechende liebevolle und konsequente Erziehung benötigt.

TRAINING (OLD ENGLISH MASTIFF, BULLMASTIFF)

Mastiff und Bullmastiff bestechen oft durch ihre Gelassenheit und extrem hohe Reizschwelle (Serpell und Duffy, 2014). Sie sind meist sehr stressresistent und auch durchaus sehr gut trainierbar, wenn man von Anbeginn auf eine gute Erziehung achtet (Gazzano et al., 2008; Kutsumi et al., 2013). Macht man sich bewusst, dass diese Hunde für Bärenkämpfe eingesetzt wurden, ist klar, dass sie auch ein ausgeprägtes Jagdverhalten haben können. Das „Packen" der Beute, des Stieres oder des Bären, wurde aus dem Jagdverhalten selektiert. Menschen gegenüber sind sie sehr sozial und sehr gern bei Unternehmungen mit dabei.

Sie können eigenständig agieren und auch in Hinblick auf ihre oftmals stoische Gelassenheit, können sie trotzdem blitzschnell sein, wenn es notwendig wird. Der Besitzer muss sich dessen bewusst sein.

Die richtige Belohnung muss für jeden Charakter gefunden werden. Dies kann Futter, der Ball oder auch die Zuwendung des Sozialpartners sein, aber auch Buddeln in einem Mäuseloch. Ruhige Beschäftigungsmöglichkeiten wie Leckerchen-Suchen in der eigen gewählten Geschwindigkeit finden sie, sofern kein Leistungsdruck entsteht, meist toll. Hier kann es schon vorkommen, dass die Halter ihre Hunde als stur oder nicht motivierbar bezeichnen. Dies liegt aber im Grunde daran, dass Mastiffs zwar bereit sind, mit uns mitzuarbeiten, aber das nicht endlos und schon gar nicht in – für diese Hunde – langweiligen gleichen Übungsabfolgen.

Große gemütliche Spaziergänge finden sie toll, aber sie mögen es auch, einfach im Garten zu liegen. Es ist wichtig, dass man sich darüber im Klaren ist, dass Mastiffs ausgesprochen gute Wächter sein können und wenn man ein offenes Haus haben möchte, ist hier gutes Training und richtige Erziehung ein Muss (Yin et al., 2008).

Grundelemente der Erziehung wie Leinenführigkeit oder auch Grundsignale sollten schon ganz früh trainiert werden, da diese Hunde im ausgewachsenen Zustand (durch ihre Größe und Gewicht) sehr viel Kraft haben und es nicht zu einem Kräftemessen an der Leine kommen darf.

Gemütliche Spaziergänge, im eigenen Tempo mit der Familie, finden diese Hunde toll.

BULLMASTIFF

HERKUNFT, GESCHICHTE, AUFGABEN

Um 1790 wurde von einem Hund berichtet, dem sogenannten Game-Keepers-Night-Dog = Wildhüter-Nacht-Hund. Es war angeblich eine Kreuzung zwischen Mastiff und Bulldogge, die gegen Wilddiebe eingesetzt wurde. Diese Hunde bildeten die Urahnen des heutigen Bullmastiffs. Sie wurden schon viele Jahrzehnte vor ihrer Anerkennung 1924 durch den English Kennel Club als Schutz- und Wachhunde gehalten. Vor Beginn des 20. Jahrhunderts bis hin zum Zweiten Weltkrieg war der Bullmastiff eine der beliebtesten Hunderassen Englands, man traf ihn bei jedem Gutshof oder auch auf Polizeistationen an. Rassebeschreibungen gab es zu dieser Zeit noch nicht, sie entstanden erst 1950, als der Bullmastiff fast gänzlich verschwunden war. Im Zweiten Weltkrieg konnte man sich große Hunde durch die Lebensmittelknappheit nicht mehr leisten, worauf sie fast völlig verschwanden (Etscheidt, 2001). Diese starke Genetische Einschränkung ist auch heute noch nachweisbar (Parker et al., 2017).
Überlebt haben die Bullmastiffs durch ihre große Beliebtheit in Südafrika Ende des 20. Jahrhunderts, wo sie zum Schutz von Gold- und Diamantminen eingesetzt wurden.

MORPHOLOGIE

Größe und Gewicht Schulterhöhe 64 bis 69 cm bei Rüden und 61 bis 66 cm bei Hündinnen. Das Gewicht liegt bei 41 bis 59 kg.

Farben und Fell Die Fellfarben einfarbig rot und rehbraun sind vorherrschend, das Fell kann auch gestromt auftreten, ist aber immer kurz und pflegeleicht.

EIGENSCHAFTEN

Der Bullmastiff ist ein gelehriger, wachsamer Hund, der aufmerksam sein Revier bewachen kann. Durch seine beeindruckende Erscheinung muss er selten wirklich aktiv werden, um seine Familie, der gegenüber er als sehr loyal gilt, und sein Territorium zu verteidigen. Auch Bullmastiffs haben eine sehr hohe Reizschwelle, sind intelligent, lebhaft und lieben lange ausgiebige Spaziergänge (Etscheidt, 2001; Baumann, 2005). Auch geistige Beschäftigung schätzt er und wenn man ihm schon von Welpenalter beweist, dass es sich lohnt, mit dem Menschen zusammenzuarbeiten, kann er durchaus gehorsam sein (Gazzano et al., 2008). Er ist dennoch kein Hund für Anfänger.

Rassetypische Erkrankungen – siehe English Mastiff, S. 221
Training – siehe English Mastiff, S. 222

Bullmastiffs sind sehr aufmerksam und bewachen ihr Revier.

BOERBOEL

HERKUNFT, GESCHICHTE, AUFGABEN

Den Ursprung des Boerboels sieht man im Jahr 1652, als Jan van Riebeeck, der erste niederländische Verwalter, einen „Bullenbeißer“ mit nach Südafrika nahm. Im Laufe der Zeit haben weitere Einwanderer doggenartige Hunde oder englische Mastiffs eingeführt und mit den einheimischen Hunden gekreuzt. Entwickelt hat sich ein großer massiger Wachhund, der Hof und Herden vor den teilweise sehr wehrhaften Wildtieren in Südafrika zu verteidigen wusste. Als eigenständige Rasse wurde der Boerboel von der South African Breeders Association aber erst 1983 anerkannt. Die Anerkennung durch die FCI fehlt zwar noch, aber inzwischen hat der Boerboel schon einige Liebhaber auf der ganzen Welt gefunden (Graya, Kirbergera und Spotswooda, 2003).

Die körperliche Erscheinung des Boerboels ist sehr beeindruckend.

MORPHOLOGIE

Größe und Gewicht Beim Boerboel wird großer Wert auf einen Geschlechtsunterschied gelegt. So soll die Schulterhöhe beim Rüden zwischen 66 und 72 cm betragen und er sollte sehr muskulös und kräftig gebaut sein. Die Hündinnen dürfen kleiner sein, mit einer Schulterhöhe zwischen 55 und 61 cm. Genaue Gewichtsangaben gibt es nicht. Ihr Körperbau muss auch nicht so muskulös sein und kräftig wirken, wie es beim Rüden gewünscht ist.

Farben und Fell Das Fell ist kurz und in den Farben rot, braun und gelb.

EIGENSCHAFTEN

Der Boerboel ist allein durch seine körperliche Erscheinung beeindruckend, dennoch kann er sich schnell und wendig gegen Wild- und Raubtiere durchsetzen. Seine Bereitschaft, jederzeit sein Revier zu verteidigen, macht ihn zum idealen Wachhund. Unbedingt erforderlich ist eine gute Prägung und Sozialisation ab dem frühen Welpenalter für die Umwelt und sozialen Reize, denen er im weiteren Leben ausgesetzt ist (Gazzano et al., 2008). Im Gegensatz zum Mastiff oder Bullmastiff zeigt der Boerboel eine größere Bereitschaft, dem Menschen zu gefallen, was eine Zusammenarbeit erleichtern kann. Dennoch ist der Boerboel völlig ungeeignet für Hundehalter ohne Erfahrung.

Trotz seiner Größe ist der Boerboel ein aktiver und wendiger Hund, der sehr schnell sein kann. Er ist ein guter Wachhund, der eine gute Aufzucht, Sozialisation und weiterführende konsequente, liebevolle Erziehung benötigt.

RASSETYPISCHE ERKRANKUNGEN

Wie viele Riesenrassen leidet auch der Borboel an den Folgen seiner Größe. So kann es zu schweren Schäden am Bewegungsapparat kommen wie ED und HD, sowie zu einer sehr verkürzten Lebenserwartung (Urfer, Greer und Wolf, 2011). Übermäßige Faltenbildung kann auch hier zu Entzündungen der Hautfalten führen. Augen- und Herzerkrankungen und das Wobbler-Syndrom können auftreten (Graya, Kirbergera und Spotswooda, 2003).

TRAINING

Verglichen mit dem Training für Mastiff oder Bulmastiff, ist der Boerboel etwas leichter trainierbar. Dies setzt aber voraus, dass die Hunde eine gute Aufzucht erlebt haben und auch in der Sozialisierung viel richtig gemacht wurde. Ansonsten wird die rassetypische Wachhund-Selbstständigkeit zum Problem. Es bedarf einer sehr liebevollen Konsequenz in der Erziehung und ein Verständnis dafür, dass diese großen Hunderassen sehr spät erwachsen werden (ca. mit 30 Lebensmonaten und später) und erst dann sozial ausgereift sind. So braucht dieser Hund einen einfühlsamen, gelassenen Hundehalter, der konsequent das gemeinsame Leben vorlebt. Wie für alle großen Hunde gilt, sehr zeitig mit dem Training, u. a. der Leinenführigkeit, zu beginnen, weil es im ausgewachsenen Zustand zu keinem Kräftemessen an der Leine kommen darf.

BORDEAUXDOGGE (DOGUE DE BORDEAUX)

HERKUNFT, GESCHICHTE, AUFGABEN

Über die Abstammung der großen, doggenartigen Hunde, wird heiß diskutiert. Aber wahrscheinlich gab es immer schon dort, wo Menschen ihre Viehherden vor Raubtieren wie Wölfen und Bären mit Hunden schützen mussten, große starke Rassen (Boyko, 2011). Auch deswegen nehmen wir an, dass große, doggenartige Hunde unabhängig voneinander an verschiedenen Orten entstanden sind. Jedoch ist der Einfluss der Völkerwanderung auf die Rassebildung der Hunde keineswegs unbestritten, da sich dadurch die verschiedenen Lokalschläge vermischt haben.
Man vermutet, dass seit dem Mittelalter kein neuer Doggenschlag mehr entstanden ist, sondern dass sich die alten massiven Hirtenhunde im südlichen Frankreich, in der Gegend von Bordeaux, zu der unter dem Namen „Dogue du midi“ oder „Dogue de Bordeaux“ bekannten Rasse entwickelt haben.
Die Französische Revolution im Jahr 1789 führte zu einem Niedergang der großen Hunde, da sich die Haltung dieser nur die wohlhabenden Bevölkerungsschichten leisten konnten. So wurden die Hunde oftmals mit ihrem Besitzer getötet. Die Bordeauxdogge wurde ursprünglich für die Jagd verwendet. Überlebt haben die Doggen durch die Verwendung im Ersten Weltkrieg, währenddessen sie in Südfrankreich als Kampfhunde gegen Bären und Wölfe, aber auch im Kampf Hund gegen Hund verwendet wurden (Etscheidt, 2001). 1863 wurden in Paris acht Doggen bei einer Ausstellung präsentiert und man einigte sich auf den Namen Dogue de Bordeaux. Das Aussehen der damaligen Dogue de Bordeaux war noch nicht einheitlich, und man einigte sich erst 1913 auf einen Rassestandard. Nach dem Zweiten Weltkrieg hatten nur wenige Exemplare der Dogue de Bordeaux überlebt, und man musste mit einer kleinen Zuchtbasis wieder neu beginnen.

MORPHOLOGIE

Größe und Gewicht Die Schulterhöhe beträgt zwischen 58 und 68 cm bei Rüden und Hündinnen, das Gewicht liegt bei 36 bis 45 kg.
Farbe und Fell Das Fell ist einfarbig, falbfarben und kann mit Maske oder ohne vorkommen. Es ist kurz und pflegeleicht.

EIGENSCHAFTEN

Die Bordeauxdogge hat ein ausgeglichenes, ruhiges aber auch sensibles Wesen, mit einer hohen Reizschwelle (Etscheidt, 2001; Eichelberg, 2000). So fühlt sie sich auf einem großen Grundstück, auf dem sie über ihre Familie und ihr Revier wachen kann, am wohlsten. Ein Freund von außergewöhnlicher Bewegung ist sie sicher nicht, daher für sportliche Menschen eher nicht geeignet. Der Halter einer Dogue de Bordeaux muss genau wissen, wie er diesen sehr eigenständigen Hund motivieren kann, wirklich mit ihm zusammenzuarbeiten. Allein durch die Körpergröße ist sie weniger ein Hund für den städtischen Bereich, sondern eher für Guts- und Bauernhöfe geeignet.
In der Budapester Studie von Turcsán et al. (2011) ist die Bordeauxdogge intravertiert und wenig trainerbar, erreicht Platz 7 für emotionale Stabilität, 92 für Offenheit, 46 für Geselligkeit und 64 für Extraversion (von 96 untersuchten Rassen).

RASSETYPISCHE ERKRANKUNGEN

Die Größe und auch das Gewicht machen der Bordeauxdogge oftmals Probleme im Bewegungsapparat wie ED und HD. Die Lebenserwartung ist vergleichsweise niedrig (O'Neill et al., 2013). Oftmals ist die kurz gezüchtete Nase ein Problem, was sie sehr hitzeempfindlich werden lässt (Temperaturausgleich weniger gut möglich). Bei Narkosen ist besondere Vorsicht geboten, da diese u. U. riskant sein können. Zudem können noch Hängelieder, Entropium und Ektropium sowie Magendrehungen vorkommen.

TRAINING

Bordeauxdoggen zeigen sich, sofern es aus ihrer Sicht auch Sinn ergibt, sehr lernfreudig. Doch ist dieser Hund weniger für Kunststückchen zu haben. Sie können sehr sensibel sein, was einen erfahrenen Hundehalter bedarf, der dem Hund mit Ruhe und Konsequenz Sicherheit gibt. Sie können eigenständig sein, daher ist es gut, wenn sie bereits früh lernen, mit dem Menschen zusammenzuarbeiten. Eine gute Aufzucht und Sozialisierung legen den ersten Grundstein (Gazzano et al., 2008). Sie gehen gern spazieren und machen durchaus auch gern ein paar Gehorsamsübungen, sofern dies nicht zu viel wird und zu lange dauert. Motivierend finden sie natürlich Futterbelohnungen sowie Beutemotivation oder Sozialspiele. Schnüffelübungen können eine gute Beschäftigung darstellen. Auch Hunde mit verkürzter Nase können Leckerchensuche oder Fährtenarbeit erlernen. Jedoch erbringen diese Hunde, eventuell aus verschiedenen anatomischen Gründen, nicht die gleiche Leistung wie spezialisierte Rassen in diesem Bereich.

Leider bedingen extreme Züchtungen auf Größe und Gewicht oftmals gesundheitliche Probleme.

AUS DER PRAXIS

BEAUCERON (NICHT IN PARKER-STUDIE)

Herkunft, Geschichte, Aufgaben
Der Beauceron ist eine alte französische Hütehunderasse, die seit 1578 bekannt ist. Pierre Megnin differenzierte 1863 die Rassen Briard und Beauceron, so wurde der langhaarige Briard zur eigenständigen Rasse, ebenso wie der kurzhaarige Berger de Beauce (Bell, 2012). Er gilt als Gründungsrasse des Dobermanns und weist eine gemeinsame Herkunft mit dem Briard auf. Der Bas Rouge, der diesen Namen aufgrund seines lohfarbenen Fells trägt, wird sowohl zum Bewachen als auch zum Hüten von Schafen und Rindern eingesetzt. Trotz seiner hohen Populationsdichte, weist der Beauceron einen Inzuchtkoeffizienten von 0,21 auf (Leroy et al., 2006).

Verwandtschaft zu anderen Rassen Von Leroy et al. (2009) wird der Beauceron unter anderem in eine Verwandtschafts-Klade mit der Bordeauxdogge, dem Dobermann, Leonberger, Cane Corso und dem Dogo Argentino einsortiert.

Morphologie
Größe Die Schulterhöhe beträgt bei Rüden 65 bis 70 cm, bei Hündinnen 61 bis 68 cm.
Fellfarben Schwarz mit lohfarbenen Abzeichen oder Harlekin

Der Beauceron ist eine alte französische Hütehundrasse, die auch sehr wachsam ist.

Er ist sehr gut trainierbar, braucht jedoch einen Menschen, der ihn konsequent und liebevoll erzieht.

Eigenschaften

Der Beauceron gilt als selbstsicherer, entschlossener Hund, der sehr wachsam, trainierbar und gehorsam ist (Bell, 2012). Er ist spielfreudig, mutig, neugierig, recht jagdambitioniert und moderat verträglich (Svartberg und Forkman, 2002; Svartberg, 2006).

Turcsán et al. (2011) ordnen den Beauceron als leicht erregbar und temperamentvoll, sehr trainierbar, eher furchtsam und mittelmäßig verträglich ein.

Rassespezifische Erkrankungen

Da das Merle-Gen beim Beauceron vorkommt, sollten Elterntiere auf Trägergene getestet werden, um eine Doppel-Merle-Verpaarung zu vermeiden. Doppel-Merle kann mit Taubheit, Blindheit und Herzstörungen einhergehen (Murphy et al., 2018). Sowohl HD als auch ED kommen beim Beauceron vor (Bell, 2012). Auch Hautkrankheiten wie Dermatomysosis und Epidermolysis bullosa treten beim Beauceron, meist im Alter von etwa 6 Monaten, auf und können chronisch verlaufen (Ihrke, 2006; Scott et al., 1995). Die Erblichkeit ist jedoch nicht bekannt. Epidermolysis bullosa kann autosomal-dominant oder -rezessiv vererbt werden. Zudem treten Augenkrankheiten wie Entropien (einwärtsgedrehtes Lid) oder Ektropien (auswärtsgekehrtes Lid) sowie progressive retinale Atropie auf (Bell, 2012).

AUS DER PRAXIS

TERRIER DER GRUPPE 9: JAGDVERHALTEN UND TRAINING

Wie bereits erwähnt, ist die Bezeichnung „Terrier" kein Ausdruck gemeinsamer genetischer Beziehungen. Vielfach wurden diese Rassen für eine Arbeit mithilfe des zwischenartlichen Konkurrenz- wie auch des Jagdverhaltens selektiert, was sie bei Training, Erziehung und Alltagsführung bisweilen anstrengend und anspruchsvoll macht. Terrier sind meist temperamentvoll und wahre Energiebündel. Sie sind lebendig, aufmerksam, aufgeweckt, stürmisch, recht distanzlos, eigenständig und wahre Jagdprofis. Ursprünglich waren sie Arbeitshunde für die Jagd und wurden ebenso als Hof- und Wachhund genutzt. Sie sind intelligent, meist furchtlos und im Ernstfall können sie auch kampfbereit sein. Dies bedeutet, dass sie in der Konflikt- oder Bedrohungssituation eher bereit sind, „Fight", also Aggressionsverhalten (zur Distanzvergrößerung), zu wählen (Svartberg, 2006).

Klare Kommunikation und Konsequenz sind in der Erziehung wichtig und die Basis eines respektvollen, liebevollen Verhältnisses von Hund und Hundehalter.

Terrier sind sehr emotionale Hunde und brauchen daher ein konstantes Training mit kleinschrittigem, strukturiertem Aufbau (Marshall-Pescini et al., 2008). Man muss oft einen feinfühligen Weg zwischen der Lernform „freies Formen" und „Hilfen geben" finden. Eine höhere Frustrationstoleranz muss häufig erst erlernt werden. Strafe ist immer bei Training und Ausbildung abzulehnen, nicht nur wegen des Tierschutzaspekts, sondern auch, weil Terrier dazu neigen, dieser mit Aggression zu begegnen. Jedoch kann bei diesen Rassen auch nicht ausschließlich mit positiver Verstärkung und Ignorieren gearbeitet werden. Klare Regeln, die auch durchgesetzt werden, sind wichtig und bei hoher positiver Erregung (Jagen, Lustaggression, etc.) sind negative Abbruchmaßnahmen unumgänglich (Starling et al., 2013).

Motivationsverstärker

Terrier lernen schnell, so dass die Übungen schon nach wenigen Wiederholungen schwieriger gestaltet werden können. Gerade die hohe Konzentration der „Lernsubstanz" Dopamin im Gehirn bewirkt hier die schnelle Einprägung. Positiv ist dies natürlich nur bei erwünschtem Verhalten. Die Ausführung unter Ablenkungen (Distraction) gestaltet sich dagegen schwieriger. Terrier lassen sich sehr schnell ablenken und viele Umweltreize sind für sie selbstbelohnend. Dem kann man mit einer guten Futterbelohnung entgegenwirken. Geeignete Übungen können auch mit einem gemeinsamen Spiel belohnt werden (Hiby, Rooney und Bradshaw, 2004). Als hoch belohnend empfinden Terrier die Beutemotivation (Jagdverhalten), sowie Buddeln nach Mäusen, Wildfährten finden und verfolgen, etc. Hier ist der Hundehalter gefragt, die selbstbelohnenden jagdlichen Verhaltensweisen zu „kontrollieren" und sie bewusst im eigenen Training einzusetzen. Terrier geraten leicht in eine erhöhte Erregungslage und können dann auch schnell reaktiv werden (Notari und Goodwin, 2007). Das sollte bereits bei der Auswahl

Aktive, sportliche, aufgeschlossene und beharrliche Hunde, die sich gern bewegen.

der Elterntiere berücksichtig werden. Auch sollten Terrier während der Sozialisierungsphase positiven Kontakt mit vielen Umweltreizen haben, ohne dass es dabei zu einer hohen Erregungslage kommt (Kutsumi et al., 2013).

Sturheit und Beharrlichkeit

Terrier sind Menschen gegenüber freundlich und aufgeschlossen, bleiben aber trotz Training und Erziehung eigenständig und haben ihren eigenen Stil, Dinge anzugehen und umzusetzen. So können sie hochsozial mit anderen Hunden zusammenleben, sind jedoch Hunde, die Auseinandersetzungen grundsätzlich nicht ausweichen (Duffy, Hsu und Serpell, 2008). Sie wirken körperlich hart und versuchen häufig, sich mit vollem Körpereinsatz durchzusetzen.

Oftmals werden sie als „stur" beschrieben, was grundsätzlich nur ihre Beharrlichkeit beschreibt. Beharrlich in der Umsetzung von dem, was sie für richtig halten. Diese Beharrlichkeit kann man bei einem geschickten Trainingsaufbau nutzen und bekommt dadurch einen wahren kleinen Helden, der mit voller Überzeugung (körperlich wie geistig) zum Ziel kommen will.

Aktive, sportliche Hunde

Mit ihrem aktiven Wesen sind Terrier gut für Hundesport geeignet. Hier muss im Kontext zu den ursprünglichen Tierkämpfen unbedingt auf die Erregungslage geachtet werden. Es kann notwendig sein, dass man die Frustrationstoleranz mit entsprechenden Übungen und Training üben muss. Sie sind hochsozial gegenüber Menschen und können dies (je nach Zucht) auch zu allen Artgenossen sein. Hier spielt Aufzucht, Sozialisation und Erziehung eine große Rolle (Howell, King und Bennett, 2015). Terrier lieben es, beschäftigt zu werden und auch Herausforderungen auf mentaler Ebene. Bei kniffligen Intelligenzaufgaben können sie regelrecht hervorstechen. Sie sind für aktive Menschen gut geeignet, brauchen ausreichend Bewegung, sind hierbei auch ausdauernd und bei richtiger Erziehung können sie gute Familienhunde sein. In der ruhigen, souveränen und konsequenten Erziehung liegt meist der Schlüssel zum Erfolg. Menschen, die selbst sehr schnell ungeduldig und/oder aufbrausend sind, haben mit einem Terriertyp meist eine lebenslange Herausforderung (Sundman et al., 2019).

Der Boston Terrier ist ein temperamentvoller Hund, der Aktivität und geistige Beschäftigung liebt.

BOSTON TERRIER

HERKUNFT, GESCHICHTE, AUFGABEN

Mit den englischen Auswanderern kamen auch englische Hunde über den Ozean, die in den USA für Hundekämpfe eingesetzt wurden. Diese hielten sich bis zur Mitte des letzten Jahrhunderts und noch darüber hinaus. Stets bemüht, den optimalen „Kampfhund“ zu bekommen, wurde in der Stadt Boston um das Jahr 1870 die Englische Bulldogge mit den in Amerika stämmigen weißen Terriern gekreuzt. Die Bostoner Arbeiter, die diese Kreuzungen vornahmen, wollten zuerst keine neue Rasse züchten. Doch schnell hat man bemerkt, dass sich durch die Kreuzung ein eigener Hund für Hundekämpfe entwickelt hatte. 1893 erfolgte dann die Umbenennung der Rasse in den Boston Terrier, seine große Beliebtheit hat ihm auch die Bezeichnung als Nationalhund der Vereinigten Staaten von Amerika eingebracht.

MORPHOLOGIE

Größe und Gewicht Die Größenangaben erfolgen beim Boston Terrier wie bei der Bulldogge anhand der Gewichtsangaben. Ein Rüde sollte im Durchschnitt zwischen 9 und 11 kg wiegen und eine Hündin zwischen 7 und 9 kg.

Farben und Fell Das kurze Fell ist schwarz mit weißen Abzeichen, kann aber auch gestromt auftreten. Er hat eine angeborene kurze Rute.

EIGENSCHAFTEN

Der Boston Terrier ist ein temperamentvoller Hund, der gern spielt und so manche lustige Verhaltensidee entwickeln kann. Er ist aufgeschlossen, unternehmungslustig und trotz seiner Kampfhundvorgeschichte mit den meisten Artgenossen verträglich. Menschen gegenüber ist er stets aufgeschlossen und sowohl für Familienanschluss (bei entsprechender Erziehung) gut geeignet, als auch für ein Zusammenleben mit älteren Menschen. Er liebt lange Spaziergänge, wenn es seine Gesundheit erlaubt.

RASSETYPISCHE ERKRANKUNGEN

Durch die starke Züchtung der Brachycephalie (siehe S. 214) kommt es zu Atemnot und Problemen in der Hitzeregulierung (Koch et al., 2003; Packer et al., 2015). Zudem sind Probleme mit den Kniescheiben, Augen- und Wirbelsäulenerkrankungen und Mastzelltumore bekannt (Peters, 1969). Auf „Sonderfarben" wie champagner oder silber sollte man aufgrund der Problematik des Verdünnungs-Gens (Dilute) und damit einhergehende Krankheiten verzichten.

Extrem kurz gezüchtete Nasen können starke gesundheitliche Probleme verursachen.

ENGLISH BULL TERRIER

HERKUNFT, GESCHICHTE, AUFGABEN

Trotz eines Verbots der Hundekämpfe 1835 in England, wurden diese weiterhin im Verborgenen durchgeführt. Gezüchtet wurde nicht nach beschlossenen Rasserichtlinien, sondern es wurden die kampflustigsten Hunde miteinander gekreuzt. Dazu gehörten auch die Terrier, wobei Terrier zur damaligen Zeit eher ein Sammelbegriff für mittelgroße Hunde war, die für die Jagd und Vertilgung von Ratten gehalten wurden, auch zur Kaninchenjagd wurden sie verwendet. Es waren reaktionsschnelle und wendige Tiere, die nicht lange überlegten, bevor sie ihre Beute erfassten und töteten. Mit den kräftigen Kampfhunden gekreuzt, brachten diese Hunde die perfekte Voraussetzung für die illegalen Kämpfe mit. Eine dieser Abkömmlinge ist der Bull Terrier, 1821 erschien erstmals ein Artikel über diese neue Hunderasse. Der berühmteste Bull Terrier dieser Zeit war der Rattentöter Jacko (1869), er soll in 2 Minuten und 40 Sekunden 60 Ratten getötet haben.

Der Tierhändler James Hinks aus Birmingham hat die Rasse wohl am stärksten beeinflusst. Er kreuzte einen „White Terrier" mit einem Bull Terrier, da er weiße Hunde bevorzugte. Seine Hündin „Puss" überzeugte in Folge auch die kritischen Stimmen, die befürchteten, dass unter der Einkreuzung die kämpferische Leistung leiden würde. Schon bald gab es zwei Lager: die einen, die den weißen Bull Terrier und die anderen, die weiterhin alle anderen Farbschläge bevorzugten. Erfreulicherweise haben sich die Liebhaber der rein weißen Hunde nicht durchgesetzt, denn schon bald stellte sich heraus, dass die weiße Linie zur Taubheit neigt und damit die Zucht ein ernstes Problem hat. Heutzutage werden weiße und farbige Hunde gemischt gezüchtet und damit wurde die Taubheit stark zurückgedrängt (Steinfeldt, 2002).

MORPHOLOGIE

Größe und Gewicht Zur Schulterhöhe des Bull Terriers gibt es keine Grenzangaben (Durchschnitt 55,88 cm, laut Stone et al., 2016). Das Gewicht liegt bei ca. 24 bis 28 kg.
Farben und Fell Das kurze Fell kommt in den Farben weiß, schwarz, rot oder rehfarben vor und kann sowohl einfarbig, trikolor oder auch mit Flecken im Kopfbereich auftreten.
Schädelform Charakteristisch für den Bull Terrier ist das Kopfprofil. Es sollte im sanften Bogen am Schädel abwärts bis zur Nasenspitze verlaufen, das am Ende leicht nach unten gebogen ist. Diese letzte Biegung heißt „Roman finish". Leider entging auch der Bull Terrier den Übertreibungen der Zuchtmerkmale nicht. Es entstand ein übertriebener Winkel, bei dem sich das Nasenbein abrupt vom Stirnband absetzt, das sogenannte „Downface".

EIGENSCHAFTEN

Der Bull Terrier ist ein leistungsstarker und passionierter Hund. Er hat sich seine Reaktionsschnelligkeit und seine starke Fokusierung erhalten, was ihn manchmal in der Haltung nicht ganz einfach macht. Eine gute Prägung und Sozialisation schon im Welpenalter auf Menschen, alle Arten von Haustieren und Umweltreizen ist beim Bull Terrier ein „Muss". Ansonsten kann es vorkommen, dass er je nach Lernerfahrung anderen Artgenossen gegenüber unduldsam sein kann (Bradshaw et al., 1996; Turcsán, 2014). Lernt der Bull Terrier nicht mit allerlei Umwelt-

reizen klarzukommen, steigt seine Erregung und Reaktionsbereitschaft (Turcsán, 2014), sobald er das gewohnte Umfeld verlässt, was jeden Spaziergang außerordentlich schwierig machen kann.
Lernt der Bull Terrier früh, mit allen notwendigen Reizen positiv umzugehen, ist er ein lieber und unternehmungslustiger Gefährte, der aber nicht um jeden Preis gehorsam ist (Turcsán, 2014). Kein Hund für Anfänger oder Menschen, die nicht klar, liebevoll und konsequent sind. In der Einzelliste der Budapester Studie erreicht er Platz 78 für emotionale Stabilität, 86 für Offenheit, 64 für Geselligkeit mit Hunden und 1 (unter 96) für Extraversion.

RASSETYPISCHE ERKRANKUNGEN (BULL TERRIER, MINIATUR BULL TERRIER)

Die primäre Linsenluxation (PLL) ist eine genetisch vererbte Erkrankung des Auges, vor allem ausgelöst durch eine Mutation des Gens ADAMTS17, und kann bei Bull Terriern und Miniatur Bull Terriern auftreten (Gharahkhani et al., 2012; Sargan et al., 2007). Außerdem sind die autosomal dominant vererbte zystische Nierenerkrankung der Bull Terrier (BTPKD) (O'Leary et al., 1999; O'Leary et al., 2009) und die ebenfalls autosomal dominant vererbte Heriditäre Nephritis, eine erbliche Nierenentzündung (Hood et al., 1990), die mit Hämaturie (Blut im Urin) einhergehen kann (Hood et al., 1995), bekannt. Daneben kann es zu Problemen der Kniescheibe und des Bewegungsapparats, Hauterkrankungen und Allergien kommen. Dazu gehören die autosomal rezessiv vererbte Letale Akrodermatitis, die mit Zink- und Kupfermangel einhergeht (Jezyk et al., 1986; McEwan, 1990; Uchida et al., 1997) und die Canine atopische Dermatitis, die u.a. durch die Ernährung der Mutter während der Laktation beeinflusst werden kann (Nødtvedt et al., 2007). Auch eine erblich bedingte Taubheit kann auftreten, wobei weiße Bull Terrier öfter betroffen sind (Strain, 2004). Vorkommen können außerdem kongenitale Herzerkrankungen (Garncarz et al., 2017).

Der English Bull Terrier ist meist ein robustes Muskelpaket und liebt Bewegung. Seine Fokussierung und Beharrlichkeit stellt manche Hundehalter vor große Herausforderungen.

MINIATUR BULL TERRIER

HERKUNFT, GESCHICHTE, AUFGABEN

Die Geschichte des Miniatur Bull Terriers ist mit dem des großen Bull Terriers identisch. Wie bei der Bulldogge, entwickelte sich nach dem Verbot der Hundekämpfe eine kleine Variante – der Toy Bull Terrier. Jedoch muss man bei Zwergformen, mit denen man weiterzüchtet, auf diverse Folgeprobleme achten. Erreicht die Größe oder das Gewischt eine kritische Grenze, sind die gesundheitlichen Folgen fatal. Auch beim Miniatur Bull Terrier ist Anfang des 20. Jahrhunderts die kritische Grenze erreicht worden, es war nicht mehr möglich, den angestrebten Standard des großen Bull Terriers zu erlangen. Der Miniatur Bull Terrier sollte die gleichen Rassemerkmale wie der Bull Terrier aufweisen, nur in der Größe sollten sie sich unterscheiden. Im Jahr 1918 wurden durch den starken Rückgang der Rasse sogar das Register für den Miniatur Bull Terrier im English Kennel Club geschlossen, weil seit Jahren keine Welpen mehr eingetragen worden waren. Im Black Country hatten jedoch einige Miniatur Bull Terrier durch die Verwendung als Rattenfänger überlebt. Sie wurden auch zur Jagd unter der Erde auf Fuchs und Dachs eingesetzt. Viele Jahre wurden keine Miniatur Bull Terrier registriert, bis 1938 der erste Miniatur Bull Terrier Club gegründet wurde (Steinfeldt, 2002). Es wurden Einkreuzungen mit dem Bull Terrier vorgenommen, was für den weiteren Zuchtverlauf einen großen Fortschritt bedeutete. 1948 wurde der erste Miniatur Bull Terrier zum Champion gekürt. In den Jahren zwischen 1970 und 1980 wurden weitere Maßnahmen in der Zucht des Miniatur Bull Terriers in Absprache zwischen dem Miniatur Bull Terrier Club und dem English Kennel Club angestrebt. Neuerliche Einkreuzungen des Bull Terriers und eine Streichung des Gewichtslimits im Rassestandard führten in Folge zu sichtbaren Verbesserungen des Miniatur Bull Terriers.

Trotz der kleineren Größe, sollte seine Entschlossenheit nicht unterschätzt werden.

MORPHOLOGIE

Größe und Gewicht Die Schulterhöhe darf maximal eine Höhe von 35,5 cm erreichen und 15 kg nicht überschreiten.

Farben und Fell Das kurze Fell tritt in den Farben weiß, schwarz, rot oder rehfarben auf und kann wie bei seinem großen Verwandten sowohl einfarbig, trikolor oder auch mit Flecken im Kopfbereich vorkommen.

Eine gute Aufzucht, Sozialisation und konsequente, liebevolle Erziehung können den Miniatur Bull Terrier zu einem tollen Wegbegleiter machen.

EIGENSCHAFTEN

Der Miniatur Bull Terrier ist seinem größeren Verwandten im Verhalten durchaus ähnlich. Durch die geringere Größe ist er jedoch ein wenig angenehmer zu halten. Trotzdem ist er ein sehr selbstsicherer und persönlichkeitsstarker Hund, wodurch es auch nicht selten zu Aggressions- („Dominanz“)verhalten gegenüber dem Besitzer und Problemen beim Gehorsam kommen kann (Takeuchi und Mori, 2006). Zwergrassen sind oft auch etwas erregbarer. Ist er allerdings gut sozialisiert und im Welpenalter bereits auf alle, in seinem Leben auftretende Reize vorbereitet, dann kann er gelassen und aufgeweckt durchs Leben gehen. Trotz seiner geringen Körpergröße darf man jedoch nie vergessen, dass man mit dem Miniatur Bull Terrier einen kraftvollen und bewegungsfreudigen Hund an seiner Seite hat. Er liebt lange Spaziergänge und ist auch sportlichen Aktivitäten gegenüber aufgeschlossen.

Rassetypische Erkrankungen – siehe English Bull Terrier, S. 235

Aktive, muskulöse und offene Hunde, die auch durch ihr kurzes pflegeleichtes Fell überzeugen.

STAFFORDSHIRE BULL TERRIER

HERKUNFT, GESCHICHTE, AUFGABEN

Obwohl eine genaue Trennung zwischen English Bull Terrier und Staffordshire Bull Terrier erst Mitte des 19. Jahrhunderts stattgefunden hat, gab es den Staffordshire Bull Terrier bestimmt schon ca. 150 Jahre davor. Nur wurde zu diesem Zeitpunkt das Hauptaugenmerk bei der Zucht auf die Leistung gesetzt und nicht auf die einzelnen Rassemerkmale. Um 1860 zog James Hinks mit seinem weißen Bull Terrier bei Ausstellungen alle Aufmerksamkeit auf sich, damit stieg die Nachfrage und der Preis eines solchen Hundes. Die Berg- und Stahlarbeiter im Black Country konnten sich solche Hunde nicht leisten und züchteten mit dem farbigen Bull Terrier weiter. Eine Reinzucht des Staffordshire Bull Terriers begann jedoch erst um 1930 (1935 in Steinfeldt, 2002), als der erste Staffordshire Bull Terrier Club gegründet wurde. Im Jahr 1935 wurde der erste Standard veröffentlicht, der 1948 nur geringfügig geändert wurde und heute noch ziemlich genau dem ursprünglich erarbeiteten Standard entspricht. Den Namen „Staffordshire" verdankt er der Grafschaft mit selbigem Namen (Steinfeldt, 2002).

MORPHOLOGIE

Größe und Gewicht Er hat eine Schulterhöhe von 35 bis 40 cm (McGreevy et al., 2013; Stone et al., 2016) und wiegt zwischen 11 und 17 kg.

Farben und Fell Es gibt ihn in den Farben rot, falb, weiß, schwarz oder blau, mit und ohne Abzeichen und teilweise auch gestromt. Das Fell ist kurz und pflegeleicht, schützt aber weder vor Hitze, noch vor Kälte.

EIGENSCHAFTEN

Der Staffordshire Bull Terrier ist im Idealfall ein liebenswerter und dem Menschen gegenüber sehr anhänglicher Hund. Ist er entspannt und in einer für ihn sicheren Umgebung, dann kann er sehr verschmust sein. Voraussetzung dafür ist eine bereits vom Welpenalter gut strukturierte und wohlüberlegte Sozialisierung auf alle Umwelt- und sozialen Reize. Gute und positive Sozialisierung ist wichtig, damit normale Reize keine Überforderung für den Staffordshire Bull Terrier darstellen. Eine hohe Erregungslage kann ihn reaktions- und verteidigungsbereit machen. Dies kann auch zu Euthanasien aufgrund von Verhaltensproblemen führen (Michell, 1999). Fühlt sich der Staffordshire Bull Terrier nicht von seiner Umwelt überfordert, dann ist er ein unternehmungslustiger und sehr bewegungsfreudiger Hund.
Er will jedoch nicht nur körperlich beschäftigt werden, sondern auch geistig. Dadurch ist er kein Hund für bequeme Menschen. Auch wenn die Leute die Rassen oftmals verwechseln: Der Staffordshire Bull Terrier ist im Verhalten nicht mit einem American Staffordshire vergleichbar. Der Staffordshire Bull Terrier ist im Wesen meist ausgeglichener und gelassener als der American Staffordshire Terrier (Turcsán, 2014). Wegen seiner Freundlichkeit gegenüber Menschen, wurde er in Großbritannien auch als „Nanny Dog“ berühmt. In der Untersuchung von Turcsán et al. (2011) ist der Staffordshire Bull Terrier auf Platz 8 für emotionale Stabilität, Platz 48 für Offenheit, 48 für Geselligkeit mit Hunden und 52 für Extraversion. Insgesamt ähnelt seine Persönlichkeit am meisten dem Airedale Terrier.

RASSETYPISCHE ERKRANKUNGEN

Der Staffordshire Bull Terrier scheint eine Prädisposition für Krebserkrankungen zu haben (Michell, 1999). Außerdem kommen Erkrankungen des Cranialen Kreuzbandes (Taylor-Brown et al., 2015) und Patellaluxationen (Gibbons et al., 2006; O'Neill et al., 2016) vor.

Ein unternehmungslustiger und sehr bewegungsfreudiger Begleiter.

AMERICAN STAFFORDSHIRE TERRIER

HERKUNFT, GESCHICHTE, AUFGABEN

Durch englische Einwanderer kamen um die Mitte des 19. Jahrhunderts Staffordshire Terrier nach Amerika. Hier erfreuten sich die Hundekämpfe noch großer Beliebtheit, während sie in Europa schon verboten waren. Die Nachkommen der importierten Staffordshire Bull Terrier nannte man Pit Bull Terrier oder American Staffordshire Terrier, aber auch „Yankee Terrier". Die Züchterkreise spalteten sich bald auf: Während die eine Seite am alten Kampfhund festhielt, interessierte sich die andere Seite seit dem Ende des Ersten Weltkrieges mehr für einen Ausstellungs- und Familienhund. Die Liebhaber des Hundekampfes orientierten sich in ihren Zuchten streng an dem für die Bull-and-Terrier bestehenden Grundsatz der Leistungsfähigkeit und importierten zu diesem Zweck weiterhin Hunde aus England (Steinfeldt, 2002). Die Amerikaner bevorzugten größere Hunde als die Europäer, und so wurde bei der Zuchtauslese schon bald auf die Größe geachtet. Der heutige American Staffordshire Terrier ist im Durchschnitt ca. 10 cm (7 bis 15) größer und 7 kg (5 bis 12) schwerer als der Staffordshire Bull Terrier. Die Hunde wurden jedoch nicht nur für Hundekämpfe gehalten, sondern waren auch ein beliebter Schutz vor Kojoten und Wolfsangriffen, möglicherweise einer der Gründe für eine Selektion auf Größe. Der 26. Präsident der Vereinigten Staaten und Friedensnobelpreisträger Theodor Roosevelt war ein großer Liebhaber der Rasse. Dadurch stieg die Popularität der Rasse und im Ersten Weltkrieg war sie das Symbol für die Tapferkeit des amerikanischen Volkes. 1930 wurde das Gesuch zur Anerkennung des American Staffordshire Terriers als eigene Rasse beim American Kennel Club eingebracht. Dem Gesuch wurde entsprochen und im Juni 1936 wurde der erste Standard veröffentlicht, nachdem am 23. Mai 1936 in New Jersey der „Staffordshire Terrier Club of America" (STCA) gegründet wurde. Dabei wurde die Rasse, um sie klar von Kampfhunden abzugrenzen, als „Staffordshire Terrier" registriert. Ab diesem Zeitpunkt wurden für den „American Staffordshire Terrier" und den „American Pit Bull Terrier" verschiedene Zuchtbücher geführt und sie bilden heute zwei unterschiedliche Rassen. 1972 (1974) wurde der Staffordshire (Bull)terrier beim American Kennel Club zu „American Staffordshire Terrier" umbenannt und damit auch eine klare Abgrenzung zum Staffordshire Bull Terrier gezogen (Steinfeldt, 2002).

MORPHOLOGIE

Größe und Gewicht Schulterhöhe bei Rüden 46 bis 48 cm und bei Hündinnen 43 bis 46 cm (36,85 cm im Durschnitt laut McGreevy et al., 2013; Stone et al., 2016). Das Gewicht liegt zwischen 18 und 23 kg.
Farben und Fell Das Fell ist kurz und kann in allen Farben auftreten, außer dreifarbig, meistens jedoch leberfarben oder weiß.

EIGENSCHAFTEN

Der American Staffordshire Terrier ist durch seine Körpergröße ein leistungsstarker Hund, der viel Bewegung und Beschäftigung benötigt. Seine große Ausdauer macht ihn zu keinem Hund für bequeme Menschen, sondern zu einem ausgezeichneten Begleiter für allerlei sportliche Aktivitäten. Er ist ein wachsamer Hund, der sein Revier aufmerksam und stets reaktionsbereit zu verteidigen weiß. Gut erzogen und sozialisiert, ist er ein temperamentvoller und liebenswerter Gefährte, der jedoch andere Artgenossen nicht unbedingt in seiner Nähe haben muss (Turcsán, 2014). Vernachlässigt man eine gute Sozialisation in der Jugend, sind fremde Reize meist mit einer hohen Erregung verbunden und häufig die Ursache für unangenehme Verhaltensweisen, die ein Zusammenleben erschweren. Der Beharrlichkeit dieser Hunde und auch der geringen Frustrationstoleranz müssen sich Hundehalter bewusst sein. So ist die Rasse weniger für Anfänger geeignet. Der American Staffordshire erreicht etwas andere Persönlichkeitswerte als die europäische Ausgangsrasse: Platz 15 für emotionale Stabilität, 42 für Offenheit, 77 für Geselligkeit mit Hunden und 41 für Extraversion (Turcsán et al., 2011) und ähnelt in der Gsamtpersönlichkit am meisten Rottweiler und Wolfsspitz.

RASSETYPISCHE KRANKHEITEN

Wie bei vielen größeren Hunderassen, kann es auch beim American Staffordshire Terrier zu Erkrankungen des Bewegungsapparates kommen, z.B. HD (Coopman et al., 2008). Auf autosomal rezessiv vererbte „Sonderfarben" wie champagner oder silber sollte man aufgrund der mit dem Verdünnungs-Gen (Dilute Gen) einhergehenden Krankheiten wie Color Dilution Alopecia* und Black hair follicular dysplasia** (Welle et al., 2009) verzichten. Dabei ist die Mutation zwar nötig, aber allein nicht ausreichend, um die Klinik der Erkrankungen auszulösen (Welle et al., 2009).

*Genetisch bedingte Fehlfunktion der Haarwurzel durch Pigmentverklumpung im Bereich aufgehellter Fellfarben mit fehlender oder strukturell fehlerhafter Haarbildung.

**Genetisch bedingte Fehlfunktion der Haarwurzel durch Pigmentverklumpung im Bereich dunkler Hautareale mit fehlender oder strukturell fehlerhafter Haarbildung.

Der American Staffordshire Terrier eignet sich für aktive Menschen, da er große Ausdauer besitzt und durch seine Körpergröße ein leistungsstarker Hund ist.

GRUPPE 10
— *nach Parker*

MASTINO NAPOLETANO

HERKUNFT, GESCHICHTE, AUFGABEN

Oftmals spricht man vom Mastino Napoletano als eine uralte Hunderasse, die Jahrhunderte lang von Bauern rund um den Vesuv gezüchtet und gehalten wurde. Doch erste Aufzeichnungen und die Anerkennung durch die FCI stammen aus dem Jahr 1949. Deshalb wird die uralte Herkunft dieser Rasse angezweifelt, da es keine Berichte von frühen Kynologen und Hundeliebhabern gibt.

Wahrscheinlicher ist, dass diese Rasse aus den Bauern- und Hirtenhunden entstanden ist. Diese dienten den Bauern je nach charakterlichen Veranlagungen entweder als Hofwächter oder dem Städter als Kampfhunde. Ende des 19. Jahrhunderts wurde auch berichtet, dass diese Hunde gern als Begleiter der Camorra verwendet wurden. Der Mastino Napoletano wird gern als tapferer, kräftiger Kämpfer ohne Furcht und Tadel beschrieben, der es mit Bär, Wolf oder auch menschlichen Kriminellen aufnehmen kann. Diese Schilderungen bestärken die Vorstellung vom „Panzer der Antike“, wie er auch gern genannt wird.

Graue Mastino Napoletano

Der Mastino Napoletano ist noch heute keine einheitliche Rasse, wie man es in der modernen Hundezucht versteht. Das ist auch nicht anders zu erwarten, wenn man bedenkt, dass es erst seit 1949 einen festgelegten Standard gibt. Es stellt sich auch die Frage, wie die Fellfarbe blau in die Mastino-Zucht gekommen ist. Abbildungen aus Neapel zeigen Mastino ähnliche Hunde in braun und fuchsrot oder sogar gefleckt, aber nur selten grau. Die blaue Farbe entsteht aber nicht aus gelb, sondern ist eine durch ein besonderes Gen verursachte Aufhellung von schwarz (Dilute-Gen). Vom ersten grauen Mastino Napoletano wurde im Jahr 1930 in Neapel berichtet. Vater dieses Welpen war eine graue Deutsche Dogge. Die graue Farbe fand so viele Bewunderer, dass fortan mehr mit den grauen Welpen gezüchtet wurde.

In den siebziger Jahren erfuhr der Mastino Napoletano einen großen Aufschwung und wurde sogar zum Modehund. Die negative Folge des Modehundes war jedoch, dass weniger auf die Qualität der Zucht geachtet wurde.

MORPHOLOGIE

Größe und Gewicht Widerristhöhe 65 bis 75 cm bei Rüden und 58 bis 65 cm bei Hündinnen. Das Gewicht beträgt bei Rüden 60 bis 70 kg und bei Hündinnen 50 bis 60 kg.

Farben und Fell Fellfarben gibt es in grau, schwarz, braun, falb, rot oder auch gestromt. Das Fell ist kurz und hart, aber pflegeleicht. Der Mastino Napoletano soll einen kurzen Fang mit einer breiten Basis und mit gut ausgeprägten dicken Lippen besitzen. Die Augen sollen von mäßiger Größe und weit auseinander stehend sein. Die Brust ist im Optimalfall quadratisch und der Rumpf breit und lang. Die Läufe sollen genügend robust und die Arme und die Sprunggelenke ein wenig nach rückwärtsgerichtet sein, die Pfoten groß und rund und die Rute lang.

EIGENSCHAFTEN

Der Mastino Napoletano bringt ein hohes Aggressionspotenzial mit und gilt als sehr ernsthafte Rasse, ist jedoch wenig erregbar, reaktiv – das heißt, er reagiert kaum aufgeregt auf plötzliche oder potenziell aufregende Ereignisse und Störungen in der Umgebung (Notari und Goodwin, 2007). Als große und schwere Rasse kann er dabei schwierig lenkbar sein; Studien an anderen Arten haben gezeigt, dass große und schwerere Tiere zwar weniger erregbar sind als kleine, aber auf engem Raum, insbesondere bei erhöhter Aggressivität, schwieriger zu lenken (Morton et al., 1995). Der Mastino ist ein territorialer Hund, der ein ausgezeichneter Wachhund sein kann. Fremden gegenüber ist er äußerst misstrauisch. Er beeindruckt durch Souveränität und hat meist eine hohe Frustrationstoleranz, gepaart mit einer stoischen Gelassenheit. Jedoch kann er auch blitzschnell reagieren, wenn gefordert. Will man einem Mastino Napoletano gerecht werden, braucht es eine einfühlsame Erziehung und sehr viel Wissen und Erfahrung in der Hundehaltung, er ist kein Hund für Anfänger!

Seine Leidenschaft, sein Territorium zu bewachen, sollte er auf jeden Fall in den gegebenen Rahmenbedingungen ausleben können, er ist daher eher kein Hund für Stadtwohnungen. Intelligenz und gute Lernfähigkeit zeichnen ihn ebenso aus, wie ruhige Besonnenheit, die ihn nicht jedes Kommando spontan und unüberlegt ausführen lässt. Eine starke Hundepersönlichkeit, die fremde Hunde weniger duldet und schon als Welpe frühzeitig im Sozialverband intolerant sein kann. Welpen müssen daher sehr gut sozialisiert werden. Der Mastino Napoletano geht zwar gern spazieren, aber er fordert keine körperlichen Aktivitäten, daher ist er für sehr sportliche und aktive Menschen wenig geeignet.

RASSETYPISCHE KRANKHEITEN

Es gibt beim Mastino Napoletano einige gesundheitliche Probleme wie z.B. ein durchhängender Rücken, Kreuzbandrisse (Duval et al., 1999), gespreizte Pfoten und ein starkes Ektropium mit chronisch entzündeten Bindehäuten (Grehn, 2008; Guandalini et al., 2016). Zudem können Entzündungen durch eine zu starke Befaltung der Haut auftreten (Hautfaltenzwischenräume). Wie bei allen „Riesenrassen“ muss man auch auf die möglichen Krankheiten im Bewegungsapparat achten, wie z. B. Hüftgelenksdysplasie (Aleksiewicz et al., 2008; Roberts und McGreevy, 2010), Ellenbogendysplasie (Bellumori et al., 2013) und Osteochondrosis dissecans (Piesnack et al., 2017); auch Herzfehler können auftreten (Garncarz et al., 2017).

TRAINING

Durch seinen massigen (typisch molosserartigen) Kopf, seinen imposanten Gesamteindruck und sein gelassenes Wesen, findet dieser Hund immer mehr Liebhaber. Hier ist der Hundehalter im „Lesen“ seines Hundes gefragt. Das Ausdrucksverhalten des Hundes zu lesen, ist für Anfänger durch die Faltenbildung und das lockere Bindegewebe oftmals sehr schwierig. Doch auch diese Hunderasse zeigt das gesamte Spektrum des hundlichen Ausdrucksverhaltens, nur eben in differenziert ausgeprägter Form.

So kann man auch beim Mastiff, trotz Hautfalten und lockerem Bindegewebe, sehr gut die Ohrstellung (Ohrmuschel), die Rutenhaltung und die Kopfstellung, etc. erkennen. Zu beachten gilt weiter, dass die aufgestellten Rückenhaare (vom Schulteransatz bis inklusive der Rute in unterschiedlichen Formen) nur ein Signal von Aufregung (Erregung) bedeuten. Ebenso verhält es sich mit der Rutenbewegung (Schwanzwedeln). Im Vordergrund steht immer die konse-

Durch seine Hautfalten wird das „Lesen der Hundesprache" des Mastino Napoletano für viele Hundehalter erschwert. Hier muss sich der Mensch bezüglich des Ausdrucksverhaltens unbedingt schulen.

quente Erziehung. So kann der Mastino Napoletano zu einem unkomplizierten Wegbegleiter werde, sofern man von Anbeginn darauf achtet, dass er sehr gut sozialisiert wird und auch in weiterer Folge viel positiven Menschenkontakt hat. Gerade bei Hunden mit einer höheren Wachsamkeit ist es beim Spaziergang wichtig, dass sie von Anbeginn lernen, dass hier Wachsamkeit unbegründet ist und man „Freunde" trifft. Hält man diese Hunde schon in frühen Jahren von anderen Menschen und Hunden fern, kann dies dazu führen, dass sie auch mit erhöhtem Trainingsaufwand eine Freundlichkeit zu Fremden im Alter nicht mehr gänzlich lernen. Hier geht es keinesfalls darum, dass sie sich von jedem auf der Straße anfassen lassen müssen. Die eigene Souveränität und Führungsqualität des Hundehalters ist hier gefragt, dem Hund zu vermitteln, dass Menschen und andere Hunde „freundlich" sind und man mit ihnen Kontakt haben kann (nicht muss!), oder einfach ganz entspannt an ihnen vorbeizugehen. Dabei sind die eigene Vorbildwirkung und die Stimmungsübertragung wichtig. Man sollte sich zudem immer vor Augen führen, dass der ausgewachsene Hund nicht über die Leine „kontrolliert" werden kann. Dieser große, starke Hund hat locker die Kraft, das Leinenende beliebig zu manövrieren. Daher ist die Grunderziehung essentiell wichtig.

CANE CORSO

HERKUNFT, GESCHICHTE, AUFGABEN

Der Cane Corso ist erst seit 1996 eine anerkannte Hunderasse durch die FCI. Seine Abstammung ist unklar. Man nimmt jedoch an, dass er ähnlich wie der Mastino Napoletano, mit dem er gern verwechselt wird, von den alten Bauern- und Hirtenhunden abstammt, etwa dem *Canis pugnacis* (oder römischen Molosserhund), den man auf den Bauernhöfen Süditaliens als Wach- und Treibhund gehalten hat. Der Cane Corso wird zur Jagd eingesetzt, aber ebenso als Wachhund bei der Polizei und als Fährtenhund. Außerhalb von Italien findet er erst langsam seine Liebhaber.

MORPHOLOGIE

Größe und Gewicht Er ist ein großer Hund mit einer Schulterhöhe von 64 bis 68 cm bei Rüden und 60 bis 64 cm bei Hündinnen. Der Cane Corso sollte insgesamt etwas länger als hoch sein. Das Gewicht liegt zwischen 45 bis 50 kg bei Rüden und 41 bis 45 kg bei Hündinnen.

Farben und Fell Fellfarben gibt es in grau, schwarz, braun, falb, rot oder auch gestromt, in allen Schattierungen mit grauer oder schwarzer Maske, die nicht über die Augen hinausreichen sollte. Das kurze Fell ist pflegeleicht.

Eine 2017 durchgeführte Studie mit 232 Cane Corso aus 25 Ländern ergab eine durchschnittliche Lebensdauer von 9,3 Jahren, die je nach Fellfarbe variierte. Am längsten lebten schwarz-gestromte Hunde (10,3 Jahre), gefolgt von gestromten Hunden (10,1 Jahre), grau-gestromten Hunden (9,8 Jahre), lohfarbenen Hunden (9,0 Jahre), schwarzen Hunden (9,0 Jahre), grauen Hunden (9,0 Jahre) und andersfarbigen Hunden (8,1 Jahre) (Korec et al., 2017).

EIGENSCHAFTEN

Der Cane Corso ist ein temperamentvoller, aber sehr territorialer Hund, der Fremden gegenüber im eigenen Revier sehr abweisend ist und eher keine fremden Hunde mag.
In einem fremden Gebiet ist er eher zurückhaltend oder neutral. Er weist eine hohe Aggressionsbereitschaft auf, gilt als sehr ernsthafter, wenig erregbarer Hund (Notari und Goodwin, 2004).
Rassen aus dem Mastiff-Terrier-Cluster, zu denen der Cane Corso gezählt wird, gelten als mutiger als die Ur-, Hüte-, Wind- und Jagdhund-Rassen (Turcsán et al., 2011).
Er ist ein Hund für erfahrene Hundekenner mit einfühlsamer Erziehung. Der Cane Corso liebt es, bei seiner Familie zu sein und sucht Familienanschluss. Er braucht Bewegung und Aufgaben und ist kein Hund für bequeme Menschen. Wenig geeignet für ein Leben in der Stadt oder als reiner Wohnungshund.

RASSETYPISCHEN KRANKHEITEN

Krankheiten im Bewegungsapparat wie z. B. Hüftgelenksdysplasie (Sturaro et al., 2006), Ellenbogendysplasie (Cachon et al., 2010) und Osteochondrosis dissecans (Mortellaro et al., 2008) treten auf. Ebenso kann es zu Herzmuskelerkrankungen kommen (Drut et al., 2014).

TRAINING

Cane Corso sind territorial, können eine hohe Emotionalität aufweisen und gerade in der Kombination mit dem Territorialverhalten sind sie für Anfänger nicht geeignet. Belohnungen müssen von Anbeginn sehr hochwertig gestaltet sein, damit die Konzentration (gerade in jungen Jahren) aufrechterhalten werden kann. Sie brauchen meist etwas länger in der Verknüpfung (Wiederholungsrate erhöht auf ein Trainingskriterium) der Lerninhalte. Kurze Trainingseinheiten sind sehr wichtig, da dies sonst auch beim älteren Hund zum Konzentrationsverlust führen kann. Oftmals empfindlich gegenüber Frustration, daher muss eine Impulskontrolle sehr genau und in kleinen Schritten aufgebaut werden. Der Aufbau sollte mit Hilfen erfolgen. Es kann Bewegung als Belohnungsform eingesetzt werden. Durch ihre Jagdpassion sind sie durchaus mit Jagdmotivation trainierbar, sofern man die erhöhte Aufregung (die durch die Jagdsequenzen einhergeht) im Training richtig einsetzt.

Gerade in jungen Jahren ist es auch bei dieser Rasse wichtig, viel Zeit in die Sozialisation zu investieren und diesen Hunden auf dem Spaziergang viel Kontakt zu Artgenossen und Menschen zu gewähren. Sie können sonst sehr schnell zu allen anderen Menschen, meist außer der eigenen Familie, sehr misstrauisch werden und auch mit Aggression versuchen, die Menschen auf Distanz zu halten.

Diese Hunde brauchen eine konsequente, liebevolle Erziehung und gute Beschäftigung. Sie sind bewegungsfreudig, wodurch sie sich auch für den Hundesport eignen können.

Der Cane Corso ist ein anspruchsvoller, aktiver und territorialer Hund, der für Hundeanfänger weniger geeignet ist.

Der eigenständige, intelligente und beharrliche Catahoula zeigt ausgesprochenes Territorialverhalten. Diese Eigenschaften wusste man auf den Farmen Amerikas zu schätzen.

AUS DER PRAXIS

LOUISIANA CATAHOULA LEOPARD DOG

Willensstarker Arbeitshund

Der Louisiana Catahoula Leopard Dog gehört zu den wenigen reinen Arbeitshunderassen. Der vielseitige Gebrauchshund, mit der meist auffallend leopardenähnlichen Fleckung, wird von der FCI nicht als Rasse anerkannt und ist in Europa eher selten. In seinem Ursprungsland USA wird er als Jagdhund, für die Treibarbeit an Rindern und als Wachhund auf Farmen gehalten.

Der Indianerhund und sein Name

Der Legende nach bedeutet das Wort Catahoula etwa „klarer See", weil seine blauen Augen oft aussehen, als seien sie aus Glas – leider stimmt das aber nicht. Auch die angeblich namensgebenden Catahoula-Indianer existieren nicht. Doch langsam nähern wir uns den Tatsachen, denn bei den Taensa-Indianern bedeuetet das Wort Couthaougoula „am See" oder „am See lebende

Menschen". Der Stamm der Taensa war seit dem Jahr 300 n. Chr. im Gebiet des heutigen Lake Catahoula (Catahoula-See) ansässig und hatte einen eigenen Hund domestiziert, der mit dem Rotwolf verwandt war. Der spanische Seefahrer und Konquistador Hernando de Soto führte in den 1540er Jahren die größte Expedition des 16. und 17. Jahrhunderts durch den Südosten der heutigen USA in diese Region. Bei sich hatte er Kriegs- und Jagdhunde: Eine Hunderasse vom Typ Mastiff sowie Greyhounds. In der Nähe von Jonesville wurde er von den Taensa-Indianern besiegt, diese nahmen die Hunde der geschlagenen Eroberer bei sich auf und kreutzten sie mit ihren eigenen Hunden: die Vorfahren der Catahoulas waren geboren. Später ließen sich weiße Siedler in der Nähe des Catahoula-Sees nieder – unter ihnen die Brüder James und Resha Bowie, deren Familien heute als frühe Züchter der Catahoula-Rassen bekannt sind. Sie züchteten den Catahoula Cur, auch Catahoula Hog Dog genannt – die Cowboys adoptierten gleichsam den indianischen Hund, der bekannt für sein Leopardenfell und seine glasklaren, hellen Augen war.

Als die Franzosen sich um 1800 in diesem Gebiet ausbreiteten, brachten sie den Hüte- und Treibhund Beauceron mit, der sich nun ebenfalls einkreuzte. Um 1950 wurde der Catahoula in den USA offiziell als Rasse registriert. Im Jahr 1979 erklärte Gouverneur Edwin Edwards den „Louisiana Catahoula Leopard Dog" zum Wahrzeichen des Staates Louisiana und setzte dem „Louisiana State Dog" damit ein Denkmal in Erinnerung an die Geschichte der Region, um den Catahoula-See, an seine Indianer und die Siedlungsgeschichte des Landes.

Der Hund wurde und wird geschätzt wegen seiner Ausdauer, Entschlossenheit und Härte – noch heute blitzt in seinen Rasse-Eigenschaften der Rotwolf durch, genauso der Mastiff und ein bisschen Greyhound.

Um die Erhaltung der Rasse kümmert sich in den USA seit 1977 die National Association of Louisiana Catahoulas (www.nalc-inc.org) und in Europa die mit dem NALC kooperierende Eurpean Association of Louisiana Catahoulas (www.ealc.info).

Eine radikale Selektion

Drei Catahoula-Linien sind bekannt. In der Wright-Linie, nach ihrem Züchter Preston Wright, findet man die größten und schwersten Tiere mit 40 bis 50 kg. Sie stammt von Hernando de Sotos „War Dogs" ab. Die Fairbanks-Linie, nach Lovie Fairbanks, mit einem Gewicht zwischen 30 und 35 kg, hat gestromtes, gelbgoldenes Fell. Die McMillin-Linie, nach T. A. McMillin, zeigt die schmalsten und kleinsten Catahoulas, mit einem Gewicht um die 25 kg – häufig gestromt und mit Augen wie aus Glas. Alle Farbschläge und Augenfarben sind beim Catahoula erlaubt.

Eigenschaften des Catahoulas

Der Catahoula zeichnet sich durch Eigenständigkeit, Intelligenz und durch eine Hartnäckigkeit aus, die bis zur Sturheit geht. Er ist Fremden gegenüber misstrauisch und zeigt ausgesprochenes Territorialverhalten. Artgenossen gegenüber kann er aggressiv auftreten – in der Arbeit aber soll er keine Kämpfe austragen. Diese Eigenschaften weiß man besonders auf den Farmen Amerikas zu schätzen: Der Catahoula ist ein sehr guter Farmhund, der nicht nur Haus und Hof beschützt, sondern auch die dort lebenden Tiere. Er ist ein geselliger Hund und liebt es, in der Gruppe zu leben oder eng mit seinen Menschen.

Als Treibhund hilft er dem Cowboy beim Treiben und Umsiedeln der Viehherden. Eigenständig sucht er verlorene Rinder – manchmal tagelang – und bringt sie zuverlässig zurück. Bei der Jagd ist er z. B. spezialisiert auf das Aufspüren von Peccaris: Er jagt es in der Gruppe und verbellt es, bis der Jäger kommt. Das kurze, oft gestromte Fell und seine Pfoten sind hervoragend ausgerichtet auf das Jagen und Treiben in großer Hitze. Er ist ausdauernd, lösungsorientiert und arbeitet ausgesprochen selbstständig. Sein hervorragender Geruchsinn macht ihn zu einem idealen Partner in der Fährtenarbeit und bei anderen nasenorientierten Beschäftigungen.

Der Catahoula im Alltag

In der Regel eignet sich der Catahoula nicht als Familienhund – vor allem, wenn er nicht ausreichend körperlich und geistig ausgelastet werden kann. Denn wird ihm langweilig, greift er auf sein genetisches Programm zurück und sucht sich selbst eine Beschäftigung – und die gefällt uns in der Regel nicht. Unterfordert man ihn, beginnt er z. B. häufig, die Wohnungseinrichtung zu zerstören. Der Catahoula ist ein Spätentwickler, erst mit dem dritten bis vierten Lebensjahr wird er erwachsen. Bis dahin sind die meisten Catahoulas relativ unproblematisch zu halten, doch dann beginnen häufig die Herausforderungen. Ist er nicht ausgesprochen gut sozialisiert worden, reagiert er auf Artgenossen häufig agressiv; auch steigert sich das Verteidigen von Recourcen aller Art, wenn er nicht artgerecht gehalten wird. Überlastet man ihn hingegen, wird er nervös und fahrig. Packt man ihn in alter Rudelchef-Manie zu hart an, kann er sich auch gegen den eigenen Besitzer stellen. Das ist auf die Zucht-Selektion als Treibhund zurückzuführen. Denn geht das Rind oder das Wildschwein in Gegenwehr, darf der Catahoula nicht zurückweichen – im Gegenteil: Er soll noch stärker nach vorn gehen. Dies Verhalten führt immer wieder zu Missverständnissen; dann landet der Catahoula schnell im Tierheim und ist nur noch schwer zu vermitteln. In seiner Ausdrucksweise ist er klar zu lesen und neigt manchmal zur Überzeichnung – das will heißen: Seine Ausdrucksweise mag im Vergleich mit anderen Rassen etwas übertrieben erscheinen.

Am besten lebt man mit einem Catahoula, wenn man auch in heiklen Situationen Souverenität ausstrahlen kann, wenn man klare Grenzen aufzeigen kann und dem Hund mit liebevoller Konsequenz begegnet. Der Catahoula ist also kein Hund für Anfänger, er ist nicht leicht zu führen. Er sollte zu Menschen, die viel Hundeerfahrung mitbringen und ihn mit geeigneten Beschäftigungen gut artgerecht halten können. Doch auch dort wird er für Überraschungen sorgen.

Geeignete Beschäftigungen

Aufgrund seiner hervoragenden Riechleistung, eignet sich der Catahoula für alle Beschäftigungen, die mit der Nase zu tun haben. Er arbeitet dann sehr selbstständig und mit hoher Ausdauer. Geeignet sind Fährtenarbeit, Suchaufgaben aller Art und die Jagd. Er ist ein sogenannter „hot nosed dog“, das heißt, er verfolgt mit Vorliebe die frischeste Spur. Wegen seines starken Finderwillens, wird er gern als Rettungshund (Hochwindsucher oder Mantrailer), als Wassersuchhund oder Leichenspürhund ausgebildet. Der sehr bewegungsfreudige Hund kann auch ein perfekter Begleiter für ausgedehnte Wanderungen oder Bergtouren sein, wenn man das Jagdverhalten des Tieres unter Kontrolle hält. Bekommt er jedoch nicht ausreichend Ruhephasen, wird er schnell hektisch und sehr reizbar. Eine gute Richtlinie sind 16 bis 18 Stunden Schlaf am Tag und zudem altersentsprechend Bewegung und Beschäftigung.

Erbeigenschaft beim Catahoula

Bei der Zucht ist unbedingt zu beachten, dass der Catahoula eine Rasse mit Merle-Gen ist. Bei der Verpaarung von zwei merlefarbenen Catahoulas werden mit großer Wahrscheinlichkeit überproportional viele weiße Welpen zur Welt kommen, die ein hohes Risiko für Taubheit haben. Jüngste Forschungsergebnisse haben außerdem ge-

zeigt, dass er eine „Merle-Gen-durchwachsene" Rasse ist. 80 Prozent der getesteten Catahoulas sind Träger, mehr als 30 Prozent davon Doppelmerle, von denen wiederum mehr als 30 Prozent einfarbig sind.
Das Merle-Gen betrifft, aufgrund des fehlenden Melanins, Nerven und Sinneszellen, wordurch die Risiken für Taubheit, Blindheit und neurologische Störungen bei ungünstiger Verpaarung hoch sind. Gleichzeitig ist es für die Catahoula-typisch häufig auftretende leopardenähnliche Fleckung zuständig. Schwach pigmentierte Flecken sind unregelmäßig über den gesamten Körper verteilt und vermischt mit stärker pigmentierten Flecken.
Da der Louisiana Catahoula Leopard Dog für seine überwiegende, beinahe als rassetypisch geltende Merle-Farbgebung und das leopardenähnliche Fellmuster bekannt ist, sind einfarbige Tiere bei vielen Züchtern im Ursprungsland offenbar unerwünscht. Trotz möglicher Gesundheitsrisiken werden bewußt Merle-Gen-Träger miteinander verpaart, um Merle-Gen-tragende Jungtiere zu erhalten, die die typische Leopardenzeichnung aufweisen. Daher tragen inzwischen die meisten Hunde dieser Rasse das Merle-Gen und „echte" einfarbige Catahoulas (ohne Merle-Gen) sind selten.

Stephanie Lang von Langen ist Autorin und Hundetrainerin sowie Ausbilderin von Therapiehundeteams und Suchhunden. Sie ist Mitbegründerin der Europäischen Interessensgemeinschaft des Louisiana Catahoula Leopard Dog (EALC) und als Hunde-Verhaltenstrainerin tätig, mit den Schwerpunkten verhaltensauffällige Hunde, Auslandshunde und Personensuche. Vor zehn Jahren gründete sie das Ausbildungszentrum 'Wunjo-Projekt' für tiergestützte Therapie und bildet dort Halter*Innen und ihre Hunde in Theorie und Praxis für die therapiebegleitende Arbeit in Schulen, Seniorenheimen und Psychiatrien aus. Seit 2017 bietet Lang von Langen gemeinsam mit renommierten Referenten aus Theorie und Praxis auch Aus- und Fortbildung für Hundetrainer*Innen an.

Fast überwiegend sieht man den Catahoula in der rassetypischen Merle-Farbgebung.

GRUPPE 11
— *nach Parker*

DEUTSCHE DOGGE (GREAT DANE)

HERKUNFT, GESCHICHTE, AUFGABEN

Ursprünglich sprach man von großen starken Hunden, die keiner bestimmten Rasse angehörten – alle wurden als Doggen bezeichnet. Den genauen Ursprung der Doggen kann man an Hand von prähistorischen Funden nicht wirklich nachweisen. Es gibt Überlegungen, wonach bereits germanische oder keltische Stämme in Europa doggenartige Hunde besaßen. Andere Vermutungen stammen aus der Zeit der Entdeckungsreisen von Marco Polo, der erstmals die Tibet Doggen beschrieben hat und man vermutet, dass diese großen Hunde aus dem Orient nach Europa kamen.

Besser beschrieben wurden die Ahnen der Deutschen Dogge anhand ihres Verwendungszweckes. Große Hunde wurden als Bullenbeißer, als Saurüden oder Hatzrüden bezeichnet. Das Wort „Rüde“ war zu dieser Zeit keine Geschlechtsbezeichnung, sondern die Bezeichnung für große Jagdhunde allgemein. Sie wurden bei den mittelalterlichen Jagden auf wehrhaftes Wild angesetzt. Viele Hunde wurden bei diesen Jagden getötet, und so mussten die Jagdherren immer wieder ihre eigenen Zuchten mit großen Bauernhunden auffüllen.

Der Name „Deutsche Dogge“ wurde erstmals 1876 von Hauck verwendet. Davor gab es die Bezeichnungen „Dänische Dogge“ oder „Ulmer Dogge“ und „Englische Dogge“, wobei alle drei Schläge im gleichen Wurf vorkommen konnten. Die Ulmer Dogge war in der Regel die schwerere, die Dänische die leichtere Variante. Anfang des 16. Jahrhunderts kamen hochläufige, starke Doggen aus England und Irland auf den europäischen Kontinent. Sie werden als die eigentlichen Stammeltern der „Deutschen Dogge“ bezeichnet, weil „dog“ auch auf das Herkunftsland hinweist. Anfang des 18. Jahrhunderts wurden die doggenartigen Hunde nicht mehr aus England geholt, sondern in Deutschland gezüchtet. Ende des 19. Jahrhunderts verschwand aus Deutschland die Sau-Hetzjagd, da die Wildschweinbestände stark zurückgegangen waren und damit auch die Nachfrage nach doggenartigen Hunden. Im Jahr 1878, anlässlich einer Ausstellung in Berlin, wurde erstmals ein Rassestandard festgelegt, in dem alle drei Doggenformen (Ulmer, Dänische und Englische) zusammengefasst wurden. Das erste Zuchtbuch für die Deutsche Dogge erschien im Jahr 1897. Ein großer Freund der Deutschen Dogge war Fürst Bismarck, der dieser Rasse dadurch zu großer Beliebtheit verhalf.

VERWANDTSCHAFT IN GRUPPE 11

Die Gruppe aus Deutscher Dogge und Rhodesian Ridgeback ist die gemeinsame Schwestergruppe einer Reihe von Entwicklungslinien, die neben Mastiff-Typen und Bulldog/Boxer/Bordauxdogge auch Bull Terrier und Staffordshire Terrier umfaßt.

In der Gruppierungsanalyse nach Persönlichkeitsachsen (Turcsán, 2014) gruppiert die Deutsche Dogge mit Cairn Terrier, West Highland White und Tibet Terrier am nächsten, der Rhodesian Ridgeback mit Zwergdackel, Shiba Inu und Collie.

MORPHOLOGIE

Erkennungsmerkmale der doggenartigen Hunde sind der Riesenwuchs und der schwere massige Kopf, mit betontem Stirnabsatz, sowie ausgeprägten Stirnhöckern und eine markante Scheitelleiste.

Größe und Gewicht Rüden haben eine Schulterhöhe von 80 bis 90 cm, Hündinnen zwischen 72 bis 80 cm. Ihr Gewicht beträgt 45 bis 55 kg.

Farben und Fell Fellfarben gibt es in gelb, gestromt, gefleckt, schwarz und blau. Das kurze Fell ist pflegeleicht, bietet aber keinen Witterungsschutz. Anhand der Fellfarben der Deutschen Dogge wurden die Zusammenhänge zwischen dem Pigment-Gen und dem Immunsystem molekulargenetisch untersucht (Gansloßer und Kitchenham, 2012): Gelbe Farbvarianten haben ein weniger leistungsfähiges Beta-Defensinsystem und damit eine weniger leistungsfähige Immunabwehr.

Die sehr langen Leftzen bedingen, dass diese Hunde sehr stark „sabbern".

EIGENSCHAFTEN

Doggen sind gemütliche, eher ernsthafte Hunde, die nicht zur übermäßigen Aggressivität oder Skepsis gegenüber fremden Menschen oder Hunden neigen. Sie zeigen eine moderate Aggressionsbereitschaft, hohe Trainierbarkeit und geringe Reaktivität (Takeuchi und Mori, 2006). Sie sind sehr sensibel und ihren Menschen gegenüber sehr anhänglich und liebevoll. Gegenüber Fremden sind sie vorsichtig und in fremder Umgebung eher zurückhaltend. Ihr Jagdverhalten und ihre Erregbarkeit sind geringfügig ausgeprägt, auch andere unerwünschte Eigenschaften wie Bellfreudigkeit, Unsauberkeit beim Alleinbleiben und Ausbruchsversuche zeigen Doggen kaum (Serpell und Duffy, 2014). Sie sind gelehrig, brauchen aber ein strukturiertes Training und eine durchdachte Motivation. Diese Hunde können territorial veranlagt, wachsam und verteidigungsbereit sein und im eigenen Revier kann es vorkommen, dass sie andere Hunde ungern dulden. Sachkundige und sorgfältige Aufzucht ist notwendig und gerade im Hinblick auf Ängstlichkeit und Unsicherheit sollte ein Augenmerk gelegt werden. Zusätzlich ist in der Sozialisierung dieser Hunde auch gewissenhafter Hundeumgang wichtig. Doggen sollten lernen, bei der Begegnung und im Spiel mit anderen Hunden ihre Körpermasse zu kontrollieren (dies gilt natürlich für alle „Riesenrassen"). Sie brauchen einen abwechslungsreichen Lebensraum und ausreichend „Platz" und sind daher nur dann als Wohnungs- oder Stadthund geeignet, wenn der entsprechende Raum und auch die Zeit des erfahrenen Hundehalters dies zulässt.

Mit der Zucht auf enorme Körpergröße, geht leider die geringere Lebenserwartung einher.

RASSETYPISCHEN KRANKHEITEN

Vor der Anschaffung sollte man sich Gedanken über die doch geringe Lebenserwartung der „Riesenrassen“ machen: so sind 9 Jahre bei Doggen ein sehr hohes Alter. Auch bringt dieser Riesenwuchs einige mögliche Krankheiten mit sich. Das Median-Alter (siehe Glossar) von Doggen beträgt etwa 6 bis 7 Jahre, als die häufigste Todesursache gelten gastrointestinale Krankheiten wie Magendrehungen, Megaösophagi und Parvovirose, ebenfalls häufige Todesursache sind Herzprobleme und Krebs (BSAVASC, 2004). Auch das Wobbler-Syndrom, Nervenschädigungen im Bereich des Rückenmarks, gilt als häufiger Einschläferungsgrund bei Deutschen Doggen (Lautersack und Schimke, 2003). Durch ihre Größe haben sie einen langsameren Stoffwechsel und neigen vermehrt zu HD, Osteochondrosis und ED (Morgan, 2000; Ostrander und Ruvinsky, 2012).

Allgemein zeigen Riesenrassen eine sehr schnell eintretende Alterung, wohl aufgrund der für Riesenwuchs nötigen hohen Zellteilungsrate. Aufgrund dieser in der Jugend sehr hohen Zellteilungsrate, kommt es frühzeitig oft zu Kopierfehlern oder mangelnder Möglichkeit zur Reparatur am Erbgut, eine der Ursachen für Tumorentstehung (Gansloßer und Kitchenham, 2019). Auch von DCM (dilatative Kardiomyopathie) sowie anderen Herzkrankheiten, besonders Herzversagen, sind Doggen häufig betroffen (Meurs et al., 2001; Phillips et al., 2003). Schilddrüsenunterfunktionen treten innerhalb der Rasse häufiger auf (Phillips et al., 2003). Wegen der großen und langen Lefzen sollte man sich des Speichelflusses dieser Hunde bewusst sein. Ein Schütteln des Hundes kann den Speichel im ganzen Raum verteilen. Zudem gilt zu bedenken: Doggen sind sehr schwere Hunde!

Es braucht erfahrene und geduldige Hundehalter, die sich mit dieser sich spät entwickelnden Riesenrasse auskennen.

TRAINING

Für alle molossoiden Hundetypen, die groß und schwer werden, ist es von Beginn an wichtig, spielerisch mit Welpen und Junghunden eine Leinenführigkeit (gemeint ist Gehen an lockerer Leine, nicht das Fuß-Gehen vom Hundesport) zu trainieren. Hier muss zu Beginn darauf geachtet werden, dass es kein „Kräftemessen an der Leine" gibt, das der Mensch spätestens im Erwachsenenstadium der Hunde verlieren würde. Diese großen Hunderassen zählen zu den sogenannten „Spätentwicklern", was sich in den kognitiven Fähigkeiten im Wachstum und beim Erwachsenwerden bemerkbar macht. So kann es vorkommen, dass sie in der Wiederholungrate (also wie oft eine Übung wiederholt wird, bis sie mit Erfolg ausgeführt wird) eine höhere Anzahl brauchen. So kann es sein, dass nach 20 Wiederholungen (nicht am Stück!) derselben Übung der Hund noch immer keinen „wirklichen Plan" davon hat, was von ihm verlangt wird. Hier sind erfahrene und geduldige Hundehalter gefragt, da gerade auch in der Pubertät dies eine zusätzliche Geduldsprobe sein kann. Auch das sehr frühzeitige Heranführen an Verstärker (z. B. Futter, Ball) durch den Besitzer (oder beim Züchter) ist sehr wichtig, denn hier wird die Basis der späteren Kooperation mit dem Menschen gelegt. Daher ist es auch wichtig, dass diese „richtig" aufgebaut werden, denn Möglichkeiten der Frühförderung bergen bei unsachgemäßer Anwendung immer auch Gefahren. Ein Hund, der früh die Erfahrung gemacht hat, dass es sich für ihn lohnt, mit seinem Menschen zusammenzuarbeiten, ist nicht nur leichter trainierbar, sondern hat auch schon einen „Plan im Kopf", dass der Mensch helfen und unterstützen kann. Dies ist im Hinblick auf den Alltag und das spätere Leben des Hundes ein wichtiger Grundstein.

RHODESIAN RIDGEBACK

HERKUNFT, GESCHICHTE, AUFGABEN

Aufzeichnungen von portugiesischen Seefahrern aus dem 15. Jahrhundert berichten über Hunde der Hottentotten im südlichen Afrika, die einen Haarstreifen am Rücken aufweisen und mit großem Mut bei der Jagd ausgestattet sind. Immer wieder gibt es Berichte, dass der Rhodesian Ridgeback mit den Hunden von Phu Quoc in Verbindung steht. Phu Quoc ist eine Insel im Golf von Thailand. Da der Rhodesian Ridgeback, der Thai Ridgeback und die Hunde der Insel Phu Quoc (auch Phu Quoc Ridgback genannt) alle das einzigartige Merkmal des „Ridge" auf dem Rücken besitzen, wird eine gemeinsame Abstammung vermutet, ist aber nie belegt worden. Es könnte durchaus auch sein, dass diese Mutation des Ridge an mehreren, weit auseinanderliegenden Orten aufgetreten ist, da sie dominant vererbt wird.
Die Hottentotten nutzten den Ridgeback zur Löwenjagd und zur Bewachung der Rinderherden, die Bantu hielten sie als einziges Haustier. Zu Beginn formte nur der Gebrauchszweck die äußere Gestalt des Hundes. Dass man dabei dem „Ridge" eine besondere Bedeutung beimaß, ist kaum anzunehmen, er war eben bei den Kreuzungshunden vorhanden. Wegen der Verwendung zur Jagd auf Löwen, ist der Rhodesian Ridgeback hierzulande auch unter dem Namen „Löwenhund" bekannt geworden. Die Aufgabe der Hunde bestand darin, den Löwen aufzuspüren, zu stellen und durch Umkreisen am Ausbrechen zu hindern, bis der Jäger zur

Der Rhodesian Ridgeback ist ein wachsamer und unerschrockener Hund, der oftmals sehr sensibel sein kann und daher eine konsequente und liebevolle Führung und Erziehung benötigt.

Stelle war und ihn erlegen konnte. Wer unter den Hunden nicht schnell und wendig genug war, um den Angriffen der in die Enge getriebenen Raubkatze auszuweichen, der schied bereits beim ersten Einsatz unwiderruflich aus. Heute ist der Rhodesian Ridgeback ein vielseitig einsetzbarer Jagd-, aber auch Wach- und Begleithund.

MORPHOLOGIE

Größe und Gewicht Rüden haben eine Schulterhöhe von 63 bis 68 cm, Hündinnen von 61 bis 66 cm. Das Gewicht von Rüden liegt bei 37 kg, das von Hündinnen bei 32 kg. Da bei der Zucht immer mehr auf die Größe Wert gelegt wurde, hat sich die Anfälligkeit für HD deutlich erhöht.

Farben und Fell Er besitzt ein pflegeleichtes kurzes, glattes Fell, das in den Farben hellweizenfarben bis rot-weizenfarben auftreten kann. Gelegentlich tritt eine schwarze Maske an Schnauze und Ohren auf. Weiße Fellflecken an Brust und Pfoten sind mittlerweile geduldet. Das dünne Fell bietet bei Regen und Kälte wenig Schutz.

Ridge Das Kennzeichen des Rhodesian Ridgebacks ist die vom Widerrist bis zur Kruppe verlaufende, 3 bis 6 cm breite Haarleiste, in der die Haare in umgekehrter Richtung stehen, auch „Ridge" genannt. Der für den Ridge verantwortliche Genotyp (FGF) wurde kürzlich von einem Forscherteam der schwedischen Universität für Agrarwissenschaften (Nicolette Salmon Hillbertz, Göran Andersson u.a.), der Universität Uppsala (Leif Andersson, Mats Nilsson) und dem Broad Institut (Kerstin Lindblad-Toh et al.) gefunden. Die aktuellsten Forschungsergebnisse legen nahe, dass die Ridge-Mutation autosomal dominant ist und eine vollständige Penetranz (absolute Ausprägungswahrscheinlichkeit, d.h., es kommt grundsätzlich zur phänotypischen Ausprägung des Merkmals) aufweist (Hillbertz et al., 2014). Der Dermalsinus (engl. dermoid sinus) ist eng mit dem Phänotyp des Ridge verbunden, ca. 8 bis 10 % der in Schweden gezüchteten Rhodesian Ridgebacks haben einen Dermalsinus – bei 57 Würfen (492 Welpen) wurde bei 82 Hunden der Dermalsinus gefunden. Fehlt der „Ridge", so ist der Hund offensichtlich homozygot rezessiv. Zwei solche Hunde untereinander gepaart, müssten also nur noch „Ridge"-lose Nachkommen haben.

RASSETYPISCHEN KRANKHEITEN

Der Dermalsinus ist eine kleine, angeborene Hautöffnung im Bereich des Ridges, die durch Missbildungen der Haut in Form von röhrenartigen Kanälen, die von der Haut bis in das Rückenmark reichen können, entsteht (Buksch, 2011). „Der Dermalsinus stellt eine neurochirurgische Notfallsituation dar, da die Gefahr einer aszendierenden Infektion besteht. Eine operative Sanierung ist deshalb zwingend erforderlich" (Aksu und Dietz, 2007).

Ridgebacks neigen zu Hüftgelenksdysplasie (HD), Weichteilsarkomen (bösartigen Tumoren) und Schilddrüsenunterfunktionen, die bei von Hashimoto (immunbedingter Schilddrüsenerkrankung) betroffenen Ridgebacks doppelt so häufig auftritt wie bei Hunden, die Gene auf dem Chromosomenstrang 12 (LHFPL5, SRPK1 und SLC26A8) nicht aufweisen (Stanin et al., 2011; Baker-Gabby et al., 2003; Bianchi et al., 2015). Sie neigen, wie alle großen Rassen mit tiefem Brustkorb, zu Magendrehungen (Fox, 2006).

EIGENSCHAFTEN

Ridgebacks sind Fremden gegenüber reserviert und wenig verspielt. Wie alle Arbeitsrassen sind sie leicht erregbar und fordern viel Aufmerksamkeit ein. Anders als die meisten Arbeitshunde, gelten sie jedoch als wenig trainierbar. Sie zeigen ausgeprägtes Jagdverhalten und Jagdinteresse, gelten jedoch trotz ihrer Furchtlosigkeit als sehr schmerzempfindlich (Eken Asp et al., 2015). Der Rhodesian Ridgeback ist intelligent, sehr temperamentvoll, mit scharfen Sinnen

Trotz ihrer körperlichen Erscheinung, sind die Mehrzahl dieser Hunde sehr sensibel und es gibt auch Hunde, die emotional sehr instabil sein können.

und damit für die Jagd mit Augen und Nase sehr gut geeignet. Er ist nicht nur schnell und wendig, sondern auch sehr wachsam und hat ein ausgeprägtes Verteidigungsverhalten. Durch sein territoriales Verhalten, kann er gegenüber fremden Hunden und Menschen im eigenen Revier sehr stark reagieren. Seine Haltung ist selbst für Rassekenner eine verantwortungsvolle Aufgabe und benötigt eine gute Erziehung und eine klare Struktur.

TRAINING

Der Rhodesian Ridgeback lebt gern mit seinen Menschen zusammen und zeigt sich dem Halter gegenüber ausgeprochen verträglich, fremden Menschen sowie Hunden gegenüber ist er eher skeptisch, aber neigt nicht zur übertriebenen Aggressionsbereitschaft (Duffy et al., 2008) – daher ist es von Beginn an wichtig, dass diese Hunde viel positive Umwelterfahrung machen. Es kann vorkommen, dass Individuen trotz guter Habituation/Sozialisation Umweltprobleme haben und mit Furcht vor Unbekanntem reagieren. Auch ist die Mehrzahl der Rhodesian Ridgeback sehr sensibel und es gibt auch Hunde, die emotional sehr instabil sind. Ridgebacks, die zur Ängstlichkeit neigen, zeigen häufiger die Tendenz zur angstbasierten Aggressivität und zum „Angstbeißen" gegenüber Fremden (Blackshaw, 1991). Wichtig sind klare Regeln und Strukturen und ein verlässlicher Sozialpartner (Mensch). Ridgebacks sind sowohl in ihrem Ursprungsland als auch in Deutschland vom JGHV (Jagdgebrauchshundverband) anerkannte Jagdgebrauchshunde. Durch die ursprüngliche eigenständige Jagd ist es wichtig, dass sie gern mit dem Menschen zusammenarbeiten. Je früher dies dem Hund beigebracht wird, desto leichter tut man sich später im Training. Da sie ein hohes Bewegungsbedürfnis haben, kann eine gute Belohnungsform gemeinsames Rennen oder auch ein gemeinsames (gestelltes) Jagd-Erlebnis sein. Die meisten Ridgebacks sind für alternative Beschäftigungsformen wie Nasenarbeit, Fährte, Mantrailing, etc. zu begeistern.

GRUPPE 12
— *nach Parker*

BERNHARDINER

HERKUNFT, GESCHICHTE, AUFGABEN

Einer Legende nach soll der heilige Bernhard von Menton, damals Erzdiakon in Aosta, um 950 auf der Passhöhe des Mont Jovis (Mount-Joux) ein Hospiz gegründet haben. Die ersten Hunde kamen wahrscheinlich als Wachhunde auf das Hospiz, später wurden sie Begleiter der Mönche und erlangten große Berühmtheit als Lawinensuchhunde. Die Rasse „Bernhardiner" ist mit großer Wahrscheinlichkeit nicht im Hospiz entstanden, denn die Lebensbedingungen waren schwer und die Hunde wurden nicht sehr alt. Craniologisch (nach der Schädelform zu urteilen) gibt es jedenfalls bis weit in die Zeit der Eintragungen in die Rassebücher keinen Unterschied zwischen Sankt Bernard-Hunden und Großen Schweizer Sennenhunden, damals noch als Küherhunde oder Metzgerhunde bezeichnet. Die rot-weiße Färbung war zu Beginn der Reinzucht fast das einzige Merkmal eines Bernhardiners und manche Bauernhunde wurden damals als echter Bernhardiner verkauft, ob schon seine Ahnen das Hospiz nie gesehen hatten. Der Bernhardiner ist ein Abkömmling des alten Küher Hundes, wie er noch bis zur Mitte des 19. Jahrhunderts überall in der Schweiz anzutreffen war.
Der berühmteste Rettungshund war Barry, der von 1800 bis 1812 auf dem Hospiz lebte und mit dessen Hilfe 40 Menschen gerettet werden konnten. Der alt gewordene Barry wurde im Jahre 1812 vom Hospiz zu Fuß nach Bern gebracht, wo er 1814 an Altersschwäche starb. Die Bernhardiner dieser Zeit waren körperlich kleiner und nicht so schwer wie die heutigen Hunde und eigneten sich noch hervorragend als Lawinensuchhunde.

MORPHOLOGIE

Größe und Gewicht Die Schulterhöhe beträgt bei Rüden 70 bis 90 cm und bei Hündinnen 65 bis 80 cm. Mit einem Gewicht von 65 bis zu 120 kg gehört er zu den schwersten Hunderassen (Australian National Kennel Council, 2015).
Farben und Fell Die Fellfarben sind weiß mit roten, rotbraunen oder gestromten Platten oder durchgehender Decke. Das Kurzhaar ist pflegeleicht.

EIGENSCHAFTEN

Der Bernhardiner hat ein ruhiges Temperament, er ist wenig verspielt, fordert kaum Aufmerksamkeit ein und gilt als wenig erregbar (Takeuchi und Mori, 2006). Er ist furchtlos, territorial, wachsam (Turcsán et al., 2011) und verteidigt sein Revier, neigt jedoch nicht zur Bellfreudigkeit und nur wenig zur Aggression gegenüber anderen Hunden oder gegenüber seinem Halter (Takeuchi und Mori, 2006). In fremder Umgebung verhält er sich neutral. Trotz seines ruhigen Temperaments ist er sehr gesellig und umgänglich (Turcsán et al., 2011).
Auf den Persönlichkeitsachsen erreicht er Platz 16 in emotionaler Stabilität, Platz 93 in Offenheit, Platz 31 in Geselligkeit mit Hunden und Platz 22 für Extraversion. Damit gehört er in die Gruppe der eher wenig offenen, aber extravertierten Rassen. In der Gruppierung nach Persönlichkeitswerten steht er neben dem Siberian Husky und als Schwestergrupppe dieser beiden in der Persönlichkeitsgruppierung (NICHT aber der Verwandtschaft) stehen Bulldogge, Französische Bulldogge und Shi Tzu.
Bei der Aufzucht muss man unbedingt auf eine angemessene Ernährung und Bewegung achten, um eine gesunde körperliche

Entwicklung zu gewährleisten. Wichtig ist auch eine gute Sozialisierung auf alles Fremde im Welpenalter. Der Berndardiner ist kein Hund für Anfänger oder sportlich ambitionierte Menschen. Er liebt den Aufenthalt im Freien, geht sehr gern spazieren, fordert dabei aber keine hohe Aktivität.

RASSETYPISCHE KRANKHEITEN

Durch die Extremzucht auf Giantismus treten gesundheitliche Probleme auf. 45 % der von Arthritis betroffenen Hunde zählen zu den großen Rassen, davon sind wiederum rund 50 % den Riesenrassen zuzuordnen (Mele, 2007). Gerade im Wachstum ist daher besonderes Augenmerk auf Ernährung und Bewegung zu legen. Das enorm schnelle Wachsen und das hohe Gewicht führen oftmals zu Problemen und sehr großen Herausforderungen an den jungen Organsimus. Selbst beim Geburtsvorgang kann es durch die Zucht auf sehr große Schädelformen zu Problemen kommen. Desweiteren muss man auf die Augen dieser Hunde achten. Das sogenannte Hängeauge oder Hängelied ist leider verbreitet. Dies braucht meist lebenslange Pflege. Prof. Distl von der Tiermedizinischen Hochschule Hannover zählt den Bernhardiner zu den Rassen, bei denen gehäuft Epilepsie vorkommt. Auch verschiedene Krebsarten, wie Osteosarkome, scheinen oft vorzukommen. Zudem ist der Bernhardiner stark von HD wie auch anderen Krankheiten des Skelettes betroffen (Bech-Nielsen und Haskins, 1978). Ebenfalls kann sie von Polyneuropathie betroffen sein (Ekenstedt et al., 2014). Polyneuropathie ist der Oberbegriff für bestimmte Erkrankungen des peripheren Nervensystems, die mehrere Nerven betreffen. Abhängig von der jeweiligen Ursache, können motorische, sensible oder auch vegetative Nerven gemeinsam oder schwerpunktmäßig betroffen sein. Die Symptome können je nach betroffenem Nervenfasertyp und betroffener Körperregion sehr vielfältig sein. In einer dänischen Datenerhebung von 2003 wurde die durchschnittliche Lebenserwartung auf 9,5 Jahre geschätzt, während in einer britischen Erhebung von 2004 nur 7 Jahre als Medianwert ermittelt wurden. In der britischen Umfrage lebte etwa jeder Fünfte bis über 10 Jahre, wobei der am längsten lebende Hund 12 Jahre und 9 Monate alt war (Proschowsky et al., 2003; British Small Animal Veterinary Association Scientific Committee, 2004).

TRAINING

Das Territorialverhalten kann bei diesen Hunden stark ausgeprägt sein. Diesbezüglich ist es wichtig, bereits in der Aufzucht viel Zeit und richtiges positives Training auf „Neues und Unbekanntes“ zu richten. So kann der Hund von Beginn an gut auf sein späteres Leben, auch mit regelmäßigem Besuch, vorbereitet werden. Zu beachten ist, dass die bei vielen Hunden mit Wachfunktion auftretende Xenophobie, die aggressive oder furchtsame Ablehnung neuer Situationen, nicht immer gleichbedeutend mit Territorialität ist. Aber die genannten Maßnahmen helfen, auch diese Persönlichkeitseigenschaft zu dämpfen.

Bernhardiner sind meist wenig bewegungsfreudig, was sie beliebt für Menschen macht, die keine sportlichen Aktivitäten mit dem Hund anstreben. Die meisten Individuen dieser Rasse zeigen keine hohe Emotionalität, sind ruhig und ausgeglichen (Turcsán et al., 2011). Dahingehend müssen im Training die Belohnungsraten (besonders bei jungen Hunden) sehr hoch sein, da sonst ein Konzentrationsverlust erfolgen kann. Der Bernhardiner ist lediglich moderat trainierbar und neigt nicht zu ausgeprägtem Gehorsam oder starker Halterbezogenheit (Turcsán et al., 2011; Takeuchi und Mori, 2006). Bei diesen Hunden ist es wichtig, sich vor dem Training Gedanken zu machen: Was ist das Ziel, welche Elemente gibt es und welche möglichen Unterelemente gehen damit einher?

Oftmals werden diese Hunde als stur bezeichnet, wenn sie nicht das vom Menschen erwünschte Verhalten zeigen. Bei genauerer Analyse kann es vorkommen, dass diese Hunde keine Motivation haben, ein bestimmtes Verhalten zu zeigen, weil es sich aus Hundesicht nicht „lohnt". Hier seien wieder die Belohnungsraten und Belohnungsformen der Hundehalter gefragt!
Es kann alles als Verstärker für den Hund dienen. Alles, wofür sich der Hund interessiert. Es liegt am Hundehalter, das Training kleinschrittig aufzubauen und interessant zu gestalten. Hier muss man variantenreich belohnen. Menschliche Zuwendung ist für wenige Hunde ein wirklicher Verstärker. Für freies Formen eignen sich Bernhardiner weniger gut, weil die Belohnungsrate in dieser Trainingsform meist sinkt. Diese Hunde brauchen in ihrer Entwicklung nicht nur körperlich, sondern auch geistig länger. So kann es im Training vorkommen, dass sie eine höhere Wiederholungsrate benötigen. Meist sind auch sehr kurze Trainingseinheiten erfolgreich, um einen Konzentrationsverlust zu vermeiden. Ist ein Verhalten erlent, sind Bernhardiner für Ablenkungen im Training wenig reizempfänglich. Durch die langsamere geistige Entwicklung und die spätere körperliche Ausreifung ist es auch wichtig, dass diese Hunde von Beginn an lernen, dass sie mit Körperkraft nicht zum Erfolg kommen. Wichtig: an lockerer Leine viele positive Erfahrungen sammeln lassen.

Der Bernhardiner ist durch die extreme Zucht auf Giantismus leider von gesundheitlichen Problemen betroffen und auch seine Lebenserwartung ist meist nicht so sehr hoch.

HOVAWART (NICHT IN PARKER-STUDIE)

Herkunft, Geschichte, Aufgaben

Die erste Reinzucht des Hovawarts als eigener Hundetyp begann 1922, zunächst noch ohne planmäßige züchterische Ansätze.
Als Hovawart wurden bis zum Anfang des 19. Jahrhunderts auch Hofhunde allgemein bezeichnet (Fitzinger, 1867). Es handelte sich zunächst um einen sehr alten, ursprünglichen, rasselosen Bauernhundschlag („hofwarth" = Hofwächter), der im Mittelalter in dieser Form überall in Europa vorkam. Ebenfalls aus alten Bauernhundschlägen herausgezüchtete Hirten- und Sennenhund-Rassen (Leonberger, Bernhardiner, Kuvasz, Landseer, Neufundländer) stellten die Zuchtbasis der Rasse dar (Völker, 2005). Erst 1937 wurde der Hovawart als Hunderasse anerkannt und 1964 als siebte deutsche Gebrauchshunderasse neben Airdale Terrier, Boxer, Deutscher Schäferhund, Dobermann, Riesenschnauzer und Rottweiler aufgeführt (Langheim, 1996; Kejcz, 1999). Das Einsatzgebiet des Hovawarts war hauptsächlich das Bewachen des Hofs, aber auch als Zughund fand er Verwendung. Heutzutage ist er ein anerkannter Gebrauchshund mit Arbeitsprüfung.

Den Hovawart gibt es in den Fellfarben blond, schwarz-marken und schwarz und er erreicht eine Schulterhöhe von 58 bis 70 cm.

Genetische Verwandtschaft zu anderen Rassen

Die stammbaumbasierte Analyse der deutschen Hovawarte liefert ein interessantes Bild der mtDNA-Diversität bei Hunden.
Es wurden nicht mehr als drei Haplotypen gefunden, was in Anbetracht der relativ großen Population im Ursprungsland der Rasse, in der eigentlich eine hohe mtDNA-Diversität vorhanden sein sollte (Savolainen et al., 2002), als überraschend anzusehen ist (Zielinska und Glazewska, 2015). Die beiden beim Hovawart vorkommenden Haplotypen Ho1 und Ho2 wurden ebenfalls bei anderen Rassen entdeckt: Ho1 bei Berner Sennenhund, Pyrenäenberghund, Golden Retriever, Fox Terrier, Airedale Terrier, Australian Terrier und einigen weiteren, der Ho2-Haplotyp lediglich beim Labrador Retriever (Zielinska und Glazewska, 2015).

Eigenschaften

Der Hovawart ist wenig verspielt, wenig gesellig und neigt nicht zu übermäßiger Aggressivität (Svartberg, 2006). Turcsán (2014) ordnet ihn als sehr mutig, sehr trainierbar, wenig verträglich mit anderen Hunden und durchschnittlich ruhig, gemäßigt ein.
Eine italienische Studie im Jahr 2020 zeigte, dass Hovawarte ausgesprochen selten zu aggressivem Verhalten gegenüber ihren Besitzern neigten, jedoch zeigten 50 % bzw. 48 % aggressives Verhalten gegenüber an-

Der Hovawart gehört zu den Gebrauchshunderassen, früher wurde er als Hofwächter eingesetzt.

deren Tieren aus Konkurrenz- oder Hierarchiegründen und selbstschutzmotiviert gegenüber fremden Personen. Nur 28 % der Hunde zeigten zurückweichendes oder ängstliches Verhalten, allerdings verwies eine große Anzahl von Besitzern auf kein störendes Verhalten in Bezug auf ihren Hund (Giuliotti et al., 2020).

Rassespezifische Erkrankungen

Innerhalb der Rasse gibt es einen vergleichsweise geringen Inzuchtkoeffizienten (Różańska-Zawieja et al., 2013). Ebenfalls gering ist die Prävalenz von Hüftdysplasien, da HD-positive Tiere über viele Jahre von der Zucht ausgeschlossen wurden, ebenso wie Tiere, in deren engerer Verwandtschaft gehäuft HD aufgetreten war. Die konsequent durchgeführten Maßnahmen haben dazu geführt, dass 90 % aller Hovawarte HD-frei sind, lediglich 1,3 % leiden an mittlerer bis schwerer HD (Stand 2016, Busch). Ebenfalls erkranken nur wenige Hovawarte an Dilatativer Kardiomyopathie (DCM), Katarakt, Lebershunt, Osteochondrosis dissecans (OCD) oder Stenosen (Busch, 2013).

Die häufigste Krankheit, mit einem genetischen Hintergrund bei Hovawarts, ist Hypothyreose. Die Krankheit wird in der Regel durch eine lymphozytäre Thyreoiditis verursacht, eine Autoimmunerkrankung, die die Schilddrüse zerstört. Eine Hypothyreose kann medizinisch mit Hormonersatz behandelt werden (Ahlgren und Uimari, 2015). Der Hovawart ist von Zahnanomalien betroffen, das Fehlen der dritten Molaren ist innerhalb der Rasse verbreitet (Triebel, 2019). Die Hypodontie, die mäßige Nichtanlage von Zähnen, zeigt sich sowohl beim Menschen als auch beim Hovawart als eine der häufigsten Zahnanomalien. Eine symmetrische Verteilung von Nichtanlagen, beim gleichzeitigen Auftreten von mindestens zwei fehlenden Zähnen, war beim Hovawart mit 71% zu finden (Endo et al. 2006). Obwohl es häufig nicht zu einer Betroffenheit kommt, tragen Hovawarts mitunter das mutierte MDR1-Allel, das sie zu Merkmalsträgern macht (Fecht, 2007).

Dieser Hund kann, bei entsprechender Erziehung, ein ruhiger und umgänglicher Weggefährte werden.

LEONBERGER

HERKUNFT, GESCHICHTE, AUFGABEN

Schöpfer der Rasse ist der ehemalige Stadtrat Heinrich Essig (1808 – 1889) in Leonberg. Er wollte einen löwenhaften Hund züchten. Die Ursprungshunde für Essigs Neuschöpfung waren die zu allen Zeiten vorhandenen großen, kurz- und langhaarigen Bauernhunde. Sie waren Hütehunde, konnten aber auch zur Jagd auf großes, wehrhaftes Wild verwendet werden und dienten im Bedarfsfall sogar als Kriegshunde der Bauernarmeen. Essig kreuzte auch Bernhardiner und große Pyrenäenhunde ein.
Der Leonberger und der Bernhardiner waren sich dadurch sehr ähnlich und Essigs Leonberger wurde oft als „Leonharder“ verspottet. Doch er gab nicht auf und verfolgte unbeirrt sein Ziel. Zirka um 1865 wurden Hunde aus Essigs Zucht auf einer Ausstellung in München gezeigt und der Leonberger fand Eingang in die Kynologie. Großherzog Friedrich von Baden (1826 – 1907) hielt sich einen Leonberger, ebenso soll die legendäre „Sissi“ (Kaiserin Elisabeth von Österreich-Ungarn) zeitweilig sieben Leonberger besessen haben.
Doch die Abgrenzung zum Bernhardiner war recht vage. In der Schweiz wurden Leonberger zu Bernhardinern umfunktioniert, in Deutschland verfuhr man umgekehrt. 1853 kamen weiß-gelb gefleckte Hunde aus Essigs Zucht ins Hospiz auf den Großen Sankt Bernhard. Der gleiche Hund konnte in dieser Zeit einmal als Bernhardiner, dann als Leonberger gelten.

MORPHOLOGIE

Größe und Gewicht Die Schulterhöhe beträgt bei Rüden 72 bis 80 cm, bei Hündinnen 65 bis 75 cm. Das Gewicht liegt bei Rüden bei 68 kg, bei Hündinnen bei 52 kg (Junehall, 2005).

Farben und Fell Die Fellfarben sind löwengelb, rot oder rotbraun, sandfarben mit schwarzer Maske. Das lange Fell ist pflegeleicht.

EIGENSCHAFTEN

Der Leonberger ist sehr ruhig, wenig erregbar, moderat trainierbar, aber sehr gesellig und umgänglich, gleichzeitig jedoch auch sehr furchtlos (Turcsán et al., 2011). Er erreicht Platz 57 für emotionale Stabilität, Platz 74 für Trainierbarkeit, Platz 21 für Geselligkeit mit Hunden und Platz 38 für Extraversion. In der Gruppierungsanalyse nach Persönlichkeitseigenschaften steht er direkt neben dem Berner Sennenhund. Die Rasse ist territorial veranlagt, stets wachsam und verteidigungsbereit. Der Leonberger ist wenig verspielt und neigt zur Ernsthaftigkeit (Svartberg, 2006). Er ist neugierig, aber auch furchtlos (Svartberg, 2006). Fremden Hunden gegenüber kann er im eigenen Revier sehr unduldsam sein. Trotz vergleichsweise hoher Verträglichkeit, neigt er zur Aggressivität gegenüber Fremden (Svartberg, 2006). Bei der Aufzucht muss man unbedingt auf eine angemessene Ernährung und Bewegung achten, um eine gesunde körperliche Entwicklung zu gewährleisten. Wichtig ist auch eine gute Sozialisierung auf alles Fremde im Welpenalter.

Wie alle sehr großen Rassen, ist auch der Leonberger ein Spätentwickler, der für seine körperliche Entwicklung und geistige Ausreifung meist mehr als 30 Monate benötigt.

Bei der Erziehung eines Leonbergers muss man auf Klarheit und Konsequenz achten. Er hält sich gern im Freien auf, auch wünscht er sich unbedingt engen Familienanschluss. Wer einen Leonberger halten möchte, sollte kein im Hundesport engagierter Mensch sein.

RASSETYPISCHE KRANKHEITEN

Wie bei vielen großen Hunderassen, ist auch der Leonberger von Erkrankungen des Bewegungsapparates betroffen. So sieht man gehäufter Hüftgelenks- und Ellenbogendysplasien. Die aktuelle Inzidenzrate für HD liegt bei ca. 13 % (Zieher, 2002). Auch bei diesen Hunden muss man zusätzlich ein Augenmerk auf Wachstum und Ernährung legen. Leonberger in Großbritannien und den USA/Kanada hatten eine mittlere Lebenserwartung von etwa 7 Jahren, was ca. 4 Jahre weniger sind als der Durchschnitt aller reinrassigen Hunde, aber der Lebenserwartung für Rassen ähnlicher Größe entspricht (British Small Animal Veterinary Association Scientific Committee, 2004). Etwa 20 % der Leonberger in den Umfragen lebten 10 Jahre oder länger. Die ältesten Hunde in beiden Umfragen starben mit etwa 13 Jahren (LCA, 2002). In Frankreich hat die Rasse eine mittlere Lebenserwartung von 8,75 Jahren (Leroy et al., 2015).

Bestimmte Krebsarten sind in der Rasse sehr verbreitet – Osteosarkom, der häufigste Knochentumor bei Hunden, ist beim Leonberger ebenfalls besonders häufig. Aufgrund seines hohen Gewichts, ist der Leonberger besonders anfällig für Knochenkrebs. Hier ist das Risiko bei großen und schweren Hunderassen bis zu 20 % höher (Afinsen et al., 2015). Laut einer Umfrage des britischen Kennel Clubs von 2004 waren Krebs (45 %), Herzerkrankungen (11 %) und „unbekannte Ursachen" (8,5 %) die häufigsten Todesursachen. In einer Umfrage des Leonberger Clubs of America aus dem Jahr 2000 waren die häufigsten Todesursachen Krebs (37 %), Alter (12 %), Herzerkrankungen (9 %) und „plötzlicher Tod" (8 %). Studien haben Probleme mit vererbter Polyneuropathie, einer schleichend auftretenden Nervenschädigung an verschiedenen Körperstellen, bei bestimmten Populationen von Leonbergern und Katarakte bei Hunden im Vereinigten Königreich gezeigt (Barnett et al., 2006; Ekenstedt, 2014).

Der Leonberger genießt den Aufenthalt im Freien.

TRAINING

Der Leonberger ist meist ein selbstsicherer Hund, mit souveränen Gelassenheit und weniger empfänglich für Frustration. Er kann durchaus Spaß an Unterordnung oder anderen Hundesportarten haben, sofern man die entsprechenden Verstärker für den Hund findet. Leonberger können jagdlich ambitioniert sein, was man im Training gut einsetzen kann. Oftmals lieben sie auch Wasser, was man ebenfalls als externe Belohnung nutzen kann. Ruhe, Gelassenheit und eine hohe Konsequenz sind bei der Erziehung wichtig.

Der ruhige und gemütliche Berner kann mit der richtigen, liebevollen Erziehung zum tollen Familienhund werden.

BERNER SENNENHUND

HERKUNFT, GESCHICHTE, AUFGABEN

Zu Beginn des 20. Jahrhunderts überredete ein bescheidener Berner Kaffeewirt einige Freunde, ihre Dürrbächlerhunde auf einer Berner Hundeschau vorzuführen. Damals ahnte er nicht, dass diese schlichten Bauernhunde ihren Weg in alle Welt machen würden. Das schöne Erscheinungsbild und das freundliche Wesen haben tausende Hundefreunde für Dürrbächlerhunde eingenommen. Der Begriff „Dürrbächlerhunde“ entstand daraus, dass diese als Haus- und Treibhunde verwendeten Hunde von den unterschiedlichsten „Zunften“ wie Metzger, Milchhändler, Handwerker und Gärtner gehalten wurden und oftmals auch für den Zugdienst an Karren Verwendung fanden. Diese, für alles Mögliche einsetzbaren, großen dreifarbigen Zug-, Treib- und Wachhunde erlangten als die Dürrbächler im weiteren Kanton große Bekanntheit.

Das bernische Voralpengebiet hat neben dem Bauernstand auch noch einen anderen Berufsstand hervorgebracht und zwar den Küher. Dass der Berner Sennenhund zu den Sennen- und Treibhunden gerechnet wird, hängt eng mit diesem Berufsstand zusammen. In Gebieten über 1 000 m Höhe, wo eine Bewirtschaftung während des ganzen Jahres nicht in Frage kommt, ließen die Adeligen und Klöster schon im Mittelalter durch den Küher ihre Kuh- und Rinderherden weiden. Zwischen dem 16. und 18. Jahrhundert arbeiteten sich diese Küher zu selbstständigen Herdenbesitzern empor, die von den Grundherren nur die Weiden als Pachtland zur Verfügung gestellt bekamen. Sie handelten vollständig frei mit ihren Tieren und den Milchprodukten und wurden geachtete Fachleute für alle Belange der Viehzucht und der Käseproduktion. Auch die Küher hatten natürlich ihre Hunde. Ein guter Hund war ihnen unentbehrlich, um

Er mag es, in der Natur mit seiner Familie unterwegs zu sein.

die Herden auf den langen Wanderungen zusammenzutreiben und herbeizuholen und fremde Tiere fernzuhalten.
Durch Klima, Bodenverhältnisse und politische Entwicklung begünstigt, erreichten die bernischen Bauern im 18. Jahrhundert eine wirtschaftliche Sicherheit und einen Wohlstand. So war es für sie möglich, große Hofhunde zu halten. Ihres Wohlstandes wegen, wurden die bernischen Höfe aber auch schon früh zum Anziehungspunkt für Bettler und Landstreicher. Damit wurde ein Hundeschlag geschaffen, der den Bedürfnissen einer solchen, in sich geschlossenen Hofgemeinschaft mit ihren Menschen und Tieren am besten entsprach: Ein Hund von respekteinflößender Größe, ein unbestechlicher und aufmerksamer Wächter.
Da sich aber die Hofhunde der Bauern und die Treibhunde der Küher jahrhundertelang ständig vermischten, war vermutlich der Treibhund des Kühers und der Hofhund des Bauern auch weitgehend ein und derselbe Hund.
Als Treibhund ist der Dürrbächler das erste Mal ausgestellt worden, und dank seiner Treibhundeeigenschaften wurde er, neben der mit den anderen Sennenhunden gemeinsamen Dreifarbigkeit, auch den schweizerischen Sennenhunderassen zugeordnet, was jedoch bei den Berner Züchtern zunächst auf heftigen Widerstand stieß. Der Name ihrer „Lieblinge" sei „Dürrbachhund". Für die Berner Bevölkerung ist er bis heute der Dürrbächler geblieben. Als Berner Sennenhund aber hat er sich im Laufe der Jahre nicht nur in Europa, sondern auch auf anderen Kontinenten Freunde gemacht.

MORPHOLOGIE

Größe und Gewicht Die Schulterhöhe beträgt bei Rüden 64 bis 70 cm, bei Hündinnen 58 bis 66 cm. Das Gewicht liegt zwischen 40 und 55 kg bei Rüden und 35 bis 45 kg bei Hündinnen.
Farben und Fell Die Fellfarbe ist schwarz mit braunen und weißen Abzeichen.
Die Pflege des dichten Fells kann arbeitsintensiv sein, bei mangelnder Pflege kann ein unangenehmer Körpergeruch entstehen. Das Fell schützt sehr gut bei niederen Temperaturen.

EIGENSCHAFTEN

Die Wachsamkeit der Berner Sennenhunde ist ein hervortretendes Verhalten. Sie sind aufmerksam und beobachten alles sehr gern. Dabei ist die Rasse furchtlos und kann Fremden gegenüber zur Aggressivität neigen (Svartberg, 2006; Turcsán et al., 2011). Im Welpenalter kann der Berner Sennenhund durchaus sehr lebhaft sein, er wird jedoch mit zunehmendem Altem ruhiger und gemächlicher. Insgesamt gilt die Rasse als sehr ruhig, wenig erregbar, moderat gesellig Hunden gegenüber, umgänglich mit Menschen und von durchschnittlicher Trainierbarkeit (Svartberg, 2006; Turcsán et al., 2011).
In der Gruppierung nach Persönlichkeitsmerkmalen steht er direkt neben dem Leonberger. Er wird als wenig offen für Neues und extravertiert eingestuft, mit Platz 25 für emotionale Stabilität und Platz 6 für Geselligkeit, aber Platz 70 für Trainerbarkeit. Er ist anhänglich und gern mit seinen Bezugspersonen zusammen. Aufgrund ihrer Größe und ihres Gewichts, eignen sich Berner Sennenhunde nicht für sportliche Aktivitäten. Jedoch liegen ihre Stärken in der Fährten- und Rettungsarbeit, da sie geduldig und konzentriert arbeiten und sich gern bei jeder Witterung lange im Freien aufhalten. Als Wohnungshund sind sie weniger geeignet. Leider hat der Berner Sennenhund, wie alle sehr großen Rassen, keine hohe Lebenserwartung.

RASSETYPISCHE KRANKHEITEN

Gelenkprobleme (Hüftgelenks-, Ellbogendysplasie) können innerhalb der Rasse auftreten. Zudem weisen sie eine erhöhte Anfälligkeit für Nieren- und Krebserkrankungen (insbesondere Maligne Histiozytose und Mastzelltumoren) sowie für Meningitis-Arteriitis auf (Hartmann, 2011). 17 Prozent aller Berner Sennenhunde sterben vor dem Alter von fünf Jahren, 45 Prozent vor dem Alter von 8 Jahren, und 72 Prozent werden keine 10 Jahre alt. Bösartige Tumoren sind bereits ab dem Alter von vier Jahren eine bedeutende Todesursache (Egenvall et al., 2005). Auch die degenerative Myelopathie gehört zu den Erbkrankheiten des Berner Sennenhundes. Da diese autosomal rezessiv vererbt wird, kann durch einen DNA-Test verhindert werden, dass belastete Hunde miteinander verpaart werden (Tomoyuki et al., 2009).
Das histiozytäre Sarkom, eine Augenerkrankung, bezeichnet eine hoch aggressive und häufig verbreitete neoplastische Erkrankung. Die disseminierte HS (früher maligne Histiozytose genannt = bösartige, stark metastisierende Tumorerkrankung, ausgehend von Makrophagen) ist hochgradig rassespezifisch, wobei Berner Sennenhunde mit einer Häufigkeit von ca. 25 % in der Rasse eine hohe Prävalenz aufweisen (Abadie et al., 2009).

Sie halten sich gern lange, bei jeder Witterung, im Freien auf.

GROSSER SCHWEIZER SENNENHUND

HERKUNFT, GESCHICHTE, AUFGABEN

Der Vorläufer des Großen Schweizer Sennenhundes war der große Metzgerhund, vor allem der Zughund der Hausierer und Marktfahrer. Ein großer Sennenhund wurde vor einen schweren, mit Eisen bereiften Zweiräderkarren gespannt. Das Leben dieser Hunde war hart. Viele kantonale Gesetze versuchten freilich, ihr Los zu mildern, schrieben eine gesetzliche Mindestristhöhe zwischen 55 und 65 cm vor und setzten ein Mindestalter von anderthalb bis 2 Jahren fest. Einige Gesetze erlaubten nur Maximallasten von 120 bis 150 kg. Der Schweizer Kynologe Albert Heim gilt als Begründer der Rasse. Er entdeckte 1908 auf einer Ausstellung erste Exemplare eines kurzhaarigen, dreifarbigen „Dürrbächlerhundes“ und machte sich auf die Suche nach weiteren Hunden. Verfolgt man die Abstammung heutiger Großer Schweizer Sennenhunde, so zeigt diese eine enge Inzucht auf. Man dachte, dass durch eine strenge Gebrauchsauslese mit ausschließlich gesunden Tieren, eine rasche Vereinheitlichung der Rasse ohne Folgeschäden möglich sein muss. Leider hat sich dieser Wunsch nicht erfüllt, der Großer Schweizer Sennenhund leidet an Hüftgelenksdysplasie und Osteochondrosis in den Schultergelenken.

Ein sehr bewegungsfreudiger Hund, dessen Erziehung viel Konsequenz und Geduld erfordert.

MORPHOLOGIE

Größe und Gewicht Die Schulterhöhe beträgt bei Rüden 65 bis 72 cm, bei Hündinnen 60 bis 68 cm. Das Höchstgewicht beträgt 70 kg bei Rüden und 52 kg bei Hündinnen.
Farbe und Fell Die Fellfarbe ist schwarz mit roten und weißen Abzeichen. Das kurze, recht derbe Fell ist pflegeleicht.

EIGENSCHAFTEN

Der Große Schweizer Sennenhund ist ein territorial veranlagter Hund, der aufgrund seiner Größe einen großen Lebensraum benötigt und sich deswegen auch weniger als Stadthund eignet. Er ist aufmerksam und furchtlos in neuen Alltagssituationen (Svartberg, 2006; Turcsán et al., 2011). Grundsätzlich kann man ihn als sehr gutmütig, gesellig und umgänglich bezeichnen,

Er kann auch sensibel und unsicher sein, weshalb eine gute Aufzucht wichtig für die weitere Erziehung ist.

nur andere Hunde im eigenen Revier können Probleme darstellen (Svartberg, 2006; Turcsán et al., 2011). Seinen Bezugspersonen gegenüber ist er sehr anhänglich und er liebt einen engen Familienanschluss. Fremden Menschen gegenüber ist er eher misstrauisch. Da er eigenständig in seinem Wesen sein kann und eher wenig trainierbar ist, ist er eher kein Hund für Anfänger (Svartberg, 2006; Turcsán et al., 2011). Er liebt ausgiebige Spaziergänge in mäßigem Tempo und keine sportlichen Aktivitäten. In der Gruppierung nach Persönlichkeitspunkten steht er dem Sheltie am nächsten, in der näheren Umgebung fänden sich Havaneser, Whippet und Bearded Collie. Er erreicht Platz 61 für emotionale Stabilität, Platz 38 für Trainerbarkeit, Platz 23 für Geselligkeit mit Hunden und Platz 66 in der Skala Extra- <=> Intraversion.

RASSETYPISCHE KRANKHEITEN

Große Hunderassen mit sehr tiefem Brustkorb können zu einer Magendrehung neigen. Kleinere Futterportionen und Ruhezeiten nach Maß, können das Risiko reduzieren.

TRAINING

Der große Schweizer Sennenhund ist ein sportlicher Hund, bei dem man Bewegung und Laufen gut als Verstärker einsetzen kann. Er lernt gern und ist auch auf seine Menschen bezogen. Seine Erziehung muss mit Geduld und Konsequenz erfolgen. Er begleitet seine Menschen gern im Alltag, wobei die wichtige Grunderziehung hier nicht fehlen darf. Durch seine Größe und auch sein Gewicht, ist Erziehung für das zukünftige Leben unabdingbar. Meist sind diese Hunde gelassen, offen und freundlich. Ist er zu stark auf seine Besitzer oder sein Zuhause konzentriert, kann es zu Problemen im Territorialverhalten kommen. Gerade im Hinblick auf „Fremdes und Neues“ sollte er deshalb in der Aufzucht und Sozialisierung viel Positives kennengelernt haben.
Große Schweizer Sennenhunde eignen sich auch für Hundesport in unterschiedlichen Bereichen, ob in der Unterordnung oder Spiel und Spaß wie Dogdance, Tricks, etc. Durch die Bewegungsfreudigkeit sollten auch die Hundehalter Spaß an Bewegung haben.

ENTLEBUCHER SENNENHUND

Herkunft, Geschichte, Aufgaben

Der Entlebucher ist der kleinste der vier Schweizer Sennenhunde und stammt aus dem kleinen Gebiet Entlebuch, das zwischen Luzern und Bern liegt. Die erste Beschreibung des Entlebuchers stammt aus dem Jahr 1889, allerdings gab es damals noch keine Trennung der Rassen Entlebucher und Appenzeller. Erst 1913 wurde die Rasse eigenständig auf Ausstellungen vorgestellt. Nachdem die Rasse 1926 nach der Gründung des Schweizerischen Klubs für Entlebucher Sennenhunde rein gezüchtet wurde, erfolgte 1927 der erste Rassestandard.

Eingesetzt wird er, wie der Appenzeller Sennenhund, als Hüte- und Treibhund, erfreut sich aber auch zunehmender Beliebtheit als Familienhund und als Sporthund für Hundesportarten wie Agility, Breitensport oder Fährtenarbeit (Fechler, 2001).

Der Entlebucher wurde früher als Hüte- und Treibhund eingesetzt, heute ist er vor allem Familienhund.

Morphologie

Größe Die Schulterhöhe beträgt bei Rüden 44 bis 52 cm, bei Hündinnen 42 bis 50 cm.

Fellfarben Typische Dreifarbigkeit mit der Grundfarbe Schwarz und möglichst symmetrischen (gelb bis bräunlich rostroten) lohfarbenen und weißen Abzeichen.

Eigenschaften

Er wird als lebhaft, temperamentvoll, selbstsicher und furchtlos, Fremden gegenüber jedoch misstrauisch und wachsam beschrieben (Bell, 2012). Turcsán et al. (2011) ordnen die Rasse als energiegeladen, unruhig, sehr trainierbar, wenig verträglich und unsicher ein.

Rassespezifische Erkrankungen

Die Rasse ist von einem zunehmend engen Genpool betroffen. Der Inzuchtkoeffizient liegt bei 0,40 und steht im Zusammenhang mit geringer Wurfstärke (Schrack et al., 2017). Entlebucher sind von erblich bedingten Augenerkrankungen betroffen. Von 798 in den Jahren 1999 bis 2009 untersuchten Hunden, litten 20,4 % an Katarakt; davon wurden 69 % als typisch erblich eingestuft (Kuster, 2010). Es können auch Ektopische Ureten, Anomalien der Harnblase, die zu Inkontinenz, Nierenentzündungen und Harnwegsinfektionen führen, auftreten (North et al., 2010). Von 565 untersuchten Hunden, waren 67,1 % betroffen (Fritsche et al., 2014). Eine von anderen Rassen bekannte Mutation, wurde erstmals bei kurzschwänzigen Entlebuchern nachgewiesen. Sie soll autosomal dominant vererbt werden (Staub, 2012). Die Kurzschwänzigkeit des Entlebuchers ist in der reinerbigen Form ein Letalfaktor.

APPENZELLER SENNENHUND

Herkunft, Geschichte, Aufgaben

Bereits im Jahr 1853 wird der Appenzeller Sennenhund in dem Buch „Tierleben der Alpenwelt" erstmals als Hund beschrieben, der zum Bewachen der Hütte und zum Hüten der Herde eingesetzt wurde. 1906 wurde der erste Rasseclub, der „Appenzeller Sennenhunde Club" gegründet, 1914 erarbeitete Prof. A. Heim den ersten gültigen Rassestandard. Ursprünglich, wie bereits der Name aufzeigt, aus dem Appenzellerland stammend, ist der Appenzeller Sennenhund mittlerweile über die gesamte Schweiz und auch die Landesgrenzen hinaus verbreitet (Mäder, 1985).

Seinen Einsatz findet er noch immer als Hüte- und Hofhund, aber auch als Familien- und Begleithund. Die Bauern im Appenzellerland und den umliegenden Bergkantonen betrachten ihre Hunde noch immer unter dem Gesichtspunkt der Gebrauchstüchtigkeit und züchten weniger nach rassebedingter Schönheit (Steiner, 2011). Abgesehen von der Verwendung als Hütegebrauchshund, wird der Appenzeller mitunter auch als Lawinenhund eingesetzt oder findet als Familienhund seine Beschäftigung im Hundesport.

Der Appenzeller ist ein sportlicher Hund, der viel Freude an gemeinsamer Beschäftigung hat.

Morphologie

Größe Die Schulterhöhe liegt bei Rüden zwischen 52 und 56 cm, bei Hündinnen zwischen 50 und 54 cm.

Fellfarben Schwarz oder braun, mit möglichst symmetrischen braun-roten und weißen Abzeichen.

Eigenschaften

Im Rassestandard wird der Appenzeller als lebhafter, athletischer, eigenwilliger und Fremden gegenüber misstrauischer Hund beschrieben. Diese Eigenschaften decken sich weitgehend mit den Untersuchungen von Turcsán et al. (2011), in denen der Appenzeller Sennenhund als temperamentvoller, energiegeladener Hund mit hoher Trainierbarkeit, mittelmäßiger Verträglichkeit und als eher unsicher gegenüber Unbekanntem beschrieben wird.

Rassespezifische Erkrankungen

Der Appenzeller gilt allgemein als sehr gesunde, robuste Hunderasse. Dennoch kann bei der Rasse HD, ED und Grauer Star vorkommen. Die Dispositionen für diese Erkrankungen kommen in der Rasse jedoch vergleichsweise selten vor. Die Appenzeller Sennenhunde Gemeinschaft e. V. untersucht neben Hüftdysplasie und Ellenbogendysplasie, auf Dispositionen für Ektopische Ureteren, eine angeborene Anomalie der Harnleiter, und auf Patellaluxation.

GRUPPE 13
— *nach Parker*

ROTTWEILER

HERKUNFT, GESCHICHTE, AUFGABEN

Man vermutet, dass der Rottweiler aus den Bauernhunden, die in vielen lokalen Schlägen bereits vor dem Einfall der Römer beim Ackerbau und bei der Viehzucht treibenden Kelten und Germanen verbreitet waren, abstammt. Die alte Form des Bauernhundes ist die Ausgangsform für den großen schweizerischen Metzgerhund (der heutige Große Schweizer Sennenhund) und den Rottweiler. Zu den großen Viehmärkten wurde Vieh von weit her nach Rottweil gebracht. Dazu brauchten die Viehhändler ausdauernde Hunde, die zudem kräftig genug waren, mit dem widerspenstigen Vieh umzugehen. Daher erhielten diese dafür verwendeten und dort besonders häufig vertretenen Hunde den Namen „Rottweiler“ (Baumann, 2005). Während der Nacht bewachten diese Hunde die Karren und Ställe. Doch nicht nur die Viehhändler, sondern auch die Metzger brauchten Hunde, die ihnen halfen, das Vieh ins Schlachthaus zu treiben. Der Hund musste jedoch nicht nur das Vieh treiben und bewachen, er musste auch seinen Herrn beschützen, wenn dieser mit gefüllter Geldbörse über das Land fuhr und Vieh kaufte. Am meisten verbreitet waren schwarz-rote Hunde. Die Zuchtauslese geschah nicht nach der äußeren Gestalt, sondern ausschließlich nach der Leistung. Wer den harten Anforderungen nicht entsprach, wurde getötet. Der Rottweiler war aber nicht nur Wach-, Schutz- und Treibhund, er hatte auch den Metzgerkarren zu ziehen, wenn sein „Herr“ die Ware auf den Markt oder zu seiner Kundschaft brachte.

1910 wurde der Rottweiler nach Erprobung als Polizei- und Militärhund anerkannt. Im Zweiten Weltkrieg wurden von den Deutschen einige Hunderassen, darunter auch der Rottweiler, in der wahrscheinlich größten und bestausgebildetsten Hundearmee (ca. 50 000 Hunde) in unterschiedlichen Rollen (zum Tragen von Gepäck, als Erste-Hilfe-Späher, Nachrichtenüberbringer) aktiv eingesetzt (Sloane, 1955).

VERWANDTSCHAFT IN GRUPPE 13

Innerhalb dieser Gruppe sind Rottweiler und Russischer Terrier am nächsten genetisch verwandt, der Dobermann ist die gemeinsame Schwestergruppe der anderen drei Rassen.

Der selbstbewusste und intelligente Rottweiler zeigt meist eine hohe Bereitschaft, mit seinem Menschen zu arbeiten.

MORPHOLOGIE

Größe und Gewicht Rüden haben eine Schulterhöhe von 61 bis 69 cm, Hündinnen von 56 bis 63 cm. Das Gewicht liegt zwischen 40 und 50 kg.

Farben und Fell Er hat pflegeleichtes Haar mit Unterwolle, in den Farben schwarz, lohfarben und mahagonifarben. Der Körperbau ist in langen Linien angelegt, mit einem lang gestreckten Rumpf. Der Kopf ist lang, der Oberkopf mächtig, mit breitem Fang.

EIGENSCHAFTEN

Der Rottweiler hat ein freundliches Wesen und ist anhänglich. Seine hohe Bereitschaft, mit seinem Menschen zusammenzuarbeiten, sollte jedoch nicht missverstanden werden. Er ist intelligent, selbstsicher, unerschrocken und stets aufmerksam (Saetre et al., 2006). Sein territoriales Verhalten und seine Wachsamkeit machen aus ihm den perfekten Schutzhund, der bei drohender Gefahr blitzschnell und auch aggressiv reagieren kann (Duffy, Hsu und Serpell, 2008). Daher sollte man schon früh beginnen, den Rottweiler an alle möglichen Umweltreize positiv heranzuführen und ihn zu sozialisieren, um ihm damit eine bessere Chance zu bieten, zu erkennen, was eine mögliche Gefahrenquelle darstellen kann (Svartberg, 2005). Rottweiler sind sehr aktiv, brauchen Beschäftigung und viel Bewegung, da sie gern Leistung erbringen. Sie eignen sich daher als Hund für sportliche Menschen, gern auch zum Hundesport. Rottweiler können Jagdverhalten gegenüber Wild- oder Heimtieren zeigen (Baumann, 2005).

Faktoren wie das Geschlecht und Alter beeinflussen, wie bei vielen Rassen, die Eigenschaften der Hunde wie Temperament, Mut, Spielfreude und Härte (Rüden erzielten in allen genannten Kategorien höhere Punktzahlen; Borchelt, 1983). Ältere Hunde erreichten in den Kategorien Freundlichkeit, Mut und Härte höhere Zahlen (Notari und Goodwin, 2007). Manche Untersuchungen und Studien zu medizinisch versorgten Hundebissen kommen zu dem Ergebnis, dass Rottweiler (besonders Rüden) eine höhere Auffälligkeitsrate als andere Hunderassen aufweisen (Blackshaw, 1991). In den meisten Statistiken ist aber das Beißrisiko, speziell gegen Kinder, proportional dem Prozentsatz von Rottweilern in der Gesamtbevölkerung (Sommerfeld-Stur, 2016). Daher sind Menschen mit Erfahrung in der Hundehaltung und im Hundetraining nötig, um einen Rottweiler angemessen zu halten, zu trainieren und unerwünschte Charakterzüge nicht zu etablieren (Horisberger, 2002; Sacks et al., 2000; Struwe und Kuhne, 2005).

In der Budapester Studie (Turcsán et al., 2011) erreicht der Rottweiler Platz 18 für emotionale Stabilität, Platz 40 für Offenheit, Platz 74 für Geselligkeit mit Hunden und Platz 44 für Extraversion. Nach Persönlichkeitseigenschaften gruppiert er am nächsten mit American Staffordshire Terrier und Wolfsspitz.

RASSETYPISCHE KRANKHEITEN

Durch den rassespezifisch molossoiden Phänotyp ist es durchaus wichtig, dass diese Hunde hinsichtlich der Gelenkbelastung schlank sein sollten. Hüftgelenks- und Ellenbogendysplasien können auftreten, sodass die Zuchtverbände zur Zuchtzulassung hier Röntgenbefunde verlangen (Bouw, 1982; Smith et al., 2001; Mäki, Liinami und Ojala, 2000; Boge, Moldal und Dimopoulou, 2019; Loder und Todhunter, 2017). Der Erbgang der Hüftgelenksdysplasie ist polygenetisch (Gutmann, 2003).

Zusätzlich zeigen sich vermehrt Herzerkrankungen. Herznervenverengung sei hier z. B. erwähnt, welche erblich bedingt ist, den Rückfluss des Herzblutes beeinträchtigt und wodurch es zu eingeschränkter Leistungsfähigkeit kommen kann (Buchanan, 1993; Oliveira et al., 2011).

Die Leukoenzephalomyelopathie ist eine erblich bedingte Erkrankung, die bei Jungtieren zu fortschreitenden Lähmungen führen kann und nicht heilbar ist (Wouda und Van Nes, 1986). Der Erbgang dieser Krankheit ist nicht eindeutig (Redde, 2008). Eine weitere neurologische Erkrankung ist die progressive degenerative Polyneropathie, sie umfasst Erkrankungen und Schädigungen des gesamten Gehirns mit Beteiligung des Rückenmarks (Braund und Vallat, 1994). Zudem kann Epilepsie auftreten (Heske et al., 2015).

Osteosarkome, also Knochentumore, treten am häufigsten bei großen Hunderassen wie dem Rottweiler auf. Symptome sind Lahmheit, Schwellungen und Schmerzen der betreffenden Region. Oft metastasieren sie in die Lunge. Der Tumor/die Tumore können auf Röntgenbildern erkannt werden, die chirurgische Entfernung und eine Chemotherapie sind dann die nächsten Schritte (Sapierzyński und Czopowicz, 2017; Egenvall, Nødtvedt und von Euler, 2007; McNeill et al., 2007).

Juvenile Laryngeale Paralyse und Polyneuropathie sind autosomal rezessiv, die die Hunderassen Rottweiler und Schwarzer Russischer Terrier betrifft. Die betroffenen Hunde zeigen als erstes Atemprobleme, die zur Kehlkopfparalyse führen können (Kitshoff et al., 2013).

Zucht, Aufzucht, Sozialisation, positive Lern- und Umwelterfahrung sind bei diesen Hunden wichtig, damit sie nicht normale Alltagsreize als mögliche Bedrohung empfinden.

EINE RASSE, VIELE GESICHTER: DER ROTTWEILER

Rottweiler sind sehr vielfältig und weltweit beliebt, sie sind gleichsam die „Zehnkämpfer" unter den Gebrauchshunden.
Der Rottweiler ist bekannt als selbstbewusster Hund, er gilt als unerschrocken und charakterstark und zeigt ein gewisses Temperament. Wer sich für einen Rottweiler interessiert, sollte selbst eine ausgereifte Persönlichkeit haben, um diesen Hund gut und mit Einfühlungsvermögen führen zu können.
Wer einmal mit einem Rottweiler zusammengelebt, ihn geführt und ausgebildet hat, bleibt in der Regel dieser wunderbaren, charakterstarken Rasse treu. Als ich mich vor fast 40 Jahren um einen Hund bemühte, war vieles anders als heute. Obwohl schon damals „der beste Freund des Menschen", galt der Hund in erster Linie als Arbeitstier und wurde entsprechend gehalten. Die Zucht konzentrierte sich hauptsächlich auf Merkmale wie Gesundheit, Ausstrahlung und Arbeitsfreude. Sozialverträglichkeit war damals zwar gewünscht, hatte aber nicht oberste Priorität. Solange der Rottweiler die eigene Familie nicht angriff und der Zuchtrichter ihn messen bzw. anfassen konnte, war alles gut. Viele Menschen und Hundehalter in jener Zeit waren eher robuste Persönlichkeiten und nicht zimperlich im Umgang mit ihren Tieren. Auffällige oder gar gefährliche Hunde wurden entsprechend gehalten oder im Notfall eingeschläfert.
Die Wesensprüfung des Rasseklubs, die um 1945 eingeführt wurde, konzentrierte sich auf die typischen Eigenschaften des Rottweilers als Gebrauchshund, forderte aber auch eine friedlich-freundliche Grundstimmung, mit einer mittleren bis hohen Reizschwelle.

Probleme mit dem Rottweiler

Im Laufe der Jahre hatte ich mit Tausenden von Rottweilern zu tun, meist in meiner Eigenschaft als Verhaltenstrainer und/oder als Schutzdienst-Ausbildner im Diensthundewesen. Problematische Hunde kamen meist aus zweifelhaften Zuchtanstalten oder unstrukturierten Haltungen.
Bei den Gründen für Probleme, die heutige Rottweiler haben bzw. machen, gilt es zu unterscheiden zwischen denen, die beim Hundehalter und jenen, die beim Hund zu suchen sind. Geltungsdrang (Status), inkompetente Haltung, zu wenig Ruhe, falsche Auslastung und territoriale Aggression sind Punkte, die einen Hund schwierig werden lassen.
Einen Rottweiler (oder auch Hovawart, Molosser, Deutschen Schäferhund) nicht verantwortungsvoll zu erziehen und zu führen, ist grob fahrlässig. Diese Hunde brauchen eine souveräne Führung; sie dürfen weder in die Rolle des Entscheidungsträgers kommen, noch sich frei und unbeaufsichtigt auf einem Grundstück bewegen, das nicht ausbruchsicher umzäunt ist.

Wesen und Eigenschaften

Die drei wichtigsten Rassestandards – der deutsche, englische und amerikanische – betonen alle den spezifischen Rottweiler-Charakter: eine Kombination aus Mut und Furchtlosigkeit, bei gleichzeitig ruhigem Selbstvertrauen und Nervenstärke. Es ist typisch für diese Hunde, dass sie sich durch Kleinigkeiten nicht aus der Ruhe bringen lassen und sich in friedlichen Situationen Fremden gegenüber neutral verhalten, dabei aber über einen angeborenen Wach- und Schutzinstinkt verfügen.

Der Rottweiler wird als mutig, furchtlos und mit einem guten Selbstvertrauen und einer guten Nervenstärke beschrieben.

Die für den Rottweiler charakteristische Gelassenheit und hohe Reizschwelle bewirken, dass er nichts übereilt. Er „denkt" kurz nach (B-Typ), bevor er handelt. Nachdem er seine „Entscheidung" getroffen hat, setzt er diese allerdings in der Regel mit großer Entschlossenheit um. Dabei vermag der ideale Rottweiler gefühlssicher zwischen friedlichen und einer Verteidigung erfordernden Situation zu unterscheiden. Er ist ein außerordentlich anpassungsfähiger und vielseitiger Hund, der sich für fast alle Aufgaben ausbilden und einsetzen lässt – vorausgesetzt, er ist in den richtigen Händen. Im Behördendienst, als Schutz-, Fährten-, Spezialspür-, Sanitäts- und Katastrophenhund sowie als Blinden-, Therapie- oder Behindertenbegleithund hat er sich weit über sein Ursprungsland hinaus bewährt.

Erziehung

Der Rottweiler benötigt eine konsequente, gerechte Erziehung und jemanden, der ihm von Anfang an seinen Platz in der Familie zuweist und auch garantiert. Man muss bereits beim Welpen damit beginnen, ihn liebevoll, konsequent, jedoch ohne Härte zu erziehen und ihm seine Grenzen aufzuzeigen. Nur ein richtig aufgezogener und geprägter, ausreichend beschäftigter, in die Familie integrierter und fair behandelter Rottweiler entwickelt sich zu einem freundlichen und psychisch stabilen Begleiter. Bei der Ausbildung ist zu beachten, dass er ein Spätentwickler ist. Er braucht Lehr- und Lernzeit, aber was er einmal gelernt hat, vergisst er nicht.

Ein Rottweiler benötigt einen Besitzer, der ihm Aufgaben stellt – sein Arbeitsdrang und seine Willenskraft müssen in die richtigen Bahnen gelenkt werden. Angesichts seiner vielseitigen Begabung ist es fast zweitrangig, was er tut, solange er Freude an der „Arbeit" hat und beschäftigt ist. Dabei bieten sich nahezu sämtliche Hundesportarten an. Über die gängigen Sportarten hinaus, kann man ihn vor einen Wagen oder einen Schlitten spannen, ihn Packtaschen tragen lassen oder dergleichen mehr.

Harry Meister hat seit über vierzig Jahren Erfahrung mit Hunden und seine Ausbildung ist zeitgemäß. Er hat die kynologische Schweiz geprägt und dazu beigetragen, dass der Aargau heute in Sachen Kynologie an der Spitze steht. Seine Kontakte und Projekte reichen weit über die Grenzen von Europa hinaus. Seit 1984 ist Harry Meister Hunde-Fan mit Leib und Seele. Sein Herz schlägt für die Rottweilerhunde, die er auch züchtet, und andere Molosser-Rassen.
Mit Witz, Charm und «grade heraus» analysiert er seine Kunden und deren vierbeinige Begleiter.

Ein gemeinsames Spiel mit dem Hundehalter kann für diese Hunde u. a. als Belohnung eingesetzt werden.

TRAINING

Rottweiler sind gut trainierbare Hunde (Serpell und Hsu, 2005). Durch die damalige Leistungsselektion der Eigenständigkeit dieser Rasse ist es wichtig, dass die Hunde bereits im Welpenalter lernen, dass sich die „Arbeit" mit dem Menschen lohnt.
Die Konsequenz in der Erziehung ist hier wichtig, wobei Konsequenz nichts mit Strafe oder Gewalt zu tun hat (Fernandes et al., 2017; Haverbeke et al., 2008). Dies sollte unbedingt vermieden werden, denn trotz der augenscheinlichen Gelassenheit dieser Hunde, können sie in der Frustration bzw. in Bedrängungs- oder Bedrohungssituationen blitzschnell agieren. In welcher Situation ein Hund eine Bedrohung empfindet, ist von Individuum zu Individuum unterschiedlich und hat u.a. mit Zucht, Aufzucht, Sozialisation, Lern- und Umwelterfahrung, Ausbildung, etc. zu tun.
Oftmals werden die blitzschnellen Aktionen der Hunde unterschätzt und man sieht in der Praxis, dass diese Hunde in der Bedrohungssituation oft sehr kurz im Verhalten „einfrieren" und aus der kurzen (Sekunden-)Erstarrung mit Angriff den individuellen Konflikt zu lösen versuchen. Um hier nachhaltig zu trainieren, ist zu Beginn eine gute Sozialisation unabdingbar, damit diese Hunde normale Lebensumstände als nicht bedrohlich empfinden. Zusätzlich muss ein positives Training aufgebaut werden, sodass sie auch eine höhere Frustrationstoleranz erlernen können (Böttjer, 2003). Schon subtile Anzeichen von Aggression, wie z. B. Starren, sollten schnellstmöglich auf ruhige Art neutralisiert und korrigiert werden. Des Weiteren findet man auch eher unsichere und ängstliche Rassevertreter, die im Training und im Alltag Unterstützung benötigen.
Im Hundesport findet man Rassevertreter in vielen Sportarten. Eine Tätigkeit, eine Sportart, die Mensch und Hund Spaß macht, lässt diese Hunde auch sehr gern mit dem Menschen gemeinsam Höchstleistungen erbringen. So kann Spiel auch als Belohnung eingesetzt werden (Svartberg, 2006).

RUSSISCHER SCHWARZER TERRIER

HERKUNFT, GESCHICHTE, AUFGABEN

Der Russische Schwarze Terrier ist nicht, wie die meisten Hunderassen, aus alten Gebrauchshundetypen allmählich entstanden, noch verdankt er seine Entstehung einem Zufall, wie z. B. der Kromfohrländer. Seine Entstehung wurde geplant und sozusagen vorprogrammiert und vorgezeichnet. In den 40er-Jahren des 20. Jahrhunderts wollte sich die damalige Rote Armee der Sowjetunion einen eigenen Diensthund schaffen, der militärische Anlagen bewachen und beim Grenzschutz zur Sicherung eingesetzt werden konnte. Die Sowjetunion fasste ein riesiges Gebiet, mit den verschiedensten Klimazonen: der neue Hund sollte so beschaffen sein, dass er sich problemlos den verschiedensten klimatischen und topographischen Verhältnissen des riesigen Landes anpassen konnte. Er sollte ein universeller Diensthund sein, ähnlich dem Deutschen Schäferhund, aber noch respekteinflößender. Zuchtziel war ein großer robuster, temperamentvoller und zugleich williger Arbeitshund, der für die verschiedensten Aufgaben eingesetzt werden

Der Russische Schwarze Terrier ist ein anspruchsvoller Hund, der erfahrene, konsequente und liebevolle Hundehalter benötigt.

konnte. Als Ausgangsrassen dienten Riesenschnauzer, Rottweiler und Airedale Terrier. Von Anfang an waren die Verantwortlichen der Durchführung des Zuchtprogramms bestrebt, eine möglichst große genetische Vielfalt zu erhalten und genetisch bedingten Defekten und Inzuchtdepressionen vorzubeugen. Um die Zuchtbasis zu erweitern, wurden im Laufe des Programmes noch ein Neufundländer, ein Deutsch Drahthaar, eine Leika, ein Kaukasischer Owtscharka und ein Moskauer Retriever eingekreuzt, sodass schließlich rund 20 verschiedene Rassen ihre körperlichen und psychischen Eigenschaften zum Aufbau der neuen Rasse beigesteuert hatten. Trotz dieser Vielfalt der beigezogenen Rassen, blieb das Zuchtziel stets unverändert.
Nachdem über 25 Jahre keine weiteren fremden Hunderassen eingekreuzt worden waren, hat sich der Typ der Rasse soweit gefestigt, dass das russische Ministerium 1981 den Russischen Schwarzen Terrier als eigenständige Rasse anerkannte.

MORPHOLOGIE

Größe und Gewicht Die Schulterhöhe liegt bei Rüden zwischen 66 und 72 cm, bei Hündinnen zwischen 64 und 70 cm. Genaue Gewichtsangaben liegen nicht vor.
Farben und Fell Das schwarze oder graue Fell ist dicht, ein wenig gelockt und soll keine langen Fahnen bilden. Wird das Fell getrimmt, dann ist es recht gut zu pflegen und haart nicht. Typisch ist ein „Bart“ an den Lefzen.
Er ist ein mittel- bis übermittelgroßer, kräftiger Hund mit starken Knochen und einer gut entwickelten Muskulatur. Der Kopf soll der Körpergröße entsprechen, der Schädel ist relativ breit.

Für diese Hunde ist der klare Aufbau von …

EIGENSCHAFTEN

Der ursprünglich scharfe Diensthund ist heute vermehrt zum Familienbegleithund geworden, mit all den dazugehörigen Problemen. Der Russische Schwarze Terrier ist ein robuster und intelligenter, sehr lernfähiger Hund. Seinem selektierten starken territorialen Verhalten entsprechend, ist er gegenüber Fremden äußerst misstrauisch (Svartberg und Forkman 2002) und hat eine stark ausgeprägte Wachsamkeit. Auch sein Mut macht ihn nach wie vor zu einem guten Wachhund, mit einer schnellen und zielsicheren Verteidigungsreaktion (Turcsán, Kubinyi und Miklósi 2011).
In früher Jugend gut sozialisiert, können diese Hunde auch lernen, mit Besuch etc. zurechtzukommen. In seinem gewohnten sozialen Umfeld ist er sehr anhänglich und umgänglich, braucht jedoch Beschäftigung: Sucharbeit und Denkspiele eignen sich hierfür gut.

… Aktivität und „Zur-Ruhe-Kommen" sehr wichtig.

RASSETYPISCHE KRANKHEITEN

Typische mögliche Erkrankungen des Bewegungsapparates von großen Hunderassen, wie Hüftgelenks- und Ellbogendysplasie können auch bei dieser Hunderasse auftreten (siehe Rottweiler, S. 278). Weitere bekannte Erkrankungen sind juvenile Polyneuropathie (Erkrankung des peripheren Nervensystems; Mhlanga-Mutangadura et al., 2016) und Urolithiasis (Harnsteine; Karmi et al., 2010; Bende und Nemeth, 2004; Bannasch et al., 2008; Karmi, Safra, Young und Bannasch, 2010).

TRAINING

Hinsichtlich der Einkreuzung der Herdenschutzhunde muss man sich bei dieser Hunderasse auch mit dem Training dieser auseinandersetzen (siehe S. 453). Sie sind territorial, daher sind eine gute Aufzucht und Sozialisation unerlässlich. Diese Hunde können eine hohe Emotionalität aufweisen und gerade in der Kombination mit dem Territorialverhalten sind sie für Anfänger weniger geeignet.

Schwarze Russische Terrier können zudem „körperliche Auseinandersetzungen" als Trigger für Erregungslevel empfinden. Daher ist es wichtig, dass sie bereits im Welpenalter „gute" Hund-Hund-Spiele haben können, sodass sie lernen, dass andere Hunde „Freunde" sein können.

Es ist gut, für Ruhe und Entspannung klare Regeln aufzubauen (klare Unterscheidung zwischen Aktivität und Entspannung), damit diese Hunde auch die notwendigen Ruhephasen (ca. 16 bis 18 Std. am Tag) im Alltag finden. Zudem geben Regeln und Rituale Sicherheit und für manche Hunde sind diese sehr geregelten Abläufe, z. B. beim Empfang von Besuch im eigenen Zuhause, ein wichtiger Faktor. So können auch territoriale Hunde positiv lernen, dass Besuch keine Bedrohung bedeutet.

RIESENSCHNAUZER

HERKUNFT, GESCHICHTE, AUFGABEN

Der Riesenschnauzer ist der jüngste Abkömmling der großen Schnauzer- und Pinschertypen. Die Entstehung der Rasse ist leider nicht belegt, ein Überblick und Niederschriften gingen im Krieg verloren. Die ersten Hinweise auf einen Riesenschnauzer-ähnlichen Hund finden wir auf einem Gemälde, das 1850 entstanden ist und die bayerische Prinzessin Elisabeth, später Sissi, zeigt. Zu Füßen der Prinzessin liegt ein großer, rauhaariger, schwarzrötlicher Hund, offenbar ein sogenannter „Münchener Schnauzer". Was mit Sicherheit gesagt werden kann, ist, dass der Vorläufer des Riesenschnauzers ein alter Landschlag der Hunde des Bauernhofes in Oberbayern war, ein Treibhund und Wachhund, mehr lang gestreckt als quadratisch gebaut, rau- und zottelhaarig und von dunkler Färbung. Der Hund soll damals rund um München recht zahlreich gewesen sein. Sie waren u.a. auch die Begleiter der Brauereiwagen, die sie zu bewachen hatten – daher kommt vielleicht auch der Name „Bier-Schnauzer", wie er auch gern genannt wurde. Als Geburtsjahr des eigentlichen Riesenschnauzers wird das Jahr 1910 bezeichnet. Im Jahr 1925 wurde er offiziell als Diensthund anerkannt. Die Unsicherheit der Nachkriegszeit erhöhte die Nachfrage nach einem furchteinflößenden Schutzhund und das Geschäft mit ihm begann zu blühen. Die Rasse wurde bekannt und begann sich auch über die Grenzen Deutschlands hinaus auszubreiten.

MORPHOLOGIE

Größe und Gewicht Schulterhöhe von 60 bis 70 cm, das Gewicht liegt bei 35 bis 40 kg.

Farben und Fell Das Fell gibt es in den Farben schwarz und pfeffer-salz, es wird getrimmt und haart nicht.

EIGENSCHAFTEN

Der Riesenschnauzer ist ein halterbezogener, temperamentvoller Hund, selbstbewusst und selbstsicher, mit ausgeprägtem Schutzverhalten. Generell sind Schnauzer recht anhänglich und belastbar. Er ist intelligent und hat ein hohes Maß an Gelehrigkeit. Sein territoriales Verhalten kann für Ersthundehalter problematisch werden (Blackshaw, 1991). Der Riesenschnauzer hat ein ausgeglichenes Wesen und ist gut trainierbar (Turcsán, Kubinyi und Miklósi, 2011). Ein Hund dieser Rasse braucht Beschäftigung und Bewegung und kann zu vielen sportlichen Aktivitäten verwendet werden (Svartberg, 2006). Er wird noch heute gern als Diensthund bei der Polizei eingesetzt. In der Budapester Studie (Turcsán et al., 2011) erreicht er für emotionale Stabilität Platz 29, für Offenheit Platz 17, für Geselligkeit mit Hunden Platz 67 und für Extraversion Platz 7 unter 96. Nach Persönlichkeitseigenschaften gruppiert er am nächsten zum Deutsch Drahthaar, die nächste Gruppe besteht aus Border Terrier, Hovawart und Boxer.

RASSETYPISCHE KRANKHEITEN

Typische Erkrankungen des Bewegungsapparates von großen Hunderassen wie Hüftgelenks- und Ellbogendysplasie können auch bei dieser Rasse auftreten (siehe Rottweiler, S. 278). Auch Krebserkrankungen kommen häufiger vor. Zudem ist bei Riesenschnauzern eine Autoimmunkrankheit bekannt, die zu einer chronischen Entzündung der Schilddrüse führt (Wilbe, 2010).

TRAINING

Gerade bei den großen Hunderassen ist die Entwicklung der individuellen Hunde sehr unterschiedlich. So finden wir sogenannte „Spätentwickler", was bedeutet, dass diese Hunde längere Zeit brauchen, bis sie erwachsen werden. Gerade in der Jugendphase muss besonderes Augenmerk darauf gelegt werden, dass hohe Belohnungsraten eingesetzt und kleine kurze Trainingseinheiten eingehalten werden. Bei der Ablenkung muss man im Training darauf achten, dass sie Schritt für Schritt mit dem Erfolg der Übungen aufgebaut wird. Erziehung und Training sind bei dieser Hunderasse von Beginn an wichtig, so kann man das Territorialverhalten, was manche Rassevertreter stärker als andere zeigen, in alltagstaugliche Bahnen lenken. Bei Beschäftigungen ist es wichtig, dass der Hundehalter Dinge mit dem Hund unternimmt, die ihn nicht zusätzlich aufregen oder stark stressen. So ist ein ruhiges Suchspiel mit einem „Schnüffelteppich", oder Geruchsdifferenzierung mit Passivanzeige besser, als den Hund über das Jagdverhalten „Hetzen und Packen" mit dem Ball auspowern zu wollen. Für Hundesportarten ist dieser Hund meist sehr geeignet und freut sich, geistig und körperlich beschäftigt zu werden. Abseits davon ist er ein beliebter Begleithund beim Wandern, Radfahren und Joggen, da er sehr viel Freude an Bewegung hat – diese kann auch als Belohnungsform eingesetzt werden. Eine Studie zeigt, dass Riesenschnauzer auch in der Medizin, zum „Erschnüffeln" von Krankheiten wie Krebs, Verwendung finden können (Horvath et al., 2013).

Der intelligente Riesenschnauzer benötigt in der Erziehung und im Training einen sehr erfahrenen, liebevollen und konsequenten Hundehalter.

Der Dobermann ist ein sensibler und intelligenter Begleiter.

DOBERMANN

HERKUNFT, GESCHICHTE, AUFGABEN

Als erster Züchter dieser Rasse gilt Friedrich Louis Dobermann (1834 – 1894), über dessen berufliche Tätigkeit einige Widersprüche bestehen. Nach den Angaben alter Züchter, die Dobermann noch gekannt haben, soll er der städtische Hundefänger in Apolda gewesen sein, der herrenlose und herumstreunende Hunde einfing. Er dürfte aber zugleich auch städtischer Abdecker (Sammler von Tierkadavern) gewesen sein, womit es ihm nicht an billigem Hundefutter gefehlt zu haben schien.
Nach Angaben seines Sohnes, soll er aber 1870 auch als Steuereintreiber-Gehilfe eingesetzt worden sein und nebenbei noch als Nachtwächter gearbeitet haben. Bei all diesen beruflichen Ausübungen war ein Hund zum Schutz von Vorteil.
Doch damals gab es in Deutschland den Begriff „Schutzhund“ noch nicht, es gab auch keine einheimische Rasse, die sich für den Schutzdienst geeignet hätte. Daher könnte Dobermann der erste Züchter einer Hunderasse gewesen sein, die sich für den „Schutz“ geeignet hat. Aber der genaue Ursprung der Rasse liegt im Dunkeln.
Die Ahnen des Dobermanns dürften, wie wohl die meisten heutigen Hunderassen, im großen Schmelztiegel der losen Bauernhunde zu suchen sein, wie sie auch in Thüringen massenhaft vorhanden waren. Die Hunde des Louis Dobermann waren nicht beliebt, auch damals galt: wie der Herr, so das Gscherr. In Österreich gibt es genaue Aufzeichnungen zwischen 1922 bis 1924 wo 107 Dobermänner begutachtet wurden – diese Protokolle sind Musterbeispiele für Richterberichte.

MORPHOLOGIE

Größe und Gewicht Die Schulterhöhe liegt bei 61 bis 72 cm, das Gewicht bei 30 bis 40 kg, je nach Geschlecht.

Farben und Fell Die anerkannten Fellfarben sind schwarz mit braunen Abzeichen, oder braun mit hellbraunen Abzeichen. Das kurze Fell ist pflegeleicht, bietet aber nur mäßigen Witterungsschutz.

EIGENSCHAFTEN

Der Dobermann ist ein temperamentvoller, agiler und schneller Hund, mit hohem Energielevel. Er muss körperlich und geistig beschäftigt werden, ist nichts für bequeme Menschen und kann gelangweilt durchaus anstrengend sein. Er ist stets aufmerksam und leicht erregbar, steht unter Spannung und ist immer arbeitsbereit (Turcsán, Kubinyi und Miklósi, 2011). Ausgezeichnet durch eine hohe Intelligenz und Gelehrigkeit, braucht der Dobermann einen Halter, der keine Herausforderung scheut und viel Erfahrung in der Hundehaltung mitbringt. Seine territoriale Veranlagung macht ihn zu einem Wach- und Schutzhund, der dadurch jedoch relativ unduldsam gegenüber fremden Menschen und Hunden sein kann (Svartberg, 2006; Takeuchi und Mori, 2006). Oftmals zeigt er auch eine ausgeprägte Jagdmotivation.
In der Budapester Studie (Turcsán et al., 2011) erreicht er Platz 89 für emotionale Stabilität, Platz 31 für Offenheit, Platz 66 für Geselligkeit mit Hunden und Platz 45 für Extraversion. Er zählt zur Gruppe der extravertiert-offenen Rassen und persönlichkeitsmäßig ist er dem English Cocker Spaniel am nächsten, danach dem Zwergpinscher und Dalmatiner.

RASSETYPISCHE KRANKHEITEN

Typische mögliche Erkrankungen des Bewegungsapparates von großen Hunderassen, wie Hüftgelenks- und Ellbogendysplasie können auch bei dieser Hunderasse auftreten (siehe Rottweiler, S. 278).
Häufiger hört man von einer Herzkrankheit, der DCM (Dilatative Kardiomyopathie), welche zum schnellen Herztod führen und z. B. erst im Alter ohne vorhergehenden Befund plötzlich auftreten kann – Erbgang: autosomal dominant (James und Drake 1968; Meurs et al., 2007; Wess, 2010; O'grady et al., 2008; Hazlett et al., 1983; Minors und O'grady, 1998).
Darüber hinaus gibt es eine neurologische Erkrankung, die „Dancing Dobermann Disease". Sie ist vermutlich eine degenerativ bedingte neurologische Erkrankung und tritt ausschließlich bei Dobermännern und anderen Pinschern auf. Das Hauptsymptom ist eine Beugung des Sprunggelenks, zunächst meist einseitig. Im weiteren Verlauf kann es zur Lähmung der Beine, zur Störung und zu einem gesteigerten Patellasehnenreflex kommen. Diese Krankheit ist nicht heilbar. Dadurch, dass sie meist langsam fortschreitet, kann oftmals eine angemessene Lebensqualität über einen gewissen Zeitraum erreicht werden.
Des Weiteren wird über das Wobbler Syndrom (Trotter, 1985; Lautersack und Schimke, 2003), sowie über das kongenitale Vestibularsyndrom, einer Erbkrankheit, die die Folge einer Fehlbildung des Gleichgewichtsorgans im Innenohr hat (Steenbeck, 2007) und das gehäufte Auftreten eines episodischen Kopftremors berichtet (Wolf, 2012). Auch die Von-Willebrand-Krankheit, eine Blutgerinnungsstörung, wurde schon öfter diagnostiziert. Hier gibt es verschiedene Erbgänge je nach Typ; Typ 1: dominant, Typ 2: rezessive als auch dominate Unterformen, Typ 3: autosomal rezessiv (Ulreh et al., 2000; Ginsburg und Dowie, 1992).
Auch das Vorkommen von Osteosarkomen ist bei Dobermännern bekannt (Calvacanti et al., 2004).
Als Verhaltensstörung, mit einem stark erblichen Anteil, tritt das Flankensaugen auf, für das bereits eine verantwortliche Genvariante identifiziert ist.

TRAINING

Der Dobermann eignet sich selten als Anfängerhund. Rassevertreter zeigen oftmals unsicheres Verhalten und eine geringe Frustrationstoleranz. Die damals gewünschte Wach- und Schutzeigenschaft führte u. a. dazu, dass diese Hunde auf kleine Reize mit Stress reagieren, sodass man im alltäglichen Leben und im Training vor die Herausforderung gestellt wird, den Stress nicht chronisch werden zu lassen. Wissenschaftliche Arbeiten haben bereits erwiesen, dass eine erhöhte Stressbelastung Auswirkungen auf das Verhalten hat. Verhaltensveränderungen: weniger Spielverhalten, gesteigerte Angstbereitschaft, Unruhe, gesteigerte Aggressionsbereitschaft (besonders bei Ressourcenkonflikten/Frustration), verringerte Lernfähigkeit (Notari et al., 2015). Zudem ist eine wichtige Basis, dass bereits bei der Verpaarung der Elterntiere auf Stressresistenz, Wesen und Verhalten geachtet wird. Bereits in der Wurfkiste sollten Maßnahmen ergriffen werden, damit sich die Welpen zu selbstsicheren und stressresistenten Hunden entwickeln. Eine Vereinsamung, reizarme Umgebung und Deprivation können nachhaltige Folgen haben, die mit einem gezielten Training womöglich nur „verbessert" werden können.

Eine verständnisvolle, konsequente Erziehung ist unerlässlich.

Für diese Hunde ist ruhiges und entspanntes Arbeiten bzw. Training enorm wichtig. Geduld und Gelassenheit des Hundehalters sind hier eine wichtige Basis. Kleine Übungseinheiten, mit hoher Belohnung für richtiges Verhalten, sind der richtige Weg. Im Stress neigen diese Hunde auch zum „Fiepen", sie beginnen, die Stressbelastung durch Unruhe und Lautäußerungen zu vokalisieren. Strafreize können die Frustrationstoleranz weiter erniedrigen, ein ungerichtetes Aggressionsverhalten des Hundes hervorrufen und sind daher, neben dem Tierschutzaspekt, unbedingt abzulehnen (Deldalle und Gaunet, 2014). Trotzdem müssen klare Verhaltensabbrüche, gerade bei der Kombination aus hoher Erregung und positiver Emotion und/oder selbstbelohnendem Verhalten gesetzt werden. Wichtig ist dann nur die nachfolgende Versöhnung.

Für Dobermänner kann „Laufen" eine hohe Belohnung darstellen und daher ist es hinsichtlich des Trainings und der Alltagstauglichkeit enorm wichtig, diese Hunde im Jagdverhalten keinesfalls Joggern, Radfahren, Kindern oder Tieren nachjagen zu lassen, da sich dieses System durch das selbstbelohnende Verhalten selbst verstärkt und im Sinne der Gefahrenprävention unbedingt unterbunden und trainiert werden muss. Die sensiblen Dobermänner eignen sich bei Hundekennern sehr gut für den Hundesport und können auch ein guter Familienbegleithund werden. Sie gehen gern mit wandern, joggen, sind sehr agil und wollen sich bewegen.

DER DOBERMANN – EINE RASSE DER WIDERSPRÜCHE

Grundsätzlich ist der Dobermann so, wie er oft beschrieben wird: Loyal, selbstständig, beschützend, führig, anhänglich, aber auch territorial, hartnäckig und aggressiv mit einem Hang zur Hysterie und Überschwänglichkeit. Mit all diesen Eigenschaften wird das Individuum Dobermann geboren, es ist nur eine Frage der Umwelteinflüsse, die das Individuum charakterlich formen.
Die Ausprägung der Eigenschaften stehen in direkter Abhängigkeit zur Erziehung durch seine Bezugsperson. Gerade, wenn es um die Eigenschaften des Dobermanns geht, die sich auch negativ äußern können, so ist gerade die konsequente, auf sozialen Prinzipien basierende Erziehung ausschlaggebend für einen positiven Verlauf hin zu einer stabilen Persönlichkeit. Auch die erziehungsberechtigten Personen sollten stabile Charakter sein, um aus dem Dobermann einen alltagstauglichen Hund zu machen.

Hund mit guter Bindung

Ein Dobermann ist sehr personenbezogen, wem er sich verschrieben hat, dem gehört seine Aufmerksamkeit. Die aufgebaute Bindung ist stark, birgt fast eine Abhängigkeit, denn Nähe zueinander ist ein Muss,

Der Dobermann ist ein sehr aktiver, agiler und sportlicher Hund, der sich gern bewegt.

Trennung voneinander wird nur selten oder schwer toleriert. Bis die Trennung voneinander akzeptiert wird, kann es ein wenig dauern, denn ein Dobermann ist recht hartnäckig im Verfolgen seiner sozialen Bedürfnisse. Er begegnet seinen Leuten immer liebevoll, nicht immer respektvoll, aber immer offen für Zuneigung.
Lebt der Dobermann in einer Familie und hat er sich für eine Person entschieden, haben es andere Familienmitglieder schwer, sich richtig in den Fokus zu bringen, um sich mit dem Hund zu beschäftigen. Das heißt nicht, dass der Dobermann sich nicht auch für den Rest der Familie interessiert und deren Gesellschaft schätzt, doch er ist meist nur auf eine Person stark fixiert und der Rest gehört eben dazu. Gerade dann, wenn das Individuum Dobermann in seiner Bezugsperson jemanden sieht, dem es lohnt zu folgen, weil sich die Person als führkompetent erwiesen hat.

Er hat seinen eigenen Kopf und kann sehr beharrlich sein.

Kompetenz und Empathie

Das Führen und die Erziehung des Dobermanns ist von Anfang an eine Herausforderung. Neben genügend Erfahrung im allgemeinen Umgang mit Hunden, bedarf es auch viel Empathie, die dem Dobermann entgegengebracht werden muss, um den unerwünschten aggressiven Verhaltensweisen zu begegnen. Denn oft ist aggressives Verhalten zuerst einmal die einzige Lösung zu einer Vielzahl von Problemen, die sich während der Entwicklung zum erwachsenen Hund stellen. Dennoch wird aus dem Individuum Dobermann ein zuverlässiger und gesellschaftsfähiger Begleiter, wenn man bereit ist, seine eigene Kompetenz zu erweitern und die eigene Empathie für sich zu nutzen weiß, um angemessen Grenzen durchzusetzen.
Womit aber immer zu rechnen ist, dass der Dobermann immer mal wieder hinterfragt, ob bestimmte Regeln noch gültig sind. So gestaltet sich die Erziehung als Langzeitprojekt und endet bei manchen Charakteren nie. Die Energie, die man aufwenden muss, um diesen Hund zu erziehen, wird aber immer zurückgegeben und bleibt man dabei, so bekommt man einen zuverlässigen, loyalen und anpassungsfähigen Begleiter, der mit einem durch alle Lebenssituationen geht.

Willensstark

So sehr er sich auch auf die Führung durch seine Person einlassen kann, so haben diese Hunde immer ihren eigenen Kopf. Sie entscheiden selbst, was oder wen sie mögen und nutzen dazu ihr hohes Maß an sozialer Intelligenz. Es kann dauern, einem Dobermann eine andere Entscheidung abzuringen als die, die er als erstes für sich getroffen hat. Hat er sich etwas in den Kopf gesetzt, dann will er es auch erreichen und bevor er ein bestimmtes Ziel aus den Augen verliert, setzt er alles daran, dieses zu erreichen. Doch bei all der Selbstständigkeit, sucht der

Der Dobermann ist ein Hund für aktive Menschen, die Hundeerfahrung mitbringen und auf einen sensiblen Weggefährten eingehen können.

Dobermann immer den Kontakt zu seiner Bezugsperson. Ob auf Distanz mit Blickkontakt und Anschauen oder in direktem körperlichen Kontakt. Meist, um Bestätigung für sein Verhalten zu bekommen.

Schutzhund

Der Dobermann wurde zum Schutz und Beschützen gezüchtet. Diese Eigenschaft bekommt man aus ihm nicht mehr heraus. Es gibt zwar Vertreter der Rasse, die eine hohe Reizschwelle haben oder auch entwickeln können, dennoch ist in entsprechenden Situationen irgendwann ein Maß erreicht, bei denen der Schutz der Bezugspersonen/Familie/der eigenen Person wichtiger ist als erlerntes Verhalten, das als gesellschaftstauglich gilt. Er ist grundsätzlich territorial und passt immer auf.

Kein Hund für bequeme Menschen

Sicherlich ist ein Dobermann nicht einfach zu erziehen. Besitzer dieser Rassevertreter sollten ein hohes Maß an Führanspruch, sowie sozialer Kompetenz mit sich bringen. Beides sollte geschickt eingesetzt werden, um diesen Hund alltagstauglich zu erziehen. Demnach ist er kein Hund für Anfänger und auch erfahrene Hundebesitzer kommen oftmals an ihre Grenzen.

Wird dem Dobermann mit Geduld, Konsequenz und mit klar durchgesetzten Regeln begegnet, so wird man für seine Mühen belohnt. Denn neben all dem Negativen, was man der Rasse anhängen kann, so gibt es im Vergleich dazu viel mehr positive Eigenschaften, die sich innerhalb der Familie und im Alltag zeigen.

Chima Anyanwu besitzt und führt seit dem Jahr 2000 Dobermänner und hält seine „Dobis" die meiste Zeit in einem Rudel. In der Hochzeit war das Dobermannrudel 7 Hunde stark. Er ist seit 2007 Hundetrainer und hat vornehmlich mit schwierigen Hunden und deren Halter*Innen gearbeitet, während er ein Hundezentrum gemeinsam mit seiner Frau Corinn im Norden Deutschlands leitete. 2011 gründete er mit Corinn die Hundeschule „Auf allen Vieren – konsequentes Hundetraining" in Neckargemünd bei Heidelberg. Seit Ende 2019 ruht seine Tätigkeit als Hundetrainer, er betreibt aber seinen Blog zur Hundeerziehung, in dem er über die Führung und Erziehung von Hunden schreibt (www.aufallenvieren.de).

GRUPPE 14

— *nach Parker*

SHETLAND SHEEPDOG (SHELTIE)

HERKUNFT, GESCHICHTE, AUFGABEN

Die Shetlandinseln sind der schottischen Küste vorgelagert und besitzen eine spärliche Vegetation. Starke Stürme, kurze Sommer, lange Winter, aber ein relativ mildes Klima trugen dazu bei, dass sich nur kleinwüchsige Haustierrassen durchsetzten. Durch das Fehlen von größeren Raubtieren, musste ein Hütehund der Viehherden nicht groß oder wehrhaft sein, sondern nur wachsam. Diese Hunde wurden als Toonie-Dog, Peerie- oder Fairy-Dog bezeichnet. Aufzeichnungen oder Überlieferungen, wie der Shetland Sheepdog entstanden ist, gibt es keine. Wahrscheinlich ist, dass Seeleute oder andere Reisende ihre Hunde mit auf die Shetlandinseln nahmen und sie sich mit den dort ansässigen Hunden verpaart haben. Darunter waren bestimmt auch einige nordische spitzartige Hunde. Die hin und wieder bei einigen Würfen vorkommenden Ringelruten oder Stehohren (beides im Standard verboten), dürften diese Vermutung bekräftigen. Anfang des 20. Jahrhunderts kamen die ersten Shetland Sheepdogs nach England, die ursprüngliche Bezeichnung „Shetland Collie“ musste aufgrund massiver Proteste der Colliezüchter auf Shetland Sheepdog umgeändert werden. 1914 wurden sie vom English Kennel Club als eigenständige Rasse anerkannt. Danach begann eine heftige Diskussion, wie der Shetland Sheepdog in Zukunft auszusehen hatte und es setzten sich die Züchter immer mehr durch, die ihn als Miniaturausgabe des Collies sehen wollten.

MORPHOLOGIE

Größe und Gewicht Schulterhöhe bei Rüden 37 cm, bei Hündinnen 35 cm, eine Schwankungsbreite von 2 bis 2,5 cm ist zulässig. Das Gewicht liegt zwischen 6 und 7 kg.

Farben und Fell Er kommt in den Farben zobel, schwarz, blue merle mit oder ohne weiße oder lohfarbene Abzeichen vor. Das Fell ist dicht und lang und braucht viel Pflege. Shetland Sheepdogs können im Durchschnitt bis zu 12 bzw. 12,5 Jahre alt werden (Proschowsky et al., 2003; Adams et al., 2010; O'Neill et al., 2013).

EIGENSCHAFTEN

Der Shetland Sheepdog ist ein eifriger, lebhafter und schlauer Hund, der sehr sensibel sein kann. Er benötigt einen einfühlsamen Halter, der ihn ausreichend zu beschäftigen weiß. Shetland Sheepdogs binden sich stark an ihre Bezugspersonen und verhalten sich,

---

VERWANDSCHAFT IN GRUPPE 14

Innerhalb dieser Gruppe stehen die schlanken Windhundtypen insgesamt den Hüte- und Treibhunden gegenüber, wobei Italienisches Windspiel und Barsoi etwas ferner stehen als die Hunde von den britischen Inseln. Bei den Hüte- und Treibhunden ist der Old English Sheepdog die gemeinsame Schwestergruppe aller anderen, und der Australian Cattle Dog steht allen weiteren mit Ausnahme des Old English Sheepdogs gegenüber.

---

je nach Erfahrung und Sozialisierung, Fremdem gegenüber zurückhaltend. Mit Artgenossen kann er sozial verträglich sein und wenn er schon im Welpenalter an die verschiedenen Umweltreize gewöhnt wurde, ein guter Begleiter in jeder Lebenslage. Seine hohe Bereitschaft zur Bewegung und zum Bellen kann für unerfahrene Hundehalter zum Problem werden.

RASSETYPISCHE ERKRANKUNGEN

Verschiedene, in der Population vertretene Erbkrankheiten können beim Sheltie auftreten. Dazu gehören Augenkrankheiten wie die CEA (Collie eye anomaly), welche angeboren ist und autosomal rezessiv vererbt wird (Barnett und Stades, 1979; Bedford, 1982; Lowe et al., 2003; Parker et al., 2007). Des Weiteren können Shelties einen MDR1-Defekt (Geyer et al., 2005, Huebner et al., 2007, Monobe et al., 2015), Stoffwechseldefekt und Dermatomyositis (Clark et al., 2005, Wahl et al., 2008) aufweisen. Dermatomyositis (DM) ist eine entzündliche Erkrankung der Haut und der Muskulatur und kommt am häufigsten beim Shetland Sheepdog vor. Laut Clark et al. (2005) und Wahl et al. (2008) könnte es eine autosomal dominant vererbte Krankheit sein, genaueres muss jedoch noch untersucht werden.

TRAINING

Gerade im Training dieser Hütehunde ist es wichtig, dass man die Arbeitsbereitschaft der intelligenten Tiere immer im Auge behält. So muss das Maß zwischen Ruhe und Arbeit ganz klar definiert sein, um eine Überforderung zu vermeiden. Diese Hunde sind meist sehr führig, was oftmals mit Unsicherheiten einhergehen kann. Sie haben in der Arbeit selbst aber durchaus auch eine eigene Vorstellung davon, wie die Dinge zu tun sind. So müssen sie bei der Arbeit an den Schafen z. B. blitzschnell reagieren, wenn ein Schaf aus der Herde ausbricht. Im Training ist die Wiederholungsrate dieser Arbeitshunde gering, so können sie schon nach z. B. vier Wiederholungen der gleichen Übung die Lösung einer Aufgabe verstanden haben. Im Training ist hier besonderes Augenmerk auf „Fehler“ zu legen. Im besten Fall sollten alle Übungen so auf-

Shetlties benötigen einen einfühlsamen Halter, der sie ausreichend zu beschäftigen weiß.

Shetland Sheepdogs sind lebhafte und bewegungsfreudige Hunde, die einen regelmäßige Bewegung sehr genießen.

gebaut werden, dass der Hund von Erfolg zu Erfolg lernt. Leider ist dies nicht immer der Fall und bei einem „Fehler" (Hund zeigt nicht das gewünschte Verhalten) bleibt das Futter oder die Belohnung aus. Eine Strafe erfolgt und dies bringt das Gefühl der Frustration mit sich. So ist es gerade bei diesen sensiblen Hunden wichtig, immer zu überdenken, warum der Hund etwas falsch macht, und woran es gelegen hat. Denn meist macht der Hundehalter im Übungsaufbau den Fehler, geht z. B. zu schnell voran oder hat keinen genauen Trainingsplan im Kopf. Gerade bei sensiblen Hunden kann Strafe Meideverhalten hervorrufen bzw. Unsicherheiten beim Hund verstärken. Shelties lassen sich gut über Futter belohnen, ebenso über Aktivität, wie gemeinsames Laufen, Spiel, Action mit dem Hundehalter oder echtes verbales und/oder mit Berührung verbundenes Loben. Auch kann Ersatzbeute eine Belohnung darstellen, sofern der Hund darauf anspricht.

Die Hunde haben einen erhöhten Pflegeaufwand, weshalb Medical Training (siehe S. 149, 156) wichtig ist. Nicht immer ist die intensive Fellpflege für den Hund angenehm, doch durch das Training kann die Pflege positiv aufgebaut werden.

Turcsán et al. (2011) und Turcsán (2014) beschreiben den Shetland Sheepdog als sehr gelassenen, sehr geselligen (auf andere Hunde bezogen), mittel trainierbaren und mittel tapferen Hund (emotinale Stabilität Platz 38, Offenheit Platz 20, Geselligkeit mit Hunden Platz 12, Extraversion Platz 74).

Hütehunde zeigen Sequenzen aus dem klassischen Jagdverhalten: Erstarren-Fixieren und Lauern.

AUS DER PRAXIS

HÜTE- UND TREIBHUNDE: JAGDVERHALTEN

Egal für welche Hunderasse oder welchen Mischling man sich entscheidet, jedes Individuum Hund hat in unterschiedlich ausgeprägter Form ein Jagdverhalten (siehe S. 84 ff.). Das ist biologisch höchst sinnvoll, denn ohne dieses Jagdverhalten wäre ein Hund in freier Natur nicht überlebensfähig. Typische Jagdhunderassen haben über die lange Zeit der Zucht bereits ein genetisch selektiertes Jagdverhalten, das sich der Mensch zunutze macht.
Ein Border Collie z. B., hat in seinem Hüteverhalten ein genetisch selektiertes Jagdverhalten ohne „Packen und Töten".
So sieht man bei diesen Rassevertretern in der Hütearbeit das Erstarren – Fixieren – Lauern – Anschleichen – Hetzen, während das Packen und Töten als spezifische Endhandlung des Jagdverhaltens ganz gezielt im Hütekontext weggezüchtet wurde.
Ein Australian Shepherd hat in seinem Treibverhalten das genetisch fixierte Jagdverhalten durchaus mit „Packen", denn wenn man eine Rinderherde treiben soll, ist es oftmals wichtig, gehemmt in die Fessel zu packen, so dass sich die Kuh auch in Bewegung setzt.

Show- und Arbeitslinie

Bei manchen dieser Rassen hat sich in der Zucht eine Show- und eine Arbeitslinie entwickelt. Die züchterische Selektion bewirkt, dass sich Aussehen und Arbeitsbereitschaft verändern. Der veränderte Phänotyp durch die Genetik hat immer auch einen Bezug zu Verhaltenseigenschaften. Die Zuchtselektionen zeigen hier in der Showlinie, dass rein nach dem (menschlich erwünschten) Aussehen selektiert wird und so findet man in diesen Linien Hunde, die durch diese Selektion weniger kontrollierte Arbeitsfähigkeit zeigen. Hingegen sind reine Arbeitslinien nach Gesundheit und Leistung selektiert, und hier findet man im Phänotyp meist sehr unterschiedlich aussehende Hunde im Vergleich zu den

Rassevertretern der Showlinien. Die „Führigkeit" (will to please) der Leistungslinien kann auch mit einem Verhalten in Form von Unsicherheit in Erscheinung treten. Aufgrund der Leistungs- oder Arbeitslinien ist trotz allem auf ein ausgeglichenes Wesen des Hundes Wert zu legen, da hier keinesfalls Hunde mit gesteigerter Nervosität und Ängstlichkeit in die Zucht gehen sollten. Demnach sollte man sich VOR der Anschaffung genaue Gedanken darüber machen, welcher Hund wirklich zu einem passt.

Übertragung von Stress

Diesbezüglich sollte man die Zuchtauswahl der gesunden Elterntiere auch auf das Verhalten der Elterntiere erweitern. Sehr nervöse und/oder ängstliche Hunde sollten keinesfalls in die Zucht gehen, da die Mutterhündin bereits in der Zeit der Trächtigkeit die Emotionen auf die ungeborenen Welpen überträgt und das Stresssystem sich durch die Stresshormone auf die Welpen überträgt. **So können Welpen bereits mit einem „Stressgedächtnis" auf die Welt kommen und haben eine schlechtere Basis als Hunde aus einer Zucht mit einer entspannten Mutterhündin.** Nicht zuletzt spielt auch das weitere Verhalten der Mutterhündin während der Welpenaufzucht eine entscheidende Rolle (Foyer et al., 2016; Bray et al., 2017). Züchterische sinnvolle Maßnahmen in der sensiblen Phase der Welpen und zur Sozialisation sind hier außerdem erforderlich, z. B. tägliches Handling schon während der ersten Lebenswochen (Gazzano et al., 2008). Auch die Sozialisierung der Hunde nach Übernahme vom Züchter ist sehr wichtig (Harvey et al., 2016). Hier sollten positive Erlebnisse mit den Umweltreizen für den Hund im Vordergrund stehen. Dies hat einen nachhaltigen Einfluss auf die Lernerfahrung und das spätere Verhalten des Hundes. Auch die Erfahrung der Besitzer spielt eine wesentliche Rolle (Harvey et al., 2016).

Alternative Beschäftigung

Jeder Hund aus einer Arbeitslinie, bei dem die Vorfahren noch direkt an der Herde gearbeitet haben, benötigt eine entsprechende Beschäftigung, Training und Ausbildung. So kann man mit Treibhunden z. B. die Sportart Treibball wählen, wo ein Ball in ein Tor oder durch einen Parcour vom Hund getrieben wird. Hier gilt es immer, die Verhaltenseigenschaften des Hundes zu kennen und die Sportart zu finden, die zum Typ Hund, seiner Rasse und seiner individuellen Persönlichkeit passt. Auch der gemeinsame Spaß an der Tätigkeit sollte für Mensch und Hund nicht fehlen! Fehlt die Beschäftigung, dann kann es passieren, dass z. B. der Australian Shepherd seine Menschen zu Hause zu treiben beginnt und dabei auch durchaus beim Packen in das Hosenbein Verletzungen verursachen kann.

Hat ein Border Collie keine Herde, die er hüten kann, benötigt er sinnvolle Ersatzaufgaben (hier Hooper).

COLLIE (LANGHAAR)

HERKUNFT, GESCHICHTE, AUFGABEN

Unklarheit herrscht über die Herkunft des Collies, als auch über die seines Namens. Der „Coaly-Dog" hat sich als Hüte- und Schäferhund in Schottland entwickelt und dürfte im Aussehen den damaligen langhaarigen Schäferhunden geähnelt haben, die in ganz Europa verbreitet waren. Es gibt zwar über die Urahnen und ihre Entstehung keine Aufzeichnungen, jedoch spannende Geschichten über den Collie der schottischen Highlands. Er war für seine Tapferkeit und seine große Loyalität gegenüber seinem „Herrn" berühmt, was als Vorlage für den Film „Lassie" gedient haben dürfte. Wirkliche Bekanntheit als Rasse erlangte der Collie erstmals 1871 bei einer Dog Show in Birmingham, einer der damals ausgestellten Hunde gilt als eine der Grundsäulen der Colliezucht. Die Liebhaber der Rasse begannen mit einer intensiven Zucht, doch gingen sie überlegt vor und setzten Inzucht und Fremdeinkreuzung mit Bedacht ein. Jedoch verlor der Collie schon bald seine Funktion als Hütehund und wurde nur noch auf Schönheit gezüchtet. In den schottischen Weideländern wurde er komplett vom Border Collie abgelöst. Es gibt den Collie in einer Kurzhaar-Variante, die länger als Gebrauchshund im Einsatz war und deswegen als robuster und ursprünglicher im Wesen gilt.

Der Collie hat ein sehr ansprechendes Äußeres und ein sehr sensibles Wesen.

MORPHOLOGIE

Größe und Gewicht Die Schulterhöhe sollte bei Rüden 56 bis 61 cm erreichen und bei Hündinnen 51 bis 56 cm. Die Gewichtsangaben variieren zwischen 18 und 30 kg.
Farben und Fell Sie kommen in den Farben zobel, tricolour und blue merle mit weißen Abzeichen vor. Collies können nach medianen Schätzungen 12,67 Jahre alt werden (Adams et al., 2010). Das lange dichte Fell ist pflegeleicht, haart aber intensiv.

EIGENSCHAFTEN

Der Collie ist ein sensibler Hund, der sich gern an Menschen bindet und stets bemüht ist, ihnen zu gefallen. Er braucht jedoch einen einfühlsamen Halter, der ihn gut führen kann. Fühlt sich der Collie wohl und sicher, folgt er seinem Menschen überall hin.

Trotz vieler Unklarheiten, ist der Collie mit großer Wahrscheinlichkeit aus den langhaarigen Schäferhunden Schottlands entstanden.

Unternehmungslustig und temperamentvoll erlebt man den Collie bei ausgiebigen Spaziergängen. Wachsamkeit und eine Freude an der Lautgebung erinnern an seine Herkunft als Hütehund. Er ist ein hochintelligenter und gut zu erziehender Hund, wenn man mit Einfühlsamkeit und Fachkunde punktet. Sie können gerade im Hinblick auf Geräusche empfindlich sein, daher ist eine gute Aufzucht und Sozialisation sehr wichtig.
Turcsán et al. (2011) und Turcsán (2014) beschreiben den Collie als wenig gelassenen, mittelmäßig geselligen (auf andere Hunde bezogen), mittel trainierbaren und wenig extravertierten Hund.

RASSETYPISCHE ERKRANKUNGEN

Auch bei Collies können Erbkrankheiten auftreten, wie Augenkrankheiten, MDR1-Defekt (Geyer et al., 2005) und Stoffwechseldefekt. Die CEA (Collie eye anomaly) ist angeboren und wird autosomal rezessiv vererbt (Barnett, 1979; Bedford, 1982; Lowe et al., 2003; Parker et al., 2007), wobei Wallin-Håkanson et al. (2000) für eine polygene Vererbung plädiert. Eine Dermatomyositis kann beim Collie laut Haupt et al. (1985) und Evans et al. (2017) auch vereinzelt auftreten.

Training – siehe Shetland Sheep Dog, S. 288

BEARDED COLLIE

HERKUNFT, GESCHICHTE, AUFGABEN

Will man den Bearded Collie beschreiben, kommt man nicht umhin, auf die schon seit Jahrzehnten bestehende Diskussion einzugehen, ob der Bearded Collie wirklich ein Collie ist. Entstanden dürfte er aus dem zotthaarigen Typ Schäferhund sein, der auch der Urvater vom Old English Sheepdog in den schottischen Highlands war. Ob die Annahmen stimmen, dass die schottischen Schäfer im 15. Jahrhundert polnische Schäferhunde mit eingekreuzt haben, kann nicht belegt werden. Fakt ist jedoch, dass der Bearded Collie für komplexe Hüteaufgaben verwendet und lange Zeit auf Leistungsfähigkeit gezüchtet wurde. Erst im letzten Viertel des 20. Jahrhunderts erreichte er große Popularität und wurde von der FCI als eigenständige Rasse anerkannt.

MORPHOLOGIE

Größe und Gewicht Die Schulterhöhe sollte bei Rüden 53 bis 56 cm erreichen und bei Hündinnen 51 bis 53 cm, das Gewicht liegt zwischen 18 und 27 kg.

Farben und Fell Das lange Fell ist sehr pflegeintensiv und kommt in allen Farbschattierungen vor, von grau, braun, schwarz, blau und sandfarben. Bearded Collies leben sehr lange. Adams et al. (2010) beschreibt eine mediane Lebensdauer von 13,5 Jahren.

EIGENSCHAFTEN

Der Bearded Collie ist ein ausgesprochen lebhafter und aktiver Hund, der sehr gern Bewegung im Freien schätzt. Sein langes Fell macht seinem Halter mitunter damit keine große Freude, da es viel Schmutz ins Haus bringen kann. Alle Arten von Beschäftigung sind für den Bearded Collie ein

Bewegung im Freien ist für den Bearded Collie die größte Freude; die Fellpflege danach für den Halter manchmal ein wenig aufwändiger.

Vergnügen, die er mit großem Eifer auch bis ins hohe Alter hinein erfüllt. Er ist wachsam, kann aber mit allen Menschen und Tieren sozial verträglich sein. Der Bearded Collie ist ein Hund, der sich auch in einer lebhaften Familie wohlfühlt, er kann jedoch zur Bellfreudigkeit neigen, wenn seine Erregungslage zu hoch ist.

RASSETYPISCHE ERKRANKUNGEN

Diese Hunderasse wird als gesund beschrieben.

TRAINING

Gerade durch das dichte und lange Fell fällt es Hundehaltern schwer, den eigenen Hund zu lesen. Doch gerade, wenn es um Erziehung und Training geht, ist das „Lesen des eigenen Hundes" sehr wichtig. Ein Verhalten, das die Hunde aus menschlicher Sicht richtig zeigen, gehört belohnt und verstärkt, sodass sich „Fehlverhalten" im besten Fall gar nicht entwickeln kann. Andere Hunde haben wegen der Behaarung oft Verständigungsprobleme. Bei Aufzucht und Sozialisation sollten viele verschiedene Menschentypen positiv erlernt werden. Dann haben auch diese Hunde weniger Probleme mit z. B. großen Menschen, die bedrohlich wirken. Uunsichere und sensible Hunde empfinden häufig Situationen als Bedrohungen, die grundsätzlich nicht gefährlich sind. So kann ihre Individualdistanz diesbezüglich erhöht sein.
Diese Hunde lernen gern und eignen sich für eine Vielzahl an Hundesport, am liebsten im freien mit Bewegung verbunden. So sind „schnelle" Sportarten für diese Hunde meist eine große Freude. Sie sind gut mit Laufen, Leckerlis, und Beutemotivation zu belohnen. Auch finden sie die Kreisbewegungen des Hüteverhaltens, z.B. bei Treibball, toll und das Laufen aus dem Jagdverhalten zählt u. a. auch zu den selbstbelohnenden Verhaltensweisen von Hunden. Gerade bei solchen aktiven Formen der Belohnung, muss auf vorher gut gefestigtes Ruhemanagement geachtet werden. Ein Augenmerk sollte man auch auf das Bellverhalten legen und die Hunde für ruhiges Verhalten belohnen, um das Bellen nicht weiter zu verstärken. Lauinger (2012) stellte fest, dass geräuschempfindliche Bearded Collies mit Bellen reagierten und zeigte einen Zusammenhang zwischen Geräuschempfindlichkeit und niedrigen Schilddrüsenwerten sowie hohen Cholesterolwerten. Eine Verbesserung des Zustandes des Hundes konnte durch den Einsatz von Thyroxin erreicht werden. Weitere Untersuchungen auf diesem Gebiet müssen jedoch folgen. Wegen ihres einfühlsamen Wesens, bedarf es eines erfahrenen Hundehalters, mit viel Verständnis und Sinn für Erziehung und Training. Ersthundehalter könnten mit diesen Hunden, die meist sehr schnell lernen, leicht überfordert sein.
Turcsán et al. (2011) und Turcsán (2014) beschreiben den Bearded Collie als sehr gelassenen, sehr geselligen (auf andere Hunde bezogen), mittel trainierbaren und mittelmäßig extravertierten Hund.

Durch das lange Fell im Kopfbereich, ist es für den Halter oft schwierig, die Mimik seines Hundes zu lesen.

Der Old English Sheepdog ist besser bekannt unter dem Namen Bobtail und galt in den 70er-Jahren des 20. Jahrhunderts als eine der beliebtesten Hunderassen.

OLD ENGLISH SHEEPDOG (BOBTAIL)

HERKUNFT, GESCHICHTE, AUFGABEN

Der Old English Sheepdog dürfte aus einem ursprünglich aus Schottland stammenden Schäferhund hervorgegangen sein. Er war zur damaligen Zeit weniger bekannt als der Collie und wurde für das Treiben der Schafherden durch enge Straßen und Täler benutzt, wo er die Schafe geschickt auf engem Raum treibt und teilweise aus Platzmangel über ihre Rücken springt. Es dürfte sie auch schon zu dieser Zeit ohne Rute gegeben haben, obwohl man bereits seit dem Mittelalter durchaus Ruten bei Welpen kupierte und daher nicht davon ausgehen kann, dass diese Stummelschwänzigkeit bereits angeboren war. Wahrscheinlich war dieser zotthaarige Typ Schäferhund der Urvater von Bearded Collie und Old English Sheepdog. Um 1900 konnte man den aus England stammenden Schäferhund von dem aus dem schottischen Grenzland stammenden nur anhand der fehlenden Rute unterscheiden. Die Geschichte des Old English Sheepdog beginnt um 1870, als sich engagierte Liebhaber um die Reinzucht bemühten. Die ursprünglichen Züchter waren Farmer, bei denen Leistung und Gebräuchlichkeit zählte, außerdem wurden kleine Hunde bevorzugt, da diese weniger Futter benötigten. Als 1885 der erste Standard für den Old English Sheepdog veröffentlicht wurde, rückten Größe und schönes Aussehen in den Fokus der Zucht. Anfang des 20. Jahrhunderts fand der Old English Sheepdog auch seinen Weg nach Amerika, wo er schnell eine große Liebhaberschaft fand. Den größten „Boom" erlebte die Rasse jedoch erst in den 70er Jahren des 20. Jahrhunderts, wo fast 3 000 Tiere beim Kennel Club registriert wurden.

MORPHOLOGIE

Größe und Gewicht Die Schulterhöhe sollte bei Rüden 61 cm erreichen, bei Hündinnen 56 cm. Das Gewicht liegt bei 25 bis 30 kg.
Farben und Fell Es gibt ihn in jeder Schattierung von grau bis blau mit weißen Abzeichen. Das dichte lange Fell ist zottelig und benötigt ständig intensive Pflege. Adams et al. (2010) beschreibt eine mediane Lebensdauer von 10,75 Jahren. Angeborene Stummelschwänzigkeit kann vorkommen.

EIGENSCHAFTEN

Der Old English Sheepdog ist ein lebhafter und schlauer Hund, der Bewegung im Freien liebt. Er bindet sich an seine Menschen und wird nicht gern zurückgelassen. Er muss schon als Welpe lernen, dass es sich lohnt, mit dem Menschen zusammenzuarbeiten, um weniger selbstständige Entscheidungen zu treffen. Seine Wachsamkeit und Territorialität können ohne einfühlsame Erziehung zu Problemen führen. Er ist aufmerksam und unternehmungslustig und freut sich über alle Arten der Beschäftigung. Turcsán et al. (2011) und Turcsán (2014) beschreiben ihn als sehr gelassen, sehr gesellig (auf andere Hunde bezogen), mittel trainierbar und mittelmäßig extravertiert.

RASSETYPISCHE KRANKHEITEN

Der Old English Sheepdog sollte grundsätzlich gesund sein. Es gibt jedoch einige Erbkrankheiten, die auftreten können wie MDR1-Defekt (Gramer et al., 2011) oder Augen- oder Ohrenerkrankungen, wie z. B. Katarakt (Koch, 1972; Gelatt und MacKay, 2005). Auch kann es durch die Zucht bei einseitiger Orientierung auf Äußerlichkeiten dazu kommen, dass extrem langes und üppiges Fell auftritt, das zu Hautproblemen und Problemen der Thermoregulation führen kann.

Training – siehe Bearded Collie, S. 303

Der Bobtail ist ein intelligenter und freundlicher Hund, der sich stark an seine Menschen bindet.

BORDER COLLIE

HERKUNFT, GESCHICHTE, AUFGABEN

Der Border Collie hat seinen Namen von seinem Ursprungsland, dem Grenzland zwischen England und Schottland, dem Border Country. Dieser Schafe treibende Hund hat sich außergewöhnlich einheitlich entwickelt, obwohl er sich in diesem weiten, nur spärlich besiedelten Gebiet über Jahrhunderte durch die reine Selektion nach Leistung und Gebrauchstüchtigkeit geformt hat. Obwohl der Border Collie erst 1976 von der FCI als eigenständige Rasse anerkannt wurde, hatten diese Hunde schon Jahrzehnte davor das gleiche Aussehen. Noch heute gibt es keinen festgelegten Rassestandard, da die International Sheep Dog Association die Sorge hat, dass den Border Collie dadurch schnell das gleiche Schicksal ereilt, wie viele Rassen davor: dass nicht mehr die Leistungsfähigkeit zählt, sondern äußere Merkmale. Um den besten Border Collie zu küren, geht man in England daher noch heute nicht zu Hundeausstellungen, sondern auf „Sheepdog Trials". Auf diesen „Trials" müssen die Hunde eine Schafherde in einer gewissen Zeit durch einen Parcour mit diversen Hindernissen treiben. Hilfe bekommt der Border Collie ausschließlich durch Pfeifsignale seines Besitzers, der am Ausgangspunkt steht. Nur die besten Border Collies aus diesen Trial-Wettbewerben werden zur Weiterzucht verwendet. Inzwischen passiert aber gerade das, was die International Sheep Dog Association befürchtet hat, der Border Collie wird durch die hohe Beliebtheit immer mehr zum Begleithund, egal ob er dazu wirklich geeignet ist. Die Zukunft wird weisen, wohin die Zucht geht.

Der Border erfreut sich im Augenblick einer großen Beliebtheit.

MORPHOLOGIE

Größe und Gewicht Ein Rüde sollte eine Schulterhöhe von 53 cm erreichen, Hündinnen etwas weniger. Das Gewicht bewegt sich zwischen 14 und 20 kg.

Farben und Fell Das lange Fell ist pflegeleicht und kommt vorwiegend in schwarzweiß vor, erlaubt sind jedoch alle Farben z. B. tricolor schwarz-weiß-braun. Border Collies können nach medianen Schätzungen 13 Jahre (Michell, 1999).

EIGENSCHAFTEN

Der Border Collie ist ein intelligenter und aufmerksamer Hund, der gern arbeitet. Ohne die für ihn ursprünglich angedachte Arbeit, dem Hüten von Schafen, muss man als Hundehalter andere sinnvolle Beschäftigungen für diesen Arbeitshund finden. Hundesportliche Aktivitäten müssen mit Bedacht eingesetzt werden, da der sensible Border Collie bei falschem Training in eine zu hohe Erregungslage kommen und sehr starkes Bellverhalten zeigen kann. Er braucht einen einfühlsamen und erfahrenen Hundehalter, der diesem übereifrigen Hund gerecht wird und das richtige Maß zwischen Ruhe und Aktivität findet.

Der Border Collie ist ein intelligenter und lebhafter Hund, der viel beschäftigt sein will, jedoch sinnvoll.

RASSETYPISCHE ERKRANKUNGEN

Durch die starke Verbreitung dieser Rasse, gibt es doch einige verbreitete Erbkrankheiten. So führen z. B. die Augenkrankheiten CEA (Bedford, 1982) oder Glaukome teilweise zur Erblindung der Hunde. Eine Goniodysgenesie, die zu einem Glaukom führen kann, wird laut Pugh et al. (2019) autosomal rezessiv vererbt. Foster et al. (1986) zeigt, dass sich ein Glaukom auch durch die primäre Linsenluxation bilden kann. Auch wird immer wieder von einer erblich bedingten Epilepsie bei dieser Hunderasse gesprochen. Die Epilepsie bricht oftmals im jugendlichen Alter aus (Arrol et al., 2012). Studien von Hülsmeyer et al. (2010) zeigten, dass die Epilepsie mit einem häufig schweren klinischen Verlauf sowie einer Medikamentenresistenz auftrat (Alves et al., 2011). Des Weiteren konnten Hülsmeyer et al. (2010) mittels Stammbaumanalysen einen starken genetisch bedingten Effekt beim Auftreten von Epilepsie zeigen, der einer autosomal rezessiven Vererbung ähnelt.

Platt et al. (2006) fanden zudem heraus, dass es bei Border Collies einen Zusammenhang zwischen angeborener sensorineuraler Taubheit (Congenital sensorineural deafness, CSD) und den mit dem Merle-Gen verbundenen Pigmentierungsmustern gibt. Um die Prävalenz dieser Krankheit zu reduzieren, muss bei der Zucht auf getestete und normale Elterntiere selektiert werden. Merle mit Merle zu kreuzen, ist Qualzucht!

Ist er nicht richtig ausgelastet oder falsch trainiert, kann er durchaus auch weniger angenehme Verhaltensweisen zeigen.

TRAINING

Border Collies arbeiten sehr gern und das auch täglich. Die Rasse hat eine hohe Leistungsfähigkeit, ist intelligent und ihre Lernbereitschaft ist ausgesprochen gut. Es ist ein anspruchsvoller Hund für erfahrene Hundehalter (Lambrich, 2007). Durch das ausgeprägte „will-to-please“, der Führigkeit dieser Hunde und der hohen Kooperationsbereitschaft mit dem Menschen, kann es zu sensiblen und unsicheren Hunden kommen. Leider zeigen auch manche Hunde eine hohe Nervosität und schnelle Frustration. Riemer et al. (2016) stellten fest, dass Furcht, Aggressivität gegenüber Menschen, Reaktionsfähigkeit auf Training und Aggressivität gegenüber Tieren mit dem Alter von Border Collies zunahmen, während die Aktivität/Erregbarkeit sich im Laufe der Zeit nicht signifikant änderte.

Border Collies arbeiten sehr gern und haben eine geringe Wiederholungsrate (ca. 2 bis 4x) auf ein Trainingskriterium. Meist kann die Belohnungsrate relativ schnell ausgedehnt werden. Ablenkungen im Training müssen Stück für Stück eingebaut werden. Ihre hohe Grundmotivation ist im Training sehr nützlich. Sie lassen sich dadurch leicht mit „fast allem“ belohnen. Auch Turcsán et al. (2011) und Turcsán (2014) beschreiben den Border Collie als einen sehr gut trainierbaren Hund. Durch den schon im Basiswert höheren Dopaminspiegel im Gehirn ergibt sich aber Segen und Fluch: Der unermüdlichen Workaholic-Mentalität folgt eben oft die Sucht. Freies Formen klappt bei diesen Hunden gut. Es muss aber eine gute Balance und Unterscheidung zwischen Arbeit und Ruhe gefunden werden, da es sonst schnell zu Hyperaktivität des Hundes kommen kann. Ihr Hüteverhalten zeigen sie sehr ausgeprägt mit Anschleichen und Erstarren. Seltener „Packen“ wie schon beim Treibhund erwähnt. Hier muss man sich immer bewusst sein, dass dieses Verhalten aus dem Jagdverhalten selektiert ist. Jagdverhalten unterliegt durch die Adrenalin- und Endorphinausschüttung weniger der Ermüdung. Daher muss man sehr genau darauf achten, dass diese Hunde nicht überfordert werden, weil sie es von sich aus nicht anbieten oder zeigen würden. Da sie körperlich sehr koordiniert und geschickt sein können, eignen sie sich für viele Hundesportarten. Häufig sieht man sie bei Agility oder auch bei Gehorsamssportarten wie Obedience. Auch stöbern sie gern, so können sie gut fürs Suchen nach Gegenständen eingesetzt werden. Sofern diese Hunde täglich beschäftigt werden und eine gute Aufzucht, Sozialisierung und Grunderziehung genossen haben, können sie auch gute Familien- oder Stadthunde sein. Doch laut Chapagain et al. (2017) ist eine tägliche Beschäftigung und Training wichtig. Ältere Hunde zeigen einen Rückgang der Auffassungsgabe und der anhaltenden Aufmerksamkeit. Jedoch kann ein lebenslanges Training den Erhalt der kognitiven Fähigkeiten fördern.

Turcsán et al. (2011) und Turcsán (2014) beschreiben den Border Collie als mittelmäßig gelassenen, wenig geselligen (auf andere Hunde bezogen) und sehr extravertierten Hund.

PEMBROKE WELSH CORGI

HERKUNFT, GESCHICHTE, AUFGABEN

Bereits bei den ursprünglichen Lancashire Heeler gab es immer wieder Würfe, bei denen einzelne Hunde Stummelschwänze hatten. Als 1928 alle Corgis gemeinsam unter dem Begriff „Welsh Corgis“ als Rasse anerkannt wurden, waren die genauen Unterschiede zwischen den beiden Erscheinungsformen noch nicht festgelegt, es gab eben eine stummelschwänzige Variante und eine mit einer langen Rute. Beide Formen wurden bis zum Verbot 1934 noch häufig miteinander gekreuzt. Keine unvernünftige Entscheidung, ist doch eine angeborene Stummelrute oftmals mit einem Letalfaktor gekoppelt. Ist bei einem Welpen die Stummelschwänzigkeit genetisch doppelt (homozygot) veranlagt, ist er selten überlebensfähig. Nach der Trennung wurde die stummelschwänzige Variante zum Pembroke Welsh Corgi. Berühmtheit erlangte der Pembroke Welsh Corgi durch Königin Elisabeth II von England, sie bekam von ihrem Vater einen Corgi mit dem Namen „Dookie“ geschenkt. Die königliche Familie war von diesem Hund so begeistert, dass sie sich noch einen weiteren dazunahmen, die Hündin „Jane“. Beide Pembroke Welsh Corgis wurden häufig mit der königlichen Familie fotografiert und die Beliebtheit der Rasse stieg rasant an.

MORPHOLOGIE

Größe und Gewicht Der Pembroke erreicht eine Schulterhöhe von 25 bis 30 cm und ein Gewicht von 10 bis 12 kg.

Farben und Fell Das dichte Fell kommt in rot, zobel, rehfarben und schwarz vor. Weiße Abzeichen können an Kopf, Brust oder Pfoten auftreten. Die mediane Lebensdauer liegt bei 12,21 Jahren (Adams et al., 2010).

EIGENSCHAFTEN

Der Pembroke Welsh Corgi ist ein temperamentvoller und unternehmungslustiger Hund, der viel Bewegung braucht. Sein selbstbewusstes Wesen macht ihn für Hundeanfänger weniger geeignet. Er braucht eine einfühlsame und klare Erziehung, um gern mit den Menschen zusammenzuarbeiten. Sein freundliches Wesen zeigt er sowohl im Umgang mit Menschen als auch mit Artgenossen. Trotz der kurzen Beine benötigt der Pembroke körperliche und geistige Beschäftigung, hat er die nicht, beschäftigt er sich gern selbst.

Training – siehe Cardigan Welsh Corgi, S. 311

Eine kleine, liebenswerte Hunderasse.

CARDIGAN WELSH CORGI

HERKUNFT, GESCHICHTE, AUFGABEN

Ein kleiner Bauernhund mit Steh- oder Hängeohren in der Grafschaft Lancashire, genannt „Heeler", dürfte einen wesentlichen Anteil an der Abstammung des Corgis gehabt haben. Die Lancashire Heeler waren Hunde, die die Herden getrieben haben und einzelne ausbrechende Tiere an der Fessel zwickten, um sie wieder in die Herde zurückzutreiben. Dabei wichen sie geschickt den Hufen aus. Sie erfüllten jedoch nicht nur die Aufgabe als Hüte -und Treibhund, sondern auch die des Hofwächters. Heeler und Corgi dürften daher mit ziemlicher Sicherheit gemeinsame Vorfahren gehabt haben. Der Name Corgi ist wahrscheinlich eine Kombination aus „cor" = Zwerg und „gi" = Hund, im Südwalisischen bedeutet das Wort „Corgi" auch „Schelm". Der Corgi entwickelte sich zum unermüdlichen Treibhund und weniger zum Hütehund. 1928 wurde die Rasse in den English Kennel Club aufgenommen, vorerst wurden Cardigan Welsh Corgi und Pembroke Welsh Corgi gemeinsam unter dem Begriff „Welsh Corgis" ausgestellt. Um die Unterschiede zwischen den beiden Erscheinungsformen festzulegen, wurden Fachleute des Kennel Clubs engagiert und ab 1934 war es verboten, die beiden Formen untereinander zu kreuzen. Der Cardigan Welsh Corgi unterscheidet sich vom Welsh Corgi durch die lange Fuchsrute.

Der Cardigan unterscheidet sich vom Pembroke durch seine schöne lange Fuchsrute.

MORPHOLOGIE

Größe und Gewicht Er sollte bei beiden Geschlechtern auf eine Schulterhöhe von 30 cm kommen. Das Gewicht liegt bei 11 bis 13 kg.
Farben und Fell Im Gegensatz zum Pembroke Welsh Corgi kommt der Cardigan Welsh Corgi in allen Farben vor. Zu beachten ist jedoch, dass die sehr beliebte Blue-Merle-Färbung bei einer doppelten (Homozygotie) genetischen Anlage zu schweren Augen- und Gehörschäden führen kann. Das dichte Stockhaar haart stark, ist aber pflegeleicht. Adams et al. (2010) beschreibt eine mediane Lebensdauer von 12,17 Jahren.

EIGENSCHAFTEN

Der Cardigan Welsh Corgi ist ein unternehmungslustiger und robuster Hund, der gern lange Spaziergänge unternimmt. Durch seine kurzen Beine ist er für hundesportliche Aktivitäten nur bedingt geeignet, ist aber mit Begeisterung dabei, wenn man ihn geistig beschäftigt. Wegen seiner eigenständigen Persönlichkeit, sollte man ihn früh davon überzeugen, dass es sich lohnt, mit den Menschen zusammenzuarbeiten. Er ist freundlich gegenüber Menschen und anderen Hunden, jedoch teilweise territorial veranlagt und durchaus auch verteidigungsbereit. Und er ist eben kein Schoßhund.

Im Südwalisischen bedeutet das Wort „Corgi“ auch „Schelm“, was sehr gut zu diesem unternehmungslustigen Hund passt.

RASSETYPISCHE ERKRANKUNGEN

Gerade im Hinblick auf die Merle-Farbe, muss man die gesundheitlichen Problematiken mit berücksichtigen. So steht dieser Farbtyp im Zusammenhang mit einer Vielzahl von Anomalien im Seh- und Hörsystem (Clark et al., 2006). Auch muss man darauf achten, einen Hund aus einer guten Zucht zu nehmen, in der die Beine nicht zu kurz gezüchtet werden und auf Hüftgelenksdysplasie (HD) ein Augenmerk gelegt wird. Außerdem hat der Cardigan Welsh Corgi eine autosomal rezessiv vererbte Progressive Netzhautatrophie (PRA) (Keep, 1972; Petersen-Jones et al., 1999; Petersen-Jones und Entz, 2002).

TRAINING

Als ursprünglichen Arbeitshund (Hütehund) sieht man ihn heute selten. Corgis sind sehr dem Menschen zugewandt und lassen sich gern für Training motivieren. Ihre Erziehung ist einfach, sofern man weiß, was sein Hund als Belohnung empfindet. Sie können ein eigenständiges Wesen haben, was manche Hundehalter als „unfolgsam“ bezeichnen. Dies ist aber keinesfalls so, eher gibt es hier Umweltverstärker, warum der Hund das Verhalten zeigt. Das Verhalten eines Hundes lohnt sich meist für ihn. Daher wird er immer gern mit den Menschen zusammenarbeiten, wenn es aus Hundesicht Sinn macht (es sich für ihn lohnt). Trotz seiner kleinen Größe liebt er Bewegung und ist bei aktiven Hundehaltern gut aufgehoben, sofern es nicht um Leistungsdruck im Hundesport geht.

Gut erzogen und sozialisiert, ist er ein netter Begleiter, sofern die Aufzucht gut war und die Lebensbedingungen passen. In der Stadt muss man ihm schon gute Beschäftigungsmöglichkeiten bieten. Er ist kein Hund für ruhige und gemütliche Menschen.

Hohe Wiederholungen von gleichen Abläufen langweilen ihn meist und hier sieht man dann sehr schnell, dass er lieber anderen Dingen nachgeht. Setzt man im Training auf kurze, interessante Trainingseinheiten, so lässt sich auch der Corgi gut trainieren und mit ihm komplexe Übungen aufbauen.

Die Haltung eines Australian Shepherds ist nicht ganz einfach und verlangt einen erfahrenen Halter.

AUSTRALIAN SHEPHERD

HERKUNFT, GESCHICHTE, AUFGABEN

Die meisten Auswanderer, die von Europa nach Australien gingen, fanden Arbeit als oder bei Schafzüchtern. Mitgenommen wurden natürlich auch die treuen Collies, die sich in Australien mit den Dingos paarten. Aus diesen Mischungen entwickelten sich tüchtige Hütehunde. Anfang des 20. Jahrhunderts führten Amerikaner erstklassige australische Schafe ein, dabei wurden sie auch auf die Collie-Dingo-Mischlinge aufmerksam. Sie bestachen durch unermüdliche, gute Leistungen und die amerikanischen Viehbesitzer kreuzten gern ihre Schäferhunde mit den „Aussies" (Kurzname für Australier). Zu Beginn waren diese Australian Shepherds eine bunte Vielfalt, erst ab 1945 erreichten sie eine gewisse Ähnlichkeit. Dazu beigetragen hat ein Rodeoreiter, der mit seinem „Aussie" als Unterhaltungskünstler auftrat. Er erreichte einen gewissen Grad an Berühmtheit und züchtete auch mit seinen Hunden. Er scheute aber auch nicht davor zurück, seinen Rüden mit den Hündinnen der begeisterten Schafzüchter zu paaren. Die Aussies wurden einander immer ähnlicher und die amerikanische Bevölkerung immer begeisterter. Es wurde die erste International Australian Shepherd Association gegründet und 1976 der erste Rassestandard veröffentlicht. Lange Zeit scheuten die Amerikaner davor zurück, den Australian Shepherd als eigene Rasse eintragen zu lassen, da sie befürchteten, es würde ihn dann das gleiche Schicksal wie viele andere Rassen ereilen, und es würde mehr auf Schönheit gezüchtet. 1996 erfolgte schließlich die Anerkennung durch die FCI.

MORPHOLOGIE

Größe und Gewicht Die Schulterhöhe beträgtbei Rüden 51 bis 58 cm, bei Hündinnen 46 bis 53 cm. Das Gewicht liegt zwischen 16 und 32 kg.

Farben und Fell Das pflegeleichte lange Fell kommt in den Farben blue-merle, red-merle, schwarz und rot vor, mit oder ohne weiße Abzeichen. Australian Shepherds können nach medianen Schätzungen 9 Jahre alt werden (Adams et al., 2010).

EIGENSCHAFTEN

Der Australian Shepherd ist ein intelligenter und aktiver Hund, der ohne Beschäftigung nicht auskommt. Er ist daher für seinen Halter kein anspruchsloser Hund, sondern fordert von ihm Engagement und Einfallsreichtum. Er ist anhänglich und folgsam, wenn er eine sinnvolle Aufgabe hat. Nicht zu unterschätzen ist seine Territorialität und Bereitschaft, seinen Besitz auch zu verteidigen. Befindet er sich nicht gerade im „Wachmodus", ist er ein aufgeschlossener Hund, sowohl Menschen als auch anderen Hunden gegenüber. Immer beliebter wird er bei Westernreitern als Begleithund, da er sich bei Ausritten nicht weit von Pferd und Reiter entfernt und aufmerksam und ausdauernd überall hin mitgeht. Turcsán et al. (2011) und Turcsán (2014) beschreiben den Australian Shepherd als mittelmäßig gelassenen, wenig geselligen (auf andere Hunde bezogen), sehr gut trainierbaren und extravertierten Hund.

RASSETYPISCHE ERKRANKUNGEN

Gerade im Hinblick auf die Merle-Farbe muss man hier die gesundheitlichen Problematiken mit berücksichtigen. Leider gibt es auch häufige Erkrankungen, betreffend des Bewegungsapparates wie HD, ED (Oberbauer et al., 2017), OCD. Verschiedene Formen von Augenerkrankungen werden beschrieben, wie Hyaloidablagerungen (PHR) und die Collie-Augenanomalie (CEA) (Munyard et al., 2007). Schwieriger sind die Autoimmunerkrankungen und neurologische Erkrankungen wie Epilepsie (Weissl et al., 2012). Ein MDR1-Defekt kann mit einer Allelhäufigkeit von 22 % auftreten (Geyer et al., 2005; Gramer et al., 2011).

TRAINING

Diese Arbeitshunde zeigen ein ausgesprochen detailliertes Treibhundeverhalten. So ist es ganz normal, dass sie bei ihrer Arbeit auch die Fessel der Tiere „packen". Deshalb ist es umso wichtiger, dass sie eine gute Aufzucht, Sozialisation und Erziehung haben. Es sollte keinesfalls der „Fehler" entstehen, dass diese Hunde Menschen zu Treiben beginnen. Aufgrund ihrer Arbeitsvergangenheit haben sie durchaus ein sehr aktives und auch durchaus reaktionsfreudiges Wesen. Sie sind weder die perfekten, problemlosen Familienhunde, noch für Hundeanfänger geeignet. Natürlich kann mit Erziehung und Training vieles gelingen, jedoch muss man hier die rassetypischen Verhaltensweisen berücksichtigen und sich dessen bewusst sein, dass nicht alles trainierbar ist. Die Erziehung bedarf Sachverstand, Erfahrung und Geduld.

Diese Hunde eignen sich weniger für freies Formen. Oftmals muss eine gute Frustrationstoleranz erst erlernt, trainiert werden. Mangelnde Beschäftigung oder fehlerhaftes Training kann relativ rasch zu „Fehlverhalten", z. B. aggressivem Verhalten, führen. Aussies können sehr bewegungsintensiv sein, sodass eine Belohnung über Aktivität meist gut möglich ist. Hundesport wie Agility, Treibball, Flyball haben sie meist gern, sofern man über die erhöhten Erregungslagen in diesen Sportarten Bescheid weiß und dies mit Ruhephasen in einem Rahmen halten kann.

Sie sind gut mit Futter, Beutereiz, Laufen mit dem Menschen und dem Ersatz-Jagdverhalten belohnbar. Vorsicht betreffend ausreichend Ruhe und Schlaf: Vielen Hunden muss der Unterschied zwischen Aktivität und Ruhe erst erlernt werden. Ein Augenmerk sollte auf ruhiges und leises Verhalten gelegt werden, da diese Hunde dazu neigen, viel zu bellen. Wie bei allen Workaholic-Rassen, ist das Erlernen von Ruhe und Geduld im ersten Lebensjahr entscheidend.

AUSTRALIAN KELPIE

HERKUNFT, GESCHICHTE, AUFGABEN

Der Kelpie stammt von den alten schottischen Collies ab, die Einwanderer mitbrachten. Diese Hunde wurden den harten Lebensbedingungen vorzüglich angepaßt und in Folge wahrscheinlich auch mit anderen, nach Australien verbrachten englischen Hütehunden gekreuzt. Im Vordergrund steht seit fast 150 Jahren bei der Zucht der Kelpies die Leistung. Diese Hunde müssen Schwerstarbeit unter widrigsten Bedingungen leisten. Der wohl bekannteste Züchter von Kelpies ist Tim Austin aus dem australischen Victoria. Seiner Zuchtstätte „Elfinvale" entspringen über 2 000 Kelpies, von denen rund 10 % rund um die Welt verteilt wurden. Für die große Anpassungsfähigkeit des Kelpie spricht, dass sie sich auch an völlig konträre klimatische Bedingungen perfekt anpassen können. So hüteten zwei Kelpies auf einer schwedischen Farm 20 000 Rentiere und legten 56 km pro Tag zurück. Auf Tim Austins Farm brauchen die Kelpies 2,5 Stunden, um 500 Schafe in den Pferch zu treiben. Beachtliche Leistungen, die zeigen, dass diese Hunde für die australischen Farmer zur unverzichtbaren Hilfe geworden sind. Sie übernehmen immer mehr Arbeiten dort, wo Hilfskräfte durch die Flucht in die Städte immer weniger werden. Noch heute zählt bei der Kelpiezucht nur die Arbeitsleistung und es sind pro Jahr in Australien bis zu 80 000 Kelpies im Einsatz.

Der Australian Kelpie ist eine der leistungsstärksten Hunderassen, die den australischen Schafzüchtern eine unverzichtbare Hilfe geworden ist.

Unermüdlich arbeitet ein Kelpie, bis auch das letzte Schaf in den Pferch getrieben ist.

Laut Arnott et al. (2015) haben sich zwei divergierende Kelpie-Linien herauskristallisiert, einmal der Arbeitshund und einmal der Haushund. Aktive Arbeitshunde wurden in erster Linie nach Genloci gezüchtet, die die Schmerzwahrnehmung und die Bildung von Angstgedächtnis beeinflussen. Im Gegensatz dazu werden australische Kelpies häufig in städtischen Umgebungen gehalten, wo diese Merkmale nicht erforderlich sind und wo sie durch die Selektion auf Körperbau und Fellfarbe beeinflusst wurden.

MORPHOLOGIE

Größe und Gewicht Obwohl beim Kelpie die äußere Form weniger zählt, wird als Standard eine Schulterhöhe von 46 bis 51 cm angegeben und ein Gewicht von ca. 20 kg.
Farben und Fell Das kurze dichte Fell kann schwarz, schwarz-loh, rot, rot-loh, falb, schokoladenbraun und rauchblau sein.

EIGENSCHAFTEN

Der Kelpie ist ein eifriger, aktiver und tatkräftiger Hund. Er ist robust und vielseitig einsetzbar. Seine Selbstständigkeit und Intelligenz machen ihn zu dem perfekten Hund, um große Viehherden über größere Strecken zu treiben. Kelpies arbeiten mit dem Menschen gut zusammen, sind dabei aufmerksam, aber nicht immer gehorsam, wenn sie eine Aufgabe lieber eigenständig lösen. Westling (2014) beschreibt sie als unabhängige Denker. Er ist ständig in Bewegung, braucht eine Beschäftigung und ist weniger für Ersthundehalter geeignet.

RASSETYPISCHE KRANKHEITEN

Diese Hunderasse wird als sehr robust beschrieben.

Training – siehe Australian Shepherd, S. 313

Der Australian Cattle Dog war früher besser als „Blue Heeler" bekannt.

AUSTRALIAN CATTLE DOG

HERKUNFT, GESCHICHTE, AUFGABEN

Die in Australien teilweise riesengroßen Distanzen und großen Weideflächen verlangten einen schnellen und unermüdlichen Treibhund, der auch mit den schwierigen Witterungsverhältnissen zurechtkommt (Hampson et al., 2007). Da die Rinderherden oftmals bei ihren langen Weidestreifzügen verwilderten, war die ursprüngliche Treibmethode „frontal von vorne" ungünstig, auch laut bellende Hunde verursachten bei den Viehherden nur Panik und waren kontraproduktiv. Versuche mit den eingeführten Collies und den einheimischen wilden Dingos, führten zu den ersten guten Resultaten für einen von hinten treibenden stillen, aber umso eifrigeren Hund. Die Brüder Bagust erwarben Ende des 19. Jahrhunderts zwei Welpen der Dingo-Collie-Mischung und paarten diese mit einem Dalmatiner, um die Anhänglichkeit zum Menschen und zu Pferden zu erhöhen. Sie kreuzten noch die treibstarken Australian Kelpies mit ein und erhielten dadurch einen leistungsstarken Hund, der als Vorläufer des Australian Cattle Dog gilt. Weitere Einkreuzungen sind nicht bekannt. Diese Hunde waren zuerst unter der Bezeichnung „Blue Heeler" bekannt und wurden erst später umbenannt.

MORPHOLOGIE

Größe und Gewicht Die Schulterhöhe sollte beim Rüden 46 bis 51 cm erreichen und bei Hündinnen 43 bis 48 cm. Bei beiden Geschlechtern geht man von einem Gewicht von ca. 20 kg aus.

Farben und Fell Das pflegeleichte Fell haart stark und kommt in den Farben blau getüpfelt oder rot gesprenkelt, mit lohfarbenen Abzeichen vor.

EIGENSCHAFTEN

Der Australian Cattle Dog liebt es zu arbeiten. Er ist für alle Arten von Hundesport zu begeistern, Hauptsache Beschäftigung und Bewegung, und er ist sehr ausdauernd. Er ist ein selbstständig denkender Hund, der mit guter Erziehung folgt, wenn die Anweisung für ihn verständlich und klar ist. Konsequenz und Geduld sind in der Erziehung sehr wichtig. Ist man unklar oder nicht einfühlsam in der Zusammenarbeit mit ihm, kann es sein, dass er selbst entscheidet. Je nach Lernerfahrung, Aufzucht und Sozialisation kann es sein, dass er sich fremden Menschen gegenüber äußerst misstrauisch zeigt und andere Hunde weniger duldet. Er ist sehr aufmerksam und wachsam, daher muss man auch auf das Bellverhalten dieser Hunde achten.

RASSETYPISCHE KRANKHEITEN

Diese Hunderasse wird als gesund beschrieben. In Verbindung mit der Fellfarbe gibt es einige erblich bedingte Erkrankungen. So zählt hier u.a. eine erblich degenerative Nervenerkrankung und Canine Ceroid-Lipofuszinose* (Cho et al., 1986; Wood et al., 1987; Siks et al.,1990; Kolicheski et al., 2016). Bei letzterer wird laut Kolicheski et al. (2016) eine autosomal rezessive Vererbung vermutet. Des Weiteren gibt es Poliencephalomyelopathie** (Brenner et al., 1997), sowie sensorineurale Taubheit (Strain, 2004), welche laut Sommerlad et al. (2012) bei Hündinnen häufiger auftritt und autosomal rezessiv vererbt wird. Dass Taubheit mit Pigmentmustern in Verbindung steht, ahnte bereits Rawitz (1896).

* Ablagerung von Ceroid-Lipofuszin (Abbauprodukt der Zellen) in die Nervenzellen des Gehirn und der Netzhaut, die zum Zelltod der Nervenzellen führt.

** Umfasst Erkrankungen und Schädigungen des gesamten Gehirns, mit Beteiligung des Rückenmarks.

Training – siehe Australian Shepherd S. 313

Eigenständige Entscheidungen zu treffen, fällt dem Australian Cattle Dog nicht schwer.

AUS DER PRAXIS

WINDHUNDE: VERHALTEN UND TRAINING

Windhunde sind Jagdhunde, die auf die Hetzjagd von Niederwild spezialisiert sind (Jones, 2010). Sie entscheiden blitzschnell, ob sich ein Jagen auf die Beute auszahlt oder nicht. Auch können sie sich gemeinsam bei der Jagd mit Artgenossen abstimmen. Sie können das ganze komplexe Jagdverhalten zeigen, wobei sie auf Sichtjagd spezialisiert sind. Mit tiefer Nase z. B. eine Fährte zu verfolgen, ist nicht ihre große Leidenschaft.
Je nach Individuum, finden wir sensible und teilweise unsichere Hunde in den verschiedenen Windhunderassen. Sie sind in der Jagd sehr eigenständig und nicht darauf selektiert, mit dem Menschen gemeinsam zu jagen.

Sozialisation und Training

Auf gute Aufzucht und Sozialisierung ist zu achten, und dass diese Hunde früh verschiedene Umweltreize positiv kennenlernen. Schafft man es als Hundehalter, dass man diese passionierten Jäger mit der Jagdambition belohnt, so kann man einen wunderbaren Wegbegleiter für den Alltag erhalten. Auch ist es eine Trainingsfrage, wie gut die Grunderziehung klappt. Ein Freilauf mit Rückruf muss kein Traum bleiben. Diese Hunde können genauso einen guten Abruf erlernen. Die Frage, die sich häufig im Training stellt ist, wieviel „gegenteilige" Lernerfahrung der Hund schon in seinem Leben gemacht hat. Beginnt man nämlich frühzeitig damit und versucht, so wenig wie möglich „Fehler" zu ermöglichen, etwa durch Management und Führen an einer Schleppleine während des Trainingszeitraums, kann ein gut sitzender, verlässlicher Rückruf etabliert werden.

Verstärker richtig nutzen

Hierfür ist auch wichtig, dass der Hundehalter die „Verstärker" aus dem Jagdverhalten versteht und im Training für sich nutzen und einsetzen kann. Ein Rückruf, kombiniert mit Beutereiz beim Besitzer, kann z. B. mit der Jagdmotivation konkurrieren und klappt daher, sauber aufgebaut, sehr gut. Auch sind diese Hunde mit Laufen gut zu belohnen, wobei sie die Hetzjagd lieben und dies von uns Menschen z. B. mit einem Dummy am langen Gummiband simuliert werden kann. Wichtig ist hier der Kontext-

Windhunde sind großartige Jäger, …

bezug. So können Windhunde auch auf der Hunderennbahn beschäftigt werden, sofern man dieses Jagdverhalten nur auf der Hunderennbahn zulässt. Baut man dies nicht sehr gut auf, kann es dazu führen, dass Windhunde jede Jagdgelegenheit mit ihrer durch die Rennbahn erworbenen Jagderfahrung auch im Freilauf nutzen und nicht mehr abrufbar sind. Dies ist nicht nur für Wild gefährlich und stressend, sondern auch für den Hund und womöglich dem entfernten Straßenverkehr. Denn Windhunde haben sehr große Jagddistanzen und können je nach Rasse bis zu 70 km/h schnell laufen. Körperliche Beschäftigung mit dem Fahrrad oder beim Joggen, kann diese kurzen und schnellen Sprints nicht bieten. Genauso wichtig ist es, die Suchtgefahr zu kennen, die durch den gemeinsamen Einsatz von Dopamin und Endorphinen ähnliche Wirkungen wie der Läuferrausch („runners high") beim Menschen haben kann. Gerade Menschen aus Windhundnothilfevereinen berichten über solche, dem kalten Entzug menschlicher Suchtpatienten ähnelnde Erscheinungen regelmäßig.

Windhunde sind oftmals sehr anhänglich, sensibel, dabei aber zurückhaltend gegenüber fremden Menschen. Einige Windhundrassen neigen auch zu Bellverhalten, was man ebenfalls beachten sollte. Hier muss man viel Wert auf Belohnung für „leises" Verhalten legen, wenn man dies in geregelte Bahnen lenken möchte. Die Anschaffung eines Windhundes sollte, wie bei anderen Hunderassen auch, wohlüberlegt sein. Die Bedürfnisse dieser Hunde sind nicht immer leicht zu erfüllen.

... die blitzschnelle Entscheidungen treffen können und in ihrem Jagdverhalten unabhängig vom Menschen sind.

ENGLISH GREYHOUND

HERKUNFT, GESCHICHTE, AUFGABEN

Der Greyhound stammt vom keltischen „Vetragus“ ab, den die keltischen Stämme im 4. Jahrhundert v. Chr. als Jagd- und Hetzhund nach England brachten. Diese Hunde erfuhren im Laufe der Jahrhunderte immer eine hohe Wertschätzung als Jagdhund. Ein Windhund war im 13. Jahrhundert ein wertvoller Besitz, er wurde sogar als Zahlungsmittel von Monarchen und Adel benutzt. Die Entstehung einer einheitlichen Rasse beim Greyhound wurde mit der Gründung der „Swaffham Coursing Society“ erleichtert. Da die Engländer schon früh eine große Leidenschaft für Windhundrennen entwickelten, war es wichtig, nicht nur leistungsstarke Hunde zu züchten, sondern klare und feste Regeln zur Ausführung dieser Rennen zu etablieren. Trotz der hohen Beliebtheit von Windhunderennen, wurden erst 1888 die ersten Rassekennzeichen für den Greyhound aufgestellt. Der Standard von 1956 hat im Großen und Ganzen noch heute Gültigkeit. Ursprünglich wurden die Windhundrennen auf offenem Feld abgehalten, 1926 wurde die erste Rennbahn für Windhunde gebaut. Ende des 20. Jahrhunderts gab es ca. 150 Rennbahnen in England, die durch die „National Greyhound Racing Association“ kontrolliert werden. Der Greyhound kann innerhalb von 30 Metern eine volle Geschwindigkeit von 70 Stundenkilometern erreichen (Sharp, 2012).

Historisch gesehen hat der Greyhound seit seinem ersten Auftreten als Jagdtyp und -rasse in der westlichen Literatur, Heraldik und Kunst einen bestimmten Grad an Ruhm und Definition als elegantester oder edelster Begleiter und Jäger der Hundewelt genossen (Madden, 2010). Außerhalb der Rennindustrie und der Coursing-Gemeinschaft erfreut sich die Rasse immer noch einer bescheidenen Anhängerschaft als Ausstellungshund und Haustier. Obwohl er im Aussehen dem Saluki oder Sloughi ähnelt, zeigen DNA-Sequenzierungen, dass der Greyhound enger mit Hütehunden verwandt ist. Dies legt nahe, dass Greyhounds entweder Vorfahren oder Nachkommen von Hütehunden sind (Parker et al., 2004).

MORPHOLOGIE

Größe und Gewicht Die Schulterhöhe soll beim Rüden 71 bis 76 cm betragen und bei Hündinnen 68 bis 71 cm. Das Gewicht liegt zwischen 27 und 32 kg.

Farben und Fell Das kurze Fell kann in den Farben schwarz, weiß, rot, blau, rotgelb oder sand auftreten und sowohl gestromt als auch mit Abzeichen vorkommen. Greyhounds können nach medianen Schätzungen 9 Jahre alt werden (Adams et al., 2010).

EIGENSCHAFTEN

Der Greyhound ist ein freundlicher, anhänglicher Hund, der zu Hause ruhig und gelassen ist. Er bindet sich stark an seinen

Das große Bewegungsbedürfnis des English Greyhounds macht es manchen Haltern nicht leicht. Zu Hause sind diese Hunde jedoch sehr anhänglich und menschenbezogen.

Menschen und ist auch mit anderen Hunden sehr umgänglich. Anderen Menschen gegenüber ist er aufmerksam und aufgeschlossen. Energiegeladen und bewegungsfreudig ist der Greyhound, sobald er das Haus verlassen hat. Kein Jagdobjekt bleibt unentdeckt. Grundsätzlich ist er ein angenehmer Gefährte, aber sein außergewöhnliches Bewegungsbedürfnis ist von einem normalen Hundehalter schwer zu erfüllen. Greyhounds, wie alle Windhunde, jagen typischerweise kleine Tiere. Aufgrund ihrer Geräuschsensibilität (Blackwell et al., 2013) leben Greyhounds am glücklichsten in ruhigen Umgebungen. Sie haben im Allgemeinen ein eher sensibles Wesen und sind normalerweise zu Fremden genauso freundlich wie zu ihren eigenen Familien (Livinggood, 2000). Doch trotz des Jagdverhaltens und der Sensibilität sind Greyhounds beliebte Familienhunde (Elliott et al., 2010).

RASSETYPISCHE KRANKHEITEN

Von einigen Greyhounds ist bekannt, dass sie Ösophagus-Achalasie, Magendrehungen und Osteosarkome entwickeln (Blythe et al., 2007). Die durchschnittliche Lebenserwartung eines Greyhounds beträgt 10 bis 14 Jahre (O'Neill et al., 2013). Wie bei anderen Windhunderassen auch, weichen die Blutwerte eines gesunden Greyhounds deutlich von Nicht-rassespezifischen-Referenzwerten ab, auch die Gesamtprotein-, Globulin-, Kreatin- und T4 Thyroxin-Werte, welche zur Überprüfung der Leber-, Schilddrüsen- und Nierenfunktion ermittelt werden, sind abweichend (Zaldívar-López et al., 2011). Sind Tierärzte darüber nicht in Kenntnis, kann es zu Fehldiagnosen kommen. Bei Urinuntersuchungen zur Feststellung von Nierenerkrankungen gibt es jedoch keinen signifikanten Unterschied in den Referenzwerten (Bennett et al., 2006).

Ein ruhiges und anhängliches Wesen zeichnet den Whippet aus.

WHIPPET

HERKUNFT, GESCHICHTE, AUFGABEN

Der Whippet war der Hetzhund der armen Leute aus den nördlichen Grafschaften Englands. Welche Hunde diese Bergleute oder Eisenarbeiter dazu verwendet haben, um einen schnellen und kompromisslosen Läufer zu entwickeln, liegt im Dunkeln, da in dieser Bevölkerungsschicht keine Aufzeichnungen gemacht wurden. Sicher ist aber, dass bei der Entstehung des Whippets auch Terrier eine Rolle gespielt haben. Die ärmere Bevölkerung konnte sich keine teuren Jagden leisten, sondern veranstaltete sogenannte „Rabbit Coursings", die mit Hundekämpfen verglichen werden können. Kaninchen wurden in einer umzäunten Arena „freigelassen" und die Hunde hetzten hinterher. Da es kein Entkommen gab, endete jedes Coursing tödlich für das Kaninchen. 1911 wurde das „Rabbit Coursing" gesetzlich verboten und stattdessen etablierten sich die Geradeausrennen. Damit veränderten sich auch die Anforderungen an den Whippet. Nun musste er das Kaninchen nicht mehr schnellstmöglich fangen und packen, sondern nur noch schnell geradeaus laufen. Die Terriereigenschaften traten damit in der Zucht mehr und mehr zurück. Im Jahr 1890 wurde der Whippet durch den English Kennel Club als eigene Rasse anerkannt.

MORPHOLOGIE

Größe und Gewicht Die Schulterhöhe beträgt bei Rüden 47 bis 51 cm, bei Hündinnen 44 bis 47 cm. Das Gewicht liegt zwischen 9 und 12 kg.

Farben Es gibt sie in allen Fellfarben. Whippets können nach medianen Schätzungen 12,79 Jahre alt werden (Adams et al., 2010).

EIGENSCHAFTEN

Der Whippet ist ein ruhiger und zu Hause ausgesprochen anhänglicher Hund, der eine enge Beziehung zu seinen Bezugspersonen eingeht. Individuell sehr unterschiedlich, ist die Jagdleidenschaft ausgeprägt. Es gibt durchaus Hunde, die sehr gut in den Freilauf gelassen werden können. So ruhig und angepasst der Whippet zu Hause ist, umso temperamentvoller ist er auf Spaziergängen. Er liebt Bewegung, bleibt aber immer in Kontakt zu seinem Menschen. Er eignet sich hervorragen auch für Hundeanfänger und als Wohnungshund, sofern man seine Bedürfnisse erfüllen kann. Turcsán et al. (2011) und Turcsán (2014) beschreiben ihn als einen sehr gelassenen, sehr geselligen (auf andere Hunde bezogen), mittel trainierbaren und mittelmäßig extravertierten Hund.

RASSETYPISCHE KRANKHEITEN

Beim Whippet wird der Gendefekt (Bully-Whippet-Gen), der einen einfach autosomal rezessiven Vererbungsmodus hat, beschrieben, bei dem das Muskelwachstum sehr übertrieben stark ausgeprägt ist (Mosher et al., 2007).

Ursprünglich waren im Whippet viele Terriereigenschaften zu finden, die jedoch mit dem veränderten Verwendungszweck durch die verstärkten Windhundmerkmale abgelöst wurden.

SCOTTISH DEERHOUND

HERKUNFT, GESCHICHTE, AUFGABEN

Der Scottish Deerhound und der Irish Wolfhound sind eng miteinander verwandt. Aufgrund der gemeinsamen Geschichte von Irland und Schottland darf angenommen werden, dass sie gemeinsame Vorfahren haben. Die mit den Kelten ins Land eingewanderten Urahnen des Scottish Deerhound dürften sich in den schottischen Highlands entwickelt haben. Ab Mitte des 16. Jahrhunderts gibt es schriftliche Überlieferungen, dass in Schottland große Hunde zur Hirschjagd verwendet wurden, sie wurden als Highland Greyhound oder Highland Wolfdog bezeichnet. Es setzen sich mit der Zeit zwei verschiedene Arten der Hirschjagd durch, einerseits das „Deer-Stalking“ (Hunde verfolgen einen angeschossenen Hirsch und erlegen ihn), andererseits das „Deerhunting“ (Hunde hetzen einen Hirsch bis zur Erschöpfung und töten ihn). Für beide Arten der Jagd brauchte man schnelle Hunde, aber auch Hunde mit einem kräftigen Kiefer, der zupacken konnte. Man geht davon aus, dass der damalige Scottish Deerhound mehr einer Dogge oder einem Mastiff ähnelte. Mit dem Niedergang der schottischen Clans und der Aufteilung der großen Ländereien, fand man am Ende des 18. und zu Beginn des 19. Jahrhunderts keine Verwendung mehr für die großen Hunde und sie verschwanden fast gänzlich. Erst 1830 begannen engagierte Liebhaber dieser Rasse mit einem Neuaufbau. 1870 wurde ein erstes Zuchtbuch veröffentlicht und der erste Standard wurde 1892 aufgestellt. Erstaunlicherweise überlebten die Scottish Deerhounds die beiden Weltkriege unbeschadeter als andere Hunderassen und so erlebte dieser große Hund bereits in der Nachkriegszeit wieder einen Aufschwung.

In den schottischen Clans wurden die Vorfahren des Scottish Deerhound zur Hirschjagd verwendet.

Der Scottish Deerhound konnte durch einige Liebhaber der Rasse vor dem völligen Aussterben bewahrt werden.

MORPHOLOGIE

Größe und Gewicht Die Schulterhöhe sollte mind. 76 cm bei Rüden und 71 cm bei Hündinnen erreichen. Das Gewicht liegt bei 36 bis 45 kg.

Farben und Fell Das Fell kann in den Farben blaugrau, grau, gelb, sandfarben und rotbraun auftreten. Es ist stets rau, pflegeleicht und wetterfest.

EIGENSCHAFTEN

Der Scottish Deerhound bindet sich stark an seine Menschen und ist ein sehr sensibler Hund, der ungern zurückgelassen wird. Er geht weniger selbstständig jagen, taucht jedoch Wild direkt vor ihm auf, schlägt er diese Möglichkeit nicht aus. Ist man bei der Aufzucht achtsam und sorgfältig, hat der Scottish Deerhound viel Freude an Bewegung in einem gesunden Körper. Mit anderen Hunden ist er sozial verträglich und auch fremden Menschen gegenüber ist er aufgeschlossen, aber oftmals ein wenig distanziert. Er eignet sich weniger als Stadt- oder Wohnungshund, ist aber ein idealer Hund für viele sportliche Aktivitäten.

RASSETYPISCHE KRANKHEITEN

Osteosarkom, ein bösartiger Knochentumor, konnte auch beim Scottish Deerhound nachgewiesen werden (Phillips et al., 2007, Phillips et al., 2010). Die Vererbung könnte durch zwei verschiedene genetische Risikofaktoren erklärt werden (Dillberger und McAtee, 2017). Hier wird weitere Forschung benötigt, um die Auswirkungen auf die Zucht zu untersuchen. An sich wird diese Hunderasse aber als sehr robust beschrieben. Jedoch können die typischen Probleme aller Riesenrassen auftreten.

IRISH WOLFHOUND

HERKUNFT, GESCHICHTE, AUFGABEN

Anhand von prähistorischen Funden geht man davon aus, dass Vorläufer dieser Rasse bereits vor der Einwanderung der Kelten in Irland vorhanden waren. Es entwickelten sich große schnelle Hunde zur Wolfsjagd, die sogenannten Wolfdogs. Sie hatten für die Clans und die damaligen Menschen einen sehr hohen Stellenwert und wurden auch als Zahlungsmittel oder bedeutende Geschenke an Monarchen und Könige weitergegeben. Der Pfarrer Edmund Hogan trug alles Material zum Irish Wolfhound zusammen und veröffentlichte 1897 sein Buch „The History oft the Irish Wolfgdog" (Hogan, 1897), es wurde 1972 neu aufgelegt und bildet die Grundlage zur Geschichte des Irish Wolfhound. Der Niedergang des Irish Wolfhound begann mit dem Verschwinden der letzten Wölfe in Irland. Für die großen Hunde, die wahrscheinlich im Aussehen wenig mit der heute bekannten Form gemeinsam hatten, hatte man keine Verwendung mehr. Mitte des 18. Jahrhunderts dünnte sich die Rasse durch einen Flaschenhalseffekt aus, so dass der Irische Wolfshund von vielen als ausgestorben betrachtet wurde (Parker et al., 2006). Man geht davon aus, dass der heutige Irish Wolfhound erst in der zweiten Hälfte des 19. Jahrhunderts entstanden ist. Dass er nicht völlig verschwand, ist vor allem Captain George August Graham zu verdanken, der sich Ende des 19. Jahrhunderts bemühte, die Rasse wieder neu aufzubauen. Er suchte die letzten noch vorhandenen stammbaummäßigen Hunde zusammen und begann mit 6 Hunden seine Wiederaufbauarbeit. Deerhounds und auch einen Tibet Mastiff kreuzte er mit ein, aber der Aufbau gelang und so wurde 1885 auch der erste Irish Wolfhound Club, mit Graham als Prä-

Der Irish Wolfhound hat in seiner Geschichte schon manche Krise überstanden.

sidenten, gegründet. Der Zweite Weltkrieg machte diese großartigen Verdienste um die Rettung der Rasse jedoch zunichte und die Zucht erlosch. Es waren nur mehr ganz wenige Hunde in England übrig, aber keine Zuchtrüden mehr. Die engagierten Züchter der Nachkriegszeit importierten deswegen einen Rüden aus Amerika, „Rory of Kihone“, ihn findet man daher in fast allen Stammbäumen der heutigen Irish Wolfhounds. Kritische Stimmen bezweifeln, dass eine Rasse mit einer so geringen Basis und einem so hohen Inzuchtkoeffizienten wirklich eine Chance hat, in der Zukunft zu überleben, die kurze Lebenserwartung der Irish Wolfhounds scheint das leider im Augenblick zu bestätigen.

MORPHOLOGIE

Größe und Gewicht Die Mindestschulterhöhe sollte bei Rüden 79 cm und bei Hündinnen 71 cm betragen. Die Gewichtsangaben bewegen sich zwischen 40 und 55 kg.
Farben und Fell Das raue Fell kommt in den Farben grau, rot, schwarz, weiß, rehbraun oder blaugrau vor und kann auch gestromt auftreten. Irish Wolfhounds können nach medianen Schätzungen 7 Jahre alt werden (Adams et al., 2010).

EIGENSCHAFTEN

Der Irish Wolfhound ist ein ruhiger und gelassener Hund. Auch sein Bewegungsdrang hält sich in Grenzen, lange und ruhige Spaziergänge reichen ihm oft aus. Fremden Menschen gegenüber ist er zwar distanziert, jedoch nicht unfreundlich. Auch mit Artgenossen ist der Irish Wolfhound sozial verträglich, obwohl wildes Spiel nicht seine Leidenschaft ist. Turcsán et al. (2011) und Turcsán (2014) beschreiben ihn als einen sehr gelassenen, mittelmäßig geselligen (auf andere Hunde bezogen), wenig trainierbaren und eher intravertierten Hund. Er bindet sich stark an seine Bezugsperson und sucht den nahen Kontakt mit ihr. Bei der Aufzucht muss man hohe Sorgfalt zeigen, um eine gesunde Entwicklung für den Hund zu ermöglichen. Wenn man diesen sehr sensiblen Riesen einfühlsame erzieht, ist der Irish Wolfhound ein sehr braver und liebenswerter Gefährte, dessen Jagdleidenschaft sich in Grenzen hält.

RASSETYPISCHE KRANKHEITEN

Dadurch, dass der Irish Wolfhound sehr groß wird, gibt es auch bei ihm Erkrankungen der großen Hunderassen. So tritt eine signifikante Häufung von Gelenksbeschwerden wie ED (Urfer et al., 2007) und Osteochondrose (Nečas et al., 1999; Dorn, 2002) auf. Auch von Magendrehungen (Glickman et al., 2000; Evans und Adams, 2010), Herzerkrankungen (Vollmar, 2000; Broschk, 2004; Egenvall et al., 2006; Philipp et al., 2012) und Knochenkrebs (Egenvall et al., 2007; Anfinsen et al., 2011; Karlsson et al., 2013) wird berichtet. Gesundheitlich sehr problematisch kann eine Lungenentzündung für den Irish Wolfhound sein (Greenwell und Brain, 2014). So kann diese unbehandelt rasch auch zum Tod des Tieres führen.

Ruhe und Gelassenheit zeichnen den Irish Wolfhound aus.

BARSOI (BORZOI)

HERKUNFT, GESCHICHTE, AUFGABEN

Auch beim Borzoi ist unklar, woher er genau abstammt. Es wird angenommen, dass überall dort, wo es auf der Erde weite flache Ebenen gab und die ersten Menschen ihre Siedlungen und Dörfer entwickelten, die ersten schnellen und auf Sicht jagenden Hunde entstanden. In Russisch bedeutet das Wort „borzij" schnell oder flink, so kann man den Namen „Russkaja Psowaja Barzaja" mit „russischer behaarter Windhund" übersetzen. Das wiederum legt die Vermutung nahe, dass wenn man in früheren Überlieferungen von Barzaja oder Borzij liest, nicht unbedingt vom heutigen „Borzoi" spricht. Wahrscheinlich ist, dass im 14. und 15. Jahrhundert überall dort, wo Großgrundbesitzer lebten, auch die großen und schnellen Hunde, die zur Hetzjagd auf Hasen, Füchse und Wölfe eingesetzt wurden, vorkamen. „Borzoi" war zu dieser Zeit die Sammelbezeichnung für Windhunde. Durch die geographische Weitläufigkeit der russischen Ebenen, haben sich Lokalschläge der Hunde gebildet. Die Hetzjagden und auch die Lust der Schaustellung seiner Reichtümer, fand im 18. Jahrhundert seinen Höhepunkt in Russland und es gibt Berichte, dass einer der größten Jäger Russlands in Smolensk eine Jagdmeute mit über tausend Hunden besaß, darunter 500 Borzoi. Durch die Aufhebung der Leibeigenschaften im Jahr 1861 konnten sich die Gutsherren den Erhalt ihrer großen Jagdmeuten nicht mehr leisten und die Borzoizucht ging zurück. Dieser Rückgang an Nachfrage hat den Borzois sehr gut getan, denn man begann mit einer zielbewussten Zucht. Der wohl bedeutendste Züchter der Borzoi war Großfürst Nikolai Nikolajewitsch, der die berühmte „Perchinozucht" (damals Perchinojagd genannt) begründete. Zwischen 1887 und 1913 entwickelte der Großfürst eine stabile und leistungsstarke Zuchtlinie, die er mit großer Sorgfalt pflegte und auch mit guten Hunden anderer Züchter auffrischte, aber auch seine Zuchtrüden gern an andere weitervermittelte. Dadurch kamen Hunde aus der Perchinozucht in alle Teile der Welt und sind maßgeblich daran beteiligt, dass die Borzoizucht auf die Perchinozucht sowohl in Amerika als auch Europa ausgerichtet wurde. Die Oktoberrevolution brachte die Borzoizucht fast zum Erliegen und auch nach dem Zweiten Weltkrieg war es dem großen Glück zu verdanken, dass ein paar wenige reinrassige Exemplare in den weitreichenden Steppengebieten Russlands überlebt hatten.

Der Barsoi unterscheidet sich von vielen anderen großen Windhunden durch sein schönes langes Fell.

Russische Gutsherren hielten sich im 18. Jahrhundert große Jagdmeuten, oftmals befanden sich darunter auch eine beachtliche Anzahl an Barsois.

MORPHOLOGIE

Größe und Gewicht Die Schulterhöhe erreicht bei Rüden eine Höhe von 75 bis 85 cm und bei Hündinnen 68 bis 78 cm. Sie werden rund 35 bis 48 kg schwer.

Farben und Fell Das lange Fell braucht regelmäßig Pflege und kommt in allen Farben außer blau und braun vor. Adams et al. (2010) beschreibt eine mediane Lebensdauer von 9 Jahren.

EIGENSCHAFTEN

Der Borzoi ist ein ruhiger, sensibler Hund, der erst sein wahres Temperament im Freilauf zeigt. Er wirkt stets etwas distanziert, ist aber nicht scheu, obwohl fremden Menschen nicht überschwänglich gegenüber. Bei der Aufzucht muss man große Sorgfalt walten lassen, sowohl bezüglich der Ernährung als auch beim Muskelaufbau. Borzoi untereinander sind sozial verträglich, anderen Hunden gegenüber, je nach Lernerfahrung, eher weniger. Der Borzoi bindet sich stark an seine Menschen und ist im täglichen Leben auch sehr folgsam, jedoch nicht, sobald es eine Möglichkeit zur Jagd gibt. Er ist kein Hund für unsportliche Menschen, da er sehr viel Bewegung benötigt.

RASSETYPISCHE KRANKHEITEN

Diese Rasse wird als robust beschrieben. Nur eine Population aus Frankreich wies eine einfache autosomal vererbte fokale Retina-Degeneration auf (Chaudieu, 1995).

Ein großer Liebhaber des Windspiels war der Preußenkönig Friedrich der Große.

ITALIENISCHES WINDSPIEL

HERKUNFT, GESCHICHTE, AUFGABEN

Bis zum Jahr 1923 wurde das Italienische Windspiel nur als „Windspiel“ geführt, erst dann kam die Bezeichnung „Italienisch“ hinzu. Es gibt über die Urahnen des Windspiels, wie bei so vielen anderen Rassen, viele verschiedene Theorien, von den Hunden Königin Cleopatras angefangen bis hin zur Abstammung vom griechischen Lakonier. Wahrscheinlicher jedoch ist, dass das Windspiel eine Zwergform des unter der Sammelbezeichnung genannten Pharaonenhundes ist. Zwergformen kamen bei allen Hunderassen immer wieder vor, bei denen ein hoher Inzuchtfaktor bestand.

Da das Windspiel seit dem frühen Mittelalter der Liebling des mitteleuropäischen Adels war, dürften die kleineren Erscheinungsformen der windhundartigen Jagdhunde bevorzugt worden sein. Zur Jagd wurden sie selten benutzt und wenn, dann auf Fasan und Hase. Einer der berühmtesten Windspielzüchter war der Preußenkönig Friedrich der Große, der stets von drei oder mehr Windspielen umgeben war. Um die Mitte des 19. Jahrhunderts erlebte die Windspielzucht einen schlimmen Schlag – durch die in England gezüchteten Whippets war es schwer, eine genaue Abgrenzung zwischen den beiden Rassen zu finden. Das wenig erfreuliche Ergebnis war, dass die Windspiele immer kleiner und kleiner wurden und dadurch an körperlicher Fitness und Fruchtbarkeit einbüßten. Um die Rasse zu retten, wurden die größeren Whippets eingekreuzt und es gab Mitte des 20. Jahrhunderts kaum mehr ein Windspiel, das ohne Whippetblut war. Nach dem Zweiten Weltkrieg erlebte das Windspiel neuerlich eine große Welle der Beliebtheit, die inzwischen wieder abgeflaut ist.

MORPHOLOGIE

Größe und Gewicht Das Italienisches Windspiel erreicht im Durchschnitt eine Schulterhöhe von 32 bis 38 cm und ein Gewicht von bis zu 5 kg.

Farben und Fell Sein Fell kommt in den Farben schwarz, grau oder isabell vor und ist so kurz und dünn, dass es keinerlei Schutz vor Hitze, Kälte oder andere Witterungen bietet. Adams et al. (2010) beschreibt eine mediane Lebensdauer von 13,5 Jahren.

EIGENSCHAFTEN

Das Italienisches Windspiel ist ein zarter, aber erstaunlich robuster Hund, der sehr viel Temperament besitzt, das ihn manchmal dazu verleitet, sich zu überschätzen. Er bindet sich stark an seine Bezugspersonen und zeigt im Vergleich zu anderen Windhundrassen weniger Neigung im Freilauf eigenständig jagen zu gehen. Das Windspiel ist daher ein sehr angenehmer Begleiter, zeigt dabei mit anderen Artgenossen ein friedliches Sozialverhalten, kann jedoch fremden Menschen gegenüber sehr distanziert sein. Ermöglicht man ihm, seinen hohen Bewegungsdrang auszuleben, dann ist das Windspiel auch für ein Leben in der Stadt, aufgrund seiner Körpergröße, durchaus geeignet.

RASSETYPISCHE KRANKHEITEN

Es sind keine rassetypischen Krankheiten bekannt.

Obwohl das Italienische Windspiel ein sehr zartes Erscheinungsbild hat, sind diese Hunde doch erstaunlich robust.

GRUPPE 15
— *nach Parker*

BRIARD

HERKUNFT, GESCHICHTE, AUFGABEN

Dem Briard oder auch „Chien de berger de Brie“ oder „Chien d'Aubry“ geht eine Legende voraus, in der ein Günstling des Königs Karl V, namens Aubry, von einem Widersacher im Wald ermordet wurde. Sein treuer Hund erkannte den Mörder seines Herren bald darauf bei einer Jagdgesellschaft und fiel ihn an. Da Aubry verschwunden war und keiner wusste wohin, und die Angriffe des Hundes sich wiederholten, schöpfte der König Verdacht und der Hund führte ihn zum Grab seines Herrn im Wald. Der Mörder bestritt den Mord, doch nach damaligen Sitten kam es zum Zweikampf Mörder gegen treuen Hund, den der Hund mit einem Biss in die Kehle gewann. Der Mörder gestand noch vor seinem Tod den Mord an dem Herrn „Aubry“. Als Andenken an die große Treue dieses Hundes soll sich an der Kathedrale von Montdždier ein in Stein gehauenes Medallion befunden haben, das einen struppigen Hund darstellte, und auch in einigen Gemälden wurde die Legende darüber verewigt.
Die genaue Herkunft des Briards kann, wie bei vielen Hunderassen, nicht genau zurückgeführt werden, erst ab 1896 gibt es offizielle Eintragungen zu dieser Rasse. Ursprünglich dürfte es zwei verschiedene Briards gegeben haben, eine strähnige Ziegenhaar-Version und eine wollhaarige Variante, die schon bald zugunsten der strähnigen Version zurückgedrängt wurde. Drei eingetragene Zuchtlinien sind für die Entstehung des heutigen Briards Anfang des 20. Jahrhunderts verantwortlich. Sie haben alle größten Wert auf Schönheit, aber auch auf die Funktionalität gelegt. Hauptaufgabe des Briards ist Viehtrieb, er gilt als Übergangsform vom Hirten- zum Schäferhund, der auch die Aufgabe der Revierverteidigung beherrschen soll. Die Briard-Zucht erfreut sich sowohl in Frankreich als auch außerhalb großer Beliebtheit, und die Zahl der eingetragenen Hunde steigt kontinuierlich.

MORPHOLOGIE

Größe und Gewicht Er weist eine Schulterhöhe zwischen 56 bis 68 cm auf, je nach Geschlecht und Wuchs und ein Gewicht von ca. 34 kg.
Farben und Fell Von Anfang an war schwarz die beliebteste Farbe, sie ist es bis heute geblieben. Es gab viele Briard-Züchter, die nur den schwarzen Hund als reinrassigen Briard anerkannten. Heute gibt es ihn in der Farbe schwarz, fauve, grau und blau. Die ursprüngliche strähnige ziegenhaarähnliche Fellvariante ist recht pflegeleicht und wenig stark verfilzend. Jedoch ist diese leider selten, die meisten Hunde sind, was das Fell betrifft, sehr pflegeintensiv.

INFO ZU GRUPPE 15

Diese Gruppe umfasst eine Reihe von Rassen aus Westeuropa, die ursprünglich als Multifunktionshirtenhunde arbeiteten. Einige davon sind heute in den Schutz- und Bewachungsbereich gewechselt.

Der Briard ist ein vielseitig einsetzbarer Hund und so gewinnt diese Rasse immer mehr an Beliebtheit.

EIGENSCHAFTEN

Der Briard ist ein lebhafter Hund, der es liebt zu arbeiten. Durch seine Verwendung als „Allrounder" zeigt er sowohl Wachsamkeit und verteidigt sein Territorium, als auch Hüteverhalten – und damit ebenso jagdliches Interesse (Hartnagle Renna, 2008). Durch sein territoriales Verhalten ist er wachsam und verteidigungsbereit. Sowohl fremden Hunden gegenüber als auch zu fremden Menschen ist er eher misstrauisch, zurückhaltend. Briards werden eher als „Einmannhunde" beschrieben und gelten als vergleichsweise eigenständige Hütehunde (Hartnagle Renna, 2008).

Der Briard braucht einen erfahrenen Halter, der ihn liebevoll, aber klar und konsequent erzieht. Die Rasse ist verspielt, neugierig und neigt zur Aggressivität (Svartberg, 2006). Der körperlich sehr starke und temperamentvolle Hund ist oft nicht leicht zu handhaben. Er liebt jedoch sportliche Aktivitäten und ist vielseitig einsetzbar. Bei ausreichender Beschäftigung ist er ein angenehmer Begleiter. Er ist kein Hund für träge und bewegungsunfreudige Menschen, sowie Sauberkeitsfanatiker, da das Fell stets viel Schmutz ansammelt.

In der Budapester Studie (Turcsán et al., 2011) gruppiert er zu den trainierbaren, eher introvertierten Rassen. Emotionale Stabilität erreicht nur Platz 73 von 96, Offenheit Platz 28, Geselligkeit mit Hunden Platz 80 und Extraversion Platz 81. Die Ähnlichkeitsanalyse nach Persönlichkeit insgesamt stellt ihn neben den Zwergpudel. Berichte bestätigen auch beim Briard, was andere Rassen bereits wissenschaftlich zeigen: Dunkle sind meist emotional stabiler als Gelbe.

RASSETYPISCHE KRANKHEITEN

Solange es nicht zu extremen Züchtungen auf bestimmte Äußerlichkeiten kommt, ist dies eine sehr gesunde Hunderasse. Es gibt eine angeborene Form eines Augenfehlers, die sogenannte Nachtblindheit, auch CSNB genannt (Narfström et al., 1989) und eine Veranlagung für fehlerhafte Harnleiter.

TRAINING

Durch die Eigenschaft des Briards als Hütehund, hat er sich vielseitige Einsatzbereiche bewahrt. So kann man ihn gut in verschiedensten Hundesportarten einsetzen und er ist sehr bewegungsfreudig und ausdauernd. Hier sollte natürlich der Hundehalter immer darauf achten, dass die notwendigen Ruhephasen eingehalten werden. Oftmals trifft man Exemplare, die sehr feinfühlig und auch unsicher sein können. Diesbezüglich seien wieder die positive Sozialisation und gute Aufzuchtbedingungen beim Züchter erwähnt. Hat er ausreichend positiven Kontakt in der Sozialisierung, kann der Grundstein für ein zurückhaltendes, aber Fremden gegenüber freundliches Wesen gelegt werden. Seine Verteidigungsbereitschaft bzw. Wachsamkeit ist meist moderat und nicht übersteigert. Als Belohnungsform finden Hütehunde meist Laufen (aus dem Jagdverhalten kommend) sehr belohnend. Das kann man sich im Hundesport, z. B. bei Treibball zu Nutze machen. Jedoch ist gerade dabei das Risiko einer Suchtentstehung sehr hoch!

Für viele Liebhaber des Briard ist nur die schwarze Fellfarbe ein Zeichen für Reinrassigkeit.

BOUVIER DES FLANDRES

HERKUNFT, GESCHICHTE, AUFGABEN

Wie bei vielen Hunderassen, gibt es über die Entstehung des Bouvier des Flandres unterschiedliche Annahmen. Einerseits vermutet man, dass um die Jahrhundertwende ein Treibhund in Frankreich noch existiert haben muss, der dem Bouvier des Flandres zu Grunde liegen könnte. Napoleon soll auf seinen Kriegszügen solche Hunde zum Bewachen der Viehherden mitgeführt haben. Diese Hunde hatten jedoch ein raues Fell und einen Schnauzbart und ähnelten eher einem Schnauzer. Eine andere Überlegung vermutet, dass der Bouvier des Flandres von Mastiffs abstammt, die während des niederländischen Unabhängigkeitskrieges in Flandern von den spanischen Conquistadores im 16. Jahrhundert zurückgelassen wurden. In Frankreich machte sich niemand die Mühe, diesen Bauernhund oder auch „Koehond" (Kuhhund), der für den Viehtrieb und Wachdienst verwendet wurde, rein zu züchten. Erste Zuchtversuche fanden in Belgien statt. Nach dem Ersten Weltkrieg waren kaum mehr Exemplare des Bouvier des Flandres zu finden und man musste mit einer neuen Zucht beginnen. 1922 wurde ein Club der flandrischen Treibhunde gegründet und der damals festgelegte Standard ist bis heute fast identisch geblieben. Jedoch ist die Auslegung der Zuchtrichtlinien recht unterschiedlich und der heutige Bouvier des Flandres hat kaum mehr etwas mit dem früheren Arbeitshund gemein.

MORPHOLOGIE

Größe und Gewicht Die Schulterhöhe liegt bei Rüden zwischen 62 und 68 cm und das Gewicht bei 36 bis 54 kg. Hündinnen erreichen eine Schulterhöhe zwischen 59 und 65 cm und ein Gewicht von 27 bis 36 kg.

Farben und Fell Fellfarben gibt es in grau, gestromt, schwarz gewolkt und rein schwarz. War das Fell früher für den Gebrauch nützlich und deswegen anspruchslos, benötigen die Hunde heute eine aufwändige Pflege des Haarkleides. Auch die ehemals charakteristischen Stehohren sind verschwunden, der Bouvier des Flandres hat heute kleine Schlappohren, die in seiner Heimat und in Frankreich gern kurz kupiert werden. In der deutschen TSchGesetzgebung ist dies verboten (§6 TSchG) und solche Hunde dürfen weder vorgeführt, noch ausgestellt werden.

EIGENSCHAFTEN

Der Bouvier des Flandres ist ein ruhiger und bedächtiger Hund, der klug und beherzt seinen Aufgaben nachkommt. Er ist sehr ernsthaft und kaum verspielt, dafür neigt er zur Unverträglichkeit und zur Aggressivität (Svartberg, 2006). Sein territoriales Verhalten ist aussagekräftig, er ist Fremdem gegenüber misstrauisch und duldet keine fremden Hunde im Revier. Seine große Selbstständigkeit bei der Arbeit hat dazu geführt, dass er zu den Diensthunderassen gezählt wird. Darüber hinaus ist die Rasse in der Persönlichkeit sehr gefestigt und neigt nicht zur Ängstlichkeit – ebenso ist sie außerordentlich wenig geräuschempfindlich (Storengen und Lingaas, 2015). Die Erziehung erfordert jedoch viel Erfahrung und Verstand und er ist deshalb kein Hund für hundeunerfahrene und bequeme Menschen. Als Familienbegleithund nur bedingt zu empfehlen, da er eine Aufgabe oder ein Revier (Lebensraum) zum Bewachen braucht, ein enger Anschluss an die Familie ist von Vorteil.

Der Bouvier des Flandres gilt als ruhiger und kluger Hund, der sehr wenig verspielt ist.

RASSETYPISCHE KRANKHEITEN

Diese Hunderasse ist relativ robust, abgesehen von möglichen Erkrankungen des Bewegungsaparates (HD). Erblich bedingte Augenerkrankungen werden von den Zuchtverbänden meist durch Untersuchung vorab zur Zucht überprüft. Eine besondere Anfälligkeit liegt in der Kehlkopflähmung (Larynxparalyse), die zu Atembeschwerden und lautem Atmen führen kann.

TRAINING

Durch die frühere Tätigkeit als Treibhund, muss man sich als Hundehalter bewusst machen, dass diese Hunde gern arbeiten und Leistung erbringen wollen. Zum Treibverhalten gehört, dass eigenständige Entscheidungen in der Herde getroffen werden, weshalb diese Hunde sehr selbstständig agieren können. Auch müssen sie gut erzogen werden, denn sie können dazu neigen, dass sie andere Menschen, Kinder als Treibobjekt sehen und direkt die Füße (wie bei Tieren die Fesseln) packen. Dies ist natürlich unerwünscht und muss ganz klar über Erziehung und über spezielles Training verhindert werden. Bouviers sind gern mit ihrem Menschen in der Natur unterwegs. An manchen Hundesportarten können sie Spaß haben, aber ihre wahre Leidenschaft liegt im Treiben der Herden. Wegen ihres eigenständigen Wesens haben Hundehalter manchmal Probleme bei der Erziehung und im Training.

MALINOIS

HERKUNFT, GESCHICHTE, AUFGABEN

Den Namen gab dem Malinois die Stadt Malines (Mechelen). Im flämischen Teil Belgiens wurde aus einer Variation des Belgischen Schäferhundes eine anerkannte belgische Hunderasse, der Malinois. Die Züchter von Schäferhunden rund um den Malinois, wollten von Anfang an einen tüchtigen Gebrauchshund, die äußerliche Erscheinung war zweitrangig. Erstmals in Erscheinung trat der Malinois 1899. Schon bald lief er als Arbeitshund allen anderen Varietäten des Belgischen Schäferhundes an Beliebtheit den Rang ab. Auch als Diensthund ist er außerhalb Belgiens weit verbreitet. Der Malinois ist bei Leistungsprüfungen immer wieder auf den ersten Plätzen zu finden und hat bis heute eine große Fangemeinde.

MORPHOLOGIE

Größe und Gewicht Die Schulterhöhe liegt zwischen 58 und 62 cm und das Gewicht bei 27 bis 34 kg. Die Unterschiede zwischen Hündinnen und Rüden sind geringfügig.

Farben und Fell Es gibt die Fellfarben falbfarben bis schwarz gewolkt, aber immer mit einer schwarzen Maske. Das kurze Fell ist pflegeleicht, haart jedoch stark.

EIGENSCHAFTEN

Den Malinois zeichnet eine hohe Lebhaftigkeit aus und er ist daher stets bereit, zu reagieren, oftmals auch übertrieben. Die Rasse neigt zur Aggressivität, zum Jagdverhalten und ist ausgesprochen erregbar (Eken Asp et al., 2015). Obwohl Malinois sehr verspielt sind, zeichnet sich die Rasse durch hohe Skepsis gegenüber Fremden sowie starkes Wach- und Schutzverhalten aus, weshalb sie

Aufgrund seiner hohen Bereitschaft, mit Menschen zusammenzuarbeiten, ist der Malinois ein beliebter Arbeits- und Sporthund.

als „Einmannhunde“ und als ausgesprochen reserviert gelten (Eken Asp et al, 2015, Vassallo, 2016). Sie stellt die aktivste und erregbarste Varietät der Belgischen Schäferhunde dar und zugleich auch die mit der größten Aggressionsbereitschaft und höchsten Furchtlosigkeit (Vassallo, 2016). Außerdem zeigen Malinois sich häufiger aggressiv gegenüber anderen Hunden und zeigen Fremdhunden gegenüber öfter Drohgebärden als andere Varietäten des Belgischen Schäferhundes (Vassallo, 2016). Die Rasse ist intelligent und arbeitsfreudig, sie braucht viel Beschäftigung und Bewegung. Der Malinois ist kein Hund für bequeme Menschen und Anfänger, und kommt ein Hund aus einer sportlich ambitionierten Zucht, muss er ausreichend beschäftigt und erzogen werden, damit er als Familienbegleithund empfohlen werden kann.

In der Budapester Studie liegt er in der Gruppe der extravertierten, trainierbaren Rassen, in der Clusteranalyse nach Persönlichkeitsmerkmalen hat er größte Übereinstimmungen mit dem Standardschnauzer, in der Nähe finden sich u. a. noch Parson Russell Terrier, Jack Russell Terrier und Entlebucher Sennenhund. Seine Position unter den 96 Rassen ist Platz 88 für emotionale Stabilität, Platz 15 für Offenheit, Platz 88 für Geselligkeit mit Hunden und Platz 30 für Extraversion.

RASSETYPISCHE KRANKHEITEN

Wie bei allen größeren Hunderassen, ist auch beim Malinois auf HD, ED, und OCD zu achten. Jedoch gibt es keine bekannten rassetypischen Krankheiten. Die Rasse wird als gesund beschrieben. Bei Malinois, die besonders erregbar sind und eine schlechte Regulierung ihrer Emotionen zeigen, lässt sich häufig „Kreiseln“ – ein Im-Kreis-Laufen des Hundes – als stereotypes Verhalten beobachten. Malinois, die in hoher Erregungslage weniger zu diesem Verhalten neigen, haben eine bessere Arbeitsleistung, da sie eine bessere Arbeitsmotivation und eine bessere Verhaltenskontrolle zeigen.

An diesem ausgewogenen Verhalten ist ein Gen, das CDH2-Gen, beteiligt, das bei Belgischen Malinois mit ausgeglichenen Verhaltensmerkmalen assoziiert wird (Cao et al., 2014). Zudem spielt ein weiteres Allel eine wichtige Rolle: Das Einzelexemplar-Allel von DAT-VNTR ist bei Malinois überrepräsentiert und steht im Zusammenhang mit epileptischen Anfällen, mangelnder Reaktion auf Umweltreize, episodischer Aggression und Hypervigilanz (erhöhte Wachsamkeit, die mit erhöhter Erregung einhergeht) (Belanger et al., 2013). Bei Hunden mit pathologischer Aggressivität, auch bei jenen der Rasse Malinois, wurde eine Vergrößerung des basolateralen Komplexes im Gehirn um 40 % im Vergleich zu nicht-aggressiven Hunden beobachtet.

TRAINING

Beim Training und der Erziehung des Malinois wird es sehr anspruchsvoll. So findet man einige Rassevertreter mit erhöhter Nervosität und Sensibilität, wodurch auch eine hohe Emotionalität einhergehen kann. Sieht man sich die Entstehungsgeschichte an, so war es ein klares Ziel, wahrscheinlich aus Hüte- und Bauernhunden, einen Arbeitshund zu züchten. Durch die gezielte Selektion auf Leistungsbereitschaft und nicht auf Phänotyp (Aussehen), ging damit auch die Veränderung des Wesens einher. So findet man in dieser Rasse meist keinen Phlegmatiker. Je mehr die züchterische Motivation auf „Führigkeit“, also auf Kooperation mit dem Menschen, Leistung und schnelles Lernen (mit weniger Wiederholungen) liegt, desto mehr geht auch die Emotionalität damit einher und wir finden oftmals sehr sensible (durchaus unsichere) und nervöse Hunde in der Arbeit. Dies hat auch mit den Elterntiere und deren Charaktereigenschaften sowie den Stressbewältigungssystemen der Tiere zu tun.

Das große Verhaltensspektrum des Malinois zählt auf der einen Seite zu seinen größten Stärken, kann jedoch für einen Halter auch zur Herausforderung werden.

So ist gerade bei diesen Hunden eine gute Sozialisation unabdingbar, da sie ein höheres Konfliktempfinden haben können, was dazu führen kann, dass sie alltägliche Reize, die sie nicht gut kennen, schneller als Konflikt empfinden und diesem mit Aggression begegnen können. Körperliche Auseinandersetzungen, z. B. mit Artgenossen, werden eher als Auslöser für Erregung gesehen.
Für diese Hunde ist von Beginn an wichtig, dass neben Erziehung und Ausbildung ein ganz klarer Unterschied zwischen Ruhe und Arbeit aufgebaut wird. Sie werden erst spät mental erwachsen (ca. mit 3 Jahren). Durch ihren Arbeitswillen und die geringe Wiederholungsrate im Lernen, sind sie für Hundehalter im Training sehr anspruchsvoll. So schnell vom Menschen erwünschtes Verhalten etabliert und trainiert werden kann, genauso schnell lernen diese Hunde auch unerwünschtes Verhalten. Dies ist oftmals eine große Herausforderung. Wichtige Grundregeln im Zusammenleben sollten hier genauso etabliert werden, wie die notwendigen Ruhephasen von 16 bis 18 Stunden pro Tag. Malinois gehören zu den Hunderassen mit einem schon im Ruhezustand höheren Dopamin-Spiegel im Gehirn, was die Lernbereitschaft erhöht, jedoch auch das Suchtpotenzial.
Sie sind definitiv keine Anfänger-Hunderasse und sollten nur an erfahrene Hundehalter abgegeben werden. Sportlich aktiv, können sie alle Hundesportarten betreiben, die Mensch und Hund Spaß machen. Auch hier muss auf abwechselnde Ruhe und Aktivität und Vermeidung von Suchtgefahren geachtet werden. Wichtig bei jedem Training ist der gewaltfreie Umgang mit den Hunden. Gerade durch ihr Konfliktempfinden und der Erregung bei körperlichen Auseinandersetzungen, kann der Malinois eine „umgerichtete Aggression“ betreffend den Hundehalter zeigen. Es muss ein modernes Training mit positiver Verstärkung angewendet werden, wobei man immer die Frustration durch „negative Strafe“ im Auge behalten sollte. Die Übungen sollten so einfach gestaltet sein, dass diese Hunde von Lernerfolg zu Lernerfolg arbeiten.

AUS DER PRAXIS

DEUTSCHER SCHÄFERHUND VS. MALINOIS

Seit mittlerweile rund 30 Jahren werden die Meinungen darüber, welche der beiden genannten Hunderassen „besser" ist, in Dienst-, Sport- und mittlerweile auch in Familienhundkreisen leidenschaftlich diskutiert. Dass es letztlich weder für den Deutschen Schäferhund noch für den Malinois ein „besser" geben kann, liegt auf der Hand. Die Schwächen des einen, sind nämlich letztlich die Stärken des anderen und umgekehrt. In diesem Zusammenhang gab es bereits in den 1990er Jahren kuriose Ereignisse, die ich als damaliger Ausbildungsleiter einer Polizeihundeschule erleben konnte.

Der Malinois als Diensthund

Damals war der Malinois als „neue" Diensthunderasse auf reges Interesse gestoßen: „schneller, höher, weiter" und damit „besser" hieß es und so musste nach und nach in verschiedenen Polizeidienststellen der Deutsche Schäferhund dem „Kollegen" Malinois Platz machen. Sehr viele Polizeihundeführer, die ursprünglich mit anderen Gebrauchshunderassen wie unter anderem Deutscher Schäferhund, Rottweiler, Riesenschnauzer oder Dobermann vertraut waren, wollten nach dem altersbedingten Ausscheiden ihrer Diensthunde unbedingt einen Malinois. „Damit steigst Du von einem VW Golf auf einen Porsche um", hieß es immer wieder. Nach rund zwei bis drei Jahren kam dann die erste Ernüchterung. Der damalige Erlass eines Polizeipräsidiums in Sachsen lautete, dass ab sofort keine(!) Malinois mehr für den Polizeidienst angekauft werden dürfen. Der Grund: eine erhebliche Zunahme an Beißvorfällen unter Einsatz des Diensthundes Malinois. Diese Beißvorfälle waren dabei nicht nur gegenüber fremden Personen im Einsatz, sondern auch gegenüber den Hundeführern angestiegen. Übereinstimmend berichteten die betroffenen Polizeihundeführer, dass es ihnen nicht gelungen war, in bestimmten Situationen mit der hohen Erregungslage ihrer Malinois zurechtzukommen.

Die Diskussion, welche Hunderasse – Malinois oder Deutscher Schäferhund – die besser geeignete Rasse als Dienst- oder Sporthund ist, wird so schnell kein einheitliches Ergebnis erzielen.

Ruhiges Verhalten muss von Anfang an gut trainiert werden, denn der Malinois neigt eher zur Unruhe und Lebhaftigkeit.

Hinzu kamen vergleichsweise häufig Verletzungen bei den Malinois selbst, wenn sie unter entsprechend hoher Erregung bzw. Erwartungshaltung quasi mit dem „Kopf durch die Wand" wollten. „Der war überhaupt nicht mehr ansprechbar", hieß es in dem einen Fall und „Trieb macht dumm" in einem anderen. Nach und nach aber konnten sich die Polizeihundeführer mit den besonderen Eigenschaften des Diensthundes Malinois anfreunden und so konnte er in den vergangenen Jahren weltweit seinen Platz als eine der leistungsfähigsten Polizeihunderassen bis heute behaupten. Eine ähnliche Entwicklung hat der Malinois auch in der Verwendung im Schutzhundesport aufgezeigt. Aufgrund seiner vielseitigen Verwendbarkeit eignet er sich auch in vielen weiteren aktiven Hundesportarten.

Der Malinois als Familienhund

Schauen wir uns im Bereich der sogenannten Familienhunde um, haben wir in den vergangenen zehn Jahren eine enorme Zunahme der Rasse Malinois zu verzeichnen. Und genau hier kommen vergleichsweise hohe Anforderungen auf die Halter solcher Hunde zu. Auffallend viele Besitzer eines Familienhundes Malinois suchen schon nach kurzer Zeit beratende Unterstützung bei Hundetrainern, Verhaltensberatern oder Tierpsychologen. Und dies oftmals bereits im Welpen- oder Junghundealter. Die Zweibeiner verlieren zunehmend die Kontrolle über ihre Vierbeiner, wenn sich diese in bestimmten Erregungslagen befinden. Sie finden quasi die „Bremse" im Verhalten nicht mehr und berichten häufig über sogenannte Kontrollverluste. Das bedeutet, die Ansprechbarkeit ihres Malinois geht in bestimmten Situationen gänzlich verloren. Das alles hat etwas mit der genetisch bedingten „Ausstattung" im Verhalten zu tun. Während beim Deutschen Schäferhund schon seit vielen Jahren der Status „Familienhund" angestrebt wird, gilt der ausschließlich familiäre Bereich für den Malinois als Neuland. Die Zucht ist nach wie vor überwiegend leistungsorientiert und damit stehen Leistungsbereitschaft, Motivation (früher lautete der Begriff „Trieb") und Energieladung im Vordergrund. Das Ganze ist leider auch mit weniger positiven Faktoren verknüpft. Der außerordentlich hohe „Energiedruck" im Malinois stellt natürlich auch dessen Frustrationstoleranz bzw. Impulskontrolle vor schwierigere Aufgaben, als bei einem weniger energiegeladenen Deutschen Schäferhund. Aktuell dürften zudem nur noch rund fünf bis zehn Prozent der Deutschen Schäferhunde in den Dienstbereich von Polizei, Militär, Sicherheitsdienst und Schutzhundesport gelangen. Das bedeutet, dass die verbleibenden 90 bis 95 Prozent als Familienhunde gehalten werden. Beim Malinois liegt nach persönlicher Schätzung die dienstliche oder sportliche Verwendung noch immer bei rund 40 bis 50 Prozent. Wir sprechen somit bei einer Verwendung als Familienhund vom ungefähren Faktor Zehn, wenn wir den Malinois mit dem Deutschen Schäferhund vergleichen. Hieraus ergibt sich für viele Malinois-Züchter die „Verpflichtung", nach wie vor leistungsorientierte Zucht zu betreiben. Gut für den Dienst- und Sportbereich, weniger günstig für den Aspekt des Familienhundes. Und richtig heftig kann es für unerfahrene bzw. Ersthundbesitzer werden.

Wirklich familientauglich?

Es gibt mittlerweile Züchter von Malinois, die diese Rasse sogar als „besonders familientauglich" präsentieren. Meistens fügen sie dann hinzu „... wenn er richtig erzogen und optimal beschäftigt wird!" Genau darin liegt aber das Problem: Der Malinois wird viel zu häufig falsch erzogen und auch falsch oder zu viel(!) beschäftigt. Wenn dann dem Welpenkäufer noch vermittelt wird, dass der Schutzhundesport die richtige Wahl der

Ein Malinois braucht einen erfahrenen und einfühlsamen Halter und Trainer.

Beschäftigung sei, dann verdeutlicht dies die mangelhafte Kompetenz des Züchters. Ich bin eher skeptisch in Sachen Familientauglichkeit des Malinois, weil ich in den vergangenen drei Jahren eine ganz erhebliche Zunahme an „Problem-Malinois" in der Verhaltensberatung, im Training und in der Therapie zu betreuen habe. Die allermeisten von ihnen befinden sich in völlig überforderten Händen, vor allem, wenn keine oder nur wenig Hundeerfahrung vorliegt. Ich rate somit in meinen Empfehlungen grundsätzlich von der Anschaffung eines Malinois ab, wenn nicht besondere Grundvoraussetzungen bei einem Interessenten vorzufinden sind. Für viele Besitzer von Familienhunden ist übrigens die augenscheinliche „Schönheit" des Malinois das ausschlaggebende Kriterium, sich dieser Rasse zuzuwenden. Nun darf nicht der Eindruck entstehen, dass sich der Malinois nicht als Familienhund eignet; ganz im Gegenteil, wenn ein Interessent entsprechend erfahren und sachkundig ist, kann der Malinois ein vorbildliches Familienmitglied sein. Er gilt als intelligent, sozial sensibel, äußerst kooperativ, enorm schmusebedürftig, gesellig und emotional stabil. Aber diese Vorzüge kommen eben erst dann zum Tragen, wenn optimale Haltungs- und Umgangsbedingungen vorliegen.

Und der Deutsche Schäferhund?

Dessen Charakteristik ist nicht so einfach zu beschreiben, wie dies bei der „Persönlichkeit" des Malinois der Fall ist. So gibt es einige Deutsche Schäferhunde, die annähernd an das Energiepotenzial und die Leistungsfähigkeit eines Malinois heranreichen. Aber es gibt auch den Deutschen Schäferhund, der aufgrund seiner „Persönlichkeit" eher mit einem trägen und gemütlichen Bernhardiner verglichen werden kann. Und dazwischen gibt es noch eine ganze Menge weiterer unterschiedlicher Charaktere, die es einem schwer machen, den Typus Deutscher Schäferhund als solchen zu beschreiben. Berücksichtigt man dabei die Welpenstatistik des VDH (Verband für das Deutsche Hundewesen), erklärt sich die Schwierigkeit einer klaren Typisierung beim Deutschen Schäferhund. So gab es im Jahr 2018 rund 10 000 registrierte Deutsche Schäferhund-Welpen, denen lediglich knapp 600 registrierte Malinois-Welpen entgegenzurechnen waren. Die realen Bestandszahlen sind jedoch bei beiden Rassen sicher höher, da ja auch vor allem viele Malinois-Welpen aus dem europäischen Ausland stammen. Als sogenannter Familienhund dürfte sich nach persönlicher Erfahrung der charakterlich „durchschnittliche" Deutsche Schäferhund besser eignen, als der ebenfalls „durchschnittliche" Malinois.

Gesundheitliche Fitness

Wenn es um das Thema Gesundheit geht, punktet sicher der Malinois gegenüber dem Deutschen Schäferhund. Dies ist meine persönliche Überzeugung, da ich beruflich vergleichsweise viel mit beiden Hunderassen zu tun hatte und habe. Leider scheint es nach wie vor bei nicht wenigen Deutschen Schäferhunden gesundheitliche Defizite im Rücken und in der Hinterhand zu geben. Bemerkbar macht sich das in der Regel ab einem Alter von sechs bis acht Jahren durch motorische Einschränkungen der Hinterhand. Diese treten auch auf, wenn zuvor keine hohen Belastungen durch Dienst oder Sport gegeben waren. So nimmt beim Deutschen Schäferhund auch die generelle körperliche Belastbarkeit im Alter erfahrungsgemäß schneller ab als beim Malinois, der oftmals noch im Alter von zehn bis zwölf Jahren eine beeindruckende gesundheitliche Fitness aufzeigt.
Auf der nachfolgenden Gegenüberstellung finden sich als grobe Orientierungshilfe Gemeinsamkeiten und auch Abweichungen beim Vergleich der beiden Hunderassen.

Dieser Vergleich beruht auf umfangreichen persönlichen Erfahrungen mit beiden(!) Hunderassen seit mehr als 20 Jahren. Die vorgenommene Bepunktung in „Plus" und „Minus" erfolgt zudem ohne Bezug auf eine dienstliche oder sportliche Verwendung von Deutschem Schäferhund oder Malinois, sondern primär auf eine Haltung als sogenannter Familienhund.

Thomas Baumann leitet zusammen mit seiner Frau Ina ein Hundezentrum, publiziert Fachbücher und ist Gründer der Tierschutzorganisation „Dogworld-Stiftung – Lebenshilfe für verwaiste Hunde". Er gilt zudem als Spezialist für verhaltensauffällige Hunde und ist insbesondere für Halter von aggressiven oder ängstlichen Hunden als Ansprechpartner häufig erste Wahl.

VERGLEICH ALS FAMILIENHUND

BELGISCHER SCHÄFERHUND (MALINOIS)		DEUTSCHER SCHÄFERHUND	
Hohe soziale Intelligenz	+ +	Hohe soziale Intelligenz	+ +
Emotional besonders sensibel	+ –	Emotional sensibel	+ +
Hohe Bindungsbereitschaft	+ +	Hohe Bindungsbereitschaf	+ +
Sehr hohe Lernbereitschaft	+ +	Hohe Lernbereitschaft	+ +
Sehr schnelle Lernerfolge	+ +	Sehr schnelle Lernerfolge	+ +
Extrem hohes Energiepotenzial	+ –	Ausgewogenes Energiepotenzial	+
Extrem leistungsfähig	+ +	Leistungsfähig	+
Vielseitig einsetzbar	+ +	Vielseitig einsetzbar	+ +
Sehr kritisch bei Überforderung	– –	Kritisch bei Überforderung	–
Sehr kritisch bei Unterforderung	– –	Kritisch bei Unterforderung	–
Hohes Aggressionspotenzial	– –	Normales Aggressionspotenzial	+ –
Ausgeprägtes Beutefangverhalten	– –	Erkennbares Beutefangverhalten	+ –
Meist bei guter Gesundheit	+ +	Vereinzelt gesundheitliche Probleme	+ –
Bei „unsachgemäßem" Umgang: — Sehr niedrige Frustrationstoleranz — Fehlende Impulskontrolle — Hohe Neigung zu Kontrollverlusten — Hohe Neigung zu Beißhandlungen	– – –	Bei „unsachgemäßem" Umgang: — Niedrige Frustrationstoleranz — Mangelhafte Impulskontrolle — Neigung zu Kontrollverlusten — Neigung zu Beißhandlungen	– –

Der Belgische Tervueren ist sehr wachsam und reagiert häufig sehr empfindlich auf Geräusche.

BELGISCHER TERVUEREN

HERKUNFT, GESCHICHTE, AUFGABEN

Der Tervueren ist eine langhaarige Varietät des Belgischen Schäferhundes. Sie kann auf vier Tiere zurückgeführt werden, die einem P. Corbeel in Tervueren gehört haben. Bei den Tervueren wurde bedenkenlos eine rigorose Inzucht angewandt, um das Zuchtziel möglichst bald zu erreichen. Ein maßgebender Förderer der Rasse soll der Landwirt Tuykom gewesen sein, dessen Stolz es war, die größten Rüden, die besten Hunde zu besitzen. Er betrieb eine harte Zuchtauslese; Hündinnen, die seinem Ideal nicht entsprachen, tötete er erbarmungslos, verkauft hat er nie eine, und Rüden gab er nur an seine Verwandten ab.

MORPHOLOGIE

Größe und Gewicht Sie haben eine durchschnittliche Schulterhöhe von 58 bis 62 cm und sind ca. 29 kg schwer.

Farben und Fell Falbfarben und grauschwarz gewolkt sind am häufigsten. Das Fell ist nicht sehr arbeitsintensiv, braucht aber eine regelmäßige Pflege.

EIGENSCHAFTEN

Der Tervueren ist ein sehr lebhafter Hund, der auch manchmal zu Überreaktionen neigt. Er hat einen regen Verstand und ist stets wachsam und bereit zu reagieren. Innerhalb der Varietäten des Belgischen Schäferhundes fällt der Tervueren durch eine besonders starke Geräuschangst auf, insbesondere gegenüber Gewitter und lauten Geräuschen (Vassallo, 2016). Geräuschangst steht häufig im Zusammenhang mit Ängstlichkeit gegenüber fremden Personen und mit Trennungsangst (Brandt Bjerknæs, 2019). Seine Arbeitsfreude ist groß, jedoch ist er dabei sehr sensibel. Der Tervueren ist sehr anpassungsfähig und sollte im engen Kontakt mit seiner Familie leben, zeigt jedoch ein territoriales Verhalten, was bei viel Besuch zu bedenken ist. Er ist kein Hund für bequeme Menschen und für Anfänger nicht geeignet.

RASSETYPISCHE KRANKHEITEN

Als robuste und gesunde Hunderasse sind keine besonderen rassetypischen Krankheiten bekannt.

TRAINING

Der Tervueren ist ein robuster und kräftiger Hund. Wie alle Belgischen Schäferhunde, hat er einen hohen Arbeitswillen und ist in der Lage, beste Leistungen zu vollbringen. Er ist sehr agil und wendig und daher auch oftmals schnell. Bei richtigem Training ist er für viele Hundesportarten geeignet. Es gibt Rassevertreter, die sehr nervös sind und dahingehend auch oftmals unsicher. Ein Hund aus einer guten Zucht, mit guter Aufzucht, ist hier ebenso wichtig, wie die positive Sozialisation. Durch ihre Unsicherheit kann es nämlich vorkommen, dass sie unbekannte Situationen als Bedrohung empfinden und dann mit Aggressionsverhalten darauf reagieren. Er muss, wie jeder andere Hund auch, gut erzogen werden.
In erhöhter Frustration und hoher Stressbelastung neigt der Tervueren zum Bellen, Winseln und Fiepen. Zudem kann eine umgerichtete Aggression daraus resultieren. Daher ist das Wissen über Lernverhalten unabdingbar und die Übungen müssen kleinschrittig und strukturiert aufgebaut werden, um den Hund von Lernerfolg zu Lernerfolg zu führen. Es ist eine anspruchsvolle Hunderasse, die man mit Konsequenz und Geduld erziehen sollte und es bedarf keinerlei Gewalt oder Schärfe. Mit Gewalt wird zudem die eigene Beziehung und Bindung zum Hund massiv geschädigt.

Tervueren können hohe Leistungen erbringen, es ist jedoch dabei ein achtsames Training unabdingbar.

GROENENDAEL

EIGENSCHAFTEN

Der Groenendael ist, wie viele Hütehundrassen, verspielt, neugierig, wenig verträglich und kann zur Aggressionsbereitschaft neigen. Jedoch zeigt sich innerhalb der Varietäten des Belgischen Schäferhundes eine hohe Varianz der Ausprägung der Charaktereigenschaften. So sind Malinois deutlich verspielter, neugieriger, unverträglicher und aggressiver als die anderen Belgischen Schäferhunde wie Gronendael, Tervueren und Laekenois (Svartberg, 2006).

RASSETYPISCHE KRANKHEITEN

Der Groenendael ist von Epilepsie betroffen. Während in der Hundepopulation insgesamt von einer Prävalenz von 0,5 bis 1 Prozent ausgegangen wird, wurde beim Groendael eine Prävalenz von 9,5 Prozent (Berendt et al., 2008), innerhalb bestimmter Linien sogar von 33 Prozent (Berendt et al., 2009), beschrieben. Da beim Belgischen Schäferhund von einer starken genetischen Prädisposition auszugehen ist (Fischer et al., 2013), sollten betroffene Hunde von der Zucht ausgeschlossen werden. Epilepsie wurde in einer Studie als häufigste Todesursache bei Belgischen Schäferhunden spezifiziert, allerdings wirkte sie sich nicht wesentlich negativ auf die Lebenserwartung der Rasse aus (Berendt et al., 2012). Die degenerative Myelopathie ist beim Malinois und Groenendael verbreitet. Da die Häufigkeit der Störung hoch ist, wird eine routinemäßige Genotypisierung der Zuchthunde empfohlen, um weitere Verbreitung einzudämmen (Beckers et al., 2016).

Training – siehe Tervueren, S. 447

Die Fellfarbe des Groenendael ist schwarz und er ist eine Varietät des Belgischen Schäferhundes.

Der Laekenois unterscheidet sich von den anderen Belgischen Schäferhunden durch sein rauhaariges Fell, was ihm ein völlig anderes Erscheinungsbild verleiht.

LAEKENOIS

EIGENSCHAFTEN

Der Laekenois ist die rauhaarige Varietät des Belgischen Schäferhundes und ist wenig verbreitet. Wie auch die drei anderen Varianten Groenendael, Malinois und Tervueren, wird der Laekenois vor allem als Schutz- und Familienhund gehalten. Bis auf Fell und Farbe unterscheiden sich die Varianten kaum, allerdings stellt der Malinois aufgrund der ausgeprägten Verwendung als Dienst- und Sporthund hinsichtlich seines Temperaments eine Ausnahme dar, wohingegen die anderen Varietäten sich in ihren Charaktereigenschaften wenig unterscheiden und als arbeitsfreudig, aggressionsbereit, motivierbar, neugierig und verspielt sowie sehr wachsam gelten. Obwohl sie alle eine gemeinsame Rasse bilden, dürfen die Varietäten nicht miteinander gekreuzt werden. Im Vergleich zu Malinois und Tervueren, sind die beiden letztgenannten Rassen der belgischen Familie, Groenendael und Laekenois noch wenig erforscht.

Training – siehe Tervueren, S. 447

GRUPPE 16
— *nach Parker*

VERWANDTSCHAFT IN GRUPPE 16

Die Gruppe 16 nach der Einteilung von Parker (Parker et al. 2017) umfasst eine der größten Rassegruppen. Innerhalb der Gruppe sind am nächsten untereinander verwandt:

- Setter
- Dalmatiner, Weimaraner, Münsterländer, Magyar Viszla, Deutsch Kurz- und Drahthaar
- Spinone und Bretone stehen zwischen diesen beiden Untergruppen
- Die Retrieverrassen bilden tatsächlich eine verwandtschaftliche Einheit.
- Die Spaniels sind die gemeinsame Schwestergruppe des gesamten Rests des Cladus.

Bemerkenswert ist ein Vergleich der verwandtschaftlichen Verhältnisse mit den von Turcsán (2016) erarbeiteten Gruppierungen der Persönlichkeitswerte. Mit Hilfe einer sogenannten Clusteranalyse wurden computermäßig die größtmöglichen Ähnlichkeiten aller Punktwerte gemeinsam berechnet. Hier stehen die Rassen unserer Gruppe keineswegs eng beieinander. Zwar sind z. B. Gordon Setter, Chavalier King Charles Spaniel und Irish Setter eng gruppiert, aber in den Persönlichkeitswerten am nächsten zum Gordon Setter ist der Bearded Collie, der Golden Retriever gruppiert mit dem Beagle, Deutsch Drahthaar mit dem Riesenschnauzer oder der English Cocker Spaniel mit dem Dobermann.

Sowohl im Erscheinungsbild als auch in ihren Persönlichkeitswerten unterscheiden sich die Rassen dieser Gruppe stark (links: Magyar Vizsla, oben: Irish Setter).

JAGDVERHALTEN

Möchte man einen Jagdhund halten, ist es zu Beginn wichtig zu erkennen, welche Verhaltensweisen bereits ins Jagdverhalten fallen. Jeder Hund kann ein Jagdverhalten in unterschiedlich ausgeprägter Form zeigen und es handelt sich dabei um ein vollkommen natürliches und normales Hundeverhalten. Bestimmte Teile des Jagdverhaltens sind angeborene Verhaltensweisen, während andere Teile wiederum erst erlernt werden müssen. Dieses Verhalten dient dem Nahrungserwerb, wird aber unabhängig davon gezeigt, ob der Hund gerade Hunger hat oder nicht.
Das Jagdverhalten allgemein ist eine selbstbelohnende Handlung.
Daher gilt, selbst wenn man den Hund für dieses Verhalten nicht lobt oder bestätigt, erfolgt dies selbstständig allein durch die Ausführung. Deshalb ist es nicht möglich, dieses Verhalten bei „Fehlausübung" einfach zu ignorieren, da sich der Hund durch verschiedene Botenstoffe selbst belohnt.
Erste Auslöser des Jagdverhaltens sind meist schnelle Bewegungen, da Hunde sehr gute Sichtjäger sind. Andere Auslöser unterliegen einer starken Lern- oder epigenetischen Komponente, wie z. B. der Geruch von Wild oder eine Wildfährte.

Jagdsequenz
Das Jagdverhalten zählt zu den distanzverringernden Verhaltensweisen, um die Beute anschließend, bei komplett ausgeführter Jagdsequenz, zu fassen (packen) und zu töten (siehe S. 84 f.). Eine Kommunikation zur gegenseitigen Verständigung zwischen Hund und Beute tritt nicht auf (wohl aber eventuell von Beute zu Hund, z. B. durch „Flummy-Prellsprünge" zu zeigen, wie gewandt und schnell man sein kann; Wölfe und wolfsnahe Rassen brechen in diesem Fall aus Gründen der Energieeinsparung die Jagd ab). In diesem Jagdverhalten kann der Hund u. a. folgende Verhaltensweisen zeigen:

— Suchen/Nachfolgen
— Erstarren/Fixieren
— Lauern/Anschleichen
— Hetzen
— Angreifen/Packen
— Töten (Totschütteln)

Das Jagdverhalten sollte, wie anderes Hundeverhalten auch, im Kontext zur Situation richtig beobachtet und in Folge auch korrekt interpretiert werden. Wenn der Hund z. B. im Spielverhalten Jagdsequenzen übt, so ist dies richtig und wichtig, da Hunde dabei alle Verhaltensweisen in unterschiedlich ausgeprägter Form und ohne Endhandlung und Ernstbezug zeigen.

Anti-Jagdtraining
Wenn Jagdhunde in eine Familie kommen, ohne dass mit ihnen jagdlich gearbeitet wird, ist ein Basis-Antijagdtraining wichtig, um auch diese Hunde im Freilauf führen zu können, ohne dass sie unkontrolliert Wild hetzen und eine Gefahr für sich und das Wild darstellen.
Für das Training ist es wichtig, dass man erste Anzeichen eines Jagdverhaltens erkennen muss, z. B.

— starkes Schnüffeln am Boden,
— Luftwittern,
— Fixieren eines (Jagd-)Objektes,
— genaue Beobachtung des Umfeldes.

Jagdgebrauchshunde arbeiten äußerst unterschiedlich, und je nach Aufgabe gibt es Spezialisten (hier Setter nach der Jagd auf Geflügel).

Hat der Hund bereits Erfahrungen mit der Jagd gesammelt, muss man die weitere Ausübung über Managementmaßnahmen unbedingt verhindern. Konkret bedeutet das, dass der Hund an der Leine bleiben muss. Dies dient dazu, dass er das Jagdverhalten nicht weiter einüben und perfektionieren kann. Überdies ist es wichtig, dass der Mensch durch sein eigenes Verhalten und die eigene Aufregung das Jagdverhalten nicht auslöst. Scannt man z. B. selbst den Horizont nach Wild, kann dadurch das Jagdverhalten des Hundes aktiviert werden. Oft sind auch andere Hunde kontraproduktiv, da sich der Hund das Jagen über das Nachahmungslernen von Artgenossen abschauen kann. Andererseits kann aber alternatives Verhalten, z. B. sinnvolle sportliche Beschäftigung, durch Beobachtungslernen leichter vermittelt werden.

Belohnen von richtigem Verhalten

Beim Antijagd-Training sollte man sich grundlegende Gedanken darüber machen, wie man seinen Hund für richtiges Verhalten belohnen und bestärken kann. Man muss eine „konkurrierende Motivation" z. B. zu einem fliehenden Feldhasen finden. Das heißt, dass man im Training mit der gewählten Belohnungsform zumindest mithalten sollte, im optimalen Fall jedoch eine bessere Variante für den Hund bereitstellen kann. Das wiederum bedeutet, dass man bei der Emotions- und erhöhten Erregungslage des Hundes eine Form der Bestätigung anbieten muss, die eine Konkurrenz möglich macht. Das aber klappt wegen des als Reizsummation bezeichneten ethologischen Phänomens nur selten. Ein lebendes Beutetier übt eben viel mehr Reize gleichzeitig aus, als ein Dummy oder ein Fleischwursttrick.

Trainingsfelder

Um nachhaltigen Erfolg zu haben, ist es erforderlich, dass mehrere Trainingsfelder bearbeitet werden, wobei allerdings keine bestimmte Reihenfolge eingehalten werden muss, was zuerst trainiert wird. Erst nach erfolgreichem Training aller Teile und dem Zusammensetzen aller Trainingsfelder, ergibt sich der nachhaltige Erfolg. Einige Bestandteile sind:

1. Grundgehorsam ausbauen und festigen: Ein junger Hund, dessen Lieblingssignal z. B. „Sitz" ist, sollte dahingehend weiter trainiert werden, so dass er dieses Signal zuverlässig unter erhöhter Ablenkung und auf größerer Distanz beherrscht. Kann der Hund sein „Sitz" sehr gut, kann man in der Anwendung des Signals, spätestens wenn der Hund z. B. Wild erspäht, ihn absitzen lassen, um ihn dann anzuleinen. Deshalb sollte das Training auch Situationen mit unterschiedlichsten Ablenkungen umfassen, die mittrainiert werden. Man kann z. B. trainieren, dass der Hund zuverlässig sitzen bleibt, auch wenn ein Ball an ihm vorbeifliegt, der ja einen bewegten Reiz darstellt. Dies bedeutet auch, dass der Hund eine Frustrationsbewältigung und Impulskontrolle erlernt.
2. Konzentrationsübungen: Jede Form der Aufmerksamkeit des Hundes auf Sie als Halter, sollte verstärkt und belohnt

Bei einem jagdlich ambitionierten Hund (hier Welsh Springer Spaniel), ist ein gutes und an die Fähigkeiten des Hundes abgestimmtes Training unbedingt erforderlich.

werden. Der Hund soll lernen, dass sich dieses Verhalten mehr auszahlt als wenn er z. B. die Nase am Boden hat. Der aufmerksame Hund hat den großen Vorteil, dass er sich auf den Menschen konzentriert und nicht auf die Umgebung und auf das Wild. Hier kann man natürlich auch ein Aufmerksamkeitssignal trainieren. Damit ist gemeint, dass der Hund auf ein bestimmtes Signal hin die Aufmerksamkeit auf den Halter richtet. Mit dem Lernfortschritt muss bei diesem Training dann die Dauer der Aufmerksamkeit und auch die Ablenkung gesteigert werden. Dies darf aber nicht dazu führen, dass der Hund ständig auf den Menschen fixiert ist. Solches Verhalten führt nämlich einerseits zu einer unsicheren Bindung, andererseits auch zu kognitiven Nachteilen. Eine Balance zwischen Innen- und Außenfokus ist dringend erforderlich.

3. Sicherer Rückruf: Der Hund sollte einen Rückruf beherrschen, auch in der erhöhten Aufregung. Wenn er dies bereits gut kann, sollte man mit steigendem Lernfortschritt den Schwierigkeitsgrad erhöhen und der Rückruf sollte auch erfolgreich sein, wenn z. B. ein Hund zeitgleich bei einem Menschen vorbeiläuft. Es wäre gut, wenn der Hund auch dann dem Rückruf folgt, wenn andere bewegte Reize als Ablenkung vorhanden sind.
4. Alternative Beschäftigung mit Nasenarbeit: Ein wichtiger Faktor für den Erfolg, ist auch die alternative Beschäftigung für den Hund. Für Hunde ist das Schnüffeln eine beliebte Aktivität und man kann daher mit Nasenarbeit eine Alternative bieten. Dazu zählen etwa Suchübungen, Fährten oder ähnliches. So lernt der Hund, dass der Wildgeruch gar nicht so spannend ist, wie z. B. der Menschengeruch beim Mantrailing.
5. Notfallpfiff: Auch ein Notfallpfiff sollte trainiert werden. Dabei muss der Pfiff als neues Signal mit der Emotions- und Erregungslage des „Hetzens" konkurrieren können. Oft passiert es, dass Hundebesitzer in ihrer Aufregung ein Signal ganz anders geben, als dies normalerweise geschieht. Daher macht es Sinn, einen Notfallpfiff mit Pfeife zu trainieren. Der Hund lernt, dass bei diesem Pfiff eine Jagdsequenz bei Ihnen stattfindet. Der Pfiff wird kognitiv mit Beutemotivation beim Hundehalter verknüpft und kann so auch mit der erhöhten Erregung des „Hetzens" konkurrieren. Hier ist es erwünscht, dass der Hund auch eine erhöhte Erwartungshaltung mit dem Pfiff entwickelt, da so, allein durch die Erwartungshaltung an die Belohnung, der Dopamin-Ausstoß weiter erhöht wird. Damit kann man den Hund später auch vom Hetzen „abpfeifen". Hier sei aber unbedingt erwähnt, dass das Versprechen des Menschen, dass mit dem Pfiff ein Jagd-„spiel" folgt, nicht gebrochen werden darf. Zudem ist der spärliche Einsatz hier zielführend, da es Spaß machen muss und man keinesfalls den Hund über diese Übung zudem „aufpuscht". Gerade bei Rassen, die auf selbstständige Arbeit gezüchtet wurden, sind diese Warnungen umso wichtiger. Was bei Retrievern und Hütehunden klappen kann, ist bei Kleinterrieren, raubzeugscharf gezüchteten Allroundern oder Sichtjägern wie Podencos extrem unwahrscheinlich.

Es kann nie eine 100-prozentige Garantie geben, dass der Hund ein Signal unfehlbar und mit absoluter Sicherheit ausführt. Hunde sind fühlende sowie denkende Lebewesen und keine Maschinen. Man muss sich bewusst machen, dass das Festigen des neuen Alternativverhaltens, das man statt dem Jagen etablieren möchte, mindestens genauso lange dauert, wie das Erlernen der einzelnen Trainingsbausteine.

ENGLISH SPRINGER SPANIEL

HERKUNFT, GESCHICHTE, AUFGABEN

Der Ursprung liegt in Großbritannien, wo man die Abstammung der Springer Spaniel vom Norfolk Spaniel annimmt. Youatt (1845) vermutet, dass der Springer Spaniel aus einer Kreuzung mit Black-and-Tan-Terriern hervorgegangen ist. Seine jagdlichen Aufgaben sind das Aufstöbern von Wild, früher auch vor Falke und Habicht, später vorm Netz. Heutzutage ist er vielseitig im Jagdgebrauch einsetzbar. Er ist ein außergewöhnlich wasserfreudiger Hund, der mit Spurlaut stöbert und buschiert.

MORPHOLOGIE

Größe und Gewicht Er ist symmetrisch gebaut, wirkt kompakt und kräftig. Die Ohren sind tiefer angesetzt und länger. Man könnte ihn auch als eine Zwischenstufe zwischen dem Cocker Spaniel und dem Setter sehen, da er unter den Spaniel-Rassen die höchsten Läufe hat, mit einer Widerristhöhe von ca. 51 cm und einem Gewicht von 22 bis 24 kg.
Farben und Fell Das Fell gibt es in zwei Hauptfarbrichtungen: leberbraun/weiß oder schwarz/weiß oder jede dieser Farben mit Loh-Abzeichen. Das schlichte Langhaar ist pflegeleicht.

EIGENSCHAFTEN

Dieser passionierte und scheinbar unbekümmerte Jagdhund braucht einen erfahrenen Hundehalter, der auch seine jagdliche Passion fördert. Mit einer liebevoll-konsequenten Erziehung ist der English Springer Spaniel ein freundlicher und gehorsamer Gefährte, den man vielseitig einsetzen kann. Sehr gern wird er heutzutage als Spürhund bei Polizei und Militär eingesetzt. Auch Aktivitäten wie Mantrailing, Rettungshundearbeit oder Dummytraining sind gute Ersatzbeschäftigungen, wenn man diesen eigenständigen, mit einer sehr feinen Nase ausgestatteten Jagdhund beschäftigen möchte. Tut man dies nicht, kann es mitunter zu Verhaltensauffälligkeiten kommen, die sich z. B. in erhöhter Aggressionsbereitschaft zeigen können. Dies könnte man auch der Frustration zuschreiben: Hat ein passionierter Jagdhund keine entsprechende Arbeit, kann

Aufgrund seines scheinbar unbekümmerten …

dieser durch „Nichts-Tun“ frustriert sein. Der English Springer Spaniel ist freundlich gegenüber seinem Besitzer und zu fremden Personen, neigt jedoch gegenüber fremden Hunden zu aggressivem Verhalten. Er neigt zu Ängstlichkeit gegenüber fremden Hunden, zeigt sich jedoch aufgeschlossen bei Menschen und neigt nicht zur objektbezogenen Ängstlichkeit. Das Jagdverhalten ist ausgeprägt, allerdings ist er nicht übermäßig erregbar und gut trainierbar. Der Springer Spaniel ist nicht sehr bellfreudig und zeigt auch keine unerwünschten Verhaltensweisen wie Ausbruchstendenzen oder trennungsbasiertes Urinieren (Serpell und Duffy, 2014).

AGGRESSIVES VERHALTEN

Besondere Risikofaktoren für aggressives Verhalten gegenüber dem Halter und den anderen Familienmitgliedern wurde in einer Untersuchung an über 1 053 English Springer Spaniels gefunden. Laut Angaben der Halter zeigten sich über 48 % der Hunde aggressiv gegenüber dem Halter, rund 26 % hatten bereits einen Menschen gebissen, über 62 % der Bissverletzungen betrafen Mitglieder des eigenen Haushalts. Besonders häufig zeigten männliche Hunde aus Familien- oder Hobbyzucht unerfahrener Züchter aggressive Verhaltensweisen. Ein deutlich geringeres Risiko wurde bei

... Wesens, hat der English Springer Spaniel in letzter Zeit sehr viele Liebhaber gewinnen können.

Das Suchen ist des English Springer Spaniels große Leidenschaft, egal was, wo und wie.

Hündinnen, English Springer Spaniels aus jagdlicher Zucht sowie aus Zuchtstätten eines erfahrenen Züchters festgestellt.
Als häufigste Ursachen für aggressives Verhalten wurde körperliche Einschüchterung/Bestrafung sowie körperliche Einschränkung und ressourcenorientierte, futtermotivierte Aggression angegeben. Kastrierte Hunde zeigten sich dabei aggressionsbereiter als intakte (Reisner et al., 2005). Auch in anderen wissenschaftlichen Untersuchungen wird der English Springer Spaniel als deutlich überdurchschnittlich aggressiv gegenüber seinem Besitzer und auch überdurchschnittlich aggressiv gegenüber anderen Hunden beschrieben (Duffy et al., 2008).
Er erzielte jedoch unterdurchschnittliche Werte bei der Aggressionsbereitschaft gegenüber Fremden sowie gegenüber dem eigenen Besitzer in einem groß angelegten Rassevergleich (Serpell und Duffy, 2014). Auch wird die Rasse als wenig ängstlich gegenüber fremden Menschen beschrieben, aber geringfügig ängstlicher gegenüber fremden Hunden. Gerade Letzteres muss durch frühzeitige, sinnvolle Sozialisierung mit Artgenossen unbedingt erlernt werden.

JAGDLICHE ANLAGEN

English Springer Spaniel sind nicht übermäßig erregbar oder energiegeladen, dafür aber sehr trainierbar (Serpell und Duffy, 2014). Insbesondere die Arbeitslinie („Field trial") schneidet in einem Rassevergleich noch weit über dem Labrador Retriever ab (Serpell, 2005). Als Suchhund erzielte der English Springer Spaniel besonders gute Ergebnisse und zeigte sich in allen Punkten – Trainierbarkeit, Freundlichkeit gegenüber Fremden, gegenüber dem Halter, sowie gegenüber anderen Hunden – überdurchschnittlich. Er schnitt sowohl in der Suchleistung als auch im erwünschten Verhalten deutlich besser ab, als vergleichbare Rassen, u. a. Labrador Retrievern. Dies scheint besonders auf die Arbeitslinie zuzutreffen (Rooney et al., 2004).
In Großbritannien gilt der English Springer Spaniel als die beliebteste und erfolgreichste Rasse bei der Suche nach Drogen und Sprengstoffen. Er wurde am häufigsten als bestgeeignetste Rasse mit den höchsten Werten bei den erwünschten Eigenschaften angegeben (Rooney und Bradshaw, 2004).

TRAINING

Sie zählen zu den Arbeitshunden, die in der Jagd zur Nachsuche, zum Stöbern auf Federwild und zur Treibjagd eingesetzt werden. In ihrem Element – der Nasenarbeit – sind sie sehr eigenständig und beharrlich. Sie „puzzeln" gern und zeigen in ihrer intrinsischen Motivation den großen Spaß an der Nasenarbeit. Daher sollte man unbedingt im Training darauf achten, dass man sie auf „ihre Art" suchen lässt. Sie „wuseln" gern mit tiefer Nase herum und erbringen erstaunliche Leistungen. Daher ist ein aktives Zuhause unumgänglich. Spaniels brauchen geistige Beschäftigung ebenso wie lange Spaziergänge zum Schnüffeln. Die größte Herausforderung für Spaniel-Halter ist oft, die Aufmerksamkeit ihrer Hunde zu bekommen. Spaniels lassen sich mit kurzen Einheiten und kurzen Wiederholungen bei gleicher Übung sehr gut trainieren. Es darf nur nichts langweilig und fad werden. Belohnungen im Jagdverhalten finden sie ganz spannend, ebenso wie Aktivität mit dem Hundehalter, z. B. gemeinsames Laufen, wobei auch hier gern die Nase am Boden ist. Durch die ständig tiefe Nase wird es schwer zu erkennen, welche Umweltverstärker die Hunde für sich finden – denn diese sollte der Hundehalter für ein Training kontrollieren können.
Sinnvolle Beschäftigung ist für diese Hunde die Nasenarbeit: ob Mantrailing, Stöbern, Rettungshundearbeit, Fährte, Pilzsuchhunde, etc. Dies muss nicht „leistungsmäßig" gemacht werden. Ein spielerisches Suchen und Finden von den Familienmitgliedern beim gemeinsamen Spaziergang kann für Mensch und Hund großen Spaß bedeuten. Da Spaniels sehr intelligent sind, kann man sie zu Hause auch mit Suchspielen, Tricks, Unterscheidungsübungen und Denkspielen beschäftigen. Doch Vorsicht! Weniger ist mehr: bei zu hoher Stressbelastung und/oder Frustration kann es vorkommen, dass dies über Winseln oder Bellen vokalisiert wird! Das kleinschrittige, belohnungsbasierte Training ist hier gefragt, damit der Hund weder unter- noch überfordert wird.

Eine seiner angenehmen Seiten, ist die geringe Erregbarkeit.

CAVALLIER KING CHARLES SPANIEL

HERKUNFT, GESCHICHTE, AUFGABEN

Der Cavallier King Charles Spaniel wurde um 1600 in Großbritannien aus dem Zwergspaniel herausgezüchtet. Bevor diese Hunde vorwiegend als Schoßhunde des Adels gehalten wurden, waren sie einsatzfreudige Stöberhunde. Mitte des 19. Jahrhunderts ging die Zucht Richtung möglichst „kleiner Hund", die Schnauzen wurden kürzer und die Augen größer herausgezüchtet. Dazu wurden Einkreuzungen von Mops oder Japan Chin durchgeführt. Erst 1945 wurde eine Rassekennzeichnung aufgestellt, nachdem Roswell Eldridge nach dem Ersten Weltkrieg Preise bei Ausstellungen für Hunde des ursprünglichen Typus mit langer Schnauze ausgesetzt hatte.

MORPHOLOGIE

Größe und Gewicht Die Größenangaben bewegen sich zwischen 31 und 33 cm, das Gewicht liegt bei 5 bis 8 kg.

Farben Farblich sind black and tan – rabenschwarz und ruby – einfarbig tiefrot, Blenheim sowie tricolor die erwünschten Farbvarianten. Abzeichen über den Augen, an den Wangen, an der Innenseite der Ohren, an der Brust, an den Läufen und an der Unterseite der Rute variieren je nach Hauptfarbrichtung. Abzeichen am Kopf sollten gleichmäßig verteilt sein und müssen ausreichend Zwischenraum für den sehr geschätzten „Lozenge-Flecken" (= Raute, ein einzigartiges Merkmal dieser Rasse) lassen.

Fell Dieser kleine Spaniel hat eine lange Rute und ein langes seidiges Fell, das schlichte Langhaar ist pflegeleicht. Trotzdem sollte das Bürsten frühzeitig trainiert werden.

EIGENSCHAFTEN

Der Cavallier King Charles Spaniel ist ein sehr sensibler, freundlicher und gelehriger Hund, der gern mit seinem Menschen kooperiert. Er kann eine Neigung zur Nervosität zeigen, seltener Aggressivität, ist meist liebevoll und unternehmenslustig.
Je nach Sozialisierung, kann der King Charles Spaniel (wie andere Hunderassen auch) mit anderen Tieren als auch mit anderen Hunden sozial verträglich sein. Trotz seines anpassungsfähigen und freundlichen Wesens, ist er jagdlich durchaus interessiert und passioniert bei der Sache, so z. B. bei der Mäusejagd. Er begleitet seinen Halter gern in allen Lebensumständen. Da er sehr motiviert ist und auch gern trainiert, eignet er sich auch gut für Anfänger.
Er ist aufgeschlossen und neigt nicht zur Ängstlichkeit in ihm unbekannten Situationen, gegenüber fremden Personen oder Fremdhunden. Die Rasse ist leicht erregbar, aber gut trainierbar. Cavaliers sind bellfreudig und neigen vermehrt dazu, auszubrechen und zu streunen (Serpell und Duffy, 2014).

RASSETYPISCHE KRANKHEITEN

Die Chiari-Malformation (CM)/Syringomyelia (SM) ist ein Krankheitskomplex, der bei Cavalier King Charles Spaniels auftritt und zu neuropathischen (= Nerven-) Schmerzen (NeP) führen kann. Die Syringomyelie ist eine Erkrankung des Rückenmarks, bei der es im Mark zu Höhlenbildungen kommt. Der primären, angeborenen Form der Syringomyelie liegt meist eine Fehlbildung am Übergang vom Gehirn zum Rückenmark, die sogenannte Arnold-Chiari-

Malformation, zugrunde. Bei Menschen stehen Nervenschmerzen in Zusammenhang mit Angstzuständen, Depressionen und verminderter Lebensqualität. Bei einer Auswertung der Daten von 122 betroffenen Hunden der Rasse Cavalier King Charles Spaniel wurde festgestellt, dass eine hohe Ausprägung neuropathischer Schmerzen in Verbindung mit Furcht vor Fremden, nichtsozialer Angst (Furcht vor Gegenständen, Geräuschen), trennungsbezogenem Verhalten und Trennungsangst sowie Bindungsverhalten und hoher Erregbarkeit auftritt. Ein erhöhter NeP-Wert wurde signifikant mit einer verminderten Lebensqualität, der Fähigkeit zur Bindung und zur Eingewöhnung („ability to settle") und eingeschränkter Bewegungsbereitschaft in Verbindung gebracht. Ein hoher Schweregrad neuropathischer Schmerzen zeigte sich ebenso im Zusammenhang mit angstbedingten Verhaltensweisen und einer verringten Lebensqualität (basierend auf der Einschätzung der Besitzer, Rutherford et al., 2012).

Fälschlicherweise in den vorigen Jahrhunderten zu Schoßhündchen degradiert, sind die Cavallier King Charles Spaniels ausgezeichnete Stöberhunde.

Weitere neurologische Erkrankungen beim Cavalier King Charles Spaniel (nach Rusbridge, 2005):

- Bandscheibenerkankung, „Intervertebral Disc Disease“ tritt in der Regel plötzlich auf und verläuft chronisch. Sie kann mit Schmerzzuständen und Lähmungen sowie motorischer Schwäche (Parese) einhergehen.
- Atlanto-axiale Subluxation (AASL), eine unvollständige Ausrenkung (Subluxation) des Gelenks zwischen erstem und zweitem Halswirbel. Ursächlich ist eine Instabilität der Gelenkkonstruktion, die zu einer Schädigung des Rückenmarks führen kann. Eine mögliche Ursache, die beim CKCS besonders häufig auftritt, ist eine angeborene Fehlbildung, bei der der Dens axis („Zahn“ des zweiten Halswirbels) nicht oder nur unvollkommen ausgebildet ist. Diese Fehlbildung kommt vor allem beim Menschen und bei kleinen Hunderassen vor (Jaggy, 2005).
- Granulomatöse Meningoenzephalomyelitis (GME) ist eine entzündliche Erkrankung des Zentralnervensystems bei Hunden. Mögliche Symptome sind Krampfanfälle, Nackenschmerzen, trunkenheitsartiges Gangbild, Kreislaufprobleme, Erblindung, Lustlosigkeit, Gesichtsanomalien, Zittern und Schwäche.
- Diskospondylitis, eine infektiös bedingte entzündliche Veränderung des Zwischenwirbelraumes unter Beteiligung der Gelenkflächen der benachbarten Wirbel, die meist bereits vorbelastete Hunde aller Rassen und Größen betrifft, tritt beim Cavalier King Charles Spaniel gehäuft auf. Das Hauptsymptom der Erkrankung sind oft unspezifische Schmerzen, die sich in plötzlichem Aufschreien des Tieres äußern können. Daneben sind anfangs oft Störungen des Allgemeinzustandes, Fressunlust und Abgeschlagenheit sowie schubweise auftretendes Fieber zu beobachten. Zum Zeitpunkt des Übergreifens der Infektion auf die gesamte Bandscheibe und auf den Wirbelkörper, kommt es zu neurologischen Ausfallserscheinungen. Die Symptome können je nach Ausmaß der Schädigung des Rückenmarks von geringgradigen Lähmungen über schwere Lahmheiten und neurologische Ausfallserscheinungen bis hin zur kompletten Lähmung hinter dem geschädigten Bereich führen.
- Wirbelsäulentumore oder -wucherungen jeglicher Art, die zu Schmerzen, neurologischen Problemen und manchmal zu Lähmungen führen können. Ein Wirbelsäulentumor kann lebensbedrohlich sein und eine dauerhafte Behinderung verursachen. Die Behandlung kann eine Operation, eine Strahlentherapie, eine Chemotherapie oder andere Medikamente umfassen.

Der Cavallier King Charles Spaniel ist ein unternehmungslustiger Hund, der gern mit dem Menschen zusammenarbeitet.

AMERICAN COCKER SPANIEL

HERKUNFT, GESCHICHTE, AUFGABEN

Der American Cocker Spaniel ist in den USA durch eigene Zucht aus dem English Cocker Spaniel entstanden, er erhielt 1940 erstmals einen eigenen Standard und wurde 1951 von der FCI anerkannt.

MORPHOLOGIE

Größe und Gewicht Er ist der kleinste der Spaniels, mit einer maximalen Höhe von 33 cm und ca. 11 bis 13 kg Körpergewicht.
Farben und Fell Farblich gibt es einerseits den schwarzen Farbschlag, der wirklich pechschwarz sein sollte, jedoch etwas weiß an der Brust und/oder am Hals sind erlaubt. Andererseits einfarbige Fellfärbungen von hellem Beige bis zum dunklen Rot oder auch Braun, sind durchaus üblich. Bei mehrfarbigen Färbungen sollten zwei oder mehr klare, gut voneinander abgegrenzte Farben vorherrschend sein. Das Haarkleid ist lang und dicht, aber leider sehr pflegeintensiv und wird häufig geschoren. Seine morphologische Erscheinung ist eher quadratisch, mit einer runderen Kopfform als beim Cocker Spaniel, womit der Brauenbogen stärker hervortritt. Augen und Ohren bedürfen einer aufmerksamen Pflege.

EIGENSCHAFTEN

Der American Cocker Spaniel ist durch die spezielle „Showzucht", die sein Haarkleid so verändert hat, dass er sich nicht mehr gut zur Stöberarbeit eignet, vorwiegend ein Familienhund.
Dennoch zeigt er gern jagdliche Ambitionen und hat eine hohe Beutemotivation. Er ist gelehrig und hoch motiviert, mit seinem Halter zusammenzuarbeiten. Bei guter Beschäftigung und Training ist er ein ausgesprochen freundlicher, verspielter und zärtlicher Hund. Er eignet sich auch für Hundeanfänger und sucht den engen Familienkontakt, ist dabei ein wachsamer, aber nicht lauter Hund.
Der American Cocker Spaniel neigt gegenüber dem Halter sowie gegenüber Hunden zu aggressivem Verhalten, sowie zu Ängstlichkeit gegenüber fremden Menschen, unbekannten Objekten und Fremdhunden. Die Rasse zeigt ein moderates Jagdverhalten, ist jedoch gleichzeitig gut trainierbar und nicht übermäßig erregbar. Sie neigen dazu, in der Wohnung zu markieren und zu urinieren, wenn sie allein gelassen werden, außerdem werden Ausbruchstendenzen beschrieben (Serpell und Duffy, 2014).

Aus dem English ist in den USA der American Cocker Spaniel entstanden, der sich optisch in einigen Punkten unterscheidet.

Aus dem sehr beliebten Field Spaniel ist Ende des 19. Jahrhunderts der Springer und der Cocker Spaniel herausgezüchtet worden.

FIELD SPANIEL

HERKUNFT, GESCHICHTE, AUFGABEN

In Großbritannien war der Field Spaniel lange Zeit die beliebteste Spanielrasse, vor dem Cocker. Innerhalb einzelner Würfe wurde Ende des 19. Jahrhunderts begonnen, eine Einteilung zwischen den verschieden großen und teilweise auch mehrfarbigen Welpen in Springer Spaniel (große Welpen) und Cocker Spaniel (kleine Welpen) zu machen. Mit dieser Selektion wurde der Field Spaniel um 1900 fast ausgelöscht.

MORPHOLOGIE

Größe und Gewicht Dieser im Körperbau ausgewogene Jagdspaniel wird maximal 47 cm hoch und ungefähr 25 kg schwer.

Farben und Fell Farblich herrscht schwarz vor, aber folgende Variationen sind möglich: schwarz, schwarz mit loh, Schwarzschimmel, Schwarzschimmel und loh, leberbraun, leber und loh, Braunschimmel, Braunschimmel und loh. Bei einfarbigen Hunden ist weiß oder geschimmelt auf der Brust zulässig. Reines schwarz/weiß, leberbraun/weiß, orange, rot oder gold sind inakzeptabel. Die Ohrenpflege sollte konsequent durchgeführt werden, das schlichte Fell ist einfach zu pflegen.

EIGENSCHAFTEN

Die passionierten Jagdhunde werden vorwiegend für die Stöberarbeit und das Apportieren von Wild bei der Jagd verwendet. Da sie sehr gelehrig und feinfühlig sind, arbeiten sie sehr gut mit dem Menschen zusammen und treiben zielstrebig und teilweise unter schwierigsten Bedingungen die Beute zum Jäger hin oder/ und apportieren das geschossene Wild. Trotz ihrer guten Zusammenarbeit mit dem Menschen und ihres lebhaften Wesens, können sie Fremden gegenüber zurückhaltend sein. Hier spielen auch Aufzuchtbedingungen eine große Rolle. Der selbstständige Field Spaniel eignet sich eher weniger als reiner Familienhund, außer, er erhält viel Beschäftigung und Auslauf, sowie ein liebevoll konsequentes Training. In der Literatur wird der Field Spaniel als außerordentlich trainierbar, Fremden gegenüber mitunter distanziert, aber freundlich, nicht aggressiv gegen andere Hunde und sehr bellfreudig/vokal beschrieben (Hirschy, 2006). Field Spaniels sind im Allgemeinen fügsam, aber dennoch unabhängig und nicht leicht erregbar. Sie werden von Stanley Coren (Prof. der Psychologie und Forscher über geistige Fähigkeiten von Hunden) als überdurchschnittlich intelligente Rasse beschrieben (Burke, 2005).

RASSETYPISCHE KRANKHEITEN

Es gibt einige Augenerkrankungen, für die der Field Spaniel eine Veranlagung hat. Dazu gehören Katarakte, Netzhautatrophie und Netzhautdysplasie (Gough, 2010). Die Hüftgelenksdysplasie ist vor allem in britischen Linien von Field Spaniels verbreitet (Burke, 2005). In einer vom United Kingdom Kennel Club (UK) durchgeführten Gesundheitsumfrage, war Krebs die Haupttodesursache bei Field Spaniels (British Small Animal Veterinary Association Scientific Committee, 2011).

Er ist ein zielstrebiger, entschlossener Stöberhund, der gut mit dem Menschen zusammenarbeitet.

Selbständigkeit zeichnet den Field Spaniel genauso aus, wie ein lebhaftes Wesen.

ENGLISH COCKER SPANIEL

HERKUNFT, GESCHICHTE, AUFGABEN

In Großbritannien ist erstmals im 18. Jahrhundert ein Hund mit der Bezeichnung „Woodcock" (Waldschnepfe) aufgetreten. Man nimmt an, dass davon die spätere Ableitung des Namens „Cocker" Spaniel abgeleitet wurde. Zu Beginn gab es keine klare Trennung zwischen Cocker Spaniel, English Springer Spaniel und Cavalier King Charles Spaniel. Im 19. Jahrhundert hat man alle Spaniels, die kleiner als 33 cm und nicht schwerer als 25 kg wogen, als Cocker Spaniel bezeichnet. Es kam durchaus vor, dass innerhalb eines Wurfes die kleinen Hunde als Cocker Spaniels und die größeren als Field Spaniels unterschieden wurden. Erst nach der Gründung des Kennel Clubs, 1873, wurden Field und Cocker Spaniel als selbstständige Rassen anerkannt.
Lange Zeit galt der Cocker Spaniel in England als beliebteste Hunderasse, in Europa lag er an zweiter Stelle hinter dem Deutschen Schäferhund.

Ursprünglich wurden alle kleinen und leichten Spaniels als Cocker Spaniel bezeichnet.

MORPHOLOGIE

Größe und Gewicht Er ist ein niederer Hund mit max. 41 cm Höhe und 14,5 kg, mit langen Ohren und längerem Fell.
Die Ohren und das Fell sind pflegebedürftig.
Farben Einfarbig: schwarz, rot, gold, leber (schokoladenbraun); schwarz mit loh, braun mit loh. Bei diesen Farben ist kein weiß, außer ein kleiner Fleck an der Brust, erlaubt.
Zweifarbig: schwarz-weiß, orange-weiß, braun-weiß, lemon-weiß. All diese Farben können mit oder ohne Tüpfelung sein.
Dreifarbig: schwarz/weiß mit loh, braun/weiß mit loh.
Schimmel: Blauschimmel, Orangeschimmel, Lemonschimmel, Braunschimmel, Blauschimmel mit loh, Braunschimmel mit loh.
Jegliche andere Farben oder Abzeichen, die von den oben angegebenen abweichen, sind unerwünscht.

EIGENSCHAFTEN

In den Beschreibungen über den Cocker Spaniel kommen immer wieder die Worte „sanft, anhänglich, fröhlich, verspielt, voller Leben und Überschwang" vor. Bis heute sind diese Wesenseigenschaften des Cocker Spaniels verbreitet. Das ist auch der Grund dafür, dass dieser früher hauptsächlich jagdlich genutzte Hund inzwischen meist „nur noch" Familienhund ist und seine jagdliche Passion nur in der „Freizeit" ausleben kann. Ursprünglich war er ein ausgezeichneter Stöberhund, der eifrig und sehr arbeitsfreudig, teilweise sogar als „hitzig" beschrieben wurde.
Seine jagdlichen Stärken (wie von vielen anderen Jagdhundrassen auch) sind: Stöbern, Wasserarbeit, Verlorenbringen, Totverbellen und -verweisen, Schweißarbeit. Gern wird er auch als Spürhund für Polizei und Zoll eingesetzt.

Der Cocker Spaniel hat als Familienhund an Beliebtheit gewonnen. Dennoch muss man sich bewusst sein, dass man einen Hund mit einer großen Jagdleidenschaft vor sich hat.

Als Familienbegleithund bleibt er dennoch ein jagender Hund und sei es die Jagd nach Leckerbissen. Er braucht ein klares Training, zeigt ausgesprochen freudigen Einsatz bei Apportier- und Suchspielen, überall dort, wo seine gute Nase gefordert wird. Durch die unterschiedlichen Fellfärbungen im Phänotyp und der zugrundeliegenden Genetik, findet man bei Hunden mit viel „Rot-Faktor" oftmals ein übersteigertes Verhalten und gesundheitliche Problematiken. Das übersteigerte Verhalten zeigt sich im Vergleich zu anderen Rassevertretern dahingehend, dass sie sich im Verhalten nervöser, aktiver etc. zeigen. Man sieht häufiger Hunde mit weniger Impulskontrolle (Selbstbeherrschung) und durch das aktive Stresssystem kann der Hund auch „einfache Alltagssituationen" als bedrohlich oder ängstigend empfinden. Dadruch kann man im Verhalten zur Konfliktbewältigung eine Aggression erkennen, die dann in übersteigerter Form auftritt.

RASSETYPISCHE KRANKHEITEN

Ein statistisch signifikantes Risiko für die Entwicklung gutartiger und bösartiger Tumore der Milchdrüsen wurde beim English Cocker Spaniel festgestellt (Zatloukal et al., 2005).

AUS DER FORSCHUNG

STUDIEN ZUM AGGRESSIONSVERHALTEN

Es deuten mehrere Studien daraufhin, dass unerwünschtes Aggressionsverhalten bei einigen Rassen gehäuft auftritt. Zu diesen Rassen gehören English Springer Spaniel und der English Cocker Spaniel. In einer groß angelegten Untersuchung wurden 932 Fragebögen von Haltern reinrassiger Cocker Spaniels aus Großbritannien ausgewertet, um die Aggressionsbereitschaft, die Häufigkeit aggressiver Verhaltensweisen sowie die zugrundeliegenden Auslöser zu evaluieren. Das Aggressionsverhalten wurde in 11 Kategorien aufgeteilt, wie zum Beispiel Aggression gegenüber fremden Hunden, Aggression gegenüber der Bezugsperson, Verteidigung von Futter und „grundlose" Aggression.

Die häufigste Aggressionsart war laut Angabe der Besitzer territorial motivierte Aggression, bei der die Hunde einen räumlichen Bereich gegenüber fremden „Eindringlingen" – Mensch und Hund – verteidigten. Jene Hunde, die nach Angaben ihrer Halter scheinbar grundlos aggressiv wurden, zeigten laut Untersuchungen jedoch vor der augenscheinlich grundlos auftretenden Aggression bereits Verhaltensweisen, die dem Verteidigen von Futter zuzuordnen waren (Podberscek ,1997). Auch in einer Studie, die seitens der veterinärmedizinischen Verhaltenstherapeutin Ilana Reisner durchgeführt wurde, ähnelten die Ergebnisse zu augenscheinlich unprovozierten Attacken der vorheriger Untersuchungen. Die als unbegründet angenommene Aggression, trat vor allem innerhalb einer sozialen Konfliktsituation oder durch das vorherige Verteidigen einer Ressource, wie eines bestimmten Liegeplatzes oder Futter auf (Reisner et al.,2005).

Impulsive, plötzliche Aggression

Eine Untersuchung der veterinärmedizinischen Fakultät in Barcelona widmete sich insbesondere der impulsiven, plötzlich auftretenden Aggression. Dafür wurden Daten von 145 Cocker Spaniels ausgewertet, verglichen mit Cocker Spaniels ohne Aggressionsprobleme und aggressiven Hunden anderer Rassen. Das häufigste, seitens der Spaniels gezeigte Aggressionsverhalten richtete sich gegen den eigenen Halter. Auffällig war, dass die gezeigte Aggression, verglichen mit jener anderer aggressiver Hunde, besonders impulsiv war: Warnzeichen wie steifere Körperhaltung, Knurren oder Zähnefletschen fehlten oft. Impulsive Aggression verläuft häufig sehr heftig, bei vergleichsweise geringfügigen Auslösern, die Hemmschwelle ist gemindert (Amat et al., 2009). Impulsivität, insbesondere impulsives Aggressionsverhalten, hat eine neurobiologische Ursache (Reisner, 1996). Vermutet wird ein gestörtes Niveau des Neurotransmitters Serotonin, da in Untersuchungen an impulsiv-aggressiven Hunden ein niedriger Serotoninspiegel festgestellt wurde. Auch bei aggressiven Cocker Spaniels wurde der Blutserotoninspiegel mit dem von aggressiven Hunden anderer Rassen verglichen und er stellte sich als besonders niedrig heraus (Amat, 2013). Wichtig ist dies vor allem in Bezug auf den Begriff der „Cocker-Wut", der eine als anfallsartig erlebte „Raserei" dieser Rasse beschreibt. Die Studien, in denen aggressive, besonders impulsive Cocker untersucht wurden, legen jedoch nahe, dass dem Aggressionsverhalten sowohl umweltbedingte Auslöser, z. B. unerkannte Warnsignale seitens des Halters, als auch neurologische Besonderheiten zugrunde liegen.

CLUMBER SPANIEL (NICHT IN PARKER-STUDIE)

Der Name der Rasse stammt aus Clumber Park in Nottinghamshire, wo die ersten Exemplare dieser Rasse gezüchtet wurden. Er ist ein Gundog, der für die Jagd in dichtem Bewuchs gezüchtet wurde.

Morphologie

Größe und Gewicht Er ist der Größte unter den Spaniels mit 43 bis 51 cm Schulterhöhe und einem Gewicht zwischen 25 bis 39 kg. Er ähnelt in seiner Form dem kleineren Sussex Spaniel.

Farben und Fell Der Clumber ist vorwiegend weiß mit gelben, braunen oder orangefarbenen Abzeichen um die Augen und am Rutenansatz. Sein Fell ist dicht, wetterbeständig und glatt, mit einer Befederung um Ohren, Bauch und Beine. Er hat einen schweren Knochenbau, einen massiven Kopf, eine quadratische Nase und Schnauze und große, weinblattförmige Ohren.

Eigenschaften

Das Temperament des Clumbers ist sanft, loyal und liebevoll, aber reserviert und distanziert gegenüber Fremden (Palika, 2007). Die Rasse wurde zur Jagd auf Fasan und Rebhuhn eingesetzt, in kleinen Gruppen als auch allein. Sie eignet sich gut für die Bergjagd in dichtem Gestrüpp. Obwohl der Clumber im Vergleich zu anderen Spaniels im Feld eher langsam ist, ist er ein ruhiger Arbeiter, mit einer feinen Nase und guter Ausdauer. Es wird vermutet, dass seine etwas behäbigere Art als Anpassung an etwas ältere und/oder beleibtere Herrschaften bei der Jagd zu sehen wäre. Die breite Schnauze erlaubt es ihm, eine Vielzahl von Wild zu apportieren (Smith, 2002; Alderton, 2006).

Rassetypische Krankheiten

Clumbers haben oft Schwierigkeiten bei der natürlichen Geburt und benötigen häufig Kaiserschnitte. In Großbritannien kommen 42,7 % der Clumber-Welpen per Kaiserschnitt zur Welt (Bell, 2012). Einige Hunde können unter einer Anästhesieempfindlichkeit leiden. Die häufigsten schweren Gesundheitsprobleme sind Entropium/Ektropium-Augenleiden, d. h., dass das Augenlid entweder nach innen gerollt ist oder sich nach außen klappt. Nach den Ergebnissen eines britischen Kennel Club-Schemas von 2001, hat der Clumber Spaniel die zweitschlechtesten Rassenwerte bei HD. Eine von der Orthopedic Foundation for Animals durchgeführte Umfrage ergab, dass 45,7 % der getesteten Clumber Spaniels von HD betroffen waren (OFA, 2010).
Die durchschnittliche Lebenserwartung liegt bei 10 bis 12 Jahren.

Hana Tabelmann, siehe S. 31

Der Clumber Spaniel ist für sein sanftes Wesen bekannt.

RETRIEVER: JAGDVERHALTEN UND TRAINING

Egal für welche Hunderasse oder welchen Mischling man sich entscheidet, jedes Individuum Hund hat in unterschiedlich ausgeprägter Form ein Jagdverhalten. Das ist biologisch höchst sinnvoll, denn ohne dieses Jagdverhalten wäre ein Hund in freier Natur nicht überlebensfähig. Typische Jagdhunderassen haben über die lange Zeit der Zucht bereits ein genetisch selektiertes Jagdverhalten, das sich der Mensch zunutze macht. Ein Rassevertreter, der Retriever, der natürlich wie jeder andere Hund auch zum Familienhund werden kann, zählt zu den Jagdhunderassen in der Gliederung der Apportier-, Stöber- und Wasserhunde. Je nach Individuum, sehen wir das Jagdverhalten in mehr oder weniger ausgeprägter Form. Dies hat auch mit den Elterntieren und den Aufzuchtbedingungen zu tun.

Ihre ursprüngliche jagdliche Arbeit war es, nach dem Schuss das Wild zum Jäger zu bringen, dies mit sogenanntem „weichem Maul“, um das Wildbret nicht zu beschädigen. Auch die leichte Führigkeit und absolute Beständigkeit, aufmerksam neben dem Hundeführer während der ganzen Jagd zu bleiben, zeichnet sie aus. Wie für alle Jagdhunde, ist es auch beim Retriever mehr als unerwünscht, wenn der Hund neben dem Hundeführer bellt, winselt, einspringt (ohne Kommando losläuft) oder sogar „außer Kontrolle“ das Jagdgeschehen stört.

Die Showlinie unterscheidet sich nicht nur optisch (größer und kräftiger), sondern auch in der Arbeitsleistung.

Die Arbeitslinie ist optisch sehr unterschiedlich, da man sich in der Zucht auf Leistung konzentriert.

Show- und Arbeitslinie

Bei den Retrievern (wie auch in anderen Rassen) wurden Show- bzw. Arbeitslinien entwickelt. Die züchterische Selektion bewirkt, dass sich Aussehen und Arbeitsbereitschaft verändern. Der durch die Genetik veränderte Phänotyp bewirkt immer auch eine Basis zu Verhaltenseigenschaften.

Die Zuchtselektionen zeigen in der Showlinie, dass rein nach dem (menschlich erwünschten) Aussehen selektiert wird und so findet man in diesen Linien Hunde, die durch diese Selektion weniger Arbeitsbereitschaft zeigen. Vor allem aber ist schlechtere Arbeitsqualität, insbesondere schlechtere Selbstbeherrschung, Impulskontrolle und Steuerbarkeit des Arbeitsverhaltens typisch. Deshalb sind Showlinien keine besseren Familien-, sondern nur schlechtere bis ungeeignete Arbeitshunde. Hingegen sind reine Arbeitslinien nach Gesundheit und Leistung selektiert und hier findet man im Phänotyp meist sehr unterschiedlich aussehende Hunde im Vergleich zu den Rassevertretern der Showlinien. Die „Führigkeit" (will to please) der Leistungslinien kann auch mit einem Verhalten in Form von Unsicherheit in Erscheinung treten. Auch bei der Leistungs- oder Arbeitslinie ist trotz allem auf ein ausgeglichenes Wesen des Hundes Wert zu legen, da hier keinesfalls Hunde mit gesteigerter Nervosität und Ängstlichkeit in die Zucht gehen sollten.

Zuchtauswahl

Diesbezüglich sollte man die Zuchtauswahl auch auf das Verhalten der Elterntiere erweitern. Sehr nervöse und/oder ängstliche Hunde sollten keinesfalls in die Zucht gehen, da die Mutterhündin bereits in der Zeit der Trächtigkeit dies hormonell auf die ungeborenen Welpen überträgt und das Stresssystem, durch die Stresshormone, die Welpen beeinflusst. So können Welpen bereits mit einem „Stressgedächtnis" auf die Welt kommen und haben eine schlechtere Basis als Hunde aus einer Zucht, bei der die Mutterhündin entspannt war. Nicht zuletzt spielt auch das weitere Verhalten der Mutterhündin während der Welpenaufzucht eine entscheidende Rolle. Hier sind auch von Seiten des Züchters sinnvolle Maßnahmen in der sensiblen Phase der Welpen und zur Sozialisation erforderlich, damit die Welpen auch Ruhe lernen.

Dummytraining

Für Retriever ist der „Dummysport", also das Apportieren der unterschiedlichen Dummys eine tolle Beschäftigung, für die sie die Veranlagung mitbringen. Dabei ist zu beachten, dass auch bei richtig durchgeführten Apportierübungen mit Maß und Ziel, unbedingt die damit einhergehenden Belastungen des Bewegungsapparates des Hundes beachtet werden müssen. Eine Studie hat hier die unnatürlich verschobenen Belastungen auf den Bewegungsapparat durch das Tragen von schweren Gegenständen im Maul untersucht und aufgezeigt (Bockstahler et al., 2016).

Mittlerweile findet man die unterschiedlichen Retrieverrassen als gängige „Allrounder". Die Einsatzbereiche sind mittlerweile sehr breit gefächert. So findet man Rassevertreter dem Ursprung entsprechend bei der Jagd nach dem Schuss. Abseits dessen finden wir diese Hunde im Rettungshundeeinsatz, Mantrailing, Polizei- und Zolldienst zur Sprengstoff- oder Suchtgiftsuche, im Hundesport (Begleithundeprüfungen, Obedience, Stöbern, Fährtensuche, Breitensport, ...), als Blindenführhund, als Therapiehund, im Assistenzhundewesen wie Diabetikerwarnhund etc. und natürlich als beliebter Wegbegleiter vom Menschen. Hier sei unbedingt erwähnt, dass all diese Leistungen und Erfolge, neben der artangemessenen Haltung, nur durch konsequentes, liebevolles Training und einer sinnvollen Erziehung erreicht werden können.

NOVA SCOTIA DUCK TOLLING RETRIEVER

HERKUNFT, GESCHICHTE, AUFGABEN

Eine spannende Entstehungsgeschichte geht dieser Rasse voran. Vermutlich stammt der Nova Scotia Duck Tolling Retriever (Toller) von den alten Labrador- und Neufundländer-Hunden ab, die in Neu-Schottland und Kanada zu finden waren. Erst 1981 wurden sie von der FCI als eigenständige Rasse anerkannt. Wahrscheinlich ist, dass Irish Setter und Shetland Sheepdogs eingekreuzt wurden.

MORPHOLOGIE

Größe und Gewicht Er ist ein mittelgroßer, kompakter, harmonisch gebauter Hund, mit einer maximalen Höhe von 53 cm und einem Höchstgewicht von 23 kg.

Farben und Fell Die Farbe besteht aus verschiedenen Schattierungen von rot oder orange, wobei die Befederung und die Unterseite der Rute farblich heller sind. Gewöhnlich ist eine der folgenden weißen Farbmarkierungen vorhanden: Rutenspitze, Pfoten (jedoch nicht höher reichend als der Vordermittelfuss), Brust und eine Blesse. Ein Toller, der ansonsten von hoher Qualität ist, darf nicht allein wegen Fehlens eines weißen Abzeichens geringer bewertet werden. Die Pigmentierung der Nase, der Lefzen und der Augenränder soll fleischfarben, Ton in Ton mit der Farbe des Haarkleids, oder schwarz sein. Das schlichte Langhaar ist pflegeleicht.

Das schlichte Langhaar des Tollers kommt in verschiedenen Rotschattierungen vor.

EIGENSCHAFTEN

Sie sind sehr intelligent und mit einem großen Maß an Ausdauer ausgestattet, dabei aber sehr gelehrig und arbeitsfreudig. Daher ist der Nova Scotia Duck Tolling Retriever ein ausgezeichneter Arbeitshund, der keine Möglichkeit zum Apportieren auslässt. Jagdlich kann man ihn zum Aufstöbern (durch Bellen) am Ufer oder zu Wasser einsetzen. Nach Abschuss apportiert der Toller Federwild, das zu Wasser oder Land geschossen wurde. Durch seine hohe Bewegungsfreude und seine große Spielmotivation, ist er jederzeit ohne zu zögern bereit, schnell zu reagieren. Obwohl der Toller anhänglich und freundlich ist und auch eine hohe Bereitschaft zeigt, mit dem Menschen zusammenzuarbeiten, ist er kein Hund für bequeme Menschen, die vielleicht nur am Wochenende einen ausgiebigeren Spaziergang mit ihm unternehmen. Wenn man jedoch seinen Eifer und seine Arbeitsfreude erfüllt, kann er auch für einen Anfänger geeignet sein. Grundsätzlich ist es immer zu empfehlen, dass Arbeitshunde (wie auch bei anderen Leistungshunderassen) nur an aktive

Menschen, die mit dem Hund „arbeiten“, abgegeben werden. Im Vergleich zu anderen Gebrauchshunderassen wurde der Toller als sehr trainierbar, gelehrig und arbeitswillig beschrieben (Eken Asp H. et al., 2015).

RASSETYPISCHE KRANKHEITEN

Bei den Tollern wurde eine genetische Prädisposition für immunvermittelte Krankheiten festgestellt, darunter eine auf Steroide reagierende Meningitis-Arteriitis (SRMA) und eine immunvermittelte rheumatische Krankheit (IMRD) (Anfinsen et al., 2008; Hansson-Hamlin und Lilliehöök, 2009). In einer Schwedischen Toller-Population wurde ein Krankheitskomplex mit chronischen muskuloskelettalen Anzeichen, einschließlich Steifheit und Gelenkschmerzen, festgestellt, für den bei der Hunderasse Nova Scotia Duck Tolling Retriever eine starke Prädisposition vorliegt (Hansson-Hamlin, 2009). Die klinischen Anzeichen der Krankheit deuten darauf hin, dass die Störung immunvermittelt ist. Die Ergebnisse weisen auf eine chronische, systemische, rheumatische Störung hin (IMRD).

Geräuschempfindlichkeit Untersuchungen, bei denen unterschiedliche Rassen und ihre Empfindlichkeit sowie Reaktion gegenüber Geräuschen untersucht wurden, deuten darauf hin, dass Toller besonders sensibel und ängstlich auf Schussgeräusche und Gewitter reagieren. Eine starke Auffälligkeit wurde bei der besonders hohen Ängstlichkeit gegenüber starkem Verkehrslärm festgestellt. Ebenso zeigte sich, dass sich geräuschempfindliche Hunde ängstlicher in unbekannten Situationen zeigen, als Hunde, die geringe Anzeichen für Unwohlsein gegenüber lauten Geräuschen zeigen. Darüberhinaus benötigten die geräuschsensiblen Hunde mehr Zeit, um sich in einer stressauslösenden Situation zu beruhigen und zeigten eine höhere Stressempfindlichkeit (Storengen und Lingaas, 2015).

Der Nova Scotia Duck Tolling Retriever zeichnet sich durch ein hohes Maß an Ausdauer aus.

Der Curly Coated Retriever besticht durch sein kurzes hartes und eng lockiges Fell.

CURLY COATED RETRIEVER

HERKUNFT, GESCHICHTE, AUFGABEN

Der Curly Coated Retriever ist angeblich die älteste englische Retriever-Rasse und stammt vom Irish Water Spaniel ab. Obwohl bereits um 1800 das erste Mal erwähnt, hat sich dieser Retriever nie einer hohen Beliebtheit erfreut. Bereits 1850 wurde der Curly Coated Retriever als eigenständige Rasse geführt.

MORPHOLOGIE

Größe und Gewicht Er ist ein großer und kräftiger Hund, mit einer Höhe von maximal 69 cm, der dennoch in den Bewegungen elegant wirkt. Sein Gewicht sollte 36 kg nicht überschreiten.

Farben und Fell Der Curly kommt in den Farben schwarz und braun vor. Sein kurzes, hartes und eng lockiges Fell, das um die Augen und den Fang kurz und glatt sein soll, haart nicht.

EIGENSCHAFTEN

Der Curly ist ein eher selbstständiger Hund unter den Retrieverrassen, der unabhängig und selbstbewusst sein kann. Daher kann eine Neigung entstehen, weniger mit dem Menschen zusammenzuarbeiten. Fremden gegenüber kann er zurückhaltend sein und durchaus auch wachsam. Dabei hat der Curly ein ausgeglichenes Wesen und ist bei gutem Training verlässlich bei der Arbeit. Curlys können eine lange Entwicklungsphase („Spätentwickler“) haben, brauchen eine einfühlsame und klare Erziehung und sind daher weniger für Anfänger geeignet. Bei sinnvoller Beschäftigung, bei der er seine jagdlichen Fähigkeiten ausleben kann, wie z. B. bei Apportier- oder Sucharbeit, ist er ein guter Begleiter.

RASSETYPISCHE KRANKHEITEN

Exercise induced collapse ist eine Erbkrankheit, die beim Curly Coated Retriever und weiteren Retrieverrassen vorkommt und monogen autosomal rezessiv vererbt wird (Patterson et al., 2008; Taylor et al., 2009). Bei starker Belastung zeigen genetisch prädisponierte Hunde Schwächeanfälle (Owczarek-Lipska et al., 2011).

LABRADOR RETRIEVER

HERKUNFT, GESCHICHTE, AUFGABEN

Durch die englische Kolonialisierung Neufundlands ab 1759, kamen damals regelmäßig Hunde von dort nach England. Man vermutet, dass die Hunde Neufundlands von dem durch die Portugiesen eingeführten „Cane di Castro Laboreiro“ abstammen. Es hat sich je nach Gebrauch eine langhaarige (vergleichbar mit dem Neufundländer) und eine kurzhaarige (vergleichbar mit dem Labrador Retriever) Form entwickelt. Eine Reinzucht der Labrador Retriever entstand erst ab 1885 in England. Die Züchter vermieden die jeweiligen Einkreuzungen anderer Rassen, daher tritt ein sehr einheitliches Erscheinungsbild seit Ende des 19. Jahrhunderts auf. Bei der Zucht haben sich heutzutage zwei klar zu unterscheidende Linien entwickelt: Show- und Arbeitslinie. Hunde aus der Arbeitslinie haben oft eine bessere Trainierbarkeit, Impulskontrolle und sind daher besser für die Arbeit geeignet.

MORPHOLOGIE

Größe und Gewicht Er zeichnet sich je nach Zuchtlinie durch einen kompakten und kräftigen Körperbau aus, mit einer maximalen Höhe von 57 cm und einem Gewicht von 25 bis 34 kg.

Farben und Fell Ursprünglich waren nur schwarze Hunde erlaubt, aber nach dem Ersten Weltkrieg gab es auch erste gelbe Reinzüchtungen. Farbe: Einfarbig schwarz, gelb oder leber/schokoladenbraun. Gelb reicht von hellcreme bis fuchsrot. Ein kleiner weißer Brustfleck ist erlaubt. Die Farben „silber“, „champagner“ und „charcoal“ sind nicht überall anerkannt und wegen der gesundheitlichen Problematik des „Dilute Gens“ (Verdünnungsgen, siehe S. 36) sehr skeptisch zu sehen.

Der Labrador Retriever hat ein pflegeleichtes Stockhaar, das jedoch ganzjährig stark haart. Er hat eine breite und tief angesetzte Brust (Rippenkorb) und eine ebenso starke Lenden- und Hinterhandpartie.

Der Labrador Retriever ist zu Beginn des 21. Jahrhunderts eine der beliebtesten Hunderassen.

EIGENSCHAFTEN

Der Labrador Retriever hat durch sein freundliches Wesen und seinen hohen Eifer, mit dem Menschen zusammenzuarbeiten, eine sehr große Beliebtheit entwickelt. Dennoch ist er auch als „Modehund" noch ein sehr jagdlich ambitionierter Hund, der hervorragend sowohl an Land als auch im Wasser bei schwierigen Bedingungen apportiert. Er ist bewegungsfreudig, was ihn nicht zum reinen Stadt- und Familienhund qualifiziert. Ohne Aufgaben und sinnvolle Beschäftigung verliert er seine große Passion, mit dem Menschen zu interagieren. Üblicherweise finden Labradore Einsatz in der Jagd, als Assistenzhunde und Blindenführhunde sowie in der Therapiehundearbeit (Moore, 2007). Etwa 60 bis 70 % aller Blindenhunde in Kanada sind Labradors (Moore, 2007). Sie haben eine hohe Erfolgsquote bei der Ausbildung von Blindenhunden gezeigt, die sie neben Golden Retrievern am Schnellsten erfolgreich abschlossen (Ennik et al., 2006).

Der Labrador zeichnet sich durch seine …

Gern wird der Labrador als Familienhund gehalten, doch sein Bewegungsbedürfnis muss dabei beachtet werden.

Der Labrador Retriever neigt nicht zu aggressivem Verhalten gegenüber Fremden oder seinem Halter und weist eine hohe Verträglichkeit gegenüber anderen Hunden auf. Er ist sehr gut trainierbar, nicht übermäßig ängstlich und zeigt keine Scheu gegenüber Fremden, unbekannten Objekten oder Fremdhunden. Eine Neigung zur Trennungsangst wird bei der Rasse nicht beschrieben, ebenso neigen sie wenig zu unerwünschtem Verhalten wie trennungsbezogenem Urinieren oder dem Ausbrechen und Streunern. Ihr Jagdverhalten ist nicht stark ausgeprägt, allerdings können sie zur Aufgeregtheit neigen und sind energiegeladen, dabei neigen sie jedoch nicht zur Bellfreudigkeit (Serpell und Duffy, 2014). Auch in einer japanischen Studie, die dort lebende Hunde populärer Rassen miteinander verglichen hat, wird der Labrador als leicht trainierbar, kinder-

... Vielfältigkeit aus. Es gibt kaum ein Einsatzgebiet oder Hundesport, wo er nicht zu finden ist.

freundlich und unterwürfig gegenüber dem Halter beschrieben (Takeuchi und Mori, 2006).
Das am deutlichsten vererbte Merkmal der Labradors ist das Apportieren, gefolgt von der Angst vor Geräuschen (Illska et al., 2017).
Storengen et al. (2019) fanden bei einer genomweiten Suche des Erbgutes von Labradors bei drei (aus 17 im Verhalten identifizierten) Eigenschaften, die im Zusammenhang mit Assistenzhundeeignung stehen, genetische Zusammenhänge bei zweien davon auf mehreren Chromosomen. Das Letztere bedeutet, dass sie wahrscheinlich polygen vererbt werden. Bei einigen anderen der 14 Eigenschaften lagen die Werte nahe an einer statistischen Signifikanz, was bedeutet, dass die Wahrscheinlichkeit einer genetischen Beteiligung sehr hoch ist.
Die Persönlichkeitsunterschiede zwischen Show- und Arbeitslinie sind besonders ausgeprägt. „Gundogs“, Hunde im Jagdeinsatz, erzielten höhere Werte bei der Abrufbarkeit und Trainierbarkeit als Showhunde oder Hunde in reiner Familienhaltung. Auch die Farbe spielte eine Rolle, so waren braune Labradors generell aufgeregter, wenn sie ignoriert wurden und zeigten eine höhere Erregbarkeit sowie eine geringere Trainierbarkeit als schwarze Hunde. Auch die Geräuschangst war ausgeprägter als bei gelben und schwarzen Labradors (Lofgren et al., 2014).
Labrador Retriever sind deutlich stärker an Futter interessiert und darüber motivierbar als andere Rassen. Sie neigen dazu, übergewichtiger zu sein als andere Rassen, unabhängig vom Besitzer. In Verbindung gebracht wird damit u.a. ein Gen, das als „POMC“ bezeichnet wird. Das Gen kann dazu beitragen,

Seine ursprüngliche Fellfarbe ist schwarz, erst nach dem 1. Weltkrieg gab es auch gelbe Züchtungen.

die Produktion von Melanozyten-stimulierenden Hormonen und Endorphin zu hemmen, die normalerweise dazu beitragen, den Hunger nach einer Mahlzeit abzuschalten. Beim Menschen wurden häufige POMC-Varianten mit Unterschieden im Körpergewicht in Verbindung gebracht. Bei etwa einem Viertel der Labradore wurde ein noch nicht abschließend geklärter, biologischer Grund für das Verhalten festgestellt. Es gibt zwar viele futtermotivierte Hunde, die keine POMC-Mutation aufweisen, jedoch sei die Auswirkung auf das Verhalten sowie Gewicht und die Ausprägung der Motivation nicht die gleiche wie bei jenen Hunden, die die Genvariante aufwiesen (Raffan et al., 2016).

RASSETYPISCHE KRANKHEITEN

Ellenbogendysplasie wurde als die häufigste Krankheit beim Labrador (17,8 %), mit einer höheren Prävalenz bei männlichen Hunden festgestellt, an zweiter Stelle trat Hüftgelenksdysplasie auf (12,6 %). Ellenbogen und Hüften waren oft bei demselben Hund betroffen (4,2 %) (Morgan et al., 1999). Weitere bedeutsame Erbkrankheiten sind die zentronukleäre Myopathie (CNM) und exercise induced collapse (EIC). CNN wird beim Labrador monogen autosomal rezessiv vererbt und betroffene Welpen sind bereits ab zwei Wochen aufgrund atrophierter Muskeln leichter als normale Welpen (Tiret et al., 2005; Shelton, 2007). Ab einem Alter von zwei bis fünf Monaten werden schwere Bewegungsstörungen mit einem auffälligen Gang und generalisierter Muskelschwäche sichtbar. Aufgrund der schweren Symptomatik, werden die meisten betroffenen Hunde euthanasiert (Owczarek-Ligska et al., 2011). EIC tritt beim Labrador, Chesapeake Bay und Curly Coated Retriever auf und wird ebenfalls monogen autosomal rezessiv vererbt (Patterson et al., 2008; Taylor et al., 2009). Bei starker Belastung zeigen genetisch prädisponierte Hunde Schwächeanfälle (Owczarek-Ligska et al., 2011). Beim Labrador wurde zudem ein vermehrtes Auftreten unbekannter Lahmheit und gehäufter epileptischer Anfälle gegenüber anderen Retrievern beobachtet (Brümmer, 2008).

GOLDEN RETRIEVER

HERKUNFT, GESCHICHTE, AUFGABEN

Lord of Tweedmouth (1864) gilt als erster Züchter des Golden Retrievers, der sehr genaue Angaben und Aufzeichnungen über die Entstehung dieser Rasse hinterlassen hat. Aus Schottland kommend, ist der Golden Retriever aus dem gelben Labrador, dem Irish Setter und dem Wasserspaniel entstanden, seit 1913 gilt er als anerkannte, eigenständige Rasse.

MORPHOLOGIE

Größe und Gewicht Er ist ein symmetrisch und harmonisch gebauter Hund, mit einer Schulterhöhe von 56 bis 61 cm bei Rüden (Hündinnen 51 bis 56 cm) und einem Gewicht von max. 36 kg bei Rüden.

Farben und Fell Jede Schattierung von gold- oder cremefarben, weder rot noch mahagoni. Einige wenige weiße Haare, allerdings nur an der Brust, sind zulässig. Sein schlichtes Langhaar ist pflegeleicht.

Der Golden Retriever kommt nur in gold- oder cremefarbenen Fellschattierungen vor.

EIGENSCHAFTEN

So wie der Labrador, erfreut sich auch der Golden seit einigen Jahren einer großen Beliebtheit als Familienhund. Sein freundliches, liebenswürdiges und zutrauliches Wesen lässt gern vergessen, dass in dem „Modehund" ein sehr passionierter Jäger steckt. Auch der Golden Retriever braucht seine Aufgabe und Beschäftigung.

Der Golden Retriever wird häufig als Assistenzhund eingesetzt, z. B. als Blindenführhund und Signalhund für Gehörlose (Ennik et al., 2006; Batt et al., 2008). Darüberhinaus werden sie als Jagdhund und Such- und Rettungshund ausgebildet. Der Golden Retriever gilt als drittbeliebeste Rasse in den Vereinigten Staaten (AKC.org, 2011), die fünfthäufigste in Brasilien (Terra Networks, 2017) und Australien (RSPCA Australia, 2010) und steht an achter Stelle der beliebten Rassen im Vereinigten Königreich (The Kennel Club, 2011).

Golden zeigen eine geringe Aggressionsbereitschaft gegenüber Fremden und neigen zu starkem Interesse an fremden Personen (Eken Asp, H. et al., 2015). Sie zeigen sich freundlich gegenüber ihrem Halter und sind überdurchschnittlich verträglich mit Fremdhunden. Sie neigen nicht zur Ängstlichkeit gegenüber ihnen unbekannten Menschen, Hunden oder Objekten und zeigen ein eher weniger stark ausgeprägtes Jagdverhalten, bzw. kann man es durch Training gut in die richtigen Bahnen lenken. Ihre Erregbarkeit und ihr Energielevel sind moderat, dafür sind sie weit überdurchschnittlich trainierbar. Allgemein sind sie sehr wenig bellfreudig und neigen nicht zu unerwünschten Verhaltensweisen wie dem Urinieren, wenn sie alleingelassen werden, oder dem Ausbrechen und Herumstreunern (Serpell und Duffy, 2014). Die rassetypischen Eigenschaften des Golden Retrievers, seine Offenheit, Freundlichkeit, Verspieltheit und Trainierbarkeit, zeigen

Seine Freundlichkeit und Anpassungsfähigkeit machen den Golden zu einem sehr beliebten Hund.

sich in der gesamten Population der Rasse. In einer Studie in Japan wurden beliebte Hunderassen dortiger Halter miteinander in unterschiedlichen Eigenschaften verglichen. Dabei stachen Golden Retriever durch hohe Werte bei Verspielheit und Trainierbarkeit hervor und wurden als wenig/nicht aggressiv gegenüber anderen Hunden, als unterwürfig/ freundlich gegenüber ihrem Halter, kinderfreundlich sowie kaum territoral beschrieben (Takeuchi und Mori, 2006).
Dennoch wird beim Golden eine familiär erblich bedingte Neigung zu aggressivem Verhalten beschrieben, die innerhalb der Rasse mit hoher Heritabilität vererbt wird (Van den Berg et al., 2003, 2008). Die Vererbung ist wahrscheinlich sogar dominant. Bemerkenswert ist, dass übersteigerte Aggression gegen Hunde und gegen Menschen wahrscheinlich auf zwei verschiedenen Chromosomen liegen.

RASSETYPISCHE KRANKHEITEN

Für den Golden Retriever werden in der tiermedizinischen Literatur einige Erbkrankheiten beschrieben, die bei der Rasse überdurchschnittlich häufig auftreten: Ellbogen- (Janutta und Distl, 2008) und Hüftgelenksdysplasie (Comhaire und Snaps, 2008). Ebenso typisch sind die Idiopathischen Epilepsien (Srenk et al., 1994), die eine überwiegend genetische Ursache haben. Selten findet sich eine monogene Vererbung, bei der eine einzelne Genmutation für die Manifestation verantwortlich ist. Meist liegt eine komplexe genetische Disposition vor, bei der das Zusammenspiel mehrerer genetischer Faktoren die Epilepsie verursacht. Die idiopathischen generalisierten Epilepsien sind mit einer Heritabilität (Vererbbarkeit) von 80 % überwiegend komplex-genetisch bedingt (Weber et al, 2011). Bei der X-Chromosomalen Muskeldystrophie (Schatzberg et al., 1998; Ambrósio et al., 2009) ist das Hauptsymptom eine fortschreitende Muskelschwäche und -atrophie.
Eine meist angeborene Fehlbildung, bei der es zur Störung der Leberdurchblutung kommt, ist der angeborene, intrahepatische Portosystemische Shunt (Hunt, 2004). Das Blut aus dem Darm umgeht das Lebergewebe und wird durch ein Gefäß („Shunt") direkt zur Hauptvene geleitet. Die Tiere zeigen Symptome einer inneren Vergiftung durch den Verlust der normalen Leberfunktion und die Ansammlung von toxischen Substanzen im Blut, die zu neurologischen Symptomen führen können. Häufig von davon betroffen sind der Deutsche Schäferhund, Golden Retriever, Irish Setter, Irish Wolfhound und der Samojede (Justus-Liebig-Universität Gießen, 2019).
Die juvenile Zellulite ist eine seltene Veränderung des Gesichts, der Ohrmuscheln und der submandibulären Lymphknoten, die normalerweise nur bei Welpen vorkommt (White et al., 1989). Ursache und Pathogenese dieser Erkrankung sind unbekannt. Der Verdacht einer erblichen Komponente wird unterstützt durch eine Prädisposition bei verschiedenen Rassen wie Golden, Labrador, Dackel und Gordon Setter (Scott et al., 2001). Als typische Symptome entwickeln sich Bläschen, Pusteln, entzündliche Absonderungen, Krusten, Zellulite (Entzündung des Unterhautgewebes) und Alopezie (diffuser Haarausfall) an Lippen, Schnauze, Kinn und an den Lidrändern (Deutsche Gesellschaft für Veterinärdermatologie e.V., 2019). Die Ichthyose, eine Hautkrankheit, wird monogen autosomal rezessiv vererbt (Cadiergues et al., 2008; Mauldin et al., 2009; Gaguere et al., 2009). Sie ist durch die Bildung von Hautschuppen charakterisiert, welche sehr variabel in ihrem Schweregrad sein kann. Manche betroffenen Hunde sind für die Besitzer völlig unauffällig (Owczarek-Ligska et al., 2011). In der Rasse Golden Retriever fiel das gegenüber anderen erfassten Retrieverrassen gehäufte Auftreten von chronischem Durchfall und Hypothyreose auf (Brümmer, 2008).

Er besticht nicht nur durch sein Erscheinungsbild, sondern auch durch seine „Allrounder"-Fähigkeiten.

FLAT-COATED RETRIEVER

HERKUNFT, GESCHICHTE, AUFGABEN

Ursprünglich in England durch Kreuzung von Settern und Collies aus dem St. John's Dog entstanden. Gilt als eine der ältesten Retriever-Rassen mit ersten Erwähnungen als eigenständige Rasse im Jahr 1898. Gegen Ende des 19. Jahrhunderts wurde züchterisch zunehmend auf eleganteres, leichteres Erscheinungsbild bei gleichbleibend hervorragender Apportierleistung und Wasserfreude selektiert. Er ist ein hervorragender Apportierhund, der bei der Jagd zur Arbeit nach dem Schuss vor allem in wasserreichen Geländen eingesetzt wurde.

MORPHOLOGIE

Größe und Gewicht Er hat einen großen harmonischen Körperbau, mit einer maximalen Schulterhöhe von 61,5 cm und einem Gewicht von ca. 27 bis 32 kg.

Farben und Fell Sein schlichtes Langhaar gilt als pflegeleicht und ist vorwiegend schwarz, seltener leberfarben. Die elegante Erscheinung des Flats wird durch den langen, flachen Kopf von mittlerer Breite mit einem unauffälligen „Stop" in Augenhöhe unterstrichen.

Den dunkel- bis haselnussbraunen Augen des Flats wird ein intelligenter Ausdruck nachgesagt.

EIGENSCHAFTEN

Dieser gutmütige, aufgeweckte Hund kann charakterfest und anpassungsfähig sein. Der Flat ist ein schneller, temperamentvoller und aufgeweckter Apportierhund. Er arbeitet ausgesprochen gern mit dem Menschen zusammen und ist gelehrig und aufmerksam. Sein Temperament sollte durch adäquate geistige Beschäftigung, die seine Jagdanlagen auslastet, in geregelte Bahnen gelenkt werden. Fördert man diesen Hund im richtigen Ausmaß, eignet er sich auch für Anfänger, die sportlich oder aktiv sind.

Wie alle Retriever-Rassen, kann auch der Flat vielseitig eingesetzt werden. Diese Hunde gelten als apportierfreudig, trainierbar und energiegeladen. Eine Untersuchung an 1 091 Flat-Coated Retrievern in Schweden, die im Rahmen eines „WorkingTests" erwünschte Eigenschaften wie Apportierfreudigkeit, Erregbarkeit, Trainierbarkeit und Kooperationsbereitschaft getestet hat, lässt darauf schließen, dass die Trainierbarkeit, die Wesensfestigkeit und Erregbarkeit sowie die Trainerbarkeit/Kooperationsbereitschaft bei Flat-Coated Retrievern eine hohe Vererbbarkeit aufweist (Lindberg, 2004).

In einem Rassevergleich von Turcsán et al. (2011) wurde der Flat-Coated Retriever als sehr ruhig, sehr trainierbar, sehr verträglich und überaus extrovertiert bezeichnet.

RASSETYPISCHE KRANKHEITEN

Eine Studie in England weist auf die Risiken der Vererbung von Hüftgelenksdysplasie bei Flat-Coated Retrievern hin. Die Heritabilität seitens der Mutter für Hüftgelenksdysplasien erzielte signifikante Werte (Wood et al., 2000). Bei Flat-Coated Retrievern waren Krebserkrankungen häufiger als bei anderen Retrieverrassen vertreten (Brümmer, 2008).

Der Flat ist ein sehr aktiver Hund, der viel Bewegung und ausreichend Beschäftigung braucht.

AUS DER PRAXIS

CHESAPEAKE-BAY-RETRIEVER

Herkunft, Geschichte, Aufgaben

Der Chesapeake-Bay-Retriever ist die einzige aus Nordamerika stammende Retrieverrasse. Im Jahr 1878 wurde beim American Kennel Club der erste Chesapeake registriert. Die Rasse geht vermutlich auf ein Pärchen St.-John's-Newfoundland-Welpen zurück, die Anfang des 19. Jahrhunderts von einem gestrandeten Schiff in der Chesapeake Bay bei Maryland, USA, gerettet wurden. Der Chessie war lange Zeit an der Chesapeake Bay der Jagdhelfer einfacher Leute auf Enten und Gänse. Aufgrund seiner Wasserfreude, Ausdauer, Mut und Härte auch bei schwierigen Apportieraufgaben, die z. T. auch sehr selbstständige Arbeit erforderten, erfreute er sich immer größerer Beliebtheit. Das Hauptaugenmerk bei der Zucht lag und liegt im Wesen und der Arbeitsleistung, so dass im Laufe der Zeit unterschiedliche Typen, wie z. B. der etwas kompaktere Typ, der eher hochläufige, sportliche Typ und der großrahmige, kräftige Typ entstanden sind.

Morphologie

Größe Mit einer Schulterhöhe von bis zu 66 cm, zählt er zu den größeren Retrievern.
Fell Kurz mit sehr dichter Unterwolle. Fellfarben: light deadgrass, dark deadgrass, hellrötlich (sedge), gräulich-braun (tan), Brauntöne (light brown, brown, dark brown). Die Farbe der Augen soll angepasst an die Fellfarbe bernsteinfarben oder hellbraun sein.

Eigenschaften

Er ist ein arbeitsfreudiger Jagdhund, der eher selbstständig arbeitet. Manchmal kann er beim Jagdeinsatz auch etwas eigensinnig sein. Der Chessie ist ein intelligenter, arbeitsfreudiger und temperamentvoller Retriever, der seinen Besitzer u. U. auch beschützt und bewacht. Er braucht unbedingt eine Aufgabe, die ihn physisch und psychisch auslastet und wird vor allem als Jagdhund eingesetzt, kann aber auch über Dummyarbeit, Mantrailing oder als Rettungshund ausgelastet werden.

Der Chessie braucht unbedingt eine Aufgabe, der er mit Freude nachgehen kann.

Die Ursprünge dieses temperamentvollen und bewegungsfreudigen Hundes sind unklar.

IRISH WATER SPANIEL

HERKUNFT, GESCHICHTE, AUFGABEN

Die Abstammung des aus Irland kommenden Irish Water Spaniels ist unklar. Man ist sich uneinig, ob diese Rasse aus Settern und Spaniels herausgezüchtet wurde, oder mehr aus französischen Jagdhunden, in die der Irish Setter eingekreuzt wurde. Unklar ist auch die Einkreuzung mit dem Pudel, die vermutet wird. Die Anerkennung als eigenständige Rasse erfolgte 1859.

MORPHOLOGIE

Größe und Gewicht Er ist ein großer (max. Höhe 57 cm) kräftig gebauter Hund (zwischen 20 und 29 kg), dessen großer Kopf eine hohe Stirn und eine kurze, glatte Behaarung von den Augen nach vorne zur Schnauze hat. Ein langer Schopf ziert den Kopf und am Körper ist das Haar kurz und gekräuselt. **Farben** Sehr satte, dunkelbraunrote Leberfarbe; Weiß an der Brust ist zu beanstanden.

EIGENSCHAFTEN

Den Irish Water Spaniel zeichnet ein eigenständiges und intelligentes Wesen aus, dennoch arbeitet er gern mit dem Menschen zusammen. Da er ausgesprochen temperamentvoll und sehr bewegungsfreudig ist, eignet er sich nur für aktive Menschen als Begleithund. Er hat eine hohe Ausdauer und zeigt sehr viel Eifer bei der jagdlichen Arbeit. Als Familienhund nur dann geeignet, wenn man ihn entsprechend fördert und fordert; er kann misstrauisch gegenüber Fremden sein. Sportliche Aktivitäten, die Kooperation und Kommunikation mit dem Menschen erfordern, sind besonders geeignet. In einer Umfrage, bei der Tierärzte die erlebte Bereitschaft zur Aggression beliebter Rassen bewerten sollten, wurde der Irish Water Spaniel als außerordentlich freundliche Rasse bewertet. Von den 61 erfassten Hunden dieser Rasse, zeigte keiner aggressives Verhalten (Stafford, 1996).

Dieser massive und kräftige Hund hat seinen Ursprung in Neufundland und Labrador.

NEUFUNDLÄNDER

HERKUNFT, GESCHICHTE, AUFGABEN

Die aus Kanada kommenden Neufundländer stammen von Hunden aus Neufundland und Labrador ab. Vermutlich ist durch die Kolonialisierung der Portugiesen von 1501 bis 1759 der „Cane di Castro Laboreiro“ eingeführt worden. Da keine ursprünglichen Hunderassen dort lebten, nimmt man an, dass der Neufundländer aus Nachkommen dieser Hunde stammt.

MORPHOLOGIE

Größe und Gewicht Er ist ein massiver, kräftiger Hund, mit einer max. Höhe von 71 cm und einem Gewicht von 50 bis 68 kg.
Farben und Fell Es gibt ihn in schwarz, weiß-schwarz und braun. Die herkömmliche Farbe des Neufundländers ist schwarz. Der Farbton soll so einheitlich wie möglich sein, aber ein leichter Schimmer, wie von Sonnenbrand, ist zulässig. Weiße Abzeichen an der Brust, an den Zehen und/oder an der Spitze der Rute sind erlaubt. Die weiß-schwarze Varietät ist für die Rasse von historischer Bedeutung. Zu bevorzugen sind ein schwarzer Kopf mit weißer Blesse, die sich bis zum Fang hin erstreckt, ein schwarzer Sattel mit gleichmäßigen Abzeichen und eine schwarze Kruppe mit schwarzer Oberseite der Rute. Alles Übrige muss weiß sein und darf ein Minimum an Tüpfelung aufweisen. Braun geht von schokoladenfarben bis zu bronzefarben. Weiße Abzeichen sind an der Brust, auf den Zehen und/oder an der Spitze der Rute zulässig. Alle Farben sind auf Ausstellungen in derselben Klasse zu beurteilen. Sein dichtes, fettiges Fell ist nicht leicht zu pflegen, muss aber saubergehalten werden, da es sonst unangenehm riechen kann. Durch sein hohes Gewicht zählt er zu den spätreifen, aber oft früh alternden Rassen.

EIGENSCHAFTEN

Der Neufundländer ist ein hervorragender und ausdauernder Schwimmer, apportiert alles aus dem Wasser und kann dabei zwei bis drei Meter tief tauchen. Darum wird dieser teilweise durchaus stürmische und temperamentvolle Hund sehr gern zur Wasserrettungsarbeit eingesetzt. Er wirkt durch seine große Erscheinung und kann eine selbstsichere Persönlichkeit sein, stets gelassen und ruhig. Obwohl er meist freundlich zu Menschen und anderen Tieren ist, eignet sich der Neufundländer nicht für Anfänger. Er braucht von klein an eine liebevolle Erziehung, bei der er lernt, wie toll es ist, mit dem Menschen zusammenzuarbeiten. Der Neufundländer eignet sich wegen seiner liebenswürdigen Sturheit (Beharrlichkeit) weniger für Hundesport, aber da er den Aufenthalt im Freien liebt und immer gern in der Nähe seiner Familie ist, sind Apportieren und Rettungsarbeit sinnvolle Einsatzmöglichkeiten. Wichtig ist, dass man diesen „Riesen" von Beginn an gut erzieht und keinerlei „Zieh-Rangeleien" an der Leine zulässt. Durch das Gewicht ist es für diese großen Hunde ein Leichtes, einen Menschen umzureißen. Durch geringe Werte bei „snapping at children" im Vergleich zu anderen populären Rassen, kann er als „kinderfreundlich" bezeichnet werden (Takeuchi und Mori, 2006), wobei das voraussetzt, dass er positive Erfahrungen mit Kindern macht.

RASSETYPISCHE KRANKHEITEN

Der Neufundländer ist stark von orthopädischen Erbkrankheiten und Dispositionen betroffen. Dazu gehören insbesondere Hüftgelenksdysplasie (Wood et al., 2000), Ellbogengelenksdysplasie (Distl, 2008) und Kreuzbandriss (Wilke et al., 2006). Die Lebenserwartung ist unterdurchschnittlich. Im Schnitt sterben 22 % aller Neufundländer vor dem Alter von fünf Jahren, 42 % vor dem Alter von acht Jahren und 62 % werden keine zehn Jahre alt (Egenvall et al., 2005).

Der Neufundländer liebt das Wasser und apportiert alles, auch wenn er dafür tauchen muss.

DALMATINER

HERKUNFT, GESCHICHTE, AUFGABEN

Der Ursprung dieses aus Dalmatien (Kroatien) stammenden Hundes ist heftig diskutiert. Manche Überlegungen gehen davon aus, dass der Dalmatiner ursprünglich aus Italien stammt, aber andererseits gibt es auch Vorschläge, dass dieser Hund aus Bengalen, aus dem indischen Raum kommt. Welchen Ansatz man auch bevorzugt, das erste Mal hatte der Dalmatiner einen offizieller Standard 1890, was wiederum mit der Gründung des ersten Dalmatiner Clubs zusammenfällt.

MORPHOLOGIE

Größe und Gewicht Er ist ein kräftiger und muskulöser Hund, mit einer max. Höhe von 62 cm. Nicht nur wegen seines außergewöhnlichen Erscheinungsbildes, wirkt er in seinen Bewegungen sehr elegant, auch weil sie trotz ihrer beachtlichen Größe nur ein Gewicht von 23 bis 25 kg haben.

Farben und Fell Sein kurzes Fell ist pflegeleicht, aber das größte Charakteristikum sind die Tupfen.

Die Tupfen nennt man auch Pardelzeichnung (Pardel = altertümlicher Name für Leopard).

Durch den Disney-Film „101 Dalmatiner" wurde diese Rasse weltberühmt.

Der Dalmatiner ist sehr freundlich, kann aber in der Haltung durchaus anspruchsvoll sein.

Die Grundfarbe ist rein weiß mit schwarzen Tupfen beim schwarzen Farbschlag und leberbraunen Tupfen beim braunen Farbschlag. Die Tupfen sollen symmetrisch auf dem ganzen Körper verteilt sein, klar abgerundet und ohne Übergang in die weiße Grundfarbe. Die Größe der Tupfen soll möglichst gleichmäßig sein, wobei die Größe 2 bis 3 cm im Durchmesser betragen soll. Bei der braunen Farbvarietät sind die Tupfen etwas kleiner, im Durchmesser von ca. 2 cm. Tupfen am Kopf und an den Gliedmaßen sollen proportional kleiner sein als auf dem Körper. Es ist erwünscht, dass auch die Rute die Tupfen aufweist, die auch proportional kleiner sind als die auf dem Körper. Sprenkel auf dem Körper sind nicht erwünscht. Die Tupfen dürfen nicht ineinanderlaufen und größere Flecken bilden. Flecken und Farbplatten sind unerwünscht.

Das Punktemuster folgt einem polyfaktoriellen Erbgang. Das bedeutet, dass verschiedene Genorte daran beteiligt sind. Hier sei erwähnt, dass auch Taubheit als Problematik bei weißen Hunden auftreten kann. Auch wenn ein ganz schwarzes Ohr, eine sogenannte „Platte", grundsätzlich von den Züchtern unerwünscht ist, so ist dies mit hoher Wahrscheinlichkeit kein Hinweis auf ein taubes Ohr.

EIGENSCHAFTEN

Der Dalmatiner war eine Zeitlang wegen seines außergewöhnlichen Äußeren und seines angenehmen freundlichen Wesens sehr beliebt. Da Dalmatiner häufig taub geboren werden, ließ die Beliebtheit jedoch rasch nach, noch heute sollte man nur audiometrisch überprüfte Welpen kaufen. Er sollte weder scheu noch zurückhaltend sein. Der Dalmatiner ist ein anspruchsvoller Hund, was Bewegung und Beschäftigung angeht. Er liebt das Wasser, ist beweglich und geschickt und ein ausgezeichneter Springer, zeigt eine starke Jagdpassion und ist dabei ausdauernd und arbeitsfreudig.

Er braucht ein liebevolles und klares Training und arbeitet gern mit seinem Menschen zusammen, ohne Beschäftigung oder Aufgaben geht er jedoch selbstbewusst seiner Wege.

In einer Anwendung der „Big-Five"-Persönlichkeitsachsen fiel der Dalmatiner durch

Bewegung und Beschäftigung sind für Dalmatiner genauso wichtig, wie ein liebevolles und klares Training.

hohe Reaktivität (Lautäußerungen/Bellen in aufregenden Situationen, Erregbarkeit) auf, war moderat trainierbar und eher konfrontations-/aggressionsbereit (Draper, 1995).

RASSETYPISCHE KRANKHEITEN

Kongenitale, sensorineurale Taubheit: Bei einer in Deutschland durchgeführten und im Jahr 2000 veröffentlichten Studie wurde bei 19,7 % der 1 899 untersuchten Dalmatiner Taubheit festgestellt. Eine amerikanische Studie von 1992 fand unter 1 031 Dalmatinern bei 29,7 % Taubheit, dieser Anteil wurde 2011 unter Verwendung von Datenmaterial zwischen 2004 und 2011 erschienenen Studien bestätigt (Strain, 2011).
Hyperurikosurie, die Neigung zu Harnsteinen, tritt bei Dalmatinern aufgrund eines genetisch prädisponierten Stoffwechseldefekts öfter auf als bei anderen Hunderassen. Die Erkrankung wird autosomal-rezessiv vererbt (Wiesner und Ribbeck, 2000). Ebenso ist der Abbauvorgang von Harnsäure bei Dalmatinern aufgrund ihres defekten Harnsäuretransportsystems in der Leber gestört. Auch die Harnsäure-Reabsorption in den Nierentubuli ist eingeschränkt, was zu einer täglichen Ausscheidung von mehr als der zehnfachen Menge an Harnsäure, verglichen mit gesunden Rassen, führt (200 bis 800 mg statt 15 bis 50 mg) (Albasan, 2005; Foschi, 2008). Die erhöhte Ausscheidung kann zu Dermatitis führen (Schaible, 1981). Um den Harnsäurespiegel zu senken, sollte auf eine purinarme Ernährung geachtet werden (Brown et al., 2003).
Degenerative Myelopathie tritt bei Dalmatinern in Form von „Dalmatiner-Leukodystrophie“ auf. Sie ist eine erblich bedingte Erkrankung des Zentralnervensystems. Ab dem 3. Lebensmonat entwickeln sich Sehstörungen und Ataxie. Die Erkrankung führt schnell zum Verlust des Stehvermögens (Tipold et al., 2005; Kornberg, 2006).

Vorstehhunde arbeiten auf große Distanzen, weshalb Halter und Hund sich vertrauen müssen.

AUS DER PRAXIS

VORSTEHHUNDE: JAGDVERHALTEN

Gerade bei Vorstehhunden wurde das Jagdverhalten züchterisch beeinflusst. In diesem Jagdverhalten kann der Hund u. a. folgende Verhaltensweisen vermehrter zeigen:

- Suchen/Nachfolgen
- Erstarren/Fixieren
- Lauern/Anschleichen (hier wird ein sehr starkes Vorstehen bei den Hunden genetisch fixiert gezeigt)

Natürlich können sie nach dem Vorstehen auch das normale Jagdverhalten komplett zeigen:

- Hetzen
- Angreifen/Packen
- Töten (Totschütteln)

Grundsätzlich ist zu empfehlen, dass alle Jagdhunde, die direkt von jagdlich arbeitenden Elterntieren abstammen, auch nur an Menschen mit Jagdschein oder an ambitionierte Menschen abgegeben werden, die mit den Hunden arbeiten. Bei den Vorstehhunderassen gibt es bisher wenig „Showlinienselektion". Daher haben wir Rassevertreter, die sich weniger bis kaum als reiner „Familienhund", ohne jagdliche Aufgabe, eignen. Bei Rassekennern, mit entsprechender Beschäftigung, ist aber eine Haltung ohne Jagdschein durchaus möglich.
Vorstehhunde arbeiten auf großen Distanzen von 200 bis 500 Metern mit ihrem Hundeführer zusammen. Bei der jagdlichen Arbeit müssen die Hunde auch in dieser Entfernung und in einer erhöhten Erregungslage Signale befolgen und ausführen. Doch für Nicht-Jäger werden diese Distanzen häufig zum Problem. Weder können sie diesen Hunden an einer 10-Meter-Schleppleine genügend Auslauf geben, noch kann daran an der Leinenführigkeit gearbeitet werden. Die Hunde müssen also einerseits eine gute Leinenführigkeit an einer kurzen Leine erlernen, andererseits jedoch auch so trainiert und beschäftigt werden, dass sie im Freilauf genug Auslastung erfahren.

Der Weimaraner besticht durch seine besondere silbergraue Fellfärbung.

WEIMARANER

HERKUNFT, GESCHICHTE, AUFGABEN

Der Weimaraner stammt wahrscheinlich von deutschen Vorstehhunden (Bracken) ab und wurde bereits im 17. Jahrhundert erstmals als graufarbener Vorstehhund erwähnt. Jedoch erst ab 1880 wurden die ersten „Weimaraner“ bei Ausstellungen gemeldet.

MORPHOLOGIE

Größe und Gewicht Mit einer maximalen Höhe von 70 cm und einem Gewicht von ca. 30 kg, ist der Weimaraner ein großer muskulöser Hund.

Farben und Fell Sein kurzes und selten langes Fell ist pflegeleicht und von besonderer Färbung. Die Fellfärbungen sind silber-, reh- oder mausgrau, die durch die Wirkung eines Gens für „Blauverdünnung“ zustande kommt. Kopf und Behänge sind meist etwas heller; weiße Abzeichen sind nur in geringem Maß an der Brust und an den Zehen zulässig; gelegentlich besteht über der Rückenmitte ein mehr oder weniger gut ausgeprägter dunkler „Aalstrich“.

EIGENSCHAFTEN

Der Weimaraner ist ein äußerst jagdlich ambitionierter Hund, der eine vorzügliche Nase hat und hervorragende Arbeit nach dem Schuss, bei der Schweißarbeit und als Verlorenbringer leistet. Er ist raubwild- und wildscharf, wasserfreudig und steht zuverlässig vor.

Er kann bei der Arbeit sehr kraftvoll und auch ungestüm sein, daher nicht für Anfänger oder Menschen mit einem bequemen Lebensstil geeignet. Durch sein schönes Aussehen ist er inzwischen auch als Begleithund beliebt, er kann aber außerordentlich wachsam, territorial und verteidigungsbereit sein und benötigt daher einen erfahrenen Hundehalter, der ihm ein ausgewogenes, gut aufgebautes Training bietet. Gerade die Bereitschaft, eine für ihn wichtige Ressource zu bewachen, macht es unerfahrenen Hundehaltern sehr schwer. Es muss hier dringend darauf hingewiesen werden, dass Weimaraner früher von Förstern und Berufsjägern auch und gerade als „Leibwache" gegen Wilderer genutzt wurden. In einem Rassevergleich von Turcsán et al. (2011) wurde der Weimaraner als unausgeglichen/erregbar, sehr trainierbar, bedingt verträglich und eher zur Ängstlichkeit neigend bezeichnet.

RASSETYPISCHE KRANKHEITEN

Beim Weimaraner kommt eine Vielzahl an erblich bedingten Krankheiten vor. Er gilt jedoch als eine Rasse, die kaum von Hüftgelenkdysplasie betroffen ist (Orthopedic Foundation for Animals, 2019). Dafür tritt Ellenbogengelenksdysplasie vermehrt auf (Fitzpatrick et al., 2009). Zu weiteren Krankheiten gehören u.a. Hyposomatotropismus, angeborener Zwergenwuchs/Wachstumshormonmangel (Canine Inherited Disorders Database, 2007), sowie Hypertrophe Osteodystrophie, eine Knochenerkrankung, die bei schnell wachsenden großen Rassehunden auftritt (Crumlish et al., 2006). Die Krankheit kann bei Weimaranern besonders schwerwiegend sein, bei unbehandelten Hunden wurde eine signifikante Mortalität beobachtet. Der Weimaraner ist die einzige Rasse, bei der ganze Würfe und eng verwandte Tiere betroffen sind (Grøndalen, 1976; Woodard, 1982; Harrus et al., 2002; Munjar et al., 1998), was auf eine starke vererbbare Komponente für die Krankheit in dieser Rasse hinweist (LaFond, 2002).

Jagdliche Ambitionen und großer Eifer bei der Arbeit, kombiniert mit einem lebhaften Wesen, erfordert von jedem Halter eines Weimaraners ein großes Maß an Unternehmungsgeist.

GROSSER MÜNSTERLÄNDER

HERKUNFT, GESCHICHTE, AUFGABEN

Der ursprünglich aus Deutschland stammende „Große Münsterländer" wurde früher auch als Vogelhund bezeichnet. Er dürfte aus einer Kreuzung zwischen den alten deutschen Vorstehhunden mit englischen Settern entstanden sein. Zuerst gab es keine klare Trennung zwischen „kleinen" und „großen" Münsterländern, große Welpen aus einem Wurf wurden als Großer Münsterländer bezeichnet und umgekehrt. Um eine zu große Nähe zum Setter zu vermeiden, wurden die Schwarz-weiß- von den Braun-weiß-Gefleckten unterschieden, später (1908) wurde die schwarz-weiße Fellfärbung vom Standard ausgeschlossen. Erst als 1918 der Verein für die Reinzucht des langhaarigen, großen, schwarzweißen Münsterländer Vorstehhundes gegründet wurde, konnte mit 83 dem angestrebten Typ entsprechenden Hunden 1922 das erste Zuchtbuch begonnen werden.

MORPHOLOGIE

Größe und Gewicht Er hat einen kräftigen, muskulösen Körperbau, mit einer maximalen Schulterhöhe von 65 cm und einem Gewicht zwischen 25 und 29 kg.

Farben und Fell Die drei Farbvarietäten sind: weiß mit schwarzen Platten und Tupfen, schwarz geschimmelt oder rein schwarz. Kopf schwarz, evtl. mit weißer Schnippe oder Blesse. Das schlichte Langhaar ist pflegeleicht.

Der Große Münsterländer zeichnet sich, neben seinen jagdlichen Fähigkeiten, auch durch seine große Wachsamkeit aus.

Das lebhafte Wesen des Großen Münsterländers muss gefördert werden, dann ist er ein ausgeglichener Hund.

EIGENSCHAFTEN

Der Große Münsterländer wurde bei den Münsterländer Bauern stets auch als Wach- und Familienhund gehalten, da er neben seinem sehr gelehrigen und lebhaften Wesen, eine sehr gute Bindung zum Menschen entwickeln kann. Obwohl er bei seiner Familie stets wachsam und anhänglich ist, eignet sich dieser Hund nicht als reiner Begleithund. Durch seine hohe jagdliche Motivation, braucht er die Möglichkeit zu Arbeiten. Seine besten Anwendungsgebiete sind Vorstehen, Spur- und Fährtenarbeit, aber er ist auch ausgezeichnet in der Wasserarbeit. Durch seine robuste Natur ist er bestens geeignet, täglich mit ins Revier zu gehen. Kann er seine Jagdpassion ausleben, dann ist er zudem ein ausgeglichener und liebenswerter Familienhund.

RASSETYPISCHE KRANKHEITEN

Folgende Krankheiten kommen beim Großen Münsterländer besonders häufig vor: Hüftgelenksdysplasie, Follikuläre Dysplasie, eine genetische Erkrankung von Hunden, die Haarausfall verursacht (Von Bomhard et al., 2006). Osteochondrosis dissecans bezeichnet das Absterben kleiner Knorpel-Knochen-Teile, bevorzugt im Knie-, Sprung- oder Ellenbogengelenk. Wenn sich diese Teile aus dem Knochenverbund lösen, wandern sie als Gelenkmäuse (Gelenkkörper) frei im Gelenk umher und führen dort zu Schmerzen und Einklemmungserscheinungen (Ackerman, 2011). Hyperurikosurie verursacht angeborene Veränderungen im Purinstoffwechsel. Betroffene Hunde scheiden weniger Allantoin und gleichzeitig mehr Harnsäure aus (Hyperurikosurie). Gleichermaßen steigt die Harnsäurekonzentration im Plasma im Vergleich zu gesunden Hunden um das 2- bis 4-fache (Hyperurikämie) an. Es kann zur Bildung von Kristallen im Urin führen, woraus Blasensteine entstehen können, die operativ entfernt werden müssen. Betroffene Hunde sollten eine Diät mit niedrigem Puringehalt erhalten (Ackerman, 2011).

MAGYAR VIZSLA

HERKUNFT, GESCHICHTE, AUFGABEN

Bei den türkischen Belagerungen sind immer wieder vorderasiatische Hunde nach Ungarn gekommen, diese hatten eine typische gelbrote Fellfärbung. Durch die Einkreuzung dieser vorderasiatischen Hunde entstanden die typischen ungarischen Vogelhunde der Magyaren, die als Vorläufer des heutigen Magyar Vizsla gelten. Eine erste Zucht fand im 18. Jahrhundert statt, 1880 kam es jedoch zu einem abrupten Rückgang der Rasse. Erst Anfang des 20. Jahrhunderts erholte sich der Magyar Vizsla wieder und ab 1935 wurde er zur anerkannten FCI-Rasse. Wegen seines „eleganten" Aussehens, gewinnt er zunehmend an Popularität.

MORPHOLOGIE

Größe und Gewicht Er ist ein mittelgroßer, eleganter Jagdhund, mit einer maximalen Schulterhöhe von 64 cm und einem Gewicht von 22 bis 30 kg.

Farben und Fell Verschiedene Abstufungen von semmelgelb. Der Behang kann etwas dunkler sein, sonst einheitlich in der Farbe. Rote, bräunliche, oder aufgehellte Farbtöne sind unerwünscht. Ein kleiner, weißer Fleck an der Brust oder im Bereich der Kehle, dessen Durchmesser 5 cm nicht überschreiten darf, sowie weiße Abzeichen an den Zehen gelten nicht als Fehler. Die Farbe der Lefzen und der Augenlider entspricht der Farbe des Nasenschwammes. Das Fell ist pflegeleicht und es gibt den Vizsla in einer glatthaarigen und einer rauhaarigen Fellvariante.

Durch sein ansprechendes Erscheinungsbild, gewinnt der Magyar Vizsla immer mehr Liebhaber.

Ursprünglich hatte der Magyar Vizsla einen breiten jagdlichen Verwendungszweck, inzwischen wird er hauptsächlich als Vorstehhund eingesetzt.

EIGENSCHAFTEN

Dieser hervorragende Jagdhund ist für die Arbeit vor und nach dem Schuss geeignet. Er zeigt einen ausgeprägten Spürsinn, steht vor, apportiert zuverlässig zu Lande und aus dem Wasser und ist durch seine Ausdauer auch in schwierigem Gelände und unter extremen Witterungsbedingungen gut einsetzbar. Ursprünglich wurde der Magyar Vizsla als Stöber- und Vorstehhund verwendet, aber mit dem Niedergang der Falkenjagd beschränkte sich die Einsetzbarkeit nur noch als Vorstehhund. Durch seine lebhafte und freundliche Art und den ausgeprägten Willen, dem Menschen zu gefallen und mit ihm zusammenzuarbeiten, kann man zahlreiche hundesportliche Aufgaben, insbesondere Rettungshundearbeit, einschließlich Wassersuche, Mantrailing, Dummyarbeit usw. mit ihm zusammen ausführen. Er ist temperamentvoll und außerordentlich gelehrig, wenn er richtig (ohne Rohheit) ausgebildet wird. In einem Vergleich zwischen der Rasse Vizsla und Deutscher Schäferhund erzielte der Vizsla durchschnittliche Werte für Offenheit gegenüber Menschen und unbekannten Reizen sowie für Aktivität, zeigte sich jedoch signifikant weniger aggressiv und trainierbar als die Rasse Deutscher Schäferhund (Mirkó et al., 2012).

RASSETYPISCHE KRANKHEITEN

Bei Vizslas tritt eine rassebedingte Polymyositis auf (Haley et al., 2011). Der Begriff Polymyositis bezeichnet eine systemische entzündliche Erkrankung der Skelettmuskeln. Die „Vizsla-Myositis“ ist eine Krankheit, bei der die Beißmuskeln geschwächt sind, was zu Problemen beim Schlucken und zum Erbrechen von Schaum führt.

Das hervorstechendste Merkmal des Wirehaired Pointing Griffon ist sein raues Fell, mit den buschigen Augenbrauen.

WIREHAIRED POINTING GRIFFON

HERKUNFT, GESCHICHTE, AUFGABEN

Wirehaired Pointing Griffon wird auch Korthals Griffon (Griffon d'arrêt à poil dur Korthals) genannt. Die Zucht geht auf Ewald Karel Korthals zurück, der unter dem Prinzen zu Solms einen eigenen Griffon-Stamm züchtete. Unterschiede zwischen dem Deutsch Drahthaar, dem Korthals Griffon und dem französischen „Griffon d'arrêt à poil dur Korthals" sind kaum sichtbar.

MORPHOLOGIE

Größe und Gewicht Er ist ein mittelgroßer, kräftiger und sehr widerstandsfähiger Hund, mit einer maximalen Schulterhöhe von 60 cm und einem Gewicht von maximal 27 kg. Sein Körperbau erweckt den Eindruck, dass er länger als hoch ist.

Farben und Fell Vorzugsweise ist sein Fell stahlgrau mit kastanienbraunen Flecken, oder einfarbig kastanienbraun, oft kastanienbraun mit Beimischung von weißen Haaren oder gestichelt; gleichermaßen zulässige Fellfarben sind weiß und kastanienbraun, sowie weiß und orange. Das raue, sich wie Sauborsten anfühlende Fell ist sehr pflegeleicht.

Buschige Augenbrauen überlagern die dunkelgelben oder braunen Augen, ohne sie zu bedecken; Bart und Schnurrbart sind gut entwickelt und verleihen den charakteristischen Ausdruck.

EIGENSCHAFTEN

Als Jagdhund ist der Wirehaired Pointing Griffon vielseitig einsetzbar, vom Vorstehen bis zur Nachsuche. Durch Verbellen zeigt er angeschossenes Schwarzwild an und er hat ein gutes Schutzverhalten entwickelt. Dennoch kann dieser hervorragende Jagdhund ein sanftmütiger und liebenswerter Familienhund sein, wenn er ausreichend die Möglichkeit hat, seine jagdliche Motivation auszuleben. Zu beachten ist jedoch, dass der Wirehaired Pointing Griffon sein Territorium sehr umsichtig bewachen kann und durchaus verteidigungsbereit ist. Da dieser Hund klug und gelehrig ist, begreift er schnell, was von ihm erwartet wird. Jegliche Härte in der Erziehung muss unterlassen werden.

Der Wirehaired Pointing Griffon ist jagdlich ambitioniert, kann aber auch sein Territorium aufmerksam bewachen.

Der Deutsch Drahthaar hat seinen Ursprung in den im 19. Jahrhundert häufig in Europa vorkommenden „Vogelhunden".

DEUTSCH DRAHTHAAR

HERKUNFT, GESCHICHTE, AUFGABEN

Wahrscheinlich stammt der Deutsch Drahthaar von dem rauhaarigen Jagdhund der Gallier, dem „Hegusier" ab. Diese Hunde sind nicht nach dem Aussehen, sondern rein nach Gebrauch gezüchtet worden. Zuerst waren sie Fährtenhunde, um Wild aufzustöbern, dann wurden sie durch die aufkommende Falkenjagd zu Fährte aufnehmenden Hunden, bis sie vorstehen oder vorliegen und schließlich hochjagen sollten.

Man kannte diese Art von Hunden in ganz Europa, wo sie allgemein als „Vogelhunde" bezeichnet wurden (nicht wegen der Jagd auf, sondern mit Vögeln). Aus diesen Vogelhunden entstand in Deutschland der Deutsch Stichelhaar oder Deutsch Drahthaar. Eine erste Rassebeschreibung erschien 1882 von diesem ausschließlich als Vorstehhund verwendeten Jagdhund.

MORPHOLOGIE

Größe und Gewicht Er ist ein kräftiger, großer Hund, mit einer maximalen Höhe von 70 cm und einem Gewicht von 20 bis 34 kg.

Farben und Fell Das Fell ist braun mit oder ohne weißen Brustfleck; Braunschimmel mit oder ohne braune Platten; Hellschimmel mit oder ohne braune Platten. Das derbe Rauhaar ist pflegeleicht, es besteht aus einem ca. 5 cm langen Haupt- oder Deckhaar und bildet zusammen mit einem kräftigen spindelförmigen Grannenhaar das Haarkleid, darunter liegt die Unterwolle. Sind Deck- und Grannenhaare verdickt, nicht in dieselbe Richtung ausgerichtet und ungleichmäßig gekrümmt, spricht man von Stichelhaar. Bleibt die Haarstellung normal, aber Deck- und Grannenhaare sind verdickt, dann entsteht das am Körper anliegende Drahthaar. Die Augenbrauen sind buschig und kräftig, am Fang bilden Haare einen Schnurrbart, die Rute ist stark behaart.

EIGENSCHAFTEN

Dieser robuste, mutige und ausgeglichene Jagdhund eignet sich nicht als reiner Begleithund, sondern er ist ein ambitionierter Jäger. Durch seine Schnelligkeit und seine Kraft ist er hervorragend zum Vorstehen, wie zum Apportieren geeignet, er geht aber genauso sicher auf Schweiß, ist ein guter Totverbeller, wie Bringselverweiser und raubwildscharf. Ein Deutsch Drahthaar braucht ein strukturiertes und klares Training und auf jeden Fall eine jagdliche Ausbildung und sollte auch im jagdlichen Einsatz stehen. Veterinärmediziner gaben in einer Umfrage, die beliebte Rassen umfasste, an, den Deutsch Drahthaar als nicht aggressiv wahrzunehmen (Stafford, 1996). In einem Rassevergleich von Turcsán et al. (2011) wird er als wenig ausgeglichen, sehr trainierbar, wenig verträglich und eher ängstlich beschrieben.

RASSETYPISCHE KRANKHEITEN

Hüftgelenkdysplasie; Atopische Ekzeme, auch als „Neurodermitis" bekannt (Ackerman, 2011): Eine chronische, nicht ansteckende Hautkrankheit, die rote, schuppende, manchmal auch nässende Ekzeme auf der Haut verursacht und zu starkem Juckreiz führt; Katarakt (Grauer Star) und Entropion, eine Krankheit, bei dem sich das Augenlid nach innen drückt und zu Verletzungen sowie Irritationen führt (Ackerman, 2011); Prognathie = Überbiss oder Unterbiss (Clark, 2014); Retinale Dysplasie (Ackerman, 2011): Je nach Ausmaß der Netzhautdysplasie ist das Sehvermögen nicht oder kaum beeinträchtigt (fokale, geografische Dysplasie). Bei der kompletten Dysplasie mit Netzhautablösung ist das betroffene Auge blind; Von-Willebrand-Krankheit (Brooks et al., 1996).

Robustheit und Mut zeichnen diesen Hund aus und machen ihn zu einem hervorragenden Jagdbegleiter.

DEUTSCH KURZHAAR

HERKUNFT, GESCHICHTE, AUFGABEN

Bei der Zucht des Deutsch Kurzhaar wurde immer der Gebrauch und nicht die Erscheinungsmerkmale in den Vordergrund gestellt. Er dürfte aus Bracken herausgezüchtet worden sein.

MORPHOLOGIE

Größe und Gewicht Großer kräftiger Hund, mit einer maximalen Höhe von 66 cm und einem max. Gewicht von 35 kg.

Farben und Fell Das kurze, pflegeleichte Fell hat die Farben braun, ohne Abzeichen; braun mit geringen weißen oder gesprenkelten Abzeichen an Brust und Läufen; dunkles Braunschimmel mit braunem Kopf, braunen Platten oder Tupfen. Die Grundfarbe eines derartig gezeichneten Hundes ist nicht braun mit weiß oder weiß mit braun, sondern das Haar zeigt ein so inniges Gemisch von braun und weiß, daß hieraus jenes für den praktischen Jagdgebrauch so wertvolle, unauffällige Äußere entsteht. An der Innenseite der Hinterläufe sowie an der Rutenspitze ist die Färbung häufig heller. Heller Braunschimmel mit braunem Kopf, braunen Platten, Tupfen oder ohne Platten. Bei dieser Färbung sind braune Haare in geringem Maß vorhanden, es herrschen die weißen Haare vor. Weiß mit brauner Kopfzeichnung, braunen Platten oder Tupfen. Schwarze Farbe in denselben Nuancen wie die braune bzw. Braunschimmelfarbe. Gelber Brand ist zugelassen. Blesse, Schnippe und gesprenkelte Lefzen sind zulässig.

EIGENSCHAFTEN

Der Deutsch Kurzhaar ist ein intelligenter und zuverlässiger Jagdhund. Da er sehr bewegungsfreudig und schnell ist, ist er hervorragend geeignet, ausdauernd in freiem Feld und lichtem Wald zu suchen. Er steht vor, apportiert freudig zu Land und zu Wasser und geht sehr gut auf Schweiß, arbeitet sowohl mit hoher als auch tiefer Nase. Sein ausgeglichenes und zuverlässiges Wesen macht ihn zum Alleskönner für die Arbeit vor und nach dem Schuss. Durch seine hohe Motivation zu arbeiten, ist er kein Hund für Gelegenheits-Hobbyjäger.

Der Deutsch Kurzhaar neigt zur objektbezogenen Ängstlichkeit und zur Trennungsangst, er zeigt auch Tendenzen zu Ausbruchsversuchen und zum Herumstreunern. Das Jagdverhalten ist besonders stark ausgeprägt, allerdings ist die Rasse nicht übermäßig erregbar und weit überdurchschnittlich gut trainierbar (Serpell und Duffy, 2014). Im Rassevergleich von Turcsán et al. (2011) wurde der Deutsch Kurzhaar als sehr ruhig, sehr trainierbar, sehr verträglich und überaus mutig bezeichnet.

Die Vererbbarkeit erwünschter Eigenschaften bei Pointern wurde in einer Studie von Schmutz und Schmutz (1998) untersucht. Die Vererbbarkeit bei der Nasenarbeit, Erfolg bei der Nachsuche und Wasserarbeit waren mäßig, wohingegen die Heritabilität des Pointings als hoch bei Pointern, bei anderen Jagdgebrauchshunden als moderat gilt. Verhaltensspezifische Eigenschaften wie Arbeitswille, Kooperationsfähigkeit und

Der Deutsch Kurzhaar hat ein gut ausgeprägtes Jagdverhalten, ist dabei aber sehr gut trainierbar. Er sucht ausdauernd in freiem Feld und lichtem Wald.

Spurensuche lieferten keine Hinweise auf eine Vererbbarkeit an die Nachkommen (Schmutz und Schmutz, 1998).
In einer Befragung verschiedener amerikanischer Tierärzte im Jahr 1996 wurden mittels eines Fragebogens unterschiedliche Rassen in ihrem Aggressionsverhalten bewertet. Deutsch Kurzhaar, bei denen 167 Hunde im Fragebogen erfasst wurden, erzielten dabei sehr niedrige Werte und wurden als nicht aggressiv eingestuft (Stafford, 1996).

RASSETYPISCHE KRANKHEITEN

Hüftgelenksdysplasie; Krebs: Mammatumore, Mastzelltumore und Lymphosarkome (Orthopedic Foundation for Animals); Entropium, eine Augenkrankheit: Dieser Defekt, der normalerweise im Alter von sechs Monaten auftritt, lässt das Augenlid nach innen rollen, wodurch der Augapfel verletzt werden oder dauerhaft gereizt sein kann. Ein oder beide Augen können betroffen sein (Canine Eye Registration Foundation); Von-Willebrand-Krankheit, eine Blutkrankheit, die sowohl bei Menschen als auch bei Hunden auftreten kann. Sie beeinflusst den Gerinnungsprozess aufgrund der Reduktion des von Willebrand-Faktors im Blut. Ein betroffener Hund zeigt Anzeichen wie Nasenbluten, Zahnfleischbluten, längere chirurgische Blutungen und längere Blutungen während der Läufigkeit oder nach dem Wurf. Gelegentlich wird Blut im Stuhl gefunden. Diese Erkrankung wird normalerweise zwischen 3 und 5 Jahren diagnostiziert und ist nicht heilbar (Brooks et al., 1996; Ackerman, 2011).

SPINONE ITALIANO

HERKUNFT, GESCHICHTE, AUFGABEN

Der Spinone Italiano hatte lange Zeit keinen einheitlichen Typus, entstanden aus einer Mischung aus rauhhaarigen italienischen Vorstehhunden, Istrianer Bracken, französischer Griffons, Pointer und evtl. alten Hirtenhunden. Der erste Rassestandard wurde 1887 erfasst, der 1939 erstellte Standard hat noch heute Gültigkeit.

MORPHOLOGIE

Größe und Gewicht Kräftiger Hund mit einer maximalen Schulterhöhe von 70 cm und einem Höchstgewicht von 37 kg.

Farben und Fell Das raue Fell ohne Unterwolle ist pflegeleicht und es gibt die Farben reines weiß, weiß mit orangefarbenen Flecken, weiß mit orangefarbener Sprenkelung, weiß mit kastanienbraunen Flecken oder mit orange- oder kastanienbrauner Schimmelung. Die bevorzugte Brauntönung ist die Farbe der „Mönchskutte". Nicht erlaubte Farben: dreifarbig, rotbraune Abzeichen (Brand) und schwarz in sämtlichen Kombinationen.

Der Spinone eignet sich hervorragend für die Suche.

EIGENSCHAFTEN

Der Spinone Italiano ist ein vielseitiger und gelehriger Hund, der für die langsame, aber sorgfältige, ausdauernde Suche hervorragend geeignet ist. Er wird aber auch gern zur Niederwildjagd eingesetzt, wobei er unermüdlich in schwierigem Gelände arbeitet, willig durch Dornengestrüpp oder ins kalte Wasser geht und als apportierfreudig gilt. Sein umgängliches Wesen, seine Geduld und dazu noch seine hervorragende Nase machen ihn zu einem ausgezeichneten Mantrailer für die Spurensuche nach vermissten Menschen, Rettungshund oder auch Blinden- und Behindertenbegleithund. Der Spinone Italiano ist ein höchst motivierter Jagdgebrauchshund, der sehr sensibel ist und eine einfühlsame und klare Erziehung braucht. Ist er genug beschäftigt, kann er zum Familienhund werden, da er eine gute Bindung zu seiner Familie und Bezugsperson entwickelt.

RASSETYPISCHE KRANKHEITEN

Spinocerebelläre Ataxie (Kleinhirn-Ataxie) ist eine tödliche Erbkrankheit, die bei Spinone Italiano vorkommt. Sie zeichnet sie durch eine progressive Ganganomalie aus, die sich ab etwa 4 Monaten manifestiert. Die Erkrankung weist eine autosomal-rezessive Vererbung auf, und die betroffenen Hunde werden aus Gründen der Sozialfürsorge in der Regel mit einem Alter von einem Jahr eingeschläfert, weil sie nicht mehr bewegungsfähig sind (Forman et al., 2015).

Der Epagneul Breton ist der in Frankreich beliebteste Vorstehhund.

EPAGNEUL BRETON (BRITTANY)

HERKUNFT, GESCHICHTE, AUFGABEN

Im Mittelalter und der Renaissance waren häufig weiß-bunte „Vogelhunde" in ganz Europa zu finden. Daher nimmt man an, dass der Brittany von diesen Vogelhunden abstammt, aber auch eine gemeinsame Abstammung des Epagneul Bretons und des Welsh Springer Spaniels von den Kelten wird nicht ausgeschlossen, da eine hohe Ähnlichkeit bei diesen Rassen besteht. Sie werden auch Bretonischer Spaniel oder Bretonischer Vorstehhund genannt, kommen aus Frankreich und sind dort der beliebteste Vorstehhund. Sie werden jedoch auch in England häufig gezüchtet und dort als Brittany Spaniel bezeichnet, in Amerika werden sie nur noch als „Brittany" in den Zuchtbüchern geführt. Ein erster Standard wurde 1907 verfasst, und erst 1933 aktualisiert.

MORPHOLOGIE

Größe und Gewicht Der Brittany ist mit einer max. Schulterhöhe von 50 cm einer der kleinsten Vorstehhunde. Er erreicht ein Gewicht von 13 bis 15 kg.

Farben und Fell Weiß und orange, weiß und schwarz, weiß und braun, mit mittelmässig überhandnehmender Scheckung in Form von unregelmäßigen Platten. Auf dem Nasenrücken, den Lippen und den Gliedmaßen gescheckt oder geschimmelt, manchmal getüpfelt.

Bei dreifarbigen Hunden kommen lohfarbene Abzeichen (orange bis dunkel-falbfarben) dazu, welche auf dem Nasenrücken, an den Lippen, oberhalb der Augen, an den Gliedmaßen, auf der Vorbrust und oberhalb des Rutenansatzes lokalisiert sind. Eine schmale Blesse ist bei allen Haarkleidfarben erwünscht. Einfarbiges Haarkleid ist nicht

Der intelligente und aufgeweckte Epagneul Breton braucht viel Beschäftigung, um sich wohlzufühlen.

zulässig. Der Epagneul Breton ist kompakt, stämmig gebaut und obwohl kräftig, wirkt sein Körperbau nicht plump. Er kann mit einer kurzen Rute oder auch ohne Rute vorkommen.

FIELD TRIALS

Bei den Field Trials handelt es sich um jagdliche Prüfungen nach der Ordnung der Fédération Cynologique Internationale (FCI). Sie unterscheiden sich erheblich von den Prüfungen des Jagdgebrauchshundeverbandes, da sie vor allem rassetypisches Auftreten und Wesen bewerten, wohingegen die Prüfungen des Jagdgebrauchsverbandes vor allem auf Tauglichkeit im Jagdeinsatz und Wildschärfe abzielen.

EIGENSCHAFTEN

Dieser passionierte Jäger hat ein ausgeglichenes Wesen, ist dennoch aufgeweckt und passt sich problemlos allen Lebensbedingungen an. Mit seiner feinen Nase arbeitet er auf der Feldsuche beharrlich und selbstständig, hat dabei aber einen großen Aktionsradius. Beim Vorstehen ist er voller Ausdauer und beim Zurückbringen der Beute zuverlässig. Er arbeitet ausgezeichnet nach dem Schuss, auch im Wasser, ebenso als Verlorenbringer und auf der Schweißfährte. Obwohl er ein führerbezogener Hund ist und sich gern am Menschen orientiert, ist er durch seine hohe Jagdpassion kein leicht zu führender Hund. Er braucht viel Beschäftigung und jagdliche Arbeit, dann ist er auch ein ausgeglichener Familienbegleithund.

Der Epagneul Breton gilt als sensibel und kann zur Ängstlichkeit neigen. Die Rasse hat ein hohes Energieniveau, manche Exemplare neigen zu Hyperaktivität oder übersteigerte Sensibilität (Kilcommons und Wilson, 1999).

Bei einer Umfrage zur erlebten Aggressionsbereitschaft unterschiedlicher Rassen, stuften die befragten Veterinärmediziner die Rasse Epagneul Breton als nicht aggressiv ein, von den 30 erfassten Hunden zeigte keiner aggressives Verhalten (Stafford, 1996).

Die Vertreter der Rasse Epagneul Breton führen mehr Titel in beiden Exterieurshows und Feldwettkämpfen als jede andere Rasse in den Vereinigten Staaten von Amerika, was auf eine starke jagdliche Veranlagung und Jagdtauglichkeit innerhalb der Rasse schließen lässt (The American Brittany Club, 2019). In Frankreich ist der Bretone mit weitem Abstand die häufigste Gebrauchshundrasse mit jährlich weit über 5 000 Neueintragungen in das Stammregister. In Nordamerika führt man die Rasse auf vielen „Field-Trials", teils sogar zu Pferde.

Der Bretone hat eine hohe jagdliche Passion, einen hohen Arbeitswillen, bei einem ansonsten umgänglichen Wesen (Fährmann, 2017, in Wild und Hund). Epagneul Bretons sind im Allgemeinen gesunde und robuste Hunde. Die Lebensdauer des Breton in Frankreich beträgt 12,6 Jahre im Mittelwert (Leroy et al., 2015), laut einer Umfrage des UK Kennel Clubs liegt sie bei 12 Jahren und 11 Monaten, etwa jeder fünfte Hund stirbt im Alter zwischen 14 und 15 Jahren (British Small Animal Veterinary Association).

RASSETYPISCHE KRANKHEITEN

Zu den rassetypischen Krankheiten gehören Hüftgelenksdysplasie, die bei 14,9 % der Rasse zwischen 1974 und 2009 von der orthopädischen Stiftung für Tiere festgestellt wurde (Orthopedic Foundation for Animals, 2007). Bei Bretonen, die zwischen 2003 und 2004 geboren wurden, konnte eine geringere Rate von 10,3 % festgestellt werden (Orthopedic Foundation for Animals, 2010). Die Rasse wird unter denjenigen aufgelistet, die häufig von Canidem diskoidem Lupus erythematodes („Schmetterlingsflechte"), einer Autoimmunerkrankung, betroffen sind (Dermatology Clinic for Animals, 2019).

Der Epagneul Breton hat nicht nur einen hohen Arbeitswillen, sondern ist auch robust und widerstandsfähig.

IRISH SETTER

HERKUNFT, GESCHICHTE, AUFGABEN

Der, wie der Name schon sagt, aus Irland kommende Irish Setter stammt ursprünglich wahrscheinlich vom Epagneul Breton ab. Überlegungen, dass er mit dem Pointer verwandt ist, konnten nicht bestätigt werden. Leider wurde bei der Zucht des Irish Setters immer weniger Wert auf die durchaus hervorragenden jagdlichen Eigenschaften gelegt, sondern mehr auf die optischen Merkmale. Eine erste Erwähnung als eigenständige Rasse erfolgte 1803. 1970 und 1989 wurde von der FCI eine Trennung zwischen den beiden Setter-Rassen vollzogen, dem „Irish Setter", der eine rein rote Fellfärbung haben soll, und dem „Irish Red and White Setter".

MORPHOLOGIE

Größe und Gewicht Er ist ein großer, wohlproportionierter Hund mit einer maximalen Schulterhöhe von 67 cm und einem Gewicht zwischen 27 und 32 kg.

Farben und Fell Das schlichte Langhaar bedarf der Pflege und folgende Farbe ist erlaubt: sattes Kastanienbraun, ohne jede Spur von schwarz; Weiß an der Brust, am Hals und an den Zehen oder als kleiner Stern auf der Stirn oder als schmaler Streifen oder Blesse auf Nase oder Gesicht.

EIGENSCHAFTEN

Durch sein ansprechendes Äußeres wird man schnell dazu verleitet, den Irish Setter als einen angenehmen, freundlichen und anhänglichen Begleithund zu sehen. Das ist

Bei der Zucht des Irish Setter legte man immer schon großen Wert auf das schöne Erscheinungsbild.

Das Langhaar kommt in kastanienbraunen Tönen vor, kleine weiße Abzeichen sind erlaubt, jedoch kein schwarz.

er jedoch nur, wenn er sinnvoll beschäftigt wird, sowie ausgiebig Bewegung hat. Dieser sehr jagdlich ambitionierte Hund ist ein ausdauernder Läufer, sehr interessiert, voller Tatendrang und mit einer außergewöhnlich feinen Nase ausgestattet. Jagdlich kann man den Irish Setter für die Feldarbeit vor dem Schuss oder zur Wald- und Wasserarbeit, zum Apportieren und Verlorenbringen einsetzen, fördert man ihn von Junghund an, ist ein vielseitiger Einsatz auf Niederwild möglich. Er ist kein Partner für bequeme Menschen, denn der edle rote Ire liebt den Aufenthalt in der freien Natur und das bei jedem Wetter.

In einem Rassevergleich von Turcsán et al. (2011) wird der Irish Setter als sehr ausgeglichen, moderat trainierbar, sehr verträglich und sehr unerschrocken bezeichnet.

RASSETYPISCHE KRANKHEITEN

Hypertrophe Osteodystrophie, eine Knochenerkrankung, die bei schnell wachsenden großen Rassenhunden auftritt (Crumlish et al, 2006). Die Krankheit kann bei Irish Settern besonders schwerwiegend sein (Safra et al., 2013). Osteosarkome (Knochenkrebs) (Donson, 2013); Hämophilie A (Bluterkrankheit) (Lozier et al., 2013); Megaösophagus (KuKanich, 2011), eine Erkrankung der Speiseröhre, die bei verschiedenen Haustierarten vorkommt und erblich bedingt auftreten kann. Es kommt zu einer Störung in der Durchgängigkeit der Speiseröhre, die dazu führt, dass die aufgenommene Nahrung nicht wie üblich durch die normale Peristaltik in den Magen kommt, sondern in der Speiseröhre verbleibt. Idiopathische Epilepsie (Koskinen et al., 2017).

Die besondere Fellfarbe des English Setter trägt die Bezeichnung „Belton“.

ENGLISH SETTER

HERKUNFT, GESCHICHTE, AUFGABEN

Die Annahme, dass der Ursprung des English Setters von der Kreuzung eines großen Spaniels und eines Pointers kommt, ist nicht zuverlässig bestätigt. Aufzeichnungen von 1555 beweisen, dass der Earl von Northumberland Spaniel gezüchtet hat, die vorstehen oder vorliegen, diese Hunde wurden als „Sitting Dog“ bezeichnet, oder kurz „Sitter“, aus dem später die Bezeichnung „Setter“ entstanden sein dürfte. Die Trennung der Rassen Spaniel und Setter wurde erst Anfang des 19. Jahrhunderts vollzogen, bis dahin sprach man allgemein von einem Vorstehhund oder „Setting Dog“. Leider gab es zwischen 1800 und 1925 nur zwei große Züchter des English Setters in England, daher besteht innerhalb der Rasse ein hoher Inzuchtfaktor.

MORPHOLOGIE

Größe und Gewicht Er ist mit einer max. Höhe von 68 cm und einem ausgewogenen Körperbau ein großer Hund, der in seinen Bewegungen sehr elegant erscheint. Sein Gewicht sollte 30 kg nicht überschreiten.

Farben und Fell Schwarz und weiß (blue belton), orange und weiß (orange belton), zitronenfarben und weiß (lemon belton), leberbraun und weiß (liver belton) oder Tricolour; diese Dreifarbigkeit besteht aus „blue belton" und Tan oder „liver belton" und Tan. Dabei werden Hunde ohne große Flecken am Körper, dafür mit überall vorhandener Tüpfelung (Belton) bevorzugt. Anmerkung der Standard-Kommission: „Belton" dient als Farbbezeichnung für eine Tüpfelung und/oder ein Zusammenlaufen von Farben und gilt für den English Setter. Belton ist ein Dorf in Northumberland, und der Name wurde von Mr. Edward Lavarack, dem Züchter, der diese Rasse in ihrer heutigen Form geprägt hat, in seinem Buch über die English Setter verwendet, um diese Färbung zu kennzeichnen. Das schlichte Langhaar bedarf einer intensiven Pflege.

EIGENSCHAFTEN

In der Zucht des English Setters wurde immer mehr auf die äußeren Merkmale Wert gelegt, als auf das jagdliche Können. Dennoch ist er ein hoch passionierter, lebhafter Jagdhund, der weiträumig, schnell und mit hoher Nase sucht. Durch sein besonders freundliches und gutmütiges Wesen, ist er auch als Begleithund liebenswürdig und angenehm, aber er muss seine Jagdpassion und die Freude am schnellen weiten Laufen ausleben können. Der English Setter wird in der Literatur als Rasse mit geringer Aggressivität, durchschnittlicher Reaktivität/Erregbarkeit und hoher Unreife (Spielfreudigkeit, Verträglichkeit) bezeichnet (Houpt, 2007). In einem Rassevergleich von Turcsán et al. (2011) wird der Setter als sehr ausgeglichen, wenig trainierbar, moderat verträglich und als eher ängstlich beschrieben.

Sein hübsches Erscheinungsbild täuscht, der English Setter ist ein passionierter Jäger.

Der English Setter ist wegen seines freundlichen, sehr liebenswürdigen Wesens besonders beliebt.

GORDON SETTER

HERKUNFT, GESCHICHTE, AUFGABEN

Der Gorden Setter teilt ein ähnliches Schicksal wie die anderen beiden Setter-Rassen, da stets wenig Augenmerk auf die jagdliche Brauchbarkeit gelegt wurde, sondern vielmehr der Schwerpunkt auf den optischen Merkmalen lag. Seit dem 17. Jahrhundert kamen schwarze Setter in Schottland vor, wobei es jedoch keine farbliche Stabilisierung auf die rein schwarze Fellfärbung mit roten Abzeichen gegeben hat und die Züchter sehr umstritten waren. Erst ab der Mitte des 19. Jahrhunderts setzte sich die schwarze Fellfärbung durch.

MORPHOLOGIE

Größe und Gewicht Obwohl in der Größe mit einer max. Schulterhöhe von 66 cm den anderen beiden Setter-Rassen sehr ähnlich, ist der Gordon Setter mit einem Gewicht von 29 kg der schwerste unter ihnen. Die Lefzen sind ausgeprägter.

Farben und Fell Tiefglänzendes Kohlschwarz, ohne Rostschimmer, mit kastanienrotem, d.h. leuchtendem Brand. Schwarze Strichelung (pencil markings) auf den Zehen und ein schwarzer Strich unter dem Unterkiefer sind erlaubt. Brand: Zwei deutlich erkennbare Punkte über den Augen, die nicht größer als 2 cm im Durchmesser sein dürfen.

Die schwarze Fellfärbung setzte sich beim Gorden Setter erst spät durch.

Auch der Gorden Setter ist ein passionierter Jäger und liebt unter anderem das Apportieren.

An den Seiten des Fangs, nicht über den Nasenansatz hinausreichend, ähnlich einem Streifen von einer Seite zur anderen, um das klar abgegrenzte Fangende. An der Kehle und an der Brust zwei große, deutlich abgegrenzte Flecken, an den Innenseiten der Hinterläufe, Oberschenkel, an der Vorderseite des Kniegelenks hinablaufend und sich von den Sprunggelenken zu den Zehen nach außen verbreiternd. Hinten an den Vorderläufen bis zum Ellenbogen, auf der Vorderseite bis zum Vorderfußwurzelgelenk oder etwas darüber; rund um den After. Ein sehr kleiner weißer Brustfleck ist gestattet. Keine andere Farbe ist erlaubt. Das schlichte lange Fell bedarf einer aufmerksamen Pflege.

EIGENSCHAFTEN

Der Gordon Setter ist ein meist nervenfester, selbstsicherer Jagdhund, der in jedem Gelände mit hoher Nase sucht, vorsteht, stöbert und buschiert. Obwohl hauptsächlich auf sein hübsches Äußeres in der Zucht Wert gelegt wurde, ist er wasserfreudig, apportierwillig und ein sicherer Verlorenbringer. Aufgrund seiner sehr guten Nase und seines gelassenen und freundlichen Wesens, sollte man ihn unbedingt jagdlich oder jagdähnlich (z. B. Rettungshundearbeit) und mit adäquaten Beschäftigungen führen, dann ist er durchaus ein einfühlsamer Familienhund. Er ist ein anspruchsvoller Hund in Bezug auf den Halter und braucht viel Bewegung in der Natur, daher kein Hund für bequeme Menschen. Bei Turcsán et al. (2011) wurde der Gordon Setter als sehr ausgeglichen, moderat trainierbar, sehr verträglich und sehr unerschrocken bewertet.

RASSETYPISCHE KRANKHEITEN

Die Hüftgelenksdysplasie (HD) ist die häufigste Erkrankung der Hüftgelenke beim Hund (Bonath und Prieur, 1998). Nach Angaben einiger Autoren liegt sie bei bis zu 69 % beim Gordon Setter (Flückiger, 1995). Auch andere Studien schreiben dieser Erkrankung eine hohe Heritabilität zu (Wood, 2000).

GRUPPE 17
— *nach Parker*

DACHSHUND (DACKEL)

HERKUNFT, GESCHICHTE, AUFGABEN

In der Geschichte der Haushunde wurden bereits auf altägyptischen Abbildungen kurzbeinige kleine Hunde dargestellt. Die Vermutung liegt daher nahe, dass es Zwergformen bei Hunden schon sehr lange gibt und diese auch je nach Verwendung bei den Menschen geschätzt und genutzt wurden. Erste Aufzeichnungen über kleine Hunde, die zur Jagd verwendet wurden, gibt es seit dem 18. Jahrhundert, wo erstmals von „Dachs-, Otter- und Biberhunden" berichtet wurde. Es waren die sogenannten „Lochhündlein" oder „Dachskriecher", die zur Stöberarbeit und zum Kriechen in Erdlöcher verwendet wurden. Wahrscheinlich stammen diese kurzbeinigen Zwerge von den mittelalterlichen Bracken ab. Die Vorfahren des heutigen Dackels hatten ihre Hochblüte Anfang des 19. Jahrhunderts, als es 12 verschiedene Dachshunderassen gab. Leider ging die Beliebtheit ab ca. 1850 stark zurück und erst mit der Entstehung der Hundestammbäume begann eine systematische Zucht. Die ersten Rassekennzeichen für den Dackel entstanden 1879 und bestehen in ihren Grundzügen noch heute.

MORPHOLOGIE

Größe und Gewicht Beim Dachshund wird die Größe nicht nach der Widerrist- oder Schulterhöhe gemessen, sondern nach Brustumfang. Man unterscheidet drei Typen: Normal über 35 cm, Zwerg 30 bis 35 cm, Kaninchen bis 30 cm Brustumfang. Das Gewicht liegt beim Kaninchendackel bei ca. 4 bis 5 kg. Die anderen können bis 15 kg schwer werden.

Farben und Fell Es gibt ihn in einfarbig rot, schwarz- oder braun-rot, getigert (Merlefaktor), gestromt, bei Rauhhaar auch sau- und dürrlaubfarben und in drei verschiedenen Haartypen: kurzhaar, langhaar, rauhaar; alle drei Fellarten sind pflegeleicht.

EIGENSCHAFTEN

Der Dackel ist nicht nur durch seine Größe sehr beliebt, sondern auch durch sein freundliches und ausgeglichenes Temperament. Man darf bei ihm jedoch nicht vergessen, dass er ein Jagdhund ist, auch als Familien- oder Stadthund bleibt er ein leidenschaftlicher und ausdauernder Jäger. Er stöbert unter und über der Erde und kann daher auch bei Spaziergängen „wie vom Erdboden verschluckt" sein. Er ist ein aufmerksamer

---

CHONDRODYSTROPHIE

Die rassetypischen kurzen Läufe sind eine erblich bedingte Entwicklungsstörung der knorpeligen Skelettanlage, durch die das Knochenwachstum der großen Röhrenknochen gehemmt wird. Diese Missbildung nennt man Chondrodystrophie, sie kommt bei allen Tieren, auch bei Menschen vor. Chondrodystrophie kann zu einem Rassemerkmal erhoben werden, da sie einem rezessiven Erbgang folgt – alle Individuen, die sie aufweisen, vererben sie ausnahmslos weiter. Beim Dackel bewirkt sie auch Degenerationen im Bereich der Zwischenwirbelscheiben. Je nach Grad des Ausmaßes dieser Degeneration, kommt es zum Diskusprolaps (Bandscheibenvorfall) mit Lähmungserscheinungen, bekannt auch als „Dackellähme".

Wächter, der gern selbstständig Entscheidungen treffen will. Bei der langhaarigen Variante kann es zu sensibleren Hunden als bei den anderen Dackelformen kommen. Wer lieber einen Draufgänger bei sich haben möchte, sollte eher die rauhaarige Variante wählen. Dackel sind wahre Künstler darin, ihre Menschen ganz genau zu lesen und auch kleinste Inkonsequenzen von Seiten des Menschen für sich zu nutzen. Ein klares und konsequentes Training ist sehr wichtig. Bei gutem Training, Sozialisation und ausreichender Beschäftigung ist der Dackel ein guter Familienhund und Begleiter in jeder Lebenslage.

Der Dackel ist ein sehr beliebter Familienhund.

Im 18. Jahrhundert wurden erstmals „Dachskriecher" erwähnt, kleine Hunde, zum Kriechen in Erdlöcher.

Allerdings stufte eine Studie zum Aggressionspotenzial verschiedener Hunderassen der Universität Pennsylvania den Dackel als Rasse mit einem hohen Grad an Aggressivität und Angstverhalten ein (Duffy et al., 2008). Dadurch steht er dort auch recht weit oben in der Liste „beißgefährdeter" Rassen. In der Budapester Studie von Turcsán et al. (2011) werden die drei Formen Rauhhaar-, Zwergdackel und „Dackel" (hier ist wahrscheinlich der Glatthaardackel gemeint) getrennt geführt. Der „Dackel" erreicht dort für Gelassenheit Platz 53, für Offenheit Platz 61, für Geselligkeit mit Hunden Platz 73 und für Extraversion Platz 47. Die entsprechenden Plätze für Zwergdackel sind: 55/52/43/77 und für die Rauhhaarvariante 35/43/89/28.

Man muss sich jedoch bewusst sein, dass er ein Jagdhund ist und diese Leidenschaft auch auslebt.

RASSETYPISCHE KRANKHEITEN

Gerade durch die erblich bedingte Kurzbeinigkeit und die daraus resultierende „Dackellähme", kann die Gesundheit des Dackels sehr eingeschränkt sein. Daher ist beim Kauf unbedingt darauf zu achten, dass der Welpe aus einer guten Zucht stammt, wo darauf geachtet wird, dass nicht extrem klein gezüchtet wird, der Rücken nicht extrem lang ist und die Beine nicht extrem kurz sind. Gerade diese Extremformen können ein beachtliches Gesundheitsrisiko birgen und die Lebenserwartung verkürzen. Zudem wird von Erkrankungen der Herzklappen berichtet. Rheumatische Erkrankungen können durch die „Dackelform" ebenso auftreten. Weiter wird auch eine idiopathische Epilepsie beschrieben.

Neben den Krankheiten des Skelettsystems spielen erbliche Augenerkrankungen eine Rolle (Gresky, 2004). Eine dieser Krankheiten ist der Graue Star (Katarakt), der jegliche Trübungen der Linse beschreibt und so mit einer mehr oder weniger starken Einschränkung des Sehvermögens einhergeht (Gresky, 2004). Eine Studie zur Erblichkeit dieser Krankheit schätzte die Heritabilität in der gesamten untersuchten Population auf $h^2 = 0{,}340$ (Gresky, 2004). Eine weitere Krankheit, mit einer deutlichen Rassedisposition für den Dackel, ist der sekundäre Hyperadrenokortizismus (Cushing-Syndrom). Klinische Symptome dieser Krakheit sind u. a. krankhaft gehäuftes Urinabsetzen, Durst und Appetit sowie Stammfettsucht (Stritzel, 2008).

Trotz ihrer kleinen Körpergröße, können vor allem die Rauhhaardackel richtige Draufgänger sein.

TRAINING

Der Dackel ist ein Jagdhund, der ursprünglich für die Baujagd gezüchtet und eingesetzt wurde. Bei dieser Arbeit musste er schnell und eigenständig Entscheidungen treffen und ist deshalb ein sehr unabhängiger Hund. Jedoch läuft er nicht vorschnell in Situationen hinein, die ihn dann überfordern würden. Vielmehr ist er der „Denker" unter den Bauhunden und kann Gefahren gut abschätzen. In manchen Einsatzbereichen wurde er, aufgrund der gesundheitlichen Problematiken seiner Anatomie, etwa vom Jagdterrier abgelöst.

Im Training lassen sich Dackel sehr gut über Jagdmotivation belohnen. Jedoch muss man hier sehr genau darauf achten, dass man die Verstärker oder Belohnungsformen als Mensch kontrollieren kann. Sonst kann es nämlich relativ schnell dazu führen, dass er gern seine eigene Sache daraus macht. Die Beharrlichkeit in seinem Wesen hilft beim Einsatz des Hundes in unterschiedlichen Bereichen, ob bei der Jagd zur Nachsuche nach angeschossenem Wild oder auch für die Fährten- oder Sucharbeit. Wichtig ist zu beachten, dass man ihm (wie auch den meisten anderen Jagdhunden) die eigene intrinsische Motivation, die er mitbringt, nicht wegzutrainieren versucht. Dackel arbeiten auf ihre Weise und stellen die Zusammenarbeit mit dem Menschen schnell ein, wenn man z. B. ein bestimmtes Suchverhalten (Nase am Boden) oder Anzeigeverhalten möchte. Im Prinzip darf dem Dackel das „Puzzeln" an der Lösung (z. B. etwas zu finden) nicht schlecht gemacht werden.

Findet man einen gemeinsamen Weg in der Kooperation, so kann der Dackel das Leben wahrlich bereichern, weil er durch seine Intelligenz immer wieder hervorsticht. Er lernt sehr schnell und es macht Spaß, mit ihm zu trainieren und zu arbeiten. Daher ist es auch ratsam, ihn nicht als „Ersthund" zu sich zu nehmen. Der Dackel eignet sich für viele Hundesportarten oder Beschäftigungsmöglichkeiten. Es muss einfach Mensch und Hund Spaß machen und darf keinesfalls erzwungen werden. Sonst „arbeitet" der Dackel nicht mit dem Menschen zusammen, sondern geht gern seine eigenen „Schnüffel-"Wege.

PETIT BASSET GRIFFON VENDEEN

HERKUNFT, GESCHICHTE, AUFGABEN

Seit dem 16. Jahrhundert gibt es Aufzeichnungen von kurzbeinigen Jagdhunden, wobei damals nicht klar zwischen Basset und Dackel unterschieden wurde. Wie bei vielen Hunderassen, ist der genaue Ursprung des Petit Basset Griffon Vendeen nicht lückenlos zurückzuverfolgen. Eines jedoch ist ziemlich sicher, dass der französische Basset nicht von der Geschichte der großen französischen Laufhunde zu trennen ist. Der Basset Griffon Vendeen tritt in zwei Formen auf: Grand Basset Griffon Vendeen und Petit Basset Griffon Vendeen. Die große Variante ist kaum noch anzutreffen.

MORPHOLOGIE

Größe und Gewicht Schulterhöhe zwischen 34 bis 38 cm, Gewicht zwischen 18 und 20 kg.
Farben und Fell Es gibt ihn in den Farben schwarz, falb, wildfarben, mit oder ohne Scheckung. Das raue Fell benötigt regelmäßige Pflege.

EIGENSCHAFTEN

Er hat ein sehr gewinnendes Äußeres und durch sein freundliches Wesen wird er gern als idealer Begleithund angepriesen. Man muss sich jedoch bewußt sein, dass er ein ausgezeichneter und leidenschaftlicher Jäger ist. Er ist ein stöbernder, ausdauernder und zielstrebiger Jagdhund, der hauptsächlich zur Kaninchenjagd verwendet wird. Gern wird er als „Teufel im Gelände, ein Engel zu Hause“ beschrieben. Doch „ein Engel zu Hause“ nur dann, wenn man ihn ausreichend beschäftigt und sein eigenständiges Wesen akzeptiert.

RASSETYPISCHE KRANKHEITEN

Diese Rasse wird als gesund und robust beschrieben. Bei der Zucht wird auf erblich bedingte Augenerkrankungen geachtet. Er besitzt ein erhöhtes Risiko, an Epilepsie zu erkranken. Mit einer geschätzten Prävalenz von 8,9 % und einer erheblichen Clusterbildung innerhalb der Würfe, ist ein genetischer Faktor sehr wahrscheinlich (Gulløv et al., 2011). Auch das häufige Auftreten von Glaukomen ist wahrscheinlich erblich bedingt (Bedford, 2017).

TRAINING

Der Petit Basset Griffon Vendeen ist ein ausgezeichneter französischer Jagdhund, der beschäftigt werden will. Oftmals findet er neben Beutemotivation (Jagdverhalten) auch Laufen sehr belohnend. Es ist kein Hund für Anfänger, da die meisten Zuchtlinien noch jagdlich gearbeitete Elterntiere haben.

Die große Leidenschaft des Petit Basset Griffon Vendeen ist die Kaninchenjagd.

BASSET HOUND

HERKUNFT, GESCHICHTE, AUFGABEN

Im 16. Jahrhundert gab es zwar bereits kurzbeinige Jagdhunde mit der Bezeichnung Basset, aber erst 1866 kann man von einem Beginn der echten britischen Basset-Zucht sprechen. In diesem Jahr nahm Lord Galway zwei Hunde aus der französischen Zucht vom Typ Basset d'Artois mit nach England. Die französischen Basset Hounds waren sehr variabel in ihrem Aussehen und zeichneten sich mehr durch eine gemeinsame Funktion als Form aus (Worboys und Pemberton, 2015). 1884 wurde der erste Basset Hound Club gegründet. Die Zucht ging damals auf nur wenige Exemplare zurück. Durch den hohen Inzuchtfaktor wurden sie zu kleinwüchsig. Der britische Züchter Everett Millais entschied daraufhin, Bloodhounds einzukreuzen (Worboys und Pemberton, 2015). Die Nachkommen dieser Kreuzungen entsprachen genau den Erwartungen der Züchter, neu war dabei aber das Auftreten von black-and-tan-farbenen Bassets. Über den Ursprung der französischen Basset Hounds gibt es verschiedene Spekulationen, wie z. B., dass die Rasse aus einer Kreuzung von Skye oder Scotch Terrier mit einem Artésien oder „Old Belgian Hound" hervorging oder aber ihren Ursprung als eine Variante des Beagles hat (Worboys und Pemberton, 2015).

Der Basset hat eine hervorragende Nase, einer Duftspur muss minutiös nachgegangen werden.

MORPHOLOGIE

Größe und Gewicht Die Schulterhöhe beträgt 33 bis 38 cm, das Gewicht liegt bei max. 27 kg.

Farben und Fell Es kommen alle typischen Laufhundfarben vor. Das Fell ist grundsätzlich pflegeleicht, man muss jedoch stets auf eine sorgfältige Pflege von Ohren und Augen achten. Hat man einen Basset mit übertrieben viel loser Haut, müssen auch diese Hautfalten saubergehalten werden.

EIGENSCHAFTEN

Ursprünglich wurde der Basset in Frankreich zur Hasenjagd verwendet und zur Suche in schwer zugänglichem Dickicht (Worboys und Pemberton, 2015). Die Hunde wurden in kleinen Meuten gehalten, sind daher auch heute noch anderen Hunden gegenüber freundlich aufgeschlossen. Leider ist der Basset heute ein schwerer und behäbiger Hund geworden, der kaum mehr zur Jagd geeignet ist. Er besitzt aber immer noch eine hervorragende Nase (Worboys und Pemberton, 2015). Oft wird jeder Duftspur minutiös und im Zeitlupentempo nachgegangen. Er ist daher kein Hund für aktive oder ungeduldige Menschen. Liebt man gemütliche Spaziergänge, dann ist der Basset der richtige Begleiter.

Ursprünglich zur Hasenjagd in schwer zugänglichem Dickicht eingesetzt, ist aber auch Wasser ein Element, das der Basset sehr liebt.

RASSETYPISCHE KRANKHEITEN

Diese Hunderasse sollte eigentlich als Arbeits- bzw. „Schweißhund" gesund sein. Je nach Züchtung kommt es aber zu sehr vielen Hautfalten und sehr losem Bindegewebe, was dazu führen kann, dass man die Hautfaltenzwischenräume sehr gut pflegen muss, um Entzündungen zu verhindern. Bei zu losem Bindegewebe kann es vorkommen, dass gerade im Bereich der Augen eine chirurgische Lidstraffung vorgenommen werden muss, damit die Augen nicht dauerhaft entzündet sind. Leider gibt es auch viele Züchtungen mit sehr kurzen Beinen auf einem sehr langen und schweren Körper, wodurch es zu Beeinträchtigungen im Bewegungsapparat kommen kann. Er gehört zu den Rassen, die ein erhöhtes Risiko besitzen, an einem Glaukom zu erkranken (Gelatt und MacKay, 2004). Das britische „Department of Canine Genetics Research" identifizierte die zugrundeliegende Genmutation für diese Erkrankung und entwickelte einen Test, welcher es Basset Hound Züchtern erlaubt, ihre Hunde vor der Zucht testen zu lassen (Oliver et al., 2015). Alle betroffenen Hunde sind homozygot.

TRAINING

Er hat einen sehr ausgeprägten Geruchssinn, gepaart mit einer hohen Ausdauer. Zeigt er sich im Training stoisch oder desinteressiert, dann hat man meist (noch) nicht den richtigen Verstärker gefunden. Denn auch sie können blitzschnell agieren und mit hoher Geschwindigkeit und einer enormen Beharrlichkeit einer Spur über lange Distanz folgen. Als früherer Meutehund ist er sehr sozial und lebt gern mit Artgenossen zusammen. Deshalb kann man bei ihm auch wunderbar das Nachahmungslernen einsetzen. Im Training zeigt sich, dass der Basset mit hohen Wiederholungsraten bei gleichen Übungen sehr schnell gelangweilt ist. Deshalb muss das Training abwechslungsreich gestaltet sein und wenn möglich, vieles über die Nasenarbeit bestärkt und belohnt werden. Bassets lieben es zu schnüffeln. So kann man im Training vorab z. B. gelernte Geruchsstoffe verstecken und nach einer guten „Gehorsamsübung", z. B. einem schnellen Sitz, darf der Hund als Belohnung den Geruchsstoff aufspüren. Er liebt Spaziergänge, auf denen er in seinem Tempo laufen und schnüffeln darf.

REDBONE COONHOUND

HERKUNFT, GESCHICHTE, AUFGABEN

Der Redbone Coonhound hat wahrscheinlich seinen Namen von seinem ersten Züchter aus Tennessee, Peter Redbone im 19. Jahrhundert. Es ist eine amerikanische Hunderasse, die seit 2009 beim American Kennel Club registriert ist und nicht, wie ursprünglich in Tennessee, sondern hauptsächlich im Süden, in Georgia, gezüchtet wird. Diese Hunderasse ist außerhalb der USA kaum bekannt und dementsprechend gibt es keine Züchter. Der Redbone Coonhound wird zur Jagd auf Waschbären, Hirsche, Bären oder Peccaries (neuweltliche Schweineverwandte) verwendet. Dabei ist er laut der USDA-WS auch einer der am meisten von Wölfen attackierten Hunderassen von 1999 bis 2010 (Olson et al., 2014). Wahrscheinlich ist der Redbone Coonhound aus den im 18. Jahrhundert eingeführten europäischen Jagdhunden entstanden. Vermutlich sind der englische Foxhound, der Harrier, der Grand Bleu de Gascogne, der Welsh Hound, der Beagle und der Bloodhound die Urväter dieser Rasse.

Der Redbone Coonhound kommt ausschließlich in roter Fellfarbe vor.

MORPHOLOGIE

Größe und Gewicht Die Schulterhöhe liegt bei Rüden zwischen 56 bis 69 cm, bei Hündinnen zwischen 53 und 66 cm. Die Gewichtsangaben sind sehr unterschiedlich, liegen aber zwischen 23 und 32 kg.
Farben Die Fellfarbe ist rot.

EIGENSCHAFTEN

Der Redbone Coonhound ist ein Hund, der stets bemüht ist, seinem Menschen zu gefallen und alles richtig zu machen. Da er ein Hund der mittleren und niederen Gesellschaftsschichten war, wurde er im Gegensatz zu seinen europäischen Vorfahren nicht in Zwingern gehalten, sondern lebte zusammen mit der Familie im Haus. Er war Jagd- und Familienhund und noch heute füllt er diese beiden Aufgaben hervorragend aus. Der Redbone Coonhound ist ein sowohl Menschen als auch anderen Hunden gegenüber freundlicher Begleiter. Er benötigt jedoch ein hohes Maß an Bewegung und Beschäftigung, ansonsten sucht er sie sich selbst. Außerdem ist er ein in jeder Lebenslage lautgebender Hund.

RASSETYPISCHE KRANKHEITEN

Er ist eine gesunde Hunderasse.

Seine große Bewegungsfreude und Freundlichkeit gegenüber Mensch und Hund zeichnet diesen Hund aus.

TRAINING

Dieser ursprüngliche Jagdhund (Laufhund), zur Jagd auf unterschiedliche Wildarten, arbeitet gern an Land und auch im Wasser. Er liebt es, mit anderen Hunden gemeinsam zu jagen und in der Meute zu arbeiten. Auch arbeitet er gern mit dem Menschen zusammen. Im Training bietet es sich an, einerseits sich als Mensch (durch soziales Spiel, Lob und Anerkennung, etc.) als Verstärker einzubringen, als auch das Jagdverhalten (über Beutemotivation) als Belohnung einzusetzen. Diese Hunde sind für viele Bereiche des Hundesports geeignet: Agility, Canicross, Unterordnung, etc. – es ist eine Hunderasse für agile Menschen, die gern in der Natur sind.

TRAINING VON MEUTEHUNDEN

Hält man mehrere Hunde, dann ist es wichtig, mit jedem Hund einzeln zu trainieren und ihn zu erziehen. Dabei kann ein erfahrener und gut ausgebildeter Hund helfen. Von ihm können die jungen Hunde „richtiges" Verhalten lernen. Es liegt am Hundehalter, die Voraussetzungen zu schaffen, damit er den Bedürfnissen jeden einzelnen Hundes gerecht wird. Der Zeitaufwand ist hier nicht zu unterschätzen. Das Management, dass die weiteren Hunde kein „unerwünschtes Verhalten" von den bereits vorhandenen Hunden lernen, ist hier genauso wichtig, wie das gezielte und strukturierte Training der einzelnen Hunde.

Der Name „Beagle" wurde bereits im 15. Jahrhundert vom Dichter William Shakespeare erwähnt.

BEAGLE

HERKUNFT, GESCHICHTE, AUFGABEN

Bereits 430 v. Chr. werden kleine Laufhunde zur Hasenjagd verwendet. Der Ursprung der Vorfahren des Beagles wird in Griechenland vermutet, von wo aus die Rasse nach Rom und später bei der Eroberung der britischen Inseln nach England gekommen ist. Hier dürften sie sich mit den aus Frankreich eingeführten Laufhunden vermischt haben. Schriftliche Zeugnisse für diese Abstammung gibt es jedoch nicht.

Der Name „Beagle" wird erstmals 1475 von Shakespeare erwähnt. Der Beagle gilt als der kleinste, zur Hasenjagd verwendete Meutehund. Obwohl die Hasen um ein vieles schneller sind, besitzt der Beagle eine hervorragende Nase, mit der er die fehlende Schnelligkeit kompensiert, da er beharrlich und genau der Spur folgt. Meutehunde, häufig 40 bis 50 Hunde, jagen gemeinsam. Das Leben innerhalb einer solchen Meute funktioniert nur dann reibungslos, wenn jedes Mitglied zur Arbeitsteilung bereit ist. Beste Voraussetzungen also für das Zusammenleben mit dem Menschen. Da der Beagle zudem eine sehr fruchtbare Rasse ist, mehrere Tiere ohne Probleme (z. B. ohne aggressive Auseinandersetzungen) zusammen gehalten werden können und er obendrein noch sehr menschenfreundlich ist, wurde er der am meisten in Labors gezüchtete Versuchshund. Laborbeagle werden oft von Nothilfeorganisationen vermittelt.

MORPHOLOGIE

Größe und Gewicht Die Schulterhöhe beträgt im Durchschnitt 33 bis 40 cm und das Gewicht liegt zwischen 8 und 14 kg.

Farben und Fell Das Fell gibt es in jeder Laufhundfarbe, außer lederbraun und es ist ausgesprochen pflegeleicht.

EIGENSCHAFTEN

Die guten Eigenschaften des Beagles wie z. B. seine Freundlichkeit gegenüber Menschen und anderen Hunden, sowie sein aufgewecktes und lebhaftes Wesen und seine angenehme Größe machen ihn dem Anschein nach zum perfekten Familienhund. Leider ist das nur bedingt wahr. Seine leidenschaftliche Jagdfreude verliert er bis ins hohe Alter nicht, die Hasenjagd gehört zu den größten Lebensfreuden des Beagles. Beschäftigt man ihn nicht, dann sucht er sich selbst seine Beschäftigung. Schon so mancher Halter war erstaunt darüber, wie sein Beagle Zäune hinaufklettert oder andere Wege findet, aus Gärten oder Zwingern auszubrechen. Intelligenz und Hartnäckigkeit gehören nicht umsonst zu seinen hervorstechendsten Eigenschaften. Das Leben in der Meute hat auch noch einen weiteren Wesenzug des Beagles geprägt, seine hohe Motivation für Futter. Wer in der Meute nicht schnell ist, bekommt kein Futter. Er neigt daher manchmal dazu, die Ressource Futter vehement zu verteidigen. In der nordamerikanischen Übersicht „beißgefährdeter" Rassen (Duffy et al., 2008) rangiert der Beagle weit vorn, möglicherweise auch wegen einer Tendenz zur Unterbeschäftigung bei den US-amerikanischen Haltungsbedingungen. In der Budapester Studie (Turcsán et al., 2011) erreicht er Platz 51 für emotionale Stabilität, Platz 55 für Offenheit, Platz 15 für Geselligkeit mit Hunden und Platz 46 für Extraversion.

RASSETYPISCHE KRANKHEITEN

Aufgrund der langen Schlappohren kann sich dort Sekret festsetzen, das zu häufigen Ohrenentzündungen führen kann. Desweiteren kann HD (Hüftgelenksdysplasie) auftreten. Es wird auch von Hound-Ataxie und Problemen mit den Bandscheiben berichtet. Auch eine Form des „Rückwärtsniesens" kann auftreten.

Beliebt wegen seines aufgeweckten Wesens, behält der Beagle aber bis ins hohe Lebensalter seine große Leidenschaft für die Jagd.

Als einer der beliebtesten Meutehunde bei der Jagd, ist der Beagle sehr verträglich mit anderen Hunden.

Vererbbare Krankheiten, die beim Beagle bekannt sind, sind Akatalasämie und Faktor VII-(FVII)-Mangel (Donner et al., 2016). Akatalasämie beschreibt eine gestörte Katalaseaktivität der roten Blutzellen (Erythrozyten). Die Hunde besitzen dadurch ein erhöhtes Risiko, offene Wunden im Maul zu entwickeln, die zum Absterben von Weichgewebe führen (Nakamura et al., 1999). Der Faktor VII-(FVII)-Mangel ist eine leichte Gerinnungsstörung, die meist unerkannt bleibt und nur durch Routinetests zur Gerinnung oder Episoden exzessiven Blutens oder durch ein Trauma oder eine Operation entdeckt wird (Donner et al., 2016).

TRAINING

Der Beagle ist ein Jagdhund, der einerseits als Laufhund bei der Jagd eingesetzt wurde, als auch in der Meute jagend vorzufinden war. Diese Jagdleidenschaft hat er bis heute ohne Ausnahmen. Er hat oftmals die Nase lieber am Boden als auf den Besitzer gerichtet. Es erscheint vielen Menschen so, dass er unaufmerksam wäre, doch das stimmt oftmals gar nicht. Hunde haben ein viel größeres Sehfeld als wir Menschen und dadurch brauchen sie uns nicht „auf Primaten-Art" direkt anzusehen. Man sieht im Training, dass die Hunde, die bei Ansprache den Kopf wenig zur Seite nehmen, auf diese Weise ihre Aufmerksamkeit signalisieren. Doch

leider wird diese feine Sprache von vielen Menschen gar nicht wahrgenommen.
Beagle zeigen in Konflikt- oder Bedrohungssituationen oftmals ein „Erstarren“, also ein Verharren in der Bewegung, was manche Menschen falsch als „Sturheit“ oder „Trotz“ interpretieren. Hier gilt es, sich in den Hund hineinzuversetzen und zu erkennen, was er an dieser Situation als bedrohlich empfindet, um dann ganz gezielt mit ihm an der Bewältigung zu arbeiten. Denn Empfindung des Hundes in dieser Konflikt- oder Bedrohungssituation ist immer subjektiv. Für Menschen kann sie vollkommen normal sein, doch der Hund, aus seiner Lernerfahrung heraus und aus seiner Sicht der Dinge, sieht sie als bedrohlich an. Dieses „Erstarren“ hat dem Beagle auch die „Karriere“ als Laborhund beschert, weil dadurch leichter Dinge an ihm getestet werden können.
Als typischer Meutehund liebt der Beagle es, mit seiner Meute (anderen Hunden) zusammen zu sein. Wenn er keinen Artgenossen um sich hat und „allein“ leben muss, kann es vorkommen, dass er sich sehr fest an seine Bezugspersonen bindet und dadurch Probleme mit dem Alleinbleiben entwickelt. Hierauf muss man mit einem gezielten Training eingehen.
Im Training lässt sich der Beagle gern über Beutemotivation (Jagdverhalten) belohnen. Futterbelohnungen nimmt er meist auch gern an. Wichtig im Training ist die Geduld und Ausdauer des Menschen, dieser darf nicht ungeduldig werden, wenn sein Hund für manche Übungen kognitiv mehr Zeit benötigt. Diese Geduld macht sich nachhaltig bezahlt. Hat der Beagle die Übungen begriffen und wurde dafür hoch belohnt, zeigt er sie immer mit großer Freude und Einsatzbereitschaft. Beagle lieben es, mit der Nase zu arbeiten, daher bieten sich Hundesportarten oder Beschäftigungen mit der Nase, wie z. B. Mantrailing, geradezu an.

Im Training ist es wichtig, seine Aufmerksamkeit zu gewinnen.

ENGLISH FOXHOUND

HERKUNFT, GESCHICHTE, AUFGABEN

Der europäische Adel hielt über viele Jahrhunderte große Hundemeuten zur Jagd. Die Hunde wurden nach der Brauchbarkeit bei der Jagd gezüchtet und nicht als Begleithunde, die eine enge emotionale Bindung zu bestimmten Menschen aufbauen (Marvin, 2001). Wollte man Großwild oder schnelles Kleinwild jagen, brauchte man nicht nur einen Hund als Jagdbegleiter, sondern eine ganze Gruppe Hunde. Die Hetzjagden mit Hundemeuten entstand, wobei zwei Arten besonders beliebt waren: Foxhound und Harrier (Hasenhund). Ursprünglich für die französische Parforcejagd gezüchtet, erlebte der Foxhound im 16. Jahrhundert einen Aufschwung, da die Hetzjagd zu Pferden immer beliebter wurde und schnellere Hunde, die „lautjagend" der Witterung des Fuchses nachliefen, bevorzugt wurden. Um 1850 gab es in England Hunderte von Foxhound-Meuten. Oftmals wurden diese nur 5 Tage im Jahr zur Jagd verwendet. Da dies ein teures Vergnügen war, war das Halten von Meuten durchweg nur den wohlhabenden englischen Adelsfamilien vorbehalten.

Mit dem Untergang des europäischen Adels, verschwanden die Hunde. Nur in England hielt sich die Fuchsjagd zu Pferd bis ins 20. Jahrhundert und es gab bis dahin fast 200 Foxhound-Meuten. Im Jahr 2005 wurde diese Art von Jagd auf Füchse verboten.

Eigentlich für die Parforcejagd gezüchtet, wurde der Foxhound zu einem der beliebtesten Hunde für die Hetzjagd zu Pferd.

MORPHOLOGIE

Größe und Gewicht Er hat eine Schulterhöhe von 65 bis 72 cm bei Rüden und 62 bis 68 cm bei Hündinnen und ein Gewicht von ca. 25 kg.

Farben Bei den Fellfarben ist alles möglich. In Hundemeuten, die zur Jagd eingesetzt werden, wird ein möglichst homogenes Bild der Meute angestrebt, wodurch vor allem ähnliche Fellzeichnungen der Hunde bevorzugt werden (Marvin, 2001). Den Foxhound zeichnet ein athletisches Gesamtbild aus, das ihm ermöglicht, lange Strecken bei der Jagd zurückzulegen (Marvin, 2001).

Der English Foxhound ist ein bewegungsfreudiger und selbstständiger Hund.

EIGENSCHAFTEN

Der Foxhound ist über Jahrhunderte einer der schnellsten und leistungsstärksten Jagdhunde, die gezüchtet wurden. Diesen Hunden keine Beschäftigung zu geben und sie als reine Familienhunde zu halten, ist zum Scheitern verurteilt. Der Foxhound ist ein starker und robuster Hund, der selbstständig und unabhängig in seinem Wesen ist. Er ist sowohl dem Menschen als auch anderen Hunden gegenüber sozial verträglich und äußerst liebenswürdig. Lässt man ihn seine größte Passion, die Jagd, ausleben, ist er ein ausgeglichener freundlicher Begleiter, jedoch weder ein Stadt- noch ein Wohnungshund. Die Rasse wird ausschließlich zum Zweck der Jagd eingesetzt und besitzt kein breites Einsatzgebiet wie etwa der Labrador Retriever, der z. B. auch als Begleithund oder Blindenführhund eingesetzt werden kann (Marvin, 2001).

RASSETYPISCHE KRANKHEITEN

Vererbbare Krankheiten, die zunächst nur beim Beagle bekannt waren, spielen auch beim Foxhound eine Rolle, z. B. Akatalasämie und Faktor-VII-(FVII)-Mangel (Donner et al., 2016). Akatalasämie beschreibt eine gestörte Katalaseaktivität der roten Blutzellen (Erythrozyten). Die Hunde besitzen dadurch ein erhöhtes Risiko, offene Wunden im Maul zu entwickeln, die zum Absterben von Weichgewebe führen (Nakamura et al., 1999). Der Faktor-VII-(FVII)-Mangel ist eine leichte Gerinnungsstörung, die meist unerkannt bleibt und nur durch Routinetests zur Gerinnung oder Episoden exzessiven Blutens oder durch ein Trauma oder Operation entdeckt wird (Donner et al., 2016).

Training – siehe Bloodhound, S. 442

AUS DER FORSCHUNG

DER FOXHOUND ALS MEUTEHUND

Foxhounds werden seit ca. 200 Jahren als Meutehunde speziell für die Gruppenhaltung und das gemeinsame Jagen in der Meute selektiert (FCI 2009). Die Hundemeuten leben in Gruppen in sogenannten Kenneln zusammen. „Kennel" ist eine in der Jägersprache aus dem Englischen übernommene Bezeichnung für eine Unterbringung von Hunden. Wenn Hunde gezielt auf bestimmte Einsatzbereiche wie z. B. Jagen oder Hüten und somit eine Kooperation mit dem Menschen gezüchtet werden, hat dies auch Auswirkungen auf das Verhalten (Miklósi, 2007). Dieses kann von Rasse zu Rasse sehr unterschiedlich und auch abhängig von den jeweiligen Ausprägungen der Körpermerkmale sein.

Verhalten und Strukturen in der Meute

Im Rahmen meiner Dissertation wurden in den Jahren 2011 bis 2012 Verhaltensbeobachtungen an einer Meute englischer Foxhounds angestellt mit der Fragestellung, welche Verhaltensweisen die Hunde untereinander in ihrer Gruppe zeigten und welche sozialen Strukturen (z. B. lineare Hierarchie oder gleichberechtigte Gesellschaft) sich daraus analysieren lassen.

Die Ergebnisse zeichnen ein sehr klares Bild: eine typische Dominanz-Hierarchie, mit führenden Alpha-Tieren und untergeordneten Individuen existierte bei den Foxhounds nicht. Zwar wurden dominanz-anzeigende Verhaltensweisen beobachtet, wie z. B. die sogenannte High Posture (aufrechter, steifer Gang mit hoch erhobenem Kopf und Rute), Aufreiten, Anstarren, Kopf- bzw. Pfoteauflegen sowie die submissiven Pendants Low Posture (eingeknickte Beine, eingezogene Rute), Schnauzenlecken, Blickabwenden und Bauchzeigen. Allerdings ergab die Analyse der jeweils in den Dyaden ausgetauschten Verhaltensweisen kein hierarchisches Modell, sondern ein sogenanntes egalitäres System (Engel, 2002). Hier haben alle Gruppenmitglieder die Chance, an eine Ressource o. ä. heranzukommen, die Motivation zählt für den Erfolg und nicht der soziale Status.

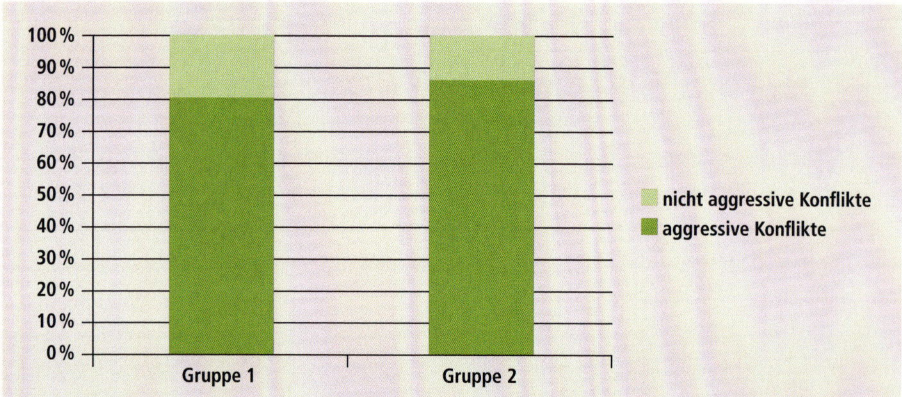

Durchsetzung eigener Interessen mit und ohne aggressive Verhaltenselemente prozentual Gruppe 1 und Gruppe 2.

Durchgesetzt wurde das individuelle Vorhaben dann mit den entsprechenden Verhaltensweisen, zu denen natürlich auch (und das sogar sehr häufig) aggressionsanzeigendes Verhalten zählte (Grafik 1).

Aggression und Ressourcen

Rüden untereinander zeigten hochsignifikant häufiger (p = 0,002) aggressives Verhalten und Drohgebärden als Hündinnen, was auf einen gesteigerten Wettbewerb unter Rüden hindeutet. Hier der deutliche Hinweis, dass Aggression ein ganz natürlicher und wichtiger Bestandteil der Kommunikation und Konfliktlösung unter Hunden (und natürlich anderen Lebewesen) ist. Ihre Motivation ist nicht von vorne herein, physischen Schaden zuzufügen, sondern dem Gegenüber meist auf Distanz zuerst bestimmte Signale zu übermitteln (z. B. „Komm nicht näher!"), ehe es zu einer Eskalation kommt. Damit das Gegenüber auch versteht, was ihm übermittelt wird und die Situation einschätzen kann, sind diese Signale häufig ritualisiert in Form von festgelegten Drohgebärden o. ä. (Maynard Smith und Parker, 1976). Zähnefletschen und Knurren wirkt natürlich extrem bedrohlich auf uns, ist unter Hunden einer Gruppe aber an der Tagesordnung.

Zusammenhang von Status und Stress

Das im Zusammenhang mit Wettbewerbsaggression viel diskutierte Testosteron spielte bei den Foxhounds keine Rolle, wie die Analyse von Serumtestosteronwerten ergab. Umso interessanter waren die Ergebnisse der Speichelcortisol-Proben. Diese wurden den Hunden entnommen, um eine mögliche Verbindung eines eventuellen Status in der Gruppe und erhöhtem Stress festzustellen. Denn Studien an anderen Tierarten haben belegt, dass in vielen sozialen Gruppen ein hoher oder auch niedriger Rang mit mehr Stress einhergeht (Creel et al., 1997; Barja et al., 2008; Rosado et al., 2010).
Da bei den Foxhounds keine typische Hierarchie ermittelt werden konnte, ergab sich demnach auch keine Korrelation der Cortisol-Werte mit einem hohen oder niedrigen Rang in der Gruppe.
Auffällig waren dagegen die recht hohen Speichelcortisol-Werte der Foxhounds an sich, im Vergleich zu anderen Studien an Hunden, die ebenfalls Speichelproben zur Cortisolanalyse verwendeten (Vincent und Michell, 1992; Beerda et al., 1997; Hennessy et al., 1997; Horváth et al., 2007; Bennet und Hayssen, 2010; Glenk et al., 2014; Elsing und Spitzley, 2015). Beprobt wurden in diesen Studien Hunde unterschiedlicher

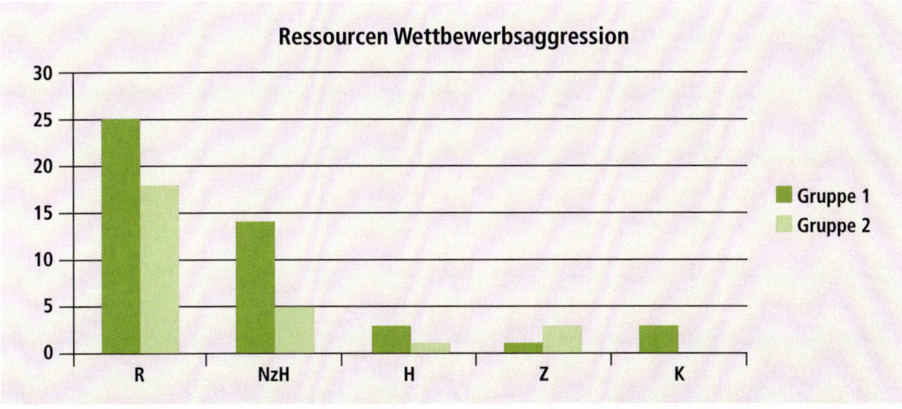

Häufigkeiten umworbener Ressourcen Gruppe 1 und 2. R = Ruheplatz; NzH = Nähe zu Hündin; K = verlorene Hundehalskette; H = Holzstück; Z = Zugang zu Gitter/Außenbereich/o. ä.

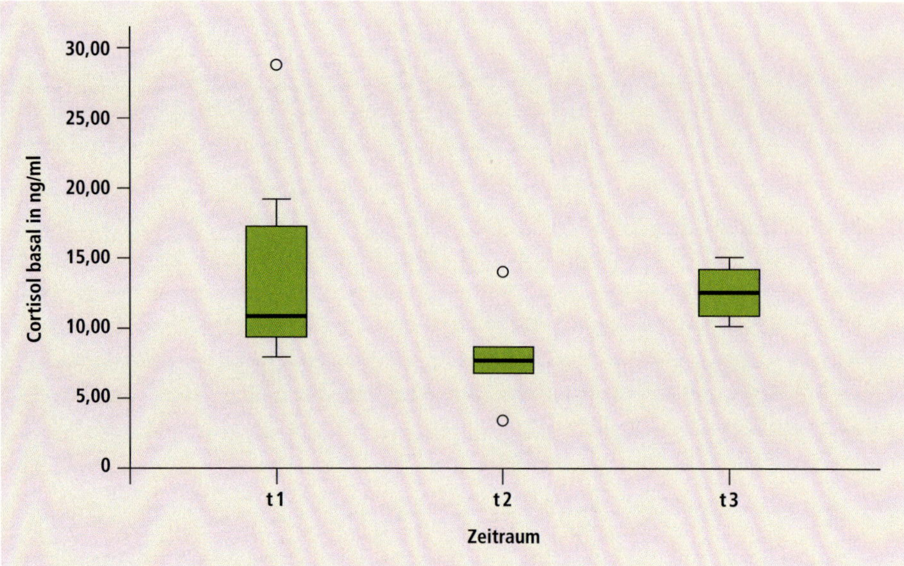

Basal Cortisolwerte in ng/ml Gruppe 1 und 2 für die Zeiträume 1, 2 und 3
t1 = 10:50 – 12:20 Uhr, t2 = 12:20 – 13:50, t3 = 13:50 – 15:20

Rassen, jedoch vornehmlich in Privathaltung, Tierheimen oder Kleingruppenhaltung.
Es wurden Werte (Arithmetisches Mittel) zwischen 1,00 und 3,56 ng/ml im Speichel erreicht, wogegen die zwei Gruppen der beobachteten Foxhounds 9,00 ng/ml bzw. 13,06 ng/ml erreichten (siehe Abb.). Die höheren sozialen Anforderungen an eine derartige Gruppenhaltung, könnten als sehr wahrscheinliche Ursache hierfür in Frage kommen.
Abschließend ist anzumerken, dass die Prüfung von Hundehaltung auf art- und verhaltensgerechte Aspekte nach der jeweiligen Rasse beurteilt werden muss. Nicht alle Hunde bringen die sozialen Voraussetzungen für ein größtenteils harmonisches Gruppenleben mit. Andere wiederum sind, wie der Foxhound, auf das Zusammenleben mit Artgenossen gezüchtet.
Letztendlich wird durch die einzelnen Studien deutlich, wie unterschiedlich die Rassen des Haushundes sind, nicht nur im Aussehen, sondern auch im Sozialverhalten und Stoffwechsel, was für Haltung, Erziehung und Ernährung eines Hundes sowie der Kommunikation mit ihm, vom Menschen berücksichtigt werden muss. Die Foxhounds der Meute hatten die unterschiedlichsten Charaktere, von schüchtern und zurückhaltend bis selbstbewusst und draufgängerisch, welche in den Beobachtungen ihrer Interaktionen untereinander deutlich wurden. Allen gemein war jedoch ihre ausgesprochene Freundlichkeit und Aufgeschlossenheit dem Menschen gegenüber, sowie ihr Wille zur Zusammenarbeit.

Dr. Melanie Dopfer studierte Tiermedizin an der Justus-Liebig-Universität Gießen sowie der École Nationale Vétérinaire de Nantes (Frankreich). Ihre Promotion mit dem Thema „Soziale Mechanismen in einer Meute Englischer Foxhounds" erfolgte an der Veterinärmedizinischen Fakultät Leipzig. Vor ihrem Studium beteiligte sie sich in Afrika an Tierschutz- und Forschungsprojekten. Seit 2016 arbeitet sie bei der Regierung von Schwaben im Bereich Umweltschutz und Veterinärwesen.

AUS DER PRAXIS

MEUTEJAGD – GESCHICHTE UND ENTWICKLUNG

Mit dem Begriff Meutejagd verbinden die allermeisten wahrscheinlich das Bild einer englischen Landschaft mit rot-berockten Reitern, großen bunten Hunden und dem Jagdziel „Fuchs". In Wirklichkeit verbirgt sich dahinter eine traditionsreiche, vielgestaltige Art der Jagd mit Hunden, die bis heute selbst in Deutschland als rein reitsportliche Veranstaltung gepflegt wird (siehe www.schleppjagd24.de).

Parforcejagd

Aus der reinen Jagd zur Ernährung des Menschen, die neben dem Hund noch ohne weitere Tiere als Helfer und zu Fuß stattfand, entwickelte sich bereits im Mittelalter die höfische Jagd zu Pferde. Diese dann immer aufwendigeren Jagdveranstaltungen blieben dem Adel vorbehalten und hatten ihre Hochzeit an den barocken französischen Fürstenhöfen. Dieser Sport war so beliebt,

Der Beagle, als niederläufiger Hund, wird in England als Meutehund für Jagden zu Fuß eingesetzt.

dass er sogar weitreichenden Einfluss auf die Gartenarchitektur der Fürstenhöfe hatte. Die klassische Gestaltung mit sternenförmigen Wegen, die sich zentral immer wieder treffen, geht darauf zurück, dass so die Zuschauer, meist mit Kutschen oder auch zu Pferde dem Jagdgeschehen folgen konnten und es immer wieder gut zugängliche Treffpunkte gab. Aus dieser Zeit stammt auch der eigentlich gebräuchliche Begriff der Parforcejagd. Obwohl die Fürstenhöfe fielen oder in demokratische Formen übergingen, blieb die Parforcejagd dennoch erhalten. Grund war ihr Nutzen für die Kavallerie. Die hohen reiterlichen Anforderungen boten perfekte Trainingsbedingungen für das berittene Heer. Zur besseren Steuerung des Jagdgeschehens wurde die Parforcejagd ab jetzt aber zumeist als Schleppjagd durchgeführt. Dabei folgen die Hunde spurlaut einer künstlich gelegten Spur, der sogenannten Schleppe. Die Schleppe kann dabei ganz verschieden sein. In Deutschland gibt es Meuten, die ihre Hunde auf Heringslake oder Pansensaft trainieren. Aber es gibt auch Meuten, die auf das Trittsiegel eines Pferdes trainiert sind.
Die Parforcejagd ist also die Jagd hinter einer Hundemeute, gefolgt von Reitern (= grand venerie).

Meutehund Beagle

Doch werden bis heute auch vielfach Meutejagden zu Fuß durchgeführt. So wird z. B. der Beagle, einer der wohl bekanntesten Meutehundvertreter in seinem Mutterland England gerade eben nicht zur Parforcejagd eingesetzt. Als kleiner, niederläufiger Hund mit hohem Brackenanteil wird er, wie in Frankreich z. B. der Basset oder Griffon Vendeen, zu Fuß geführt (= petit venerie). Gerade in Frankreich ist die Bandbreite der zur Meute-

Die Meutejagd wird gern mit adligen englischen Jagdgesellschaften verbunden (hier: Foxhound).

jagd eingesetzten Hunderassen und Hundeschläge extrem breit gefächert, da für jede Jagdform und jedes jagdbare Wild eigene Hunde eingesetzt werden. Daneben haben die Engländer tatsächlich überall auf der Welt, wo sie einmal zu Kolonisationszwecken tätig waren, ihre Spuren auch in Form der Parforcejagd hinterlassen. So kann man das hier beschriebene Bild unter anderem auch in Indien, Australien und Amerika beobachten. Aufgrund dieser ungeheuren Vielfalt und Vielgestaltigkeit kann ich an dieser Stelle leider nur einen Überblick geben. Herausstellen möchte ich die typischen Engländer, Beagle und Foxhound. Zum einen, weil ich Erfahrungen mit diesen beiden Rassen gemacht habe. Zum anderen, weil diese beiden Rassen die in Deutschland am häufigsten eingesetzten Meutehunde sind und man sie hier in fast allen Bundesländern bei ihrer Arbeit auf Schleppjagden beobachten kann.

Training von Beagles

Dass sich dabei gerade der Beagle auch als reiner Familienbegleiter durchgesetzt hat, muss wohl an seiner Größe liegen. Im alltäglichen Umgang ist er nämlich der kernigere Hund. Er ist robuster gegenüber seiner Umwelt und auch im Umgang mit ihr. Zwar ist er wie alle Meutehunde sehr menschenbezogen und im Allgemeinen freundlich. Sein Dickkopf aber ist sprichwörtlich. Wenn es also um seine eigenen Interessen geht, ist er bereit, sie wesentlich vehementer und eigensinniger durchzusetzen als sein großer Verwandter. Die Beaglenase arbeitet schnell und zuverlässig und hat sie eine Spur aufgenommen, will diese auch verfolgt werden und das ihn hohem Tempo. Auch für Meutehalter liegt die Herausforderung nicht darin, ihn zum Suchen und Laufen zu animieren, sondern ihn dabei zu kontrollieren. Ein Training des Grundgehorsams steht immer an erster Stelle. Ein zuverlässiger Rückruf ist mehr als wichtig. Wie seine Nase funktioniert, muss man einem Beagle nicht beibringen – auch nicht jedem anderen Meutehund. Das zeigt sich auch im Training in der Meute, bei dem die Hunde im ersten Lebensjahr „nur" lernen wie sie heißen, auf Ruf zu kommen und in allen Gangarten im Pack zu gehen. „Im Pack gehen" bedeutet, die Meute geht eng geschlossen, Seite an Seite zwischen den Hundeführern, also dem Master und der Equipage, sowohl zu Fuß, mit dem Fahrrad oder auf dem Pferd. Geht es daran, die ersten Schleppen zu trainieren, werden die jungen Hunde in der Regel auch nicht auf den jeweiligen Geruchsstoff der Meute gezielt angesetzt. Sie werden lediglich an einen erfahrenen Althund gekoppelt auf die Schleppe angesetzt. Das genügt, um in relativ kurzer Zeit allen Junghunden zu verdeutlichen, was ihre Aufgabe ist. Sie machen mit, schauen es sich ab und verstehen fast schon intuitiv ihren Job. Für Privatbeagle ergeben sich daraus leider immer wieder Missverständnisse. So wie ein zu frühes Training der Nase im Sinne von Beschäftigung. Das führt oft zu absolut übersteigertem und dann auch schwer zu kontrollierendem Jagdverhalten (Suchtverhalten). Dagegen ist es für erwachsene Meutehunde bei Weitem nicht ausreichend, sie über Nasenarbeit allein beschäftigen zu wollen. Was gern vergessen wird ist, dass Meutehunde zumeist in hohem Tempo arbeiten. Regelmäßige körperliche Betätigung in Form von ausdauernden Galoppstrecken ist für sie ebenso wichtig, wenn nicht sogar wichtiger als die Nase zu gebrauchen. Ein Meutebeagle schafft auf ebenen geraden Schleppen gut und gern 40 km/h und mehr. Er läuft auf einer Schleppjagd rund 15 km mit nur wenigen Stopps in etwa 3 Stunden.

Führung vom Pferd aus

Anders als in seinem Herkunftsland wird der Beagle bei uns üblicherweise zu Pferd geführt. Dabei ist sein Arbeitseifer meist übermäßig. Ein kontrolliertes Arbeiten ist trotzdem möglich. Muss möglich sein. Kein Meutehalter oder Verein kann es sich leisten, besonders heutzutage eine unkontrollierbare Hundemeute auf Feld, Wald und Flur einzusetzen. Die Hundeführer, der Master und seine Equipage haben ja keinen direkten Kontakt zu den Hunden, sie sitzen auf dem Pferd. Sie führen die Hunde mit Stimme. Ich habe schon die beeindruckende Leistung einer Equipage miterleben dürfen, die keine großen Schwierigkeiten hatte, eine komplette Beaglemeute von einem aufspringenden Feldhasen abzubringen. Ganz anders sieht es da oft bei Privatleuten aus. Denn im Vergleich zu den meisten Privatleuten, müssen Meuten ihre Tauglichkeit regelmäßig alle zwei Jahre unter Beweis stellen, durch eine Prüfung zur „Betriebssicheren Meute", in der unter anderem die Wildreinheit durch das Legen von Verleitungen abgefragt wird.

Haltung von Meutehunden

Die Haltung von Meutehunden wird in Deutschland und weltweit relativ gleich betrieben. Die Hunde werden in einem Meutestall, einem Kennel gehalten. Dort leben sie meist nochmals unterteilt in einzelne Gruppen. Die Gruppengröße hängt dabei von den jeweiligen örtlichen Gegebenheiten und Meutegrößen ab. Sie kann problemlos von unter zehn bis zu mehreren Dutzend schwanken. Dabei wird nur selten in Rüden- und Hündinnen-Gruppen geteilt. Jede Meute züchtet für den Eigenbedarf. Wer dabei auf gute Nachzucht Wert legt, bringt anders als früher die tragende Hündin noch vor der Geburt separat auf dem Kennelgelände oder auch entfernt des Meutekennels an einem ruhigeren Ort unter, z. B. dem Hof eines Mitreiters. So können die Welpen in Ruhe aufwachsen und dennoch alles lernen, was sie später kennen müssen. Je nach Möglichkeiten, kehren die Junghunde spätestens mit etwa 6 Monaten an den Kennel zurück, um langsam in den Alltag der Meute hineinzuwachsen und in die bestehenden Gruppen integriert zu werden. Für die ersten Trainingsjagden oder gar echten Schleppjagden müssen sie mindestens ein bis eineinhalb Jahre alt sein.

Zucht von Meutehunden

Daraus ergibt sich auch, dass Meutehunde erst relativ spät zur Zucht eingesetzt werden. Jeder Master möchte einen eingejagten, also arbeitenden Hund auch noch ein bis zwei erfolgreiche Saisons laufen sehen. Im Schnitt sind sowohl Rüden als auch Hündinnen mindestens drei Jahre alt, wenn sie zur Zucht eingesetzt werden. Zur Blutauffrischung wird untereinander, gelegentlich auch länderübergreifend getauscht. Im Vordergrund steht bei der Nachzucht ungebrochen die Arbeitstauglichkeit und -leistung, also die Gesundheit und das Wesen eines Hundes. Zwar wird auch hier nach einem anerkannten Standard gezüchtet

Eine Hundemeute zu führen und kontrolliert zu arbeiten, ist auch vom Pferd aus möglich.

und einmal im Jahr findet in Deutschland eine Schau statt, bei der die Junghunde präsentiert und bewertet werden. Mit einer Hundeausstellung im modernen Sinn hat das aber nichts zu tun. Die Hunde werden im Freien, in der Gruppe und auch einzeln bewertet. Dabei ist es gerade wichtig, die volle Bewegung eines Hundes erkennen zu können. Laufen, Rennen, Springen, alles ist erlaubt und erwünscht. Dabei wird nur einem Körperteil im Stillstand besondere Aufmerksamkeit geschenkt und zwar den Pfoten bzw. den Zehen. Wichtig ist also, was ein Meutehund für seinen Job braucht. Farbe ist dabei zweitrangig und in der Zucht lediglich den Vorlieben eines Masters unterworfen. Auch wird hier kein Hund vermessen. Verschiedene Schläge spiegeln unterschiedliche Einsatzorte und Klimata wider.
Wer im Norden auf weiten ebenen Flächen jagt hat leichtere, schlankere Foxhoundtypen. Bei schwerläufigerem, hügeligem Gelände setzen sich eher die schwereren, etwas kleineren Typen durch.
Dass Hunde, oder gar junge Hunde aus einer Meute in Privathand abgegeben werden, ist bis heute eher selten. Meist zu Recht. Denn es erfordert ein gutes Gespür für diese Hunde, und am besten Erfahrung mit ihnen. Außerdem müssen die Lebensumstände ganzjährig zu den Anforderungen des Hundes passen, die sich absolut an seinem eigentlichen Job orientieren. In den letzten Jahren sind aber einige Meuten dazu übergegangen, ihre Rentner wenn möglich in Privathand abzugeben. Das ist bei den Beagles meist leichter umzusetzen als bei den Foxhounds.

Der Foxhound gehört zu den sensibleren Hunden unter den Meutehundrassen.

Meutehund Foxhound

Wie schon erwähnt, sind die großen Meutehunde, auch die großen Franzosen, deutlich sensibler. Sie brauchen ihre tägliche Routine und können sich auf neue Gegebenheiten nicht ganz so leicht einstellen, besonders wenn sie ihren Meuteverband verlassen. Eine Übernahme in Privathand wird also allein schon wegen des Charakters des jeweiligen Hundes nicht immer gelingen. Oft aber klappt es wunderbar. Ein Zweithund ist hier tatsächlich nahezu immer hilfreich, auch weil ich Foxhounds bis auf seltene Ausnahmen immer als die absoluten Schmusebacken erlebt habe. Sie lieben körperliche Zuwendung und Kontaktliegen, egal ob Menschen oder andere Hunde. Sie zeigen einen echten Willen zu gefallen und arbeiten gern mit dem Menschen zusammen. Das macht das Eingewöhnen wiederum leichter. Hilfreich ist auch, dass sich der Foxhound gut auf mehrere Menschen einstellen kann. Im Kennelalltag mag zwar jeder Hund seine personellen Vorlieben haben, aber Meutehunde müssen der Tatsache gegenüber offen sein, sich auf die Arbeit mit vielen verschiedenen Menschen einstellen zu können, denn die Equipagenmitglieder oder Mitarbeiter am Kennel sind auch nicht immer nur dieselben. Im direkten Vergleich zum Beagle würde ich Foxhounds als die führigeren Meutehunde bezeichnen. Was natürlich nicht heißt, dass es eine einfache Aufgabe ist, sie im Gelände frei laufen zu lassen. Auch sie brauchen eine gute Grunderziehung und einen absolut zuverlässigen Rückruf, denn wenn die Nase eine Spur aufgenommen hat, verlieren sie sich regelrecht darin. Weniger Probleme macht erstaunlicherweise die Stubenreinheit, denn eine Stube kennen Meutehunde natürlich nicht. Schwerer ist es, ihnen das Liegen auf Sideboards oder Tischen abzugewöhnen, denn in ihren Kenneln haben sie schließlich auch Podeste oder Pritschen zum Liegen.

Dass mehr und mehr Meutehunde aus Meutehaltung im Tierschutz auftauchen, besonders aus Frankreich, betrachte ich mit gemischten Gefühlen. Wie erwähnt ist es gerade für die hier häufigen Anglo francaise oder Poitevins, als Vertreter der größten Meutehunderassen extrem anspruchsvoll, sich an völlig neue Umweltbedingungen anzupassen. Sie reagieren dann häufig mit extremer Zurückhaltung und wirken sehr unterwürfig. Daraus wird leider viel zu oft der falsche Schluss gezogen, diese Hunde müssten schlechte Erfahrungen gemacht haben oder gar misshandelt worden sein.

Fütterung in der Meute
Foxhounds haben mich schon immer mit ihrer absoluten Freundlichkeit beeindruckt. Auch das Alltagsleben im Kennel verläuft meist friedlich. Natürlich werden diese Hunde seit Langem auch darauf selektiert, in großen Gruppen relativ eng zusammenzuleben. Gruppen umzustellen oder neue Hunde zu integrieren, verläuft in der Regel immer problemlos. So ist es nur natürlich, dass auch die tägliche Fütterung im Kennel in der Gruppe passiert – ohne Reibereien. Was aber nicht daran liegt, dass Meutehunde nicht auch ihre für sie wichtigen Ressourcen mit aller Konsequenz verteidigen würden. Das Futter ist so konzipiert, dass es eben nicht zu Streitereien darum kommen kann, da es z. B. als aus Flocken angerührtem Brei oder gewolftem Fleisch besteht. So frisst einfach jeder so viel er kann, ohne dabei auf seinen Nachbarn zu achten. Ganz anders sieht das aus, wenn auf den Koppeln eine Maus erbeutet oder ein spannendes Stück Rinde als Spielzeug auserkoren wird. Um solche Ressourcen gibt es hundetypisch auch bei Meutehunden Raufereien. Man darf sich also nicht wundern, wenn auch ein Meutehund exklusive Ressourcen anderen gegenüber verteidigt, auch wenn sie für ein Gruppenleben gemacht sind. Und um wieder den Vergleich zum Beagle zu ziehen. Auch hier habe ich die Erfahrung gemacht, dass die kleinen Hounds die kernigeren sind. Ganz nebenbei sei noch erwähnt, dass der typische Futterbrei oft mit Altbrotflocken gemischt wird. Und das durchaus in hohem Anteil.

Ursula Rudolf ist seit 1990 als Hundetrainerin tätig. Neben Erziehung und Alltagstauglichkeit, ist das Thema Beschäftigung durch Nasenarbeit ihr Schwerpunkt. Durch die Hobbys Pferd und Jagdhorn besteht seit langer Zeit Kontakt zur Schleppjagd und zu Meutehunden. Viele Jahre war sie sporadisch ehrenamtlich in einer Foxhoundmeute tätig. Seit einigen Jahren finden regelmäßige mindestens wöchentliche Besuche im Kennel statt. Ihr besonderes Engagement gilt der Betreuung der Welpen und Erziehung der Junghunde.

Das Leben innerhalb der Gruppe läuft beim English Foxhound sehr friedlich ab.

OTTERHOUND

HERKUNFT, GESCHICHTE, AUFGABEN

Fischotter waren früher in ganz Europa weit verbreitet und überall wo Fischteiche zu finden waren, ein nicht sehr gern gesehener Gast. Schnell konnte ein einzelner Fischotter verheerenden Schaden an Fischteichbeständen anrichten. Darum waren Hunde, die diesen Schadenstiftern auf den Pelz rücken konnten, eine geschätzte Hilfe. Eine der bekanntesten und wohl auch erfolgreichsten Hunderassen, die für die Fischotterjagd verwendet wurde, ist der Otterhound. Einer der wichtigsten Ahnen des Otterhounds ist der Southernhound, der bis Ende des 19. Jahrhunderts in England rein gezüchtet worden ist. Dieser Hund war ein relativ großer und langsamer Jagdhund, weswegen die Jäger mehr und mehr auf ihn verzichteten und schnellere Hunde bevorzugten. Der heutige Otterhound entstand im 19. Jahrhundert, seine Abstammung kann nur bis zum Anfang des 19. Jahrhunderts zurückverfolgt werden. Frühere Otterhound-Meuten bestanden aus einer durcheinandergewürfelten Gesellschaft aller möglichen Bauern- und Jagdhunde. Seine Geschichte vor dem 19. Jahrhundert liegt weitgehend im Dunkeln, aber seine auffallende Ähnlichkeit mit rauhaarigen französischen Laufhunden lässt vermuten, dass sie sehr wahrscheinlich miteingekreuzt wurden. Mit dem Ende der Otterjagd, Ende des 19. Jahrhunderts, verschwanden auch die Otterhounds. 1935 bis 1940 soll es noch ca. 20 englische Otterhound-Meuten gegeben haben. Damit ist er einer der wichtigsten gefährdeten einheimischen Rassen in Großbritannien (Farrell et al., 2015).

Die für die Fischotterjagd beliebteste Hunderasse ist der Otterhound.

MORPHOLOGIE

Größe und Gewicht Die Schulterhöhe beträgt je nach Geschlecht 61 bis 69 cm und sein Gewicht variiert zwischen 30 und 55 kg. Durch seine rassetypische ungewöhnliche Hüftstellung, ist der Otterhound durch einen „watschelnden“ Gang gekennzeichnet. Es wird vermutet, dass diese Hüftstellung Vorteile bei der Otterjagd im Wasser hat. Doch heutzutage führt sie zu einer großen Uneinigkeit zwischen Tierärzten und Ausstellern (Wanner, 2017).

Farben und Fell Das Fell ist lang und oftmals black-and-tan-farben, wobei es mit zunehmenden Alter aufhellt und fast blond wird.

Der Otterhound ist ein robuster und sehr selbstständiger Hund.

EIGENSCHAFTEN

Ähnlich wie der Foxhound ist der Otterhound ein starker und robuster Hund, der ein selbstständiges Wesen besitzt. Mit Menschen zusammenzuleben, ist für ihn ganz nett, aber es muss nicht sein, obwohl er Menschen als auch anderen Hunden gegenüber äußerst liebenswürdig und freundlich ist. Der Otterhound war und ist ein ausgezeichneter Jagdhund und als solcher braucht er eine Aufgabe, ohne diese kommt er schnell auf dumme Ideen. Als Familienhund ist er nur unter der Bedingung geeignet, dass er viel beschäftigt wird und seine Jagdleidenschaft ausleben kann. Auch die Arbeit im Wasser schätzt er sehr.

RASSETYPISCHE KRANKHEITEN

Durch die spezielle Hüftstellung des Otterhounds besteht ein erhöhtes Risiko der Hüftgelenksdysplasie (Wanner, 2017). Zur Vermeidung dieser vererbbaren Erkrankung, die zu einer Instabilität der Hüfte und einer degenerativen Gelenkerkrankung führen kann (Wang et al., 1997), wurde das BVA/KC-Hüftdysplasie-Schema entwickelt, um die Hüftstellung mit einem Schema von 0 bis 53 zu bewerten. Hierbei stehen höhere Zahlen für ein höheres Niveau krankhafter Veränderungen. Der Durchschnittswert für den Otterhound liegt bei 46,7 (Wanner, 2017).

Training – siehe Bloodhound, S. 443

Der Bloodhound besticht durch sein ruhiges Wesen, er arbeitet konzentriert und fokussiert.

BLOODHOUND

HERKUNFT, GESCHICHTE, AUFGABEN

Eine der wichtigsten Ahnen des Bloodhounds sind der Sankt Hubertus Hund, über Jahrhunderte hinweg im Kloster Sankt Hubertus in den Ardennen gezüchtet, und der alte, bereits ausgestorbene weiße Talbot. Der Sankt Hubertus Hund ist vermutlich einer der ältesten Parforce-Hunde Frankreichs, er gilt als direkter Nachkomme der alten Kelten-Bracken. Der Bloodhound ist ein außergewöhnlicher Jagdhund, der jeder Schweißfährte folgt. Der Name Bloodhound hat nichts mit blutrünstig, sondern mit „von reinem Blut = reinrassig" zu tun (siehe aber S. 444). 1874 wurde das erste Stammbuch eröffnet, es enthält die Abstammung einiger Hunde bis zurück ins Jahr 1859. Im Jahr 1900 wurde eine erste Beschreibung des Bloodhounds veröffentlicht, die noch heute ihre Gültigkeit hat. In England und Amerika wurde er, mit Rückgang der Jagden, immer mehr eine Showrasse mit extremen Merkmalsübertreibungen wie z. B. zu faltenreich, mit hängenden Augenlidern. In jüngster Zeit werden Bloodhounds vermehrt im Bereich des einsatzorientierten Personenspürhundwesens (Mantrailing) bei Polizei wie auch Rettungsorganisationen eingesetzt.

MORPHOLOGIE

Größe und Gewicht Er hat eine Schulterhöhe von 68 cm bei Rüden und 62 cm bei Hündinnen. Das Gewicht liegt bei 36 bis 41 kg.

Farben und Fell Das Fell ist rot, schwarz und leberfarben mit Loh und äußerst pflegeleicht.

EIGENSCHAFTEN

Der Bloodhound ist ein sanftmütiger, ruhiger und gelassener Hund, der jedoch bei der Arbeit extrem zielstrebig ist. Er ist weder ein Wach- noch ein Schutzhund, obgleich er über eine imposante Erscheinung verfügt. Auch ist er zwar ein ruhiger, aber kein bequemer Hund. Er ist und bleibt ein Jagdhund, der seine außergewöhnliche Nase einsetzen will. Nützt man diese Fähigkeiten und lenkt sie z. B. beim Mantrailing in richtige Bahnen, kann er ein wunderbarer Begleithund sein.

RASSETYPISCHE KRANKHEITEN

Auch beim Bloodhound sind die herunterhängenden Ohren zuweilen ein Problem und er neigt zu Ohrenentzündungen. Ursprünglich sind die lang herabhängenden Ohren aller Fährten- und Meutehunde wahrscheinlich als eine Art Trichter entstanden, der bei tiefer Nase Störgerüche von den Seiten abhalten soll. Auch die starke Faltenbildung und das lose Bindegewebe bereiten oftmals Probleme. Zusätzlich ist durch die Körpergröße die Möglichkeit gegeben, dass Erkrankungen im Bewegungsapparat auftreten können und auch ein erhöhtes Risiko zur Magentorsion (Glickman et al., 1995). Dieses Risiko ist beim Bloodhound laut einer Studie sogar noch höher als bei anderen großen Hunderassen (Glickman et al., 2000). Außerdem neigt diese Hunderasse zum Syndrom des trockenen Auges (Keratoconjunctivitis sicca (KCS)), das durch eine Abnahme der wässrigen Bestandteile des Tränenfilms verursacht wird (Westermeyer et al., 2009).

TRAINING

Generell muss man bei Laufhunden vorweg schicken, dass diese in den allermeisten Fällen ein eigenständiges Jagdverhalten zeigen, das einen selbstbelohnenden Effekt hat. Sie haben ein hohes Bewegungsbedürfnis und sind für die Jagd im Wald und Feld speziell gezüchtet. Durch die hohe jagdliche Leidenschaft, sollten solche „Jagdprofis" nur in erfahrene Hundehalterhände. Viele dieser Hunde zeigen sich im Verhalten sehr sensibel, was das Training und die Ausbildung nicht einfacher macht. Gerade die Aufzucht und Sozialisierung sind hier enorm wichtig, da dies die Basis für das spätere entspannte und selbstsichere Leben sein kann. Hunde mit fehlender Habituation und aufgrund ihres sensiblen Wesens, können Probleme mit Umweltreizen und fremden Menschen entwickeln. Für den Aufbau der Übungen brauchen sie zuweilen mehr Wiederholungsraten für ihre emotionale Sicherheit. Sobald sie die Übung jedoch beherrschen, brauchen sie zur Aufrechterhaltung der Leistung weniger Training. Es ist oftmals eine Herausforderung, die Verstärker im Training zu kontrollieren. Laufhunde finden Verstärker aus der Umwelt oftmals spannender als die „normalen Belohnungen". Lässt man den Hund z. B. eine Menschenspur verfolgen und er macht im Training „den Fehler", dabei auch eine Wildspur ein Stück weit zu verfolgen, kann es durch die hohe belohnende Wirkung notwendig sein, die Suche abzubrechen und nach kurzer Zeit neu zu beginnen. So lernen die Hunde, dass der „Spaß" der Suche vorbei ist, sobald sie einen „Fehler" machen und sich andere Verstärker zusätzlich suchen. Für die Hobbysuche mag dies zu vernachlässigen sein, doch sobald es um Einsatztauglichkeit geht, ist es unabdingbar, Verstärker kontrollieren zu können und zu gewährleisten, dass der Hund mit Sicherheit seinen Job macht und z. B. den vermissten Menschen findet. Durch das hohe Bewegungsbedürfnis können diese Hunde gut durch gemeinsames Laufen belohnt werden. Wichtig ist hier die Balance zwischen Ruhe und Bewegung zu finden, da sich sonst auch unerwünschte Verhaltensweisen zur Selbstbeschäftigung etablieren können. Gerade die Führung und Erziehung eines sensiblen Hundes ist anspruchsvoll. Ruhe, Gelassenheit und Selbstsicherheit des Menschen sind hier wichtige Grundsteine.

MYSTERIUM BLOODHOUND

Der FCI-Standard Nr. 84 beschreibt die Verwendung des Bloodhounds als Lauf- und Meutehund für Hochwild, Fährtenhund und Familienhund. Schon seit Jahrhunderten wird er wegen seines ausgezeichneten Geruchsinns und seiner hervorragenden jagdlichen Eigenschaften geschätzt. Weiterhin wird er als Bloodhound (Chien de St. Hubert) bezeichnet. Danach geht dessen Geschichte bis in das 7. Jahrhundert zurück. Der Rasseursprung soll bei den Hetzhunden des Mönchs Hubert, dem späteren Bischof und Schutzheiligen der Jagd, liegen. In England wurden die importierten St. Hubertus-Hunde zu den Stammvätern der sogenannten „Bloodhounds" (FCI, 2001).
Nach Barwick wurde der Bloodhound vermutlich von William dem Eroberer im Jahre 1066 aus Frankreich nach England gebracht. So betont Barwick, dass der St. Hubertus-Hund und der Bloodhound seit 1300 eine wechselvolle und jeweils unabhängige Geschichte voneinander hatten. Barwick kritisiert dabei die Nomenklatur des FCI-Standards, mit dem Hinweis, dass eine Gleichsetzung von Bloodhound und Hubertushund mit belgischem Ursprung fehlgeht. „Der Chien de St. Hubert, so scheint es wahrscheinlicher, war eine belgische Rasse, der Bloodhound ist sicherlich eine britische, und was wir hier in Amerika und auf dem Kontinent eindeutig haben, ist der Bloodhound" (Barwick, 2006). In diesem Sinne argumentiert auch Thornton, nach dem wir die Entwicklung der reinrassigen Bloodhounds, wie wir sie heute kennen, dem viktorianischen Zeitalter (1837–1901) verdanken. Als Vater des modernen Bloodhounds gilt Edwin Brough, da er zusammen mit Dr. Sidney Turner den ersten Rassestandard niederschrieb. Brough war es auch, der die Bloodhounds in Amerika wieder einführte (Thornton, 1998). Ähnlich die Argumentation in der Enzyklopädie der Rassehunde (Räber, 2014). Nach Larson et al. gehört der Bloodhound zu den europäischen Rassen, die eine sehr lange Geschichte haben, sich aber nicht in basaler Position eines Stammbaums befinden.
Sie vermerken dazu, dass Scenthounds in Europa seit Jahrhunderten zur Jagd auf Großwild eingesetzt wurden. Römische Aufzeichnungen erwähnen Scenthounds mit einem ähnlichen Aussehen, und es ist möglich, dass die Rasse 1066 in Großbritannien eingeführt wurde. Nach dem 2. Weltkrieg blieben im Vereinigten Königreich nur noch 12 Tiere übrig. Um die Rasse zu retten, wurden Individuen aus Kanada importiert und mit den dort verbliebenen Hunden gezüchtet (Larson et al., 2012).

Namensgebung

Den zweiten Punkt, den Barwick aus historischer Sicht anhand belegter Quellen deutlich macht, ist die Sichtweise auf die Herkunft des Begriffs „Bloodhound", die ja herkömmlich als von „blooded hound" abgeleitet beschrieben wird, was „Laufhund von reinem Blut", also „reinrassiger Laufhund" bedeuten solle. So beschreibt Barwick, dass diese Ableitung des Wortes (von reinem Blut) wohl auf den französischen Grafen Le Couteulx de Canteleu aus dem 19. Jahrhundert, der ein großer Fan britischer Bloodhounds war und einige der besten Hunde kaufte, zurückgeht. Er wollte den Chien de St. Hubert wieder einführen, der eine bedeutende Tradition im alten Frankreich hatte. So wurden seit dem 12. Jahrhundert bis zur französischen Revolution jährlich 3 oder 4 Paare von der Abtei St. Hubert an die königlichen Zwinger geschickt. Mit der Revolution und der damit verbundenen Abkehr von adeligen bzw. königlichen Privilegien wie der Jagd, ist die Rasse in Frankreich ausgestorben. Barwick weist darauf hin, dass die Untersuchung früherer Quellen deutlich macht, dass die Deutung im Sinne von „Laufhund von reinem Blut" vor dem 19. Jahrhundert nicht verwendet wurde und daher unzutreffend ist. Um 1350 findet sich in dem Gedicht „William of Palerne or William and the Werwolf" wohl eine der ersten schriftlichen Erwähnungen des Wortes „Bloodhound" im Englischen. Dabei handelt es sich um die Übersetzung einer älteren französischen Schrift, etwa aus dem Jahr 1220. Die Schrift legt nahe, dass die Bedeutung des Wortes Bloodhound dem englischen Publikum bekannt war und gerade keine Übersetzung von „Chien de St. Hubert" darstellte. So ist in historischen englischsprachigen Quellen ab dem 16. Jahrhundert ersichtlich, dass der Bloodhound seinen Namen von seiner Fähigkeit erhalten hat, der Blutspur eines verwundeten Tieres zu folgen oder als sogenannter „Limer" an der Leine Wild auf der „kalten Spur" aufzuspüren. Bis zum späten 19. Jahrhundert war man immer davon ausgegangen, dass Bloodhound einfach „blutsuchender Hund" oder „Hund, der einer Blutspur folgt" bedeutet. Nunmehr scheint sich die falsche Zuschreibung „von reinem Blut" in der Hundeliteratur durchzusetzen, obwohl davon auszugehen ist, dass (mit Ausnahme von Auskreuzungen und einigen wenigen, die vielleicht früher nach Amerika gekommen sind) die gesamte Weltpopulation der Bloodhounds von Tieren abstammt, die im 19. und 20. Jahrhundert aus Großbritannien exportiert wurden (Barwick, 2006).

Die langen Ohren und die starke Faltenbildung können zu gesundheitlichen Problemen führen.

Verwendung

Der Bloodhound ist seit Jahrhunderten insbesondere für seine herausragenden Fähigkeiten zur Geruchsspurverfolgung bekannt. Dies nicht nur bei der Jagd: „Importantly, the tradition of using Bloodhounds as mantrailers in Britain is shown as having begun at least before 1300" (Barwick, 2006) oder „It was not until about the 16th Century that the Bloodhound was used extensively to hunt men, espacially poachers and sheep thieves on the Scottish border" (Brey and Reed, 1978). Die Zucht und das Trainieren von Bloodhounds für die Verfolgung von menschlichen Geruchsspuren war im England des beginnenden 19. Jahrhunderts eher aristokratisches Vergnügen. Dieses wurde auch von wohlhabenden Hundeliebhabern aufgegriffen (Thornton, 1998).

Der gute Ruf des Bloodhounds sowie seine Etablierung für forensische Zwecke, ist auch auf die geschickte Öffentlichkeitsarbeit der Züchter zurückzuführen. So organisierten diese bereits im ausgehenden 19. Jahrhundert Trainings und Wettkämpfe, zu denen örtliche Polizeiinspektoren, andere Mitglieder von Strafverfolgungsbehörden sowie die Presse eingeladen wurden. Von den Züchtern wurde dabei bewusst der Unterschied zwischen (den harmlosen und kinderfreundlichen) English Bloodhounds und den verrufenen Cuban Bloodhounds gemacht, die als menschenjagende und blutrünstige Bestien verschrien waren (Pemberton, 2013b). Auch Arthur Canon Doyle, der Erfinder von Sherlock Holmes, forcierte in seinen Geschichten die Möglichkeiten der Geruchsfeststellung und Spurverfolgung mit Hunden (Pemberton, 2012). So wurden z. B. durch Scotland Yard im Jahr 1888 zwei Bloodhounds vom bekannten Züchter Edwin Brough bei der Suche nach Jack the Ripper eingesetzt (Pemberton, 2013a). Allerdings dauerte es noch bis in die 1950er Jahre, bis in England landesweit Hunde für die Polizeiarbeit trainiert und eingesetzt wurden. Ironischerweise handelte es sich hauptsächlich um Deutsche Schäferhunde (Pemberton, 2013b).

Der Bloodhound ist nicht nur durch seine gute Nase bekannt, sondern auch dafür, dass er selbst nicht den angenehmsten Geruch verströmt.

Trotz seiner imposanten Erscheinung, besitzt der Bloodhound ein sanftes Wesen.

Eigenheiten

Was sich den Rassebeschreibungen meist nicht entnehmen lässt, jedoch von jedem Bloodhound-Halter bestätigt werden kann, ist die Tatsache, dass Bloodhounds einen ganz eigenen, nicht immer angenehmen Geruch haben. Diese Tatsache und der Fakt, dass der scheinbar ständig laufende Sabber an allen möglichen und unmöglichen Stellen landet, machen ihn wohl nicht zur Nummer 1 der Stubentiere. Eine aktuelle Studie hat zwei Bakterien ausgemacht, *Psychrobacter und Pseudomonas spp.*, die möglicherweise für den schlechten Geruch verantwortlich sind. Hinzu kommt, dass die Bakterienvielfalt auf der Haut übelriechender Hunde insgesamt reduziert war. Anders als beim Menschen konnte kein Zusammenhang zwischen der Anzahl von *Staphylococcus* und *Corynebacterium spp.* und schlechtem Körpergeruch hergestellt werden. Übrigens, der schlechte Geruch konnte mit einer Einreibung signifikant reduziert werden. Die Einreibung ist nach Angaben des französischen Herstellers ein biodiffundierendes Mittel und wird als Anwendung für Hautbarriereschäden und kerato-seborrhoische Störungen (Hautproblemen) bei Hunden, Katzen, kleinen Säugetieren und Pferden empfohlen. Zu den Inhaltsstoffen gehören zehn ätherische Öle (u. a. aus Nelke, Kampfer, Oregano, Lavendel, Pfefferminze, Teebaum und Zeder), Fettsäuren und Vitamin E (Meason-Smith et al., 2018).

Eigenschaften

Prinzipiell gehören zu den wichtigen Eigenschaften für einen Spürhund eine hohe Spielmotivation, hohe Kooperationsbereitschaft mit ihrem Hundeführer, Kühnheit, Gehorsam und dennoch Unabhängigkeit, wenn sie nicht an der Leine geführt werden und hohe Sportlichkeit. Nur ein Teil davon werden auch Scenthounds, wie dem Bloodhound zugeschrieben. So gelten diese einerseits als zielstrebig, gesellig und doch hartnäckig und zeigen andererseits nur wenig Gehorsam ohne Leine und eine relativ schlechte Trainierbarkeit (Jamieson et al., 2017).

Ausbildung und Trainierbarkeit

Hunderassen werden als unterschiedlich in ihrer Arbeitsintelligenz oder Trainierbarkeit wahrgenommen. Die Rangfolge der Rassen in den verschiedenen Studien hinsichtlich ihrer relativen wahrgenommenen Trainierbarkeit ist konsistent. Dieselben Rassen werden durchweg relativ hoch und niedrig eingestuft, auch wenn die genaue Reihenfolge zwischen den Studien abweichen kann (Helton, 2010). In der bekannten Liste von Coren liegt der Bloodhound mit Platz 74 im schlechteren Mittelfeld (Coren, 2006). Andere relativieren diese Aussage jedoch (Helton, 2010). Auf der anderen Seite führt der Bloodhound jedoch nach Coren auch eine Liste an. Mindestens die Hälfte der befragten Experten nannte den Bloodhound als am wenigsten geeignet, Alarm zu schlagen, sprich bei Anwesenheit eines Eindringlings oder in den meisten Situationen, die sie für ungewöhnlich halten, laut zu bellen. In jedem Fall ist der Bloodhound mit seinen 300 Millionen Riechzellen der ultimative Spürhund (Coren, 2006). Auch das Dog10K-Genom-Projekt nimmt Bezug auf die außergewöhnlichen olfaktorischen Fähigkeiten des Bloodhounds (Ostrander et al., 2019). Um diese Begabung für den Menschen nutzbar zu machen (Stichwort Mantrailing), bedarf es jedoch einer intensiven Ausbildung.

Nach einer Umfrage von Joyner unter erfahrenen Bloodhound-Ausbildern in den USA aus dem Jahr 2003, dauert die Ausbildung eines 8 Wochen alten Welpen zum Mantrailer zwischen 3 bis zu 24 Monaten, um ein Einstiegslevel zu erreichen. Ein Zeitraum von 6 Monaten wurde am häufigsten benannt. Joyner kommt zu dem Schluss, dass die Ausbildung etwa 6 Monate dauern sollte, dafür sollten wöchentlich fünf Trainingseinheiten mit einer Dauer von etwa 30 Minuten durchgeführt werden (Joyner, 2003). Dies deckt sich nur teilweise mit den hiesigen Erfahrungen. So umfasst die Ausbildung von Mantrailern bei der sächsischen Polizei (dafür werden dort ausschließlich Bloodhounds eingesetzt) bis zur umfänglichen Einsatzbereitschaft einen Zeitraum von bis zu 3 Jahren (Woidtke, 2016). Vielfach wird ein Zeitraum von etwa 24 Monaten als

Der kräftig gebaute Bloodhound kann erstaunlich wendig und bewegungsfreudig sein.

300 Millionen Riechzellen machen den Bloodhound zum ultimativen Spürhund.

erforderlich angesehen, um eine grundlegende Einsatzfähigkeit zu erreichen. Insgesamt spielt dabei Unterordnung nur eine zweitrangige Rolle. Ausreichend ist die Befolgung der Kommandos: Komm, Nein, Aus, Platz, Such (Brey und Reed, 1978; Thornton, 1998; Joyner, 2003). Der Fokus liegt auf der Nasenarbeit (Woidtke, 2016; Schweda et al., 2019). Studien zeigen, dass die Team-Leistung vom Verhalten des Hundes und des Hundeführers abhängt (Haverbeke et al., 2008). So beeinflusst das Hund-Hundeführer-Verhältnis direkt den Teamerfolg. Der Spürhund und sein Hundeführer müssen ein eingespieltes Team sein. Nur mit seinem bekannten Hundeführer erreicht der Hund die besten Leistungen (Jamieson et al., 2018). Hier sind jedoch keine Studien bekannt, die sich diesbezüglich explizit mit dem Bloodhound befasst haben. Der Eigensinn des Bloodhounds macht ihn zu einem schwierigen Trainingspartner. Wer die entsprechende Geduld und Konsequenz aufbringt, wird zum einen mit einem treuen Begleiter und zum anderen mit einem sensationell feinsinnigen, unglaublich ausdauerndem und hoch motiviertem Spezialisten bei Geruchsspurfeststellungs- und Verfolgungsaufgaben belohnt. Wie bei anderen Hunderassen ist es erforderlich, dass Zuchtprogramme darauf achten, die allgemeinen Gesundheitsanlagen der Rasse in den Vordergrund zu stellen. Die Bloodhoundfans können dies unterstützen, wenn sie bei der Auswahl ihres Hundes auf entsprechende Qualitätsmerkmale achten und ausschließlich bei verantwortungsvollen Züchtern kaufen. Es ist zu konstatieren, dass die rassespezifische Studienlage überschaubar ist. Der Bloodhound steht nur bedingt im Fokus entsprechender Untersuchungen. Ein Mehr ist wünschenswert. Nichtsdestotrotz hat der Bloodhound seine Liebhaber auch in Deutschland gefunden, insbesondere in der Mantrailing-Gemeinschaft.

Dr. Leif Woidtke ist Dozent an der Hochschule der Sächsischen Polizei (FH). Er war Projektleiter des Projekts zur Integration von Personensuchhunden / Mantrailer in das Diensthundewesen der sächsischen Polizei, das 2013 erfolgreich abgeschlossen wurde. Er ist Autor des Fachbuches „Mantrailing – Fakten und Fiktionen" und verschiedener Buchbeiträge zur Thematik Mantrailing. Darüber hinaus ist er vom Sächsischen Staatsministerium des Innern als Fachberater für Personensuchhunde benannt.

GRUPPE 18
— *nach Parker*

PYRENÄENBERGHUND (GREAT PYRENEES)

HERKUNFT, GESCHICHTE, AUFGABEN

Der Pyrenäenberghund ist in seiner Heimat unter dem Namen „Patou“ besser bekannt. Er war schon immer der Beschützer von Vieh- und Schafherden vor Bären und Wölfen, erfüllte aber keine Hüte- oder Treibfunktionen. Viel diskutiert wurde beim Patou seine Abstammung, doch keine der aufgestellten Überlegungen konnte bestätigt werden, so liegt die Ahnenreihe des Great Pyrenees im Dunkeln. Sicher ist jedoch, dass es eine sehr alte Hunderasse ist, die sich durch die vielen abgeschiedenen und schwer erreichbaren Täler der Pyrenäen relativ einheitlich entwickeln konnte. Im Jahr 1675 war eine Mätresse Ludwigs XIV auf Kur in den Pyrenäen und verliebte sich in die weißen Riesen. Sie nahm einen jungen Patou mit an den Hof, an dem er große Beliebtheit erlangte. Fortan hatte jeder, der ein Schloss oder einen großen Park besaß, auch einen Patou. Bis zur französischen Revolution hatte der Pyrenäenberghund eine Doppelfunktion, einerseits weiterhin als Beschützer von Vieh- und Schafherden in den Bergregionen, andererseits als „Seigneur im weißen Fell“ beim französischen Adel. Nach der französischen Revolution und dem Rückgang von Bären und Wölfen, verlor der Patou an Bedeutung, seine Zahl ging massiv zurück (Landry et al., 1999). Dazu kam, dass sich durch die lokale Abgeschiedenheit der Pyrenäen zwei Lokalschläge entwickelten, einerseits der „Westpyrenäenhund“ mit breiter Schnauze, hängenden Lefzen und leicht gekräuseltem weißen Fell mit schwarzen Flecken und andererseits der „Ostpyrenäenhund“, der eher von schlanker Statur, mit spitzer Schnauze und weißem seidigem Fell, mit grauen und milchkaffeebraunen Flecken war. Züchter waren sich Ende des 19. Jahrhunderts nicht einig, welchen Schlag sie bevorzugen sollten. So wurden 1907 zwei verschiedene Standards veröffentlicht. Während des Ersten Weltkrieges wurden viele der Patou-Hunde getötet und es musste mit der Reinzucht wieder von vorne begonnen werden. Erfreulicherweise haben sich pessimistische Befürchtungen über das Ende der Rasse nicht bewahrheitet und der Great Pyrenees hat sich zwar nicht in großer Zahl, aber doch auf der ganzen Welt verbreitet und etabliert.

VERWANDTSCHAFT IN GRUPPE 18

Die Aufspaltung innerhalb der Gruppe aus genetischer Sicht ist sehr verzweigt und teilweise unerwartet. So ist der Kangal die Schwestergruppe der Gruppe aus Afghane und Saluki, diese drei Rassen zusammen gruppieren am nächsten zu Azawakh, Sloughi und Levriero. Andererseits sind Kuvasc und Komondor die Schwestergruppe von Cirneco und Pharaonenhund, alle vier haben als gemeinsamen nächsten Verwandten den Maremmano.

Der Pyrenäenberghund war schon immer Beschützer von Vieh- und Schafherden.

MORPHOLOGIE

Größe und Gewicht Er erreicht beim Rüden eine Schulterhöhe von 70 bis 80 cm und bei Hündinnen 65 bis 75 cm. Das Gewicht liegt bei 45 bis 57 kg.

Farben und Fell Das dichte Fell verdichtet sich am Hals zu einer „Mähne" und ist rein weiß, mit grauen oder gelben Abzeichen.

EIGENSCHAFTEN

Der Pyrenäenberghund ist ein kräftiger und robuster Hund, der für seine Größe relativ wendig und schnell sein kann. Er ist äußerst wachsam, eigenständig, aufmerksam und jederzeit bereit, sein Revier und seine Herde zu verteidigen. Hat er keine Herde, bewacht er leidenschaftlich Familie und Hof. Kann der Patou seine angeborenen Aufgaben erfüllen, ist er ein ruhiger und gelassener Hund. Möchte man verhindern, dass er sein selbstständiges Wesen allzu stark auslebt, muss man ihn von frühem Welpenalter an an alle Umwelt- und Sozialreize gewöhnen. Er muss lernen, dass es sich lohnt, mit dem Menschen zusammenzuarbeiten. Gehorsamsübungen sind die schlechtere Wahl für diese Hunde, da sie eigenständig denken und nicht jeden „Befehl" einfach so hinnehmen (Hansen und Bakken, 1999; Eisank, 2015; Rigg, 2001, Green und Woodruff, 1980; Yilmaz, 2007).

In der Studie von Turcsán et al. (2011) erreicht er Platz 63 für emotionale Stabilität, Platz 16 für Trainierbarkeit, 53 für Geselligkeit mit Hunden und 93 für Extraversion. Er gruppiert damit zu den offenen, aber intravertierten Rassen.

RASSETYPISCHE ERKRANKUNGEN

Pyrenäenberghunde gelten als sehr robuste Hunderasse, und trotz ihrer Größe werden diese Hunde oftmals über 12 Jahre alt.

Wie fast alle großen Hunde, können sie zu Hüftgelenks- und Ellenbogendysplasien neigen. Auch Krebserkankungen, Epilepsie und Arthrose können vorkommen (Schiffman und Breen, 2015; Zatloukal et al., 2005; Sutter und Ostrander, 2004). Bei dieser Rasse kommt die Merle-Fellfärbung vor, die Grundfarbe des Fells ist stellenweise aufgehellt. Für den Merle-Faktor homozygote Hunde sind meist komplett weiß gefärbt. Bei ihnen können recht häufig Missbildungen der Augen und gelegentlich auch des Skelettes und des Herzens beobachtet werden (Stritzel, 2008).

HERDENSCHUTZHUNDE: VERHALTEN UND TRAINING

Seit Anbeginn der Herdenschutzhunde, wurden diese für die Bewachung von Hab und Gut, der Herde, eingesetzt. Das imposante Auftreten und die Größe dieser Hunde ergibt Sinn, denn damit kann der Herdenschutzhund schon mit seiner Ausstrahlung und seinem Erscheinungsbild mögliche Angreifer einschüchtern. Auch sieht man häufig sehr viel Fell bei diesen Rassen, das einerseits eine Schutzfunktion vor Wind und Wetter erfüllt, aber auch bei einem möglichen Kampf Schutz bietet. Bedingt durch ihre Größe, dauert auch die soziale Ausreifung oftmals länger. So kann man je nach Größe durchaus davon ausgehen, dass diese Hunde erst mit drei Jahren oder noch später sozial ausgereift sind.

Die meisten Herdenschutzhunderassen haben keine „Showlinie", also eine gezielte Zuchtselektion auf das äußere Erscheinungsbild. Hunde aus dem Ursprungsland, wo die Elterntiere noch als Arbeitshunde an der Herde aktiv waren, zeigen durchaus ein etwas differenzierteres Verhalten als Nachkommen von „Show-Hunden". Einige dieser Unterschiede in der Anatomie führen Wissenschaftler darauf zurück, für welche Verhaltensweisen die Tiere gezüchtet wurden. Dazu zählen Jagen, Hüten oder Bewachen. Somit sind die Gehirne von Hunden nicht nur unterschiedlich groß und haben verschiedene Formen, sondern variieren auch in ihrer Struktur (Hecht et al., 2019). Herdenschutzhunde können auch gegenüber Artgenossen sehr sozial sein, wenn sie z. B. gemeinsam eine Herde bewachen. Dies hängt aber auch davon ab, ab welchem Alter diese Tiere gemeinsam gehalten werden und wie hier die Sozialisierung auf Artgenossen erfolgte.

Einen Herdenschutzhund zeichnet ein impossantes Erscheinungsbild aus, mit dem er mögliche Angreifer schon im Vorfeld einschüchtern kann (hier Kangal).

Territorial- und Beschützerverhalten

Als rassetypische Verhaltensweise zählt das meist ausgeprägte Territorialverhalten. Dieses Verhalten dient dem Hund, sein Revier zu verteidigen, wobei sein Territorium nicht immer das „eigene Zuhause" ist. Vielmehr ist es immer dort, wo sich die Herde befindet. Leider können, wenn bei der heutigen Haltung keine „echten Aufgaben" für den Herdenschutzhund vorhanden sind, auch die Menschen der Familie, der Kinderwagen, die Kinder usw. seine „Herde" darstellen (Smith et al., 2000; Spady und Ostrander, 2008). Zu beachten ist der geänderte Hirnstoffwechsel: Während der Spiegel des aktivierend-lernfördernden Dopamins niedriger liegt als bei anderen Rassen, kann der Cortisolspiegel höher sein. Das bewirkt dann auch die oft mit Territorialität verwechselte Neophobie (= furchtsame oder aggressive Ablehnung unbekannter Situationen). Dieses Beschützerverhalten dient dem Hund dazu, seinen Angreifer einzuschüchtern bzw. dazu zu bringen, von einem Angriff abzusehen. Dies beginnt schon damit, dass diese Hunde oft sehr bellfreudig sind und so kundtun, dass hier ein Hund aufpasst. Erst im weiteren Schritt zeigt sich der Herdenschutzhund imposant, um seinen Angreifer nochmals auf seine Präsenz hinzuweisen. Auch dann erfolgt noch kein direkter Angriff. Erst wenn der Angreifer immer weiter die Distanz zur Herde unterschreitet, setzt der Herdeschutzhund weitere Maßnahmen um. Zum Beispiel kann ein Scheinangriff erfolgen. All das Verhalten dient in erster Linie dazu, dass eine Distanzvergrößerung zur Herde wiederhergestellt wird. Oftmals agieren Herdenschutzhunde auch dadurch, dass sie immer wieder, teilweise sogar durch „body-check" und anderes umgerichtetes Spielverhalten, die Beutefangsequenz des Angreifers stören und diesen dadurch an seiner Endhandlung hindern. Erst im letzten Schritt kommt es zu einem echten Angriff mit Beschädigungsabsicht. Denn auch der Herdenschutzhund will nicht verletzt werden. Dies würde in der freien Natur womöglich den Tod nach sich ziehen. So wird, sofern keine gegenteilige Lernerfahrung des Hundes vorliegt, kein Herdenschutzhund sofort zubeißen. Nimmt man das Warnverhalten ernst und entfernt sich z. B. als Mensch beim Spaziergang von einer Herde mit Schafen, so wird sich der Herdenschutzhund auch wieder zurückziehen.

Haltung und Training

Vielleicht ist es nun auch verständlicher, warum ein Herdenschutzhund in erfahrene Hundehalterhände gehört und mit viel Geduld, Einfühlungsvermögen und Konsequenz erzogen werden muss. Studien zeigen, dass die Umgebung und die Haltung des Hundes recht großen Einfluss auf seinen Erfolg in der Erfüllung der Aufgabe als Herdenschutzhund haben (Arnott et al., 2014). Um die Aufgabe zu erfüllen, muss der Hund schon früh als Teil der Herde sozialisiert werden (Andelt, 2004).

Eine gute Aufzucht und Sozialisation sind unumgänglich und wichtig, wenn diese Hunde auch eine gewisse Alltagstauglichkeit haben sollen. Dadurch, dass sie darauf gezüchtet wurden, eigenständig und ohne Menschen zu agieren, muss man im Training darauf achten, dass man sie „variantenreich" belohnt, also verschiedenste Dinge, die der Hunde gern bzw. sehr gern hat, immer wieder abwechseln. Hier kann man durchaus kreativ sein. Es ist nicht immer das „Hundeleckerchen", das diese Hunde gern haben. Je nachdem, wie sie aufgewachsen sind, kann es auch sein, dass sie gewisse Küchenreste bevorzugen. Die Zusammenarbeit mit dem Menschen muss sich aus Hundesicht besonders lohnen. Gerade in jungen Jahren sollten eine Vielzahl an Umweltreizen positiv, mit Ruhe und Gelassenheit erlernt werden (Arnott et al., 2014; Hiby, Rooney und Bradshaw, 2004; Green, 1993; Westling, 2014).

Wichtig für alle Herdenschutzhunde ist ein ausgeprägtes Territorialverhalten, damit sie die ihnen verantwortete Herde beschützen können.

Auch sind gut durchdachte, relativ kurze Trainingseinheiten wichtig. Viele Wiederholungsraten hintereinander, der immer gleichen Übung, sind für diese Hunde weniger geeignet. Das langweilt sie schnell und sie sehen auch nicht den „Sinn" dahinter, fünfmal hintereinander Sitz oder ähnliches auszuführen. Ist das Training jedoch gut durchdacht, sind Herdenschutzhunde extrem gut trainierbar (Hart und Hart, 2016). Freies Formen klappt oftmals gut, weil sie gern ihre eigene Lösung finden. Dies klappt im Training aber nur dann, wenn man als Hundehalter die „Umwelt" so gestalten kann, dass die Lösung in die „menschlich gewünschte Richtung" geht. Auf Druck reagieren diese Hunde oftmals mit konsequenter „Nichtumsetzung". Ihre stoische Gelassenheit darf man keinesfalls unterschätzen. Sie können, wenn es notwendig ist, blitzschnell agieren. Viele dieser Hunde sind auch sensibel und introvertiert, was im Training beachtet werden muss. Da diese Hunde in der Dämmerung (noch) wachsamer werden können, ist es wichtig, dass sie einen entspannten und souveränen Hundehalter an ihrer Seite haben, der die notwendige Führung und Sicherheit geben kann. Während die west-/mitteleuropäischen Herdenschutzhundrassen meist dem bedächtig-bedenkenträgerischen B-Typ angehören (Gansloßer, 2020), gehören nach unseren Erfahrungen viele Kangalrüden (nicht die Hündinnen) eher dem vorwärts-wagemutigen A-Typ an.

Der ungarische Komondor hatte die Aufgabe, die Herden vor Wolfsangriffen zu schützen.

KOMONDOR

HERKUNFT, GESCHICHTE, AUFGABEN

Die ungarische Puszta ist die Heimat des Komondors. Die erste Erwähnung eines weißen ungarischen Hirtenhundes geht auf das Jahr 1544 zurück. Freilich war zu dieser Zeit noch keine genaue Trennung zwischen den Hirtenhunden Ungarns möglich. Gezüchtet wurde nach Leistung und Gebrauchstüchtigkeit und nicht nach Aussehen oder Reinrassigkeit. So war bis Anfang des 20. Jahrhunderts keine Unterscheidung zwischen Komondor und Kuvasz üblich. Es wurden Kuvasz mit Komondor und umgekehrt verwechselt, was wiederum der Tatsache, dass viele Hirten ihre Hunde im Frühjahr schoren und beide Rassen gleich aussahen, zu schulden war. Der erste Rassestandard wurde 1935 eingereicht und inzwischen mehrmals verändert. Der Komondor ist der Größte der ungarischen Hirtenhunde und seine Aufgabe war, die Herden vor Angriffen von Wölfen zu schützen. Die Witterung in der ungarischen Puszta unterliegt hohen Schwankungen, das weiße dichte, zottelige Fell bot somit den besten Schutz, sowohl vor Wettereinflüssen als auch Wolfsangriffen (Hansen, 2017). Seit dem Rückgang der Wölfe ging auch die Notwendigkeit eines großen Schutzhundes für die Viehherden zurück, und die Liebhaber der Rasse konzentrierten sich bei der Zucht mehr auf das Aussehen als auf die Gebrauchstüchtigkeit.

MORPHOLOGIE

Größe und Gewicht Die Schulterhöhe sollte beim Rüden nicht unter 70 cm liegen und bei Hündinnen nicht unter 65 cm. Das Gewicht variiert zwischen 36 und 61 kg.

Farben und Fell Das zotthaarige Fell ist elfenbeinfarben und sollte nicht gebürstet, sondern nur mit einem Tuch trockengerieben werden. Im Idealfall bildet das zotthaarige Fell einen idealen Schutz gegen jede Witterung. Ursprünglich war das Fell des Komondor nicht rein weiß, es gab auch schwarze Hunde, oder Hunde mit farbigen Satteln.

EIGENSCHAFTEN

Der Komondor möchte ein großes Revier bewohnen, in dem er herumstreifen und es bewachen kann. Verlassen möchte er sein Revier nur ungern. Er kann fast unbeteiligt wirken, wenn er auf seinem Beobachtungsposten liegt. Man sollte ihn aber niemals unterschätzen, er kann blitzschnell reagieren und ist dabei auch verteidigungsbereit. Komondore werden als intelligent, aber auch stur beschrieben. Sie sehen ihre Aufgabe darin, selbstständig zu entscheiden, ob von etwas eine Gefahr ausgeht. Daher muss man schon im frühen Welpenalter damit beginnen, den Komondor daran zu gewöhnen, mit dem Menschen zusammenzuarbeiten. Fremdem gegenüber ist er in seinem Revier stets unduldsam, außerhalb kann er ein tolerantes bis neutrales Verhalten zeigen (Green und Woodruff, 1980; Yilmaz, 2007).

RASSETYPISCHE ERKRANKUNGEN

Der Komondor ist aufgrund seines Fells sehr pflegeintensiv. Im Fell können sich verfilzte Platten bilden, die großes Unbehagen beim Hund auslösen. Hier ist es wichtig, dass die richtige Pflege täglich stattfindet. Auch können durch unzureichende Fellpflege Hautentzündungen vorkommen. Ansonsten gilt der Komondor als gesunde Hunderasse, mit wenig bekannten genetischen Krankheiten. Es kann, wie bei vielen großen Hunderassen, zu einer Magendrehung kommen (Sutter und Ostrander, 2004).

Das zottelige Haarkleid des Komondor ist ein idealer Witterungsschutz.

Der Kuvasz wacht über sein Territorium und kann dabei sein lebhaftes Temperament zeigen.

KUVASZ

HERKUNFT, GESCHICHTE, AUFGABEN

Der Name Kuvasz bedeutet auf Deutsch „Bastard“, diese Bezeichnung kann eine Anspielung auf die oftmalige Vermischung der beiden ungarischen weißen Hirtenhunde, dem Kuvasz und dem Komondor sein (Hansen, 2017). Eine Reinzucht begann erst zu Beginn des 20. Jahrhunderts. Ab 1921 stieg die Beliebtheit der Kuvasz sprunghaft an und sie wurden in die ganze Welt exportiert. Der Zweite Weltkrieg brachte die Zucht völlig zum Erliegen, und es musste neu begonnen werden.

MORPHOLOGIE

Größe und Gewicht Die Schulterhöhe beträgt zwischen 66 und 76 cm, je nach Geschlecht. Ebenso unterscheidet sich das Gewicht, es kann zwischen 40 und 60 kg liegen.

Farben und Fell Das Fell ist immer weiß oder elfenbeinfarben, haart extrem stark, obwohl es aber grundsätzlich relativ pflegeleicht ist.

EIGENSCHAFTEN

Der Kuvasz ist ein selbstbewusster und wachsamer Hund, der zudem auch sehr territorial ist. Er hat eine große Jagdleidenschaft und ein lebhaftes Temperament, das er jedoch in fremder Umgebung kaum zeigt (Westling, 2014). In der eigenen, angestammten Umgebung verhält er sich gegenüber fremden Menschen und Hunden misstrauisch und verteidigungsbereit (Green und Woodruff, 1988). Er braucht viel Bewegung oder ein sehr großes Revier. Auch geistige Beschäftigung ist wichtig, um ihn auszulasten. Wenig geeignet für Hundesport, jedoch wird er manchmal als Rettungs- oder Fährtenhund ausgebildet. Wichtig ist auch eine frühe Gewöhnung an eine Zusammenarbeit mit dem Menschen, dann sind in weiterer Folge Grundgehorsamsübungen kein Problem, obwohl der Kuvasz seine Eigenständigkeit nie aufgeben wird (Yilmaz, 2007).

RASSETYPISCHE ERKRANKUNGEN

Es wird ein Risiko für degenerative Myelopathie vermutet (Kathmann et al., 2006).

MAREMMEN-ABRUZZEN-SCHÄFERHUND

HERKUNFT, GESCHICHTE, AUFGABEN

Der Mastino Abruzzese oder Cane da Pastore Maremmano-Abruzzese oder gar der Abruzzen- oder Maremmen-Hund? Um diese Frage klären zu können, sollte man den Ursprung dieser Rasse genauer betrachten. Als die Maremmen bezeichnet man den ca. 5 000 Quadratkilometer langen Küstenstreifen in Mittelitalien, der die Gebiete Toskana, Umbrien und Abruzzen miteinschließt (Dreger et al., 2016). Ursprünglich ein Sumpfgebiet, waren diese in den Sommermonaten kaum bewohnbar und wurden von Wanderschäfern in den Wintermonaten als Winterquartier für ihre großen Herden genutzt. Zum Schutz der Herden, führten die Schäfer große Hirtenhunde mit. Ende des 19. Jahrhunderts fielen erstmals zwei Erscheinungsformen auf, die aber beide als Abruzzen-Schäferhunde bezeichnet wurden. Der Hund aus den Abruzzen war aber anscheinend größer, sein Fell war lang und nur ein wenig gewellt. Der Maremmen-Hund war etwas kleiner und hatte lockiges Haar. 1941 wurde für den Abruzzen-Hund sogar ein eigener Standard aufgestellt, und wurde als Mastino Abruzzese bezeichnet. 1958 wurden die beiden Hirtenhundschläge jedoch von der FCI zusammengefasst und werden unter der Bezeichnung Maremmen-Abruzzen-Schäferhund geführt (Talenti et al., 2018).

MORPHOLOGIE

Größe und Gewicht Schulterhöhe bei Rüden 65 bis 73 cm, bei Hündinnen 60 bis 68 cm. Das Gewicht liegt zwischen 35 und 45 kg.

Farben und Fell Das Fell ist weiß, kann aber eine gelbe Tönung aufweisen. Es ist pflegeleicht, jedoch ganzjährig stark haarend.

EIGENSCHAFTEN

Dieser Hund war durch seine Abstammung an ein sehr karges Leben gewöhnt, als Futter bekam er Reste und davon nicht viel und täglich. Diese Genügsamkeit hat er sich erhalten. Genau dieser Energiesparmodus erweckt bei ihm manchmal den Eindruck der Unbeteiligtheit, was jedoch täuscht. Er ist ein ausgezeichneter Wächter und wenn es darauf ankommt, sehr schnell und wendig. Seine Verteidigungsbereitschaft ist hoch. Seinen Bezugspersonen gegenüber ist er anhänglich und übt man den Grundgehorsam von Welpenalter an, ist er ein angenehmer Begleiter. Am wohlsten fühlt er sich auf einem großen Grundstück, das er bewachen kann. Im städtischen Bereich und bei Hundehaltern mit wenig Erfahrung, können seine Veranlagungen zu Problemen führen.

Der Maremmano ist bekannt für seine Genügsamkeit.

ANATOLISCHER HIRTENHUND (KANGAL)

HERKUNFT, GESCHICHTE, AUFGABEN

Das Verbreitungsgebiet des Kangals ist die Hochebene Anatoliens, reicht aber bis nach Kleinasien hinein. Seine Aufgabe war es, die Viehherden vor Wölfen und Bären zu schützen, jedoch nicht sie zu treiben. In ihrer Heimat, der Türkei, werden drei Lokalschläge unter der Bezeichnung Anatolischer Schäferhund geführt. Der weiße Akbash, der braune mit einer schwarzen Maske versehene Karabash und der kaum vom Karabash zu unterscheidende Kangal. Durch ihre starke körperliche Ähnlichkeit wurde bereits seit Mitte des 20. Jahrhunderts heftig diskutiert, ob es Sinn ergibt, für diese beiden

Der Kangal ist ein starker und wachsamer Hund, dem ein Leben in der Großstadt die wesenseigenen …

Rassen einen eigenen Standard zu führen. So wurde auch von der FCI im Jahr 1989 ein Standard für den „Anatolian Shepherd Dog" veröffentlicht, der jedoch wegen eines zu dieser Zeit noch nicht vorhandenen türkischen Zuchtverbands von Züchtern außerhalb der Türkei erstellt wurde. Dieser Standard wurde heftig kritisiert, da er nicht auf die doch recht klaren Unterschiede zwischen Akbash (weißes langes Fell) und dem Kangal (und Karabash) einging. 2018 wurde ein neuer Standard von der FCI veröffentlicht, wo der Anatolische Hirtenhund abgelöst oder auch vereinfacht nur noch als Kangal-Hirtenhund geführt wird (Erdogan et al., 2018).

... Bedürfnisse nicht erfüllen kann.

MORPHOLOGIE

Größe und Gewicht Der Kangal hat eine Schulterhöhe von 70 bis 85 cm, das Gewicht variiert zwischen 40 und 60 kg.

Farben und Fell Das Fell ist kurz, aber mit dichter Unterwolle, in den Wintermonaten kann es länger sein. Der Kangal ist braun und besitzt eine schwarze Maske (Robinson, 1989; Daskiran, 2007).

EIGENSCHAFTEN

Der Kangal ist ein mutiger, starker, wachsamer und zur Verteidigung bereiter treuer Hund (Harned, 1982; Yilmaz, 2007). Er ist territorial, doch wann er ein Gebiet als sein Revier ansieht, kann unterschiedlich sein. Durch seine Vergangenheit als Bewacher von Viehherden, die stets in Bewegung waren, ist für den Kangal sein Revier nicht genau abgegrenzt. In der Nacht nimmt seine Wachsamkeit oftmals noch zu. Grundsätzlich ist er ein ruhiger Hund, der jedoch fremden Menschen oder Artgenossen gegenüber kritisch bis feindselig ist. Gewöhnt man ihn schon im Welpenalter an die verschiedensten Umwelt- und Sozialreize, ist er im Erwachsenenalter anpassungsfähiger gegenüber Veränderungen in seiner Umwelt. Der Kangal ist kein Hund für Anfänger und wenig geeignet für ein Leben in der Stadt. In der Studie von Turcsán et al. (2011) hat er Platz 9 für emotionale Stabilität, 90 für Offenheit, 87 für Geselligkeit mit Hunden und 92 für Extraversion. Er zählt daher zu den intravertiert, wenig trainierbaren Rassen, und nach Persönlichkeitsmerkmalen steht er erst einmal ziemlich allein, am nächsten wäre ihm eine sehr diverse Gruppe, zu der u. a. Bordeauxdogge, Shar Pei und Eurasier zählt. Leider treten gerade bei Importen aus der Türkei vielfach Mischlinge der drei o. g. Rassen auf.

RASSETYPISCHE ERKRANKUNGEN

Es sind keine rassetypischen Erkrankungen bekannt.

AUS DER PRAXIS

HERDENSCHUTZHUNDE – GESCHÄTZT UND VERTEUFELT

Herdenschutzhunde (kurz HSH genannt) gehören zu den Hirtenhunden. Der Begriff „Hirtenhund" ist als eine oberbegriffliche Bezeichnung einer Kategorie Hunde anzusehen, die in ihrer Geschichte im Dienste des Schäfers bzw. Hirten ihre Arbeit verrichteten. Die einen, nämlich die Hüte- und Treibhunde, indem sie Herden von Punkt A nach Punkt B bewegten und als Herde zusammenhielten, die anderen, nämlich die Herdenschutzhunde, indem sie – bevorzugt in der Nacht und dabei sehr selbstständig agierend – die Herden gegen Angreifer wie Wildtiere oder Viehdiebe beschützten. Da, wo Herden durch Hunde bewacht wurden (und bis heute noch werden), kann der Hirte weitestgehend beruhigt zur Nachtruhe gehen und die Sorge um die Nutztiere den wachsamen Vierbeinern überlassen. Die Hunde melden durch sonores, unüberhörbares Bellen, sobald sich „ungebetene Gäste" nähern und schrecken manch Predatoren allein durch ihre physische Präsenz ab.

Gerade durch die vermehrte Rückkehr der Wölfe ist die alte Herdenschutztradition wieder ein viel diskutiertes Thema. Vielerorts werden Herden zunehmend wieder von Herdenschutzhunden bewacht und beschützt, die Hunde leisten wertvolle Arbeit. Doch ist der Herdenschutz durch Hunde und die Haltung wie Anleitung dieser vierbeinigen Arbeitshelfer ein Handwerk, das sowohl der Mensch als auch die Hunde erlernen müssen. Und da hakt es hierzulande und heutzutage eben doch, so dass der Alltag und die Schutzfunktionen oft nicht so funktionieren, wie es erhofft wurde.

Sie wachen über ihre Herde, auch bei einer kurzen Ruhepause, da sollte man sich nicht täuschen lassen.

Unterschiedliche Aufzucht

Im Tierschutz tauchen gerade aus den osteuropäischen Ländern gehäuft Hundetypen auf, die den Land-, Bauern- und Herdenschutzhundschlägen zuzuordnen sind – vor allem aus Ländern wie Bulgarien, Rumänien, Türkei, Griechenland usw. Hier sind sicherlich Hunde darunter, deren Ahnen oder vielleicht auch sie selbst hier und da Nutztiere und Anwesen bewacht haben oder zumindest ein Leben geführt haben, das sie mit diversen Tieren in engen bis engsten Kontakt gebracht haben, z. B. allein dadurch, dass sie in Stall und Hof gehalten wurden. In den meisten Züchterhaushalten, die nach vereins- und verbandsinternen Regeln und Statuten, nicht aber nach Arbeitstauglichkeit und „Job relevanten" Verwendungskriterien Welpen großziehen, gibt es durchaus Herdenschutzhundrassen, die bereits seit vielen Jahrzehnten bis Jahrhunderten fern von Herden gezüchtet werden und auf ein Leben als alltagstaugliche Familien-Begleithunde vorbereitet werden. In Deutschland sind die vermutlich bekanntesten Vertreter der Herdenschutzhundtypen Kaukasen, Kangal, Kuvasz und Pyrenäenberghunde.

Wesen der HSH

Fast alle Herdenschutzhunde haben eine imposante Erscheinung und eine sonore Stimme. Ursprünglich warnten sie über Lautäußerung vor potenzieller Gefahr, wodurch sich ihre Bellfreudigkeit erklären lässt. Das Unterschreiten eines bestimmten Radius, durch vermeintliche oder tatsächliche Eindringlinge, kann ihre besondere Aufmerksamkeit auslösen. Daher beanspruchen diese Hunde zumeist eine deutliche Individualdistanz und demonstrieren über territoriales Gebaren, was ihrem Schutz unterliegt. Fremden und Unbekanntem begegnen Herdenschutzhunde gern mit Reserviertheit und Distanz, vorsichtig und durchaus respektvoll. Direkte und unvermittelte Annäherung lieben sie nicht unbedingt! Bis heute ist festzustellen, dass die Wachsamkeit dieses Hundetyps ab Dämmerung ansteigt. Obwohl optisch oft dem Image eines „sanften Riesen" entsprechend, sind sie in ihren Reaktionen flink, ausgesprochen wendig und bereit, selbstständig die Initiative zu ergreifen – wenn der Besitzer es zulässt! HSH lieben Anhöhen, haben sie doch so im wahrsten Sinne des Wortes alles im Blick. Aufgrund ihrer enormen Anpassungs- und Bindungsfähigkeit, schließen sie sich eng an ihre Familie und deren Tagesrhythmus an. Ausdrücklich hingewiesen werden muss auf die Individualität eines jeden Lebewesens, die das ein oder andere Merkmal stärker oder schwächer – oder auch gar nicht – auszuprägen vermag. Innerhalb der Gruppe der HSH gibt es rasse-/typgebunden große Unterschiede, auch und gerade im Temperament, doch sind alle HSH Spätentwickler, die eine lange Reifezeit von bis zu vier Jahren haben. Dass die Herkunft des Hundes, seine Aufzucht und die erfolgte Prägung und Sozialisation eine große Rolle spielen, soll hier nur kurz erwähnt werden.

Allen gemein ist ihr imposantes Erscheinungsbild.

Viele Herdenschutzhunde sind in der Fellfarbe der zu schützenden Viehherde nicht unähnlich.

Herdenschutzhunde aus aller Welt (ungeachtet ihrer molekularen Verwandtschaft, die z. T. noch unklar ist)

Kaukasischer Owtscharka

Der Kaukasische Owtscharka, auch Kaukasischer Schäferhund genannt, stammt aus Russland. Der teilweise wild-unberührten Natur ihrer Heimat entsprechend, sind auch diese Hunde bis heute sehr ursprünglich und leben häufig eine selbstbewusste Autonomie, die ihre Haltung nicht immer einfach macht. Der offenbar steigenden Nachfrage und der zunehmenden Welpeneintragung sollte daher auch mit gründlicher Zuchthandhabung begegnet werden, bei dem das Wesen der Hunde sinnvoll gelenkt und kontrolliert, nicht aber dem Typ der Hunde zuwiderlaufend verbogen wird. Auch gehört die Auswahl geeigneter Welpenkäufer in den Verantwortungsbereich des Züchters und schützt vor späterer Übergabe des nicht mehr zu haltenden Hundes an Tierschutzorganisationen zur Weitervermittlung, was sich in vielen Fällen auch als schwierig erweist. Kaukasen sind große, mächtige und kräftige Hunde, die sich im Wesen zwar recht ruhig zeigen, in Gefahrensituationen aber sehr schnell und eigenmächtig reagieren können.

Owczarek Podhalanski

Mit dem Owczarek Podhalanski nennt auch Polen einen weißhaarigen Herdenschutzhund sein Eigen. Der knochenstarke, kompakte, üppig behaarte Hund weist ein eher ruhiges Wesen, mit ausgeprägtem Schutzverhalten auf. Podhalaner sind gelehrig und ihren Menschen eng verbunden. Auf fremde Personen und Situationen reagieren sie, wie eigentlich alle Herdenschutzhunde, eher vorsichtig und reserviert. Rüden erreichen eine Schulterhöhe von 65 bis 70 cm, Hündinnen liegen bei 60 bis 65 cm.

Slovenský čuvač

Aus der ehemaligen CSFR stammend und heute als slowakische Nationalrasse geltend, ist der Slovenský čuvač. Oft wird er mit dem ungarischen Kuvasz verwechselt, ist aber mit einer Größe von 62 bis 70 cm für die Rüden bzw. 59 bis 65 cm für die Hündinnen deutlich niedriger und zählt zu den kleinsten HSH-Rassen. Sein ausschließlich weißes, langes Fell darf nicht gelockt sein, sondern soll in leichten Wellen quer zum Rücken verlaufen und keinen Scheitel bilden. Auch ihre ansprechende und ausdrucksstarke Erscheinung ist geprägt vom Kontrast des hellen Haarkleids und der dunklen Pigmentation von Augen, Nase und Lefzen. Slovenský čuvač weisen ein gemäßigtes Temperament auf und erweisen sich bei entsprechender Haltung innerhalb der eigenen Familie als sehr sanftmütig und anhänglich. Dank ihrer noch „handlichen" Konstitution lassen sich im Erwachsenenalter mit ihnen – natürlich die individuelle Neigung des Vierbeiners vorausgesetzt! – durchaus sportliche Aktivitäten wie Wandern, Joggen, Fahrradbegleitung, Turnierhundsport u. ä. andenken.

Mastin de los Pirineos

Der Mastin de los Pirineos ist quasi das spanische Pendant zum Pyrenäenberghund, jedoch soll der Spanier insgesamt größer und kräftiger als der Franzose sein, dabei aber nicht schwerfällig oder gar plump wirken. Für Rüden wird eine Größe über 81 cm gewünscht, für Hündinnen mehr als 75 cm. Trotz der Größe und Masse sind die Spanier – wie die meisten Vertreter der Herdenschutzhundrassen – langlebige Hunde, die durchaus 10 bis 15 Jahre alt werden können. Im Verhalten sind sie zumeist sehr ruhig und menschenfreundlich, im Umgang mit Artgenossen häufig eher gutmütig und insgesamt etwas dickfellig. Das dicke, dichte und nur mäßig lange Haar hat eine weiße Grundfarbe, welche am Körper durch

Ein ruhiges Wesen haben alle Herdenschutzhunde gemein. Sie sind bei ihrer Aufgabe, über die Herde zu wachen, nicht hektisch, können aber blitzschnell reagieren (hier Owczarek Podhalanski).

unregelmäßige, gut abgegrenzte Flecken in der Farbe der vorgeschriebenen Maske durchbrochen wird. Die Ohren sollen immer gefleckt sein. Reinweiße Hunde oder lediglich dreifarbige Exemplare sind laut Standard ebenso unerwünscht wie eine gelbliche Grundfarbe und rote Flecken.
Nicht unerwähnt bleiben sollen auch der durchaus beliebte **Tornjak** aus Bosnien-Herzegowina und Kroatien, der bei uns seltene und eher unbekannte **Karakachan** aus Bulgarien und der **Šarplaninac** aus Serbien und Nordmazedonien. Und es gibt noch mehr „Rassen" und jede Menge Landschläge.

Pyrenäenberghund – siehe S. 451
Kuvasz – siehe S. 458
Maremmano Abruzzese – siehe S. 459
Do Khyi – siehe S. 191
Komondor – siehe S. 456

Die FCI führt unter der Standardbezeichnung 331/2.2 einen Anatolischen Hirtenhund, der eigentlich eine Reissbretterscheinung ist, denn unter dieser Bezeichnung werden mehrere, und z. B. in den USA als eigenständig anerkannte Rassen zusammengefasst und zu Varietäten abgestempelt. So trifft man nicht unbedingt einen einheitlichen Typ unter dieser Bezeichnung an, da Vertreter aus den Richtungen Akbash, Karabash und Kangal vorkommen können. Immer jedoch sind es sehr großwüchsige Hunde, von teilweise weit über 70 cm Schulterhöhe und sehr kraftvoller, majestätischer Erscheinung. In den Urahnen dieser Hunde dürften doggenartige Jagdhunde gewesen sein, was die Bewegungsfreude und die bis heute vorhandene Jagdpassion erklärt.

Ein Leben im städtischen Bereich ist für einen Herdenschutzhund wenig geeignet (Pyrenäenberghund).

Anforderungen an den Halter

Um aus dem „drolligen Teddybär-Welpen" einen umwelt- und sozialsicheren Hund zu machen, ist viel Mühe und vor allem Zeit für die Anleitung und Heranführung aufzuwenden, ein echter „full time job".
Immer wieder wird gewarnt, solche Hunde seien nichts für „Anfänger". Aus meiner Erfahrung als Züchter und als Trainer heraus kann ich sagen, dass es häufig mehr Probleme mit denjenigen Hundebesitzern gibt, die sich lange Erfahrung und umfassendes Wissen auf die Fahne schreiben, aber der Meinung sind, die erzieherische Anleitung eines Hundes sei unabhängig vom Hundetyp und es ließen sich nach „Schema F" alle über einen Kamm scheren. Auch der Anfänger, der sich selbst ausreichend informiert, gut beraten wird und sich buchstäblich „ans Händchen nehmen" lässt, mag ein bestens geeigneter HSH-Halter werden!

Hundeschule

Der Besuch einer kompetent geführten Hundeschule ist durchaus empfehlenswert. Leider ist immer wieder zu hören und zu erleben, dass es „Kollegen" gibt, die HSH zum Unterricht nicht annehmen und/oder deren Besitzer mit Sprüchen wie: „Warum musste es denn unbedingt gerade so ein schwieriger, unmöglicher, unpassender, bei uns völlig überflüssiger Hund sein?" völlig verunsichern und abweisen. Eine unverständliche, abzulehnende und nicht von Professionalität zeugende Haltung! Letztlich ist auch der HSH ein Hund und sein Besitzer, der eine Hundeschule aufsucht, möchte und sollte konstruktiv im Umgang mit seinem Hund geschult werden (können).

Konsequenz im Alltag

Bereits der niedliche HSH-Welpe benötigt klare Regeln und hundeverständliche Grenzsetzung, ein aus zweiter Hand übernommener erwachsener Hund erst recht. Die immer wieder und zu recht geforderte

Sie zeichnet die Fähigkeit aus, selbstständig Entscheidungen zu treffen. Sie zu trainieren, erfordert daher viel Erfahrung.

Konsequenz beim Umgang mit einem HSH-Vertreter verlangt daher nach einem ruhigen, souveränen Menschen, der diese Regeln aufstellen und vermitteln kann und nicht wankelmütig und launenhaft das Abstecken von Grenzen je nach Tageslaune variiert. Was heute gilt, hat auch in der Zukunft Bestand. Diese Konsequenz hat aber nie etwas mit körperlicher oder psychischer Härte oder womöglich Gewalt zu tun! Klare Regeln, Rituale, Routinen und verständliche Grenzsetzung sind unerlässlich, um womöglich aufkommenden Problemen vorzubeugen. Und ein HSH-Besitzer sollte Humor besitzen ... Für hektische, zur Nervosität neigende und ungeduldige Menschen ist ein HSH zumeist eher ungeeignet.

Bewachung von Haus und Hof

Ein freistehendes Haus mit Garten ist vorteilhaft, aber kein MUSS! Ein sicher umzäunter Garten bietet günstigen Freiraum für gemeinsame Aktionen mit dem Hund, sollte aber niemals genutzt werden, um den Hund dort „abzustellen" und sich selbst zu

überlassen, obwohl HSH den Aufenthalt im Freien sehr lieben und dem menschlichen Wohnzimmer häufig vorziehen. Der Hund würde vielleicht Gefallen daran finden, die unmittelbare Nachbarschaft aber sicherlich nicht. HSH verselbständigen sich durchaus gern und schnell. Sozialer Kontakt zum Menschen ist für ein unauffälliges Alltagsverhalten daher dringend notwendig. Zwingerhaltung ist für HSH – wie eigentlich für jeden Hund! – abzulehnen. Der Aufenthalt in einem Reihenhaus kann (nicht muss) einen HSH leicht überfordern, wenn er seine Wachaufgabe sehr ernst nimmt und dort kaum zur Ruhe kommt bzw. sich an die Vorgänge hier noch nicht gewöhnen konnte. Erfahrungswerte führen in der Regel zu weniger Alarmbereitschaft und mehr Gelassenheit. Doch da muss man eben erst einmal hinkommen.
Wohnungen in höheren Etagen ohne Aufzug sind eher wenig geeignet: Für einen Welpen und das Stubenreintraining ist es schon ungünstig, der alte Hund wird unter Umständen vor eine nicht zu bewältigende Aufgabe gestellt, wenn er zum Spaziergang ständig mehrere Etagen überwinden muss.

HSH in der Familie

Viele Familien sind begeisterte HSH-Halter und schätzen die enge Verbundenheit der Hunde mit den einzelnen Familienmitgliedern, gerade auch mit den Kindern. Wenn die, den HSH typeigene Reserviertheit fremden Personen gegenüber gezielt aufgearbeitet und abgefangen wird, kann er auch Besucher und befreundete Kinder kommentarlos bis erfreut akzeptieren lernen. Dennoch soll auch an dieser Stelle nochmals darauf hingewiesen werden, dass grundsätzlich nie ein Hund mit (kleinen) Kindern unbeaufsichtigt sein sollte und auch nicht in die alleinige Verantwortung eines jungen Heranwachsenden gelegt werden kann, egal, wie groß oder klein oder „nett" der Vierbeiner auch sein mag.

Für sehr aktive und sportliche Menschen …

Nicht der Sportlichste

Für enthusiastische Hundesportler, die von Agility zu Breitensport und von Dog-Dancing zu Hunde-Frisbee sprinten wollen, ist ein HSH meist ungeeignet. Die ständigen Wiederholungen der Übungen sind für diese Hunde schnell langweilig und entsprechen weniger dem Naturell dieser Schwergewichte. Doch gibt es durchaus Individuen, die mit sehenswerten Erfolgen Elemente des Turnierhundsports verrichten und begeistert beim Rally Obedience mitmachen. Doch die Regel ist das nicht. Bestimmte, hauptsächlich die eher etwas leichteren HSH-Typen, lassen sich mit ans

… sind die meisten Herdenschutzhunde nicht passend (hier Kuvasz).

Fahrrad nehmen oder begleiten Pferd und Reiter. Auch leichtes Freizeit-Jogging ist mit dem ein oder anderen Vertreter möglich. Ausgedehnte, lange Spaziergänge und Wanderungen begeistern aber fast jeden HSH. Dabei kann er sogar lernen, seinen Trekking-Proviant in Packtaschen selber zu tragen.

HSH reisen gern mit ihren Menschen und teilen die schönste Zeit des Jahres mit ihnen. Sie lernen durchaus, sich im Hotel oder auf dem Campingplatz gut zu benehmen, leben aber unter Umständen auch dort ihr Schutz- und Wachverhalten aus, was zu bedenken ist. Erster Tag Fremder, zweiter Tag Vertrauter – und dritter Tag Besitzer – so meint der ein oder andere Hund eventuell. Und verhält sich entsprechend – auch hier wieder: Wenn der Besitzer ihn lässt! Eine Ferienwohnung ist oft für alle Beteiligten aber passender und erholsamer.

Petra Krivy ist Hundetrainerin, gefragte Seminar-Referentin und Expertin für Herdenschutzhunde. 1999 gründete sie ihre eigene Hundeschule „Tatzen-Treff" im Kreis Olpe, NRW. Unter dem Zwingernamen „vom Wolfshorn" züchtete sie viele Jahre die slowakische Herdenschutzhundrasse Slovenský čuvač im VDH.

WINDHUNDE: VERHALTEN UND TRAINING

Windhunde sind Jagdhunde, die auf die Hetzjagd von Niederwild spezialisiert sind. Sie sind Sichtjäger für die Hetzjagd auf die Beute (Lindner, 1940) und entscheiden blitzschnell, ob sich ein Jagen auszahlen könnte. Auch können sie sich bei der Jagd mit Artgenossen abstimmen. Sie können das ganze komplexe Jagdverhalten zeigen, haben sich aber auf Sichtjagd spezialisiert. Mit tiefer Nase eine Fährte zu verfolgen, ist nicht ihre große Leidenschaft. Zudem sind sie in der Jagd sehr eigenständig und nicht darauf selektiert, mit dem Menschen gemeinsam zu jagen.

Jagdverhalten lenken

Schafft man es als Hundehalter, dass man diese passionierten Jäger mit der Jagdambition belohnt, kann man einen wunderbaren Wegbegleiter für den Alltag erhalten. Es ist auch eine Trainingsfrage, wie gut die Grunderziehung klappt. Ein Freilauf mit Rückruf muss kein Traum bleiben. Diese Hunde können genauso einen guten Abruf erlernen. Die Frage, die sich häufig im Training stellt ist, wieviel „gegenteilige" Lernerfahrung der Hund schon in seinem Leben gemacht hat. Beginnt man frühzeitig damit und versucht, dem Hund so wenig „Fehler" wie möglich zu ermöglichen, z. B. durch gutes Management und Führen an einer Schleppleine während des Trainingszeitraums, kann ein gutsitzender und verlässlicher Rückruf etabliert werden. Hierfür ist auch wichtig, dass der Hundehalter die „Verstärker" des Jagdverhaltens versteht und im Training für sich nutzen und einsetzen kann. Ein Rückruf, kombiniert mit Beutereiz beim Besitzer, kann z. B. mit der Jagdmotivation konkurrieren und klappt daher, sauber aufgebaut, sehr gut.

Auch sind diese Hunde gut mit Laufen zu belohnen, da sie die Hetzjagd lieben und dies von uns Menschen z. B. mit einem Dummy am langen Gummiband simuliert werden kann.

Windhunde können auch auf der Hunderennbahn beschäftigt werden, sofern man dieses Jagdverhalten nur auf der Rennbahn zulässt. Baut man dies nicht gut auf, kann es dazu führen, dass diese Hunde jede Jagdgelegenheit mit ihrer durch die Rennbahn erworbenen Jagderfahrung auch im Freilauf nutzen und nicht mehr abrufbar sind. Dies ist nicht nur für Wild gefährlich, sondern auch für den Hund und womöglich für den entfernten Straßenverkehr. Windhunde können sehr große Jagddistanzen zurücklegen und je nach Rasse bis zu 70 km/h schnell laufen. Körperliche und geistige Beschäftigung mit dem Fahrrad oder beim Joggen können diese kurzen und schnellen Sprints nicht bieten. Generell gesagt sind Windhunde sehr schlank gebaut, haben lange und starke Beine, eine tiefe Brust sowie eine höchst flexible Wirbelsäule. Ihr Herz ist größer als das vergleichbarer Rassen und kann Blut mit hohem Gehalt an

---

LAUFEN UND RUHEN

Es ist unbedingt auf ausgedehntes Ruhemanagement zu achten, um Suchtgefahren zu vermeiden. Bei längerem Laufen werden extrem suchtgefährdende Botenstoffe, neben dem Dopamin auch Endorphine, die bei menschlichen Langstreckenläufern extreme Suchterscheinungen erzeugen, freigesetzt.

---

roten Blutkörperchen effektiver pumpen. So können größere Mengen Sauerstoff von der Lunge zu den Muskeln transportiert werden. Dieser spezielle Körperbau bei Windhunden ermöglicht die extreme Schnelligkeit (Gunn, 1989).

Zu beachten ist, dass die lange und schlanke Schädelgestalt auch andere Verhältnisse in der Anatomie von Auge und Sehsystem bewirkt, und dass z. B. langschnauzige Hunde mit Zeigegesten, evtl. auch anderen Sichtzeichen des Menschen, mehr Probleme haben. Dies könnte ein Grund für die ihnen oft zugeschriebene schlechte Trainier- und Erziehbarkeit sein.

Wesenseigenschaften

Je nach Individuum finden wir sehr sensible, anhängliche und teilweise auch unsichere Hunde in den verschiedenen Windhundrassen. Auf gute Aufzucht und Sozialisierung ist zu achten und auch darauf, dass diese Hunde früh an verschiedene Umweltreize positiv herangeführt werden. Fremden Menschen gegenüber können Windhunde sehr zurückhaltend sein.

Auch neigen einige Windhundrassen zur Bellfreudigkeit, was man beachten sollte. Hier muss man viel Wert auf Belohnung für „leises" Verhalten legen, wenn man dies in geregelte Bahnen lenken möchte. Die Anschaffung eines Windhundes sollte, wie die von allen anderen Hunderassen auch, wohl überlegt sein. Schafft man es, die Bedürfnisse dieser Hunde in seinem täglichen Leben zu erfüllen?

Laut einer Studie, gehören Windhunde zu den am häufigsten betroffenen Rassen mit Herzklappenendokardiose und dilatativer Kardiomyopathie, der Erbgang kann sich je nach Rasse unterscheiden (Baumgartner und Glaus, 2004).

Autorin: Yvonne Adler

Windhunde sind Sichtjäger und besonders gut für die Hetzjagd geeignet.

AZAWAKH

HERKUNFT, GESCHICHTE, AUFGABEN

Der Unterschied zwischen Azawakh und Sloughi ist oftmals als fließend und unklar beschrieben. So wurden die Azawakh auch die „Sloughis der Tuareg" genannt. Azawakh kommen aus den Gebieten um Mali und Niger und sind die Jagd-, Wach- und Schutzhunde von Nomaden (Ding et al., 2012; Dreger et al., 2016). Im Jahr 1972 wurde anlässlich einer Windhundkommission die genaue Unterscheidung zwischen Azawakh und Sloughi definiert. Beim Azawakh übertrifft die Widerristhöhe die Körperlänge und die höchste Erhebung liegt auf den Hüftbeinhöckern. Auffallend ist auch der abrupte Übergang vom Brustkorb zur Bauchlinie, außerdem sind beim Azawakh Abzeichen an Pfoten und Brust erlaubt, was beim Sloughi verboten ist.

Die Azawakh sind die vielseitig einsetzbaren Hunde der Nomaden.

MORPHOLOGIE

Größe und Gewicht Die Schulterhöhe des Azawakhs soll beim Rüden 64 bis 74 cm erreichen und bei Hündinnen 60 bis 70 cm. Das Gewicht sollte nicht unter 12 kg und nicht über 20 kg liegen.

Farben und Fell Das kurze Fell ist fauvefarben, mit weißen Abzeichen und es ist sehr pflegeleicht.

EIGENSCHAFTEN

Der Azawakh ist ein sehr sensibler Hund, der sich äußerst empathisch seinem Halter gegenüber verhält. Dementsprechend sensibel muss man sowohl im Handling als auch im täglichen Zusammenleben sein. Der Azawakh ist kein Hund für „polternde" Menschen. Hat er einmal eine negative Verknüpfung mit einem Menschen gemacht, braucht es viele positive Erlebnisse, um diese wieder aufzuheben. Wichtig ist auch in der frühen Aufzucht und Sozialisation auf alle Umwelt- und Sozialreize im Welpenalter einzugehen, vor allem auf seine späteren Halter. Zeigt man in der Erziehung Klarheit und Einfühlungsvermögen, dann kann der Azawakh ein gehorsamer Hund sein. Man darf aber niemals vergessen, dass auch er ein leidenschaftlicher Jäger ist. Aber im Gegensatz zu einigen seiner windhundartigen Artgenossen kann man den Azawakh, wenn dies trainiert ist, durchaus auch in den Freilauf lassen. Durch die hohe Sensibilität und den starken Bewegungsdrang, ist er kein Hund für Anfänger.

Der Cirneco Dell'Etna kommt aus Sizilien und ist der kleinste mediterrane Windhund.

CIRNECO DELL'ETNA

HERKUNFT, GESCHICHTE, AUFGABEN

Der Cirneco dell'Etna sieht dem Pharaonenhund sehr ähnlich, ist jedoch der Kleinste unter den mediterranen Windhunden. Wie sein Name schon sagt, kommt er aus Sizilien rund um den Ätna vor, oftmals wird er auch als „Ätna-Hund" bezeichnet. Ob die Phönizier oder Griechen die Vorfahren des Cirneco dell'Etna nach Sizilien gebracht haben, ist unklar. Es liegen jedoch Kupfermünzen aus der griechischen Zeitspanne vor, auf denen ein Hund abgebildet ist, der ein Vorfahre des Cirneco dell'Etna sein muss (Dreger et al., 2016).

Um 1900 war der Cirneco dell'Etna bereits sehr selten und es ist Frau Paternó und Dr. Migneco zu verdanken, dass sie überlebten. Sie fanden die letzten 20, einigermaßen reinrassigen Cirneco dell'Etna und begannen 1951 mit einer Reinzucht. Von Sizilien aus wurde dieser Hund dann auch außerhalb der italienischen Grenzen bekannt.

MORPHOLOGIE

Größe und Gewicht Die Schulterhöhe beträgt max. 50 cm beim Rüden und 46 cm bei Hündinnen. Das Gewicht variiert zwischen 8 bis 12 kg, je nach Geschlecht.
Farben und Fell Das Fell ist kurz und falbfarben, kann aber auch manchmal verwaschen wirken. Weiße Abzeichen sind möglich, aber selten.

EIGENSCHAFTEN

Der Cirneco dell'Etna ist ein intelligenter und wachsamer Hund, der ein ausgesprochen flinker Jäger ist. Sein sehr selbstständiges Wesen erfordert einen erfahrenen und einfühlsamen Hundehalter, der ihn zu motivieren weiß. Obwohl er zarter und kleiner ist als der Pharaonenhund, ist der Cirneco dell'Etna ein kräftiger und extrem ausdauernder Hund. Da er bei der jagdlichen Arbeit durchdringend bellt, ist er auch im täglichen Zusammenleben ein sehr lauter Hund.

Im Norden Europas erfreut sich der Pharaonenhund großer Beliebtheit.

PHARAONENHUND (PHARAOH HOUND)

HERKUNFT, GESCHICHTE, AUFGABEN

Der Pharaonenhund war lange Zeit die Sammelbezeichnung für alle großen stehohrigen Jagdhunde im Mittelmeerraum. Alle Hunde, die den Abbildungen der altägyptischen Zeichnungen, den sogenannten „Tesem“, entsprachen, wurden der Einfachheit zusammengefasst. Sie wurden teilweise als Windhunde und teilweise als Laufhunde geführt. Das führte sogar dazu, dass für zwei Rassen Standards erstellt wurden. Der Pharaoh Hound kommt ursprünglich von den Inseln Malta, Gozo, Comino und Cominotto, dort wird er auch als „Hund des Kaninchens“ bezeichnet (Parker et al., 2004). Erst 1974 erfolgte die Trennung zwischen Pharaoh Hound und Podenco durch den English Kennel Club und 1977 durch die FCI. Ursprünglich wurde der Podenco als Laufhund geführt, was wiederum eine Laufhundeprüfung als Voraussetzung hatte, um bei einer Ausstellung einen Titel zu erlangen. Für Podenco-Liebhaber war das Erlangen einer Laufhundeprüfung außerhalb der Inseln nicht möglich, daher wurden sie oftmals als Pharaonenhund gemeldet, die als Windhunde keinerlei Zulassungsprüfung benötigten. Eine Vermischung der Rassen war dadurch unabdingbar. Das wurde erst durch die Trennung der Rassen unterbunden. In England, Schweden und Finnland haben die Pharaonenhunde seither sehr an Beliebtheit zugenommen, in Mitteleuropa kommen diese Hunde oftmals nur durch Rettungsaktionen diverser Tierschutzorganisationen vor.

MORPHOLOGIE

Größe und Gewicht Die Schulterhöhe beträgt 56 bis 63 cm bei Rüden und 53 bis 61 cm bei Hündinnen (Yılmaz und Ertuğrul, 2011). Das Gewicht liegt bei 20 bis 25 kg.
Farben und Fell Den Pharaoh Hound gibt es in der Fellfarbe rostbraun, mit oder ohne weiße Abzeichen. Sein Fell ist kurz und pflegeleicht, bietet aber keinen Schutz vor Witterung.

EIGENSCHAFTEN

Der Pharaonenhund ist ein intelligenter und passionierter Jäger. Auch wenn er die Nähe des Menschen sucht und gern mit ihm zusammenarbeitet, ist und bleibt er ein leidenschaftlicher Jäger, dem man kaum einen Freilauf ermöglichen kann. Hat er einmal Witterung aufgenommen, ist er kaum aufzuhalten. Es ist schwierig, den Pharaoh Hound körperlich wirklich zu fordern, da er ein schneller und ausdauernder Läufer ist. Auch geistige Beschäftigung ist wichtig für ihn. Ermöglicht man ihm das alles, ist er ein Bekannten gegenüber zutraulicher, fremden Menschen gegenüber jedoch sehr zurückhaltender Hund. Der Kontakt mit Artgenossen läuft in den meisten Fällen, je nach Lernerfahrung, postiv ab. Durch seinen hohen Bewegungsdrang, ist er für den städtischen Bereich nur bedingt geeignet. Auch ist er eifrigen Lautäußerungen nicht abgeneigt.

RASSETYPISCHE ERKRANKUNGEN

Da er sehr selten ist, muss man bei der Auswahl des Hundes auf Inzucht achten.

Der hohe Bewegungsdrang des Pharaonenhundes, kombiniert mit der großen Jagdleidenschaft, macht es für den Halter nicht einfach.

PODENCO IBICENCO (IBIZAN HOUND)

HERKUNFT, GESCHICHTE, AUFGABEN

Der Ibizan Hound, oder im europäischen Raum besser bekannt als Podenco Ibicenco, stammt von den Balaeren. Diese Inseln waren schon in der frühen Geschichte ein stark umkämpftes und oft erobertes Gebiet. Doch obwohl dieser unruhige Wandel Bevölkerung und Kulturen beeinflusst hat, konnte sich eine sehr einheitliche Hunderasse auf den Inseln entwickeln. Aufgabe des Podencos war die Jagd auf Kaninchen, die aufgrund des Mangels an natürlichen Feinden auf den Inseln teilweise zu einer rechten Plage wurden. Die Jagdweise des Podencos unterscheidet sich maßgeblich von der anderer Windhunde, er sucht das Wild selbstständig, stöbert es auf, fängt es und bringt es zum Jäger zurück. Zu diesem Zweck können Podencos schnell und hoch aus dem Stand springen.

Der Podenco Ibicenco ist im Aussehen dem Pharaoh Hound sehr ähnlich, denn im 19. Jahrhundert wurde nicht genau unter all den windhundartigen Hunden des Mittelmeerraums unterschieden, sie wurden alle als Pharaonenhunde bezeichnet. Erst 1977 fand eine genaue Trennung zwischen Podenco und Pharaoh Hound statt (Jordana, Piedrafita und Sanchez, 1992).

Der Ibizan Hound ist auch besser bekannt als Podenco Ibicenco.

Dem Podenco genügend Bewegungsmöglichkeit zu geben, ist herausfordernd.

MORPHOLOGIE

Größe und Gewicht Die Schulterhöhe des Ibizan Hounds beträgt bei Rüden 66 bis 77 cm und bei Hündinnen 60 bis 67 cm. Das Gewicht liegt bei beiden Geschlechtern zwischen 20 und 30 kg.

Farben und Fell Das Fell kann in den Farben weiß, rot oder falb auftreten und rau, aber auch glatthaarig sein (González et al., 2011).

EIGENSCHAFTEN

Der Podenco ist ein freundlicher, aber reservierter Hund. Fremden Menschen gegenüber ist er sehr misstrauisch, hat aber keine Neigung zum Wachhund und auch keine Bereitschaft zur Verteidigung. Seine große Leidenschaft ist das Jagen. Auch wenn der Podenco gelehrig ist und eine Bereitschaft zum Gehorsam zeigt, ist diese Jagdleidenschaft immer stärker. Rüden sind anderen Rüden gegenüber teilweise unduldsam, aber Hündinnen gegenüber meist freundlich. Hündinnen sind eher sozial mit Artgenossen. Als Laufhund braucht der Podenco viel Bewegung und ist im Freilauf nicht unproblematisch. Er ist kein Hund für bequeme Menschen oder Anfänger, sowie für eine Haltung im städtischen Bereich relativ ungeeignet. In der Turcsán-Studie (2011) erreicht er Platz 91 für emotionale Stabilität, Platz 62 für Offenheit, 28 für Geselligkeit mit Hunden und 87 für Extraversion.

RASSETYPISCHE ERKRANKUNGEN

Aufgrund der Zucht auf Leistung erfreut sich diese Hunderasse robuster Gesundheit.

GALGO ESPAÑOL (NICHT IN PARKER-STUDIE)

Herkunft, Geschichte, Aufgaben

Der Galgo Español (Spanischer Windhund) ist eine der beliebtesten Rassen in Spanien. Galgos werden hauptsächlich für die Jagd und das Coursing, sogenannte Windhunderennen, eingesetzt, doch die Bedeutung der Rasse als Begleithunde hat in den letzten Jahren zugenommen, vor allem nach dem Ausscheiden aus dem Jagdgebrauch. Früher wurde er als Hetzhund für die Hasenjagd im Gelände eingesetzt, aber auch für die Jagd auf andere Tiere wie Kaninchen, Füchse und Wildschweine. Seine Wurzeln reichen bis in die Antike zurück. So taucht der Galgo z. B. auch in Cervantes' „Don Quixote" (1605) auf (Schneider, 2017). Seine Verbreitung auf der Iberischen Halbinsel fand jedoch wahrscheinlich bereits zu einem deutlich früheren Zeitpunkt statt – bereits im 6. Jahrhundert v. Chr. jagten die Kelten mit mittelgroßen Windhunden, die sie später auf die Iberische Halbinsel brachten. Nach der Unterwerfung der Kelten durch die Römer, wurde diese Hunderasse in der damaligen römischen Provinz Hispania Canis Gallicus (Gallischer Hund) genannt. Aus diesem Namen entwickelte sich später das spanische Wort „Galgo", das allgemein für Windhund steht. Er stammt von den alten asiatischen Windhunden ab und hat sich an die spanischen Landschaftsverhältnisse angepasst. Der arabische Sloughi, der während der maurischen Herrschaft vom 8. bis 15. Jahrhundert von den Mauren nach Spanien gebracht wurde, und der in Spanien heimische Podenco Ibicenco, dürften einen großen Einfluss auf diese Hunderasse gehabt haben. Während des 16., 17. und 18. Jahrhunderts wurde er in großer Zahl in andere Länder wie Irland und England exportiert.

Genetische Verwandtschaft zu anderen Rassen

Der Galgo ist mit dem Gos d'Atura und dem Podenco Iberico verwandt, wobei er eine engere genetische Nähe zum Gos d'Atura als zum Podenco Iberico aufweist. Die Gruppe der Greyhounds (Greyhounds, Podencos und Galgo) ist neben dem Gos d'Atura auch mit den Mastines (Mastin del Pirineo und Mastin Español) lose verwandt (Jordana, Piedrafita & Sanchez, 1992). Podenco Ibicenco, Podenco Canario, Podenco Iberico und Galgo Español bilden laut Jordana et al. (1992) eine Gruppe mit einem gemeinsamen Vorfahren. Angleby und Savolainen (2005) ordneten in Schweden lebende Galgos der Klade D (mtDNA Typ sD 1–6) zu, wobei der Haplotyp sD6 nur in Südeuropa durch zwei Rassen mit unterschiedlicher Morphologie, aber aus benachbarten Regionen gefunden wurde: dem Cao da Serra de Estrela aus Portugal und dem Galgo Español aus Spanien.

Morphologie

Größe und Gewicht Die Schulterhöhe liegt bei Rüde zwischen 62 und 70 cm, bei Hündinnen 60 bis 68cm, das Gewicht zwischen 22 und 30 kg.

Farbe und Fell Kurzes, glattes Haar oder Rauhaar, bevorzugt in Falbfarben dunkel gestromt, aber auch schwarz, schwarz gefleckt, dunkel falbfarben, zimtfarben, gelb, rot, weiß und gecheckt.

Eigenschaften

Der Galgo gilt als ruhiger, zurückhaltender Hund, der für einen Windhund als vergleichsweise gut trainier- und handhabbar anzusehen sein kann, verglichen mit anderen Rassen, jedoch ein ausgeprägtes Jagdinteresse zeigt und häufig nicht ableinbar ist. Galgos gelten aufgrund ihrer Selektion als eigenständig arbeitende Hunde als eher unabhängige Hunderasse. Ihr eigenständiges Temperament spiegelt sich sowohl im Training als auch im Alltag wider, so sind sie deutlich weniger gehorsam als Hunderassen, die auf Kooperation mit dem Menschen selektiert wurden (Turcsán, Kubinyi & Miklósi, 2011), aber zeigen auch deutlich weniger Trennungsangst als stärker auf den Menschen bezogene Rassen (Pongrácz et al., 2019). Im häuslichen Umfeld gilt der Galgo als ruhig, ausgeglichen, dem Menschen zugewandt und anhänglich, allerdings vorrangig gegenüber seinen Bezugspersonen – Fremden gegenüber ist er reserviert. Obgleich der Galgo laut Rassestandard weder aggressiv noch scheu sein soll, zeigte er sich im Vergleich zu über 400 weiteren Rassen als die unsicherste Hunderasse (Turcsán, Kubinyi & Miklósi, 2011). Da Galgos zu Vorsicht und Zurückhaltung neigen, sollten Welpen schon früh in ihrem Leben verschiedenen Situationen ausgesetzt werden. Es ist wichtig, dass sie andere Menschen kennenlernen, damit die Vorsicht nicht in Ängstlichkeit umschlägt. Das Bewegungsbedürfnis wird oft überschätzt – sie benötigen oft keine stundenlangen Wanderungen, sondern genießen ausgedehnte Spaziergänge und sind zufrieden, wenn sie regelmäßig einen Sprint einlegen können. Windhunde sind Sprinter und keine ausdauernden „Traber" – für ambitionierte Läufer, Radfahrer oder Sportler sind sie daher eher ungeeignet.

Rassespezifische Erkrankungen

Es bestehen signifikante hämatologische Unterschiede bei Galgo Españoles im Vergleich zu anderen Hunderassen, jedoch sind jene nicht ganz so auffällig sind wie bei Greyhounds (Mesa-Sanchez et al., 2012) Galgos haben eine erhöhte Prävalenz für das Hunde-Erythrozyten-Antigen (DEA) 1.1. Das DEA 1.1.ist die klinisch wichtigste Blutgruppe beim Hund, da negative Empfänger für diese Gruppe eine lebensbedrohliche akute hämolytische Transfusionsreaktion entwickeln können, wenn sie mehrere DEA 1.1-positive Bluttransfusionen erhalten.
Da Galgos in der klinischen Praxis häufig als Blutspender eingesetzt werden, sollte eine Bluttypisierung durchgeführt werden, da ein signifikantes potenzielles Risiko einer Sensibilisierung bei einem Empfänger einer anderen Rasse nach einer nicht typisierten Bluttransfusion mit Blut von Galgos besteht (Mesa-Sanchez et al., 2014)
Galgos haben zudem höhere Albumin-, β-Globuline und Albumin/Globulin-Verhältnisse und niedrigere Gesamtglobuline, α2-Globuline und γ-Globuline als andere Hunderassen, was darauf hindeutet, dass sie rassespezifische Besonderheiten in der Serumprotein-Elektrophorese, einer Laboruntersuchung zur Bestimmung der Globulin-Wertes, aufweisen (Mesa-Sanchez et al., 2016). Für Halter gilt das zu beachten, um Fehldiagnosen der Eiweißelektrophorese zu vermeiden und mögliche Erkrankungen mit Blick auf rassespezifische Besonderheiten diagnostizieren zu lassen.

Der Galgo wird meist über Tierschutzorganisationen vermittelt.

Ein erfolgreicher Jagdhund kann in Arabien so viel wert sein, wie ein Kamel oder Pferd.

SLOUGHI

HERKUNFT, GESCHICHTE, AUFGABEN

Der Vordere Orient ist das Ursprungsland des Sloughi, wobei eine genauere Abgrenzung in ein Herkunftsland nicht möglich ist. Auch die Übergänge zwischen den beiden großen Windhundarten dieser Gegend, Sloughi und Saluki, sind nicht starr vorhanden, sondern fließend. Der Begriff „Windhund" heißt im arabischen Dialekt „Sluqi", und es ist keine sprachliche Unterscheidung zwischen Sloughi und Saluki möglich. Sie wurden alle als Sloughi bezeichnet.
Große, schlanke, auf Sicht jagende Hunde sind in Nordafrika bereits seit der Zeit der Pharaonen bekannt. Für einen Araber hatte ein erfolgreicher Jagdhund, der sogar größere Gazellen erbeuten kann, so viel Wert wie ein Kamel oder ein schönes Pferd. Erst durch den Export einiger Sloughis nach Europa, wurde eine klare Differenzierung zwischen Sloughi und Saluki möglich. Der erste Rassestandard des Sloughis wurde 1904 veröffentlicht. Der Standard wurde seither noch zweimal geändert und damit eine genauere Abgrenzung zu den anderen Windhundrassen erreicht.

MORPHOLOGIE

Größe und Gewicht Er erreicht eine Schulterhöhe von 61 bis 72 cm (Yilmaz, Coskun und Ertugrul, 2012) und ein Gewicht von 20 bis 27 kg.
Farben und Fell Das kurze Haar ist pflegeleicht und kommt in den Farben hell- und rotsandfarben, mit oder ohne Maske vor. Manchmal tritt eine Stromung mit schwarzem Mantel auf.

EIGENSCHAFTEN

Der Sloughi ist zwar im Körperbau ein schlanker, fast zart wirkender Hund, dennoch ist er, sobald Gefahr droht, äußerst wachsam und verteidigungsbereit. Zart ist das Wesen des Sloughis, nur eine klare und einfühlsame Erziehung und Handhabung wird diesem sensiblen Hund gerecht. Hat man das Vertrauen des Sloughis gewonnen und zeigt genug Empathie, dann ist er ein liebevoller Familienhund, der eine enge Bindung zu seinen Bezugspersonen eingeht. Fremden gegenüber ist er eher misstrauisch, aber wer in der eigenen Familie willkommen ist, wird auch vom Sloughi meist akzeptiert. Viel Bewegung und geistige Beschäftigung sind eine Grundvoraussetzung bei der Haltung eines Sloughis, daher ist er nicht für bequeme und unerfahrene Hundehalter geeignet.

RASSETYPISCHE ERKRANKUNGEN

Beim Sloughi tritt die erblich bedingte Progressive Retinaatrophie (PRA) auf, rezessiver Erbgang (Dekomien und Epplen, 2003).

LEVRIERO MERIDIONALE

Der Levriero Meridionale hat viele Namen, er wird als Levriero Italiano oder Levriero Meridionale bezeichnet, im deutschen Sprachgebrauch wird er Italienisches Windspiel genannt. Italienisches Windspiel wird aber auch Italien Greyhound genannt und in Gruppe 14 behandelt (siehe S. 330). Dies zeigt der mehrfach besprochene Konvergenz, wobei Angehörige verschiedener Verwandtschaftsgruppen einander so ähnlich sind, dass sie auch zusammen aufgelistet oder benannt werden.

Der Sloughi ist ein hervorragender Sichtjäger, kann jedoch durchaus verteidigungsbereit sein.

AFGHANISCHER WINDHUND

HERKUNFT, GESCHICHTE, AUFGABEN

Der Afghane dürfte eine lokale Spezialisierung des ursprünglich in ganz Arabien vorkommenden „Arab-Hound“ sein (Boyko et al., 2009). Je nach Verbreitungsgebiet sind Felllänge und Körpergröße unterschiedlich entwickelt. Er wurde in seiner Heimat Afghanistan auch „Thasi“ genannt im Gegensatz zu anderen Hunden der Gegend, die als „Szack“ bezeichnet wurden. Der Thasi wurde von Nomaden und Bergbauern gehalten und war zuständig für die Beschaffung von Fleisch. Er wurde losgeschickt, um Wild zu jagen, meistens Steinwild, das er zu Tode hetzte. Auch hier wurde rein nach der Brauchbarkeit verpaart – so waren alle Hunde, egal ob langhaarig, kurzhaarig, kleiner oder größer ein „Thasi“ oder „Tazi“. Der Afghan Hound war eine Art Nationalsymbol und wurde z. B. vom letzten König Afghanistans als Geschenk an die indische Premierministerin Indira Ghandi verschenkt.

Bekannt ist der Afghane durch sein langes seidiges Fell, das in vielen Farben vorkommen kann.

Die heutige Form ist jedoch Anfang des 20. Jahrhunderts in England entstanden (Bettany, 2007).

MORPHOLOGIE

Größe und Gewicht Schulterhöhe von 68 bis 74 cm und ein Gewicht von ca. 23 bis 27 kg.

Farben und Fell Das lange seidige Fell kommt in allen Farben vor, ist pflegeintensiv, haart aber kaum.

EIGENSCHAFTEN

Der Hund kann seine ursprüngliche Verwendung niemals leugnen, er ist ein ausdauernder und selbstständiger Jäger. Obwohl der Körperbau den Eindruck einer zarten Statur macht, ist er zäh und robust. Im Haus ist er ruhig und zurückhaltend und sucht gern den Kontakt zum Menschen. Doch sobald er in die freie Natur kommt, zeigt er sein wahres Temperament. Seinem hohen Bewegungsdrang kann man nur mit viel sportlicher Aktivität nachkommen. Der Afghane braucht keine anderen Hunde, denen er sich relativ ungehalten gegenüber verhält. Fremden Menschen gegenüber ist er ebenfalls eher misstrauisch und abweisend. Man muss viel Einfühlsamkeit und Geduld für seine Erziehung aufbringen und auch dann wird er jede Gelegenheit nutzen, um seiner Jagdleidenschaft nachzugehen.

RASSETYPISCHE ERKRANKUNGEN

Aufgrund der Zucht auf Leistung erfreut sich diese Hunderasse robuster Gesundheit. Eine erbliche Erkrankung des Rückenmarks, die Afghanenmyelopathie, ist bekannt. Die weiße Substanz im Hals- und Brustmark degeneriert, so kommt es zu einer kompletten Lähmung der Gliedmaßen (Braund, 2003; Cummings und De Lahunta, 1978).

SALUKI

HERKUNFT, GESCHICHTE, AUFGABEN

Um an das Fleisch der Wildtiere zu kommen, waren die Vorfahren des Saluki im Vorderen und Mittleren Osten sehr früh die wichtigste Jagdhilfe, vor Erfindung der Schußwaffen. Neben den stehohrigen Jagdhundabbildungen auf altägyptischen Zeichnungen, tauchten mit der Regierungszeit von Pharao Thutmosis III auch Darstellungen von hängeohrigen Windhunden auf. Sie gelten als die Urahnen des Salukis. Die Haltung von Windhunden war meist nur den reichen und wohlhabenden Menschen vorbehalten, sie wurden als kostbare Geschenke weitergereicht. So gelangten Salukis vom heutigen Marokko bereits im Mittelalter nach Europa und China. Um 1885 importierte die Engländerin Florence Amherst die ersten persischen Windhunde nach England, sie gilt als erste seriöse Züchterin des Salukis. Der Saluki ist eng mit dem Afghan Hound verwandt (Dreger und Schmutz, 2010; Parker et al., 2017).

Ein sensibler Umgang ist bei der Haltung eines Salukis sehr wichtig.

MORPHOLOGIE

Größe und Gewicht Die Schulterhöhe des Salukis beträgt zwischen 58 bis 71 cm, Hündinnen können etwas kleiner sein. Je nach Geschlecht liegt das Gewicht zwischen 14 und 25 kg.

Farben und Fell Es kommen alle Fellfarben vor, aber nicht gestromt (Dreger und Schmutz, 2010). Das Fell gibt es in zwei Varianten, in langhaarig „befedert" oder kurzhaarig, wobei letztere Variante sehr selten vorkommt.

EIGENSCHAFTEN

Der Saluki ist ein sensibler, intelligenter und sanfter Hund, der „würdevoll" wirkt. Diesen Eindruck verursacht höchst wahrscheinlich seine Distanziertheit fremden Menschen gegenüber. Er bindet sich stark an seine Bezugspersonen und ist loyal, wenn diese einen sensiblen Umgang mit ihrem Saluki pflegen (Hole und Wyllie, 2007). Seine große Jagdleidenschaft steht stets über dem Gehorsam, sobald er Witterung aufgenommen hat, vergisst er alles. Will man ihn körperlich und geistig wirklich beschäftigen, muss man viele sportliche Aktivitäten anbieten. Auch ruhige Nasenarbeit schätzt er sehr. Die Rasse ist wenig geeignet für bequeme Menschen und den städtischen Raum.

AUS DER PRAXIS

INDISCHE HUNDERASSEN (NICHT BEI PARKER)

Nachdem Indien seit kurzem der FCI beigetreten ist, werden zukünftig wohl auch von dort vermehrt Hunde bei uns auftreten. Im Folgenden daher eine kleine Auswahl wichtiger indischer Rassen, die alle bisher in den molekularbiologischen Vergleichsarbeiten nicht platziert sind. Einige jedoch, die während der Kolonialzeit mit importierten britischen/europäischen Rassen gemischt wurden, werden wohl verwandtschaftliche Bezüge zu diesen aufweisen.
In Indien gibt es eine große Anzahl von Haustierarten und -rassen. Der Hund gilt als das wichtigste Haustier seit Urzeiten und ist auch innerhalb Indiens äußert populär, sowohl als Gebrauchshund für die Jagd, als auch als Wach- und Hofhund oder als Begleithund.
Zu den indigenen Rassen des Landes gehören Rajapalayam, Chippiparai, Kombai, Kanni, Mudhol Hound, Rampur Hound, Banjara Hound, Bhotia Schäferhund, Himalaya-Schäferhund, Alangu, Kaikadi, Indischer Spitz, Bakharwal und Jonangi (Gandhi, 2010). Von den sieben international bekannten indischen Hunderassen, stammen allein vier Rassen aus dem Süden des Landes, aus Tamil Nadu die Rassen Rajapalayam, Kanni, Chippiparai und Combai (Thiruvenkadan et al., 2012).
Die meisten indischen Rassen sind lokale Schläge, die wissenschaftlich oft als „Village Dogs" kategorisiert und nach ihrem Verbreitungsgebiet benannt werden. Village Dogs – natürlich vorkommende, meist lokale, genotypisch und phänotypisch einheitliche Schläge – teilen sich weltweit in erster Linie in fünf verschiedene geografische Gruppen auf: Südostasien, Indien, Naher Osten, Europa und Afrika. Rassehunde fallen hauptsächlich in die Variation der europäischen Village Dogs, mit Ausnahme der basalen oder „alten" Rassen wie z. B. Grönlandhunde oder Siberian Huskys (Larson et al., 2012). Indische Hunde sind nah verwandt mit orientalischen Rassen wie Afghan Hound oder Saluki, sie sind klar von europäischen Hunden abzugrenzen (Botigué et al., 2017).

Rajapalayam

Der Rajapalayam ist eine wichtige Hunderasse in Südindien, die zum Schutz von Bauernhäusern und zum Schutz vor Wildtieren gehalten wird (Raja et al., 2018).
Die Namensgebung der dieser Hunde leitet sich von ihrem Herkunftsort ab, der in der Stadt Rajapalayam im Virudhunagar-Distrikt von Tamil Nadu in Südindien liegt. Es wird angenommen, dass die Rajapalayam-Hunde von der Nayak-Dynastie Tamil Nadus gezüchtet und während des Karnatischen Krieges gegen die britische Armee eingesetzt wurden (Raja et al., 2017).

Eigenschaften

Rajapalayam-Hunde sind mittelgroße Windhunde, mit kompaktem Körper, angezogener Bauchlinie, weißer Fellfarbe, rosa Haut, rosafarbenen Nasen und Augenlidern, Schlappohren und halbkreisförmiger Rute. Wegen ihres weißen Fells, sind sie auch als „Vellai Moonji Naai" (z. dt. „weißgesichtiger Hund") bekannt. Die Augen sind meist goldfarben und der Nasenrücken ist gerade, bei mesozephaler Kopfform. Das durchschnittliche Körpergewicht liegt bei etwa 24 bis 30 kg bei Rüden und 21 kg bei Hündinnen, die Größe liegt zwischen 65 bis 72 cm (Selvakkumar et al., 2014).

Der Rajapalayam, ein mittelgroßer Windhund mit weißem Fell und rosa Haut, zählt zu einer der bedeutendsten Hunderassen in Indien.

Die erste Läufigkeit der Hündinnen beginnt meist zwischen 12 und 15 Monaten, die Paarungszeit erstreckt sich von November bis Januar. Die Rajapalayam-Hündinnen haben ihren ersten Wurf meist mit 21 bis 27 Monaten, danach werden sie in einem Abstand von 8 bis 12 Monaten erneut läufig. Eine einzige Läufigkeit pro Jahr ist üblich bei indischen indigenen Hunderassen. Durchschnittlich werden Rajapalayam 10 bis 12 Jahre. Um Inzucht zu vermeiden, wird bei der Zucht dieser Rasse auf Verpaarung unterschiedlicher Linien geachtet und gegengeschlechtliche Hunde, die sich nicht verpaaren sollen, während der Paarungszeit separiert (Raja et al., 2017).

Lebensweise

Das Hauptverbreitungsgebiet dieser Hunde erstreckt sich über die Stadt Rajapalayam und Dörfer in Rajapalayam Taluk wie auch in wenigen Teilen der angrenzenden Gebiete von Madurai und dem Distrikt Tirunelveli im Süden von Tamil Nadu. Sie werden in ganz Tamil Nadu für Liebhaber gezüchtet, jedoch vor allem traditionell als Hofhunde bei Bauern in der Nähe von Rajapalayam, als Wächter für die jeweiligen Farmtiere und Bauernhäuser gehalten. Durch ihre Halter oder innerhalb einer Dorfgemeinschaft werden die Hunde meist mit nicht-vegetarischer Kost ernährt, meist mit Fleisch (Schlachtreste von Huhn und Mufflon), Milch, Reis und Ei. Rajapalayam wurden früher vor allem sehr für ihre Wachsamkeit und ihre Eigenschaft, vor Unbekanntem und wilden Tiere zu warnen geschätzt, weshalb sie vorrangig als Wachhunde in landwirtschaftlichen Gebieten gehalten wurden. Abgesehen von dem Zweck der Bewachung, konnten die Bauern Geld verdienen, indem sie die zeitweise sehr beliebten Rassehunde verkauften (Raja et al., 2017).

Rajapalayam sind einzelgängerische Hunde, die bevorzugt als Einzelhunde bei ihrem Halter leben. Sie gelten als sehr aktiv, gehorsam gegenüber dem Besitzer, leicht trainierbar und sehr verträglich gegenüber den Farmtieren, die sie beschützen sollen. Der Rasse wird zugeschrieben, die jeweiligen Tier- und Geflügelarten in ihrem eigenen Zuhause und innerhalb ihres Bewachungsgebietes nicht anzugreifen. Die Hunde werden im Welpenalter in Bauernhäusern aufgezogen, an die Farmtiere gewöhnt und dann als Wachhund zum Schutz gegen die Wildschweine eingesetzt. Die indische Armee begann in den letzten Jahrzehnten, Rajapalayam-Hunde an den internationalen Grenzen als Wachhunde einzusetzen (Raja et al., 2017).

Kanni

Der Kanni ist eine Hunderasse aus der Tamil Nadu. Es handelt sich um einen Windhund, der hauptsächlich zur Jagd eingesetzt wird. Er ist eine seltene einheimische südindische Hunderasse, die in und um die Distrikte Virudhunagar, Tuticorin und Tirunelveli zu finden ist (Selvakkumar et al., 2013). Der Kanni, was in der tamilischen Sprache

Der Kanni kommt vorwiegend mit schwarzer Fellfarbe vor und ist ein hervorragender Hasenjäger. Diese Hunderasse unterliegt in Indien noch einer gewissen natürlichen Selektion.

„Jungfrau" bedeutet, wurde als weitere Erweiterung des Caranvan Hounds, auch bekannt als Mudhol-Hund, entdeckt, er gilt als Nachfahre der Windhunderasse Saluki (Ravimurugan und Kumaravelu, 2008; Srinivasan, 2011).

Eigenschaften

Der Kanni ist ein beweglicher, schlanker, anmutiger mittelgroßer Hund (Ravimurugan und Kumaravelu, 2008; Selvakkumar et al.,2013). Durch seinen Gebrauch als Jagdhund ist er ein exzellenter Jagdbegleiter, als der er in Indien auch meist genutzt wird, aber auch ein guter Begleithund, ebenso wie ein mutiger und treuer Wachhund.
Sie sind dem Besitzer gegenüber liebevoll, aber gleichzeitig wachsam gegenüber Fremden. Kanni sind wendige Hunde, mit einer hohen Geschwindigkeit, typisch für orientalische Windhunderassen. In ihrem Ursprungsgebiet werden sie von ihren Besitzern für die Hasenjagd in den nahegelegenen Wäldern eingesetzt.
Die vorherrschende Körperfarbe des Kanni ist schwarz mit weißen oder braunen Flecken an Oberschenkel und Unterbauch. Diese Hunde sind aufgrund ihrer schwarzen Fellfärbung vergleichsweise weniger hitzetolerant als Chippiparai und Kombai, die anderen einheimischen Hunderassen des Tamil Nadu. Die Haut ist straff und grau gefärbt. Ihr Fell ist kurz und glatt. Sie haben eine konische Kopfform mit weißen/hellbraunen Streifen und schwarzen Nasen. Die Augen sind normalerweise schwarz, gelegentlich sind auch rotbraunäugige Tiere zu sehen. Die Farbe der Wimpern variiert von schwarz bis hellbraun. Die Ohren sind halb hängend. Der Hals ist lang und mäßig muskulös.
Der Körper ist kompakt mit breiter Brust, die Statur ist windhundtypisch. Durch ihre langen, muskulösen Beine sind sie ideale Läufer und Jäger. Die Rute ist lang und knochig, mit einer leichten Aufwärts- und Vorwärtsbiegung (Ravimurugan et al., 2014). Ihre Größe ähnelt der Größe anderer Hunderassen wie Rampur Greyhound (60 bis 75 cm; Indien) und dem Saluki (58 bis 71 cm; Nahost) (Yilmaz und Ertugrul, 2011).

Lebensweise

Die Kanni-Hunde werden in der Regel auf natürliche Weise vermehrt, sie unterliegen einer gewissen natürlichen Selektion und vermehren sich meist selbst, allerdings gibt es in den Verbreitungsgebieten Zuchtbemühungen und Selektion auf Gebrauchstauglichkeit.
Die erste Läufigkeit bei Hündinnen beginnt meist in einem Alter zwischen 12 und 14 Monaten, den ersten Wurf haben die Hunde jedoch durchschnittlich erst mit 20 bis 24 Monaten. Die Wurfstärke liegt bei 4 bis 8 Welpen (Ravimurugan et al., 2014). Zur geplanten Zucht werden seitens der Hundebesitzer im Verbreitungsgebiet meist die zuchtfähigen Rüden aus der gleichen Gruppe ausgewählt, die die Tierbesitzer aufgezogen haben. Die Praxis, Rüden aus dem gleichen Wurf zur Zucht einzusetzen, führt zu einer beträchtlichen Inzuchtrate, weshalb einige Dorfbewohner sich separate Rüden zur Zucht halten (Ravimurugan et al., 2014). Die Auswahl der zur Zucht geeigneten Rüden erfolgt auf der Grundlage der Geschwindigkeit und der Jagd, sie werden streng nach Gebrauchstauglichkeit und Verwendungszweck selektiert. Der Kanni wurde in und um Tirunelveli, Kovilpatti, Kazhugumalai, Kileral, Kodangipatti, Sivakasi und Madurai, das den Hauptzuchtbereich der Rasse bildet, gezüchtet. Etwa 100 bis 120 Dorfbewohner in diesem Gebiet züchten die Kanni-Hunde (Ravimurugan et al., 2014). Mehr als 200 Kanni-Hunde werden im Hauptzuchtbereich selbst aufgezogen. Das Zuchtgebiet liegt in subtropischem Klima und ist allgemein trocken, außer in den Monsunzeiten (Ravimurugan et al., 2014).

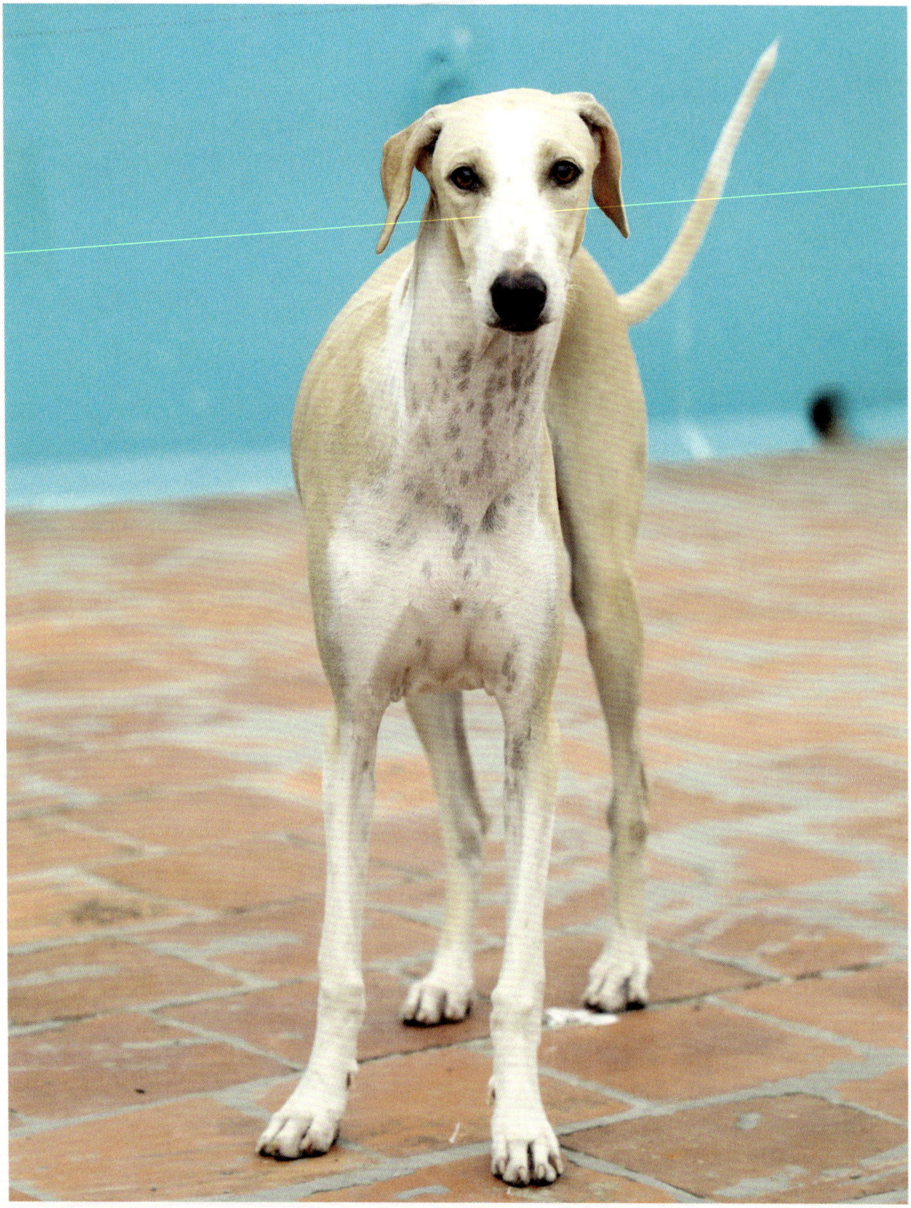

Der Chippiparai ist ein eleganter indischer Windhund, der auch als Symbol für Königlichkeit und Würde gilt.

Chippiparai

Der Chippiparai ist eine einzigartige mittelgroße Windhundrasse aus Südindien. Das Entstehungsgebiet dieses Hundes ist der Bezirk Tirunelveli im Süden von Tamil Nadu. Sie werden als indigene Jagdhunde in Tamil Nadu genutzt (Karthickeyan et al., 2015).

Eigenschaften

Die Markenzeichen der Rasse sind lohfarbenes Fell, schwarze Nasen, schwarze Augen, breite Brust und aufgezogener Bauch. Die typischen Farben sind also lohfarben, bzw. verschiedene Grautöne, mit weißen Abzeichen. Der Chippiparai ist eine einfarbige

Version des einheimischen Jagdhundes von Tamil Nadu, der heute in der Gegend um den Periyar-See zu finden ist, während die schwarz-gelben, schwarzen und grauen Versionen als Kanni bezeichnet werden.
Die Rute ist land, dünn und geschwungen.
Der Chippiparai ist ein mittelgroßer Hund, Rüden erreichen etwa eine Schulterhöhe von 63 cm und Hündinnen etwa 56 cm (Karthickeyan et al., 2015).
Das Gesamterscheinungsbild ist dem des Sloughis oder auch des Rampur Greyhounds sehr ähnlich.

Lebensweise

Er wird vor allem für die Jagd auf kleine Kaninchen, Waldschweine und Rehe verwendet, aber nach dem von der indischen Regierung verabschiedeten Jagdgesetz, werden sie vermehrt für Hunderennen und als Ausstellungsrassen verwendet. In kleinen Dörfern in bewaldeten Regionen sowie in den Bergen Südindiens werden diese Hunde noch immer tradionell zum Fangen von Kaninchen eingesetzt. Ebenso sind sie gute Wächter zum Schutz von Haus und Hof. Sie sind neben der Jagd auch für ihre Schnelligkeit und Loyalität gegenüber ihrem Besitzer bekannt (Karthickeyan, 2015).
Der Chippiparai wurde von königlichen Familien in Chippiparai, im Virudhunagar-Distrikt Tamil Nadu, gezüchtet und als Symbol für Königlichkeit und Würde hauptsächlich in Tirunelveli, Kasi, Kagzhu malai und Madurai gehalten.

Mudhol Hound/Caravan Hound

Der Caravan oder auch Mudhol Hound ist eine der drei einheimischen Rassen des Bundesstaates Karnataka in Südindien. Er ist ein seltener Desi-Hund, der in und um Bagalkot- und Vijayapur-Distrikte im nördlichen Teil von Karnataka vorkommt (Mahesh et al., 2017). Der Kennel Club of India (KCI) und der Indian National Kennel Club (INKC) erkennen die Rasse unter verschiedenen Rassenamen an. Der KCI verwendet den Namen Caravan Hound, während der INKC den Namen Mudhol Hound benutzt.

Eigenschaften

Der Mudhol Hound hat eine wohlgeformte, windhundtypische Statur. Der Kopf ist lang und schmal, breit zwischen den Ohren mit einer sich verjüngenden Schnauze. Die Kiefer sind lang und kräftig mit einem Scherengebiss. Die Nase ist groß und schwarz. Die Ohren sind hängend und liegen dicht am Schädel. Die Augen sind groß und oval, von dunkler bis haselnussbrauner Farbe.
Die Vorderbeine sind lang und gerade. Der Rücken ist lang, breit und gut bemuskelt. Die Brust ist kräftig und tief, mit gut gefederten Rippen. Der Bauch ist eingezogen. Die Rute ist tief angesetzt, kräftig am Ansatz und spitz zulaufend, ziemlich lang und wird in einer natürlichen Kurve getragen.
Es gibt zwei Fellvarianten – eine mit völlig glattem Fell und die andere mit seidiger Befederung an Ohren, Beinen und Rute. Akzeptable Farben sind rehbraun, braun, rot, cremefarben, schwarz und mausgrau oder jede dieser Farben mit einem minimalen Anteil an Weiß.

Lebensweise

Der Mudhol Hound / Caravan Hound ist eine indische Hunderasse des Windhundetyps. Die befederte Sorte wird allgemein als Pashmi oder Karwani bezeichnet. Es ist eine weit verbreitete Rasse unter den Dorfbewohnern im indischen Bundesstaat Karnataka, die zum Teil zur Jagd und Bewachung verwendet, aber nur selten eigens für diesen Zweck gezüchtet wird. Diese Hunde wurden tradionell nicht für einen besonderen Zweck verwendet, daher wird ihr Reproduktionspotenzial kaum genutzt. Sie unterliegen somit in der Regel keiner geregelten Zucht durch den Menschen, sondern vermehren sich oftmals natürlich.

Das Klima im Verbreitungsgebiet der Rasse, Bagalkot, ist das ganze Jahr über warm und trocken, Regen ist selten (Mahesh et al., 2017).
Die Rasse wurde aus Zentralasien und Arabien in das Dekkan-Plateau Westindiens eingeführt und kann daher als direkter Nachfahre der Saluki oder Tazi betrachtet werden. Diese Region umfasst Teile der Staaten Karnataka, Maharashtra und ein kleiner Teil von Telangana. Die Rasse ist in und um den Mudhol Taluk von Karnataka populär, weshalb sie den Namen Mudhol-Hund erhielt.

Rampur Greyhound

Der Rampur Greyhound ist in der Region Rampur in Nordindien zwischen Delhi und Bareilly beheimatet. Tradionell wurde die Rasse von den Maharadschas zur Dezimierung der Schakalpopulation, aber auch zur Jagd auf Löwen, Tiger und Leoparden (Panther) eingesetzt.

Eigenschaften

Rampur Greyhounds sind windhundtypische Hunde, mit breiter Brust und sichtbaren Rippenbögen. Die Rute ist lang und verjüngt sich leicht nach oben gebogen, wird jedoch niedrig getragen. Die Rüden sind 60 bis 75 cm groß, die Hündinnen 55 bis 60 cm. Die Rasse wiegt etwa 27 bis 30 kg. Sie sind ungefähr gleich groß wie die meisten anderen Windhunde, aber viel breiter und muskulöser. Der Kopf der Rampur ist breiter und kräftiger als der Kopf des englischen Windhundes. Er hat einen flachen Schädel und eine spitze Nase. Ihre Ohren sind hoch auf dem Kopf angesetzt und werden rosenförmig nach hinten geklappt getragen. Zu den erwünschten Farben gehören mausgrau, grizzle, gestromt oder selten schwarz. Insbesondere die Grau- und Grizzle-Farben können sich besonders gut an die Farben des Waldes anpassen, sodass die Hunde am helllichten Tag aus einer Entfernung von nur drei Metern nur schwer zu erkennen sind. Schwarz ist jedoch die von vielen Liebhabern am meisten gesuchte Farbe des Hundes. Ihre Augenfarbe reicht von gelb bis goldbraun.

Lebensweise

Der Rampur Greyhound entstand durch die Zusammenführung der Blutlinien des sehr kräftigen, aber wilden Tazi, der von den Afghanen eingeführt wurde, und des englischen Windhundes, der gehorsamer, aber weniger widerstandsfähig gegenüber den unterschiedlichen klimatischen Bedingungen war. Während die Rasse ihr Aussehen und ihren robusten Charakter von den afghanischen Vorfahren Tazi erhalten haben soll, wird die Schnelligkeit vor allem dem English Greyhound zugeschrieben. Rampur Greyhounds wurden im Allgemeinen von Maharadschas und Nawabs für große Freizeitjagden gehalten. Mit dem Sturz der Maharadschas im Jahr 1947, sank auch die Popularität der Rasse. Rampur Hounds gelten als Rasse, die bei Konfrontationen selten nachgibt und mehr oder weniger mit der schnellsten Beute mithalten kann. In einige der Linien wurden zusätzliche englische Windhunde eingezüchtet, was es heute sehr schwierig macht, einen reinrassigen Rampur-Windhund zu finden. Da die Wildschweinjagd heute hauptsächlich auf die ländliche Bevölkerung Indiens in nicht-muslimischen Gebieten beschränkt ist, haben die Rampur-Hunde einen Rückgang der Popularität erlebt. Tradtionell gibt es drei Schläge des Rampurs: die kleineren Reza, die Deerhound-ähnlichen Kesari und die Sahi Shikari. Die heutigen Besitzer in ländlichen Gebieten neigen dazu, ihre Jagdhunde als Nahrung oder zur Beseitigung von Schädlingen zu halten und nicht mehr nur als Gefährten. Deshalb werden Rampurs hauptsächlich für die Jagd auf Schakale eingesetzt, sie sind aber auch noch in der Lage, größeres Wild aufzuspüren und zu töten.

Indischer Spitz

Der Indische Spitz ist eine spitzartige Hunderasse, die zur Gruppe der Arbeitshunde gehört. Sie wurden erstmals im 19. Jahrhundert von den britischen Besatzern eingeführt und gelten als Nachkommen des Deutschen Spitzes. Der Indische Spitz wurde aufgrund restriktiver Einfuhrbestimmungen, die von der indischen Regierung in den 1980er und 1990er Jahren erlassen wurden, populär. Ausländische Importe waren sehr schwer zugänglich, und die Inder wandten sich den einheimischen und lokalen Rassen zu. Der Indische Spitz ist dem Europäischen Spitz ähnlich, obwohl er sich an ein wärmeres Klima angepasst hat. Er wird vom Kennel Club of India als eine eigene, einzigartige Rasse angesehen.

Der Indische Spitz gilt als Nachkomme des Deutschen Spitzes, jedoch ist er besser an das warme Klima Indiens angepasst.

Eigenschaften

Der Indische Spitz ist ein kleiner Hund, der durchschnittlich etwa 33 cm Widerristhöhe erreicht.

Im Allgemeinen werden Indische Spitze in zwei Kategorien eingeteilt, die kleine und die große Varietät. Die kleine Variante des Spitzes erreicht ungefähr 5 bis 7 kg bei einer Größe von 22 bis 25 cm, die größere 12 bis 20 kg und 35 bis 45 cm Widerristhöhe. Das Fell ist meist weiß, aber auch weiß-bräunliches, braunes oder schwarzes Fell ist erlaubt. Sie haben spitz zulaufende Stehohren, mit dichtem Fell an der Außenseite der Ohren und gut bewachsener Ohrinnenseite.

Der ursprüngliche Spitz wurde für die Jagd in der Kälte gezüchtet, was sich in seiner weißen Färbung widerspiegelt. Obwohl in Indien nicht die gleichen klimatischen Bedingungen herrschen, gilt ihre Färbung als attraktiv und ist deshalb über die Jahre hinweg erhalten geblieben. Durch seine enge Verwandtschaft zu europäischen Spitzen, gleicht der Indische Spitz diesen auch in ihrem Verhalten. Europäische Spitze wie z. B. der Volpino Italiano (Italienischer Spitz), gelten als sehr aggressionsbereite, wachsame und reaktive, erregbare Hunde (Notari und Goodwin, 2007). Spitze gelten grundsätzlich als wachsame, bellfreudige Hunde, auch andere Spitz-Typen wie der Zwergspitz, aber auch Deutsche Spitze zeigen diese Eigenschaften sehr häufig (Takeuchi und Mori, 2006). In der Studie von Parker et al. (2017) werden die Spitze gemeinsam mit Mops, Papillon, Griffon und Schnauzern eingeordnet (siehe S. 124 ff.).

Lebensweise

Der Indische Spitz ist, wie alle Spitze, ursprünglich ein Hofhund gewesen, was sich noch immer in seinem Verhalten widerspiegelt. In Indien wird er jedoch als Begleithund gehalten und ist insbesondere wegen seiner Optik beliebt.

Einige Rassen, die in Indien verbreitet und bekannt sind, weisen keine Anerkennung vom Kennel Club of India (KCI) auf und sind keinem eindeutigen Rassestandard zuzuordnen. Zu diesen Rassen gehören der Banjara, Gaddi Kutta, der sogannte Himalaya-Schäferhund, der Bully Kutta, ein indischer Mastiff, der Bakharwal-Hund, eine Herdenschutzhunderasse und der Jonangi, ein primitiver Jagd- und Hütehunde.

Banjara

Der Banjara, auch Vanjari-Hund genannt, ist eine windhundartige Rasse, die von den nomadischen Vanjari von Maharashtra vor allem bei der Jagd verwendet wird.
Er wurde auch als Wach- und Hütehund eingesetzt. Die Rasse ist derzeit durch Einkreuzung anderer Hunderassen gefährdet.

Gaddi Kutta

Der Gaddi Kutta ist eine Herdenschutzrasse, die in Nordindien, insbesondere in der westlichen Himalaya-Region und in den Bundesstaaten Himachal Pradesh und Uttarakhand, zu finden ist. Er wird auch als Himalaya-Schäferhund, indischer Pantherhund sowie Mahidant Mastiff und Bhutia bezeichnet, wobei erstere Bezeichnung auf die Fähigkeiten der Rasse und letztere auf ihren Ursprung hinweist. Obwohl er ursprünglich für Jagdzwecke gezüchtet wurde, wird der Gaddi Kutta von den örtlichen Hirten, meist Gaddis (vom gleichnamigen südasiatischen Stamm), häufig als Herdeschutzhund verwendet.

Bully Kutta

Der „Bully Kutta", auch bekannt als indischer oder pakistanischer Mastiff, ist ein großer Arbeitshund, der aus dem indischen Subkontinent stammt und auf das 16. Jahrhundert zurückgeht.Er wid zur Jagd und zur Bewachung eingesetzt. Die Hunderasse ist in der Region Punjab in Indien und Pakistan, einschließlich Haryana und Delhi, beliebt.

Der Bakharwal ist ein Herdenschutzhund, der in der Bergwelt Kaschmirs im Einsatz ist und das Vieh wie auch die Siedlungen beschützt.

Bakharwal

Der Bakharwal-Hund ist eine alte Arbeitshunderasse, die in der gesamten Pir Panjal Range Indiens zu finden ist, wo sie seit vielen Jahrhunderten von den Bakharwal- und Gujjar-Nomadenstämmen als Viehhüter und Siedlungsbeschützer gezüchtet wurde. Der Bakharwal-Hund wird vom indischen Polizeidienst zur Gefangennahme von Militanten im ganzen Land eingesetzt.
Aufgrund seines starken Populationsrückgangs gibt es seitens der Ursprungsregion Bemühungen, die Rasse als gefährdet einzustufen und Erhaltungszucht zu fördern.

Jonangi

Der Jonangi ist eine indische Hunderasse, die hauptsächlich im getrennten Bundesstaat Andhra Pradesh und auch in einigen Teilen von Karnataka und entlang der gesamten Ostküste von Westbengalen bis Tamil Nadu zu finden ist. Er wird hauptsächlich als Jagd- und auch als Hütehund verwendet.

Hana Tebelmann – siehe S. 31

GRUPPE 19
— *nach Parker*

MINIATUR XOLOITZCUINTLE

HERKUNFT, GESCHICHTE, AUFGABEN

Der Mexikanische Zwergnackthund erfreut ich einer größeren Beliebtheit als die Standardvariante, dennoch ist über seine Abstammung leider nichts bekannt. Spekulationen gibt es derweil einige, von denen die Wahrscheinlichste jedoch die ist, dass der Miniatur Xoloitzcuintle gleichzeitig wie sein großer Verwandter, der Mexikanische Nackthund Xoloitzcuintle, entstanden ist, oder später sogar aus diesem herausgezüchtet wurde.

MORPHOLOGIE

Größe und Gewicht Der Miniatur Xoloitzcuintle hat eine Schulterhöhe von 25 bis 35 cm, konkrete Gewichtsangaben gibt es nicht.

Farben und Fell Er ist haarlos, lediglich auf der Stirn und an der Rutenspitze können kleine Haarbüschel auftreten. Die Farbe der Haut kann schwarz, schiefergrau, leberfarben oder bronze sein, wobei rosa- oder kaffeefarbene Flecken zulässig sind. Die Welpen werden rosa geboren und erhalten ihre endgültige Färbung mit ca. einem Jahr. Die Haut ist weich, elastisch und glatt. Dieser Hund besitzt außerdem etwa 10 cm lange „Fledermausohren" und mandelförmige Augen, deren Farbe von schwarz bis gelb variieren kann.

Die Haut des Miniatur Xoloitzcuintle ist dicker und robuster als bei behaarten Hunden. Bei starker Sonneneinstrahlung müssen vor allem die helleren Hautpartien und generell die hellen Nackthunde vor Sonnenbrand geschützt werden. Grau-schwarze sind weniger gefährdet, da sie schon die ersten Sonnenstrahlen nutzen, um ihre Pigmente in der Haut anzureichern, so dass aus einem „grauen" Hund im Winter, ein „schwarzer" Hund im Sommer wird. Der Miniatur Xoloitzcuintle ist teilweise kälteempfindlich, vergleichbar mit kurzhaarigen Hunden ohne Unterwolle, wie z. B. Pinscher.

EIGENSCHAFTEN

Der Miniatur Xoloitzcuintle hat ein freundliches Wesen, ist intelligent und besitzt ein gutes Anpassungsvermögen. Selten bellen die Zwergnackthunde, was sie u. a. für viele Hundehalter zum perfekten Begleiter für die Stadt machen. Durch die geringe Körpergröße freuen sie sich über regelmäßige Bewegung, aber über keine übermäßigen sportlichen Aktivitäten.

Training – siehe Xoloitzcuintle, S. 498

VERWANDTSCHAFT IN GRUPPE 19

Innerhalb der Gruppe sind Berger de Picardie und Deutscher Schäferhund am nächsten, die Xoloitzcuintle stehen der ganzen Klade als frühest abgespaltene Linie gegenüber.

XOLOITZCUINTLE

HERKUNFT, GESCHICHTE, AUFGABEN

Der Mexikanische Nackthund oder auch Xoloitzcuintle gehört zu einer der ältesten Hunderassen. Eine Tonfigur aus dem Jahr 1700 v. Chr. wurde in Tlatilco, Mexiko, gefunden und wird zur ersten Darstellung eines Xoloitzcuintle gezählt, als älteste Darstellung eines Hundes auf dem amerikanischen Kontinent überhaupt. Wahrscheinlich sind diese Nackthunde in Mexiko entstanden und haben sich von dort verbreitet. Es wird vermutet, dass diese eigenständige, antike Hunderasse seit über 2000 Jahren in Mexiko existiert (Valadez, 2000). Der Name Xoloitzcuintle stammt aus dem Aztekischen und bedeutet etwa „Hund des Gottes Xolotl“. Man vermutet, dass sie als beliebte Opfergabe die Toten ins Totenreich begleiten sollten. Sie galten als heilig, da angenommen wurde, dass die Hunde von ihrem verstorbenen Meister gebraucht wurden, um ihre Seelen durch das Leben nach dem Tod zu führen (Kimura, 1996). Auch in der mexikanischen Keramik zwischen 450 v. Chr. bis 250 n. Chr. wurde der Xoloitzcuintle häufig dargestellt. Haarlose Hunde wurden früher als „*Canis aegyptius*“ bezeichnet (Linné, 1758). Xoloitzcuintle wurden von indianischen Ureinwohnern seit der Aztekenzeit in Mexiko gehalten. Eine kleine Anzahl von Hunden, die auf derartige Populationen zurückgehen, existiert noch immer in Mexiko (van Asch et al., 2013). Nackthunde wurden nicht als Jagdhelfer oder Wachhunde gehalten, sondern waren damals mehr als Wärmespender, als Delikatesse oder Opfergabe hochgeschätzt. Sie wurden nie wirklich gezüchtet und waren noch zu Beginn des 20. Jahrhunderts relativ häufig. Danach verschwanden sie fast völlig. Es war dem mexikanischen Künstler Diego Rivera zu verdanken, dass diese Rasse überlebte, da er die Restbestände der Rasse sammelte und sich gezielt um dessen Erhalt bemühte. Doch erst ab 1950 wurde der Xoloitzcuintle international als mexikanische Rasse anerkannt.

URSPRUNG DER RASSE

Es wird angenommen, dass diese ungewöhnliche Rasse seit Tausenden von Jahren isoliert gehalten wurde und möglicherweise eine der ältesten Rassen Nordamerikas ist. Der Xoloitzcuintle weißt keine Verwandschaft mit anderen haarlosen Hunderassen auf, jedoch fanden sich trotz ihrer phänotypischen Einheitlichkeit innerhalb der Rasse überraschend hohe Variationen der mtDNA-Sequenzen, was auf eine hohe genetische Vielfalt schließen lässt. Genetische Analysen einer vielfältigen Stichprobe von 19 mexikanischen Nackthunden zeigten nur mtDNA-Sequenzen, die zuvor bei Hunden eurasischen Ursprungs gefunden wurden. Das Fehlen von alten Hundehaplotypen nord- und südamerikanischer indigener Rassen, bei einer großen Vielfalt moderner Rassen, einschließlich des Haplotyps der mexikanischen Nackthunde, zeigt die erheblichen Auswirkungen, die die Besiedlung dieser Länder seitens der Europäer auf die einheimischen Kulturen hatte (Vila et al., 1999). Eine neuere Studie aus dem Jahr 2013 stellte hervor, dass einige amerikanische Hunderassen – wie der Xoloitzcuintle – aus präkolumbischer Zeit stammen und kaum europäischen Einflüssen unterlagen. 30 % der weiblichen Vorfahren des Xoloitzcuintle sind laut dieser Studie jedoch europäischen Ursprungs, was darauf schließen lässt, dass die Einfuhr moderner

Hunderassen auch Einfluss auf die Zucht des Xoloitzcuintle in Mexiko genommen hat (van Asch et al., 2013). Der Evolutionsgenetiker Peter Savolainen bemerkt zu dieser Studie: „Unsere Ergebnisse zeigen, dass amerikanische Hunde ein Rest der ursprünglichen amerikanischen Kultur sind. Das zeigt, wie wichtig es ist, ihre Populationen zu erhalten." In Mexiko ist der Xoloitzcuintle heute wieder verbreitet, in Europa jedoch sieht man ihn nur sehr selten.

MORPHOLOGIE

Größe und Gewicht Der Xoloitzcuintle ist noch sehr uneinheitlich, hat eine Schulterhöhe von ca. 35 bis 57 cm und sollte ein Gewicht je nach Größe bis 23 kg erreichen.

EIGENSCHAFTEN

Der Xoloitzcuintle ist ein ruhiger Hund, dennoch aufmerksam und aufgeweckt. Die Hunde können Fremden gegenüber misstrauisch und durchaus verteidigungsbereit und auch gute Wächter sein. Eine beim Xoloitzcuintle hervorstechende Eigenschaft, ist die hohe Anpassungsfähigkeit. Er kann der ideale Wohnungshund und Begleiter für Menschen sein, die z. B. unter einer Hundehaarallergie leiden oder für behinderte Menschen, da seine Pflege anspruchslos und unkompliziert ist. Er kann jedoch auch der ideale Begleiter für bewegungsfreudige Menschen sein, da er zwar keine sportlichen Aktivitäten einfordert, aber Bewegung im Freien sehr mag.

Der Xoloitzcuintle besticht nicht nur durch sein außergewöhnliches Erscheinungsbild, sondern auch durch seine hohe Anpassungsfähigkeit.

RASSETYPISCHE KRANKHEITEN

Gerade durch die erblich bedingte Haarlosigkeit und die damit einhergehende Zahnlosigkeit, hat die Rasse diesbezüglich Probleme. Auch fällt diese Haarlosigkeit in vielen Ländern unter die Qualzuchtmerkmale und man sollte beim Kauf darauf achten, dass man gesunde Hunde mit mehr Fell erwirbt. Der Xolo wurde seit Tausenden von Jahren durch natürliche Selektion entwickelt und ist daher im Allgemeinen nicht anfällig für Gesundheits- und Strukturprobleme, abgesehen von den durch Haarlosigkeiten bedingten Auffälligkeiten. Xolos stammen aus tropischen Klimazonen und sind nicht für das Leben im Freien in kälteren gemäßigten und nördlichen Klimazonen geeignet. Sie sollten als Wohnungshunde gehalten werden und brauchen bei kälteren Temperaturen einen Mantel – die nackte Haut ist ansonsten jedoch sehr widerstandsfähig. Nur auf Sonnenbrandgefahr ist zu achten.

TRAINING

Selbst wenn diese Rasse als sehr robust und eher unempfindlich betreffend der Witterung beschrieben wird, so gibt es diesbezüglich dennoch Herausforderungen bei manchen Individuen: einerseits bei Sonne und dem erforderlichen Sonnenschutz, andererseits bei kalten Temperaturen, starkem Wind und Regen. Es zahlt sich aus, den Hund frühzeitig mittels Training an das Tragen eines Hundemantels zu gewöhnen, damit später, wenn man ihn benötigt, kein unnötiger Stress entsteht. Auch kann das Training mit dem Hund durch die Witterung beeinträchtigt sein. Die Hunde empfinden z. B. nassen Untergrund als unangenehm und legen sich dann ungern hin. Hier kann eine Decke von Nöten sein, denn dem Hund soll das Training Freude machen und er soll sich sicher und wohl fühlen. Xolos lernen gern und haben am Gerätetraining sehr viel Spaß. Daher können sie u. a. auch für Agility und Breitensport geeignet sein.

GEN FÜR NACKTHEIT

Nackthunde lassen sich nackt nicht reinerbig züchten, denn homozygot nackte Hunde sind nicht lebensfähig und sterben schon als Embryo ab. Dies bedeutet, dass das Gen für Nacktheit ein Defektgen ist; allerdings ist jeder Nackthund, der zur Welt kommt, heterozygot und keineswegs erbkrank. Entgegen der weit verbreiteten Meinung, ist es auch möglich, zwei nackte Hunde miteinander zu paaren. Nach den Mendel'schen Regeln ist dann die Hälfte der Embryos heterozygot nackt veranlagt, ein Viertel behaart und ein Viertel homozygot nackt; letzteres stirbt schon früh im Mutterleib ab und wird absorbiert (Kimura et al., 1993). Da dies nicht immer ohne gesundheitliche Probleme bei der Mutterhündin einhergeht, ist allerdings die Zucht solcher Letalkreuzungen höchst bedenklich. Von den geborenen Jungtieren sind also zwei Drittel nackt und ein Drittel behaart. Paart man dagegen einen behaarten Hund mit einem Nackthund, so entstehen je zur Hälfte nackte und behaarte Hunde (Robinson, 1985). Nicht lebensfähige Embryos kommen dann nicht häufiger vor als bei anderen Tierarten. Diese Art der Zucht ist jedoch nicht von allen Zuchtverbänden erlaubt, denn in vielen Ländern wird die behaarte Varietät nicht offiziell anerkannt (Drögemüller et al., 2008).

Zahnverlust

Mit dem Gen der Haarlosigkeit geht auch ein Zahnverlust einher. Denn nackte Hunde haben eine starke Reduktion der Zahnzahlen, manchen fehlen die Prämolaren völlig, vielfach auch die Schneide- oder Fangzähne.

PERUANISCHER NACKTHUND

HERKUNFT, GESCHICHTE, AUFGABEN

Der Peruanische Nackthund wird auch der Mondblumenhund genannt. In Peru ist die Hunderasse auch unter dem Namen Viringo bekannt (Gálvez de Tavera und Ramos, 2006). Die FCI hat den Peruanischen Nackthund in den siebziger Jahren als „Inka-Orchideen-Mondblumen-Hund“ anerkannt. Inzwischen hat man ihn zum Peruanischen Nackthund umbenannt.

Die reicheren Menschen in den alten Inka-Küstenstädten liebten Orchideen und bauten für ihre Orchideenpflanzen Gewächshäuser, in denen es kühl und dunkel war. In diesen Häusern hielten sie auch ihre Hunde. Je hellhäutiger der Nackthund, umso mehr wert war er. Deswegen durften diese Hunde nicht in die Sonne, damit sie keinen Sonnenbrand bekamen und wurden nur bei Nacht (Mondschein) ins Freie gelassen. Darum bekamen diese Hunde von den spanischen Seefahrern den Namen Mondschein-Hund. Die Inka hielten diese Hunde wahrscheinlich ähnlich wie die Azteken in Mexiko als Heiligtümer, die ihre Seelen sicher durch das Totenreich begleiten sollten (Fernandez, 2013). Durch den Zerfall des Inkareiches endete auch die reine Zucht der hellhäutigen Nackthunde, und sie vermischten sich mit den schon damals vorhandenen, weniger „feinen“ Hunden der ärmeren Bevölkerung, die eine sonnenunempfindlichere dunklere Haut besaßen. Überlebt hat die Rasse in den abgelegenen Gegenden Perus, in den Siedlungen der Indios.

Der Peruanische Nackthund war früher auch besser bekannt als „Mondblumenhund“.

Das fehlende Haarkleid kann täuschen, diese Hunde werden in ihrer Heimat gern als lebende „Wärmflaschen" genutzt.

Über die Entstehung der Rasse wird viel spekuliert, aber die Annahmen, dass sie aus Afrika oder Asien importiert wurden, sind unrealistisch. Viel wahrscheinlicher ist der Peruanische Nackthund ein Lokalschlag des Xoloitzcuintle, der sich von Mexiko aus auf dem ganzen amerikanischen Kontinent ausgebreitet hat.

Eine kleine Anzahl vorhandener Rassen auf dem amerikanischen Kontinent, z. B. der mexikanische Chihuahua, der Xoloitzcuintle (Mexikanischer Nackthund) und der peruanische Perro sín pelo del Peru (Peruanischer Nackthund), stammen aus präkolumbianischen Populationen. Archäologische Funde in Südamerika sind reichlich vorhanden, was darauf hindeutet, dass Hunde zunehmend in menschliche Gesellschaften eingebunden wurden (White et al., 2001).

MORPHOLOGIE

Größe und Gewicht Der Peruanische Nackthund kann eine Schulterhöhe von ca. 25 bis 65 cm erreichen. Je nach Körpergröße kann auch das Gewicht stark zwischen 4 und 25 kg variieren.

Farben und Fell Die Farbe der glatten, dicken und elastischen Haut reicht von schwarz bis grau. Alle diese Farben können einfarbig oder weißgefleckt auftreten.
Die mittelgroßen Ohren sind beim aufmerksamen Hund aufrecht stehend, in Ruhestellung werden sie oft nach hinten gelegt.
Der CED-Locus, der für die Haarlosigkeit verantwortlich ist, wird als semi-dominantes Merkmal eines einzelnen Gens vererbt und ist auf eine Mutation im Forkhead-Box-Transkriptionsfaktor (FOXI3) zurückzuführen – deshalb wird die Haarlosigkeit der Nackthunde häufig direkt mit dem Begriff „FOXI3" in Verbindung gebracht. Neben der Haarlosigkeit, führt dieses Gen auch zu einer starken Reduktion der Zahnanzahl (Mecklenburg, 2006; Drögemüller et al., 2008). Die Tatsache, dass die haarlosen Rassen alle die genaue Mutation teilen, ist trotz ihrer angeblich unterschiedlichen Herkunft nicht überraschend.
Der Perro sín pelo del Peru gilt als ursprüngliche Rasse, was sich anhand genetischer Analysen bestätigen lässt – der Peruanische Nackthund wies mehrheitlich einen sehr seltenen alten Genotyp auf, der bei europäischen Hunderassen nicht vorkam und nur mit den anderen Nackthunderassen – wie dem Xolo – sowie mit Chihuahuas und Siberian Huskys geteilt wurde. Einundachtzig Prozent der Peruanischen Nackthunde teilten einen Haplotyp mit Mexikanischen Nackthunden, was auf eine geografische Verbindung im Zusammenhang mit der gemeinsamen Morphologie hinweist (Drögemüller et al., 2008).
Unabhängig von ihrer Herkunft, verwischte ein Mangel an standardisierten Zuchtpraktiken in den frühen 1900er Jahren die Grenzen zwischen den haarlosen Rassen, was dazu führte, dass sie mehr als zwei Jahrzehnte lang aus den AKC-Registern entfernt wurden (Fernandez, 2013). Die FOXI3-Mutation stammt bei allen drei Rassen (Xoloitzcuintle, Chinesischer Schopfhund und Peruanischer Nackthund) aus derselben Ahnenquelle. Es ist schwer zu sagen, welche Rasse zuerst die Mutation hervorgebracht hat, da sie vor der Rassengründung voneinander abstammten oder miteinander gekreuzt wurden (Parker, 2016).

EIGENSCHAFTEN

Die kahlen Körper der Rasse strahlen Wärme aus, weshalb sie in Peru als lebende Wärmflaschen zur nächtlichen Warmhaltung oder zur Schmerzbehandlung genutzt werden (Dube, 2019). Der Peruanische Nackthund ist aufmerksam, intelligent und wachsam. Sie sind familienfreundlich, selbstsicher und oft unabhängig in ihren Entscheidungen. Anderen Hunden gegenüber sind sie verträglich, fremden Menschen gegenüber reagieren sie eher zurückhaltend, aber wenig ängstlich oder aggressiv. Peruanische Nackthunde binden sich gern an ihre Bezugspersonen und sind im Haus/in der Wohnung sehr ruhig und anpassungsfähig.

Rassetypische Krankheiten – siehe Info S. 498

TRAINING

Peruanische Nackthunde, die den Hunderassen vom „Urtyp" angehören, haben viele ursprüngliche Verhaltensweisen behalten. Sie benötigen von Beginn an eine fundierte und liebevolle Erziehung. Gerade durch ihr selbstständiges Wesen ist es wichtig, dass sie früh lernen, mit dem Menschen zusammenzuarbeiten. Sie sind intelligent und selbstsicher. Gerade im Vertrauens- und Bindungsaufbau ist es wichtig, eine positive und entspannte Vorbildrolle einzunehmen, eine Bezugsperson zu etablieren, auf die sich der Hund verlassen kann.
Möchte man gern ein offenes Haus mit viel Besuch haben, so empfiehlt es sich, dass diese Hunde früh lernen, dass Besuch etwas Positives bedeutet und das Haus nicht „bewacht" werden muss.

CHINOOK

HERKUNFT, GESCHICHTE, AUFGABEN

Der Chinook ist eine sehr seltene Hunderasse, die von der FCI nicht anerkannt ist, aber seit 2013 von dem American Kennel Club und dem United Kennel Club als eigenständige Hunderasse geführt wird. Die Chinook-Rasse wurde Anfang des 19. Jahrhunderts von dem Forscher Arthur Treadwell Walden gegründet, der Kreuzungen zwischen anderen nördlichen Rassen verwendete, um einen robusten, intelligenten Schlittenhund zu erschaffen. Seine Chinooks sollen Admiral Byrd und ihn auf Expeditionen in die Antarktis begleitet haben. 1981 waren nur noch 11 Chinooks (4 Rüden und 7 Hündinnen) vorhanden, um die moderne Grundlage der Rasse zu bilden (J. S. Bell und G. S. Johnson, unveröffentlichte Daten). Diese modernen Begründer lassen sich auf vier gemeinsame Vorfahren zurückführen, von denen nur einer weiblich war (J. S. Bell und G. S. Johnson, unveröffentlichte Daten). Auch heute noch ist der Chinook vom Aussterben bedroht, es gibt nur wenige Exemplare und sie werden ausschließlich in Amerika gezüchtet.

Der Chinook ist eine sehr seltene Hunderasse.

MORPHOLOGIE

Größe und Gewicht Die durchschnittliche Schulterhöhe beträgt beim Rüden 58 bis 69 cm und bei Hündinnen 53 bis 64 cm. Das Gewicht liegt bei ca. 30 bis 41 kg.

Farben und Fell Der Chinook ist ein massiger Hund, mit mittellangem Haar in allen möglichen Farben.

Die Schnauze und die Ohren können eine schwarze Prägung haben. Die Ohren sind entweder liegend oder stehend.

EIGENSCHAFTEN

Der Chinook ist ein ausgeglichener Hund, der gut im Team oder Rudel funktionieren kann. Fremden gegenüber ist er eher reserviert und kann sein Revier auch verteidigen. Diese Hunde haben eine hohe Intelligenz und ein starkes, selbstbewusstes Wesen, um im Rudel und bei der Arbeit die richtigen Entscheidungen treffen zu können. Als problematisch bei der Rasse gilt allerdings erhöhte Ängstlichkeit gegenüber fremden Personen, von denen laut einer Umfrage des COA (Chinook Health Surveys) rund 11 % der Rasse betroffen sind (Bell, 2012). Der Chinook braucht viel Bewegung und Auslauf. Wie alle typischen Arbeitshunde, braucht er viel Beschäftigung und ein klares und konsequentes Training, als reiner Familienhund ist er nur bedingt geeignet.

Ein ausgeglichenes Wesen zeichnet den Chinook aus, Fremden gegenüber ist er jedoch reserviert.

RASSETYPISCHE KRANKHEITEN

Zu den gesundheitlichen Problemen zählen Epilepsie, Hüftgelenksdysplasie und Atopie, ebenfalls häufig ist Kryptorchismus (Hodenhochstand), der bei etwa 10 % aller männlichen Hunde auftritt, bei dieser Rasse jedoch mit einer Prävalenz von 21,5 % vertreten ist (Bell, 2007; Bell 2012).

Schilddrüsenunterfunktionen wurden ebenfalls bei ca. 10 % der Rasse festgestellt, damit liegen sie über dem Durchschnitt der betroffenen Individuen bei anderen Rassen (Nachreiner und Refsal, 2007, Nachreiner et al., 2002).

Auch die paroxysmale kinesiogene Dyskinesie (PKD), eine hyperkinetische Bewegungsstörung, die durch unwillkürliche Bewegungsattacken gekennzeichnet ist, tritt beim Chinook – mutmaßlich aufgrund des kleinen Genpools – auf (Packer et al., 2006; Packer et al., 2010). Genetische Engpässe, wie sie in der jüngsten Geschichte der Chinooks aufgetreten sind, prädisponieren Populationen zu unerwünschten rezessiven Merkmalen, da jeder Gründer unerwünschte Allele für mehrere Merkmale trägt, was die Wahrscheinlichkeit erhöht, dass mindestens ein unerwünschter Phänotyp allein durch Drift entsteht (Packer et al., 2010). Zudem ist jede genetische Veränderung ein allgemeines Krankheitsrisiko wegen der eingeschränkten Leistung des Immunsystems.

BERGER DE PICARDIE

HERKUNFT, GESCHICHTE, AUFGABEN

Über die Entstehung der Rasse gibt es auch beim Picard einige Annahmen, wie z. B., dass die Kelten bei ihrer Einwanderung nach Westeuropa im 9. Jahrhundert v. Chr. Schäferhunde in den Raum des heutigen Frankreichs gebracht haben sollen. Beleg dafür soll sein, dass entlang der Einwanderungsroute von Norden her überall ähnliche Hunde zu finden waren. Das ist aber nicht nachzuprüfen oder zu belegen. Tatsache ist viel eher, dass alle Formen des Schäferhundes sich stark gleichen und im 19. Jahrhundert noch nichts von einem besonderen Hund der Picardie irgendwo überliefert wurde, dagegen aber Schäferhunderassen genannt werden, die heute kaum mehr vorhanden sind.

Bei der Gründung des französischen Klubs französischer Schäferhunde im Jahr 1898, kannte man nur den Beauceron und den Briard. Erst der Kynologe Pierre Mégnin schlug probeweise die Einführung zweier Rassen vor, nämlich einen Schäferhund der Ardennen und einen Schäferhund der Picardie. Der von ihm beschriebene Hund hatte jedoch mit dem heutigen Picard nicht viel gemein.

Offenbar waren zu Beginn des letzten Jahrhunderts in der Gegend von Lille eine große Anzahl Hunde dieser Rasse zu finden. Es waren Bauern, Grenzwächter und Schmuggler, die sich diese ausgezeichneten Gebrauchshunde für verschiedene Zwecke hielten. System kam in die Zucht, als zwei bekannte Züchter, Robert Fontaine und C. Tournemine, sich der Rasse annahmen. Der Erste Weltkrieg, der vor allem Nordfrankreich stark verwüstete, dezimierte den Hundebestand ganz empfindlich. Nach Kriegsende nahm Tournemine die Zucht des Berger de Picardie wieder auf, und diesmal fand er die Unterstützung durch die offizielle Kynologie. Im Jahr 1925 erkannte der Französische Schäferhunde-Klub den Picard als eigenständige Rasse an und die Zucht nahm einen erfreulichen Aufschwung. Der Zweite Weltkrieg zerstörte aber fast alles, was in den Zwischenkriegsjahren aufgebaut worden war. Dem Züchter Cotţé ist es zu verdanken, dass nach dem Krieg aus den verbliebenen Hunden wieder eine gute Zuchtbasis aufgebaut wurde, sodass heute der Bestand der Rasse als gesichert gilt.

MORPHOLOGIE

Größe und Gewicht Der Picard hat eine durchschnittliche Schulterhöhe von 55 bis 60 cm und erreicht ein Gewicht von 23 bis 34 kg.

Farben und Fell Die Fellfarben gibt es in fauve, fauve gestromt und grau, manchmal auch mit schwarzer Decke. Das robuste und witterungsunempfindliche derbe Rauhaar ist pflegeleicht, bringt wenig Schmutz ins Haus und haart nicht zu stark.

EIGENSCHAFTEN

Der Berger de Picardie ist ein eigenständiger, selbstbewusster Hund. Er liebt es jedoch zu arbeiten und agiert dabei sehr temperamentvoll und intelligent. Der Picard ist wachsam und durchaus verteidigungsbereit (De Wailly und Alain, 1998). Artgenossen gegenüber ist er im eignen Revier relativ unduldsam. Fremde Menschen ignoriert er eher oder ist misstrauisch. Er braucht eine klare und einfühlsame Erziehung, am besten vom Welpenalter an (Herreros, 1997) und auch Beschäftigung und Bewegung, er ist weniger ein Hund für die Stadt oder bequeme Menschen. Hundesportlichen Aktivitäten kann er leidenschaftlich nachgehen, wobei ihm die gute Zusammenarbeit mit seinem Menschen zum Erfolg oft fehlt. Aufgrund seines angeborenen Hüteverhaltens eignet sich die Rasse gut für diverse Hüte-Ersatz-Aktivitäten wie z. B. Agility, Treibball oder Obedience (Hartnagle-Taylor, 2010).

RASSETYPISCHE KRANKHEITEN

Aufgrund der körperlichen Größe sollte auf Erkrankungen im Bewegungsapparat wie HD, ED oder OCD geachtet werden.

TRAINING

Auch das Hüteverhalten ist eine Form des Jagdverhaltens, hier wurden nur die Endhandlungen Töten/Totschütteln/Fressen weggezüchtet. Arbeiten diese Hunde an der Herde, sind sie sozusagen im Jagdmodus. Das bedeutet, dass keine direkten Ermüdungserscheinungen auftreten, da die Ausschüttung von Adrenalin dies unterdrückt. Daher ist es unumgänglich darauf zu achten, dass die Hunde genügend Ruhe und Entspannung im Anschluss an das Training finden. Auch ist es weniger ratsam, täglich mit dem Hund im Jagdverhalten zu trainieren, da sich eine permanente Aktivität auch zur Gewohnheit entwickeln kann und sich dann negativ auf das Verhalten des Hundes auswirkt. So können sich Verhaltensauffälligkeiten aufgrund einer erhöhten Stressbelastung entwickeln, sowie einige stressbedingte Krankheiten.
Belohnend finden diese Hunde auch Laufen, das im Training gut als Verstärker eingesetzt werden kann. Durch die Arbeit an einer Herde sind diese Hunde sehr eigenständig, das Training muss also darauf ausgerichtet sein, diesen „Verstärker" als Hundehalter zu kontrollieren. Sonst kann sich unerwünschtes Verhalten relativ schnell mit einer selbstbelohnenden Verhaltensweise verstärken und etablieren.

Das Rauhaar des Berger De Picardie ist pflegeleicht und haart nicht stark.

Der Deutsche Schäferhund ist ein temperamentvoller und arbeitsfreudiger Hund.

DEUTSCHER SCHÄFERHUND

HERKUNFT, GESCHICHTE, AUFGABEN

Zu Beginn der Reinzucht waren die Schäferhunde ein buntgemischtes Völkchen. Es gab stockhaarige mit Stehohren, rauhaarige mit Stehohren und solche mit Kipp- und Hängeohren, es gab langhaarige mit Schlappohren, zottelhaarige und kraushaarige Hunde mit Ringelruten und Hunde mit hängend getragener Rute. An Farben war alles vorhanden, was es unter Hunden gibt. Es gab so viele verschiedene Erscheinungsformen des Deutschen Schäferhundes, dass die ersten Bemühungen, einen allgemeinen Zuchtstandard aufzubauen, an den Vorlieben einzelner scheiterten. Erschwerend für die Rassezucht war der Umstand, dass die Hunde praktisch alle im Besitze von Berufsschäfern waren, und diese „einfachen" Leute zeigten wenig Interesse an einer Reinzucht ihrer Hunde. Auch waren sie kaum dazu zu bewegen, ihre Hunde zu einer Ausstellung oder Leistungsprüfung zu bringen. Zudem waren, wie bei den Schweizer Sennenhunden, gerade die besten Rüden kastriert worden, weil die Schäfer kein Interesse daran hatten, dass ihre Hunde die Herde für Paarungsausflüge verließen. Als im April 1899 der Verein für Schäferhunde gegründet wurde, änderte sich für den Deutschen Schäferhund alles. Erster Präsident des Vereins wurde der königlich preußische Rittmeister Max v. Stephanitz in Grafrath (Bayern). Er nahm die Führung des jungen Vereins energisch in die Hand. Im Kaiserreich galten militärischer Grad und Adelstitel viel und so konnte v. Stephanitz zielbewusst seine Vorstellungen von einem Deutschen Schäferhund umsetzen. Fünf Monate nach der Gründung wurden die Rassekennzeichen neu aufgestellt, die bis heute kaum verändert wurden.

MORPHOLOGIE

Größe und Gewicht Er erreicht bei Rüden eine Schulterhöhe von 60 bis 65 cm und bei Hündinnen 55 bis 60 cm. Das Gewicht liegt zwischen 34 und maximal 43 kg.
Farben und Fell Als Fellfarben sind schwarz, schwarz-braun in verschiedenen Tönen und wolfsgrau erlaubt. Stock- und Langhaar sind pflegeleicht, beim Fellwechsel gehen jedoch viele Haare verloren.

EIGENSCHAFTEN

Der Deutsche Schäferhund ist ein agiler, sehr temperamentvoller, arbeitsfreudiger Hund. Er braucht eine sinnvolle Beschäftigung und ist kein Hund, der mal so nebenher läuft, sondern er benötigt täglich den engen Kontakt zu seiner Bezugsperson und eine intensive Zuwendung. Seine territoriale Veranlagung, seine hohe Wachsamkeit und ebenso seine Bereitschaft zur Verteidigung, machen ihn zu einem sehr guten Arbeitshund, wie z. B. Rettungs- oder Diensthund. Wenn er richtig beschäftigt wird und gut erzogen ist, kann er auch ein guter Familienhund sein.

RASSETYPISCHE KRANKHEITEN

In den überzüchteten Showlinien der Deutschen Schäferhunde gibt es leider unzählige gesundheitliche Problematiken. Durch die abfallende Rückenlinie sind die Hinterläufe

Die Vielseitigkeit seiner Einsetzbarkeit macht den Deutschen Schäferhund so beliebt.

stark von der Fehlstellung betroffen und der Bewegungsapparat dieser Hunde ist von Beginn an eingeschränkt. Grund für diese optisch bedingte Fehlentwicklung ist eventuell, dass dadurch der Schritt der Hinterläufe besonders raumgreifend aussieht, so laut Untersuchungen der Jenaer Bewegungsstudie (Fischer und Lilje, 2011). Hüftgelenksdysplasien (HD) sind nicht selten. Das Cauda-Equina-Kompressions-Syndrom, eine bei älteren Hunden auftretende degenerative neurologische Erkrankung, ist durch starken Schmerz und im weiteren Verlauf durch Lähmungen gekennzeichnet. Ist der Hund im Bewegungsapparat gesundheitlich eingeschränkt, muss man das ganze Hundeleben und im Training darauf eingehen. So kann es vorkommen, dass es Hunde gibt, die durch die Einschränkung und die damit verbundenen Schmerzen keinen Hundesport machen können, sowie durch Physiotherapie auch im normalen Leben unterstützt werden müssen. Auch Krebserkrankungen treten öfters auf.

SHOW- UND ARBEITSLINIE

Wie bei anderen Rassen auch, hat sich beim Deutschen Schäferhund eine Show- und eine Arbeitslinie entwickelt. Die züchterische Selektion bewirkt, dass sich Aussehen und Arbeitsbereitschaft verändert. Die Zuchtselektionen zeigen in der Showlinie, dass rein nach dem (menschlich erwünschten) Aussehen selektiert wird und so findet man Hunde, die durch diese Selektion weniger Arbeitsbereitschaft oder weniger Kontrollierbarkeit zeigen. Hingegen sind reine Arbeitslinien nach Gesundheit und Leistung selektiert und hier findet man im Phänotyp meist sehr unterschiedlich aussehende Hunde im Vergleich zu den Rassevertretern der Showlinien.

Die „Führigkeit“ (will to please) der Leistungslinien kann auch mit einem Verhalten in Form von Unsicherheit in Erscheinung treten.

Aufgrund der Leistungs- oder Arbeitslinien ist trotz allem auf ein ausgeglichenes Wesen des Hundes Wert zu legen, da hier keinesfalls Hunde mit gesteigerter Nervosität und Ängstlichkeit in die Zucht gehen sollten. Dies kommt leider beim Deutschen Schäferhund häufiger vor, da die hohe Erregungslage dazu führen kann, dass diese Hunde schneller winseln oder bei Frustration bellen. Auch finden wir leider oftmals sehr sensible Hunde, die eine sehr gute und liebevolle Führung im Alltag benötigen.

Diesbezüglich sollte man die Zuchtauswahl der gesunden Elterntiere auch auf das Verhalten ausweiten. Sehr nervöse und/oder ängstliche Hunde sollten keinesfalls in die Zucht gehen, da die Mutterhündin bereits in der Zeit der Trächtigkeit die Emotionen auf die ungeborenen Welpen überträgt und das Stresssystem sich durch die Stresshormone auf die Welpen auswirkt. So können Welpen bereits mit einem „Stressgedächtnis“ auf die Welt kommen. Nicht zuletzt spielt auch das weitere Verhalten der Mutterhündin während der Welpenaufzucht eine entscheidende Rolle. Züchterische sinnvolle Maßnahmen in der sensiblen Phase der Welpen und zur Sozialisation sind hier erforderlich.

TRAINING

Training und Erziehung des Deutschen Schäferhundes sind anspruchsvoll. So findet man einige Rassevertreter mit erhöhter Nervosität und Sensibilität, wodurch auch eine hohe Emotionalität einhergehen kann. Durch diese Emotionalität finden wir oftmals sehr sensible (durchaus unsichere) und nervöse Hunde in der Arbeit. Dies hat natürlich auch mit der Verpaarung der Elterntiere und deren Charaktereigenschaften sowie den Stressbewältigungssystemen der Tiere zu tun. So ist gerade bei diesen Hunden eine gute Sozialisation unabdingbar, um eine gute Basis für das spätere Leben zu haben. Hier ist von Beginn an wichtig,

Leider können die unterschiedlichsten gesundheitlichen Probleme beim Deutschen Schäferhund auftreten. Auch bei der Zucht wurden häufig Extreme bedient, wie die abfallende Rückenlinie.

dass neben Erziehung und Ausbildung ein ganz klarer Unterschied zwischen Ruhe und Arbeit aufgebaut wird.
Deutsche Schäferhunde werden erst spät erwachsen (mental ca. mit 3 Jahren). Durch ihren Arbeitswillen und die niedrigere Wiederholungsrate im Lernen, sind sie für Hundehalter im Training anspruchsvoll.
So schnell vom Menschen erwünschtes Verhalten etabliert und trainiert werden kann, genauso schnell lernen diese Hunde auch unerwünschtes Verhalten. Dies ist oftmals eine Herausforderung. Wichtige Grundregeln im Zusammenleben sollten hier genauso etabliert werden, wie die notwendigen Ruhephasen von 16 bis 18 Stunden pro Tag. Sie finden als Hütehunde Laufen sehr belohnend, ebenso wie das selbstbelohnende Jagdverhalten (Hüten). Als reine Hütehunde wurden sie schnell von anderen Rassen an der Herde abgelöst und sind heutzutage sensible Arbeitshunde.
Sie sind definitiv keine Anfänger-Hunderasse und sollten nur an erfahrenen Hundehalter abgegeben werden. Wenn sie gesund sind, können sie sportlich aktiv sein und an allen Hundesportarten teilnehmen, die Mensch und Hund Spaß machen. Abschließend sei erwähnt, wichtig bei jedem Training ist der gewaltfreie Umgang mit den Hunden. Es sollten die Übungen so einfach gestaltet sein, dass die Hunde von Lernerfolg zu Lernerfolg arbeiten. Der Deutsche Schäferhund gerät leicht in eine erhöhte Stressbelastung und vokalisiert diese dann gern mit Bellen und Winseln. Spätestens beim ersten Auftreten dieses Verhaltens, sollte der Hundehalter über sein Training nachdenken und sinnvolle Lösungen suchen, damit der Hund im Training zu mehr Ruhe finden kann.

DEUTSCHER SCHÄFERHUND: UNTERSUCHUNGEN ZUM VERHALTEN

Der Deutsche Schäferhund steht in einer Gruppe, die u.a. den Peruanischen Nackthund, den Picardie und den Mexikanischen Xoloitzcuintle enthält. Der Berger de Picardie, der als einziger auch bei uns als Haushund häufiger zu sehen ist, ist der genetisch nächste Verwandte des Deutschen Schäferhundes. Die ebenfalls als Schäferhund bezeichneten Benelux-Rassen (Holländischer oder Belgischer Schäferhund, mit ihren verschiedenen Unterabteilungen) stehen im Stammbaum ganz woanders, ihre nächsten Verwandten sind z. B. der Briard und der Bouvier des Flandres.

Obwohl der Schäfer im Namen des Deutschen Schäferhundes noch prominent steht, muss auch berücksichtigt werden, dass in der Geschichte dieser Rasse zunächst eine ganz andere Tätigkeit, nämlich die Diensthundeignung vorallem im Militär- und Kriegseinsatz, später dann auch im Dienst anderer bewaffneter Organe im Vordergrund stand. Ohne auf die ausführlich dokumentierte Historie des Deutschen Schäferhundes allzu stark einzugehen, muss betont werden, dass Ende des 19. und Anfang des 20. Jahrhunderts die britische Armee mit einer Reihe von Militär-Diensthunden auch beim deutschen Offizierskorps Eindruck geschunden hatte, und man wollte aus einer eigenen, bodenständigen Rasse heraus ähnlich gute Eigenschaften erzielen. Die damals noch bei Schäfern vorwiegend arbeitenden verschiedenen Schläge von Schäferhunden als Allrounder, die neben Treib- und Hütefunktionen eben auch Schutz der Herden und ggf. des Hirten übernehmen sollten, boten gute Voraussetzungen. Selektiert wurde aber dann mehr auf die Diensthundeigenschaften.

Verwendung einer Rasse

Nun hat allgemein eine Untersuchung von Kenth Svartberg aus Schweden gezeigt, dass die frühere Verwendung einer Hunderassen das Verhaltensprofil heutzutage gar nicht mehr so stark beeinflusst. Kenth Svartbergs Untersuchungen zeigten viel deutlicher den Einfluss der Frage, ob die Hunde in den letzten Jahrzehnten überhaupt vorzugsweise für irgendeinen Job gezüchtet wurden oder vorzugsweise für das Ausstellungswesen. Hunde, die irgendeinen Job hatten, auch wenn dieser sich nicht mehr mit ihrem ursprünglichen Rassezweck deckte, waren insgesamt in fast allen positiven Verhaltenseigenschaften höher, in fast allen unerwünschten Verhaltenseigenschaften niedriger bepunktet als Hunde aus Rassen, die insbesondere für den Ausstellungszweck gezüchtet und auf sogenannte Schönheit

Ursprünglicher Hauptverwendungszweck …

selektiert wurden. Beim Deutschen Schäferhund, ähnlich wie bei manchen anderen Hunderassen, hat sich dies bereits in der Etablierung zweier völlig getrennter Linien dargestellt, die z. B. der Präsident des Deutschen Schäferhundverbandes, Professor Messler, in seinen Vorträgen gern mit dem Rennwagen einerseits, Geländewagen oder Traktoren andererseits vergleicht, während das in der Mitte angesiedelte Familienauto, z. B. der Golfklasse, in der Zucht dieser Rassen kaum vorkommt.
Wegen seiner weiteren Verbreitung nicht nur als Dienst-, sondern auch als Arbeits- und Familienhund, wird der Deutsche Schäferhund insgesamt durchaus in einer Reihe von wissenschaftlichen Studien bearbeitet. Eine Zusammenfassung des amerikanischen Autorenduos Lindsay Mehrkam und Clive Wynne aus dem Jahr 2014 zeigt ca. 36 veröffentlichte Studien, die sich empirisch mit dem Verhalten von Deutschen Schäferhunden beschäftigen. Übertroffen wird der Deutsche Schäferhund in dieser Zusammenstellung nur von den beiden Retrieverrassen Golden und Labrador, die jeweils in mehr als 36 Studien genannt werden.

Verhaltensstudien

Von Interesse für unsere Zusammenstellung sind zunächst Arbeiten, die mit Hilfe standardisierter Persönlichkeitsbögen oder anderer Persönlichkeitstests die Eigenschaften des Deutschen Schäferhundes mit anderen Rassen vergleichen. Die Zusammenstellung der Budapester Arbeitsgruppe, die 2011 unter Federführung von Borbala Turcsán veröffentlicht wurde, vergleicht insgesamt 96 Hunderassen nach den vier Persönlichkeitsachsen emotionale Stabilität, Offenheit für neue Erfahrungen, Geselligkeit mit Hunden und Intra- oder Extraversion. Unter diesen 96 Hunderassen nimmt der Deutsche Schäferhund Platz 59 für emotionale Stabilität, Platz 33 für Offenheit, Platz 90 für Geselligkeit mit Hunden und Platz 21 für Extraversion ein. In einer Reihe von weiteren Vergleichsstudien wird die Rasse allgemein mit relativ hoher Aggressionsbereitschaft, guter Bereitschaft zur formalen Unterordnung und hoher Trainierbarkeit bezeichnet, die Reaktivität (gemessen bei Bellfreudigkeit und übermäßiger Erregbarkeit) ist relativ gering. Die Aggressionsbereitschaft zeigt sich überwiegend gegen fremde Personen

... des Deutschen Schäferhundes war der Einsatz als Diensthund bei Militär- und Kriegseinsätzen.

und fremde Hunde, zudem ist ein recht hohes Territorialverhalten beschrieben. Eine Untersuchung von Eken Asp und Co-Autoren aus dem Jahr 2015 zeigt beim Deutschen Schäferhund eine erhöhte Bereitschaft aggressiver Verhaltensweisen gegenüber anderen Hunden, was laut Eken Asp und Co-Autoren ihn auch von anderen Gebrauchshunderassen stark unterscheidet. Ängstlichkeit gegenüber Menschen, Hunden und unbekannten Situationen ist insgesamt in den meisten dieser Zusammenstellungen sehr gering notiert. Interesse an der Zusammenarbeit mit dem Menschen und auch am Spiel mit dem Menschen wird als sehr hoch eingeschätzt.

Innerhalb der Rasse gibt es sehr wohl eine Reihe von Unterschieden, die dann auch die Eignung für seine diversen Arbeitstätigkeiten erklären. Gerade die Untersuchungen von Kenth Svartberg aus Schweden zeigen z. B., dass Arbeitshunde, die einen hohen Wert auf der Skala für Kühnheit und Wagemut, für Offenheit gegenüber Fremden, Jagd-Beute-Interesse, Erkundungsverhalten und Furchtlosigkeit zeigen, in einem positiven Zusammenhang mit guter Arbeitsleistung des Hundes standen. Bei Hunden mit kühner Persönlichkeit ist die Fähigkeit zur Problemlösung erhöht, jedoch ist auch abwechslungsreiches Training erforderlich, um zu lernen und gute Leistungen zu er-

Der Deutsche Schäferhund wird gern in wissenschaftlichen Studien eingesetzt.

bringen. Aktive, spielerische und wagemutige Hunde lernen eher komplexes Verhalten und zeigen in Situationen, in denen sie hartnäckig sein müssen, bessere Leistungen. Furchtlose Individuen werden in neuartigen Situationen weniger leicht abgelenkt. Die Tendenz, sich auf Spiel- und Verfolgungsjagd einzulassen, macht diese Aktivitäten lohnenswerter für die Hunde. Insbesondere bei der Auswahl von geeigneten Arbeitshunden empfiehlt sich somit ein Blick auf die Persönlichkeitseigenschaften, wobei auch hier wieder die allgemeingültige Erkenntnis aus vielen Vergleichsstudien berücksichtigt werden muss, dass Persönlichkeitsmerkmale von Hunden erst im Alter von ca. 18 bis 20 Monaten stabil, und frühestens im Alter von ca. einem Jahr bis 14 Monaten vorhersagbar beurteilbar sind. Das japanische Autorenduo Takeuchi und Mori hat 2006 bereits festgestellt, dass der Deutsche Schäferhund, verglichen mit anderen Gebrauchshunden, grundsätzlich weniger mutig sei. Schäferhunde, die individuell selbstsicherer und mutiger auftreten, sind jedoch häufig auch erfolgreichere Arbeitshunde und erzielten auch besser Ergebnisse in der Suchhundearbeit.

Einfluss mütterlicher Pflege

In diesem Zusammenhang sind zwei sehr bemerkenswerte Studiengruppen aus den letzten Jahren von Bedeutung. Einerseits hat die schwedische Autorin Pernilla Foyer 2016 zeigen können, dass das Ausmaß mütterlicher Pflege in den ersten drei Lebenswochen die späteren Leistungen im Eignungstest von Militärdiensthunden ausgiebig beeinflusst. Welpen, die von ihrer Mutter in den ersten drei Lebenswochen ausgiebiger gepflegt werden, zeigen später erhöhte Einsatzbereitschaft, besseren Rückbezug zum Hundeführer und einen kontrollierbareren Aggressioneinsatz. Alles Eigenschaften, die für einen zukünftigen Diensthund ausgesprochen wichtig sind.

Die mütterliche Pflege ist für die zukünftige Leistungsfähigkeit eines Hundes ausschlaggebend.

Genvarianten

In einer zweiten groß angelegten Untersuchung aus der Budapester Arbeitsgruppe, veröffentlicht unter Karol Hejjas (2007), konnte gezeigt werden, dass bei Deutschen Schäferhunden im Polizeidienst der Typ, ein als 3A bezeichnetes Allel (Genvariante der Bindungsstelle für Dopamin), für die Bereiche Hyperaktivität und Aufmerksamkeitsdefizit höhere Werte erzielte, als die Typen mit den anderen Genvarianten. Im Bereich der Familienhunde war dieser Zusammenhang nicht zu finden. Das bedeutet konkret, dass Schäferhunde aus Arbeitslinien, die im Polizeidienst standen, auch mit der genannten aufmerksamkeitsdämpfenden und hyperaktivitätsfördernden Genvariante trotzdem gut führbar und im Alltag stabil waren, Schäferhunde mit der gleichen Genvariante als Familienhunde dagegen sich tatsächlich aufmerksamkeits- und hyperaktivitätsgestört zeigten. Die seltenen Fällen, in denen Hunde aus der Familienlinie, der Showlinie, im Polizeidienst standen, ließen sich nicht in gleicher Weise durch den geregelten Ablauf der Polizeihundausbildung stabilisieren. Hatten sie das 3A-Allel, waren sie immer auffällig, unabhängig von ihrer Tätigkeit als Polizei- oder Familienhund.

Wissenschaftliche Studien bezüglich Verhalten, aber auch der Erblichkeit von Wesenszügen und…

Erblichkeit von Verhaltensweisen

Wenn es so große Unterschiede innerhalb einer Rasse bzw. sogar Zuchtlinie gibt, kommt sehr schnell, gerade zur Ausbildung und Auswahl von Arbeitshunden, die Frage nach der Erblichkeit der jeweiligen Verhaltensweisen auf. Ist es also möglich, durch gezielte Auswahl der Eltern einen besonders geeigneten Diensthund oder einen anderweitig besonders geeigneten Arbeitshund zu erzeugen? Diese Frage wurde gerade anhand der Ergebnisse von Eignungs- und Wesensprüfungen beim Deutschen Schäferhund sehr häufig gestellt. Allerdings sind die Ergebnisse weitgehend ernüchternd.

In einer Untersuchung von Silvia Rüfenacht und Co-Autoren, die die Ergebnisse der Wesensbeurteilung des Schweizer Clubs für Deutsche Schäferhunde ausgewertet haben, lassen sich zunächst etwa ein Drittel der Unterschiede in den Bewertungsnoten bereits durch Alter, Geschlecht, Zwinger oder auch den jeweils amtierenden Richter erklären. Die Unterschiede zwischen den Zwingern waren unabhängig davon, von welchen Eltern oder welcher Zuchtlinie die Hunde stammen. Zwischen den Wesensrichtern konnten mittlere bis kleine Unterschiede festgestellt werden, genetische Einflüsse dagegen sind in der Regel eher gering. Das Merkmal der Erblichkeit bezeichnet in der Züchtungsgenetik ja denjenigen Anteil an der Variabilität innerhalb einer Generation, der durch die Eigenschaften der Elterntiere, oder allgemein durch Abstammung erklärbar ist. Eine Erblichkeit von 50% würde also bedeuten, dass 50 % der Schwankungsbreite in den Punktwerten eines getesteten Merkmals durch die Eigenschaften bzw. Punktwerte der Vorfahren erklärbar sind, die anderen 50 % nicht.

... Leistungsmerkmalen stehen im Fokus.

und die Grundpersönlichkeiten finden immer wieder Zahlen zwischen 0,3 und 0,5. Von besonderer Wichtigkeit sind Untersuchungen, die wiederum in Schweden, von Wilsson und Sundgren durchgeführt wurden, und die im Zusammenhang mit den dort auch angewandten Welpentests eine negative Korrelation aufweisen, das heißt, das Verhalten im Welpentest hat überhaupt keine Vorhersagbarkeit für das spätere Verhalten des erwachsenen Hundes, und ist bisweilen sogar negativ mit den späteren Verhaltenseigenschaften gekoppelt. Auch die Auswertung der Befunde aus dem schwedischen Hundeverhaltenstest, dessen Vorteil in einer sehr großen Individuenzahl und einer sehr starken Standarisierung der Testauswertungen liegt, ergeben regelmäßig für die übergeordneten Verhaltenseigenschaften, z. B. Spiel- oder Jagdbereitschaft, Neugier und Furchtlosigkeit, Sozialkontakt und Reaktion auf plötzlich auftretende Störreize, Erblichkeit zwischen 4 und 19%. Auch

Und hier schwankt nun der Erblichkeitsgrad der Verhaltensmerkmale in Silvia Rüfenachts Untersuchung zwischen 0 und bestenfalls 0,3. Nervenfestigkeit, Schusssicherheit und Temperament liegen zwischen 0,17 und 0,23, Härte, der sogenannte Schutztrieb und Schärfe zwischen 0,09 und 0,14. Auch in anderen Studien zeigten sich ähnliche Werte.Die große Zusammenstellung von Erblichkeitswerten im Verhalten bei verschiedenen Hunderassen, die 2015 von einem tschechischen Autorenteam unter Lenka Hradecka veröffentlicht wurde, listet Untersuchungen auf, bei denen die Tendenzen zur Selbstverteidigung, Verteidigung des Hundeführers, Spielkampf, akustische Ablenkbarkeit und vielen anderen Merkmalen zwischen 0,1 und 0,26 liegen. Die Fähigkeiten zur Spurensuche und zur Arbeit mit dem Hundeführer liegen zwischen 0,01 und 0,2, lediglich die Werte für Temperament

Egal wie die Ergebnisse der Studien ausfallen, für Liebhaber des Deutschen Schäferhundes macht dies keinen Unterschied.

hier sind lediglich die allgemein übergeordneteren Verhaltenseigenschaften mit einer mittleren Erblichkeit von ca. 30 % belegt. Diese Erkenntnisse sind nicht nur im Einklang mit Untersuchungen an anderen Hunderassen, sondern auch mit Studien an einer Vielzahl anderer Tierarten, einschließlich der Nutztier-, Labortier- und Wildtierforschung. Die grundlegenden Persönlichkeitseigenschaften, insbesondere das Scheu-Wagemutig-Kontinuum, das oft mit der A-B-Typ Persönlichkeit kurz beschrieben wird, liegen mit etwas über 30 % regelmäßig am höchsten, je differenzierter das getestete Verhalten wird, desto geringer sind die Erblichkeiten.

Gerade bei einer Rasse, die durchaus mittlerweile auch genetische Probleme in verschiedenen gesundheitlichen Veranlagungen aufweist, wie dies leider auch beim Deutschen Schäferhund teilweise der Fall ist, sollte daher dringend darauf geachtet werden, nicht anhand der falschen Merkmale oder einer zu früh angesetzten Verhaltensüberprüfung unnötig Tiere aus der Zucht auszuschließen.

Neue, und auch wesentlich weniger aufwendig durchzuführende Untersuchungen ergeben auch neue, und für die Haltung und Ausbildung wichtige Zusammenhänge. Beispielgebend sei hier abschließend noch eine weitere Untersuchung des schwedischen Autorenteams aus Linköping, unter Führung von Lina Roth (2016) erwähnt. Hier wurde der Spiegel des Hauptstresshormons Cortisol im Haarkleid von Deutschen Schäferhunden verschiedener Tätigkeiten verglichen und mit deren Persönlichkeitseigenschaften auf einem umfassenden Persönlichkeitsfragebogen. Es zeigte sich zunächst, dass Turniersporthunde höhere Cortisolswerte hatten, als sowohl die professionell arbeitenden Polizeihunde als auch die reinen Familienhunde. Die Cortisolwerte im Januar waren höher als im Mai und im September, und es gab einen direkten positiven Zusammenhang zwischen den Cortisolspiegeln und dem Persönlichkeitswert für Aggression gegen Fremde. Hunde, mit denen öfter gespielt wurde, und Hunde, die mit Spielzeug oder Futter belohnt wurden, hatten niedrigere Cortisolspiegel.

Verhaltensprüfungen sollten achtsam eingesetzt werden, so mancher Junghund könnte zu früh aus der Zucht ausgeschlossen werden.

Beim Einsatz als beliebtester Assistenzhund, haben andere Rassen den Deutschen Schäferhund überholt.

Assistenzhunde

In früheren Jahrzehnten war der Deutsche Schäferhund nicht nur der Diensthund, sondern auch der Assistenzhund, z. B. in Form von Blindenhunden oder Begleithunden für Behinderte bzw. Kriegsinvaliden. In den letzten Jahrzehnten sind andere Rassen, z. B. die Labrador und Golden Retriever an ihm vorbeigezogen.
Vergleichsstudien z. B. eines Autorenteams an der Universität Nottingham zeigten, dass Deutsche Schäferhunde eine um 57 % geringere Wahrscheinlichkeit hatten, als Assistenzhunde das Pensionsalter zu erreichen, als die Labradore. Deutsche Schäferhunde waren 7-mal wahrscheinlicher aus Furcht und Aggressionsgründen ausgeschieden, als die Labradore, und für Rüden haben sich die beiden Effekte auch noch addiert. Demgegenüber waren Deutsche Schäferhunde zu 70 % geringerer Wahrscheinlichkeit aus Gründen der Trainierbarkeit, des Gehorsams oder des Arbeitswillens ausgeschieden. Labradore hatten weniger Furcht vor Hunden, Deutsche Schäferhunde am meisten. Erwachsene Labradore hatten höhere Werte für nervliche Stabilität und Kooperationsbereitschaft als die Deutschen Schäferhunde.
Wenn, wie derzeit auch versucht wird, der Deutsche Schäferhund in seiner Tätigkeit als Vielzweckhilfs- und Arbeitshund für den Menschen wieder besser im Bewusstsein und in der Gebräuchlichkeit der Öffentlichkeit verankert werden soll, dann muss an diesen Eigenschaften bevorzugt gearbeitet werden. Gerade die Studien der schwedischen Arbeitsgruppen, insbesondere die von Pernilla Foyer zitierten Erkenntnisse könnten einen Weg in diese Richtung zeigen. Der reine Bezug auf die Wesenseigenschaften in einer Zuchtzulassungsprüfung dagegen muss, wenn er denn überhaupt erfolgreich sein will, erstens wesentlich später als derzeit üblich, und zweitens mit anderen, wirklich auch für die Erblichkeit sinnvoll ausgewählten Verhaltensmerkmalen erfolgen.

Autor: **PD Dr. Udo Gansloßer**

GRUPPE 20

— nach Parker

AIREDALE TERRIER

HERKUNFT, GESCHICHTE, AUFGABEN

Der Airedale Terrier hat im Tal der Aire, in der Grafschaft Yorkshire, seinen Ursprung. Seine Herkunft liegt im Dunkeln, am wahrscheinlichsten ist jedoch, dass er sich von dem in ganz Europa und auch England vertretenen „Torfhund" entwickelt hat. Im Tal der Aire gab es Ende des 19. Jahrhunderts noch recht viele Otter, und die Otterhound-Meuten wurden immer wieder mit den angriffslustigeren Terriern gekreuzt. Aus diesen Verpaarungen könnten sich die damaligen Farmer der Gegend einige Hunde zur Weiterzucht genommen haben. Aber auch der alte „Black and Tan Terrier" dürfte in der Geschichte der Airedale Terrier mitgemischt haben. Die Ahnengeschichte dürfte eine kunterbunte Mischung gewesen sein. Wichtig war kein einheitliches Aussehen, sondern die Verwendbarkeit der Hunde. Verlangt wurde viel, so sollte der Airedale Terrier ein guter Jagdhund zu Land und zu Wasser sein, aber auch als Viehtreiber oder Wachhund zu gebrauchen. Er galt als der Universalhund der Bergleute, Fabrikarbeiter und Farmer in der Grafschaft Yorkshire. Der erste Rassestandard wurde 1892 veröffentlicht und ab da wurde der Airedale Terrier im Aussehen einheitlicher. Er war bis zum Ersten Weltkrieg der „Gebrauchshund" z. B. beim Militär schlechthin, bis er vom Deutschen Schäferhund abgelöst wurde.

MORPHOLOGIE

Größe und Gewicht Die Schulterhöhe beträgt 58 bis 61 cm beim Rüden und 56 bis 59 cm bei Hündinnen. Das Gewicht liegt zwischen 20 und 23 kg.

Farben und Fell Das Fell ist lohfarben und kommt mit schwarzem oder gräulichem Sattel vor. Bei regelmäßigem Trimmen haart der Airedale Terrier nicht.

EIGENSCHAFTEN

Der Airedale Terrier ist ein temperamentvoller und unerschrockener Hund. Er ist für viele verschiedene Aufgaben zu motivieren und mit Begeisterung dabei. Wachsamkeit und seine Bereitschaft zur Verteidigung sind

---

VERWANDSCHAFT IN GRUPPE 20

Innerhalb dieser Gruppe bestehen wiederum noch genetische Untergruppen. So ist die Gruppe aus Airedale, Kerry Blue, Glen of Imaal und Soft Wheaten/Irish Terrier die gemeinsame Schwestergruppe der Gruppe aus Bedlington, Border, Russell und Fox Terriern. Alle die genannten wiederum bilden die gemeinsame Schwestergruppe der in der folgenden Einzelbeschreibung übrigen, innerhalb derer wieder drei Gruppen aus Australian/Silky/Yorkshire, Norwich/Norfolk und Scottish/Cairn/West Highland unterscheidbar sind.

Die Urahnen des Airedale Terriers sind eine kunterbunte Mischung, der Verwendungszweck stand im Vordergrund.

zwei Eigenschaften, die, wenn er nicht beschäftigt ist, manchmal auch zum Problem werden können. Bei Langeweile sucht sich der Airedale Terrier Aufgaben und kann dabei auch etwas übertreiben. Seine Bereitschaft, mit dem Menschen zusammenzuarbeiten und seine große Bewegungsfreude machen ihn für allerlei Hundesportarten zum idealen Partner. Auch als Diensthund bei Polizei oder Zoll oder als Rettungshund ist er deshalb geeignet.

In der Budapester Studie erreicht er Platz 21 für emotionale Stabilität, Platz 53 für Offenheit, Platz 20 für Geselligkeit mit Hunden und Platz 33 für Extraversion. Er gehört zu den offenen und extravertierten Rassen und gruppiert am nächsten mit dem Staffordshire Bull Terrier.

RASSETYPISCHE KRANKHEITEN

Wie mehrere große Hunderassen, können auch die Airedale Terrier Hüftgelenksdysplasie (HD) haben (Coopman, 2008). Züchtungstechnisch relevanter ist der Befund der juvenilen Nephropathie (JRD), die beim Airedale Terrier in vergleichsweise hohem Maß ausgeprägt ist, in Studien bis zu 11,5 % der Tiere. Diese Erkrankung kann innerhalb eines Jahres zum plötzlichen, im Einzelfall meist ätiologisch ungeklärten oder durch eine vermutete unspezifische „Vergiftung" erklärten, irreversiblen Nierenversagen führen und damit zum frühen Tod des Tieres. Daneben können weitere erblich bedingte Nierenerkrankungen wie die Proteinverlust-Nephropathie oder Podozytopathie auftreten (Littman, 2015).

TERRIER: JAGDVERHALTEN UND TRAINING

Das Jagdverhalten zählt zu den distanzverringernden Verhaltensweisen, um die Beute anschließend, bei komplett ausgeführter Jagdsequenz, zu fassen (packen) und zu töten. Terrier zeigen meist ein vollständiges Jagdverhalten bis zur spezifischen Endhandlung. Eine Kommunikation zur gegenseitigen Verständigung zwischen Hund und Beute tritt nicht auf. Häufig ist der Angriff auch mehr als ökologisches Konkurrenzverhalten, wie es gerade innerhalb sogenannter Gilden von Beutegreifern auftritt, denn als Jagdverhalten zu sehen (Gilden sind im gleichen Lebensraum vorkommende, gleich oder ähnlich lebende Kategorien von Tierarten, siehe Gansloßer et al., 2020).
In diesem Jagdverhalten kann der Hund u. a. folgende Verhaltensweisen zeigen: Suchen/Nachfolgen, Erstarren/Fixieren, Lauern/Anschleichen, Hetzen, Angreifen/Packen, Töten (Totschütteln). Dabei ist die kooperative Jagdleistung der Hunde mit dem Menschen kaum genetisch bedingt, sondern wird vor allem durch Umweltfaktoren beeinflusst (Werneyer, 2019).

Erziehung und Training

Terrier sind meist wahre temperamentvolle Energiebündel – lebendig, aufmerksam, aufgeweckt, stürmisch, recht distanzlos, eigenständig (Taylor, 2017) und wahre Jagdprofis. Sie sind ursprüngliche Arbeitshunde für die Jagd, aber auch als Hof- und Wachhund geeignet. Man spricht ihnen ein furchtloses Wesen zu und eine Kampfbereitschaft im Ernstfall. Dies bedeutet, dass sie im Konflikt eher bereit sind, Aggressionsverhalten (zur Distanzvergrößerung) zu wählen.

Terrier sind wahre Jagdprofis, mit einer hohen Selbstständigkeit.

Klare Kommunikation mit dem Hund und Konsequenz sind in der oft nicht einfachen Erziehung (Taylor, 2017) wichtig und die Basis eines respektvollen, liebevollen Verhältnisses von Hund und Hundehalter. Terrier sind sehr emotional und brauchen daher im Training einen kleinschrittigen, strukturierten Aufbau. Man muss oftmals einen feinfühligen Weg zwischen der Lernform „freies Formen" und „Hilfen geben" finden. Eine höhere Frustrationstoleranz muss oftmals erst erlernt werden.

Strafen können problematisch sein, weil Terrier dazu neigen, dass sie Strafe mit Aggression begegnen. Gleiches lässt sich auch bei negativer Verstärkung des Verhaltens beobachten (Taylor, 2017; Ziv 2017), wobei positive Verstärkung eines Verhaltens im Training generell weniger Stress und ein besseres Wohlbefinden für den Hund bedeutet (Dedalle und Gaunet, 2014).

Nichtsdestotrotz sind gerade bei Terriern, die oft in Kombination aus hoher Erregung und positiver Emotion „über die Stränge schlagen", klare und sofortige Verhaltensabbrüche unumgänglich. Wichtig ist nur das nachfolgende Versöhnungsverhalten.

Die Übungen können bei Lernerfolg schnell

Positive Bestärkung ist das Wichtigste bei einem guten Training, vor allem bei den sehr selbstständigen Terriern.

schwieriger gestaltet werden, da einige Rassen wie z. B. der Yorkshire Terrrier meist eine geringe Wiederholungsrate für dieselbe Übung benötigen (Strychalski, 2015). Bei anderen Terrier-Rassen kann die Wiederholungsrate allerdings höher ausfallen (Taylor, 2017). Das Hinzufügen von Ablenkungen macht das Training für Terrier dagegen oftmals schwieriger. Sie sind schneller abgelenkt und finden rasch verschiedene Umweltreize für sich als lohnend.
Die Dauer des Trainings kann bei Terriern gut gesteigert werden, ist jedoch mit einem gewissen Aufwand verbunden.

Belohnungsformen, Motivation

Gute Futterbelohnung wird gern angenommen, auch eignet sich gemeinsames „Laufen" als Belohnung in manchen Übungen gut. Jedoch ist hier wieder die Suchtgefahr zu beachten, Laufepisoden müssen also in jedem Fall durch Ruheeinheiten begrenzt werden. Hoch belohnend finden Terrier Beutemotivation (Jagdverhalten), sowie Buddeln nach Mäusen, Wildfährten finden und verfolgen, etc. Es liegt am Hundehalter, die Belohnungen aus dem Jagdverhalten auch zu „kontrollieren", um sie dann im Training einsetzen zu können. Terrier geraten leichter in eine erhöhte Erregungslage und können dann auch schneller reaktiv werden. Diesbezüglich ist es wichtig, dass gerade in der Aufzucht der Hunde einerseits auf die Auswahl der Elterntiere geachtet wird, andererseits, dass in der Aufzucht und der Sozialisierungsphase der Hund mit vielen Umweltreizen positiv Kontakt haben konnte, ohne dass es mit einer zu hohen Erregung verbunden war.

Sozial, aber beharrlich

Terrier sind Menschen gegenüber freundlich und aufgeschlossen, bleiben aber trotz Training und Erziehung eigenständig und haben ihren eigenen Stil, Dinge anzugehen und umzusetzen. So können sie hochsozial im Rudel mit anderen Hunden zusammenleben, sind jedoch Hunde, die Auseinandersetzungen grundsätzlich nicht ausweichen. Sie können körperlich hart wirken und versuchen, sich mit vollem Körpereinsatz durchzusetzen. Oftmals werden sie als „stur" beschrieben, was grundsätzlich nur ihre Beharrlichkeit beschreibt (Beharrlich in der Umsetzung von dem, was sie für richtig halten). Hier liegt es am Hundehalter, das Training so zu gestalten, dass die Beharrlichkeit in den gewünschten Übungen und im Training umgesetzt wird. Wenn man es richtig angeht, hat man einen wahren kleinen Helden an seiner Seite, der mit voller Überzeugung (körperlich wie geistig) zum Ziel kommen mag. Gerade kleinere Terrierrassen sind aus ihrer Rassegeschichte als Bauhunde zu selbstständigem Arbeiten, ohne Rückkopplung mit dem Menschen, genötigt gewesen, was sich z. B. in größerer Selbstständigkeit auch bei den Lösungsversuchen von Denksport- und Geschicklichkeitsaufgaben zeigt.
Mit ihrem aktiven Wesen sind Terrier gut für den Hundesport geeignet. Hier muss jedoch auf die Bellfreude geachtet werden, die mit der Erregungslage zunehmend steigen kann und dann auch relativ schnell generalisiert. Loben und Belohnung für ruhiges Verhalten ist hier sehr wichtig.
Terrier lieben es, beschäftigt zu werden und Herausforderungen auch auf mentaler Ebene zu bekommen. Bei kniffligen Intelligenzaufgaben können sie regelrecht hervorstechen. Sie sind für aktive Menschen gut geeignet, brauchen ausreichend Bewegung und können sehr ausdauernd sein. In der ruhigen, souveränen und konsequenten Erziehung liegt meist der Schlüssel zum Erfolg, auch um ein guter Familienhund zu werden. Ungeduldige und aufbrausende Menschen haben mit einem Terriertyp meist eine lebenslange Herausforderung. Die Lebenserwartung eines Terriers liegt je nach Rasse durchschnittlich zwischen 10 und 15 Jahren (Michell, 1999).

KERRY BLUE TERRIER

HERKUNFT, GESCHICHTE, AUFGABEN

Die Vorfahren des Kerry Blue Terriers dürften ein buntes Völkchen gewesen sein, das sich in Irland getummelt hat. Wer alles in der Ahnentafel des Kerry Blue Terriers mitgemischt hat, kann man nicht genau zurückverfolgen. Tatsache ist jedoch, dass er so wie viele andere Terrierrassen, ein absoluter Allrounder war. Er hatte Jagdaufgaben, aber auch Wach- und Treibarbeiten zu erfüllen. Charakteristisch für die Hunde der Grafschaft Kerry war das Haarkleid, es war weicher und lockiger und wirkte „silberfarben“ oder schieferblau. Es dürfte bereits Mitte des 19. Jahrhunderts „blaue Terrier“ in Irland gegeben haben, aber erst im Jahr 1913 wurde die erste Klasse für blaue Terrier bei einer Ausstellung eröffnet. Der Kerry Blue Terrier war einer der beliebtesten Terrier zwischen 1910 und 1920 in England und Irland, von wo aus er sich in der ganzen Welt ausbreitete.

Ursprünglich aus Irland kommend, hat er Anfang des 20. Jahrhunderts die ganze Welt erobert.

MORPHOLOGIE

Größe und Gewicht Die Schulterhöhe beträgt 45 bis 49 cm beim Rüden und 44 bis 48 cm bei der Hündin. Das Gewicht liegt zwischen 15 und 17 kg.

Farben und Fell Sie kommen in blau, mit oder ohne weiße Abzeichen vor, sind aber bei der Geburt alle schwarz, die bläuliche Färbung entsteht erst im Laufe der Entwicklung. Das Fell ist weich und lockig und muss regelmäßig getrimmt und gepflegt werden.

EIGENSCHAFTEN

Der Kerry Blue Terrier ist ein eigenständiger und intelligenter Hund. Er ist sowohl Wachhund als auch Jäger und stets reaktionsbereit, wenn es darum geht, sein Revier oder seine Familie zu verteidigen. Fremden Menschen gegenüber ist er skeptisch. Artgenossen duldet er in seiner Nähe weniger. Durch sein lebhaftes Temperament und seine Bewegungsfreudigkeit, will der Kerry Blue Terrier beschäftigt werden. Daher sind sportliche Aktivitäten aller Art genau das richtige für ihn. Kein Hund für bequeme Menschen und Halter ohne Erfahrung.

RASSETYPISCHE KRANKHEITEN

Es können verschiedene genetisch bedingte Oligodontien/Hypodontien (Zahnverluste) auftreten, die durch jeweils unterschiedliche Genmutationen beeinflusst werden (Knyazey et al., 2003; Axenovich et al., 2006).

Der Irish Glen Of Imaal Terrier könnte auch der „Gelassene" genannt werden, weil er unter den Terriern weniger erregbar ist.

IRISH GLEN OF IMAAL TERRIER

HERKUNFT, GESCHICHTE, AUFGABEN

Der Irish Glen of Imaal Terrier ist erst 1975 von der FCI anerkannt worden und damit die jüngste Terrierrasse aus Irland. In den Bergen der Grafschaft Wicklow wurden diese, unter den Terriern relative kurzläufigen Hunde für die Jagd auf Dachs und Fuchs eingesetzt. Die normalerweise bei anderen Arten als Fehler angesehenen, leicht nach außen gedrehten Pfoten, befähigten ihn besonders zur Grabearbeit. Er war der Hund der armen Bauern und hatte, neben den Jagdaufgaben, auch wachsam zu sein, zum Schutz der eingebrachten Ernten. Der Irish Glen of Imaal Terrier ist hauptsächlich in Irland bekannt und obwohl von der FCI anerkannt, kaum in Europa oder anderswo auf der Welt vorkommend.

MORPHOLOGIE

Größe und Gewicht Die Schulterhöhe erreicht ca. 35 cm, das Gewicht liegt bei ca. 16 kg.

Farben und Fell Das Fell kommt in den Farben blau gestromt oder weizenfarben vor und ist getrimmt pflegeleicht.

EIGENSCHAFTEN

Der Irish Glen of Imaal Terrier ist ein relativ gelassener Vertreter und weniger leicht erregbar als einige andere Terriervertreter. Außerdem macht ihn sein gelehriges und aufmerksames Wesen auch für Hundeanfänger zum einfacheren Gefährten. Seine Jagdleidenschaft ist aber noch erhaltengeblieben und wenn er arbeitet, dann leidenschaftlich und ausdauernd. Den Umgang mit anderen Hunden muss er bereits im Welpenalter lernen, sonst könnte eine soziale Unverträglichkeit zum Problem werden. Durch sein anhängliches Wesen Menschen gegenüber, ist er ein beliebter Familienhund.

RASSETYPISCHE KRANKHEITEN

Als erblich bedingte Erkrankung ist die Progressive Retinale Atrophie bekannt (type crd3) (Kropatsch et al., 2010).

SOFT COATED WHEATEN TERRIER

Er ist ein Allrounder und vielseitig einsetzbar.

HERKUNFT, GESCHICHTE, AUFGABEN

Liebhaber dieser Rasse würden sie gern als den Urvater aller irischen Terrier sehen. Der Wahrheit näher ist jedoch, dass auch sie aus der wilden Mischung der irischen Terrier aus dem 19. Jahrhundert entstanden sind. Durch Selektion kristallisierte sich nach wenigen Generationen der Soft Coated Wheaten Terrier heraus. Er ist ein Allrounder (Wächter, Viehtreiber, Rattenfänger, Dachs- und Fuchsjäger). Erste Aufmerksamkeit erreichte er 1932 bei einer Arbeitsprüfung, durch besonders gute Leistungen in der Feldarbeit. Schnell fanden sich Freunde dieses Terriers und gründeten 1934 den ersten Club zu seiner Förderung. 1937 erkannte der Irish Kennel Club ihn als eigenständige Rasse an, nachdem eine heftige Diskussion bezüglich der Namensgebung vorausgegangen war, denn die angedachte Bezeichnung „Irish Wheaten Terrier" wurde abgelehnt. Auf dem eurpopäischen Festland konnte er sich nicht wirklich durchsetzen, dafür fanden sich in Amerika zahlreiche Liebhaber dieser Rasse.

MORPHOLOGIE

Größe und Gewicht Die Schulterhöhe beträgt beim Rüden 46 bis 48 cm, Hündinnen sind kleiner. Das Gewicht liegt zwischen 16 und 20 kg.

Farben und Fell Das weizenfarbene Fell kann naturbelassen sein oder getrimmt werden.

EIGENSCHAFTEN

Er ist ein wachsamer und aufmerksamer Hund, der eine starke Bereitschaft zeigt, sich und andere zu verteidigen. Hartnäckigkeit und Entschlossenheit sind zwei seiner hervorstechendsten Eigenschaften, die ihn zum idealen Partner für Hundesportarten oder als Jagdbegleithund machen. Er ist ein robuster Hund, der bei klarer und einfühlsamer Erziehung auch für nicht so erfahrene Hundehalter geeignet ist. Kontakt mit anderen Hunden sollte schon im Welpenalter geübt werden. Hat der Soft Coated Wheaten Terrier genug körperliche Bewegung und geistige Beschäftigung, dann ist er ein aufgeweckter und liebenswerter Begleiter. In der Budapester Sutdie erreicht er Platz 62 für emotionale Stabilität, Platz 32 für Offenheit, Platz 22 für Geselligkeit und Platz 37 für Extraversion. Er zählt zu den trainierbar-extravertierten Rassen und gruppiert nach Gesamtpersönlichkeit mit dem Kleinen Münsterländer.

RASSETYPISCHE KRANKHEITEN

Es können erblich bedingte Proteinverlust-Enteropathien und Nephropathien (Littman et al., 2013) auftreten, die häufig mit Futterunverträglichkeiten einhergehen (Vaden et al., 2000).

IRISH TERRIER

Er wurde früher auch „Red Devil" genannt.

HERKUNFT, GESCHICHTE, AUFGABEN

Der Irish Terrier ist der erste der irischen Terrierarten, die als eigenständige Rasse anerkannt wurde. Er wurde auch als „Red Devil" oder „The Dare-Devil" bezeichnet und war am häufigsten im Norden Irlands zu finden. Der Irish Terrier wurde hauptsächlich als Jagdhund von Gutsbesitzern gehalten, die schon früh auf eine sorgfältige Zucht achteten. Es wurde nicht nach Aussehen selektiert, sondern nach Leistung und Gebräuchlichkeit, deshalb gab es recht unterschiedliche Hunde, die zu den Irish Terriern gezählt wurden. Ein verstärktes Augenmerk auf eine Reinzucht wurde ca. ab 1850 gelegt. Wurde den Irish Terriern davor noch gern die Ohren kurz kupiert, stand bereits bei der ersten Generalversammlung des Irish Terrier Clubs 1880 ein Kupierverbot zur Diskussion. 1890 wurde der Beschluss vom Kennel Club übernommen und in Folge auch auf andere Rassen ausgeweitet. Um 1900 zählte der Irish Terrier neben dem Fox Terrier zum beliebtesten Terrier Englands.

MORPHOLOGIE

Größe und Gewicht Die Schulterhöhe beträgt ca. 45 cm, das Gewicht ca. 16 bis 20 kg.
Farben und Fell Das Fell ist rot, kann aber zwischen rot-weizen und gelb-rot variieren. Trimmt man das Rauhaar, ist es pflegeleicht und haart kaum.

EIGENSCHAFTEN

Der Irish Terrier ist ein temperamentvoller und sehr agiler Hund. Er braucht eine Aufgabe, hat er die nicht, beschäftigt er sich selbst. Daher ist es sehr wichtig, ihn körperlich und geistig zu fördern. Sein Territorium überwacht er aufmerksam und eifrig und kann unduldsam gegenüber anderen Hunden sein. Empfindet er etwas als Bedrohung, neigt er dazu, in den Angriff zu gehen. Seinen Bezugspersonen ist er liebevoll zugetan und wird Gehorsam schon früh geübt, ist er ein gelehriger Begleiter. Wegen seines temperamentvollen Wesens ist der Irish Terrier kein Hund für bequeme Menschen. Sucht man jedoch einen Hund für sportliche oder jagdliche Aufgaben, dann ist er der richtige Partner (Turcsán, 2014). Er erreicht Platz 24 für emotionale Stabilität, Platz 45 für Offenheit, Platz 93 für Geselligkeit mit Hunden und Platz 16 für Extraversion. In der Gesamtpersönlichkeit ähnelt er dem Rauhhaardackel.

RASSETYPISCHE KRANKHEITEN

Diese Rasse gilt als gesund, jedoch kann es zu Hauterkrankungen, Palmoplantarer Hyperkaterose, die autosomal-rezessiv vererbt wird (Drögemüller et al., 2014) oder zu Stoffwechselerkrankungen (*Cystinurie*) kommen (Hoppe und Denneberg, 2001).

BEDLINGTON TERRIER

HERKUNFT, GESCHICHTE, AUFGABEN

Dieser, aus dem Grenzland zwischen Schottland und England stammende Terrier, war für seine Härte und Robustheit bekannt. Geschichten über Bedlington Terrier, die bis zur Selbstaufgabe mit wunden Füßen immer noch jagen, oder sogar rotglühende Eisenstangen tragen, waren keine Seltenheit. Angeblich hat ein 14 Jahre alter, bereits fast blinder Bedlington Terrier Ende des 19. Jahrhunderts noch einen Dachs aus seinem Bau gezogen, nachdem alle anderen Hunde versagt hatten.

Der für den Bedlington charakteristisch nach oben gebogene Rücken entwickelte sich erst Ende des 19. Jahrhunderts.

Die Vorläufer des Bedlington Terriers wurden Rothbury- oder Northumberland Terrier genannt. Der ursprüngliche Bedlington Terrier hatte ein sehr drahtiges Fell, das mit der heutigen Haarstruktur nicht zu vergleichen ist. Diese wäre nämlich kaum zur Jagd geeignet gewesen. Auch die heutige typische nach oben gebogene Rückenlinie entwickelte sich erst ab Ende des 19. Jahrhunderts. Er hatte zwar schon immer einen ausgeprägten Haarschopf am Kopf, aber das Aussehen der aktuellen Bedlington Terrier entstand erst ab 1900.

Einige Anfangsschwierigkeiten hatte der 1875 gegründete „National Bedlington Terrier Club", darum folgten ihm nach 1905 noch vier weitere Clubs zur Förderung dieses Terriers. Doch trotz aller Bemühungen um diese Rasse, gibt es ein Zuchtproblem: viele Tiere erkranken an der „Kupferspeicherkrankheit" (Morbus Wilson). Es handelt sich um einen Stoffwechseldefekt, der eine krankhafte Kupferspeicherung in der Leber zur Folge hat, was wiederum zu einer Leberzirrhose führt (Haywood et al., 1996; Herrtage et al., 1986). Zudem kann es auch noch zur Vakuolisierung der weißen Substanz (Herrtage et al., 1986) und zu Kupferablagerungen im Gehirn kommen, was zu zentralnervösen Störungen führen kann.

Die Erkrankung ist ein rezessives Erbleiden, muss also von beiden Elterntieren übertragen werden, doch diese müssen selbst nicht erkranken (Johnson et al., 1980).

Der Bedlington Terrier hat ein sanftmütiges Wesen, jedoch nicht, wenn ihn die Jagdleidenschaft packt.

MORPHOLOGIE

Größe und Gewicht Die Schulterhöhe beträgt ca. 41 cm und das Gewicht 8 bis 10 kg.

Farben und Fell Das Fell kann in den Farben blau, leber oder sandfarben auftreten. Die Fellstruktur ist so fein, dass es keinen Witterungsschutz bietet.

EIGENSCHAFTEN

Der Bedlington Terrier zeigt sich in häuslicher Umgebung als sanfter, sich gern an den Menschen bindender Hund. Er kann aber auch ganz anders: Erfasst ihn die große Jagdleidenschaft, dann zeigt er ein aufbrausendes Temperament. Schon seine Vorfahren wurden als „Schäfchen im Wolfspelz" beschrieben. Seine Wachsamkeit, Furchtlosigkeit (Mahut, 1958) und die Bereitschaft zur Verteidigung beweisen das auch heute noch. Der Bedlington Terrier eignet sich jedoch gut für hundesportliche Aktivitäten, wenn man bemüht ist, seine Erregung gering zu halten. Er ist gelehrig und erstaunlich anpassungsfähig, daher sowohl für Familien als auch für sportliche Menschen geeignet. Auch das Leben in einer Wohnung ist für den Bedlington Terrier in Ordnung, wenn man für ausreichend Bewegung und Beschäftigung sorgt.

RASSETYPISCHE KRANKHEITEN

Die meisten Bedlington Terrier erfeuen sich guter Gesundheit. Ausnahme ist die beschriebene Kupferkrankheit in dieser Rasse (Forman et al., 2005).

Der Border Terrier ist ein lebhafter Hund, der gern bei jeder Unternehmung dabei ist.

BORDER TERRIER

HERKUNFT, GESCHICHTE, AUFGABEN

Der Border Terrier wurde in Aufzeichnungen des 19. Jahrhunderts kaum bis gar nicht erwähnt. Der Grund dafür ist wahrscheinlich, dass es im Grenzland zwischen England und Schottland schon immer kleinere Terrier gab, die für die Jagd auf Ratten und Kleinwild von den Farmern und Pächtern der Gegend gehalten wurden. Es zählte die Leistung und nicht das Aussehen, daher wurde mit einem guten Hund häufig auch eine starke Inzucht betrieben. Die Folge war die Entwicklung von Lokalschlägen in den einzelnen Tälern mit einer eigenen Namensgebung. Aber nicht nur die einfachen Bauern hielten sich die kleinen zähen Terrier, sondern auch die adeligen Gutsherren hatten neben ihren Laufhundemeuten immer zwei bis drei kleine Terrier dabei, die Fuchs und Dachs aus ihren Bauten trieben. Erst 1920 wurde der Border Terrier zu einer eigenen Rasse durch den English Kennel Club anerkannt, und man einigte sich auf einen gemeinsamen Namen. Somit wurden die vielen, jeweils anders genannten Schläge, die jedoch dem gleichen Typ entsprachen, zu einer Rasse, dem Border Terrier.

MORPHOLOGIE

Größe und Gewicht Die Schulterhöhe beträgt 36 bis 40 cm bei Rüden und 28 bis 36 cm bei Hündinnen. Das mittlere Körpergewicht ausgewachsener Border Terrier liegt bei 10,9 kg bei männlichen und 9,1 kg bei weiblichen Tieren (O'Neill et al., 2017).
Farben und Fell Der Border Terrier kann in den Farben rot, braun, weizenfarben und blau, mit oder ohne lohfarbenen Abzeichen vorkommen. Das Fell braucht wenig Pflege und muss auch nicht wie bei anderen Terrierrassen regelmäßig getrimmt werden, um wenig zu haaren.

EIGENSCHAFTEN

Der Border Terrier ist ein lebhafter und mutiger Hund, der bei allen Unternehmungen dabei ist. Sozial ist die Rasse mit anderen Artgenossen meist gut verträglich, da er in seiner früheren Geschichte immer gemeinsam mit einer Meute oder mehreren anderen Tieren gehalten wurde und Raufereien unerwünscht waren. Bei Turcsán wird er unter „low dog sociability" eingestuft, er erreicht hier Platz 71. Ansonsten zählt er zu den offenen, extravertierten Rassen und kommt in der Gesamtpersönlichkeit dem Hovawart und dem Boxer am nächsten.
Anpassungsfähigkeit und Gelehrigkeit machen den Border Terrier zu einem universell zu haltenden Hund, er fühlt sich in einer Familie mit Haus und Garten genauso wohl, wie bei einer einzelnen Person in einer Wohnung (Turcsán, 2014). Achtet man auf genug Bewegung, geistige Beschäftigung und akzeptiert man seine große Liebe für die Jagd, dann ist er ein angenehmer Gefährte.

RASSETYPISCHE KRANKHEITEN

Der Border Terrier ist eine gesunde Hunderasse. In manchen Teilen der Population gibt es eine erblich bedingte Veranlagung für Dyskinesie (Stassen et al., 2017) und Epilepsie (CECS) (Kearsley-Fleet et al., 2013), die auch mit gastrointestinalen Sympomen assoziiert sein kann und durch die Ernährung des Hundes beeinflusst werden kann (Black et al., 2014; Stassen et al., 2017). Ferner können Progressive Retina Atrophie (PRA) und mögliche Herzerkrankungen vorkommen.

Der Border Terrier ist ein angenehmer Begleiter, doch seine Jagdleidenschaft kann herausfordernd sein.

PARSON RUSSELL TERRIER

HERKUNFT, GESCHICHTE, AUFGABEN

Die Geschichte des Parson Russell Terriers ist bis zu Beginn des 21. Jahrhunderts auch die Geschichte des Jack Russell Terriers. Urväter dieser Hunde sind eine bunte Mischung der im Grenzland zwischen England und Schottland anzutreffenden Hunde gewesen. Unter einem Jack Russell Terrier verstand man kleinere, bunt manchmal glatt- oder rauhaarige Hunde, die eindeutig dem Typ Terrier zuzuordnen waren. Sie waren dem Fox Terrier manchmal sehr ähnlich, sodass man diesen in den bunten Stammbaum des Jack Russell Terriers miteinbeziehen kann. Der bekanntesten Züchter dieser Hunde war Reverend John Jack Russell. Er war begeisterter Jäger und züchtete schon früh in einer strengen Auswahl seine Jagdhunde. Seine Hunde waren hochbeinige, glatthaarige Hunde und dem heutigen Parson Russell Terrier wahrscheinlich ähnlicher als dem Jack Russell Terrier. Der Jack Russell Terrier wurde 1990 erstmals als eigenständige Rasse anerkannt. Von einer einheitlichen Rasse konnte man damals aber noch nicht sprechen. Er war in einer hochbeinigen und in einer kurzbeinigen Variation oftmals vertreten. Viele Züchter und Liebhaber konnten sich noch nicht einigen, wie die Zukunft des Jack Russell Terriers aussehen soll. Diese Unstimmigkeiten und Uneinheitlichkeit innerhalb der Jack Russell Terrier führte dazu, dass 2001 durch die FCI eine Trennung innerhalb dieser Terrier gezogen wurde. Die hochbeinige Variante wird seitdem als Parson Russell Terrier geführt.

Die Geschichte des Parson Russell Terriers ist ursprünglich auch die Geschichte des Jack Russell Terriers, bis es zu Beginn des 21. Jahrhunderts zur Trennung kam.

Die hochbeinige Variante des Jack Russell Terriers wird seit 2001 als Parson Russell Terrier geführt.

MORPHOLOGIE

Größe und Gewicht Die Schulterhöhe des Parson Russell Terriers beträgt beim Rüden ca. 36 cm, bei Hündinnen ca. 33 cm. Beim Gewicht sollen 5 kg nicht unter- und 8 kg nicht überschritten werden.

Farben und Fell Das Fell ist weiß, mit schwarzen oder lohfarbenen Abzeichen. Es kann sowohl glatt- als auch rauhaarig auftreten.

EIGENSCHAFTEN

Der Parson Russell Terrier ist ein unermüdlicher, sehr aktiver und bewegungsfreudiger Hund. Seine große Leidenschaft für die Jagd legt er auch bei viel Beschäftigung nicht ab. Sein Selbstbewusstsein und sein Mut, sich in jede Situation zu begeben, macht ihn zu einem idealen Hund für schnelle und anspruchsvolle Hundesportarten. Der Parson Russell Terrier bindet sich gern an seine Menschen und arbeitet gern mit ihnen zusammen, wenn die Anweisungen klar sind (Turcsán, 2014). Da er unermüdlich zu sein scheint, ist es wichtig, ihm schon früh Ruhephasen beizubringen, um damit seine Erregungslage zu senken. Auch sollte der Umgang mit Artgenossen früh geübt werden, da er tendenziell eher unverträglich reagiert (Turcsán, 2014). Er erreicht Platz 75 für emotionale Stabilität, Platz 11 für Offenheit, Platz 79 für Geselligkeit und Platz 14 für Extraversion. In der Gesamtpersönlichkeit gruppiert er am nächsten mit dem Entlebucher Sennenhund.

RASSETYPISCHE KRANKHEITEN

Obwohl sich der Parson Russell Terrier immer größerer Beliebtheit erfreut, ist er, aus einer seriösen Zucht stammend, meist sehr gesund und robust. Es können erblich bedingte Spinozerebelläre Ataxien (neurodegenerative Erkrankungen) auftreten (Gast et al., 2016).

Den Namen erhielten die Jack Russell Terrier von Reverend John Jack Russell.

JACK RUSSELL TERRIER

HERKUNFT, GESCHICHTE, AUFGABEN

Im Grenzland zwischen England und Schottland und den südlichen Ländereien Schottlands waren oftmals Hunde anzutreffen, die klein, bunt, manchmal glatthaarig, andere wieder rauhaarig bis struppig waren, jedoch eines gemeinsam hatten: sie waren eindeutig Terrier. Bis zu ihrer Anerkennung als eigenständige Rasse, galten alle Hunde, weiß mit bunten Flecken, teilweise hochbeinig wie der Fox Terrier oder kurzbeinig, mit nach außen gestellten krummeren Beinen, rau- oder glatthaarig als Jack Russell Terrier. Den Namen erhielten sie von dem wohl bekanntesten Züchter dieser Hunde, Reverend John Jack Russell. Obwohl Pfarrer in der Grafschaft Devonshire, war John Russell ein begeisterter Jäger, der bereits seit seiner Jugend Jagdhunde hielt und diese züchtete. Seine Hunde waren vorwiegend weiß mit gelben Abzeichen, sie hatten gerade Beine und ein kurzes, am Rücken etwas drahtiges Fell.

Der Jack Russell Terrier wurde 1990 erstmals als eigenständige Rasse anerkannt. Von einer einheitlichen Rasse konnte man damals aber noch nicht sprechen. Viele Züchter und Liebhaber konnten sich noch nicht einigen, wie die Zukunft des Jack Russell Terriers aussehen soll. Der Standard verlangt einen arbeitsfreudigen, lebhaften und schnellen, wendigen Hund, der ein Gebrauchsterrier bleiben soll. Der Jack Russell Terrier wird aber inzwischen weniger für die Jagd eingesetzt, sondern als Familien-, Reitbegleit- und auch Stadthund gehalten.

MORPHOLOGIE

Größe und Gewicht Die Schulterhöhe liegt zwischen 25 und 30 cm, sein Gewicht zwischen 5 und 8 kg.

Farben und Fell Das Fell ist weiß, mit schwarzen oder lohfarbenen Abzeichen und tritt sowohl glatthaarig als auch rauhaarig auf.

EIGENSCHAFTEN

Oftmals wird der kleine Jack Russell Terrier mit „Er hat ein Herz wie ein Löwe!" beschrieben. Sein Selbstvertrauen, bis hin zu einem gewissen Grad an Selbstüberschätzung und seine Bereitschaft, sich auch schnell einmal zu verteidigen, bringt den Jack Russell manchmal in Schwierigkeiten (Bradshaw et al., 1996; Duffy et al., 2008; Turcsán, 2014). Es ist daher wichtig, dass Hunde dieser Rasse schon früh lernen, mit Artgenossen und Umweltreizen klarzukommen. Seine große Jagdleidenschaft legt er niemals ab. Der Jack Russell Terrier arbeitet gern mit dem Menschen zusammen und ist gelehrig und sehr intelligent (Turcsán, 2014). Es benötigt daher einen erfahrenen Hundehalter oder einen Anfänger, der schnell lernt, diesen leidenschaftlichen, verspielten und bis ins hohe Alter unermüdlichen Hund sowohl geistig als auch körperlich stets richtig zu fördern (Bradshaw et al., 1996). Eine inkonsequente Erziehung und unzureichende Beschäftigung kann zu Verhaltensauffälligkeiten führen, die bei dieser Rasse auch vermehrt als Euthanasiegrund angegeben werden (Michell, 1999). Sie gruppieren am nächsten in der Persönlichkeit mit dem Deutschen Schäferhund und erreichen Platz 82 für emotionale Stabilität, Platz 25 für Offenheit, Platz 84 für Geselligkeit und Platz 8 für Extraversion.

RASSETYPISCHE KRANHEITEN

Wie viele kleine Hunderassen, ist der Jack Russell oftmals von folgenden Krankheiten betroffen: Spinozerebelläre Ataxien (Gast et al., 2016) und damit verbundene Myelopathien/Myokymie/Neuromyotonien (Bhatti et al., 2011; Vanhaesebrouck et al., 2010); Atopie/Atopische Dermatitis (Jaeger et al., 2010); Dermatophytosen (*Microsporum persicolor*), vermutlich aufgrund des Kontaktes zu wild lebenden Säugern durch die Jagd (Muller et al., 2011); extreme Weißfärbung (Dilution); Katarakt oder Grauer Star (Donzel et al., 2017; Oberbauer et al., 2008). Deren operative Behandlung führt beim Jack Russell häufig zu Glaukomen und daraus folgenden Enukleationen (Scott et al., 2013). Legg-Calvé-Perthes, Linsenluxation (Oberbauer et al., 2008), Patellaluxation (O'Neill et al., 2016); Taubheit, häufiger bei Tieren mit weißer Fellfarbe (Comito et al., 2012); Pulmonalstenosen (Baumgartner, 2004); Cystin-Urolithiasis, wobei eine Kastration dieses Risiko verringert (Florey et al., 2017).

Obwohl körperlich klein, bekommt man manchmal den Eindruck, dass man es mit einem Löwen zu tun hat.

FOX TERRIER

HERKUNFT, GESCHICHTE, AUFGABEN

Ein Terrier vom Typ Fox Terrier ist bereits im 17. Jahrhundert in England bekannt. Es war ein kleinerer unerschrockener Hund, der Dachse und Füchse aus ihren Bauten holte. Außerdem war er für Menschen der damaligen Zeit ein unentbehrlicher Helfer bei der Rattenbekämpfung und zum Schutz vor kleineren Wildtieren, die sich am Geflügel der Farmer bedienen wollten. Die Hunde wurden nach ihrer Leistung und Gebräuchlichkeit gezüchtet, auch die körperlichen Merkmale wurden bei der Zucht berücksichtigt, damit Robustheit, Schnelligkeit und Gesundheit nicht gefährdet wurden. Da gute Hunde unter Gutsherren und Hundezüchtern gehandelt wurden, charakterisierte sich ein relativ einheitlicher Hundetyp heraus. 1876 wurde der erste Rassestandard für den Fox Terrier veröffentlicht. Mit der immer beliebter werdenden Parforcejagd in England, nahm auch die Beliebtheit des Fox Terriers zu und so wurde er Ende des 19. und Anfang des 20. Jahrhunderts zum beliebtesten Hund Englands. Seine Beliebtheit nahm im Laufe des 20. Jahrhunderts wieder ab und hat sich seitdem auf ein Mittelmaß eingependelt.

Der Fox Terrier zählte zu Beginn des 20. Jahrhunderts zur beliebtesten Hunderasse Englands.

Den Fox Terrier gibt es in zwei Fellvariationen: eine glatthaarige und eine rauhaarige Variante.

MORPHOLOGIE

Größe und Gewicht Die Schulterhöhe beträgt bei Rüden 39 cm, Hündinnen sind etwas kleiner. Das Gewicht variiert zwischen 7 und 9,5 kg.

Farben und Fell Die typische Fellfarbe des Fox Terriers ist weiß, mit schwarzen und lohfarbenen Abzeichen. Sehr beliebt sind die tricoloren Hunde. Er kommt in zwei Haarvariationen vor: glatthaar und rauhaar. Das Fell kann beim Haarwechsel getrimmt werden, ist dann relativ pflegeleicht und haart kaum.

EIGENSCHAFTEN

Der Fox Terrier ist ein lebhafter und aufgeschlossener Hund, der keinem Konflikt aus dem Weg geht, wenn er es für nötig erachtet (Bradshaw et al., 1996; Takeuchi et al., 2006). Er bindet sich gern an Menschen und verliert dennoch nicht seine Eigenständigkeit, wodurch sich auch Erziehungsprobleme ergeben können (Takeuchi et al., 2006). Seine Leidenschaft für die Jagd nimmt niemals ab und bleibt ihm auch bis ins hohe Alter erhalten. Durch seine hohe Anpassungsfähigkeit, ist er sowohl als Begleiter für allerlei sportliche Aktivitäten als auch als Wohnungshund bestens geeignet. Fördert man sein lebhaftes Temperament mit viel Beschäftigung und Bewegung, dann ist der Fox Terrier ein liebevoller Gefährte.

RASSETYPISCHE KRANKHEITEN

Fox Terrier verfügen prinzipiell über eine robuste Gesundheit. Rassebedingt können allerdings angeborene Harnleitermissbildungen auftreten (Hayes, 1984). Außerdem können vermehrt Dermatophytosen (*Microsporum persicolor*) auftreten. Als Ursache wird der häufige Kontakt zu wild lebenden Säugern bei der Jagd vermutet (Muller et al., 2011). Auch eine Neigung zu Diabetes mellitus wurde beobachtet (Guptill et al., 2003).

Der Kromfohrländer ist ein sehr temperamentvoller und unternehmungslustiger Hund.

AUS DER PRAXIS

KROMFOHRLÄNDER (NICHT IN PARKER-STUDIE)

Herkunft, Geschichte, Aufgaben

Der Kromfohrländer ist eine der jüngsten deutschen Hunderassen. Die Gründung der Rasse geht auf die Verpaarung eines Griffon Vendéen-Rüden mit einer Fox Terrier-Hündin. Ab 1946 wurden die Nachkommen dieser Elterntiere als Inzucht weiter miteinander verpaart, bis sich der Phänotyp stabilisierte. Fünf Jahre nach der Rasseanerkennung durch die FCI 1955, wurde erneut ein Fox Terrier eingekreuzt und die Nachzucht daraus zur Weiterentwicklung der Rasse genutzt (Wellmann und Pfeiffer, 2009; Engelhardt, 2007). Aufgrund des hohen Inzuchtkoeffizienten, wird außerhalb des VDH ein Einkreuzprojekt mit Dansk-Svensk-Gardhunden durchgeführt, um diesen zu senken und die genetische Vielfalt in der Rasse zu erhöhen (Sommerfeld-Stur, 2016; Segert et al., 2019). Um erbliche Erkrankungen einzudämmen und zurückzudrängen, werden seit 1990 „Zuchtlenkungsmaßnahmen" durchgeführt, die Kromfohrländer mit vererbbaren Krankheiten von der Zucht ausschließen.

Eigenschaften

Der Kromfohrländer wird im Rassestandard als anpassungsfähiger, lernfähiger und temperamentvoller, gegenüber Fremdpersonen zurückhaltender Begleit- und Haushund mit geringem Jagdtrieb beschrieben. Das deckt sich weitgehend mit einer Untersuchung von Turcsán et al. (2005), in der Rassen und ihre Verhaltensweisen untersucht und verglichen wurden: der Kromfohrländer ist unruhig, eher unsicher gegenüber Unbekanntem, sehr trainierbar und recht verträglich.

Rassespezifische Erkrankungen

Durch die starke Inzucht innerhalb der Rasse, kommt es vermehrt zu erblich bedingten Erkrankungen. Gehäuft treten beim Kromfohrländer Fälle idiopathischer Epilepsie auf. Ebenso ist eine erblich bedingte Form der Hyperkeratose der Ballen innerhalb verbreitet (Donner et al., 2018), weshalb nur Hunde mit der Anlage für diese Erkrankung verpaart werden dürfen, wenn der jeweilige Zuchtpartner laut Gentest frei ist. Innerhalb der Rasse tritt vermehrt die Von-Willebrandt-Krankheit auf, eine Blutgerinnungsstörung, die beim Kromfohrländer autosomal dominant vererbt wird (Segert et al, 2019). Weiterhin tritt Ichthyose auf, eine Hauterkrankung, die zu übermäßiger Schuppenbildung führt. Diese wird beim Kromfohrländer über das Gen FAM83G, auf das getestet werden kann, vererbt (Mueller, 2017). Des Weiteren treten verschiedene Formen der Autoimmunerkrankungen, Patella-Luxation und Ellbogendysplasie in der Rasse auf (Donner et al., 2016). Die ebenfalls beim Kromfohrländer auftretende Cystinurie wird an der Uni Bern in einem noch laufenden Forschungsprojekt untersucht (Institut für Genetik, Universität Bern).

Der Kromfohrländer ist einer der jüngsten, in Deutschland gezüchteten Rassen.

AUSTRALIAN TERRIER

Er ist ein robuster Hund, der in der harten Wildnis Australiens gut zurecht kommt.

HERKUNFT, GESCHICHTE, AUFGABEN

Der Australian Terrier teilt sich bis Mitte des 19. Jahrhunderts seine Geschichte mit dem Silky Terrier, dann entstanden durch gezielte Selektion zwei unterschiedliche Rassen. Die Unterschiede sind jedoch gering. Entwickelt haben sich die Vorfahren des Australian und Silky Terriers aus den importierten Hunden der ersten eingewanderten Siedler aus England und Schottland nach Australien. Es werden alle damals in England üblichen Terrierschläge vertreten gewesen sein, aber das Leben in der australischen Wildnis war hart und nur die „härtesten" unter den Hunden überlebten. Gefüttert wurden diese Hunde kaum oder gar nicht, sie mussten sich selbst versorgen. Nahmen sie es mit Schlangen auf, um diese zu töten, waren sie bei den Menschen umso beliebter. Wichtig war auch ihre Wachfunktion. In der Provinz Tasmanien, dem wahrscheinlichen Ursprung der Zucht des Australian Terriers, wurden Siedler oft von entflohenen Sträflingen oder Landstreichern überfallen. Ein Hund, der jeden Fremden aus großer Entfernung entdecken konnte, war von unschätzbarem Wert. So entstand ein kräftiger, rauhaariger Hund, der zur Kaninchen- und Rattenjagd verwendet wurde.

MORPHOLOGIE

Größe und Gewicht Die Schulterhöhe beträgt ca. 25 cm, Hündinnen sind kleiner. Das Gewicht liegt zwischen 4 bis 7 kg.

Farben und Fell Er ist blau gefärbt, mit sattem Loh, aber auch sandfarben und rot. Das Fell ist rauhaarig und haart kaum.

EIGENSCHAFTEN

Der Australian Terrier ist ein wachsamer und selbstbewusster Hund, dem selten etwas entgeht. Menschen gegenüber ist er anhänglich und auch Fremden gegenüber aufgeschlossen, andere Hunde sind kein Problem. Der Australian Terrier ist am liebsten überall mit dabei und passt sich schnell und unkompliziert neuen Bedingungen und Situationen an. Obwohl relativ klein, braucht er viel Bewegung und geistige Beschäftigung. Ermöglicht man ihm diese, fühlt er sich sowohl in einer Wohnung als auch in einem Haus mit Garten wohl. Seine große Liebe zur Jagd wird er nie verlieren, kommt man damit zurecht und kann es in der Erziehung und im Training nutzen, hat man einen liebevollen Begleiter.

RASSETYPISCHE KRANKHEITEN

Wie viele kleinere Hunderassen, können auch Australian Terrier an einer Patellaluxation leiden. Außerdem haben sie eine Prädisposition für *Diabetes mellitus* (Guptill et al., 2003).

AUSTRALIAN SILKY TERRIER

HERKUNFT, GESCHICHTE, AUFGABEN

Der Silky Terrier ist die zweite, in Australien entstandene Terrierrasse und ihre Geschichte ist bis zur Mitte des 19. Jahrhunderts untrennbar mit der des Australian Terriers verbunden. Erst ab dann entstanden zwei unterschiedliche Rassen. Größter Unterschied der beiden Terrier ist wahrscheinlich ihre Gebräuchlichkeit, war der Australian Terrier ein Gebrauchshund, wurde der Silky Terrier nach der Trennung als Haus- und Schoßhund gezüchtet. Der Australian Terrier war schon nach ein paar Jahren als einheitliche Rasse gefestigt, beim Silky Terrier dauerte es leider etwas länger, bis sich die Züchter über Größe und Haarstruktur einig waren. Es gab zwei Zuchtschwerpunkte, einen im Raum Sydney und einen anderen in der Gegend von New South Wales. Beide Zuchtrichtungen unterschieden sich bezüglich Größe und Gewicht voneinander und erst 1926 kam es zu einer Vereinheitlichung. Ab 1932 wurden Kreuzungen zwischen Silky Terrier, Australian und Yorkshire Terrier verboten. Liebhaber des Silky Terriers sind in Australien und Amerika zu finden.

MORPHOLOGIE

Größe und Gewicht Rüden sollten eine Schulterhöhe von 23 bis 26 cm erreichen, Hündinnen können etwas kleiner sein. Nicht so beim Körpergewicht, da können beide Geschlechter 4 bis 5 kg erreichen.

Farben und Fell Das seidige Fell ist blau mit loh; es haart kaum, ist aber pflegeintensiv.

EIGENSCHAFTEN

Der Australian Silky Terrier ist ein angenehmer und aufgeschlossener Hund, der sich großartig an die jeweiligen Umweltbedingungen anpassen kann. Er bindet sich gern an den Menschen und ist gelehrig und freudig in der Zusammenarbeit mit ihm. Mit anderen Artgenossen ist er sozial gut verträglich und auch fremden Menschen gegenüber ist er interessiert und freundlich. Trotz seiner kleinen Größe, ist der Silky Terrier robust und liebt lange Spaziergänge, wo er auch gern noch seiner angeborenen Jagdleidenschaft nachgeht.

RASSETYPISCHE KRANKHEITEN

Wie viele kleineren Hunderassen, können auch Silky Terrier an einer Patellaluxation leiden (Holt, 2017). Außerdem kann die atopische Dermatitis auftreten (Jaeger et al., 2010). Daneben besteht auch eine Prädisposition für primäre Katarakte (Gelatt und MacKay, 2005).

Im Gegensatz zu den anderen Terriern Australiens, ist der Silky schon früh als Haus- und Schoßhund gezüchtet worden.

YORKSHIRE TERRIER

HERKUNFT, GESCHICHTE, AUFGABEN

Der Zwerg unter den Terriern entstand in den Grafschaften Yorkshire und Lancashire während der industriellen Revolution im 19. Jahrhundert. Zu dieser Zeit wanderten viele Schotten als Arbeiter in die Textilfabriken nach England ein und nahmen ihre kleinen Hunde mit, um sich der Mäuse- und Rattenplage in ihren ärmlichen Quartieren erwehren zu können. Hatte man Glück, wurde neben den Mäusen auch ein Kaninchen erwischt und so verhalfen die Hunde den Menschen zu so manchem Kaninchenbraten. Mit erfolgreichen Hunden wurde gezüchtet und die Arbeiter verdienten sich mit dem Verkauf ein wenig dazu. Einige Hunde wurden auch bei den Rat-Pits eingesetzt und der wohl berühmteste Urvater des Yorkshire Terriers war „Ben" Huddersfield, der sehr erfolgreich sowohl auf Ausstellungen als auch bei den Rat-Pits war. Ben war noch recht groß und schwer, aber ein Teil seiner Nachkommen war kleiner und langhaariger. Binnen 20 Jahre, bis zum Ende des 19. Jahrhunderts, wurde der Yorkshire Terrier zur kleinsten Terrier-Varietät. Das konnte nur durch eine strenge Selektion erreicht werden, da es keine noch kleinere Hunderasse gab, die man hätte einkreuzen können. So hatten diese kleinen Hunde auch keine Leistung mehr zu erfüllen, sondern wurden mehr und mehr Schoß- und Haushund. 1886 wurde der Yorkshire Terrier erstmals unter seinem heute noch gültigen Namen eingetragen, 1898 wurde der erste Standard veröffentlicht, der im Großen und Ganzen noch heute Gültigkeit hat. Während des Ersten und Zweiten Weltkrieges ging die Anzahl der Yorkshire Terrier massiv zurück, aber kurz danach startete der enorme Siegeszug dieses kleinen Zwerghundes und avancierte 1961 sogar zur meist exportierten Hunderasse Englands.

MORPHOLOGIE

Größe und Gewicht Es ist keine Mindestschulterhöhe festgelegt, nur eine Gewichtsrichtlinie eines Maximalgewichts von 3,2 kg.
Farben und Fell Das Fell ist von dunklem stahlblau, mit lohfarbenen Abzeichen und braucht sehr viel Pflege.

EIGENSCHAFTEN

Der Yorkshire Terrier ist zwar klein, aber ein unternehmungslustiger und temperamentvoller Hund.
Er bindet sich stark an seinen Menschen und möchte am liebsten bei allen Aktivitäten mitgenommen werden (Bradshaw et al., 1996). Mit anderen Hunden ist er häufig unverträglich (Turcsán, 2014). Gewöhnt man ihn aber schon vom Welpenalter an alle Arten (und Größen) von Artgenossen, kann er ein gutes Sozialverhalten entwickeln.
Häufig ist er Opfer der Aggression anderer Hunde. Allerdings spielt die Souveränität des Besitzers hierbei auch eine große Rolle (Roll und Unshelm, 1997). Wegen seiner geringen Größe oftmals unterschätzt und unterfordert, ist der Yorkshire Terrier ein intelligenter und gelehriger Hund, der gern arbeitet und trainiert (Strychalski, 2015).
Er ist wachsam und auch bellfreudig, was im städtischen Bereich zu Problemen führen kann (Bradshaw et al., 1996; Takeuchi et al., 2006).
In der Budapester Studie wird er als wenig trainierbar und extravertiert eingestuft, er erreicht Platz 86 für emotionale Stabilität, Platz 79 für Offenheit, Platz 49 für Geselligkeit und Platz 40 für Extraversion.

Die Urahnen des heutigen Yorkshire Terriers waren hervorragende Mäuse- und Rattenfänger.

RASSETYPISCHE KRANKHEITEN

Wie alle kleineren Hunderassen, können auch Yorkshire Terrier an einer Patellaluxation leiden (O'Neill et al., 2016). Zusätzlich gibt es eine Reihe an Augenkrankheiten, wie die Keratokonjunktivitis sicca (Westermeyer et al., 2009) und Nierenerkrankungen, wie die Veranlagung für Cystin-Urolithiasis (Florey et al., 2017) oder Proteinverlust-Nephropathien (Littman, 2015), die verbreitet sind. Das Risiko der Bildung von Cystinsteinen kann durch eine Kastration verringert werden (Florey et al., 2017). Erblich bedingte Veranlagungen für Bronchitis (Madsen et al., 2012) und Lymphangiektasien sind neben portosystemischen Shunts (Tobias und Rohrbach, 2003) auch möglich. Der Yorkshire Terrier ist außerdem anfällig für Dermatophytosen (*Microsporum canis*) (Brilhante et al., 2003; Cafarchia et al., 2004). Es ist unbedingt darauf zu achten, dass man einen Yorkshire Terrier aus einer guten Zucht erwirbt, da eine „Kleinzüchtung" von immer kleineren Exemplaren dieser Rasse zu schwerwiegenden gesundheitlichen Problemen führen kann.

Der Norwich Terrier unterscheidet sich von seinem nahen Verwandten durch die hübschen Stehohren.

NORWICH TERRIER

HERKUNFT, GESCHICHTE, AUFGABEN

Der Norwich Terrier hat eine gemeinsame Geschichte mit dem Norfolk Terrier, bis 1964 waren sie noch ein und dieselbe Rasse. Ursprünglich aus Mittelengland aus der Grafschaft Norfolk kommend, waren die Vorfahren des Norwich/Norfolk Terriers kleine rote Terrier, die mit dem fahrenden Volk und wandernden Händlern mitzogen. Zu Erntezeiten kamen die Menschen als Erntehelfer zu den Bauernhöfen und ihre kleinen wendigen Hunde vertilgten Mäuse, Ratten und Kaninchen. Schon bald erarbeiteten sich die kleinen roten Terrier einen guten Ruf als Mäusevertilger und wurden fleißig gehandelt. So gibt es Geschichten, dass ein einziger derartiger Terrier bis zu 80 Mäuse an einem Dreschtag vernichten konnte. Wenn es sich ein Bauer leisten konnte, hielt er sich ein Dutzend dieser Tiere und wurde auch von anderen Bauern gerufen, um ihnen bei der Mäuseplage zu helfen. Rund um Cambridge etablierte sich das Zentrum der Zucht, sie kamen in zwei Variationen vor, eine Stehohr- und eine Kippohr-Variante. Rund um einige Pferdehändler in Cambridge entstand Ende des 19. Jahrhunderts eine gezielte Zucht des Norwich/Norfolk Terriers, auch hier wurden sie als Mäuse- und Rattenvertilger gehalten. Aber erst 1933 wurde der erste Standard für den Norwich Terrier anerkannt, er war jedoch noch für beide Ohrenvarianten gültig. Nach mehreren Versuchen, wurde dem Ansuchen des Norwich Terrier Clubs 1964 stattgegeben, seitdem sind die Hunde mit Stehohren unter dem Namen Norwich Terrier und die mit Hängeohren unter dem Namen Norfolk Terrier anerkannt.

MORPHOLOGIE

Größe und Gewicht Die Schulterhöhe soll 25 cm nicht überschreiten, sein Gewicht liegt bei 5 kg.

Farben und Fell Sein dichtes Fell ist rot oder weizenfarben, schwarz mit loh. Er benötigt nur wenig Pflege und haart kaum.

EIGENSCHAFTEN

Der Norwich Terrier ist ein anhänglicher Hund, der gern überall hin mitgenommen werden möchte. Durch seine temperamentvolle und sehr gut verträgliche Art, sind Unternehmungen aller Art mit ihm kein Problem. Mäuse zu jagen ist aber immer noch seine große Passion, ansonsten ist er gelehrig und folgsam. Er passt sich an ein Leben in der Stadt, genauso wie auf dem Land an, und ein Leben in einer lebhaften Familie ist für ihn genauso angenehm wie bei einem alleinstehenden berufstätigen Menschen, der ihn mit zur Arbeit nimmt. Obwohl körperlich klein, liebt er viel Bewegung und vor allem geistige Beschäftigung.

RASSETYPISCHE ERKRANKUNGEN

Erblich bedingt können Dyskinesien (De Risio et al., 2016), Epilepsie (De Risio und Freeman, 2015) und das Upper Airway Syndrom, dessen Auslöser vermutlich ein Ödem der Atemwege aufgrund einer Genmutation ist (Marchant et al., 2019; Rosaspina, 2005), beim Norwich Terrier auftreten.

Die Vorfahren des Norwich Terriers waren oft heiß begehrt und je geschickter der Hund als Mäusejäger, umso wertvoller wurde er für seinen Halter.

NORFOLK TERRIER

HERKUNFT, GESCHICHTE, AUFGABEN

Der Norwich Terrier hat eine gemeinsame Geschichte mit dem Norfolk Terrier, bis 1964 waren sie noch ein und dieselbe Rasse, seitdem sind alle Hunde mit Hängeohren Norfolk Terrier (siehe Geschichte unter Norwich Terrier). Die Unterschiede zwischen den beiden Rassen sind nicht gravierend, da die Zeit der Trennung noch relativ kurz ist. Liebhaber des Norfolk Terriers wollen jedoch einen leichteren Körperbau und einen längeren Rücken erkennen.

MORPHOLOGIE

Größe und Gewicht Die Schulterhöhe beträgt max. 25 cm, er sollte nicht schwerer als 5,5 kg werden.

Farben und Fell Sein raues Fell ist im Vergleich zum Norwich Terrier öfter rot oder weizenfarben, kommt aber auch in schwarz mit loh vor. Ohne Fellpflege kommt der Norfolk Terrier nicht aus, mit Pflege haart er kaum.

EIGENSCHAFTEN

Temperamentvoll und unternehmungslustig, das beschreibt den Norfolk Terrier wohl am besten. Er bindet sich leicht an seinen Menschen und ist gelehrig und durchaus gehorsam, wenn man seinen wachen Geist zu beschäftigen weiß. Obwohl der Norfolk Terrier klein ist, mag der robuste und lebenslustige Hund viel Bewegung. Gewöhnt man ihn an Artgenossen, ist er sozial verträglich und auch gut als Zweithund geeignet. Der Norfolk Terrier kann auch von Hundeanfängern gehalten werden und er eignet sich als Stadt- und Wohnungshund.

Rassetypischen Erkrankungen – keine bekannt

Der Norfolk Terrier hat Schlappohren und einen leichteren Körperbau im Gegensatz zum Norwich.

Der Scottish Terrier lebte lange Zeit sehr abgeschieden im Schottischen Hochland.

SCOTTISH TERRIER

HERKUNFT, GESCHICHTE, AUFGABEN

Seine Ahnen waren Hunde von Wildhütern, Fuchsjägern und Kleinbauern im schottischen Hochland. Das dürfte der Grund sein, dass man bis zum Ende des 19. Jahrhunderts kaum Überlieferung zu ihm finden kann, denn die Menschen in dieser einsamen Gegend legten keinen Wert auf Hundeausstellungen oder wurden anderweitig beeinflusst. Der Scottish Terrier wurde rein nach seiner Leistung zur Jagd auf Fuchs, Dachs, Otter und Steinmarder gezüchtet. Die Reinzucht dbegann 1879, 1888 folgte der erste Rassestandard. Um 1930 erlangte er die größte Beliebtheit, leider mit den negativen Folgen eines jeden „Modehundes". Beim Scottish Terrier haben sich einerseits das Auftreten bösartiger melanotischer Tumore und andererseits Geburtsschwierigkeiten aufgrund des dorsoventral abgeflachten Beckens bei den Hündinnen entwickelt.

MORPHOLOGIE

Größe und Gewicht Die Schulterhöhe soll zwischen 25 und 28 cm liegen, das Gewicht zwischen 8,5 und 10,5 kg.

Farben und Fell Das Fell tritt in den Farben schwarz, weizenfarben und gestromt auf. Bei regelmäßigem Trimmen haart der Scottish Terrier nicht.

EIGENSCHAFTEN

Der Scottish Terrier ist ein ruhiger Hund und wirkt stets ein wenig distanziert. Fremden Menschen gegenüber ist er zurückhaltend und aufgrund seiner Territorialität anderen Hunde gegenüber sehr unduldsam. Das typische furchtlose und mutige Verhalten der Terrier ist auch beim Scottish Terrier zu beobachten, wobei Rüden dieses Verhalten eher an den Tag legen als Hündinnen (Mahut, 1958). Seinen Bezugspersonen ist er zugetan, erhält sich aber stets seine Unabhängigkeit (Bradshaw et al., 1996). Der Scottish Terrier muss nicht immer beschäftigt werden und ist auch im Vergleich zu anderen Terriern mit weniger Bewegung zufrieden (Bradshaw et al., 1996). Das Interesse an der Jagd ist jedoch auch bei ihm nicht erloschen.

Rassetypische Erkrankungen – keine bekannt

Ein kleiner Hund, der eine große Persönlichkeit besitzt und jemanden mit viel Erfahrung benötigt.

CAIRN TERRIER

HERKUNFT, GESCHICHTE, AUFGABEN

Von den verschiedenen schottischen Terrierrassen wurde der der Cairn Terrier am spätesten anerkannt, erst 1912 bekam er ein eigenes Register beim English Kennel Club. Urvater des Cairn Terriers ist der in Schottland des 17. Jahrhunderts häufig auftretende „Erdhund", ein kleiner Terrier, der zur Jagd auf Fuchs und Dachs verwendet wurde. Seinen Namen erhielt der Cairn Terrier vom gälischen Wort „carn", das übersetzt „Stein" heißt. Es ist unklar, ob diese kleinen Terrier so bezeichnet wurden, weil sie flink und wendig über Geröll laufen konnten, oder ob er auf die Färbung des Fells bezogen ist, das den Farben des schottischen Gesteins ähnelt. In der Abgeschiedenheit des schottischen Hochlands, konnten sich einige Lokalschläge des Cairn Terriers entwickeln. Die Tiere, die auf der Insel Skye gezüchtet wurden, gelten heute als die Ahnen des Cairn Terriers. Nach der Erstellung des ersten Rassestandards 1911 und der Anerkennung als eigenständige Rasse, ist seine Beliebtheit sprunghaft angestiegen und er war eine Zeitlang einer der beliebtesten Terrierrassen Großbritanniens.

MORPHOLOGIE

Größe und Gewicht Die Schulterhöhe sollte zwischen 28 und 31 cm betragen, sein Gewicht liegt bei ca. 6 bis 7,5 kg.
Farben und Fell Das kaum haarende Fell kommt in den Farben creme, weizen, rot, grau oder fast schwarz vor.

EIGENSCHAFTEN

Der Cairn Terrier ist ein unabhängiger und selbstbewusster Hund, der am besten schon im Welpenalter lernt, dass sich die Zusammenarbeit mit dem Menschen lohnt. Hundehalter dieser Rasse sind gefordert, diese große Hundepersönlichkeit geistig zu beschäftigen und müssen sehr klar in ihren Anweisungen zu sein, damit der Cairn Terrier nicht auf eigenständige Ideen kommt (Bradshaw et al., 1996). Er ist ein aktiver und robuster Begleiter, der aber gut sozialisiert werden muss, um mit Artgenossen friedfertig umgehen zu können (Bradshaw et al., 1996). Obwohl der Cairn Terrier ein geeigneter Stadthund ist, kann seine Wachsamkeit und Bellfreudigkeit im Zusammenleben Probleme bereiten (Takeuchi et al., 2006; Turcsán, 2014). Er besetzt Platz 31 bei emotionaler Stabilität, Platz 77 bei Offenheit, 55 bei Geselligkeit mit Hunden und 50 bei Extraversion. In der Gesamtanalyse gruppert er mit Deutscher Dogge, West Highland White Terrier und Tibet Terrier.

RASSETYPISCHE ERKRANKUNGEN

Er ist eine robuste Hunderasse. Erblich bedingt kann *Manalosis oculi* auftreten, die zu Glaukomen führen kann und vermutlich autosomal dominant vererbt wird (Petersen-Jones et al., 2007). Wie bei den meisten Kleinhunden, sollte man die Gelenke hinsichtlich Patellaluxation im Auge behalten. Außerdem scheint er eine Prädisposition für *Diabetes mellitus* (Guptill et al., 2003) und Krebserkrankungen zu haben (Michell, 1999).

Es ist unklar ob der Cairn Terrier (übersetzt „Stein“) seinen Namen wegen seiner Fellfarbe oder seiner Robustheit erhalten hat.

WEST HIGHLAND WHITE TERRIER

HERKUNFT, GESCHICHTE, AUFGABEN

Karge Landschaften in den schottischen Highlands formten die Vorfahren des West Highland White Terriers. Sie mussten die flinken und wehrhaften Fischotter jagen und den Füchsen in den Highlands zwischen Steinen und Geröll in ihre Bauten folgen, da sie nicht ausgegraben werden konnten, dabei beharrlich der Spur der fliehenden Füchse folgen und sie schließlich, ohne zu zögern töten. Dazu benötigte es einen robusten und zähen Hund, der schnell, wendig und ausdauernd war. Diese Hunde wurden von den schottischen Clans in ihrer Abgeschiedenheit gezüchtet, wo einzelne Lokalschläge entstanden. Drei bekannte Lokalschläge des damaligen Terriers war der Roseneath, der Pittenweem und der Aberdeen Terrier, alle drei sind im 18. Jahrhundert bereits in weißen Varietäten aufgetreten. Dennoch werden nicht sie, sondern ein anderer Lokalschlag als direkter Vorfahre des West Highland White Terriers gesehen, der Poltalloch Terrier. Er entstand in Poltalloch, dem Stammsitz des Malloch-Clans. Der damals dort ansässige Colonel Malcolm gilt als Gründervater der West Highland White Terrier-Zucht. 1907 wurde der West Highland White Terrier offiziell vom Kennel Club als Rasse anerkannt. Der Siegeszug dieser Rasse im 20. Jahrhundert wurde nur kurzfristig vom Ersten und Zweiten Weltkrieg unterbrochen, war aber nicht mehr aufzuhalten.

MORPHOLOGIE

Größe und Gewicht Er sollte bei beiden Geschlechtern eine Schulterhöhe von 28 cm erreichen. Sein Gewicht liegt bei 7 bis 10 kg.
Farben und Fell Das Fell ist stets weiß und braucht eine sorgfältige Pflege, regelmäßiges Trimmen wird empfohlen.

EIGENSCHAFTEN

Der West Highland White Terrier ist trotz seines hübschen Äußeren ein typischer Terrier. Er hat die Freude an der Jagd ebenso wenig abgelegt, wie seine hohe Wachsamkeit. Im Umgang mit anderen Hunden überschätzt er sich gern und ist oftmals sehr unduldsam (Bradshaw et al., 1996; Turcsán, 2014), wobei er auch häufig das Opfer der Aggressionen anderer Artgenossen wird. Die Souveränität des Besitzers spielt dabei keine unerhebliche Rolle (Roll und Unshelm, 1997). Der Bewegungsdrang des West Highland White Terriers hält sich in Grenzen, es reichen ihm lange geruhsame Spaziergänge. Sportliche Ambitionen hegt er keine, jedoch eine gewissen Neigung zur Bellfreudigkeit. Er kann sich gut an ein Leben in einer Familie anpassen, ist aber auch als Hund für alleinstehende ältere Menschen geeignet. Rüden sind tendenziell leichter trainierbar als Hündinnen (Serpell und Hsu, 2005). Eine inkonsequente Erziehung kann zu Verhaltensauffälligkeiten führen, die bei dieser Rasse auch vermehrt als Euthanasiegrund angegeben werden (Michell, 1999).

Der West Highland White Terrier wurde ursprünglich von den schottischen Clans für die Fischotter- und Fuchsjagd eingesetzt. Dazu benötigte man einen robusten und schnellen Hund.

Der West Highland White Terrier gerhört zur Gruppe der wenig trainierbaren aber extravertierten Rassen und erreicht Platz 52 für emotionale Stabilität, Platz 68 für Offenheit, Platz 51 für Geselligkeit mit Hunden und Platz 39 für Extraversion.

RASSETYPISCHE ERKRANKUNGEN

Trotz der relativ langen Modephase, ist diese Rasse doch recht gesund geblieben. Es können Allergien, Hauterkrankungen/Atopische Dermatitis (Jaeger et al., 2010; Mauldin et al., 1997; Roque et al., 2012), autosomal rezessiv vererbte Kiefermissbildungen/Kraniomandibuläre Osteopathien (Padgett et al., 1986), Lebererkrankungen (Andersson und Sevelius, 1991), Herzerkrankungen, vor allem kongenitale Ventrikelseptumdefekte und wie bei allen Terriern Mitralklappenendokardiosen (Baumgartner, 2004) und angeborene Harnleitermissbildungen (Hayes, 1984) auftreten. Des Weiteren können sie zu Harnsteinen, vor allem Cystinsteinen (Florey et al., 2017), neigen (Weichselbaum, 1998), wobei eine Kastration das Risiko verringern kann (Florey et al., 2017). Wie bei allen Kleinhunden, sollte man ein Augenmerk hinsichtlich der Patellaluxation legen.

DEUTSCHER JAGDTERRIER: VIELSEITIGER JAGDGEBRAUCHSHUND

Der DJT wird häufig als Bau- und Stöberhund eingesetzt. Er gehört zu den hochläufigen Terriern, mit einer Größe von 33 bis 40 cm und einem Gewicht von 8 bis 12 kg. Bereits 1486 werden Terrier (Erdhunde) als kleine Jagdhunde von der Äbtissin Juliana Bernes in England erwähnt. Spätestens im 17. Jahrhundert sind die Terrier als eigenständige Hundegruppe (Rasse), die über Generationen in sich selbst und mit bedachter Auswahl entstanden sind, anerkannt. 1760 beschreibt „Daniels" in „Field Sports" zwei Typen von Terriern:

- rauhaarig, kurzbeinig, mit langem Rücken
- glatthaarig, hochläufiger und kürzerer Rücken

Als Farben werden angegeben: schwarz und gelb mit weiß vermischt, rötlichgrau und black and tan.

Eigenschaften

Im Jahr 1805 beschreibt Sydenham Edwards in seinem Buch „Cynographia Britannica" Terrier als „streitlustig, mürrisch und leicht reizbar". Sie stürzen sich u. a. in Baue und vertreiben oder töten dort Füchse und Dachse.

Zucht des DJT

Als in den Jahren 1920 bis 1930 der Fox Terrier immer mehr zum Modehund avancierte, bestand nach Ansicht von passionierten Jagdausübenden die große Gefahr, dass der Fox Terrier seine jagdlichen Eigen-

Der Jagdterrier ist ein vielseitiger und unerschrockener Hund, mit einer großen Jagdleidenschaft.

Die schwarze Fellfarbe und das raue Haarkleid prägen das Erscheinungsbild des Deutschen Jagdterriers.

schaften verliert. Eine Gruppe von engagierten und leidenschaftlichen Bodenjägern beschloss, sich von der damals modernen Fox-Terrier-Zucht zu trennen, um die jagdlichen Eigenschaften der Terrier zu erhalten. Entscheidend für die Zucht sollte eine ausschließliche Orientierung an den jagdlichen Eigenschaften sein. Die erfahrenen Jagdkynologen Rudolf Frieß, Walter Zangenberg und Carl-Erich Grünewald hatten die Absicht, einen schwarz-roten Bauhund zu züchten. Diese Gruppe erhielt vier schwarzrote (Fox-)Terrier geschenkt, die die Zucht des Deutschen Jagdterriers begründeten. Nachdem Dr. Herbert Lackner zu der Gruppe der drei Jagdkynologen stieß, wurden gezielt altenglische rauhaarige Urterrier sowie Welsh-Terrier eingekreuzt. Damit festigte sich das Erscheinungsbild der Rasse Deutscher Jagdterrier.

Ziel der Zucht des Deutschen Jagdterriers war und ist bis heute: einen vielseitigen, harten, wasserfreudigen und spurlauten Hund mit einem ausgesprochenen Jagdinstinkt zu züchten. Er soll sich durch Jagdverstand, Unerschrockenheit und geringe Empfindlichkeit auszeichnen. 1926 wurde der Deutsche Jagdterrierclub gegründet.

Andrea Kühne beschäftig sich seit 1975 intensiv mit der Erziehung und Ausbildung von Hunden. Bis 2012 war sie im Schutzhundesport (heute Vielseitigkeitssport genannt) als Hundeführerin, Schutzdiensthelferin und Ausbilderin aktiv. 1981 kamen Tätigkeiten in der Suchhundeausbildung (Trümmer-, Vermissten- und Lawinensuchhunde), Vorträge, Ausbilderschulung und Seminare hinzu. Seit 2011 widmet sie sich intensiv der Ausbildung von Jagdhundegespannen.

GRUPPE 21
— *nach Parker*

(TOY) MANCHESTER TERRIER

HERKUNFT, GESCHICHTE, AUFGABEN

Es wird allgemein angenommen, dass der Old English Black and Tan Terrier eine der ältesten Terrierrassen überhaupt ist. Der älteste Black and Tan Terrier unterscheidet sich vom heutigen Nachfahren in vielerlei Hinsicht. Einerseits im sehr kurzen und feinen, vor allem bei den Toy Terriern recht dürftigen Haarkleid. Ein Hund mit einem derartigen Fell war für die Arbeit als Fuchs- und Otterjäger oder auch als Rattenvertilger bei jeder Witterung kaum geeignet. Der alte Black and Tan Terrier hatte entweder Stock- oder Rauhaar. Wesentlich geändert hat sich auch die Kopfform, sie hatten recht kurze Köpfe. Der Black and Tan Terrier wird auch Rat Terrier genannt, weil er am häufigsten für die „Rat Pits" eingesetzt wurde. Im 19. Jahrhundert haben einige der besten Züchter und Aussteller um die Stadt Manchester herum gelebt, weshalb der Black and Tan Terrier auch den Beinamen „Manchester Terrier" bekam. Dieser Name setzte sich durch, auch da irische Soldaten den Namen „Black and Tan" als Schimpfwort für viele Engländer gebrauchten.
Der Manchester Terrier hatte spitz kupierte Ohren und als das Kupieren verboten wurde, ging der Bestand der Rasse stark zurück. Er war besonders bei den Arbeitern in den Hafengebieten von Liverpool und Manchester beliebt. Hier entwickelte sich aus dem einstigen Jagdhund, ein Rattenfänger und Haushund, der für die Jagd auf Kaninchen und Ratten genutzt wurde. Als Freizeitvergnügen ließen die Arbeiter ihre Hunde bei „Rat Pits" starten. Dort wurden hohe Wetten auf die Spitzenhunde im Rattentöten, nach der Stoppuhr, abgeschlossen. Anfangs benutzte man für diese Rattenkämpfe relativ große Hunde. Um wendigere und schnellere, aber vielleicht auch um elegantere Hunde zu erhalten, wurden kleine Windhunde eingekreuzt. Die ersten derartigen Einkreuzungen sollen bereits im 15. Jahrhundert stattgefunden haben. Anfang des 19. Jahrhunderts wurden Italienische Windspiele mit den Manchester Terriern gekreuzt. Diese Kreuzungen bewirkten eine Veränderung der äußeren Gestalt. Die Hunde waren eleganter und vor allem auch schneller als der alte Typ, was besonders bei der Kaninchenjagd von Vorteil war.

Toy Manchester Terrier

Der Toy Manchester Terrier heißt auf Deutsch übersetzt „Spielzeug-Terrier", er ist ein kleiner Hund, den man sich zum Zeitvertreib hielt. Die Toy-Form war offensichtlich schon zu Beginn der Reinzucht des

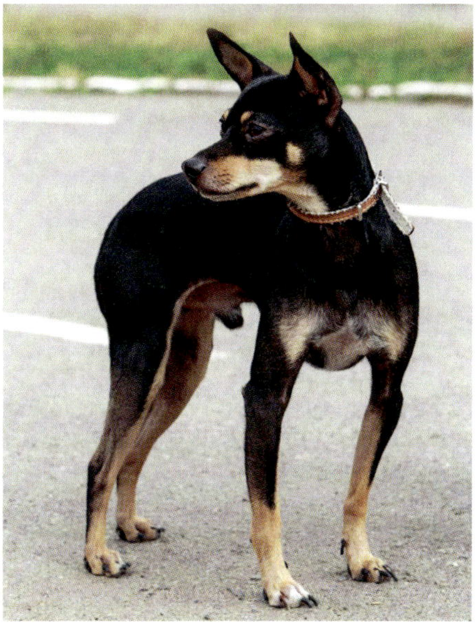

Der Toy Manchester Terrier soll die kleinere „Taschenform" des Manchester Terriers sein.

Manchester Terriers vorhanden. Seine Entstehung wird auf die Einkreuzung mit dem Italienischen Windspiel in die Black and Tan Terrier-Zucht zurückgeführt. Die Toys lassen auch heute noch den Einfluss des Windspiels erkennen. Die kleinen Hunde sollen nur eine Taschenausgabe der größeren Art sein, es gelten für sie ansonsten dieselben Rassestandards. Von anderen Rassen ist jedoch bekannt, z.B. vom Zwergschnauzer, Zwergpinscher oder Zwergpudel, dass dieser Wunsch nur bis zu einem gewissen Grad erreicht werden kann.

Sinkt die Widerristhöhe des Hundes unter 30 cm, treten unweigerlich die ersten Anzeichen der Verzwergung (Nanosomie) auf, und sie werden umso ausgeprägter, je kleiner der Hund ist. Der Schädel wird rundlicher, das Schädeldach wölbt sich, die Augen treten mehr aus den Augenhöhlen heraus und erscheinen deshalb im Verhältnis zum Kopf größer als beim mittelgroßen Hund. Die mandelförmigen Augen des Toy Manchester Terriers sind runder und der Fang spitzer, es treten vermehrt Zahnprobleme auf. Das Fell der extremen Zwerge ist dünner, was besonders bei den kurzhaarigen Rassen stark auffällt. Es gibt biologische Grenzen, die nicht ohne Folgen unterschritten werden können.

EINORDNUNG

Die meisten Terrier, so auch Manchester und Toy Manchester, sind laut einer Studie aus dem Jahr 2006 in die Gruppe der „modernen/jagenden" Hunderassen einzuordnen, die alle auf eine Gruppe von vorausgehenden Hunden aus dem 19. Jahrhundert zurückzuführen sind (Ostrander, 2006). Damit weichen sie sowohl genetisch als auch in ihrem Ursprung von Terriern ab, die dem Mastiff-Cluster angehören, z. B. dem Bull Terrier, aber auch vom Tibet Terrier, der in ein Cluster mit älteren asiatischen und afrikanischen Rassen fällt.

MORPHOLOGIE

Größe und Gewicht Der Toy Manchester Terrier soll eine Mindestschulterhöhe von 25 cm erreichen, aber 30 cm nicht überschreiten. Das Gewicht soll zwischen 2,7 und 3,6 kg liegen.

Farben und Fell Fellfarben gibt es in schwarz ebenholzfarben und lohfarben in etwa kastanienrot. Das kurze Haar macht häufig Probleme und der Toy Manchester Terrier hat eine Neigung zu Hautkrankheiten. Die Stehohren der Toy Terrier sind relativ groß, so wie beim Papillon, und wollen nicht so recht zum kleinen Kopf und Körper passen. Es ist aber bis heute kaum gelungen, kleine Stehohren zu züchten. Vereinzelt treten sie bei Würfen des Toy Terriers auf, auch beim Zwergpinscher kommen sie fallweise vor.

EIGENSCHAFTEN

Der Toy Manchester Terrier ist trotz seines kleinen Wuchses ein Terrier und hat seine Jagdleidenschaft keineswegs verloren. Auch die Wehrhaftigkeit ist noch vorhanden, nicht umsonst wurden sie in der Zeit der „Rat Pits" zusammen mit den Wettgewinnen in die Taschen gesteckt und dienten zum Schutz vor Taschendieben. Dennoch sind sie treue und angenehme Begleiter, die selten eigenständige Wege gehen. Der Manchester Terrier ist intelligent und neugierig, auch gilt er – anders als viele andere Terrier, denen man eher ein störrisches und mürrisches Temperament nachsagt – als lebhaft und anhänglich, obwohl er terriertypisch ein mutiger, zäher Hund ist (Shane, 1999). In den USA wird die Rasse einem Test über ihr Temperament unterzogen, den rund 87 % bestehen (ATTS, 2018). Fremden gegenüber können sie jedoch unnahbar sein. Der Toy Terrier ist leicht zu motivieren, mit seinem Menschen zusammenzuarbeiten, man sollte aber seinen Terrier-Charakter niemals verleugnen. Er ist lebhaft und verspielt, liebt Spaziergänge, fordert jedoch keine sportlichen Aktivitäten.

Wehrhaftigkeit hat auch die kleine Form nicht verloren, ebenso wie die große Jagdleidenschaft.

RASSETYPISCHE ERKRANKUNGEN

Das sekundäre Glaukom ist eine ziemlich häufige genetische Erkrankung bei mehreren Terrierrassen (Crispin, 2018), einschließlich des Manchester Terriers. Es wird durch übermäßigen Druck im Augapfel verursacht. Die einzig wirksame Behandlung ist die chirurgische Entfernung der Linse (Shane, 1999). Das Ehlers-Danlos-Syndrom, auch als Hautästhenie bezeichnet, ist eine Gruppe von Bindegewebsstörungen, die durch eine Mutation in einem von mehreren Genen verursacht werden. Anzeichen für den Zustand sind eine übermäßige Elastizität der Haut, eine dünne Haut und eine entsprechende Neigung, leicht Hautverletzungen zu erleiden (Matthews et al., 1990). Die Von-Willebrand-Krankheit ist eine Blutgerinnungsstörung, die Menschen und verschiedene Hunderassen betrifft, darunter auch den Manchester Terrier. Die genetische Mutation tritt sowohl in der Standard als auch bei der Toy-Variante auf, häufiger jedoch bei den Toys (Shane, 1999). Beim Manchester Terrier ist das Gen autosomal rezessiv, was bedeutet, dass für jeden betroffenen Nachwuchs das fehlerhafte Gen von beiden Elternteilen getragen werden muss. Betroffene Hunde neigen zu Nasen- und Zahnfleischbluten.

Der Manchester Terrier ist ein ausgesprochen gelehriger Hund, der wenige Wiederholungen braucht, um eine Übung zu erlernen.

TRAINING

Der Toy Manchester Terrier ist ein sehr facettenreicher Hund. Einerseits ein typischer Terrier, mit meist starkem Charakter und allen Vor- und Nachteilen eines Terriers – dazu gehört auch ausgeprägtes Jagdverhalten, ein hohes Energielevel, Rastlosigkeit, Ängstlichkeit gegenüber fremden Gegenständen und in unbekannten Situationen (Tonoike et al., 2015). Durch die Einkreuzungen anderer Rassen, zeigt sich aber auch ein sensibler, feinfühliger Hund im Training. Er bringt eine hohe Arbeitsfreude mit, sofern man seine Intelligenz und Gelehrigkeit im Training fördert. Diese Hunde brauchen meist wenig Wiederholung bei Übungen. Dadurch kommt man schneller zum Erfolg, muss aber auch sehr genau darauf achten, dass im Training exakt auf das Ziel hingearbeitet wird. Wird eine Übung schnell erlernt, birgt das auch die Gefahr, schnell einen Fehler zu trainieren bzw. zu etablieren. Liebevolle Konsequenz und klare respektvolle Regeln sind sehr wichtig im gemeinsamen Miteinander. Ein kleiner „Allrounder" im Hundetraining, der gern bei jedem Spaß mit dabei ist, sofern man die Verstärker für diesen Hund verstanden hat.

ZWERGPINSCHER (MINIATUR PINSCHER)

HERKUNFT, GESCHICHTE, AUFGABEN

Als Pinscher wurden ursprünglich strohhaarige Hunde bezeichnet, es wurden sowohl kleine als auch große Hunde so benannt. Dies hat sich geändert. Mit Ausnahme des Affenpinschers wird das Wort Pinscher heute in der deutschen Sprache nur noch für glatthaarige Hunde gebraucht. Die Gemeinsamkeit wird noch dadurch hervorgehoben, dass Deutschland als Ursprungsland für alle Pinscher-Rassen gilt. Der Zwergpinscher ist der Zwerg unter ihnen, mit einem Höchstgewicht von dreieinhalb Kilo. In der Schweiz wurde die Rasse fast an den Rand der Zerstörung gebracht, weil hauptsächlich auf kleine zittrige, kaum mehr behaarte Hunde Wert gelegt wurde. Sie hatten mit dem ursprünglichen Bild des Zwergpinschers nicht mehr viel gemein. Die skandinavischen und holländischen Züchter haben sich an dieser kleinwüchsigen Zucht nicht beteiligt, sondern waren bemüht, noch richtige Pinscher mit flachem Kopf, vollständigen Gebissen und einem dichten Haarkleid zu züchten. 1936 wurde das oberste Widerristmaß auf 30 cm festgesetzt, leider ohne zugleich eine untere Grenze vorzuschreiben. Erst im Standard von 1956 wurden dann 25 cm Mindestmaß für den Miniatur Pinscher festgelegt. Der Zweite Weltkrieg setzte der Pinscherzucht arg zu. Früher wurden die kleinen Zuchtformen der Beurteilung der Richter zugeschrieben. Heute muss man davon ausgehen, dass die Züchter mehr nach dem Geschmack der Käufer gehen: werden winzige Hunde verlangt, dann werden diese gezüchtet, egal, ob es dem Hund damit gut geht.

MORPHOLOGIE

Größe und Gewicht Der Miniatur Pinscher soll eine Mindestschulterhöhe von 25 cm erreichen, aber maximal 30 cm nicht überschreiten. Das Gewicht soll zwischen 4 und 6 kg liegen.

Farben und Fell Die Fellfarben schwarz mit rostroten Abzeichen, braun oder blau mit gelben Abzeichen kommen vor. Die alte Bezeichnung „Rehpinscher" bezieht sich auf die rotbraune Fellfarbe.

EIGENSCHAFTEN

Der Zwergpinscher ist ein selbstbewusstes Persönchen, das sich großen Hunden gegenüber durch sein Auftreten Respekt verschafft. Fremden gegenüber ist er misstrauisch, dadurch kann er ein zuverlässiger Wächter sein. Die Rasse neigt auch zur Ängstlichkeit gegenüber fremden Personen (Tonoike et al., 2015). Durch seine Größe wird er gern als beliebter und hervorragend anpassungsfähiger Begleithund für Familien,

An Selbstbewusstsein fehlt es dem Miniatur Pinscher keinesfalls.

ebenso wie auch für alleinstehende ältere Menschen empfohlen. Damit wird man dem Miniatur Pinscher nicht ganz gerecht. Obwohl sehr intelligent und anpassungsfähig, benötigt er wegen seines Temperaments entsprechend Beschäftigung und Bewegung, als auch seiner geringen Größe entsprechend eine gewisse Rücksichtnahme. Er bindet sich schnell und intensiv an eine Bezugsperson und möchte dann immer in dessen Nähe sein.

RASSETYPISCHE ERKRANKUNGEN

Der Zwergpischer ist anfällig für Krankheiten wie Patellaluxation, bei der die Kniescheibe (Patella) aus ihrer Führung springt (Luxation) wie auch Hypothyreose = Schilddrüsenunterfunktion. Ebenso gehört Mucopolysaccharidoses-(MPS)-VI zu den Erbkrankheiten, die beim Zwergpinscher auftreten – vererbt wird jene autosomalrezessiv (Wehrend, 2012). Es handelt sich um eine monogenetische Stoffwechselerkrankung, bei der vor allem das Gewebe des Skelettsystems, des zentralen Nervensystems, viszeraler Organe, der Haut und der Herzinnenhaut betroffen sind. Bei einigen Mini-Pinschern kann auch eine progressive Netzhautatrophie (PRA) auftreten (Ackerman, 2011; Bell et al., 2012; Gough et al., 2010; Crook et al., 2011).

TRAINING

Gerade bei kleinen Hunderassen findet man häufig das Problem, dass diese gern als Schoßhunde oder wie „Stofftiere" gekauft und gehalten werden. Dies ist insofern problematisch, da für eine große Zahl der kleinen Hunde diese menschlichen Übergriffe eine enorme Belastung darstellen. Gerade hier ist der respektvolle Umgang sehr wichtig. Ein gutes Training, die Gewöhnung an Berührungen und das „Hochgehobenwerden" sind daher unerlässlich, damit der Hund damit umzugehen lernt. Selbstverständlich müssen auch kleine Hunde konsequent erzogen werden!

Kleine Hunde können sich wie mittlere oder große Hunde wunderbar entwickeln, wenn ihnen auch die Chance dazu gegeben wird. So ist es wichtig, dass diese Hunde von Beginn an die Möglichkeit bekommen, mit anderen Hunden, z. B. in gut geführten Welpengruppen, zu spielen. Natürlich muss man hier darauf achten, dass es keine zu großen und wilden Hunde in der Gruppe gibt, die die kleinen über den Haufen rennen. Hierbei lernt niemand etwas Sinnvolles. Wichtig ist aber, dass auch der Zwergpinscher als ganz normaler Hund in den Alltag integriert wird und Stück für Stück lernt, mit vielen Situationen gut zurechtzukommen. Im Training muss man darauf achten, diesem meist sehr intelligenten Hund gerecht zu werden und seine Aufmerksamkeit auf (aus Menschensicht) erwünschtes Verhalten zu richten. Ansonsten kann er auch schnell zum anstrengenden Dauerkläffer werden, wenn er erst einmal gelernt hat, dass er hiermit die Aufmerksamkeit auf sich ziehen kann. Er ist lebhaft und bewegungsfreudig, daher ist er auch gern überall mit dabei. Seine Wendigkeit kommt ihm in Laufsportarten mit Geräten sehr zugute. Auch können Sportarten wie Dogdancing oder Trick Dog eine nette Beschäftigung darstellen. Miniatur Pinscher können eine erniedrigte Reizschwelle haben, was im Training berücksichtigt werden sollte. Hier gilt es, ein Augenmerk darauf zu legen, wie nervös der individuelle Hund ist. Die Nervosität zeigt sich in geringerer Belastbarkeit, innerer Unruhe, oftmals Unsicherheit. Hier helfen ganz gezielte Übungen/Maßnahmen zum Stressabbau und ein strukturiertes Training mit Erwartungssicherheit.

Diese kleinen Hunde sollten schon von Welpe an mit anderen kleinen und mittelgroßen Hunden zusammengeführt werden, dann können sich Zwergpinscher wunderbar entwickeln.

Stress und Nervosität

Für Hunde mit hoher Unruhe, Stressbelastung, etc. eignen sich Ausbildungsformen wie „freies Formen" weniger, da die Stressbelastung im Versuch-und-Irrtum-Lernen für diese Hunde zu hoch sein kann (Stichwort Frustration). Hier macht es mehr Sinn, dem Hund bei den Übungen die größtmögliche Unterstützung zu bieten. Für das nachhaltige Lernen macht es keinen Unterschied, ob der Hund sich die „Lösung" einer Übung selbst erarbeitet hat, oder er dabei Hilfestellung von seinem Mensch bekommen hat. Wichtig ist, dass ein nervöser und unsicherer Hund nicht lange in einer Frustration (negative Verstärkung – Ausbleiben der Belohnung) verbleibt. Diese Frustration kann nämlich auch zu einer erniedrigten Reizschwelle beitragen, bis hin zur umgerichteten Aggression.

Nervosität kann man häufig am Zittern bzw. Dauerzittern der Hintergliedmaßen bis hin zu Zitterwellen durch den ganzen Körper erkennen. Hier gilt es unbedingt auf den Kontext zu achten, da es im Winter, z. B. durch die nicht vorhandene Unterwolle, auch schnell zu Unterkühlungen kommen kann, die ebenfalls mit Muskelzittern einhergehen.

Eine sinnvolle Unterstützung zur Bewältigung von Angst/Unsicherheit ist sehr zu empfehlen. Ein Bedauern des Hundes, ohne zukunftsorientiertes Training, kann das Angstverhalten auch verstärken.

Früher wurde der Deutsche Pinscher in Ställen gehalten, um diese von Ratten und Mäusen frei zu halten.

AUS DER PRAXIS

DEUTSCHER PINSCHER (NICHT IN PARKER-STUDIE)

Herkunft, Geschichte, Aufgaben
Der Deutsche Pinscher wurde bereits 1836 in der deutschsprachigen Literatur von Reichenbach als „glatter Pinscher" beschrieben, der zunehmend die zuvor überaus beliebte Rasse Mops verdrängte (siehe Räber, 1993). Seit der ersten Erwähnung im Deutschen Hundestammbuch 1880, hat sich der Deutsche Pinscher als Rasse kaum verändert. Seine Vorfahren sind die gleichen wie die des heutigen Schnauzers, der zuvor als rauhaariger Pinscher bekannt war – damit geht auch er auf den mittelalterlichen Biberhund und die Deutschen Schäferhunde zurück. Die Aufgabe des Pinschers war es, Beutegreifer zu verscheuchen und die Höfe sowie Ställe frei von Ratten und Mäusen zu halten – daher stammen auch Lokalbezeichnungen wie Stallpinscher und Rattler. Zudem machten sie sich schnell den Ruf eines guten Wächters, sodass niemand wagte, wenn Pinscher auf dem Hof oder als Begleiter auf Kutschfahrten anwesend waren, Hof, Pferd oder Wagen anzurühren (Krämer, 1993).

Genetische Verwandtschaft zu anderen Rassen

In einer 2004 durchgeführten populationsgenetischen Studie mit 85 reinrassigen Hunden, wurden alle drei Schnauzer-Rassen, deren Vorfahren mit Deutschen Pinschern vor der Eigenständigkeit des Schnauzers als Rasse nahezu identisch sind, strukturell überwiegend im Cluster „neuere europäische Abstammung" eingeordnet. Sie weisen eine hohe genetische Nähe zu Terriern und Jagdhunden auf und eine genetische Verwandtschaft zu „Arbeitsrassen", z. B. Schäferhunden und „Rassen vom Molosser-Typ" (Sutter und Ostrander, 2004). 2010 wurde hingegen eine höhere genetische Nähe zu modernen Rassen, insbesondere dem Dobermann und Deutschen Schäferhund, herausgestellt (vonHoldt et al., 2010).

Eigenschaften

Der Deutsche Pinscher gilt als wachsam, energiegeladen, klug und bestimmt (Bell et al., 2012). Pinscher sind mutige, trainierbare Hunde, die verhältnismäßig leicht erregbar sind (Turcsán et al., 2011). Außerdem sind sie verspielt, zeigen recht hohes Jagdinteresse und sind recht verträglich mit Artgenossen (Svartberg und Forkman, 2002). Trotz ihrer Verwandtschaft zum Deutschen Schäferhund sind Deutsche Pinscher Fremden gegenüber weniger misstrauisch, aufgeschlossener, mutiger und weniger territorial (Marchionne et al., 2007).

Rassespezifische Erkrankungen

Beim Deutschen Pinscher kann es zu Dilute-bedingter Alopecia kommen (Phillip et al., 2005). Dabei kommt es in Folge des Farbverdünnungsgens zu Farbaufhellung und zu damit in Verbindung stehendem Haarausfall. Sie können auch von der Von-Willebrandt-Krankheit, Typ 1, einer Blutgerinnungsstörung, betroffen sein (Bell et al., 2012). Beim Deutschen Pinscher treten einige Augenkrankheiten auf, z. B. Katarakte, Persistierende hyperplastische Tunica vasculosa lentis (Phtvl) und Micropapilla (Leppänen et al., 2001; ACVO, 2007). Gelenkserkrankungen wie Hüftgelenksdysplasie und Ellenbogendysplasie treten beim Deutschen Pinscher selten auf, dafür wurde bei der Rasse ein vererblicher Persistierender rechter Aortenbogen (PRAA) gefunden, der jedoch grundsätzlich bei Auftreten der Problematik operabel ist (Menzel und Distl, 2011).

Der Deutsche Pinscher ist ein sehr mutiger und gut trainierbarer Hund.

GRUPPE 22
— *nach Parker*

RATTEN TERRIER (RAT TERRIER)

HERKUNFT, GESCHICHTE, AUFGABEN

Der Ratten Terrier wurde ursprünglich in England aus dem glatthaarigen Fox Terrier und dem Manchester Terrier gezüchtet. Die dadurch entstandenen Terrier waren draufgängerisch und robust und wurden von der englischen Arbeiterklasse für Wettkämpfe eingesetzt. Aufgabe der Hunde war, in einer festgelegten Zeit möglichste viele Ratten zu töten. 1890 kamen die Terrier erstmals in die USA, wo man sie durch Einkreuzungen von Beagle und Windspiel größer und gutmütiger machen wollte, um sie für die Jagd auf Waschbären oder sogar größeres Wild einsetzen zu können. Große Beliebtheit erlangten die Ratten Terrier durch den ehemaligen US-Präsidenten Teddy Roosevelt, der ein großer Freund dieser Hunderasse war (Clark, 2019). Dadurch stieg die Nachfrage für die Ratten Terrier stark an und die Züchter kreuzten nochmals Glatthaar-Fox-Terrier ein, was zur Folge hatte, dass die Fellfarbe weiß häufiger wurde. Zu Beginn des 20. Jahrhunderts war der Ratten Terrier in den USA der beliebteste Farmhund (Wilcox und Walkowicz, 1993), auch gegen Ratten einsetzbar. Dennoch ist er bis heute von der FCI nicht als eigenständige Rasse anerkannt.

Kleine robuste, wendige Terrier wurden ursprünglich von der englischen Arbeiterklasse für das Töten von Ratten gezüchtet.

MORPHOLOGIE

Farben Es gibt ihn in vielen Farben, vorherrschend sind die schwarzen und braunen Platten.

Größe und Gewicht Man kann zwischen zwei Größen unterscheiden, die kleinere Form hat eine Schulterhöhe von 25 bis 33 cm, die größere von 33 bis 46 cm. Das Gewicht beträgt abhängig von der Körpergröße 5 bis 12,5 kg. Sie sind etwas länger als hoch, mit harten Muskeln und straffer Haut. Der Kopf ist ein stumpfer Keil mit V-förmigen Ohren, die an den äußeren Enden des Schädels liegen und aufrecht, halb-aufrecht, gekippt oder anliegend sind (Clark, 2019).

EIGENSCHAFTEN

Der Ratten Terrier liebt es, mit seinen Bezugspersonen zusammenzuarbeiten und das macht ihn auch zu einem so beliebten Farmhund/Bauernhund. Er ist wachsam und stets bereit, eine ihm zugeteilte Aufgabe zu übernehmen. Sozialisiert man ihn bereits im Welpenalter gut an alle verschiedenen Umweltreize, dann ist der Rat Terrier ein angenehmer Wegbegleiter. Geistige und körperliche Beschäftigung sind unbedingt notwendig (Clark, 2019). Für Ersthundehalter sind diese eigenständigen Hunde eher nicht zu empfehlen.

RASSETYPISCHE KRANKHEITEN

Da der Rat Terrier keine überzüchtete Hunderasse ist, gibt es keinen Hinweis auf genetisch vererbte Erkrankungen, oder eine signifikante Häufigkeit von Erbkrankheiten. Auftretende Erkrankungen können eine Deformation des Kieferknochens in Form eines Vorbisses sein. Die durch Demodex-Milben verursachte „Canine Demodikose" kann auch bei dieser Hunderasse auftreten. Die Addison-Krankheit und Hypothyreose wurden der OFA (Orthopedic Foundation for Animals) berichtet. Angeborene Hypothyreose mit Kropf wurde bei drei von fünf, neun Wochen alten Welpen diagnostiziert. Auch Analverstopfung, Reizdarmkrankheit und Pankreatitis wurden bei mehr als einem Hund laut einer OFA-Umfrage festgestellt. Patellaluxation ist das am meisten vorkommende orthopädische Problem bei Ratten Terriern. Hüft- und Ellenbogendysplasie treten ebenfalls auf, sowie die Legg Calve Perthes-Krankheit.

Vom Stolpender-Welpe-Syndrom wurde in einem Prozent der OFA Umfrage berichtet, sowie von Taubheit. Auch kommen Distichiasis sowie persistierende Pupillenmembranen*, Katarakte, Glaukom, trockene Augen und Hyperplasie der Drüse des dritten Augenlids vor. Die am häufigsten vorkommende Augenkrankheit ist die Primäre Linsenluxation(PLL, Ursache ist eine Mutation der Spleißdonorstelle auf dem ADAMTS1-Gen). 2,9 % der Fälle, die bei der OFA eingereicht wurden, waren betroffen, und 35 % der getesteten Hunde waren Träger von einer Kopie der Mutation. Unregelmäßiger Östruszyklus, Kryptorchismus und Eklampsie waren die drei am häufigsten gemeldeten, reproduktiven Störungen der OFA-Rat Terrier-Umfrage. Auch von einem Übergangszellkarzinom der Blase gibt es Berichte (Clark, 2019).

* Bei der persistierenden Pupillenmembran lösen sich die embryonalen nicht vollständig auf. So bleiben nach der Geburt Reste der fetalen Pupille als Netz aus feinen Fäden auf dem Auge bestehen.

Der Ratten Terrier ist ein sehr agiler und intelligenter Hund, der viel geistige und körperliche Beschäftigung braucht.

TRAINING

Der Ratten Terrier ist ein sehr bewegungsfreudiger, muskulöser Hund mit hohem Energielevel und Bewegungsbedarf. Daher eignet sich eine Hundehaltung mit eingezäuntem Garten besser für diesen Hund, da er hier seiner Bewegungslust freien Lauf lassen kann. Der Rat Terrier hat eine hohe Jagdpassion (Clark, 2019). Die frühere Tätigkeit des Rattenvernichters beruht auf dem Jagdverhalten – gezeigt bis zur Endsequenz – dem Packen und Töten der Beute (Ratten). Dies muss man sich als Hundehalter bewusst machen: man hat einen sehr eigenständigen, intelligenten und in der Bewegung sehr aktiven und schnellen Hund an seiner Seite. Eine konsequente Ausbildung und Erziehung ist unerlässlich. Als Hundehalter muss man bei dieser Hunderasse auch erfinderisch sein und die Belohnung im Training gut variieren und interessant gestalten. Es sind Arbeitshunde, die geistige Leistungen, gepaart mit Bewegung vollbringen möchten. Hier muss eine Zusammenarbeit mit dem Menschen oftmals erst „antrainiert" werden, da die Grundzüge des Wesens eher auf Eigenständigkeit beruhen. Möglichkeiten der sinnvollen Beschäftigung sind hier vielfältig: Fährtenarbeit, Hundesport, Agility, Breitensport, Flyball, Trick Dog, etc. (Clark, 2019). Hier zeigt der Rat Terrier eine hohe Arbeitsbereitschaft, weshalb der Halter unbedingt auf notwenidge Ruhe- und Schlafphasen achten muss.

Der Toy Fox Terrier ist vor allem in Amerika bekannt, in Europa hat er nur wenige Liebhaber.

TOY FOX TERRIER

HERKUNFT, GESCHICHTE, AUFGABEN

Obwohl der American und der English Kennel Club den Toy Fox Terrier (American Toy Terrier) als eigenständige Rasse anerkannt haben, wird diese kleinere Variante des größeren Fox Terriers von der FCI nicht geführt. In Europa kaum bekannt, wird sie hauptsächlich in den USA gezüchtet. In den 1930er-Jahren kreuzten Züchter eine Anzahl kleinerer Hunderassen. Zu den Grundrassen zählen Manchester Terrier, Zwergpinscher, Chihuahua und Fox Terrier. Man wollte das Aussehen und den Mut des Fox Terriers aufrechterhalten, jedoch sein Temperament etwas bremsen (Bell et al., 2012).

MORPHOLOGIE

Größe und Gewicht Die Schulterhöhe beträgt 21 bis 29 cm (Bell et al., 2012), das Gewicht liegt bei 2 bis 3 kg.

Farben und Fell Das Fell kann glatt, eng anliegend und weich sein, oder als zweite Variante dicht und sehr drahtig. Manchmal lässt das Fell eine rötliche Färbung erkennen. Das passiert, wenn es nicht regelmäßig getrimmt wird. Dann verhindert das dichte Unterfell das Nachwachsen des Deckhaares, was zu einem Pigmentverlust des Deckhaares führt. Die dreieckig aufgerichteten Ohren sind sehr auffällig an dieser Rasse.

Der Toy Fox Terrier zeichnet sich außerdem durch seine viereckige Form und starken

Knochenbau aus. Der Schädel ist mittelgroß und die Schnauze parallel zur Schädelspitze (Bell et al., 2012).

EIGENSCHAFTEN

Toy Fox Terrier sind im Vergleich zu anderen Terrierrassen im Wesen etwas ruhiger und ausgeglichener. Sie sind intelligent und lieben es, geistig beschäftigt zu werden. Fällt diese Beschäftigung aber aus, kann der Hund sehr erfinderisch werden. Der Toy Fox Terrier ist trotz allem ein aktiver Hund (Bell et al., 2012), der körperliche Bewegung liebt und sehr gern spazieren geht.

RASSETYPISCHE KRANKHEITEN

Die OFA berichtet, dass 4,2 % der Toy Fox Terrier unter einer Patellaluxation leiden. Das sind 12,8 Mal mehr im Vergleich zu anderen Rassen. Die angeborene Hypothyreose mit Kropf ist eine autosomal rezessive Störung bei Toy Fox Terriern. Eine Nonsense-Mutation (sinnentstellende Mutation) im Schilddrüsenperoxidase-Gen verursacht die häufig identifizierte Störung. Außerdem gibt es Berichte über die primäre Linsenluxation bei Toy Fox Terriern, die zu einem sekundären Glaukom bzw. Blindheit führen kann. Ein autosomal rezessives Gen verursacht eine Luxation der primären Linse. Homozygot betroffene Hunde entwickeln normalerweise eine Linsenluxation zwischen dem 4. und 8. Lebensjahr. Selten können heterozygote Träger die Linsenluxation entwickeln, dies dann aber erst ab einem höheren Alter. Eine genetische Mutation wurde identifiziert, ein Gentest ist verfügbar (Bell et al., 2012). Zusätzlich können Toy Fox Terrier unter der Von-Willebrand-Krankheit leiden. Betroffene Hunde weisen nach einem Trauma oder einer Operation anhaltende Blutungen auf. Es wird autosomal rezessiv vererbt. Auch Herzklappenprobleme waren ein Anliegen von 53 % der Teilnehmer einer Umfrage zur Gesundheit des American Toy Fox Terrier Clubs. Der Toy Fox Terrier ist als anfällig für die Demodikose gelistet. Zudem wurde von allen Formen der Persistierenden Pupillenmembranen berichtet (Clark, 2019).

TRAINING

Der Toy Fox Terrier oder auch American Toy Terrier ist aufgeweckt, neugierig, durchaus wachsam und hat alle typischen Terriereigenschaften, wenn auch in etwas abgeschwächter Form. Er ist sehr lernfähig und intelligent (Bell et al., 2012) und mag auch gern herausfordernde Aufgaben. Dies kann wunderbar mit „Intelligenzspielen“ oder Geschicklichkeitsaufgaben erfüllt werden. Auch Unterscheidungslernen von verschiedenen Objekten liegt ihm sehr. In der Ausbildung und im Training setzt sich der Terrier durch und man muss als Hundehalter mit liebevoller Konsequenz beharrlicher sein als er selbst. Dies kann anstrengend werden, wenn das Selbstvertrauen des Hundes auch mal die tatsächlichen Fähigkeiten übersteigt.

Er ist ein Hund mit ausgeprägtem Jagdverhalten, dieser Funktionskreis kann somit gut im Training als Belohnungsform eingesetzt werden, wie auch gemeinsames Laufen.

Toy Fox Terrier haben ein ruhigeres Wesen, sind dennoch sehr bewegungsfreudig und agil.

AMERICAN HAIRLESS TERRIER

HERKUNFT, GESCHICHTE, AUFGABEN

Der American Hairless Terrier ist eine von der FCI nicht anerkannte Hunderasse, die hauptsächlich in den USA vorkommt. Der AKC hat die Rasse im Jahr 2016 offiziell anerkannt (Parker et al., 2017). Er ist eine aus dem Rat Terrier seit 1988 herausgezüchtete Hunderasse. Begonnen hat die Zucht, als in einem Wurf ein haarloser Welpe vorkam. Mit diesem Hund wurden in Folge andere Rat Terrier gekreuzt, in der Hoffnung, weitere haarlose Exemplare zu bekommen. Nach einigen Fehlversuchen, kam der Erfolg. Der American Hairless Terrier ist die einzige Rasse, bei der die Haarlosigkeit rezessiv vererbt wird. Dieses Merkmal äußert sich nur, wenn ein Hund das inkriminierte Gen von beiden Elternteilen vererbt bekommt. Der homozygote Zustand ist hier jedoch nicht lethal, wie es bei anderen haarlosen Rassen der Fall ist (Mecklenburg, 2006). Das Gen verursacht auch keine gesundheitlichen Folgerisiken, wie den Verlust der Zähne oder Unfruchtbarkeit.

Der American Hairless Terrier wurde aus dem Rat Terrier herausgezüchtet.

MORPHOLOGIE

Größe und Gewicht Die Schulterhöhe beträgt zwischen 30 bis 40 cm (Krämer, 2017). Die Gewichtsangaben unterscheiden sich stark und liegen bei max. 12 kg.

Farben und Fell Die Welpen werden mit Haaren geboren, verlieren diese jedoch bis zur 8. Lebenswoche (Parker et al., 2017). Die Hautfarbe kann braun, rosa bis grau sein. Charakteristisch sind jedoch die grauen bis blauen, goldenen, schwarzen bis roten, deutlich abgesetzten Punkte. Je älter der Hund wird, desto größer werden die Punkte. Der American Hairless Terrier hat kaum Eigengeruch und ist im Körperbau mit dem Rat Terrier identisch.

EIGENSCHAFTEN

Der American Hairless Terrier hat, wie sein haariger Verwandter der Rat Terrier, viel Energie. Seine hohe Wachsamkeit und große Neugier hat er ebenso wenig verloren, wie seine große Passion zu Jagen (Krämer, 2017). Trotz seiner Haarlosigkeit sollte man nicht vergessen, dass diese Hunde angepasste Arbeitshunde waren und die haarige Variante immer noch ist. Sie haben eine große Anpassungsfähigkeit an den Menschen und achtet man auf eine gute Sozialisation und ausreichend geistige wie körperliche Beschäftigung, dann ist der American Hairless Terrier ein idealer Begleiter.

CHINESISCHER SCHOPFHUND

HERKUNFT, GESCHICHTE, AUFGABEN

Ob der Chinesische Schopfhund (Chinese Crested Dog) tatsächlich aus China stammt, ist nicht bestätigt. Die enge genetische Verwandtschaft zu anderen Neuweltrassen spricht dagegegen. Die Hundezucht hat in China eine jahrtausendealte Tradition. In der alten chinesischen Literatur finden wir viele Hinweise auf eine planmäßige Zucht bestimmter Rassen. Hunde spielten eine Rolle als Fleischlieferanten, sie hatten aber auch eine Bedeutung in der altchinesischen Medizin. In China sollen während der Han-Dynastie (200 v. Chr. bis 220 n. Chr.) Nackthunde in zwei Größen gezüchtet worden sein. Der eine war der „Tempelhund", er war ein kleiner haarloser Hund, mit weicher Haut, einem Schopf auf dem Kopf und einer Haarquaste am Schwanz. Die Hunde wogen um die 7 kg und wurden von den buddhistischen Mönchen gezüchtet. Der zweite Typ war größer und ebenfalls haarlos, bis auf einen Kamm von borstenartigen Haaren am Kopf. Er war grob gebaut und meist dunkelgrau oder mattschwarz. Das war der „essbare Hund". Er wurde gemästet und an Festtagen gegessen. Der große, essbare Typ soll bis 1940 in Laos vorgekommen sein, er verschwand während des Zweiten Weltkrieges und existiert heute nicht mehr. Die Tempelhunde wurden streng gehütet und von den Mönchen geachtet. Sie wurden als Orakel herangezogen, indem man ihre Reaktionen auf gestellte Fragen genau beobachtete und daraus seine Schlüsse zog. Zudem dienten sie wegen ihrer hohen Körpertemperatur auch als Heilmittel gegen Rheuma. In der Antike wurde berichtet, dass der haarlose afrikanische Hund nach China gebracht wurde, wo eine weitere Zucht die aufkommende Rasse auf eine kleine Größe reduzierte. Andere glauben, dass haarlose südamerikanische Hunde entfernte Verwandte sind. Die ersten Aufzeichnungen über die Rasse kommen aus dem späten 19. Jahrhundert. Die Chinesischen Schopfhunde wurden von Seeleuten in Häfen auf der ganzen Welt gehandelt. Die Seeleute nutzten die Hunde an Bord, um Ungeziefer zu bekämpfen. In Mexiko haben sie möglicherweise zur Entwicklung des Chihuahuas beigetragen. Aus dem Jahr 1991 stammt die erste gemeldete Registrierung des AKC (Bell et al., 2012).

MORPHOLOGIE

Größe und Gewicht Er hat eine Schulterhöhe von 28 bis 33 cm (Bell et al., 2012), die Gewichtsangaben liegen bei 2 bis 5,5 kg.
Farben und Fell Der Hund ist völlig nackt, bis auf einen ausgeprägten seidigen Schopf am Kopf und Socken auf den Beinen, die jedoch nicht über den Mittelfuß hinaufreichen sollen, und eine lange, seidige Rutenfahne (Robinson, 1985). Die warme, angenehm weiche Haut ist geruchs- und ungezieferfrei. Es wird zwischen zwei Varianten unterschieden, dem Haarlosen und dem Powderpuff. Powderpuff ist eine Variante mit vollem Fell. Würfe mit gemischten Fellarten werden zu Powderpuff X Haarlosen und Haarlosen X Haarlosen Kreuzungen. Diese beiden Varianten werden in der Regel gekreuzt, da die haarlosen Hunde weniger für die Zucht geeignet sind, da sie fehlende Zähne aufweisen und Krankheiten.
Die Haarlosigkeit wird durch ein dominantes Gen verursacht, das lethal im homozygoten Zustand wirkt (die Embryonen sterben schon im Mutterleib ab). Dieses Gen produziert auch variabel exprimierte fehlende Prämolaren

im heterozygoten Zustand. Aufgrund dieses letalen homozygoten Zustands führt die gemeinsame Zucht von zwei heterozygoten haarlosen Hunden zu einem Verhältnis von 2:1 Haarlosen zu (homozygoten normalen) Powderpuffs. Bei der Fortpflanzung von haarlosen Hunden und Powderpuffs ergibt sich bei den Nachkommen ein Verhältnis von 1:1 zwischen Haarlosen und Powderpuffs (Bell et al., 2012).

EIGENSCHAFTEN

Der Chinesische Schopfhund ist ein sehr anhänglicher, sehr auf seine Bezugsperson fixierter Hund (Bell et al., 2012). Er ist erstaunlich robust und verträgt auch Kälte und Regenwetter. Bei Sonneneinstrahlung kann es jedoch vorkommen, dass je nach Pigment die Hunde mit Sonnenschutz geschützt werden müssen. Der Chinesische Schopfhund eignet sich als Wohnungshund, der engen Kontakt zu seinen Menschen liebt (Bell et al., 2012). Ideal für Menschen mit Tierhaarallergien oder Menschen mit besonderen Bedürfnissen. Trotzdem liebt er aktive Spaziergänge und freut sich über geistige Beschäftigung.

RASSETYPISCHE KRANKHEITEN

Haarlose Hunde fallen in einigen Ländern unter „Qualzuchtsmerkmale“. Haarlosigkeit beruht auf einem Defektgen, mit dem andere Defekte verbunden sein können (siehe S. 34, 498). Weiter kann bei dieser Hunderasse eine Augenerkrankung auftreten, weshalb es wichtig ist, dass beide Elterntiere darauf untersucht sind und von einer seriösen Zucht kommen. Auch ein unvollständiges Gebiss ist üblich bei fehlenden Prämolaren mit dem autosomal dominanten haarlosen Phänotyp. Die OFA berichtet bei 4,5 % der Hunde von Patellaluxation. Zusätzlich gibt es Berichte über die primäre Linsenluxation, die zu einem sekundären Glaukom bzw. Blindheit führen kann. Ein autosomal rezessives Gen verursacht eine Luxation der primären Linse. Homozygot betroffene Hunde entwickeln normalerweise eine Linsenluxation zwischen dem 4. und 8. Lebensjahr. Selten können heterozygote Träger die Linsenluxation entwickeln, dies dann aber erst ab einem höheren Alter. Eine genetische Mutation wurde identifiziert und ein Gentest ist verfügbar. Laut OFA sind 27 % der Hunde Träger und 2 % befallen. Von der progressiven Retinaatrophie (PRA) kommt mehr als eine Form in der Rasse vor.

Die autosomal rezessive PRCD-Form (Erkrankungsalter zwischen 3 bis 8 Jahren) tritt auf, und es gibt einen Gentest, aber PRCD-PRA scheint nicht der vorherrschende PRA-Krankheitstyp zu sein. 0,56 % der Hunde, die zwischen 2000 und 2005 untersucht wurden, gelten als betroffen und 1,55 % als verdächtig für PRA. Die CERF (Canine Eye Registry Foundation) rät davon ab, mit PRA betroffenen Hunden zu züchten. Die Canine Multiple System Degeneration (*CMSD*) ist eine seltene autosomal rezessive Störung. Hunde mit dieser Krankheit sterben innerhalb der ersten 5 bis 6 Monate (Bell et al., 2012). Die Glaskörper-Degeneration wurde laut CERF bei 7,69 % der augenärztlich untersuchten Chinesischen Schopfhunde von 2000 bis 2005 festgestellt. Auch Hypothyreose kommt vor, deren Ursache bei einer erblichen Autoimmunthyreoiditis liegt. Basierend auf Tests der Michigan State University wurden 7,4 % der Probanden positiv auf Schilddrüsen-Autoantikörper getestet. Katarakte wurden laut CERF bei 2,02 % der Hunde von 2000 bis 2005 festgestellt. Die CERF empfiehlt keine Weiterzucht mit den betroffenen Hunden, dies gilt auch für Hunde, bei denen eine Persistente Pupillenmembran diagnostiziert wurde. Die Haut neigt zudem zur spontanen Bildung von Komedonen (Mitessern) auf der gesamten Rückenhaut, Gliedmaßen und an der Vorhaut. Auch von einseitiger oder bilateraler angeborener Taubheit wird berichtet (Bell et al., 2012).

TRAINING

Trotz der niedlichen und netten Erscheinung, müssen auch diese kleineren Hunde erzogen werden. Die liebevolle Führung durch den Hundehalter nimmt der Chinesische Schopfhund gern an und er gilt als leichtführiger Hund. Er kann mit der richtigen Erziehung zum angenehmen Alltagsbegleiter werden. Hierzu ist es unabdingbar, dass bereits ab Welpenalter an auf eine gute Sozialisierung, sowohl mit anderen Hunden als auch auf Umweltreize, geachtet wird, und dass selbstsichere und gelassene Hunde verpaart werden. Leider gibt es auch einige ängstliche und unsichere Hunde dieser Rasse, die man mit Training unterstützen sollte bzw. muss, damit ein angenehmes gemeinsames Leben möglich ist.

Der Chinesische Schopfhund ist ein sensibler, anhänglicher Hund, der gern mit dem Menschen zusammenarbeitet.

CHIHUAHUA

HERKUNFT, GESCHICHTE, AUFGABEN

Über den Ursprung des Chihuahuas gibt es viele Annahmen, aber auch hier gibt es keine eindeutigen Belege. Wahrscheinlich gab es Vorfahren des Chihuahuas bereits bei den Azteken und Mayas (Bell et al., 2012), da bei Ausgrabungen immer wieder Tonfiguren oder Steinmetzarbeiten von Hunden gefunden wurden, die dem Chihuahua ähnelten. Angeblich wurden diese Hunde „Techichi" genannt (Bell et al., 2012), sie dürften aber größer und kompakter als die heutigen Chihuahuas gewesen sein. Als die Mayas und Azteken von den Tolteken unterworfen wurden, wurden die kleinen Tempelhunde zu den Toltekenhunden. Was mit den Vorfahren des Chihuahuas nach der Eroberung durch die Spanier passierte, ist wiederum völlig unklar. Einige Fachleute bezweifeln sogar, ob der Chihuahua überhaupt aus Mexiko stammt, da man bis zum Jahr 1785 keinen schriftlichen Hinweis dafür findet. Sämtliche Annahmen, dass Zwerghunde aus Asien eingeführt wurden, haben jedoch keinerlei stimmige Beweise. Fest steht, dass der Chihuahua erst in den USA einheitlich gezüchtet wurde und auch dort der erste Rassestandard erstellt wurde. Amerikanische Kynologen und Hundeliebhaber sind immer wieder auf Reisen nach Mexiko auf kleine, aber im Aussehen nicht einheitliche Hunde gestoßen und nahmen sie mit. Damit war der Grundstock für die Zucht gelegt. Erst als die Rasse gefestigt war, ging man auch in Mexiko dazu über, die Hunde rein zu züchten, wobei es in Mexiko heute keinen eingetragenen Chihuahua gibt, dessen Vorfahren nicht auf Importe aus den USA zurückgehen.

MORPHOLOGIE

Größe und Gewicht Der Chihuahua sollte eine Mindestschulterhöhe von 18 bis 23 cm haben und ein Körpergewicht von 2 bis 2,5 kg.

Farben und Fell Alle Farben sind erlaubt, außer merle. Es gibt eine kurzhaarige und eine langhaarige Variante. Bei der kurzhaarigen Variante ist das Fell glänzend, liegt an, ist weich strukturiert und manchmal gibt es ein Unterfell, meist auch eine Halskrause. Bei der langhaarigen Variante ist das Fell weich, flach und meist mit Unterfell. Chihuahuas werden ca. 12 bis 14 Jahre alt. Ihr Körperbau ist kompakt, muskulös, mit feinen Knochen versehen und sie sind länger als hoch. Sie haben einen gewölbten Schädel, große, dunkle, breit gesetzte Augen, deren Farbe zum Fell passt. Ihre großen dreieckigen Ohren stehen, wenn sie wachsam sind, ansonsten sind sie zurückgeklappt. Die Gliedmaßen sind gerade mit sehr kleinen Füßen, deren Krallen gut auseinanderstehen (Bell et al., 2012). Kleine Hunde geben mehr Wärme an die Umgebung ab als große, ihr Kalorienbedarf ist entsprechend größer. Ein Chihuahua benötigt pro kg Körpergewicht täglich 112 kcal (zum Vergleich: Bernhardiner nur 41 kcal).

EIGENSCHAFTEN

Der Chihuahua ist ein lebhafter winziger Hund, der sich manchmal im Umgang mit größeren Hunden überschätzt. Wenn sie nicht zu klein gezüchtet sind, sind es durchaus robuste Hunde mit einer hohen Lebenserwartung . Sie sind intelligent und gelehrig und man tut ihnen unrecht, wenn man sie nur zu Taschen- und Schoßhunden degradiert. Sie sind anpassungsfähige und

Über die Vorfahren des kleinen Chihuahuas wird viel spekuliert. Die wahrscheinlich aus Mexiko stammenden Hunde wurden erst in den USA reingezüchtet.

pflegeleichte Begleiter in allen Lebensumständen. Obwohl so winzig, schätzt der Chihuahua ausgiebige Bewegung und geistige Beschäftigung und auch eine gewisse Jagdleidenschaft ist ihm ebenfalls zu eigen, meist auf Mäuse. In der Budapester Studie (Turcsán et al., 2011) erreichen sie Platz 83 (von 96) für emotionale Stabilität, Platz 60 für Offenheit, Platz 94 für Geselligkeit mit Hunden und Platz 65 für Extraversion. Nach Persönlichkeitsmerkmalen gruppieren sie am nächsten mit dem Preso Canario, deren gemeinsamer nächster ist der Malteser.

RASSETYPISCHE KRANKHEITEN

Die Besonderheit beim Chihuahua ist die sogenannte „Molera", die offene Fontanelle im Schädeldach (Bell et al., 2012). Außerdem müssen des öfteren die Fangzähne des Milchgebisses vom Tierarzt gezogen werden, da sie nicht von allein ausfallen. Es kann, wie bei vielen kleinen Hunderassen, zu Unterzuckerung kommen (Bell et al., 2012). Neben Augenentzündungen können diese Hunde an Herzerkrankungen leiden oder an einer Patellaluxation (Bell et al., 2012).

Durch seine winzige Erscheinungsform wird er oft unterschätzt, er ist aber ein lebhafter Hund.

Durch Züchtungen mit stark brachyzephalem Kopf (siehe S. 214) kann es, aufgrund der niedrig tiefen Augenhöhlen, bei starker Erregung dazu kommen, dass die Augäpfel aus den Augenhöhlen heraustreten.
Die gemeinsame Zucht von zwei Merle-Hunden sollte vermieden werden, da homozygote Hunde mit mehreren Defekten, einschließlich Blindheit, Taubheit und Herzanomalien, zur Welt kommen können.
Merle wird verursacht durch eine dominante Mutation im SILV-Gen. Als zusätzliche Krankheit können Hüftdysplasie und die Legg-Calve-Perthes-Krankheit auftreten. Diese wird polygen vererbt, was zu einer degenerativen Hüftgelenkserkrankung und Arthritis führen kann.
Zudem kann es bei Chihuahuas zu einem Hydrozephalus kommen, jedoch sind nicht alle Hunde mit einer offenen Fontanelle hydrozephal. Berichtet wird von einem Quotenverhältnis von 62,63 im Vergleich zu anderen Rassen. Laut einer Gesundheitsumfrage der CCA gibt es zudem eine hohe Häufigkeit von Vorbissen, Rückbissen und schiefen Mündern. Laut CERF haben Augenärzte zwischen 2000 und 2005 bei 5,70 % der Chihuahuas eine Glaskörperverletzung am Auge festgestellt. Weiterhin wurden bei 5,06 % persistierende Pupillenmembranen diagnostiziert. Hunde, die davon betroffen sind, sind nicht für die Zucht geeignet. Von den angeborenen Anomalien des Nabelbruchs und der Gaumenspalte wurde eine erhöhte Häufigkeit in der Rasse gemeldet. Chihuahuas haben außerdem eine erhöhte Prävalenz für Kryptorchismus.
Auch verschiedene Formen von Katarakten (Grauer Star) kommen bei 4,43 % der Chihuahuas laut CERF vor. Die CERF rät davon ab, Chihuahuas mit einem Katarakt weiter zur Zucht zu verwenden. Von Endokardiose und chronischen Herzklappenerkrankungen wurde von einer erhöhten Häufigkeit, mit einem Quotenverhältnis von 3,11 zu anderen Rassen, berichtet. Zumdem gibt es Fälle von Hypothyreose (Schilddrüsenunterfunktion). Laut Tests der Michigan State University waren 2,60 % der Hunde davon betroffen. Auch Portosystemischer Shunt bzw. Lebershunt können als mögliche angeborene Störung auftreten. Diese kann

zu Verkümmerung, abnormalem Verhalten und möglichen Anfällen führen. Das Quotenverhältnis liegt bei 4,9 zu anderen Rassen. Die Art der Vererbung ist unbestimmt. Die progressive Netzhautatrophie wird vermutlich autosomal rezessiv vererbt. Zwischen 2000 und 2005 wurden 1,9 % der untersuchten Chihuahas laut CERF als infiziert und 1,27 % als verdächtig gemeldet. Bei Chihuahuas besteht zudem ein erhöhtes Risiko für die Entwicklung von Oxalat- und Cystinblasensteinen. Hornhautdystrophie wurde laut CERF bei 0,63 % untersuchter Hunde zwischen 2000 und 2005 festgestellt. Bei der Lungenstenose gelten Chihuahuas als Rasse mit erhöhtem Risiko. Die Art der Vererbung ist unbestimmt. Chihuahuas sind zudem eine Rasse mit erhöhtem Risiko, generalisierte oder fokal erworbene Myasthenia gravis zu entwickeln, deren häufigste Anzeichen generalisierte Schwäche mit oder ohne Megaösophagus sind. Eine nicht eiternde, akute bis chronische nekrotisierende Meningoenzephalitis wurde ebenso bei Chihuahuas diagnostiziert. Betroffene Hunde leiden unter Anfällen, Blindheit und mentalen Veränderungen im Alter von 1 bis 10 Jahren (Bell et al., 2012).

TRAINING

Chihuahuas können sehr lebhaft sein (Bell et al., 2012), worauf man im Training eingehen sollte. So kann man diese neugierigen und oftmals temperamentvollen Hunde wunderbar mit Bewegung oder gemeinsamer Aktivität (Sozialspiel) belohnen. Von Welpenalter an sollten sie erzogen werden und auch den Umgang mit größeren Hunden lernen, sodass sie später ein normales Hundeleben (abseits von Hundetaschen) führen können. Natürlich kann es aufgrund der Größe ab und zu sinnvoll sein, Hunde auf dem Arm oder in der Tasche zu transportieren (z. B. in Menschenmengen, Bus oder Bahn). Dies bedarf eines strukturierten und positiven Trainings, sodass die kleinen Hunde dies als positiv empfinden und als Ruhezone akzeptieren. Im Alltag kann sich eine starke Anhänglichkeit bzw. Fixiertheit betreffend der Bezugsperson etablieren. Solange dies nicht in einen Ressourcenkonflikt mit Aggressionsverhalten (z. B. gegen andere Menschen oder Tiere) ausartet und der Hund auch nicht ängstlich ist, wird dies kein Problem darstellen. Ein gesundes Maß sollte hier im Auge behalten werden, sodass sich keine Abhängigkeit des Tieres von der Bezugsperson entwickelt. Erziehung ist wichtig, damit die Hunde zu entspannten Alltagshunden werden können. Keinesfalls dürfen kleine (wie auch große) Hunde zu „Spielzeugen“ für Kinder werden, da dies zu einer Gefährdung führen kann. Insbesondere muss man auf die Nähe zum Menschen achten, gerade kleine Hunde sollten nicht ständig zu Körperkontakt gezwungen werden und auch nicht immer auf den Schoß oder Arm genommen werden. Der respekt- und verständnisvolle Umgang sollte hier im Vordergrund stehen.

Ein ausgewogenes und gut bedachtes Training macht aus einem Chihuahua einen alltagstauglichen und entspannten Hund.

GRUPPE 23
— *nach Parker*

MALTESER

HERKUNFT, GESCHICHTE, AUFGABEN

Vermutlich liegt der Ursprung des Maltesers, wie der einiger anderer kleinen Hunderassen, im zentralen Mittelmeerraum. Vorfahren dürften bereits rund 1 000 Jahre v. Chr. in den Häfen und Küstenorten gelebt und dort Mäuse und Ratten bekämpft haben, die überall in den Häfen reichlich zu finden waren. Denn hier wurden auch die Waren gelagert. Erster Hinweis wurde im Grabmal von Ramses II gefunden, eine Statuette aus Naturstein, die dem heutigen Malteser bereits ähnelte.

Ursprungsland des Maltesers dürfte die Insel Malta gewesen sein, die zeitweise auch Melita genannt wurde, darum wird in mancher Überlieferung auch vom Melidea-Hund berichtet. Die Aufgabe als Mäusejäger dürfte jedoch schnell abgelöst worden sein, als die feinen Damen auf den „Geschmack" dieser kleinen Hündchen gekommen waren. Angeblich waren diese Hunde gut gegen Magenschmerzen, man legte sie sich auf den schmerzenden Bauch und sie zogen die Krankheit an sich. Unter Ludwig XIV und XV waren diese kleinen Hunde sehr beliebt unter den Hofdamen, vor allem Jeanne-Antoinette de Pompadour liebte sie und der Malteser erhielt kurzfristig einen neuen Namen als „Madame-Pompadour-Hund".

Der heutige Malteser verdankt jedoch sein Aussehen und seine Rassebeschreibung eindeutig den Engländern, die sich der Rasse in Folge angenommen und ihren Fortbestand gewährleistet haben.

MORPHOLOGIE

Größe und Gewicht Die Schulterhöhe beträgt 25 cm und sein Gewicht liegt bei rund 4 kg.

Farben und Fell Das Fell ist reinweiß, eine blasse Elfenbeintönung ist zulässig, aber nicht erwünscht. Die Fellstruktur ist seidig und ohne Unterwolle. Das Fell bedarf ständiger Pflege, haart aber nicht.

Oft entstehen durch das lange Fell um die Augen Reizungen, wodurch eine Bindehautentzündung entstehen kann und es zu einer vermehrten Absonderung von Tränenflüssigkeit kommt. Durch den Augenausfluss bildet sich häufig eine rötliche Färbung des Fells rund um die Augenpartie.

EIGENSCHAFTEN

Der Malteser ist ein lebhafter und gelehriger kleiner Hund, der ein intelligenter und angenehmer Hausgenosse sein kann. Trotz seines kleinen Wuchses, ist er wachsam, aber nicht übertrieben reaktionsbereit. Fremden Menschen gegenüber ist er eher zurückhaltend. Der Malteser eignet sich gut als Wohnungs- oder Stadthund, man

VERWANDTSCHAFT IN GRUPPE 23

Innerhalb der Gruppe sind Malteser und Havaneser am nächsten genetisch verwandt, ihnen gegenüber steht der Bichon. Die Pudel stehen ihnen gegenüber, und Portugiesischer Wasserhund und Coton bilden eine Schwestergruppe, die allen anderen gegenübersteht.

sollte jedoch nicht vergessen, dass auch ein kleiner Hund gern spazieren geht und seine Bewegungsfreude ausleben möchte. Da der Malteser am liebsten immer bei seiner Bezugsperson ist, eignet er sich auch für alleinstehende berufstätige Menschen, die ihren Hund mit zur Arbeit nehmen können. In einer Verhaltensstudie von Wilson et al. (2018), die aus einem Cluster von 12 Rassen (u.a. Malteser, Zwergspitz, Bichon Frisé, Shih Tzu und Lhasa Apso) bestand, erreichte der Malteser hohe Punktzahlen in Bezug auf Aggression, Angst und Trennungsprobleme im Vergleich zu anderen Clustern.

MEDICAL-TRAINING

Gerade bei Hunde mit viel Pflegeaufwand des Fells ist es wichtig, dass manchmal durchaus unangenehme Handlungen trainiert werden. Im Medical-Training erhalten Hunde die Möglichkeit, eine Erwartungssicherheit zu erlangen. Durch ein Signal (Kooperationssignal) lernt der Hund, dass die Handlung (z. B. Bürsten) nur dann erfolgt, wenn er dafür bereit ist. Den Beginn und die Dauer der Handlung (wenn auch unangenehm) selbst bestimmen zu können, gibt Sicherheit. Verknüpfen Hunde dagegen immer ein unangenehmes Gefühl z. B. mit der Bürste, weil diese ziept, kann dauerhaft bereits auf den Reiz „Bürste" (ohne Ziepen) ein Meideverhalten oder sogar Aggression, mit der Emotion Furcht oder Angst dahinter, entstehen. Training zahlt sich hier langfristig aus, denn diese Hunde müssen täglich gepflegt werden und sollten dies als angenehm kennenlernen. Dies gilt ebenso, wenn der Hund in den Hundesalon, zum Hundefrisör, oder zum Tierarzt gehen muss. Auch dies sollte positiv trainiert werden. Siehe S. 149, 156.

Außerdem werden sie als hoch motiviert beschrieben, die Aufmerksamkeit ihres Halters zu bekommen (Wilson et al., 2018). In der Studie von Turcsán et al. (2011) findet sich der Malteser auf Platz 64 für emotionale Stabilität, 80 für Offenheit, 92 für Geselligkeit mit Hunden und 68 für Extraversion. Die Gesamtpersönlichkeit steht mit Chihuaha und Preso Canario am nächsten.

RASSETYPISCHE ERKRANKUNGEN

Wie leider bei vielen kleinen Hunderassen, ist auch beim Malteser die Patellaluxation verbreitet. Dieses Risiko wird bei Übergewicht oder zu wenig Bewegung erhöht. In einer Studie von Lee et al. (2019) konnte, nach Blutprobenentnahme bei 48 Hunden, eine genetische Veranlagung für Mitralklappenprolaps (MVP) und degenerative Mitralklappenerkrankung (DMVD) nachgewiesen werden. Eine Erkrankung, die oft tödliche Entzündungen und Nekrosen im Gehirn verursacht, ist die nekrotisierende Meningoenzephalitis (NME), unter der vor allem kleine Hunderassen leiden. Schrauwen et al. (2014) konnten auch für den Malteser genetische Risikofaktoren für die NME-Entwicklung identifizieren. Extrahepatische portosystemische Shunts sind häufig eine weitere Erbkrankheit unter Maltesern, bei der ein rezessiver Erbgang vermutet wird (O'Leary et al., 2014). In einer Langzeitstudie (1980 bis 2002), in der ein Zusammenhang von Rasse und Diagnose eines portosystemischen Shunts untersucht wurde, zeigte sich, dass der höchste Anteil erkrankter Hunde unter den Rassen Havaneser (3,2 %), Yorkshire Terrier (2,9 %) und Malteser (1,6 %) zu finden waren (Tobias und Rohrbach, 2003). Auch in Bezug auf kardiovaskuläre Erkrankungen sind Malteser häufig betroffen (Inoue et al., 2016).

Der Malteser dürfte ursprünglich von der Insel Malta stammen. Doch erst die Engländer haben ihm das heutige Aussehen verliehen und den Fortbestand der Rasse garantiert.

TRAINING

Eine gute Grunderziehung ist für alle Hunde wichtig, auch für kleine. Obwohl diese Hunde optisch sehr süß wirken, sind es ursprünglich Jagdhunde (Mäusejagd), die beschäftigt werden möchten. Sie lassen sich gut über Futter, aber auch über Jagdverhalten belohnen. Hier liegt die konsequente Umsetzung beim Hundehalter, sodass die belohnenden Faktoren für den Hund auch im Training eingesetzt werden können. Regeln und Grenzen müssen gesetzt werden, wobei dies nichts mit Gewalt zu tun hat. Sie können sehr aufgeweckte Hunde sein, gehen gern spazieren und schnüffeln. Gerade das Bewegungsbedürfnis ist bei kleinen Hunden nicht zu unterschätzen.

Ursprünglich dürfte der Havaneser aus Kuba stammen, wo er Kleinvieh und Geflügel hütete.

HAVANESER

HERKUNFT, GESCHICHTE, AUFGABEN

Der Havaneser hat seinen Ursprung, wie auch der Malteser, im Mittelmeerraum. Ursprünglich stammt diese Rasse aus Kuba (Starr et al., 2007), wohin ihn Seefahrer gebracht haben dürften. Auf Kuba hütete er Kleinvieh oder Geflügel. Von den ursprünglich auf Kuba gezüchteten Havanesern, existieren heute keine Tiere mehr. Einige Nachkommen überlebten in den USA, wo sie in den 1970er-Jahren eingeführt wurden (Starr et al., 2007). Heute erfreut sich der Havaneser wieder auf der ganzen Welt großer Beliebtheit, wobei sein niedliches Aussehen nicht täuschen sollte.

MORPHOLOGIE

Größe und Gewicht Er hat eine Schulterhöhe zwischen 21 bis 29 cm. Das Gewicht ist sehr unterschiedlich und kann von 3 bis 9 kg variieren.

Farben und Fell Die Fellfarbe ist selten reinweiß; das unterscheidet den Havaneser auch deutlich vom Malteser. Farblich kommen Havaneser in falbfarben, tabakfarben oder rot-braun vor; in diesen Farben sind dunklere Flecken erlaubt. Das Fell ist weich, glatt oder gewellt und kann lockige Strähnen bilden, besitzt jedoch kaum Unterwolle. Es muss oft gebürstet und gekämmt werden, damit es nicht verfilzt. Die Fellpflege ist jedoch weniger aufwändig als beim Malteser.

EIGENSCHAFTEN

Der Havaneser ist ein lebhafter Hund, der weniger zur Nervosität neigt. Sein fröhliches und freundliches Wesen macht ihn als Begleithund so beliebt. Trotz seiner geringen Körpergröße, ist er meist ein selbstbewusster und entspannter Hund, der aber nicht zur Aggressivität neigt. Klug und gelehrig, liebt der Havaneser mit seinen Bezugspersonen viel zu unternehmen. Seine große Bereitschaft mit dem Menschen zusammenzuarbeiten, macht ihn leicht trainierbar, er lernt gern und ist intelligent. Daher ist er meist ein gern gesehener Familienhund. Man sollte jedoch nie vergessen, dass auch dieser kleine Hund seinen Bewegungsdrang hat und ausleben möchte. Beschäftigung ist hier sehr wichtig, gern geistig mit kniffligen Intelligenz-Übungen und auch körperlich durch Spaziergänge.

In einer Studie von Bellamy et al. (2018) wurde beim Havaneser erhöhte soziale Angst festgestellt, die mit dem DRD2-Gen, dem Dopaminrezeptor 2, in Verbindung gebracht wird.

Seine Gesamtpersönlichkeit gruppiert nahe bei Whippet und Zwergschnauzer, er erreicht Platz 20 für emotionale Stabilität, 50 für Offenheit, 38 für Geselligkeit und 69 für Extraversion (Turcsán et al. 2011).

RASSETYPISCHE ERKRANKUNGEN

Beim Havaneser ist Katarakt (Grauer Star) verbreitet (Gelatt und MacKay, 2005).

Die Kniescheibe (Patellaluxation) ist leider auch bei dieser Rasse ein häufiges Problem. Wie u. a. beim Malteser, sind auch beim Havaneser portosystemische Shunts weit verbreitet (Tobias und Rohrbach, 2003).

Weitere häufige Fehlentwicklungen sind Osteochondrose, Herzgeräusche und fehlende Schneidezähne. In einer Studie wiesen berechnete Heritabilitässchätzungen darauf hin, dass die genannten Entwicklungen wie Osteochondrose, Katarakte, Herzgeräusche und fehlende Schneidezähne als einzelne Krankheit vererbt werden (Starr et al., 2007). Talgadenitis, eine Krankheit, die zur Zerstörung der Talgdrüsen führt, konnte in einer Studie in 35 % der Fälle (n = 34) nachgewiesen werden (Frazer et al., 2011).

Training – siehe Malteser, S. 581

Sein freundliches und lebhaftes Wesen macht den Havaneser zu einem beliebten Begleithund.

BICHON FRISÉ

HERKUNFT, GESCHICHTE, AUFGABEN

Wie auch Malteser oder Havaneser, hat der kleine Bichon Frisé seinen Ursprung nicht auf dem Festland, sondern auf den Kanarischen Inseln. Das größte Vorkommen war auf Teneriffa, darum hatte er auch den Spitznamen „Teneriffa Hähnchen". Von dort dürften Seefahrer den kleinen lockigen Hund (übersetzt heißt Bichon Frisé = gelockter Schoßhund) im 14. Jahrhundert nach Frankreich gebracht haben. In Frankreich, Spanien und Belgien erfreute sich dieser kleine lebenslustige Hund größter Beliebtheit am Hof der Adelshäuser. Im 19. Jahrhundert wurde es ein wenig still um die Rasse, bevor sie in den 1930er-Jahren wieder einen Aufschwung erleben durfte. Aus dieser Zeit stammt auch der heutige Name, sowie die Erstellung von Standards. Das Zuchtbuch führen Frankreich und Belgien.

MORPHOLOGIE

Größe und Gewicht Er hat eine Schulterhöhe von etwa 25 bis 30 cm und wird 3 bis 6 kg schwer.

Farben und Fell Die Fellfarbe ist weiß. Das Fell ist dünn, seidig, mit Korkenzieherlocken, es erreicht eine maximale Länge von 10 cm. Das Haarkleid benötigt regelmäßige Pflege, um nicht zu verfilzen.

Der Bichon Frisé bekam von Seefahrern den Spitznamen „Teneriffa Hähnchen".

Das weiße Fell ist seidig und lockig, es benötigt eine sorgfältige Pflege, um nicht zu verfilzen.

EIGENSCHAFTEN

Der Bichon Frisé ist ein temperamentvoller Hund, der gern lernt und daher nicht schwer zu erziehen ist. Obwohl klein in der Körpergröße, besitzt diese Rasse durchaus Mut und durch ihre gute Wachsamkeit entgeht ihnen nichts. Erfreulicherweise ist er Bichon Frisé Menschen und Artgenossen gegenüber sehr aufgeschlossen und zeigt kaum Aggressivität. Er eignet sich gut als Wohnungs- und Stadthund, ebenso als Familienhund, aber auch hier gilt: Obwohl klein, will er viel Auslauf und liebt lange Spaziergänge.

RASSETYPISCHE ERKRANKUNGEN

Auch beim Bichon Frisé ist Katarakt (Grauer Star) verbreitet (Violette und Ledbetter, 2017; Baumworcel et al., 2009; Gelatt und MacKay, 2005; Gelatt et al., 2003). Wallace et al. (2005) nehmen für Katarakt eine autosomal rezessive Vererbung vor. Die Kniescheibe (Patellaluxation) ist leider auch bei dieser Rasse ein häufiges Problem (Nilsson et al., 2018). In einer kanadischen Studie wurde festgestellt, dass Hunde der Rassen Shih Tzu, Zwergschnauzer, Bichon Frisé, Lhasa Apso und Yorkshire Terrier am häufigsten von Struvit- als auch Calciumoxalat-Urolithen betroffen waren (Houston, 2009). Bichon Frisé sind häufig von Hyperadrenokortizismus betroffen (O'Neill et al., 2016), der durch eine Überproduktion von Cortisol entsteht. Diese Erkrankung wird auch Cushing-Syndrom genannt und führt u. a. zu Symptomen wie Polyurie/Polydipsie, Lethargie, Übergewicht und Hecheln.

Training – siehe Malteser, S. 581

Der Toypudel ist eine besonders beliebte kleine Form des Standard Pudels.

TOYPUDEL

HERKUNFT, GESCHICHTE, AUFGABEN

Der Toypudel ist aus einer besonders kleinen Form des Standard Pudels herausgezüchtet worden. Besonders beliebt vor allem in England, wo es für diese kleinen Hunde eigene Formen der Schur gibt, die manchmal schon sehr wenig Funktionalität und Tragbarkeit für den einzelnen Hund aufweist.

MORPHOLOGIE

Größe und Gewicht Der Toypudel darf eine max. Schulterhöhe von 25 cm erreichen und ein max. Gewicht von 5 kg. Probleme durch die Kleinwüchsigkeit entstehen bei dem papierdünnen Schädeldach und den teilweise nur rudimentär vorhandenen Zähnen.

Farben und Fell Das Fell kommt in den Farben schwarz, weiß, braun, grau, apricot, rotfalb, black and tan und gescheckt vor.

EIGENSCHAFTEN

Der Toypudel hat die guten Eigenschaften seiner großen Verwandten, er ist lebhaft und gelehrig und hat ein angenehmes ausgeglichenes Wesen. Auch er macht gern bei diversen Hundesportarten mit, wobei man jedoch sehr auf die körperliche Belastbarkeit achten muss, um den Zwerg nicht zu überfordern. Er eignet sich gut für einen Wohnungs- oder Stadthund, wobei er sehr anpassungsfähig ist und sowohl bei Einzelpersonen als auch bei Familien gut aufgehoben ist.

In einer Studie von Shouldice et al. (2019) wurden Eigenschaften von Goldendoodle, Labradoodle, Standard Pudel und auch Miniatur Pudel anhand von 5 141 Fragebögen (C-BARQ) ausgewertet. Dabei trat aggressives Verhalten gegenüber anderen, im Haushalt lebenden Hunden (Rivalität) am häufigsten beim Miniatur Pudel auf. Außerdem erreichte diese Rasse auch bei trennungsbezogenen Problemen und bei nicht sozialer Angst und Furcht (Gewitter, Verkehr, unbekannte Objekte/Situationen) die höchsten Werte. Seine Werte für emotionale Stabilität (Platz 60 von 96), Offenheit (51), 78 für Geselligkeit und 79 für Extraversion (Turcsán et al., 2011) lassen ihn dem Briard am nächsten stehen.

RASSETYPISCHE ERKRANKUNGEN

Die erblich bedingte Augenkrankheit (prcd-PRA) kann bei Zwerghunden vorkommen, wie auch die Kniescheibenproblematik der Patellaluxation (Maeda et al., 2019). Leider treten auch Epilepsiefälle auf. Häufig kommt es außerdem zu Katarakten (Gelatt und MacKay, 2005; Park et al., 2009; Baumworcel et al., 2009). In einer Studie von Roe et al. (2012) ergab sich, dass Calciumoxalat Urolithe besonders bei Chihuahua, Miniatur Pudel und Yorkshire Terrier auftreten. In einer Studie von Hirose et al. (2014) trat hepatische mikrovaskuläre Dysplasie mit am häufigsten (11,8 %) beim Miniatur Pudel auf.

Training – siehe Standard Pudel, S. 590

Sein ausgeglichenes, aber lebhaftes Wesen machen ihn zu einem beliebten Begleit- und Familienhund.

STANDARD PUDEL

HERKUNFT, GESCHICHTE, AUFGABEN

Auch beim Pudel ist der Ursprung der Rasse nicht einwandfrei nachweisbar. Es gibt bereits Aufzeichnungen und Abbildungen von kraushaarigen Hunden seit Anfang des 16. Jahrhunderts. Die meisten davon waren Wasserhunde, weshalb sich die Annahme, dass der Pudel von einem Wasserhund abstammt, hartnäckig hält. Je nach Betrachter und Hundeahnenforscher werden diverse Gemälde zur Abstammung herangezogen, sie haben alle eines gemeinsam: sie zeigen mittelgroße kraushaarige schwarze Hunde. „Pfudel" ist das Dialektwort für Pfütze, auch der Begriff „pudelnass" war eine gängige Bezeichnung. Mit der weiteren Bezeichnung „Barbet" waren eigentlich ungarische Wasserhunde gemeint, die kraus und filzhaarig waren. Man stutzte ihnen das Fell an der Rute, damit sie sich im Wasser besser bewegen konnten. Die Hundeschur hat somit auch bereits eine sehr lange Tradition. Mit großer Wahrscheinlichkeit wurde der Pudel aus den in ganz Westeuropa an Küsten oder Wassergegenden anzutreffenden schwarzen zottigen kraushaarigen Hunden herausgezüchtet. Sie alle waren gute Apportierhunde für Wassergeflügel. Immer wieder behauptet, aber schwer belegbar, hält sich auch die Aussage, dass Pudel als Artistenhunde gezüchtet wurden, um Affen zu imitieren. Sowohl die Standardpudelschur, die etwas an Rhesusaffen erinnert, als auch die an Mantelpaviane erinnernde Schur der Großpudel könnte dies durchaus nahelegen. Tatsächlich waren ja Pudel lange Zeit in Zirkus- und Varieté-Auftritten weit verbreitet. Standard Pudel wurden als Arbeitshunde genutzt, während die drei weiteren Pudelrassen vorrangig als Gesellschaftshunde gezüchtet wurden. So kam es dazu, dass Standard Pudel seit mehr als 100 Jahren getrennt von den kleineren Pudelrassen gezüchtet wurden, was zu einer deutlichen genetischen Differenzierung geführt hat (Björnerfeldt et al., 2008).

MORPHOLOGIE

Größe und Gewicht Die Größen der Pudel werden in diverse Rassegruppen geteilt, so sollte der Großpudel eine Schulterhöhe zwischen 58 bis 71 cm haben, der Mittelpudel bis 45 cm und der Kleinpudel bis 35 cm. Gibt es in einem Wurf Hunde mit 34 und 36 cm, ist nicht eindeutig geklärt, ob sie dann alle zu den Mittelpudeln zählen, oder ob der Hund mit 34 cm zu den Kleinpudeln zählt. Durch diese nicht klar definierten Größen, wird wahrscheinlich nie eine einheitliche Größe entstehen können. Durch die Größenvariationen können auch keine konkreten Gewichtsangaben gemacht werden.

Farben und Fell Das Fell kommt in den Farben schwarz, weiß, braun, grau, apricot, rotfalb, black and tan sowie gescheckt vor. Nicht alle Farbschläge sind international bei den Rasseclubs anerkannt.

EIGENSCHAFTEN

Der Pudel ist ein lebhafter Hund, der allem aufgeschlossen gegenüber tritt. Er ist intelligent und gelehrig und durch seine gute Motivierbarkeit eignet er sich sehr gut für alle Arten des Hundesports und andere

Der Pudel ist ein vielseitiger und aufgeschlossener Hund, der gern mit seinem Menschen zusammenarbeitet.

Aktivitäten wie z. B. Dog Dancing. Auch über seine guten Apportierfähigkeiten sollte man Bescheid wissen. Der Pudel ist nicht nur dazu geeignet, mit einer Schur bei einer Ausstellung zu glänzen, sondern er ist ein Arbeitshund! Er bindet sich gern an den Menschen und möchte diesen dann auch überallhin begleiten. Seine gute Verträglichkeit mit Menschen und anderen Artgenossen, macht ihn zu einem angenehmen Begleiter. Man muss dennoch wissen, dass dieser Hund viel Bewegung und Beschäftigung braucht.

Bei Turcsán et al. (2011) erreicht er Platz 40 für emotionale Stabilität, 29 für Offenheit, 72 für Geselligkeit und 59 für Extraversion.

RASSETYPISCHE ERKRANKUNGEN

Wie auch beim Klein- oder Zwergpudel gibt es hier die erblich bedingte Erkrankung der Augen (prcd-PRA). Durch die Größe des Großpudels kann es zu einer Magendrehung kommen, ebenso wie zu Skeletterkrankungen HD, ED, OCD. Beim Pudel tritt häufig Nebennierenunterfunktion auf (Hanson et al., 2016; Friedenberg et al., 2017; Treeful et al., 2019), diese Erkrankung wird autosomal rezessiv vererbt (Famula et al., 2003). In einer Studie von Seim-Wikse et al. (2013) wurde die Veranlagung zu Magenkarzinomen u.a. bei den Hunderassen Tervueren, Groenendael, Collie und Standard Pudel festgestellt.

TRAINING

Der Pudel ist meist sehr intelligent und lässt sich gut und einfach trainieren. Doch auch hier muss der Hundehalter ein eigenes Verständnis für seinen Hund entwickeln. Was empfindet mein Hund als belohnend und was kann ich im Training als Verstärker einsetzen? Pudel lassen sich mit vielem belohnen. Ob Futter, Leckerchen, Beute (Jagdverhalten), Suchen (Jagdverhalten), Finden und Apportieren, gemeinsames Laufen mit dem Halter bzw. echtes Lob und Anerkennung. Sie arbeiten und kooperieren gern mit ihrem Menschen, was daher auch gut im Training und der Erziehung eingesetzt werden kann. Auch spielen sie gern mit Artgenossen, was auch eine Abschlussbelohnung nach dem Training darstellen kann. Die Wiederholungsrate für das Erlernen von Übungen ist meist gering. Dies muss man im Training beachten.

Sie sind ursprünglich wahre Jäger und zeigen daher auch je nach Typ ambitioniertes Jagdverhalten. Dies lässt sich gut in das Training integrieren. Sie wollen arbeiten und auch Leistung erbringen. Daher sollte man für diese Hunde eine entsprechende Beschäftigung finden. So kann dies im Hundesport z. B. Unterordnung, Stöbern, Apportieren oder Fährte sein. Aber auch Beschäftigungen wie z. B. Dog Dancing. Pudel sind keine Hunde für ruhige Menschen, da sie gern etwas unternehmen. Wander, Radfahren, etc. kann mit einem Pudel (wenn er gesund und ausgewachsen ist) eine gemeinsame Freude sein.

Auch bei dieser Rasse muss man Medical Training (siehe S. 580) erwähnen, da der Pudel geschoren werden muss. Ansonsten würde sein Fell immer weiter wachsen. Hier zahlt sich positives Training mit der Schermaschine aus. Gerade auch das Scheren in empfindlichen Körperregionen, wie z. B. zwischen den Ballen, sollte positiv trainiert werden, da Hunde dies als unangenehm empfinden. Auch das Stillhalten beim Scheren über eine längere Zeit muss positiv gelernt werden. Keinesfalls sollte der Hund einfach fixiert werden, ansonsten kann eine erlernte Hilflosigkeit entstehen.

Durch ein gutes, abwechslungsreiches Training kann der Standard Pudel in den verschiedenen Einsatzgebieten hervorragende Leistungen erzielen.

Die Vorfahren des Portugiesischen Wasserhundes dürften bis zu den Römern zurückreichen.

PORTUGIESISCHER WASSERHUND

HERKUNFT, GESCHICHTE, AUFGABEN

Schon im Zeitalter der Römer berichtete man ca. 600 v. Chr. auf der iberischen Halbinsel von einem fischenden Hund. Dieser Hund übernahm alle Aufgaben, die der Fischer leisten musste und unterstützte ihn dabei. Die Aufgaben waren vielfältig: vom Bewachen des Bootes, dem Aufstöbern von Fischschwärmen (hohe Geruchsleistung) und schwimmend die Fische zu den Netzen treibend. Der Portugiesische Wasserhund kam an der gesamten Küste Portugals vor. Doch mit dem Rückgang des Fischfanges ging auch die Anzahl des Portugiesischen Wasserhundes zurück. Ende des 20. Jahrhunderts, knapp vor ihrem Verschwinden, gewann diese Rasse wieder an Beliebtheit, auch als Hund des populären früheren US-Präsidentenpaares Obama.

MORPHOLOGIE

Größe und Gewicht Er ereicht eine Schulterhöhe von ca. 57 cm und ein Gewicht von 16 bis 22 kg.

Farben und Fell Die Fellfarben sind schwarz, braun oder weiß. Das Fell ist aus widerstandsfähigem Haar, ohne Unterwolle und haart nicht. Es gibt den Portugiesischen Wasserhund in zwei Fellvarianten: gewelltes Langhaar und kurzes gekräuseltes Haar, beide Varianten gibt es einfarbig oder mehrfarbig. Ein Kennzeichen der Portugiesischen Wasserhunde sind Zwischenzehenhäute, die die Hunde beim Schwimmen unterstützen.

EIGENSCHAFTEN

Der Portugiesische Wasserhund ist bekannt für sein starkes Temperament. Man bezeichnet ihn auch gern als beharrlich (eigenwillig).

Der Portugiesische Wasserhund ist den Fischern eine unschätzbare Hilfe, sei es, um etwas aus dem Wasser zu apportieren oder Fische daran zu hindern, aus den Netzen zu springen.

Intelligenz und Arbeitswille machten ihn zu einem beliebten Hund für Hundesportbegeisterte, aber auch für die Rettungshundearbeit. Da er nicht haart, wird er auch gern von Menschen mit einer Hundehaarallergie gehalten. Durch seine ursprüngliche Arbeit, u. a. Fische, die aus dem Netz springen wollen, einzufangen und zurück ins Netz zu befördern, ist der Portugiesische Wasserhund ein ausgezeichneter Apportierhund. Man sollte jedoch nicht vergessen, dass diese Hunde territorial verteidigungsbereit sein können. Sind sie Artgenossen nicht von klein an gewohnt und gut sozialisiert, können sie auch relativ unduldsam gegenüber fremden Hunden sein. Erziehung und Training müssen klar und strukturiert sein, dann arbeitet der Portugiesische Wasserhund sehr gern mit den Menschen zusammen. Er ist kein Hund für Menschen, die nicht sehr unternehmenslustig sind; sinnvolle Beschäftigung, sowie die Möglichkeit zu schwimmen, sind unbedingt notwendig.

RASSETYPISCHE ERKRANKUNGEN

Diese Hunderasse erfreut sich immer größerer Beliebtheit. Durch die relativ kleine Population bei der Entstehung der Rasse, sind einige Erbkrankheiten verbreite, die aber mit Gentests überprüft werden können. Seriöse und gute Züchter achten hier darauf. In einigen Studien wurde eine Veranlagung zu Dilatativer Kardiomyopathie festgestellt, die autosomal rezessiv vererbt wird (Alroy et al., 2000; Sleeper et al., 2002; Alroy et al., 2005; Werner et al., 2008). Eine weitere Erkrankung, für die Portugiesische Wasserhunde eine Veranlagung besitzen, ist die Addison Krankheit (Chase et al., 2006; Hanson et al., 2016). Die Progressive Retinaatrophie (PRA) ist eine angeborene Augenerkrankung, die durch eine Degeneration der Stäbchen und Zapfen Photorezeptoren der Retina verursacht wird. In einer Studie von Dostal et al. (2011) waren vor allem Portugiesische Wasserhunde häufig betroffen.

TRAINING

Der Portugiesischer Wasserhund erfreut sich einer immer größeren Beliebtheit. Dies hängt natürlich auch mit dem Umstand zusammen, dass die Hunde nicht haaren, sondern das Fell geschoren werden muss. Sie sind intelligente, lernbegierige, sportliche Arbeitshunde, die beschäftigt werden möchten. Ihre größte Leidenschaft ist das Wasser. Es gibt keine Selektion in der Zucht auf eine „Schönheitslinie". Auffällig ist, dass sie eine geringe Frustrationstoleranz haben können und ein sehr aktives Wesen. Hier ist unbedingt im Training darauf zu achten, dem Hund eine klare Trennung zwischen Ruhe und Arbeit zu vermitteln. Belohnend finden sie meist Futter (Leckerchen), Beute, Laufen, Wasser und alle Belohnungsformen aus dem Jagdverhalten. Wegen ihres aktiven Wesens muss man durchaus darauf achten, dass sie lernen, mit Umweltreizen gut zurechtzukommen. Hier ist Aufzucht und Sozialisation wirklich sehr wichtig. In der Erziehung sind Regeln und Konsequenz wichtig. Gerade ihre Beharrlichkeit macht vielen Haltern das Leben schwer. Im Prinzip muss sich hier nur die Sichtweise und das Training ändern, sodass diese Beharrlichkeit des Hundes in ein von uns Menschen gewünschtes Verhalten gelenkt wird. Das hat aber mit Management zu tun und ob man dies im Training auch dementsprechend positiv einsetzen kann. Diese Hunde können in unterschiedlichen Hundesportarten ihre Leistung zeigen oder auch bei Beschäftigungsformen ihre Intelligenz unter Beweis stellen. Sie arbeiten gern mit dem Menschen zusammen, aber zeigen auch ihre Eigenständigkeit. Das Medical Training ist wichtig, da diese Hunderasse geschoren werden muss (siehe S. 580, 149, 156).

Die Tatsache, dass der Portugiesische Wasserhund nicht haart, lässt ihn immer populärer werden.

COTON DE TULÉAR

HERKUNFT, GESCHICHTE, AUFGABEN

Über den Ursprung des Coton de Tuléar gibt es viele abenteuerliche Geschichten, aber keine sind durch Fakten belegbar. Die Häfen Madagaskars waren Piratenhäfen und wahrscheinlich wurden Hunde von Piraten eingeführt. Ziemlich sicher ist, dass ein Hund des kleinen Hundetyps aus Malta oder Teneriffa stammend, sich mit einem der heimischen Hunde in Madagaskar vermischt haben dürfte, aus dem der heutige Coton de Tuléar entstanden ist. Bis zum Ende des 20. Jahrhunderts war der Coton de Tuléar in Europa und Amerika kaum bekannt, auch heute muss man einige Mühen auf sich nehmen, um einen dieser Hunde zu bekommen.

Die Urahnen des Coton De Tuléar dürften von Piraten aus Malta oder Teneriffa nach Madagaskar gebracht worden sein.

Der Coton De Tuléar ist ein hervorragender Mäusejäger, aber auch aufmerksamer Wächter.

MORPHOLOGIE

Größe und Gewicht Er hat eine Schulterhöhe von 25 bis 30 cm und wird 5,5 bis 7 kg schwer.

Farben und Fell Die Fellfarbe ist weiß. Es werden leichte Farbspuren erlaubt, wenn sie den Gesamteindruck von einem weißen Haarkleid nicht beinträchtigen. Das Fell besitzt keine Unterwolle und ist sehr weich und lang, daher auch sehr pflegeintensiv. Der Coton de Tuléar verliert kaum Haare, aber das Fell verfilzt schnell und muss sorgfältig gepflegt werden. Selbst geschoren ist die Pflege intensiv und darüber hinaus ist der Coton de Tuléar durch sein langes Fell sehr hitzeempfindlich.

EIGENSCHAFTEN

Der Coton de Tuléar hat ein ausgeglichenes Wesen, ist dabei aber lebhaft und unkompliziert. Er lernt schnell und ist sehr anpassungsfähig, was ihn wiederum zu einem perfekten Begleithund für Jung und Alt und auch familientauglich macht. Grundsätzlich ist er sehr menschenbezogen und sollte das Alleinbleiben gut lernen. Ein überraschender Wesenszug dieser Hunde ist ihre hohe Wachsamkeit, die sie wiederum zu hervorragenden Mäusejägern macht. Aus diesem Grund sollte man die Bewegungsfreude dieses kleinen Hundes nicht unterschätzen und auch die geistige Beschäftigung sollte nicht zu kurz kommen. Gerade durch die Wachsamkeit kann das Bellverhalten vermehrt auftreten und muss im Training in entsprechende Bahnen gelenkt werden.

In der Budapester Studie (Turcsán et al. 2011) liegt er bei wenig trainierbaren und intravertierten Rassen, er erreicht Platz 42 für emotionale Stabilität, 75 für Offenheit, 17 für Geselligkeit mit Hunden und 73 für Extraversion.

RASSETYPISCHE ERKRANKUNGEN

Hunde dieser Rasse sind häufig von Banderas Neonataler Ataxie betroffen (Coates et al., 2002, Zeng et al., 2011). Diese Krankheit tritt nach der Geburt auf und führt zu einer Degeneration des Nervensystems und damit zu mangelhafter Koordinationsfähigkeit. Die Erkrankung wird rezessiv vererbt.

Training – siehe Malteser, S. 581

SERVICE

*— Wissenswertes für Hundehalter*Innen*

QUELLEN

Fischer, Martin S. und Karin E. Lilje (2011): **Hunde in Bewegung**. VDH Service GmbH, Dortmund

Gansloßer, Udo und Kate Kitchenham (2012):**Forschung trifft Hund**. Kosmos

Gansloßer, Udo und Kate Kitchenham (2019): **Hunde-Forschung aktuell.** Kosmos

Gansloßer, Udo (2020): **Verhaltensbiologie für Hundetrainer**. Kosmos

Gansloßer, Udo, Kristina Knezevic und Carina Anna Kolkmeyer (2020): **Säugetierverhalten.** Filander

Hradecka, Lenka et al. (2015): **Heritability of behavioural traits in domestic dogs: A meta-analysis.** Appl. Amin. Behav. Sci. 170: 1 – 13.

Krämer, Eva-Maria (2017): **Der Kosmos Hundeführer.** Kosmos

Lamprecht, Jürg (1999): **Biologische Forschung**: Von der Planung bis zur Publikation. Filander

MacLean, E.L., N. Snyder-Mackler, B.M. vonHoldt, J.A. Serpell (2019): **Highly heritable and functionaslly relevant breed differences in dog behaviour.** Proc Roy Soc B 286, 20190716

Mehrkam, L. and C.D.L. Wynne (2014): **Behavioral differences among breeds of domestic dogs** (*canis lupus familiaris*): Current status of the sciences: Appl. Anim. Behav. Sci. 155: 12 – 27

Parker, Heidi G. et al. (2017): **Genomic analyses reveal the influence of geographic origin, migration and hybridization on modern dog breed development.** Cell Reports 19: 697 – 708

Räber, Hans (2001): **Enzyklopädie der Rassehunde.** Band 1 und 2. Kosmos

Sommerfeld-Stur, Irene (2016): **Rassehundezucht – Genetik für Züchter und Halter.** Müller-Rüschlikon

Svartberg, Kenth (2006): **Breed-typical behaviour in dogs – Historical remnants or recent constructs?** Appl. Anim. Behav. Sci. 96: 293 – 313

Turcsán, B., E. Kubinyi, A. Miklósi (2011): **Trainability and boldness differ between dog breed duster based on artificial categorization and genetic relatedness.** Appl. Anim. Behav. Sci. 132: 61 – 70.

Turcsán, B. (2016): **Personality in Domestic dogs.** PhD Diss Eötvos-Lorand Universität Budapest

Turcsán, B., A. Miklosi, E. Kubinyi (2017): **Owner perceived differences between mixed-breed and purbred dogs.** PloS One 12(2): e0172720.

QUELLENNACHWEISE

Das Gesamtquellenverzeichnis finden Sie als PDF-Download unter https://www.kosmos.de/ganslosser_hunderassen

---

GLOSSAR

Autosomale Vererbung – Das betreffende Gen sitzt nicht auf den Geschlechtschromosomen (= Gonosomen), sondern auf einem Chromosom, das paarig bei beiden Geschlechtern gleiche Form hat.

Clusteranalyse – Ein statistisches Verfahren, bei dem computergestützt ein großer Datensatz nach Ähnlichkeiten gruppiert wird. Das Verfahren wird vor allem angewandt, wenn sich die Daten in mehr als einem Merkmal unterscheiden. Als Ergebnis entsteht ein Diagramm, bei dem die untersuchten Tiere, Mensch-Hund-Teams, Arten, Lebensräume oder andere analysierten Merkmalsträger umso näher zusammenstehen, je ähnlicher sie einander sind.

Diabetes mellitus – Stoffwechselerkrankung, bei der es durch eine Insulinresistenz oder einem Insulinmangel zu einem dauerhaft erhöhten Blutzuckerspiegel kommt. Die Folgen können unter anderem Müdigkeit, Durst, vermehrter Harnabsatz, Wundheilungsstörungen und Infektanfälligkeit sein.

Dilute-Gen (Verdünnungsgen) – Dilute-Gene kommen bei verschiedenen Tierarten vor und sind Gene, deren rezessives Allel zu einer Aufhellung der Fellfarbe führt. Ursache ist bei homozygot-rezessiven Genträgern wahrscheinlich ein beeinträchtigter Transport von Farbpigmenten in den Zellen. Neben der veränderten Farbintensität, kann es zum Teil auch zu Erkrankungen wie zum Beispiel der Color Dilution Alopecia, einem Dilute-Gen-assoziiertem Haarausfall, kommen.

Dominante Vererbung – Selbst wenn nur eines von zwei X-Chromosomen eines Paares diese Merkmalsform trägt, schlägt sie im Erscheinungsbild voll durch.

Dyskinesie – Eine Störung von Bewegungsabläufen wird als Dyskinesie bezeichnet. In der Neurologie wird die Bezeichnung für Störungen des Bewegungsapparates, in der Inneren Medizin für die Beschreibung von beeinträchtigten Bewegungsabläufen der inneren Organe verwendet.

ED (Ellenbogendysplasie) – Veränderungen an der Elle sowie Fehlbildungen der Gelenkflächen (Inkongruenzen). Die Ellbogengelenkdysplasie ist eine Fehlbildung des Gelenkes (GRSK, 2018).

Entropium/Ektropium – Umstülpung des Augenlides nach innen (Entropium) bzw. nach außen (Ektropium).

Epilepsie – Hier kommt es zu wiederholten, kurzzeitigen Funktionsstörungen des Gehirns. Ausgelöst wird ein epileptischer Anfall durch ein spontanes, synchrones Entladen mehrerer Nervenzellen.

Glaukom – Ein Glaukom beschreibt den Zustand eines erhöhten Augeninnendrucks, der zur irreversiblen Schädigung verschiedener Strukturen am Auge und zur Erblindung führen kann. Es kann durch eine Reihe verschiedener Erkrankungen des Auges ausgelöst werden, aber auch isoliert auftreten.

HD (Hüftgelenkdysplasie) – Fehlbildung der gelenkbildenden Strukturen. Die knöchernen Strukturen passen nicht zusammen, die Weichteile (insbesondere die Kapsel) sorgen nicht für einen straffen Zusammenhalt („Laxizität"). Die beiden gelenkbildenden Knochen, die Gelenkpfanne und der Oberschenkelkopf passen nicht korrekt aufeinander. Die Fehlbildung tritt in der Regel beidseitig auf und kann unterschiedlich stark ausgeprägt sein. Als Folge der Veränderungen entstehen Arthrosen (bleibende Gelenksveränderungen), mit Schmerzen und unterschiedlich stark ausgeprägte chronische Lahmheiten. All diesen Erkrankungen ist gemein, dass sie während des Wachstums entstehen und, neben Fütterungs- und Bewegungseinflüssen, bei bestimmten Rassen eine genetische Disposition zugrunde liegt (GRSK, 2018).

Immunvermittelt – Bei einer immunvermittelten Erkrankung kommt es zu einer fehlgesteuerten Immunantwort. Diese richtet sich gegen eigene Körperbestandteile, die vom Immunsystem fälschlicherweise als körperfremd erkannt werden. Man bezeichnet diese

Erkrankungen als primär immunvermittelt. Daneben gibt es auch sekundär immunvermittelte Erkrankungen. Darunter versteht man Immunantworten im Zuge einer Infektion, die bei der Bekämpfung der Infektionserreger zu Schädigungen an entsprechenden Organen führen.

MDR1-Defekt (Multi-Drug-Resistance-Gen 1) – Das MDR1-Gen codiert für einen Membrantransporter, der unter anderem im Bereich der Blut-Hirn-Schranke und der Niere vorkommt. Er schützt die entsprechenden Organe vor verschiedenen Substanzen. Der MDR1-Defekt bezeichnet einen genetischen Defekt, der zu einer verringerten oder fehlenden Produktion dieses Transportes führt. Bei betroffenen Tieren kommt es nach Applikation bestimmter Arzneimittel zu einer Anreicherung der Substanz in Gehirn und anderen Organen, die zu massiven Vergiftungserscheinungen führen kann.

Median – Wenn man eine Messreihe, deren Werte nicht der bekannten Glockenkurve einer sog. Gaußschen Normalverteilung entsprechen, in aufsteigender Reihe sortiert, ist der Median genau der mittlere Wert dieser Zahlenreihe. Er sagt in solchen Fällen mehr über die Verteilung der Daten aus als ein errechneter Durchschnittswert. Beispiel: Messreihe A: 1, 1, 2, 5, 9, 11, 13. Durchschnitt wäre 42 : 7 = 8. Dieser lässt außer Acht, dass es auch vier recht kleine Werte gibt. Der Median ist 5 und zeigt dies deutlicher. Messreihe B: 1, 1, 2, 5, ,7, 9, 9. Durchschnitt 34 : 7 annähernd 5. Die Zahlenreihe ist symmetrisch, Durchschnitt und Median sind fast gleich.

Megaösophagus – Eine dilatierte Speiseröhre wird als Megaösophagus bezeichnet. Er kann sowohl angeboren sein, als auch durch verschiedene Erkrankungen wie Tumore, Abszesse oder neurologische Störungen hervorgerufen werden.

Monogen – Nur ein Gen ist für das Merkmal verantwortlich. Gegensatz **polygen** – mehrere Gene gemeinsam verursachen das Merkmal, z. B. HD.

Motivation; intrinsische, extrinsische – Die Gesamtheit aller Motive/Beweggründe die zur Handlungsbereitschaft führen, nennt man Motivationen. Hier wird unter extrinsischer und intrinsischer Motivation unterschieden. Die extrinsische Motivation wird durch das Lernverhalten (operant -> Belohnung) und durch beispielsweise Soziales wie Anerkennung aus der Gruppe erzeugt. Unter intrinsischer Motivation versteht man die Motivation, die der Hund von sich aus (individueller Typ Hund, mit seinem Charakter und seinen rassetypischen Verhaltenseigenschaften, etc.) mitbringt. Also den Spaß an der Sache selbst oder es so zu machen, wie man es sich vorstellt.

Myelopathie, Degenerative – Hier kommt es zu einem sukzessiven Absterben der langen Rückenmarksbahnen. Ursächlich ist vermutlich ein Gendefekt. Die betroffenen Tiere zeigen langsam zunehmende Bewegungsstörungen der Hinterhand, die sich nach und nach auf die Vorderhand und weitere Körperbereiche ausweiten.

OCD (Osteochondrosis dissecans) – Knochenläsion im Bereich einer Gelenksfläche, die meist traumatisch bedingt ist. Die Folge kann eine Ablösung des Fragmentes und des darüber liegenden Knorpelstücks sein. Besonders häufig sind Kniegelenk, Sprunggelenk sowie Ellenbogengelenk betroffen.

Osteosarkome – Bösartiger Tumor, der aus Knochensubstanz produzierenden Zellen besteht. Betroffen sind häufig lange Röhrenknochen wie der Oberarmknochen oder der Oberschenkelknochen, sie können aber in seltenen Fällen auch außerhalb des Knochengewebes auftreten.

Patellaluxation (PL) – Dislokation der Kniescheibe, der Patella, aus dem Kniescheibengleitlager. Die Patellaluxation kann dabei sowohl eine Folge von Traumata als auch angeboren Fehlbildungen sein.

PRA (Progressive Retinaatrophie) – Angeborene Augenerkrankung, die durch eine Degeneration der Stäbchen und Zapfen Photorezeptoren der Retina verursacht wird.

Prävalenz – Anteil der von einer Krankheit betroffenen Individuen in einer Population zu einem bestimmten Zeitpunkt.

Rezessive Vererbung – Nur wenn beide Chromosomen eines Paares diese Merkmalsvariante tragen, ist sie im Erscheinungsbild sichtbar.

Schwestergruppe – Ein Begriff der biologischen Verwandtschaftsforschung, der zwei Arten, Rassen oder andere systematische Einheiten beschreibt, die durch Aufspaltung EINER gemeinsamen Vorfahrenart, -rasse etc. entstehen. Bei der Clusteranalyse stehen diese dann direkt nebeneinander. Da sich in der weiteren Evolutionsgeschichte jede dieser Schwesterarten weiter aufspalten kann, können Schwestergruppen auch größere systematische Einheiten sein (Familien, Gattungen, etc.)

Vestibularsyndrom – Symptomkomplex, der als Folge einer Funktionsstörung des Gleichgewichtsorgans oder seiner zentralen Verschaltungen im Gehirn auftritt. Typische Symptome sind Augenzittern, Kopfschiefhaltung, Gangunsicherheit und Erbrechen. Die Ursachen können Entzündungen des Mittel- und Innenohrs sowie des Gehirns, Tumore, Vergiftungen oder auch angeborene Missbildungen sein.

Von-Willebrand-Krankheit – Genetisch bedingte Erkrankung, die durch eine Bildungsstörung eines Gerinnungsfaktors verursacht wird. Die Folge ist eine erhöhte Blutungsneigung aufgrund der beeinträchtigten Blutstillung.

Wobbler-Syndrom – Koordinationsstörung, die durch eine Schädigung der Halswirbelsäule und des Rückenmarks zustande kommt. Es handelt sich im Prinzip um eine Symptombeschreibung. Ursächlich können verschiedene Erkrankungen sein.

AUTOREN

Dr. Udo Gansloßer ist Privatdozent für Zoologie. Seine wissenschaftliche Tätigkeit begann mit Baumkängurus, möglicherweise, weil deren recht unbeholfene Kletterversuche ihn an seine eigene sportliche Begabung erinnerten. Nach der Dissertation in Heidelberg kehrte er zum Bodenleben zurück und beschäftigte sich mit dem Sozialverhalten der Kängurus allgemein. Am Zoologischen Institut Erlangen erhielt er 1991 die Lehrbefugnis. Zurzeit ist er Privatdozent für Zoologie am Institut für Zoologie und Evolutionsforschung der Universität Jena und führt regelmäßig Kurse in Verhaltensbiologie und Tiergartenbiologie an verschiedenen Universitäten durch. Seit einigen Jahren sind die Canidae (Hundeartige) einer der Schwerpunkte seiner Arbeitsgruppe, die sich interdisziplinär von rein zoologischen und tiermedizinischen Themen bis zu Fragen von Mensch-Hund-Beziehung, Tierschutzethik, Sozial- und Rechtswissenschaften erstreckt. Zusätzlich liegt ein Angebot für Beratung für individuelle Fragen rund um Haus- und Heimtiere sowie Zootierberatung vor.

Yvonne Adler ist akademisch geprüfte Kynologin, Tierpsychologin und Sachverständige für Hunde. Sie beschäftigt sich seit ihrer Kindheit mit Hunden. Einzigartig ist die Synergie ihrer Arbeit, die auf tierpsychologischem und akademisch kynologischem Fachwissen basiert. Sie entwickelte ein eigenes nachhaltiges Trainingskonzept, das zu einer Erfolgsformel für Vertrauen und Partnerschaft führt. Denn: Jede Mensch-Hund-Beziehung ist aufgrund der Persönlichkeit und Erfahrungen von Hund und Halter absolut einzigartig. Mit ADLER DOGS verwirklichte sie sich ihren Traum von einer etwas anderen „Hunde(halter)schule“ nahe Wien. Sie ist gefragte Referentin, als Fachdozentin in der Hundetrainer*Innen-Ausbildung tätig, arbeitet als Buchautorin, unterstützt Fachmagazine, Medien, Institutionen und Behörden mit Expertisen und Fachgutachten als Sachverständige für Hunde. Als eine der ersten in Österreich, hat sie das staatliche Gütesiegel zur „Tierschutzqualifizierten Hundetrainerin“ vom Bundesministerium verliehen bekommen. Eine FCI Labrador Retriever Zuchtstätte komplettiert ihre kynologische Tätigkeit.

Mag. Gudrun Braun hat Zoologie studiert und spezialisierte sich auf Ethologie (Verhaltensforschung). Sie lebt seit über 30 Jahren mit Hunden zusammen und arbeitet seit Jahren als Hundetrainerin in einem Tierheim an der Resozialisierung von verhaltensauffälligen Hunden und an der Rückführung dieser Hunde in einen normalen Alltag mit ihren neuen Haltern/Besitzern. Ebenso ist sie für den Verein „Tierschutz macht Schule“ tätig und ist für die Entwicklung und Durchführung des Kinderprogramms „Pet Buddy“ zuständig. Gudrun Braun ist Tierschutzqualifizierte Hundetrainerin und von der Stadt Wien für die Abnahme des Wiener Hundeführscheins und von der Niederösterreichischen Landesregierung für den Hundehalte-Sachkunde-Nachweis bestellt worden. Sie ist ausgebildete Tellington–TTouch Practitioner für Hunde und Kleintiere und hat zahlreiche wissenschaftliche und populärwissenschaftliche Publikationen und Bücher zum Thema Hundeverhalten, Resozialisierung von Tierheimhunden und „Enrichment für Heimtiere“ verfasst.

REGISTER

HUNDERASSEN

ALLGEMEIN

BILDNACHWEIS

Mit 25 Grafiken von Atelier Krohmer (Copyright der Vorlagen siehe bei Grafik, ansonsten Autoren): S. 27, 50, 55, 56, 81, 86, 87, 88, 89, 165, 430, 431, 432.

Mit 462 Farbfotos von Anna Auerbach/Kosmos (12): S. 22, 23, 32, 38, 39, 40, 46, 49, 54, 62, 596, 605. Adler Dogs (1): S. 598. Creative Common Licence (2): S. 196 re., 197 re. Jochen Dietrich (1): S. 589. foto@georg-cutka.at (1): S. 598. Kurt Kotrschal/privat (1): S. 172. Mila Valentina (2): S. 29, 31. Shui Wong (3): S. 194, 196 li., 197 li. Stefan Kirchhoff (5): S. 66, 67, 69, 70, 72.

Trio Bildarchiv (11): Brigitte Marty S. 539, Christine Hemlep S. 395, Isabel Brune S. 4, Jasmin Nitezki S. 8/9, Kerstin Ordelt S. 6, Maren Leuker S. 116/117, Mia Putzker S. 65, Nadine Prister S. 3, Nicole Schick S. 538, Sandra Tögel S. 10, Tanja Brandt S. 394.

iStockphoto (5): Bigandt Photographie S. 161, ernstboese S. 505, Rolf Johnsen S. 143, Salima Senyavskaya S. 245, SVPhilon S. 160

Shutterstock (419): 84kamila S. 326, 327; alan payne S. 536; Alena Raif S. 254; Alexandra Morrison Photo S. 12, 198, 255, 275; Alexey Androsov S. 424, 425; Anastasiia Cherniavskaia S. 184, 185, 459; Andreas Gradin S. 287; Andrew Yates S. 278; Aneta Jungerova S. 206, 207, 209, 276, 279, 332, 334, 388, 389; anetapics S. 26 li., 218, 463; AnetaZabranska S. 266, 267, 404; Angel Sallade S. 564, 567; Angelique van Heertum S. 299; Angyalosi Beata S. 252; Ann Tyurina S. 411, 506, 514, 515; Anna Krivitskaya S. 499; Anna Tronova S. 400, 412, 413, 446; Antonia Gros S. 324, 325; AnZi-fotografie S. 367; art nick S. 497; Aurelie le moigne S. 156; Best dog photo S. 214, 232, 233, 302; BIGANDT.COM S. 133, 174, 288, 291, 292, 338, 361, 364, 365, 382, 548, 549, 563, 594, 595; Bildagentur Zoonar GmbH S. 140, 144; Bobby Bradley S. 453; bohemama S. 526; BORINA OLGA S. 118, 119, 120, 540; Branden Hansenstock S. 450; Bulat Asadullin S. 106; Caytoh Nezach S. 269; chaoss S. 151, 153; chrisatpps S. 433; Christian Mueller S. 139; Cindy Hughes S. 591; Crystal Alba S. 422, 423; ctaskin S. 460; cynoclub S. 100, 509; Darina Matasova S. 331; Degtyaryov Andrey S. 442; Deise de Oliveira S. 152; dexter_cz S. 354; dezy S. 73, 203, 263, 296, 312, 369, 372, 427, 476, 477; Didkovska Ilona S. 192; Dimaris S. 426; Dmitiy Kostylev S. 52, 53, 310, 311, 420, 421; Dmitry Pichugin S. 18; Dmussman S. 256; DNProductions S. 340; Dora Zett S. 224, 562; Dreamfoxy S. 342; Dzhulbee S. 557; eddystocker S. 264; Edoma S. 445; ELAMARAN ELAAA S. 485, 486; Elena Stepanova S. 163; elis_aksenova S. 517; Enna8982 S. 121, 373; ESBuka S. 521; Eudyptula S. 129, 137, 248, 584; Eve Photography S. 235, 237, 238, 239, 241; everydoghasastory S. 26 re., 79 li., 92, 95, 141, 142, 162, 177, 370, 559, 561, 568, 569; Evgeniia Shikhaleeva S. 242; Ezzolo S. 126; foxhound photos S. 201; Fred Marie S. 464, 469; ginger_polina_bublik S. 268; Glenkar S. 353; gloverk S. 14; GoDog Photo S. 236; Grigorita Ko S. 281; Halit Omer S. 455; Happy monkey S. 187; Henrike Hilgefort S. 552, 553; Honcharuk Andrii S. 135; Huckleberry14 S. 447; Ian McGlasham S. 573; IMANDRA S. 257; Inesmeierfotografie S. 35; Ingrid Curry S. 452; InLovingLight S. 466; Ira Bushanska S. 182; Iryna Dobrovynska S. 316, 317; Ivanova N S. 357, 358, 359, 397, 474, 475; Jana Behr S. 79 re.; JaneMix S. 179; jdross75 S. 590; JitkaP S. 36; Johanna Charlton S. 223;

John Carnemolla S. 314; John W Hancock S. 439; Julia Shepeleva S. 328, 329; JUMBORU-SHI S. 493; Karen Appleby S. 169; Kat.marinina S. 191; katamount S. 494; Kate Grishakova S. 320; Kateryna Orlova S. 293; Kellymmiller73 S. 585; KerrieT S. 122, 123; Kimrawicz S. 581; Kristyna Mrazkova S. 522, 532, 533; Krusheless S. 200, 205; Kwadrat S. 534, 535; La Su S. 458; larstuchel S. 212, 213, 225; Lenkadan S. 363, 456, 457, 500, 544, 545; Liliya Kulianionak S. 75, 322, 323, 414, 416, 417; Little Hand Creations S. 227; Liudmila Bohush S. 130, 131, 180, 362; Lopolo S. 551; Lourdes Photography S. 440, 441; Lucag-g S. 462; Lunja S. 216; Lynda McFaul S. 592, 593; Magdalena Szachowska S. 202; Maiorescu Mihaela S. 220; Manivino S. 488; Maria Ivanushkina S. 483; Mariya Zimarina S. 330; Marjolein Hameleers S. 104; marketalangova S. 512; Marko Mitrovicv S. 150; Marry Kolesnik S. 294, 349, 537; Martin Rudolf Photography S. 271; Mary Doggett S. 147; Mary Rice S. 578; Mary Swift S. 428; Melounix S. 558; Metz Eric S. 337; Michael Bogner S. 158; Michal Ninger S. 90, 146, 265, 315; Mick Atkins S. 434, 437, 438; Mikanah S. 221; moncakk S. 530, 531; Mountains Hunter S. 401; Mykola Moriev S. 405; Napat intaroon S. 491; Natalia Fedosova S. 274, 309; NatRomero S. 61; navatu S. 176; Nicholas Botha S. 303; Nick Chase S. 565; Nigel Kirby Photography S. 377; nika174 S. 570; Nikolai Tsvetkov S. 76, 507; Nina Mockovciakova S. 467; NSC Photography S. 448, 449; Oleksandr Dudnyk S. 270; Olga Aniven S. 555; Olga Ovcharenko S. 172, 173, 297, 301, 343, 376; Olga_i S. 482; Ondrej Prosicky S. 547; Osetrik S. 80, 259; otsphoto S. 210, 211, 215, 231, 251, 374, 379, 383, 472, 520, 527, 575, 576, 577; Pack-Shot S. 209; Pandas S. 386; Peter Betts S. 298; pets and foods S. 410; PharmShot S. 398, 399; Photocreo Michal Bednarek S. 465; PhotoDOGraphy S. 385; Photohobbiest S. 380; photosounds S. 222; PROMA1 S. 518; R.M.T. S. 91; Radomir Rezny S. 419, 525, 554; rebecca-ashworth S. 44, 127, 255, 529; Reddogs S. 408, 409; Ria Putzker Photography S. 168; Ricant-images S. 155, 384, 403; Rita_Kochmarjova S. 178, 260, 282, 283, 284, 285, 300, 305, 528; robbinsbox S. 546; RobertArt S. 429; rodimov S. 167; Rosa Frei S. 471, 480, 481; Rosa Jay S. 199; Rwtrahul S. 502, 503; rzozel9 S. 387; S1001 S. 57; Sandra Huber S. 83; Sbolotova S. 219; Scarlett Images S. 136; Serova_Ekaterina S. 217, 277, 346, 347, 392, 393, 406, 407; Shutterranger S. 85; shymar27 S. 105; slastena S. 272, 273; Slavica Sajic S. 148; slowmotiongli S. 247; Soloviova Liudmyla S. 59; Steve Bruckmann S. 25; stockfoto S. 145; SuberT S. 108, 335, 541; Sybrinne S. 366; TETSUZO KIZZGAWA S. 586, 587; thak S. 20, 308; Thunder-ovslabs S. 375; Tkach-artvitae S. 473; TMArt S. 181, 350, 351, 396; tsik S. 543; Vagabond54 S. 113; Valerie Berdinel S. 290, 390; Valeriya Starovoitova S. 124; Vera Zinkova S. 228, 229; Victoria Antonova S. 511, 513, 516; Viktoria Drobotova S. 164; Vista Photo S. 582, 583; Vivienstock S. 188, 189; VKarlov S. 418, 524; Vlad Ageshin S. 304; Volkovaayaa S. 157; Will Rodrigues S. 98, 99; Wim Hoek S. 30; xkunclova S. 306, 307, 348, 589; Yakobchuk Viacheslav S. 341; Yochika photographer S. 134; Yongyut Kumsri S. 190; Zuzule S. 96, 97.

Folgende Rassen, die nicht in der Parker-Studie enthalten waren, wurden von Hana Tebelmann verfasst: Beauceron S. 229, Hovawart S. 265, Entlebucher Sennenhund S. 274, Appenzeller Sennenhund S. 275, Chesapeak-Bay-Retriever S. 384, Galgo Espagñol S. 479, Kromfohrländer S. 539, Deutscher Pinscher S. 563.

IMPRESSUM

Umschlaggestaltung von GRAMISCI Editorialdesign/München unter Verwendung eines Farbfotos von Anna Auerbach/Kosmos.
Das Foto vorne zeigt: Deutsche Dogge, Dackel, Golden Retriever, Mini Australian Shepherd

Mit 463 Farbfotos und 25 Grafiken.

Unser gesamtes Programm finden Sie unter **kosmos.de**.
Über Neuigkeiten informieren Sie regelmäßig unsere Newsletter, einfach anmelden unter **kosmos.de/newsletter**

Gedruckt auf chlorfrei gebleichtem Papier

ISBN 978-3-440-16008-4
Redaktion: Hilke Heinemann
Gestaltungskonzept: Peter Schmidt Group GmbH, Hamburg
Gestaltung und Satz: Atelier Krohmer, Dettingen/Erms
Produktion: Nina Renz
Druck und Bindung: Westermann Druck Zwickau GmbH, Zwickau
Printed in Germany / Imprimé en Allemagne

FSC® www.fsc.org MIX Papier | Fördert gute Waldnutzung FSC® C110508